NOTIONS

SUR LES

SCIENCES PHYSIQUES

ET

NATURELLES

A L'USAGE

DES ASPIRANTS AU BREVET ÉLÉMENTAIRE

Le Cours de Mathématiques élémentaires comprend les ouvrages suivants :

ÉLÉMENTS D'ARITHMÉTIQUE.	EXERCICES D'ARITHMÉTIQUE.
» D'ALGÈBRE.	» D'ALGÈBRE.
» DE GÉOMÉTRIE.	» DE GÉOMÉTRIE.
» DE GÉOMÉTRIE DESCRIPTIVE.	» DE GÉOMÉTRIE DESCRIPTIVE.
» DE TRIGONOMÉTRIE.	COMPLÉMENTS DE TRIGONOMÉTRIE.
» DE MÉCANIQUE.	PROBLÈMES DE MÉCANIQUE.
» DE COSMOGRAPHIE.	

ARPENTAGE, LEVÉ DES PLANS ET NIVELLEMENT.

SCIENCES PHYSIQUES ET NATURELLES : *Notions de Physique.* — *Notions d'Histoire naturelle.* — *Éléments d'Histoire naturelle : Zoologie, Botanique, Géologie.*

Propriété de l'Institut des Frères des Écoles chrétiennes.

ENSEIGNEMENT PRIMAIRE

NOTIONS

SUR LES

SCIENCES PHYSIQUES

ET

NATURELLES

A L'USAGE

DES ASPIRANTS AU BREVET ÉLÉMENTAIRE

AVEC 518 FIGURES

ET 140 EXERCICES

PAR LES FRÈRES DES ÉCOLES CHRÉTIENNES

TROISIÈME ÉDITION

CHEZ LES ÉDITEURS

TOURS	PARIS
ALFRED MAME & FILS	CH. POUSSIELGUE
IMPRIMEURS-LIBRAIRES	RUE CASSETTE, 15

1894

PRÉFACE

Les *Notions de Sciences physiques et naturelles* ont été rédigées en vue de la préparation aux examens relatifs à l'enseignement primaire. Une partie, imprimée en gros caractères, embrasse les matières exigées pour l'obtention du brevet élémentaire; une autre partie, en caractères plus fins, contient des compléments moins importants, mais cependant utiles à consulter. L'étude des deux textes pourrait servir aux élèves qui se préparent à subir l'examen pour l'obtention du brevet supérieur.

En *Physique*, nous avons voulu, par des définitions aussi courtes et aussi précises que possible, aider l'élève à graver dans sa mémoire les phénomènes les plus importants et les lois les plus générales. Nous avons indiqué les expériences classiques les plus élémentaires, et nous les avons accompagnées de gravures qui en facilitent la compréhension.

En *Chimie*, nous n'avons traité que les corps les plus connus ou les plus importants au point de vue de leurs applications, et nous avons indiqué, pour chacun d'eux, les réactions les plus caractéristiques. La chimie organique est restreinte au côté pratique et industriel.

Nous avons ajouté, à la fin de chaque chapitre, un

questionnaire qui facilitera les interrogations à faire après l'étude, en bornant ces interrogations aux points les plus essentiels. Nous avons également fait suivre la plupart des chapitres de Physique et de Chimie d'exercices choisis qui permettront à l'élève d'appliquer, dans des cas très simples, ce qui vient de faire l'objet de son étude.

Le texte de l'*Histoire naturelle* a été extrait des *Notions d'histoire naturelle;* nous renvoyons à cet ouvrage les élèves qui désireraient quelques développements sur cette matière.

Ce petit manuel pourra servir avantageusement aux élèves qui commencent l'étude des sciences dans les classes préparatoires à la première partie du Baccalauréat de l'*Enseignement secondaire moderne*.

TROISIÈME PARTIE

CHALEUR

QUATRIÈME PARTIE

ACOUSTIQUE

CINQUIÈME PARTIE

ÉLECTRICITÉ STATIQUE ET MAGNÉTISME

SIXIÈME PARTIE
ÉLECTRICITÉ DYNAMIQUE

SEPTIÈME PARTIE
OPTIQUE

CHIMIE
NOTIONS PRÉLIMINAIRES

PREMIÈRE PARTIE
MÉTALLOÏDES

DEUXIÈME PARTIE
MÉTAUX

TROISIÈME PARTIE
CHIMIE ORGANIQUE

HISTOIRE NATURELLE

ZOOLOGIE

PREMIÈRE PARTIE
ANATOMIE ET PHYSIOLOGIE

DEUXIÈME PARTIE
ZOOLOGIE DESCRIPTIVE

BOTANIQUE

GÉOLOGIE

PHYSIQUE

NOTIONS PRÉLIMINAIRES

I. Définitions.

1. Objet de la physique. — La *physique* est la science qui étudie les phénomènes qui n'altèrent pas la constitution intime des corps et les lois qui régissent ces phénomènes.

2. Corps. — On appelle *corps* tout ce qui occupe une place dans l'espace. Tous les corps peuvent impressionner nos sens, ce sont des choses matérielles.

La chaleur, la lumière, l'électricité, ne sont pas des corps, bien qu'elles exercent une certaine action sur nos sens.

Les corps sont formés de particules indivisibles que l'on nomme *atomes*; la réunion de plusieurs atomes constitue une *molécule*. Les molécules d'un corps ne se touchent pas, même dans les corps les plus compacts, mais laissent entre elles de petits intervalles qu'on appelle *espaces intermoléculaires* ou *pores*.

3. Cohésion. — On appelle *cohésion* la force qui tient réunies entre elles les molécules d'un même corps.

4. État des corps. — Les corps se présentent à nous sous trois états : l'état *solide*, l'état *liquide* et l'état *gazeux*.

Les *corps solides*, tels que le fer, la pierre, le bois, sont ceux dont la cohésion est assez forte; ils opposent une certaine résistance quand on veut les rompre.

Les *corps liquides*, comme l'eau, le mercure, sont ceux dont les molécules n'ont entre elles qu'une cohésion très faible; ces molécules sont douées d'une grande mobilité, et roulent facilement les unes sur les autres, de sorte que les liquides se moulent exactement sur les parois des vases qui les contiennent et en prennent exactement la forme.

Cette mobilité des molécules est plus ou moins grande suivant la nature du liquide. Ainsi l'éther et l'alcool sont des liquides plus mobiles que l'eau; celle-ci est plus mobile que l'huile. On donne le nom de *viscosité* à un état intermédiaire entre l'état liquide et l'état solide. La mélasse, les goudrons sont des corps visqueux.

Les *corps gazeux*, tels que l'air, la vapeur d'eau, sont ceux dont les molécules, loin de présenter une certaine cohésion, se repoussent les unes les autres. Ils tendent à occuper tout l'espace qui leur est offert et exercent une pression sur les parois des vases qui les renferment.

On doit donc en conclure que, dans les gaz, les molécules sont incomparablement plus écartées que dans les liquides et les solides, et que par conséquent, sous un même volume, il y a beaucoup moins de matière. Ainsi une quantité déterminée de molécules d'eau occupe, à l'état gazeux, un volume 1700 fois plus grand que si l'eau était à l'état liquide.

On désigne plus particulièrement sous le nom de *vapeurs* les corps gazeux qui dans les conditions ordinaires existent à l'état solide ou liquide. Ainsi on dit de la vapeur d'eau, de la vapeur de soufre, quand on veut désigner ces corps à l'état gazeux.

Les liquides et les gaz n'ont pas de forme propre. Ils sont appelés *fluides* (de *fluere*, qui signifie *couler*).

Certains corps, l'eau, par exemple, peuvent exister sous les trois états (glace, pluie, vapeur).

8. **Phénomène.** — On appelle *phénomène* toute modification dans les propriétés d'un corps.

Un *phénomène chimique* est celui qui détermine des altérations profondes et durables dans la nature intime du corps, tandis qu'un *phénomène physique* est celui qui ne modifie qu'accidentellement et d'une manière passagère les propriétés d'un corps sans altérer en aucune façon sa nature. Ainsi la dilatation est un phénomène physique; l'oxydation est un phénomène chimique.

On appelle *loi physique* l'expression de la relation constante qui existe entre un phénomène physique et la cause qui le produit. Tantôt cette loi consiste dans l'énoncé d'un fait général: comme, par exemple, quand on dit que, *dans le vide, tous les corps tombent avec la même vitesse;* tantôt c'est une relation numérique entre un phénomène et les circonstances particulières dans lesquelles il se produit; c'est ainsi qu'on dit que, *dans le vide, les espaces parcourus par un corps qui tombe librement sont proportionnels aux carrés des temps de chute.*

Une *théorie physique* comprend l'ensemble des lois qui se rapportent à une même classe de phénomènes (Th. de la chaleur, de la lumière, etc). Par restriction, on appelle encore théorie l'explication de certains phénomènes particuliers (Th. de la rosée, de l'arc-en-ciel, etc.).

II. Propriétés générales des corps.

6. Définition. — On appelle *propriétés générales* des corps celles qui sont communes à tous les corps. Ce sont l'*étendue,* l'*impénétrabilité,* la *divisibilité,* la *porosité,* l'*élasticité,* la *compressibilité,* la *mobilité* et l'*inertie.*

Certaines autres propriétés, telles que la couleur, la solidité, l'odeur, ne sont que des propriétés *particulières* à certains corps.

7. Étendue. — L'*étendue* est la portion de l'espace occupée par un corps; on peut la considérer sous trois dimensions : longueur, largeur, hauteur ou profondeur.

8. Impénétrabilité. — L'*impénétrabilité* est la propriété que possède un corps d'exclure tous les autres de la place qu'il occupe. Une pierre ne s'enfonce dans l'eau qu'en prenant la place des molécules d'eau qu'elle déplace.

Pénétration apparente. — Lorsqu'un vase est plein de sable, on peut encore y verser une certaine quantité d'eau. Si l'on mélange un litre d'alcool et un litre d'eau, on n'obtient pas deux litres de liquide; cela tient à ce que les molécules d'alcool se sont logées en partie dans les espaces qui séparent les molécules d'eau, comme les molécules d'eau se logent entre les grains de sable.

9. Divisibilité. — La *divisibilité* est la propriété de la matière de pouvoir être séparée en particules très petites. Une goutte de dissolution de fuchsine colore de grandes quantités de liquide; un petit grain de musc répand de l'odeur pendant plusieurs années sans diminuer sensiblement de poids.

10. Porosité. — La *porosité* d'un corps résulte des espaces vides qui séparent ses molécules; c'est une conséquence de la constitution même des corps (n° 2). Il ne faut pas la confondre avec la *perméabilité*, laquelle est due aux lacunes naturelles ou accidentelles qui existent dans certains corps désignés sous le nom de *corps poreux* (charbon de bois, pierre ponce).

L'action des filtres, l'absorption des gaz par le charbon, s'expliquent par la porosité.

11. Élasticité. — L'*élasticité* est la propriété par laquelle certains corps, déformés sous l'action d'une force (traction, pression), reprennent leur volume et leur forme lorsque cette action cesse. La pression ou la traction ne doivent pas dépasser certaines limites; autrement les corps se brisent, ou ne reprennent plus leur forme primitive.

12. Compressibilité. — La *compressibilité* est la propriété qu'ont les corps de diminuer de volume sous l'action de la pression; c'est une conséquence de la porosité. Ainsi les alliages des monnaies diminuent de volume sous l'action de la presse monétaire. Un clou ne pénètre dans le bois qu'en écartant et en comprimant les fibres du bois.

Les liquides sont très peu compressibles, tandis que les gaz le sont beaucoup.

13. Mobilité. La *mobilité* est la propriété qu'ont les corps de pouvoir changer de place sous l'action des forces; le mouvement est une conséquence de cette propriété.

QUESTIONNAIRE [1]. — Quel est l'objet de la physique? — Qu'appelle-t-on corps? — De quoi sont formés les corps? — Qu'est-ce qu'une molécule? — Qu'est-ce que la cohésion? — Sous quels états se présentent les corps? Donnez-en des exemples. — Qu'est-ce qu'un corps visqueux? — Définissez un phénomène. — Qu'est-ce qu'un phénomène physique? un phénomène chimique? en donner un exemple. — Qu'entend-on par loi physique? Par théorie physique? — Quelles sont les propriétés générales des corps? — Définissez-les. — Pourquoi peut-on encore introduire de l'eau dans un verre rempli de grains de sable? — Tous les corps sont-ils également compressibles? — Qu'est-ce que la mobilité?

[1] Dans les questionnaires qui se trouvent à la fin des chapitres, les questions *en italiques* se rapportent au texte fin de l'ouvrage.

PREMIÈRE PARTIE
NOTIONS DE MÉCANIQUE

—

CHAPITRE I

GÉNÉRALITÉS SUR LE MOUVEMENT ET LES FORCES

I. Mouvement.

14. Repos et mouvement. — Un corps est en *repos* lorsqu'il occupe la même position ; il est en *mouvement* quand il occupe successivement diverses positions.

Pour juger de l'état de repos ou de mouvement d'un corps, on compare, en divers instants, sa position à celle d'autres corps que l'on nomme *points de repère*.

15. Différentes sortes de mouvement et de repos. — Le mouvement ou le repos peuvent être *absolus* ou *relatifs*. Ils sont absolus quand les points de repère sont en repos, et relatifs quand ces points sont eux-mêmes en mouvement.

Nous ne pouvons constater que le mouvement et le repos relatifs, car nos points de repère sont tous en mouvement.

16. Trajectoire. — On appelle *trajectoire* le chemin parcouru dans l'espace par un corps qui se déplace. Elle peut être *rectiligne* (pierre tombant librement), *circulaire* (point d'une circonférence tournant autour de son centre), *elliptique* (révolution de la terre autour du soleil), *périodique* (balancier d'une horloge), etc.

17. Causes qui peuvent modifier le mouvement ou le repos. — 1º La *pesanteur* : le mouvement d'une pierre qu'on lance de bas en haut finit par s'annuler, puis recommence et s'accélère quand la pierre retombe.

2º La *résistance des milieux* : dans l'air, une plume d'oiseau tombe moins vite qu'une balle de plomb à cause de la résistance de l'air.

3° Le *frottement* : les freins des voitures, des wagons, mettent à profit cette propriété.

18. Inertie. — L'*inertie* est la propriété des corps par laquelle ils ne peuvent modifier d'eux-mêmes leur état de repos ou de mouvement.

Un corps en repos ne peut se mettre de lui-même en mouvement ; un corps en mouvement ne peut ni retarder ni accélérer son mouvement, ni en changer la direction. L'expérience semble contredire cette loi, puisque tous les corps que nous mettons en mouvement s'arrêtent ; mais cela tient à des causes étrangères à ces corps, comme les frottements, la résistance des milieux, etc. Plus nous diminuons ces résistances, plus les corps restent longtemps en mouvement.

L'inertie de la matière explique un grand nombre de faits : un homme debout sur une voiture qui se lance prend un mouvement en arrière, parce que ses pieds sont entraînés par la voiture, tandis que la partie supérieure de son corps tend à rester à la même place ; le contraire arrive si la voiture s'arrête brusquement.

Il est dangereux de sauter sans précaution d'une voiture en mouvement ; car, lorsque les pieds touchent le sol, la partie supérieure du corps continue à se mouvoir avec la vitesse qu'elle avait précédemment, et peut frapper contre le sol avec une force d'autant plus grande que le mouvement était plus rapide.

Si l'on déplace sans précaution un vase plein d'eau, celle-ci se répand dans le sens contraire à celui du mouvement du vase.

Pour emmancher un marteau, on frappe le manche contre un obstacle fixe ; la tête continue à se mouvoir en serrant les fibres du bois.

C'est encore l'inertie qui explique les désastres produits par la rencontre de deux navires ou de deux trains lancés à grande vitesse.

19. Mouvement uniforme. — Le mouvement *uniforme* est celui dans lequel les *espaces* parcourus croissent proportionnellement aux temps. Dans ce cas, la vitesse reste toujours la même.

Le mouvement uniforme résulte de l'action d'une force qui, après avoir agi sur le mobile, cesse instantanément d'agir. A partir de ce moment, le corps continue à se mouvoir en vertu de l'inertie ; c'est pourquoi sa vitesse reste constante.

20. Mouvement uniformément varié. — Le mouvement *uniformément varié* est celui dans lequel la *vitesse* varie proportionnellement aux temps. Si la vitesse augmente, le mouvement est *uniformément accéléré* (pierre qui tombe) ; si elle diminue, il est *uniformément retardé* (pierre qu'on lance de bas en haut).

On appelle *accélération* la quantité dont la vitesse augmente ou diminue pendant chaque seconde.

II. Forces.

21. Définition. — On appelle *force* toute cause capable de produire ou de modifier un mouvement. *Ex.* : La pesanteur, la chaleur, l'électricité, l'énergie animale.

Une force est caractérisée par son point d'application, sa direction et son intensité.

Le point d'application d'une force est le point sur lequel agit cette force.

La direction d'une force est le sens dans lequel cette force tend à déplacer le point d'application.

L'intensité d'une force est le rapport de cette force à une force de même nature prise pour unité; c'est le nombre qui mesure cette force. On dit une force de 20 kgr. si l'on prend le kgr. pour unité.

On représente ordinairement une force par une flèche dont le sens indique la direction de la force, et dont la longueur est proportionnelle à l'intensité, l'extrémité opposée à la pointe étant au point d'application de la force.

22. Composition des forces. — Composer des forces, c'est trouver la direction et l'intensité de leur résultante.

On appelle *résultante* de plusieurs forces la force unique qui peut les remplacer toutes.

Forces angulaires. — *La résultante de deux forces concourantes est représentée en* DIRECTION *et en* INTENSITÉ *par la diagonale du parallélogramme construit sur ces forces* (fig. 1).

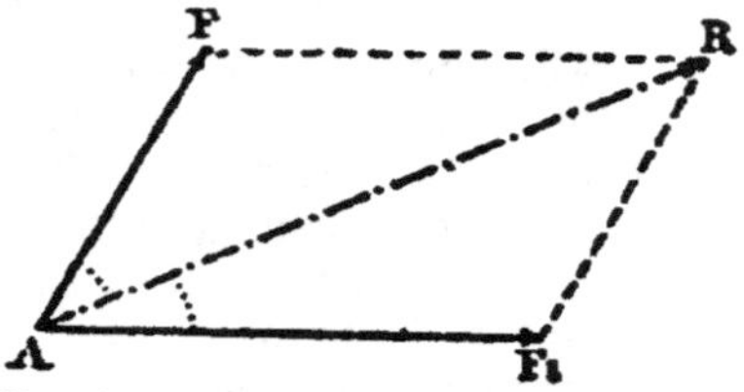

Forces parallèles de même sens. — *La résultante d'un système de deux forces parallèles de même sens, appliquées en deux points d'un corps solide, est parallèle à ces forces, de même sens qu'elles et égale à leur somme.*

Fig. 1. — Composition de deux forces angulaires.

Son point d'application divise la droite qui joint les points d'application de ces forces, en parties inversement proportionnelles aux intensités des composantes (fig. 2, M).

On a donc

$$R = P + Q$$

et

$$\frac{P}{Q} = \frac{BC}{AC}$$

c'est-à-dire

$$P \times AC = Q \times BC.$$

Forces parallèles de sens contraires. — *La résultante d'un système de deux forces parallèles, inégales, de sens contraire, est parallèle à ces forces, dirigée dans le sens de la plus grande et égale à leur différence.*

Le point d'application de la résultante est sur le prolongement de la droite qui joint les points d'application des composantes, du côté

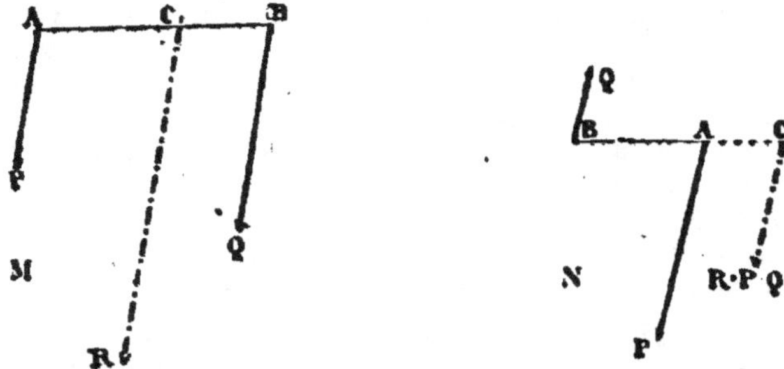

Fig. 2. — Composition des forces parallèles.

de la plus grande; ses distances aux points d'application des deux composantes sont en raison inverse des intensités de ces forces (fig. 2, N).

On a donc

$$R = P - Q$$

et

$$\frac{P}{Q} = \frac{CB}{CA}$$

23. Puissances et résistances. — On appelle *puissances* les forces qui tendent à produire ou à accélérer un mouvement, et *résistances* celles qui tendent à l'arrêter ou à le retarder.

24. Équilibre. — Des forces se font *équilibre* lorsque, appliquées à un corps, elles ne modifient en rien son état de repos ou de mouvement.

25. Mesure de l'intensité des forces. — Pour mesurer les forces, on peut se servir de *dynamomètres*. Les dynamomètres mesurent les forces par les flexions plus ou moins grandes qu'elles font subir à un ressort. Les

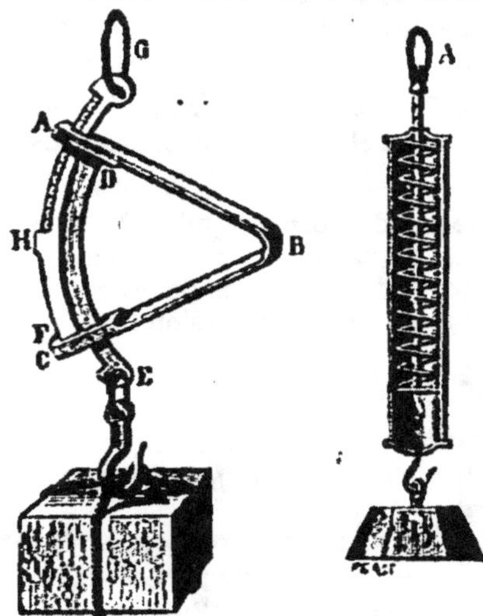

Fig. 3. — Dynamomètres.

plus communs sont les pesons (fig. 3).

26. Action et réaction. — Toutes les fois qu'un corps agit sur un autre corps, celui-ci réagit sur le premier avec une force égale et de sens contraire.

En appuyant la main sur une table, on sent que la table exerce contre la main une pression égale et de sens contraire.

Si, d'un bateau, au moyen d'une corde, on exerce une traction sur un objet fixe du rivage, le bateau se rapproche de l'objet comme si du rivage on avait tiré le bateau avec une force égale à celle qui a été déployée; cette force, qui semble partir de l'objet, est la réaction.

Si le sol ne pouvait opposer de réaction, il serait impossible d'avancer; c'est ce qui explique la difficulté que l'on éprouve à marcher sur un terrain mouvant ou sur une surface bien polie.

C'est l'adhérence des roues de la locomotive avec les rails qui lui permet de se mettre en marche en entraînant les wagons.

27. Force centrifuge. — On appelle *force centrifuge* la réaction qu'un corps oppose aux actions qui tendent à lui donner un mouvement curviligne. C'est elle qui détache la boue des roues des voitures quand elles tournent suffisamment vite.

Les ventilateurs des tarares, les essoreuses, les turbines employées dans les sucreries pour débarrasser la cassonade des mélasses qui la salissent, utilisent la force centrifuge. L'usage de paniers à égoutter la salade repose sur le même principe.

C'est la force centrifuge qui tend à renverser les voitures quand elles décrivent rapidement des courbes de faible rayon. Aussi, dans la construction des chemins de fer, on n'admet généralement que les courbes dont le rayon est supérieur à 200 mètres; de plus, on surélève le rail extérieur d'autant plus que le rayon est plus faible et que sur cette voie la vitesse des trains doit être plus grande.

En désignant par P le poids (en kilogr.) du corps soumis à l'action de la force centrifuge, par v sa vitesse par seconde, par g l'accélération due à l'action de la pesanteur, et par R le rayon de rotation, la valeur de la force centrifuge F est donnée par l'expression

$$F = \frac{P \times v^2}{g \times R}$$

28. Travail d'une force. — *On appelle travail d'une force le produit de l'intensité de cette force par le chemin qu'elle fait parcourir au mobile dans la direction de la force.*

Le travail, dans le sens ordinaire du mot, se mesure non seulement par l'effort, mais encore par le chemin le long duquel il a été produit. Ainsi un homme qui élève 100 kilogrammes à une hauteur d'un mètre produit un travail deux fois plus grand que s'il n'avait élevé que 50^k à la même hauteur. De même l'ouvrier qui élève 50^k à deux mètres de hauteur fait deux fois le travail de celui qui élève les 50^k seulement à un mètre.

L'unité de travail adoptée est le kilogrammètre. C'est le travail nécessaire pour élever un poids d'un kilogramme à une hauteur d'un mètre.

QUESTIONNAIRE. — Quand un corps est-il en repos? Quand est-il en mouvement? Combien y a-t-il de sortes de repos et de mouvement? — Qu'entend-on par trajectoire? Quelles formes peut-elle avoir? En donner des exemples. — Quelles sont les causes qui peuvent modifier le mouvement ou le repos? — Qu'est-ce que l'inertie? Exemples d'inertie. — Qu'est-ce que le mouvement uniforme? De quoi résulte-t-il? — Qu'est-ce que le mouvement varié? — Qu'appelle-t-on accélération? — Qu'est-ce qu'une force? — Par quoi une force est-elle caractérisée? — Comment représente-t-on les forces? — Qu'appelle-t-on résultante de plusieurs forces? — Qu'est-ce que composer les forces? — Comment est représentée la résultante de deux forces angulaires? — Quelle est l'intensité et la direction de la résultante de deux forces parallèles: 1o de même sens, 2o de sens contraire? Où est situé son point d'application dans chacun de ces cas? Qu'appelle-t-on puissances et résistances? — Quand dit-on que des forces se font équilibre? — A quoi servent les dynamomètres? — En quoi consiste le principe de l'égalité de l'action et de la réaction? En donner des exemples. — Qu'est-ce que la force centrifuge? Donnez-en des applications. Donnez sa formule. — Qu'appelle-t-on travail d'une force? Quelle est l'unité de travail? Définissez-la.

EXERCICES. — 1. Deux forces égales sont appliquées au même point. Déterminer, par le calcul et par une construction graphique, la valeur de leur résultante, en supposant l'angle qu'elles forment successivement égal à 0o, — 60o, — 90o, — 120o, — 180o.

2. Les intensités de deux forces sont représentées par 8 et 12 kilog., l'angle qu'elles forment égale 90o. Trouver leur résultante.

3. Deux forces parallèles de même sens ont des intensités représentées par 5 et par 9, la distance de leur point d'application est de 2m,25. Déterminer l'intensité et le point d'application de leur résultante.

4. Sur une droite, à une distance de 1m, sont appliquées des forces parallèles de 5k et de 3k, trouver la résultante et son point d'application. 1o Les forces sont de même sens; 2o elles sont de sens contraire.

5. Quelle tension éprouve un fil qui supporte un poids de 100 gr., auquel on imprime un mouvement de rotation de 100 tours par minute? Le fil a 0m,50 de longueur. $(g = 9m,8.)$

6. Quelle est la valeur de la force centrifuge s'exerçant sur une locomotive de 50 tonnes qui, avec une vitesse de 60 kilom. à l'heure, parcourt une courbe de 500m de rayon? $(g = 9m,8.)$

CHAPITRE II

CHUTE DES CORPS

29. Attraction. — L'*attraction* est la propriété qu'ont les corps de s'attirer les uns les autres.

Loi de Newton. — *Tous les corps s'attirent en raison directe du produit de leurs masses et en raison inverse du carré de leurs distances.*

30. Pesanteur. — La *pesanteur* est une force qui agit sur *tous* les corps en les attirant vers le centre de la terre. Elle n'est qu'un cas particulier de l'attraction.

31. Direction de la pesanteur. — La *pesanteur* attire les corps suivant la verticale du lieu, indiquée par la direction du fil à plomb; elle est perpendiculaire à la surface des eaux tranquilles.

On le démontre en tenant un fil à plomb au-dessus d'un vase

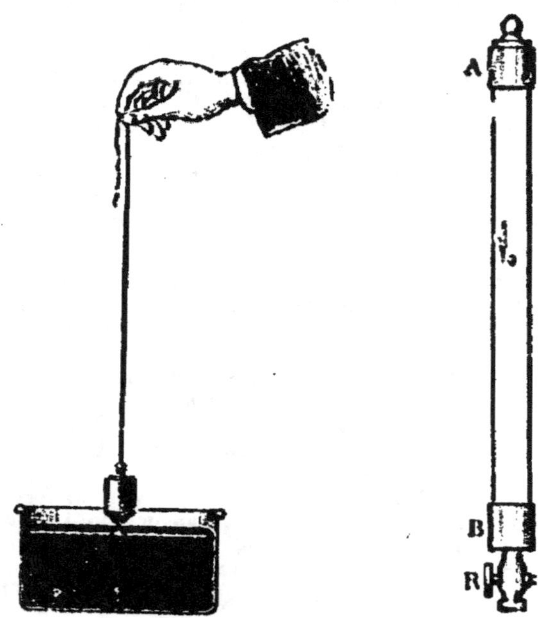

Fig. 4.— Direction de la pesanteur.   Fig. 5.— Tube de Newton.

renfermant du mercure (fig. 4); on constate que le prolongement du fil coïncide avec son image.

Les verticales ne sont pas parallèles, car elles concourent au centre de la terre.

32. Lois de la chute des corps dans le vide. — 1re Loi. *Dans le vide, tous les corps tombent avec la même vitesse.*

2e Loi. — *Les vitesses acquises sont proportionnelles aux temps écoulés depuis l'origine de la chute.*

3e Loi. — *Dans le vide, les espaces parcourus sont proportionnels aux carrés des temps de chute.*

Pour vérifier la première loi, on met, dans un grand tube en verre appelé *tube de Newton* (fig. 5), une plume d'oiseau et une balle de plomb ; après avoir fait le vide dans le tube, on le renverse brusquement : les deux objets tombent ensemble.

La deuxième loi, ainsi que la troisième, se vérifient au moyen de la machine d'Atwood.

33. Machine d'Atwood. — La *machine d'Atwood* a pour but de ralentir la chute d'un corps pour en étudier plus facilement les lois. La vitesse est ainsi modifiée, mais la nature du mouvement reste la même. Cette machine se compose essentiellement d'une poulie très mobile A (fig. 6), sur laquelle passe un fil, aux extrémités duquel sont attachés deux poids égaux P qui se font équilibre dans toutes les positions. Un petit poids additionnel p entraîne, d'un mouvement lent, le poids P le long d'une règle divisée, et l'on cherche où il faut placer le curseur C pour arrêter la chute après une seconde, deux secondes, etc.

Vérification de la loi des espaces. — Supposons que pendant la première seconde le poids P, chargé de la masse additionnelle p, ait parcouru dix divisions ; on trouvera, pour les espaces parcourus pendant deux secondes, trois secondes, etc., des nombres qui donneront le tableau suivant :

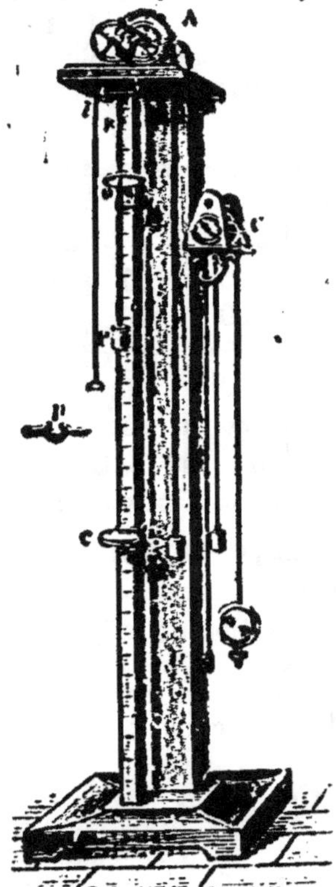

Fig. 6. — Machine d'Atwood.

A. Poulie dont l'axe repose sur le point de croisée de deux couples de roues mobiles. — C. Chronomètre, avec son pendule. — O. Curseur annulaire ; c, curseur plein. — P. Grande masse ; p, masse additionnelle.

TEMPS DE CHUTE	1"	2"	3"	4"
Position du curseur.	10	40	90	160
	ou	ou	ou	ou
Espaces.	10×1	10×2^2	10×3^2	10×4^2

On voit ainsi que les espaces parcourus sont proportionnels aux carrés des temps de chute.

Vérification de la loi des vitesses. — La vitesse étant l'espace parcouru d'un mouvement uniforme pendant une seconde, il suffit de placer le long de la règle un curseur annulaire O qui enlève le poids additionnel après une, deux, trois... secondes de chute, et de chercher où il faut placer le curseur plein pour arrêter le poids P une seconde après l'enlèvement de la masse additionnelle; évidemment le mouvement est uniforme dans ce dernier intervalle (n° 19). On obtient alors le tableau suivant :

TEMPS DE CHUTE	1″	2″	3″	4″
Position du curseur annulaire	10	40	90	100
— — plein.	30	80	150	240
Espace compris entre les deux curseurs.	20	40	60	80
	ou	ou	ou	ou
Vitesses. . . .	20 × 1	20 × 2	20 × 3	20 × 4

On voit ainsi que la vitesse acquise après une, deux, trois secondes de chute est proportionnelle au temps de chute.

Formules. — A Paris, l'accélération due à l'action de la pesanteur est 9ᵐ,8; on la représente ordinairement par g.

La vitesse acquise et l'espace parcouru par un corps après un certain temps t de chute sont donnés par les deux formules :

$$v = g \times t$$
$$e = \frac{g \times t^2}{2}$$

Il suffit donc, pour avoir cette vitesse ou cet espace, de remplacer, dans ces formules, g par 9ᵐ,8 et t par le nombre de secondes pendant lequel le corps est tombé.

34. Chute des corps dans l'air. Chute libre. — Dans l'air, la chute des corps n'est plus soumise aux lois générales. Elle s'en éloigne d'autant plus que les corps sont plus légers; cela tient à la résistance de l'air. Un disque de papier et un disque de métal de mêmes dimensions tombent, séparément, avec des vitesses très différentes; si on les superpose, le papier en dessus, ils tombent avec la même vitesse.

Pour les corps légers, le mouvement de chute est d'abord accéléré, puis il devient uniforme à cause de la résistance de l'air, qui finit par annuler l'accélération due à la pesanteur.

35. Poids des corps. — On appelle *poids absolu* d'un corps la résultante de toutes les actions de la pesanteur sur ce corps.

On appelle *poids relatif* d'un corps le rapport de son poids absolu au poids absolu d'un autre corps pris pour unité, le gramme, par exemple. Le poids relatif est celui que l'on considère ordinairement ; il s'obtient à l'aide des instruments de pesage.

36. Pendule. — Le *pendule simple* est constitué par une masse pesante reliée à un point fixe par un fil dont on considère le poids comme négligeable.

Si on écarte le pendule AB (fig. 7) de sa direction verticale et qu'on l'amène en B', puis qu'on l'abandonne à lui-même, il se met à osciller. En effet, son poids est une force P' qui peut se décomposer en deux autres : l'une B'C, qui a pour effet de tendre le fil, et l'autre B'T, tangente à l'arc B'B'' et qui tend à le ramener dans la position AB. En vertu de la vitesse acquise dans ce mouvement, il dépasse le point B et remonte en AB'', puis revient sur lui-même, et ainsi de suite. Il en résulte donc une série d'*oscillations* de part et d'autre de la verticale AB. On appelle *amplitude* l'angle B'AB'' formé par les positions extrêmes du fil.

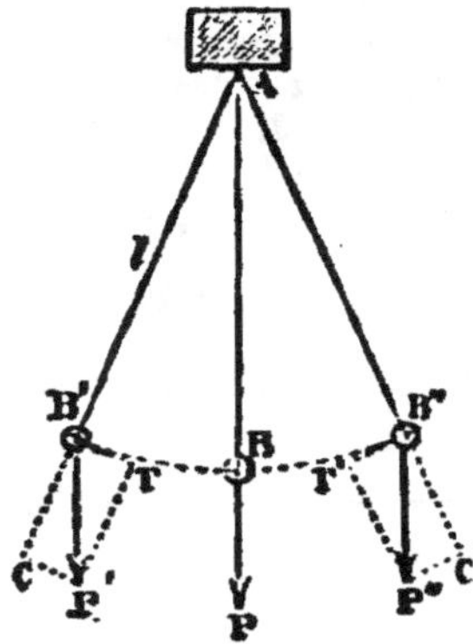

Fig. 7. — Pendule.

On constate que, dans un pendule, la durée des oscillations est la même quelle que soit l'amplitude, pourvu que celle-ci soit inférieure à 4 ou 5 degrés. C'est ce qui le fait employer dans les horloges pour en régler le mouvement. Cette durée d'oscillation varie avec la longueur du pendule, c'est pourquoi les horloges retardent ou avancent suivant que le pendule s'allonge ou se raccourcit.

C'est au moyen du pendule que l'on a déterminé la valeur de l'accélération due à l'action de la pesanteur sur les corps.

Formule du pendule. — En désignant par *l* la longueur du pendule, par *g* l'accélération due à l'action de la pesanteur, et par π le rapport de la circonférence au diamètre, la durée *t* d'une oscillation du pendule, quand cette oscillation est de faible amplitude, est donnée par l'expression

$$t = \pi \sqrt{\frac{l}{g}}$$

Exercices. — 1. Quel temps mettra un corps pour tomber au fond d'un puits de 400m de profondeur ? ($g = 9^m,8$.)

2. Quelle est la vitesse d'un corps tombé du haut de la flèche de la cathédrale de Rouen (150m) ?

3. Une pierre, tombant dans un puits, n'atteint la surface de l'eau qu'après 7,5 secondes. Trouver la profondeur du puits ($g = 9,808$).

4. Une pierre tombe au fond d'un puits de mine, calculer les espaces qu'elle parcourt pendant la première, la deuxième, la troisième et la quatrième seconde. Trouver la valeur de l'accroissement constant de l'espace qu'elle parcourt pendant chaque unité de temps ($g = 9,8$).

5. Dans une expérience faite avec la machine d'Atwood, l'espace parcouru pendant la première seconde est mesuré par 8 divisions. Faire le tableau des différentes expériences qui ont permis de vérifier la loi des espaces et celle des vitesses.

6. La masse pesante d'une machine d'Atwood parcourt 20 divisions dans la première seconde. Combien parcourra-t-elle dans la troisième, cinquième, et septième seconde ?

7. Dans une expérience de Foucault, la longueur du pendule était de 60 mètres. Trouver la durée des oscillations.

8. Quelle longueur faut-il donner à un pendule pour qu'il fasse 7 oscillations par secondes ?

CHAPITRE III

ÉQUILIBRE DES SOLIDES

37. Centre de gravité. — On appelle *centre de gravité* d'un corps le point d'application de la *résultante* de toutes les actions de la pesanteur sur ce corps.

Pour déterminer expérimentalement le centre de gravité d'un corps ABC, par exemple (fig. 8), on le suspend successivement par deux de ses points, A et B, à l'extrémité d'un fil; la rencontre du prolongement du fil donne le centre de gravité G.

1° Le centre de gravité d'une ligne droite est en son milieu; celui du périmètre d'un polygone régulier, d'un cercle, d'une ellipse, est à leur centre de figure; celui du périmètre d'un parallélogramme est au point de rencontre de ses diagonales.

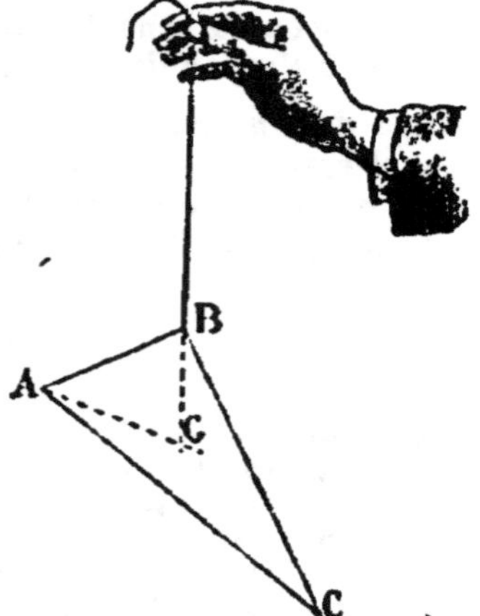

Fig. 8. — Détermination expérimentale du centre de gravité.

2° Le centre de gravité de la surface d'un polygone régulier, d'un cercle, d'une ellipse, d'une sphère, d'un ellipsoïde de révolution, d'un parallélépipède, est à leur centre.

3° Le centre de gravité du volume d'une sphère, d'un ellipsoïde de révolution, d'un parallélépipède, est à leur centre.

38. Condition d'équilibre d'un corps mobile autour d'un point fixe ou d'un axe fixe.

Pour qu'un corps mobile autour d'un point ou d'un axe soit en équilibre, il faut que la verticale du centre de gravité rencontre ce point ou cet axe.

Fig. 9. — Équilibriste.

39. Équilibre stable. — L'équilibre est *stable* si le corps dévié de sa position y est ramené par la pesanteur. Dans ce cas, le centre de gravité est au-dessous du point ou de l'axe de suspension et le plus bas possible. *Ex.:* Le pendule, le fil à plomb, une cloche suspendue.

Le petit équilibriste de la figure 9 est en équilibre stable, grâce aux petites sphères pesantes *p* et *p'*, dont le poids est tel que le centre de gravité de tout le système mobile est plus bas que la petite plate-forme sur laquelle il pose le pied.

40. Équilibre instable. — L'équilibre est *instable* lorsque le corps dévié de sa position en est éloigné par la pesanteur. Dans ce cas, le centre de gravité est au-dessus du point ou de l'axe de suspension (fig. 10). *Ex.:* Un cône reposant sur sa pointe.

41. Équilibre indifférent. — L'équilibre est *indifférent* lorsque le corps, dérangé de sa position, est encore en équilibre (fig. 10). Dans ce cas, le centre de gravité coïncide avec le point

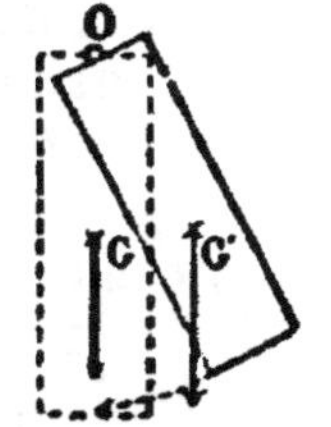
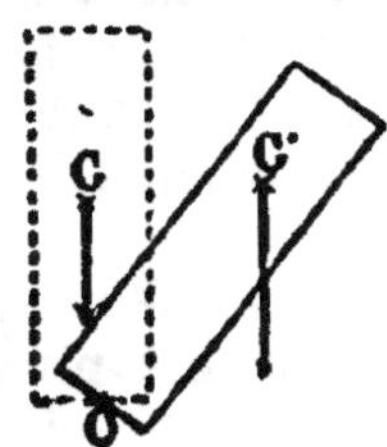
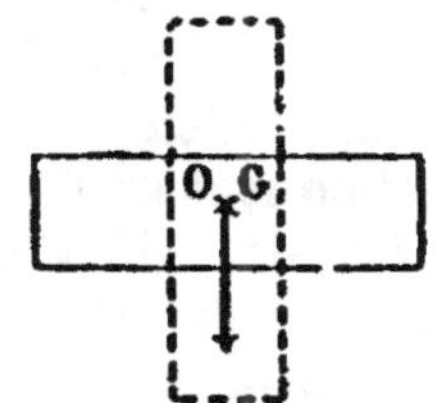

Équilibre stable.   Équilibre instable.   Équilibre indifférent.
Fig. 10. — Différentes sortes d'équilibre.

de suspension, ou se trouve sur l'axe fixe. *Ex.:* Une roue de voiture mobile autour de son essieu.

Il y a encore équilibre indifférent lorsque, après avoir fait varier la position du corps, son centre de gravité reste sur un même plan horizontal : par exemple, une sphère placée sur un plan horizontal.

L'équilibre indifférent est recherché dans la plupart des machines animées d'un mouvement de rotation: les roues, les volants, les balanciers doivent avoir leur centre de gravité sur leur axe.

42. Conditions d'équilibre d'un corps reposant sur un plan.

Pour qu'un corps reposant sur un plan soit en équilibre, il faut que le plan soit horizontal, et que la verticale du centre de gravité tombe à l'intérieur du polygone d'appui.

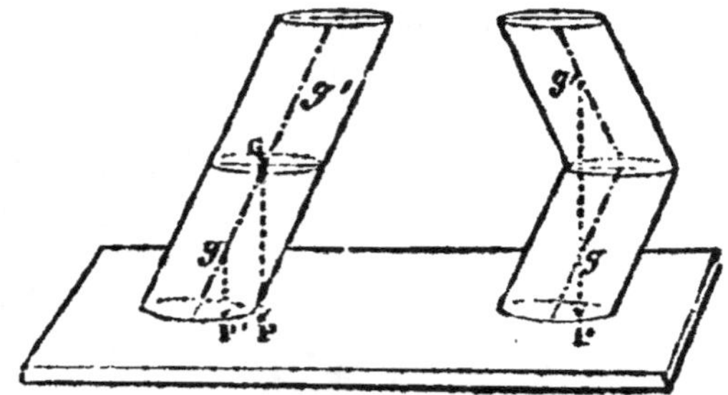

Fig. 11. — Conditions d'équilibre d'un corps reposant sur un plan.

Le *polygone d'appui* ou *base de sustentation* d'un corps est un polygone convexe, enveloppant tous les points communs au corps et au plan, et dont chaque sommet est l'un de ces points. La tour penchée de Pise ne tombe pas, car la verticale de son centre de gravité passe à l'intérieur de la base. C'est pour une raison analogue qu'un homme chargé modifie sa station suivant la position du fardeau. Un bille est en équilibre sur un plan horizontal, car la verticale de son centre de gravité passe par le point de contact avec le plan.

Dans la figure 11, les deux cylindres de gauche, superposés de manière que leurs axes soient sur le prolongement l'un de l'autre, ne peuvent être en équilibre, car la verticale GP du centre de gravité tombe en dehors de la base de sustentation; tandis qu'en les disposant comme il est indiqué à droite, ils se tiennent en équilibre.

La stabilité d'un corps est d'autant plus grande, que le contour du polygone d'appui est plus éloigné de la verticale du centre de gravité, et que celui-ci est plus près du plan horizontal. Une voiture est d'autant plus stable, que les roues sont plus écartées et que le centre de gravité est plus bas; les voitures de foin, les diligences chargées de bagages ont peu de stabilité.

CHAPITRE IV

MACHINES SIMPLES

43. But des machines simples. — Les machines sont des appareils destinés à transmettre l'action des moteurs. Elles ont pour effet de modifier l'intensité des forces, et de rendre possibles certains travaux que la force musculaire de l'homme ne pourrait seule exécuter. Dans l'emploi des machines, le but à atteindre est toujours le même : obtenir un effet déterminé en dépensant le moins de force possible.

Les principales machines simples sont : le levier, la poulie, le treuil, le plan incliné et la vis.

44. Levier. — Le levier est une barre rigide, mobile autour d'un point fixe qu'on appelle point d'appui (fig. 12).

Fig. 12. — Levier (Pince de maçon).
A, puissance ; C, point d'appui ; B, résistance.

Lorsque le levier est soumis à l'action de deux forces, l'une prend le nom de *puissance*, l'autre celui de *résistance*.

On appelle *bras de levier* la perpendiculaire abaissée du point d'appui sur la direction d'une force.

L'expérience prouve et le calcul montre que lorsque le levier est en équilibre, les intensités de la puissance et de la résistance sont en raison inverse de la longueur de leur bras de levier.

45. Genres de leviers. — Suivant les positions relatives du point d'appui, de la puissance et de la résistance, on distingue trois genres de leviers.

1er genre. *Le point d'appui est entre la puissance et la résistance.*

Exemples : La pince du maçon (fig. 12), les balances, sont des leviers du premier genre. Les ciseaux et les tenailles sont des doubles leviers du premier genre.

2e genre. *La résistance est entre la puissance et le point d'appui.*

Exemples : Le couteau de boulanger, la brouette, une poutre que l'on soulève par une extrémité, une rame qui fait mouvoir une barque. Le casse-noisette est un double levier du second genre.

Ordinairement, dans les leviers du second genre, le bras de levier de la puissance est plus grand que celui de la résistance, ce qui favorise la puissance.

3e genre. *La puissance est entre la résistance et le point d'appui.*

Exemples : La pédale, les membres de l'homme et des animaux, les pincettes (levier double).

46. Poulie. — Une *poulie* est un disque mobile autour de son axe.

Lorsque la poulie doit être mue au moyen de cordes ou de chaînes, son contour est creusé d'une rainure appelée *gorge*.

Une chape A supporte les extrémités de l'axe CD.

La poulie est suspendue par un crochet E, afin qu'elle puisse prendre une inclinaison convenable suivant la direction des forces qui lui sont appliquées.

La *poulie fixe* est celle dont l'axe repose sur des supports fixes, tandis que dans la *poulie mobile* l'axe se déplace pendant que la poulie tourne (fig. 14).

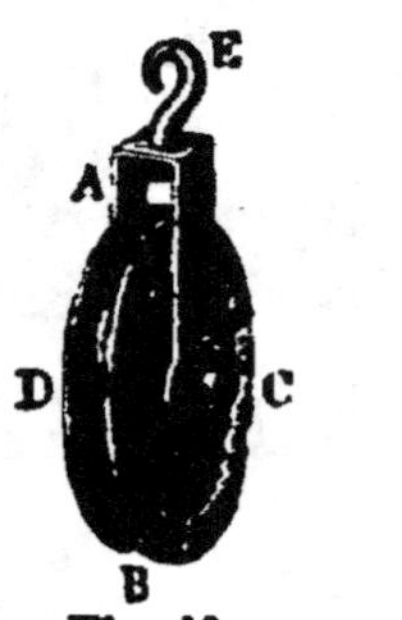
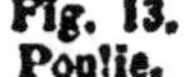

Fig. 13.
Poulie.

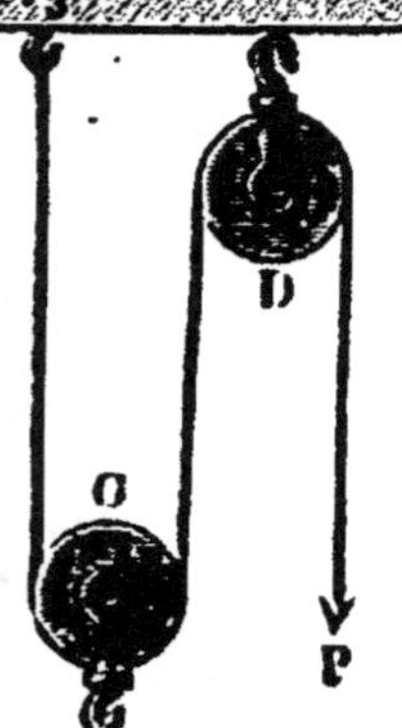

Fig. 14. — C, poulie mobile ; D, poulie fixe.

La poulie fixe est en équilibre quand la puissance est égale à la résistance. Elle ne fait donc que changer la direction de la force, aussi la nomme-t-on encore *poulie de renvoi.*

La poulie mobile est posée sur le cordon, qui embrasse une partie de la gorge ; une extrémité de ce cordon est attachée à un point fixe, l'autre extrémité est sollicitée par la puissance. La chape est terminée par un crochet auquel est appliquée la résistance, qui ordinairement est un corps à soulever.

Quand les cordons sont parallèles, il y a équilibre lorsque la puissance est la moitié seulement de la résistance.

47. Moufle. — Une *moufle* est formée de plusieurs poulies réunies dans une même chape ; tantôt les poulies sont inégales et ont chacune un axe particulier ; tantôt elles sont égales et placées sur le même axe.

L'assemblage de deux moufles de même espèce se nomme *palan*.

Dans un palan en équilibre, la puissance est égale à la résistance

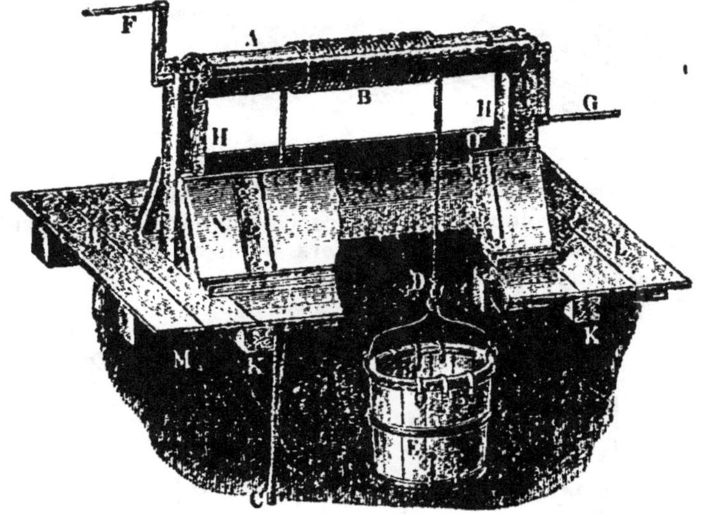

Fig. 15. — Treuil.

divisée par le nombre de cordons qui réunissent les moufles, c'est-à-dire par le nombre des poulies.

48. Treuil. — Le *treuil* se compose ordinairement d'un cylindre terminé par deux tourillons (fig. 15).

Les *tourillons* sont des cylindres de même axe que le cylindre principal, mais de rayon plus petit ; ils reposent sur des supports fixes nommés *coussinets*.

La résistance est fixée à une corde qui s'enroule sur le cylindre. La puissance agit tangentiellement à une circonférence dont le plan est perpendiculaire à l'axe du cylindre, soit au moyen d'une manivelle (fig. 15), soit au moyen de leviers qui traversent le treuil (fig. 16).

Quand il y a équilibre, la puissance et la résistance sont en raison inverse des rayons de la manivelle et du cylindre.

Le *cabestan* (fig. 16) est un treuil vertical ; il est employé principalement dans les ports et sur les navires.

Fig. 16. — Cabestan.

Le *treuil des carriers*, ou *roue à chevilles*, est mis en mouvement par une grande roue dont la circonférence est garnie de chevilles transversales sur lesquelles des ouvriers montent comme sur les échelons d'une échelle. Dans cet appareil, la puissance est le poids des ouvriers.

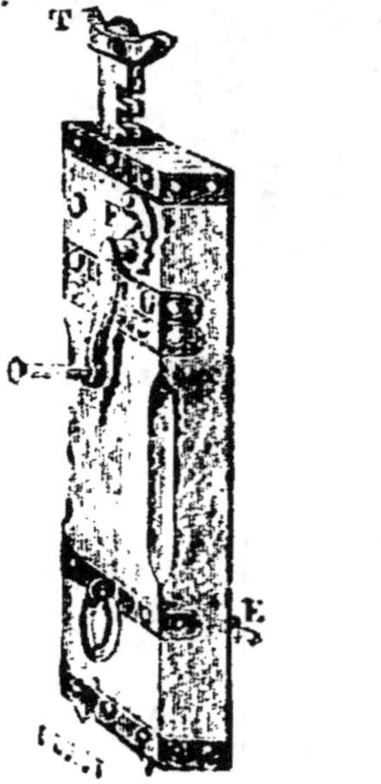

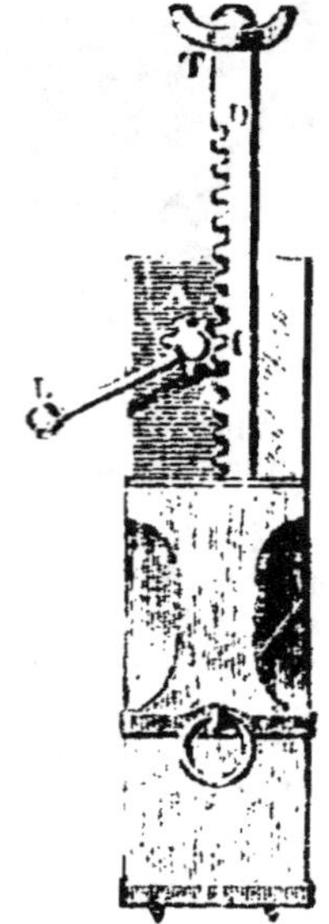

Fig. 17. — Cric.   Fig. 18. — Mécanisme du cric.

Le *cric* (fig. 17) est un treuil à engrenages destiné à déplacer d'une petite quantité des corps très lourds.

Il se compose d'une crémaillère CD, qui s'engrène avec un pignon A, que l'on fait tourner au moyen d'une manivelle L.

Au bas de la tige CD se trouve une partie saillante E, que l'on engage sous le corps à soulever; d'autres fois on butte la tête T contre le corps que l'on veut déplacer.

49. Plan incliné. — Le *plan incliné* est un plan résistant faisant un certain angle avec l'horizon. Il sert à élever les corps trop pesants pour qu'on puisse les soulever directement.

Fig. 19. — Haquet. (Application du treuil et du plan incliné.)

On l'utilise pour charger les corps lourds sur les voitures, pour élever les wagons chargés de matériaux dans les grands travaux de terrassements, et dans une foule d'autres cas.

50. Vis. — Une vis se compose d'un cylindre nommé *noyau* (fig. 20), qui porte des filets saillants de forme hélicoïdale, s'engageant dans un écrou.

Fig. 20. — Vis.

Fig. 21. — Écrou.

L'*écrou* est une pièce MN (fig. 21) creusée d'une rainure, dans laquelle s'engagent exactement les filets saillants de la vis : c'est, pour ainsi dire, le moule de la vis.

Parfois l'écrou est fixe, et la vis en tournant progresse dans le sens

de son axe, comme, par exemple, dans la *presse à copier* (fig. 22); il
en est de même dans certains pres-
soirs.

C'est ainsi que l'hélice des bateaux à vapeur les fait avancer, l'eau
faisant fonction d'écrou.

Dans d'autres appareils, la vis
tourne sur elle-même; alors c'est
l'écrou qui avance. Il en est ainsi
dans les freins des voitures, les machines à raboter, etc.

Quand l'écrou est fixe, l'extrémité
de la vis se déplace évidemment de
la largeur du pas de vis à chaque
tour. Ce déplacement peut être mesuré avec une grande exactitude par
le nombre de tours ou de fractions
de tour que l'on fait faire à la vis
(*vis micrométrique*). C'est ce qui la
fait employer dans plusieurs instruments de précision.

Fig. 22. — Presse à copier.

EXERCICES. — 1. Un poids de trois kilogr. est attaché à un bras de levier qui
a 25 cent. Quelle longueur faut-il donner à l'autre bras pour faire équilibre à
deux kilogr.?

2. Un levier a 1ᵐ de long. Le point fixe est à 0ᵐ,33 d'une extrémité. Quelle force
faudra-t-il appliquer à l'extrémité du petit bras pour équilibrer 100 kilogr. à
l'extrémité du grand bras?

3. Quelle force faut-il employer pour soutenir un poids de 100 kilogr. à l'aide
d'une simple poulie mobile dont les cordons sont parallèles?

4. Quelle force faut-il dépenser pour soulever un poids de 225 kilogr. au moyen
d'un palan formé de 6 poulies?

5. Dans un treuil, le rayon de la roue sur laquelle agit tangentiellement la
force est 0ᵐ,06; celui du cylindre 0ᵐ,10. Quelle force fera équilibre à un poids
de 120 kilogr.?

6. Un levier à bras égaux, mobile autour de son milieu, est divisé en dix segments égaux : on suspend d'un côté deux billes à une distance 1, deux à une distance double, trois à une distance triple. Combien de billes faut-il suspendre à
l'extrémité de l'autre bras du levier pour obtenir l'équilibre?

CHAPITRE V

LA BALANCE

81. Description. — La *balance* (fig. 23) est un instrument qui sert à déterminer le poids des corps. C'est un levier du premier genre; par conséquent, ses conditions d'équilibre sont celles du levier (n° 44).

Le levier AB, appelé *fléau*, repose, par un couteau d'acier trempé C, sur deux plans d'acier trempé ou d'agate, appelés *coussinets*.

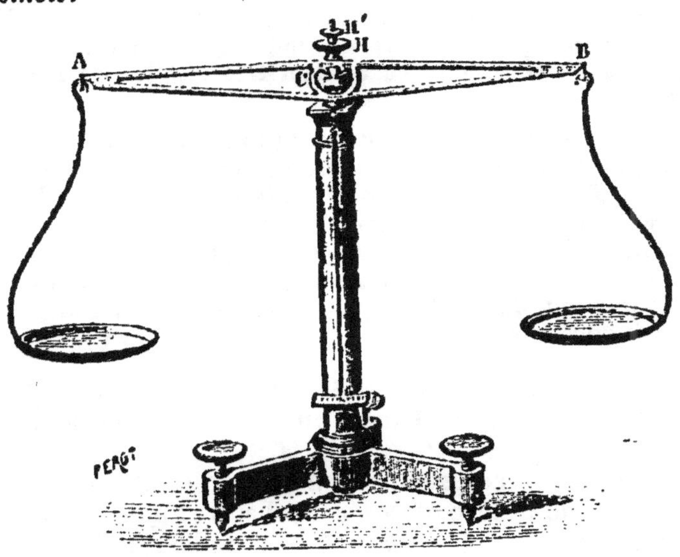

Fig. 23. — Balance.

Les plateaux sont suspendus par des crochets d'acier à des couteaux à vive arête. Les arêtes des trois couteaux A, C, B, sont sur une ligne droite que l'on nomme *axe* du fléau.

Le fléau porte une longue aiguille, qui lui est perpendiculaire et dont l'extrémité se meut sur un arc gradué; le zéro de la graduation correspond à la position horizontale du fléau.

Trois vis calantes servent à rendre la *colonne* parfaitement verticale.

Le *poids d'un corps* est égal à la somme des poids marqués qui lui font équilibre sur la balance.

52. Conditions de justesse. — Pour qu'une balance soit juste il faut : 1° *que les bras du fléau soient égaux en poids et en longueur;* 2° *que la verticale du centre de gravité passe par l'axe de suspension lorsque le fléau est horizontal.*

On voit qu'une balance est juste lorsque le fléau reste horizontal, quels que soient les poids égaux que l'on mette dans les plateaux.

53. Conditions de sensibilité. — Pour qu'une balance soit sensible, il faut: 1° *que le fléau soit aussi long et aussi léger que possible;* 2° *que le centre de gravité soit très près et un peu au-dessous de l'axe de suspension.*

Pour que la sensibilité demeure constante, quelle que soit la charge, *il faut que les trois couteaux restent toujours en ligne droite.*

Une balance est d'autant plus sensible, qu'un petit poids, ajouté dans l'un des plateaux, produit un plus grand angle d'inclinaison du fléau. On augmente la sensibilité en rendant très mobiles les pièces à frottement.

Remarque. — Si le centre de gravité du fléau était au point même de suspension, le fléau serait en équilibre dans toutes les positions sous l'action de poids égaux, et la moindre différence entre les deux poids produirait un renversement complet; alors la balance serait dite *indifférente.* S'il était au-dessus du point d'appui, on ne pourrait mettre la balance en équilibre; elle serait dite *folle.* S'il était au-dessous, mais trop loin du point d'appui, la balance serait peu sensible; elle serait dite *paresseuse.*

54. Méthode de la double pesée ou de Borda. — La *méthode de Borda* permet de peser exactement un corps avec une balance sensible quoique non juste.

Pour cela on met le corps dans l'un des plateaux, et on lui fait équilibre avec de la tare placée dans l'autre; puis on remplace le corps par des poids marqués qui indiquent le poids cherché.

Faire la *tare* d'un corps, c'est placer ce corps dans un des plateaux d'une balance et rétablir l'équilibre en mettant dans l'autre plateau des corps quelconques, grenailles, sable, etc.

55. Principaux instruments de pesage. — Outre la *balance ordinaire* on se sert aussi, pour déterminer le poids des corps, de la *balance de Roberval,* de la *bascule,* du *peson,* de la *romaine,* etc.

La *balance de Roberval* (fig. 24) est très commode pour les pesées ordinaires, à cause de la disposition des plateaux. Le parallélogramme variable AA'BB' maintient les tiges AA' et BB' verticales. Cet appareil est peu sensible, car il présente beaucoup de frottements.

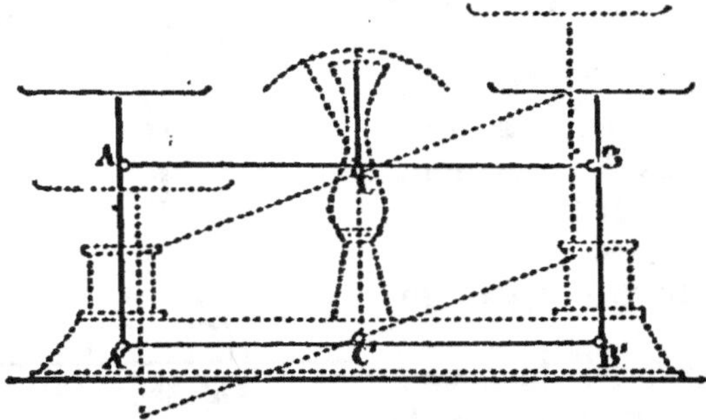

Fig. 24. — Balance de Roberval.

La *bascule* ou balance à bras inégaux permet de peser des corps très lourds avec des poids dix fois moindres, *bascule de Quintenz* (fig. 25), ou cent fois moindres, *bascule de Bérenger.*

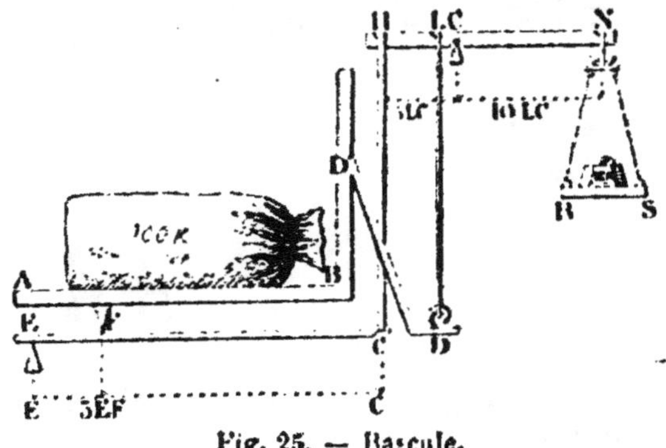

Fig. 25. — Bascule.

La charge posée sur AB se répartit en F et en D. Par suite des relations qui existent entre les leviers EFC, HCN et LCN, cette charge est équilibrée sur le plateau RS par des poids 10 fois moindres.

Lorsque les corps à peser sont très lourds, on dispose les leviers de manière que le rapport des poids soit $1/_{100}$, comme dans les bascules qui servent à peser les voitures.

Le *peson* (fig. 26), le *pèse-lettres*, n'exigent pas de poids mobiles. Les divisions de l'arc du *peson* n'indiquent pas le poids des corps placés en N, mais seulement le numéro de l'échantillon (laine, coton, etc.), au point de vue du commerce. La graduation de cet appareil est d'ailleurs souvent arbitraire.

La *romaine* (fig. 27) est un levier du premier genre à bras inégaux. Les corps à peser sont suspendus à un crochet A, et la romaine est supportée au moyen d'une chape C, terminée par un anneau.

Sur le grand bras de levier se déplace un poids curseur P, destiné à équilibrer et à indiquer le poids du corps Q.

Cet instrument est très commode pour les pesées qui ne

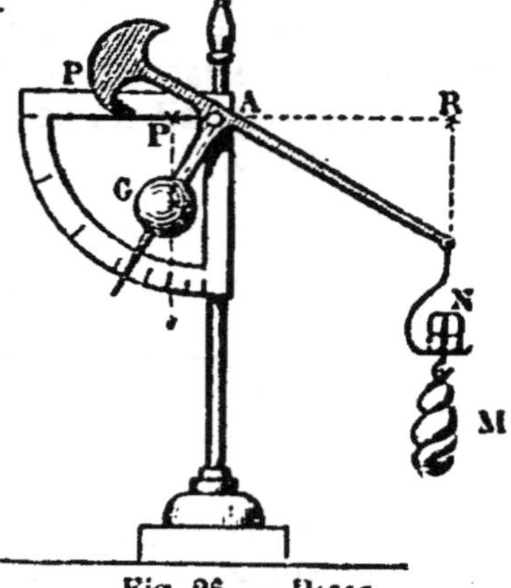

Fig. 26. — Peson.

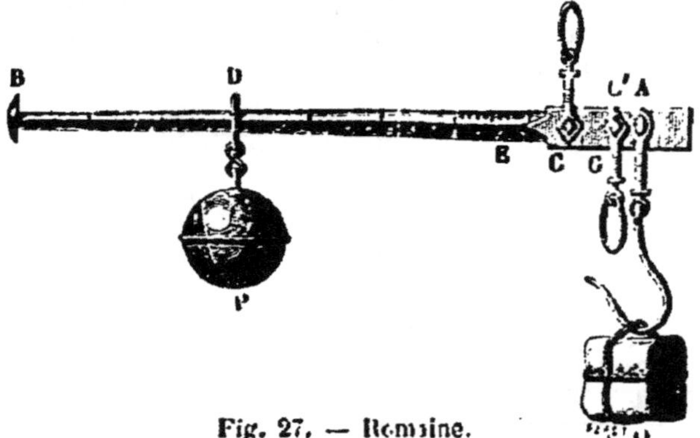

Fig. 27. — Romaine.

demandent pas une grande précision. Il a l'avantage de ne pas exiger de poids mobiles.

QUESTIONNAIRE. — Qu'est-ce que la balance? — Quelles sont les pièces qui la composent? — Que faut-il pour qu'une balance soit juste? pour qu'elle soit sensible? Quand une balance est-elle indifférente? Quand est-elle paresseuse? — En quoi consiste la méthode de la double pesée? Qu'est-ce que faire la tare d'un corps? — Quels sont les principaux instruments de pesage? — Quels avantages présentent la bascule? le peson? la romaine?

EXERCICES. — 1. Deux poids de 600 et de 602 gr., placés dans les plateaux d'une balance à bras inégaux, se font équilibre. Déterminer la longueur des bras de la balance, si l'un d'eux a 2 cent. de plus que l'autre.

2. Un même corps, placé successivement dans les deux plateaux d'une balance, a fait équilibre à 285 et à 301 gr. Calculer: 1° le rapport des longueurs des bras du fléau; 2° le poids du corps.

DEUXIEME PARTIE

HYDROSTATIQUE

CHAPITRE I

PRESSIONS EXERCÉES PAR LES LIQUIDES

56. Objet de l'hydrostatique. — L'*hydrostatique* est la partie de la physique qui étudie les conditions d'équilibre des liquides.

57. Transmission des pressions dans les liquides. — **Principe de Pascal.** — *Si l'on exerce une pression sur la surface d'un liquide en équilibre, cette pression se transmet tout entière et dans tous les sens à toute portion plane de paroi égale à la surface pressée.*

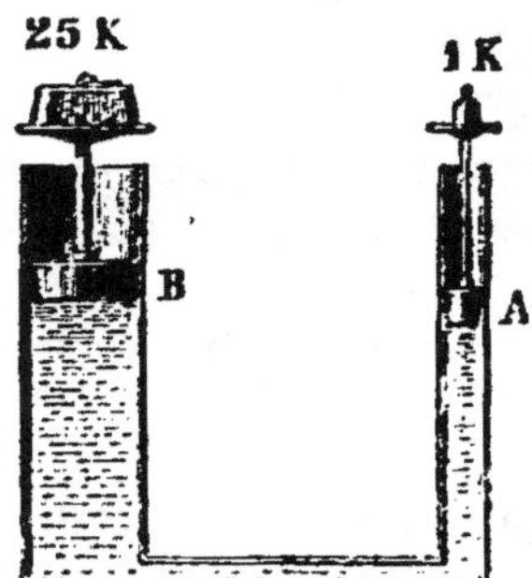

Fig. 28. — Principe de Pascal.

Si, par exemple, deux pistons B et A, dont l'un a une surface 25 fois plus grande que l'autre (fig. 28), ferment hermétiquement deux cylindres remplis d'eau, un poids de 25 kil. placé sur le plus grand piston sera équilibré par un poids de 1 kil. placé sur le petit piston.

La pression exercée sur la surface d'un liquide se transmet non seulement aux parois de l'enveloppe, mais encore à toute surface considérée dans l'intérieur du liquide. De sorte que, dans l'expérience indiquée par la figure 28, un disque de papier, ayant dix fois la surface du petit piston, et plongé dans le liquide, éprouverait une pression de 10 kilogr. sur chacune de ses deux faces.

58. Presse hydraulique. — La *presse hydraulique* est un appareil basé sur le principe de Pascal. Deux corps de pompe A et B (fig. 29) sont en communication directe par un tube. Au moyen du levier *l*, on fait mouvoir le piston *p*, qui, en descendant, chasse dans le cylindre A l'eau puisée en R. Si le piston *p* a une section 1 000 fois moindre, par exemple, que le piston P, un effort de 1 kgr. exercé en *b* se traduira par une force de 1 000 kgr. qui soulèvera le piston P, et pressera ainsi les corps placés entre la partie supérieure G du piston P et le plateau fixe E.

Les *ascenseurs hydrauliques*, qui servent à soulever des poids considérables, reposent sur le même principe.

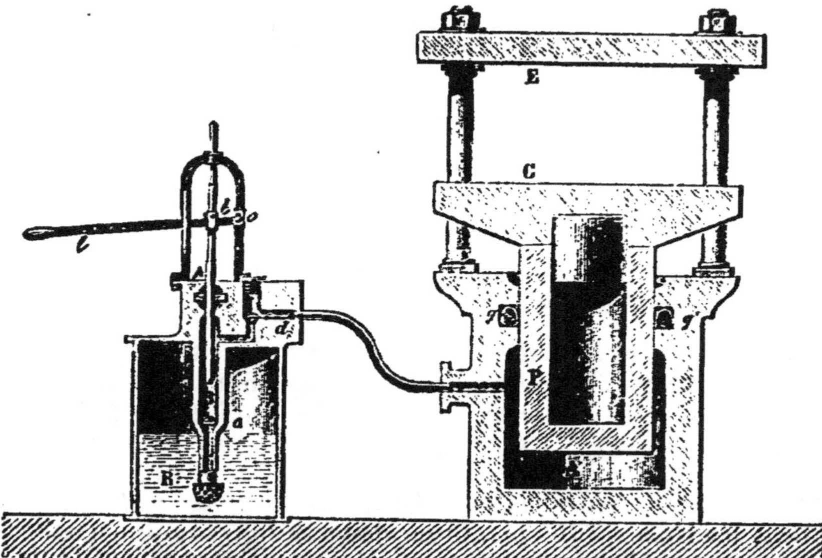

Fig. 29. — Coupe d'une presse hydraulique.

A. Grand cylindre avec son piston P; C, Plate-forme mobile; E. Plate-forme fixe; B. Petit corps de pompe; *p*, son piston; *l*, levier du piston; *b*, bielle articulée; *a, d*, soupapes.

59. La surface libre d'un liquide en équilibre est horizontale. — Elle est perpendiculaire à la direction du fil à plomb. On utilise cette propriété dans le *niveau à bulle d'air* (fig. 30), qui sert à vérifier si une surface est horizontale.

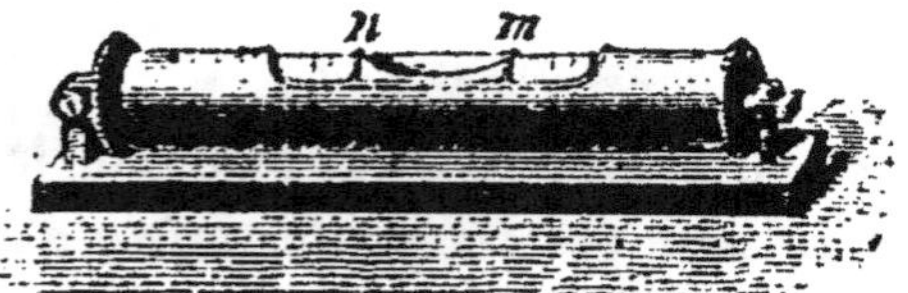

Fig. 30. — Niveau à bulle d'air.

Le niveau à bulle d'air se compose d'un tube de verre fermé à ses deux extrémités, et renfermant un liquide qui ne le remplit pas complètement. Ce tube, très légèrement bombé, est fixé sur une tablette en cuivre, travaillée de telle sorte que, lorsqu'elle est posée sur un plan parfaitement horizontal, la bulle d'air *m n* est tangente à deux traits marqués sur le tube de verre.

60. Pression sur le fond des vases. — *Tout liquide exerce sur le fond plan et horizontal du vase qui le contient une pression verticale de haut en bas, égale au poids d'une colonne* *de liquide ayant pour base le fond du vase et pour hauteur sa distance à la surface libre du liquide.*

On vérifie cette loi au moyen des appareils de Masson et de Haldat.

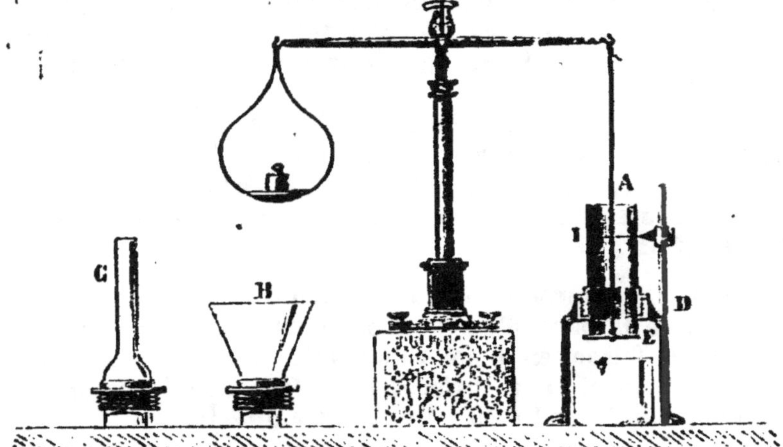

Fig. 31. — Appareil de Masson.

Appareil de Masson (fig. 31). — On visse en D successivement les trois vases A, B, C de volumes différents, mais dont l'ouverture inférieure a même surface. Un disque plan (oblura-

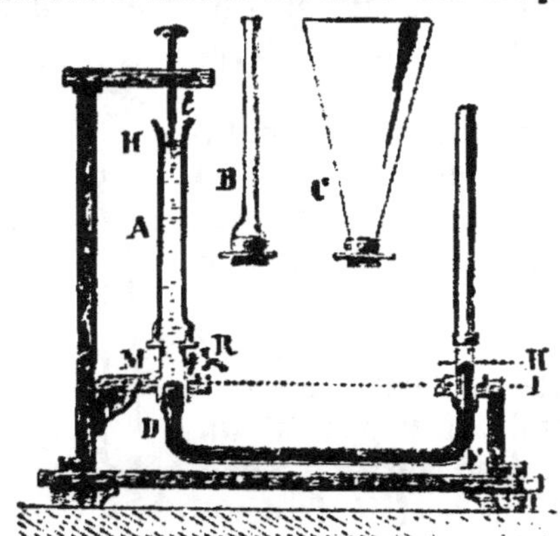

Fig. 32. — Appareil de Haldat.

teur), fermant cette ouverture, est maintenu par un fil au moyen d'un poids placé dans le plateau de la balance. On remarque que l'obturateur mobile E se détache, dans les trois cas, lorsque l'eau atteint le même niveau I dans les vases; donc la pression sur le fond dépend seulement de la hauteur du liquide et non de son volume.

Appareil de Haldat (fig. 32). — Cet appareil se compose de deux tubes communiquants. On y verse du mercure, et l'on constate que si l'on visse successivement en M trois vases remplissant les mêmes conditions que dans l'expérience précédente, une même hauteur d'eau MH détermine une même différence dans les hauteurs des deux colonnes verticales de mercure.

On voit ainsi que la pression sur le fond ne dépend que de la surface de celui-ci et de la hauteur du liquide. Cette pression est donc supérieure au poids du liquide si le vase va en se rétrécissant de bas en haut, et inférieur à ce poids s'il va, au contraire, en s'élargissant.

61. Pressions latérales. — La pression exercée sur un point quelconque de la paroi d'un vase est *normale* à la surface; on le constate en faisant en ce point une petite ouverture: le liquide jaillit normalement à la surface, et il faut que la pesanteur agisse pour faire prendre au jet une autre direction.

Cette pression est égale au poids d'une colonne liquide verticale ayant pour base la surface considérée et pour hauteur la distance du centre de gravité de cette surface à la surface libre du liquide.

L'existence des pressions latérales peut être mise en évidence au moyen du *tourniquet hydraulique* (fig. 33).

Le tourniquet hydraulique se compose d'un vase V, mobile autour de son axe vertical, et contenant de l'eau qui peut s'écouler par les deux tubulures *a* et *b* dirigées en sens contraires. C'est la pression du liquide contre la paroi du tube située en face de l'orifice d'écoulement qui fait prendre à l'appareil un mouvement de rotation lorsque l'eau s'écoule. Cette rotation se fait évidemment en sens inverse de l'écoulement de l'eau.

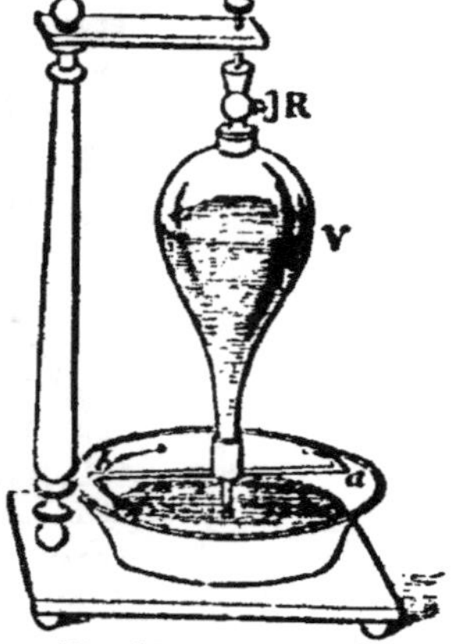

Fig. 33. — Tourniquet hydraulique.

Expérience du crève-tonneau. — Cette expérience est une application du principe de Pascal et montre, d'une manière frappante, l'existence des pressions latérales. On surmonte un tonneau plein d'eau d'un long tube étroit dans lequel on verse de l'eau. Si le tube a seulement 3 mètres de haut et 1 centim. carré de section, chaque centim. carré des parois du tonneau supportera une pression d'au moins 300 grammes, ce qui donnerait, pour une barrique ordinaire, une pression totale de 7 à 8000 kilogr. Aussi, sous une telle pression, les douves s'écartent et l'eau jaillit de toutes parts.

Remarque. — Il ne faut pas confondre la pression sur le fond d'un vase avec le poids du liquide qu'il renferme. La pression sur le fond, modifiée par l'action des pressions latérales, donne une résultante qui est égale au poids du liquide. Cette contradiction apparente entre la pression sur le fond et le poids du liquide a reçu le nom de *paradoxe hydrostatique*.

62. Pression dans l'intérieur d'un liquide. — *Toute surface plane horizontale, considérée dans l'intérieur d'un liquide en équilibre, subit sur ses deux faces des pressions égales.* — Par conséquent, la face inférieure subit une poussée verticale de bas en haut, égale au poids d'une colonne de liquide ayant pour base cette surface et pour hauteur sa distance au niveau du liquide.

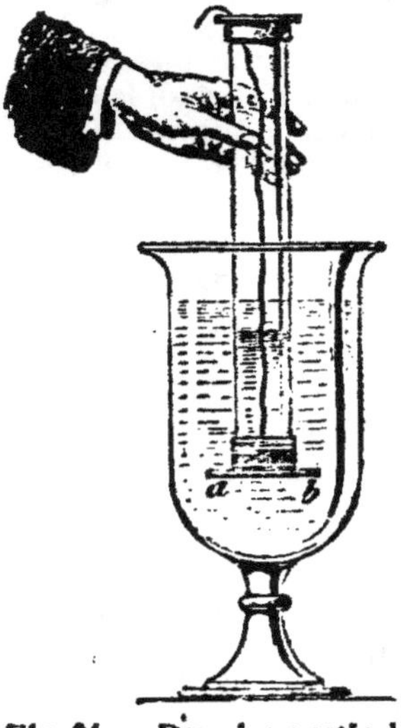

Fig. 34. — Pression verticale de bas en haut.

On le vérifie facilement au moyen d'un tube droit (fig. 34) ouvert à ses deux extrémités. Un disque de verre *a b*, assez léger, est d'abord maintenu contre l'ouverture inférieure au moyen d'un fil qui passe dans l'intérieur du tube, et que l'on tient à la main. On plonge ensuite le tube verticalement dans l'eau, et l'on remarque que l'on peut alors lâcher le fil, le disque reste appliqué contre l'ouverture; c'est donc qu'il est soumis à une pression dirigée de bas en haut.

Pour mesurer la valeur de cette pression, on verse de l'eau dans le tube et l'on constate que le disque *a b* se détache lorsque l'eau atteint le niveau de l'eau dans le vase.

La loi est encore vraie si la surface considérée n'est pas horizontale. Dans ce cas, *la pression est équivalente au poids d'une colonne de liquide dont la hauteur égale la distance du centre de gravité de la surface pressée au niveau du liquide.*

Cette pression est appliquée en un point appelé *centre de pression*, situé un peu plus bas que le centre de gravité.

Les pressions sont toujours normales aux surfaces pressées.

QUESTIONNAIRE. — Quel est l'objet de l'hydrostatique? — Énoncez le principe de Pascal. — *De quoi se compose la presse hydraulique?* — *Qu'est-ce que le niveau à bulle d'air?* — A quoi est égale la pression exercée par un liquide sur le fond plan et horizontal d'un vase? Comment peut-on la vérifier? — Sur quel principe repose le tourniquet hydraulique? — *En quoi consiste l'expérience du crève-tonneau?* — *La pression exercée par un liquide sur le fond d'un vase est-elle toujours égale au poids du liquide? — Comment vérifie-t-on la pression qui s'exerce sur une surface plane considérée dans l'intérieur d'un liquide?*

EXERCICES. — 1. Les rayons de base de deux pistons qui se meuvent dans deux vases communiquants sont 7 centim. et 1 centim. 5. Quelle charge faut-il placer sur le grand piston pour faire équilibre à un poids de 565 gr. placé sur le petit? Les poids des pistons sont de 8 kilogr. et 2 kilogr.

2. Dans une presse hydraulique, les bras du levier ont respectivement 12 et 130 centim. Les sections des pistons mesurent $0^m,483$ et $0^m,0007$; la pression de la main appliquée à l'extrémité du grand bras est de 24 kilogr. Déterminer le poids du fardeau qu'on peut soulever.

3. Dans une expérience faite avec l'appareil de Masson, trouver la valeur de la pression exercée sur le fond d'un tube conique de 25 centim. carrés, la hauteur de la colonne d'eau étant de 35 centim. Calculer le poids qu'il a fallu placer dans le plateau de la balance, sachant que l'obturateur pèse 50 gr.

4. Au fond supérieur d'un tonneau, haut de 90 centim. et dressé verticalement, on adapte un tube de 3^m75 qu'on remplit d'eau. Déterminer la pression exercée par le liquide sur chacune des bases du tonneau. (Rayon des bases$=15$ centim.)

5. Dans un réservoir d'eau, une ouverture de 2 centim. carrés s'est produite à 3^m86 de profondeur. Déterminer la valeur de la force qui chasse l'eau.

6. Un manchon vide et fermé par un obturateur est immergé dans un bain de mercure, la distance de la surface libre à la surface pressée est de 0^m760, la densité du mercure 13,59; l'obturateur est un cercle de 8 centim. de diamètre. Quel effort faut-il développer pour le séparer des bords du tube? Quelle colonne d'eau faut-il verser pour faire tomber l'obturateur?

CHAPITRE II

VASES COMMUNIQUANTS

63. Principe. — *Dans un système de vases communiquants, un liquide est en équilibre lorsque tous les niveaux sont dans un même plan horizontal.*

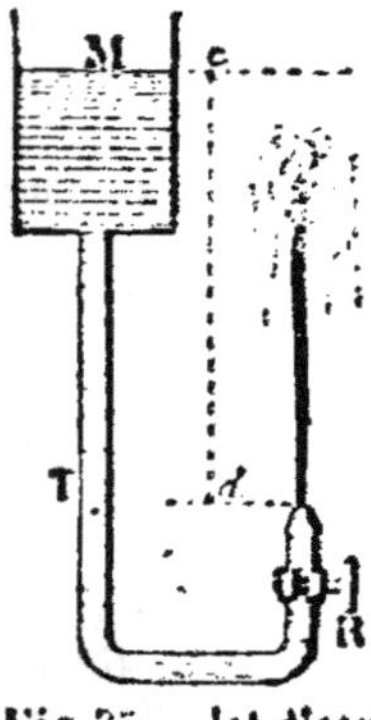

La distribution de l'eau dans les villes, les jets d'eau, les puits ordinaires, les puits artésiens, reposent sur ce principe.

Dans les jets d'eau (fig. 35), l'eau est amenée d'un réservoir M à un ajutage R, situé plus bas, au moyen d'un conduit T. Si le jet qui s'échappe en *d* ne monte pas jusqu'en *c*, cela tient à la résistance de l'air et aux gouttelettes d'eau qui retombent sur celles qui montent.

La manœuvre des écluses dans les rivières, la construction des lampes à huile appelées quinquets, l'emploi du niveau d'eau, reposent sur le même principe.

Fig. 35.—Jet d'eau.

Le *niveau d'eau* (fig. 36) se compose d'un tube coudé à ses extrémités, auxquelles sont adaptées deux fioles de verre.

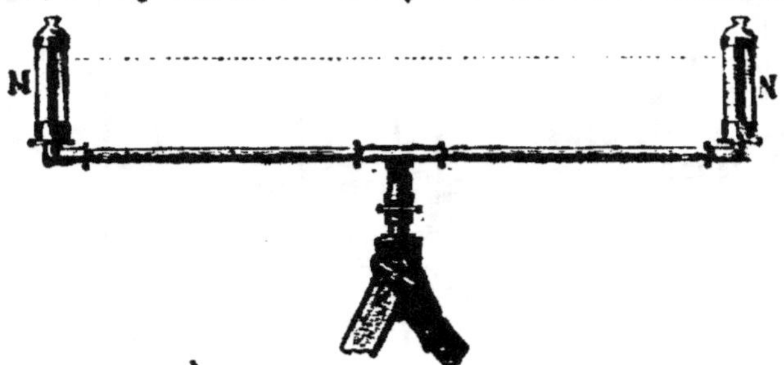

Fig. 36. — Niveau d'eau.

On y verse assez d'eau pour qu'elle s'élève à une certaine hauteur dans les deux fioles. Tout rayon visuel mené par les deux surfaces libres est horizontal.

Fig. 37. — Emploi du niveau d'eau.

L'appareil sert donc, dans les opérations de nivellement, pour déterminer les directions horizontales (fig. 37).

64. Équilibre dans le cas de deux liquides. — *Lorsque deux vases communiquants renferment deux liquides, il faut, pour qu'il y ait équilibre, que les hauteurs des liquides au-dessus de la surface de séparation soient inversement proportionnelles aux densités.*

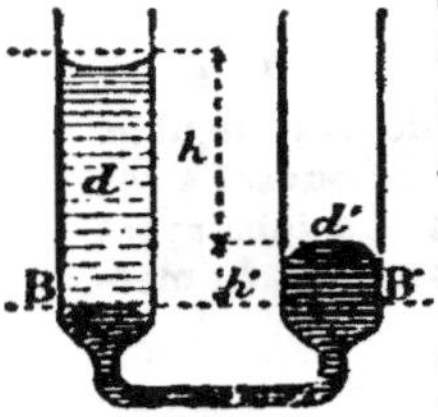

Si dans les deux tubes communiquants représentés dans la figure 38, on verse de l'eau et du mercure, les hauteurs h et h' de l'eau et du mercure, au-dessus de leur surface de séparation

Fig. 38.

B B', sont en raison inverse de leurs densités respectives. On constate que l'on a, en effet,

$$\frac{h}{h'} = \frac{d'}{d}$$

65. Capillarité. — On appelle tubes *capillaires* (de *capillus*, cheveu) des tubes qui ont un diamètre très petit. Les liquides dans ces tubes ne suivent pas les lois des vases communiquants.

On prend un tube en verre et on le plonge en partie dans un liquide en le tenant verticalement (fig. 39).

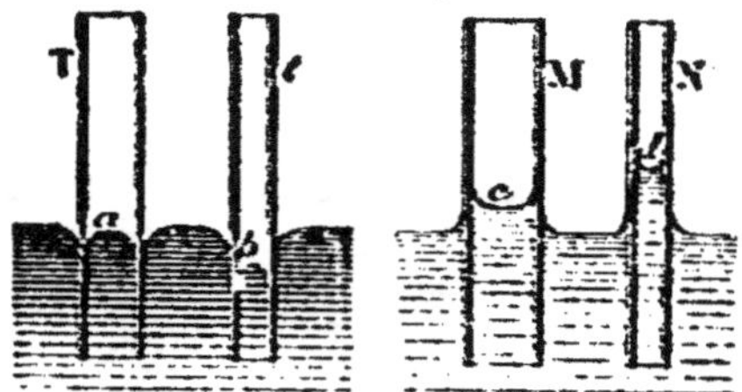

Fig. 39. — Tubes capillaires.

Si le liquide ne mouille pas le tube (mercure), le niveau intérieur est plus bas que le niveau extérieur; c'est ce qu'on appelle une *dépression capillaire*. La surface libre présente un ménisque convexe, *a, b*.

Si le liquide mouille le tube (eau), le niveau à l'intérieur du tube est plus haut qu'à l'extérieur; c'est ce qu'on appelle une *ascension capillaire*. La surface est alors concave, *c, d*.

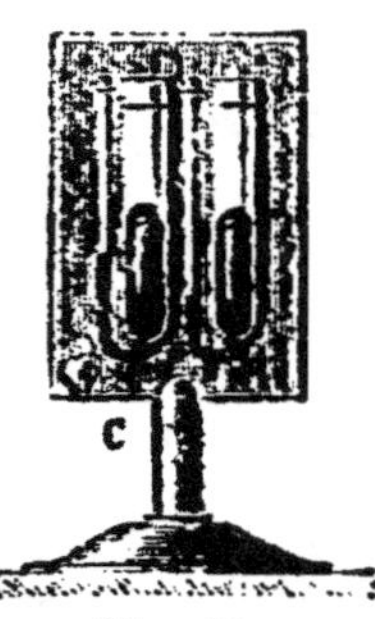

La capillarité joue un rôle important dans la circulation végétale, l'élévation de l'huile dans les lampes par les mèches, l'imbibition des corps poreux (éponge, sucre, tas de sable).

C'est par suite des phénomènes capillaires qu'un liquide monte à des hauteurs différentes dans des tubes étroits, de diamètres différents et communiquant librement l'un avec l'autre (fig. 40).

Fig. 40.

QUESTIONNAIRE. — Énoncez le principe des vases communiquants. Donnez-en des applications. — Qu'est-ce que le niveau d'eau ? A quoi sert-il ? — *Comment sont entre elles les hauteurs des liquides de densités différentes dans deux vases communiquants ? — Qu'appelle-on tubes capillaires ? — Quels phénomènes observe-t-on quand on les plonge dans un liquide qui les mouille ou ne les mouille pas ? Citez des exemples de capillarité.*

EXERCICES. — 1. L'une des branches de deux vases communiquants renferme une colonne d'eau de 36 cent. Déterminer la hauteur de la colonne de sulfure de carbone ($d = 1,293$) qui lui fait équilibre. Les hauteurs sont mesurées à partir de la surface de séparation.

2. Une colonne de 432 millim. d'eau fait équilibre, dans un tube en U, à une colonne de 500 millim. d'essence de térébenthine. Trouver la densité de ce liquide.

3. Dans une éprouvette contenant du mercure on plonge un tube ouvert à ses deux extrémités, et dans celui-ci on verse 250 cent. cubes d'eau. Le tube ayant 1 cent. carré de section, on demande la différence de niveau des surfaces du mercure dans le tube et dans l'éprouvette.

CHAPITRE III

PRINCIPE D'ARCHIMÈDE

66. Énoncé du principe d'Archimède. — *Tout corps plongé dans un liquide subit, de la part de ce liquide, une poussée verticale de bas en haut appliquée à son centre de gravité, égale au poids du volume du liquide déplacé.*

67. Démonstration expérimentale du principe d'Archimède. — On démontre le principe d'Archimède à l'aide de la balance hydrostatique et de deux cylindres métalliques de même volume, l'un plein, l'autre creux (fig. 41).

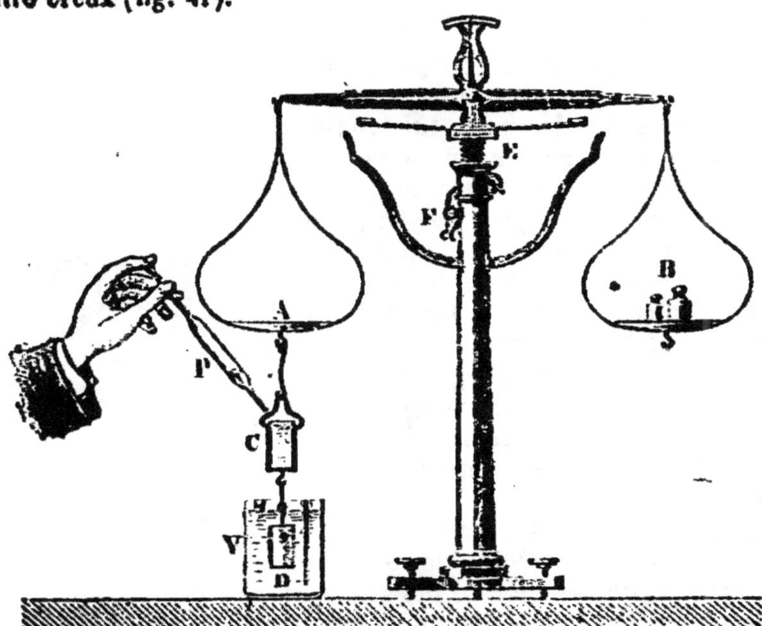

Fig. 41. — Démonstration expérimentale du principe d'Archimède.

Pour cela on opère comme il suit. On suspend les deux cylindres l'un au-dessous de l'autre, le cylindre plein D en bas, au plateau A de la balance hydrostatique, et l'on met en B les poids nécessaires pour établir l'équilibre dans l'air. On place alors un vase V plein d'eau sous le plateau, de manière que le cylindre plein D soit complètement immergé. L'équilibre se trouve rompu, et l'on remarque

que, pour le rétablir, il faut complètement remplir d'eau le cylindre creux C. Le cylindre D est donc soulevé avec une force égale au poids de cette eau, c'est-à-dire au poids d'un volume d'eau égal à sa propre volume.

Réciproque. — La réciproque du principe d'Archimède consiste en ce fait que, si le liquide exerce sur le corps une poussée verticale dirigée de bas en haut, celui-ci réagit sur le liquide, et exerce sur lui une poussée verticale de même valeur, mais dirigée de haut en bas.

Pour mettre ce fait en évidence, on place le vase V avec l'eau qu'il contient sur le plateau d'une balance ordinaire, et on en fait la tare. On descend ensuite dans l'eau le cylindre plein, et on l'y maintient entièrement plongé sans cependant qu'il touche le fond du vase. Il y a rupture de l'équilibre, et, pour le rétablir, on constate qu'il faut retirer du vase un volume d'eau qui remplit exactement le cylindre creux. Le vase éprouvait donc une poussée, dirigée de haut en bas, égale au poids de cette eau, dont le volume est précisément égal à celui du cylindre plein.

Cette poussée est une conséquence du principe de l'égalité de l'action et de la réaction exercée par deux corps l'un sur l'autre (n° 26).

68. Poids apparents des corps plongés dans les liquides. — Un corps plongé dans un liquide paraît moins lourd que dans l'air, parce que le poids qu'on lui trouve n'est que la différence entre son poids dans l'air et la poussée verticale du liquide. C'est pourquoi on dit ordinairement, mais à tort, qu'un corps plongé dans un liquide perd de son poids.

Si le poids du corps est plus grand que celui du liquide déplacé, le corps s'enfonce. *Ex.:* Le fer, le cuivre, le plomb dans l'eau.

Si le poids du corps est égal au poids du liquide déplacé, le corps reste en suspension dans le liquide. *Ex.:* Un poisson qui demeure immobile dans l'eau.

Si le poids du corps est plus faible que le poids de son volume de liquide, le corps flotte. *Ex.:* Le liège et le bois dans l'eau, le fer dans le mercure.

Expérimentalement, on réalise ces trois conditions à l'aide du *ludion*.

Le ludion (fig. 42) est une figu-

Fig. 42. — Ludion.

rine de verre ou de porcelaine suspendue à un petit ballon rempli d'air, qui lui permet de flotter sur l'eau. Ce ballon est percé d'une petite ouverture à sa partie inférieure. L'appareil étant placé dans une éprouvette complètement remplie d'eau, et hermétiquement fermée par une membrane, une pression exercée sur celle-ci fait pénétrer une petite quantité d'eau dans le ballon, le poids de l'appareil augmente, le ludion s'enfonce; si la pression cesse, l'air du ballon chasse une partie de l'eau, et l'appareil remonte.

69. Corps flottants. — Un corps flottant est en équilibre lorsqu'il déplace un volume de liquide dont le poids est égal au sien. Pour faire flotter un corps plus dense que l'eau, il suffit donc de lui donner une forme qui lui permette de déplacer un poids d'eau égal au sien (bateaux, bouées métalliques).

Il faut en outre que le centre de gravité se trouve sur la verticale qui passe par le centre de poussée.

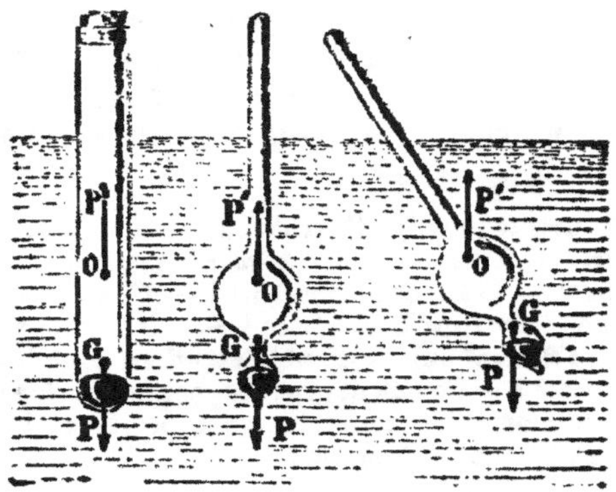

Fig. 43. — Équilibre des corps flottants.
G, centre de gravité ; O, centre de poussée.

Dans la figure 43, les deux tubes de gauche, qui remplissent cette condition, sont en équilibre, tandis que celui de droite ne l'est pas.

On appelle *centre de poussée* le centre de gravité de la masse du liquide que le corps flottant déplace.

Le balancement qui se produit, quand on marche dans une barque, résulte de ce que le centre de gravité change de position avec la place que l'on occupe; elle s'incline alors pour la ramener dans la verticale du centre de poussée.

C'est pour maintenir la stabilité des bateaux que l'on place au fond des corps très lourds (*lest*), et que, dans le chargement des navires, on met à fond de cale les marchandises les plus pesantes.

70. Détermination du volume d'un corps par le principe d'Archimède. — Pour trouver le volume d'un corps, il suffit de le suspendre sous le plateau de la balance hydrostatique, et de chercher son poids dans l'air, puis dans l'eau. La différence de ces poids donne le poids de l'eau déplacée, et par suite son volume, qui est le même que celui du corps.

Si le corps est soluble ou poreux, on l'enduit d'une mince couche de collodion ou de vernis.

71. Équilibre des liquides superposés. — Quand on met les liquides non miscibles et de densités différentes dans un même vase, ils se superposent par ordre de densité, le plus lourd au fond.

En agitant, dans un même flacon, du mercure, une dissolution concentrée de carbonate de soude, du pétrole et de l'alcool, ces liquides se mélangent momentanément, mais ne tardent pas à se séparer quand on les laisse en repos.

Si les liquides peuvent se mélanger, on peut encore les superposer ; mais alors il faut les verser les uns sur les autres en commençant par le plus dense et en prenant de grandes précautions pour éviter leur mélange. C'est ainsi que l'on peut recouvrir l'eau d'une couche de vin ; c'est ce qui explique pourquoi l'eau douce des fleuves, moins dense que l'eau salée, s'étend sur la mer dans le voisinage de leur embouchure.

QUESTIONNAIRE. — Énoncez le principe d'Archimède. — *Comment le démontre-t-on expérimentalement ? — En quoi consiste sa réciproque ?* — Pourquoi un corps est-il moins lourd dans l'eau que dans l'air ? — Que faut-il pour qu'un corps flotte sur un liquide ? pour qu'il s'enfonce ? — Expliquez l'expérience du ludion. — Quand un corps flottant sur un liquide est-il en équilibre ? — *Qu'appelle-t-on centre de poussée ?* — Comment peut-on, par le principe d'Archimède, déterminer le volume d'un corps ? — Comment se superposent les liquides de densités différentes placés dans un même vase ?

EXERCICES. — Un dé en fer a 3 cent. d'arête. Quelle perte de poids éprouve-t-il dans l'eau ? Quel est son poids apparent dans l'alcool ? De combien plongerait-t-il dans le mercure ?
(Densité du fer = 7,70 ; de l'alcool = 0,795 ; du mercure = 13,5.)
2. Un morceau de liège pèse 73 gr. dans l'air. Quel volume d'eau déplacera-t-il ? (Densité du liège = 0,24.)
3. Quelle est la capacité intérieure d'une boule de verre du poids de 12 gr., 60 qui flotte dans l'eau ? (Densité du verre = 2,52.)
4. Un bloc de marbre de 893 décim. cubes est tombé dans l'eau. Quel effort faut-il développer pour l'en retirer ? (Densité du marbre = 2,837.)
5. La coque d'un vaisseau en fer d'un tonnage de 265 mètres cubes a coulé au fond de la mer. Quelle force faut-il pour la faire remonter à la surface ? (Densité du fer = 7,79 ; densité de l'eau de mer = 1,026.)
6. Quelle est l'épaisseur du disque de plomb qu'il faut coller à un cylindre en liège de même base, et dont la hauteur est 8 cent. pour qu'il se tienne en suspension dans l'eau ? (Densité du plomb = 11 ; du liège = 0,24.)

CHAPITRE IV

DENSITÉS

72. Définition. — On appelle *densité* ou mieux *poids spécifique* d'un corps le rapport du poids de ce corps au poids d'un égal volume d'eau.

La connaissance du poids spécifique permet de trouver le poids d'un corps dont on connaît le volume. Soit P le poids d'un corps, D son poids spécifique et V son volume, on a :

$$P = D \times V, \text{ ou encore } D = \frac{P}{V}.$$

73. Recherche des densités. — Dans tous les cas, on cherche : 1° le poids du corps par double pesée; 2° son volume ou le poids de son volume d'eau; 3° le quotient du nombre qui exprime le poids du corps par celui qui représente son volume. Ce quotient est la densité du corps.

74. Densité des solides. — Si le corps a une forme géométrique, on cherche son volume et son poids; le quotient de ces deux nombres donne la densité.

Si le corps a une forme quelconque, on se sert de la *balance hydrostatique*, de l'*aréomètre de Nicholson* ou du *flacon de densité*.

Méthode de la balance hydrostatique. — 1° On cherche le poids du corps par double pesée (n° 54). 2° On le suspend au-dessous du plateau F de la balance (fig. 44), et on le plonge dans l'eau. Les poids qu'il faut ajouter dans ce même plateau pour rétablir l'équilibre donnent le poids de l'eau déplacée par le corps, et par conséquent son volume. 3° Le quotient de ces deux poids est la densité.

Méthode de l'aréomètre de Nicholson. — 1° On place le corps sur le plateau C, avec la tare nécessaire pour que l'aréomètre s'enfonce dans l'eau jusqu'à un trait marqué en A (fig. 45) sur la tige. On enlève le corps, et on le remplace par les poids marqués nécessaires pour rétablir le même affleurement en A; on a ainsi le poids du corps.

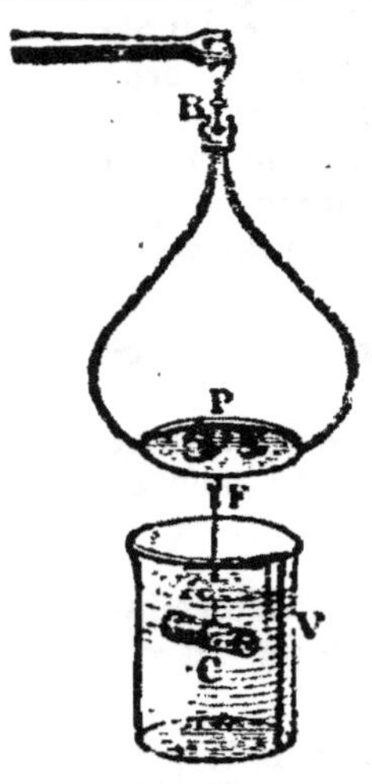

Fig. 44.
Recherche de la densité.

2° On retire ces poids marqués, et on place le corps dans la corbeille B ; les poids qu'il faut ajouter en C pour rétablir de nouveau l'affleurement représentent le poids de l'eau déplacée par le corps. 3° Le quotient de ces deux nombres est la densité.

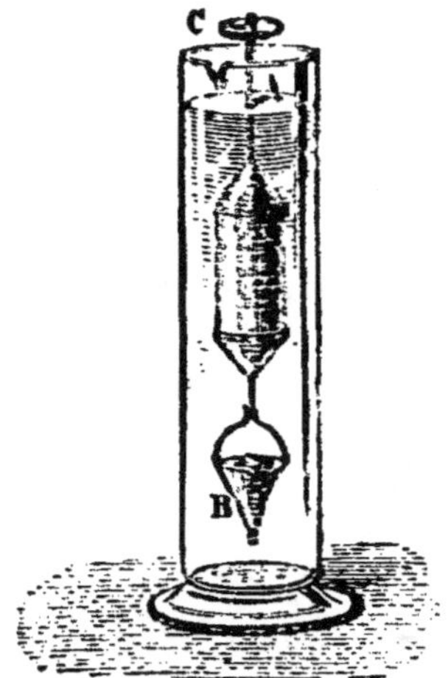

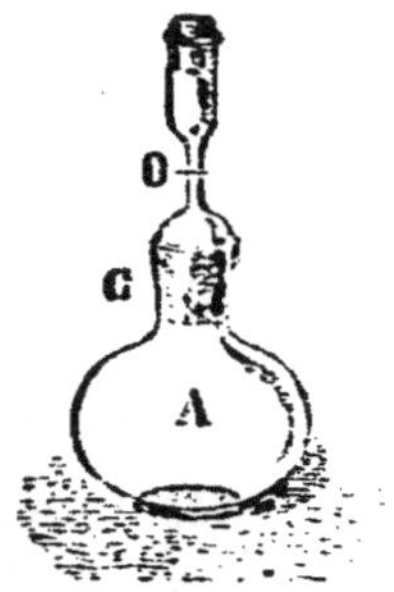

Fig. 45. — Aréomètre de Nicholson.   Fig. 46. — Flacon de densité.

Méthode du flacon. — 1° Le corps est placé sur le plateau d'une balance, à côté du flacon A (fig. 46), rempli d'eau jusqu'au trait O du bouchon à entonnoir C. On fait la tare, puis on enlève le corps et on le remplace par des poids marqués ; on a ainsi son poids par double pesée. 2° On retire ces poids marqués, et on introduit le corps dans le flacon ; il sort une certaine quantité d'eau, et l'on replace le flacon sur le plateau. Les poids qu'il faut ajouter du côté du flacon pour rétablir l'équilibre donnent le poids de l'eau déplacée, et par suite le volume du corps. 3° Le quotient de ces deux nombres est la densité.

Remarques. — 1° Si le corps est poreux, on l'enduit d'une mince couche de collodion pour éviter l'imbibition.

2° Lorsque le corps est soluble dans l'eau, on cherche sa densité par rapport à un autre liquide dans lequel il est insoluble ; puis on multiplie cette densité par celle du liquide dont on s'est servi.

75. Densité des liquides. — La densité des liquides se détermine par la *balance hydrostatique,* par le *flacon de densité* ou par l'*aréomètre de Fahrenheit.*

Méthode de la balance hydrostatique. — On suspend sous le plateau de la balance un corps insoluble dans l'eau et dans le liquide (fig. 47), puis on fait la tare. On plonge ensuite le corps successivement dans le liquide et dans l'eau ; le quotient des poids qu'il faut ajouter pour rétablir l'équilibre dans les deux cas est la densité.

Méthode du flacon. — Le flacon, après avoir été taré, est rempli successivement avec le liquide et avec de l'eau, puis pesé. Le quotient de ces poids est la densité.

Fig. 47. — Densité d'un liquide.

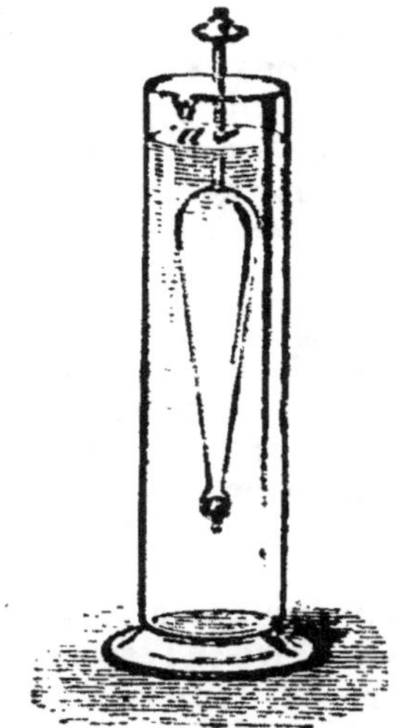

Fig. 48. — Aréomètre de Fahrenheit.

Méthode de l'aréomètre de Fahrenheit (fig. 48). — 1° Il faut faire affleurer l'instrument dans le liquide à l'aide de poids marqués; le poids du liquide déplacé égale le poids p de l'instrument, plus les poids marqués P. 2° On remplace le liquide par de l'eau; les mêmes opérations fournissent le poids du même volume d'eau. 3° Le quotient de ces poids donne la densité.

76. **Aréomètres à poids constant.** — Les *aréomètres à poids constant* sont des appareils qui indiquent le degré de concentration des liqueurs, des dissolutions salines et des acides. Ces instruments ne diffèrent que par la graduation; ils s'enfoncent d'autant plus, que les liquides sont moins denses.

77. **Aréomètres destinés à des liquides plus denses que l'eau** (pèse-sels, pèse-acides, pèse-sirops, fig. 49). — On leste l'appareil de manière qu'il s'enfonce jusque vers le sommet du tube dans l'eau pure; on marque 0° à l'affleurement. On le plonge ensuite dans une dissolution de quinze parties de sel marin et de quatre-vingt-cinq parties d'eau; on marque 15° au nouvel affleurement. L'espace de 0 à 15, divisé en quinze parties égales, donne les degrés de l'instrument; on prolonge les divisions jusqu'au bas du tube. Ces appareils n'indiquent pas les densités des liquides, ils fournissent seulement des points de comparaison pour le commerce.

Fig. 49.
Pèse-acides.

78. Aréomètres destinés aux liquides moins denses que l'eau (pèse-liqueurs, pèse-esprits, etc., fig. 50). — On teste l'appareil de manière qu'il enfonce jusqu'à la naissance du tube dans un mélange de dix parties de sel pour quatre-vingt-dix d'eau, et l'on marque 0°. On le plonge ensuite dans l'eau pure, et l'on marque 10° à l'affleurement. L'espace de 0 à 10, divisé en dix parties égales, fournit les degrés de l'appareil.

79. Graduation de l'alcoomètre centésimal de Gay-Lussac. — On fait des mélanges contenant successivement, en volume, quatre-vingt-quinze, quatre-vingt-dix, quatre-vingt-cinq parties d'alcool, et cinq, dix, quinze d'eau; en plongeant l'instrument dans ces mélanges, on obtient les principaux points de l'échelle; il suffit alors de diviser l'espace compris entre deux points consécutifs en cinq parties égales (fig. 51).

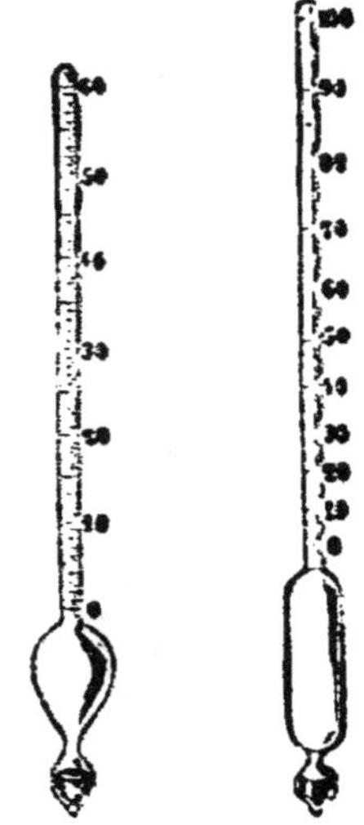

Fig. 50. Fig. 51.
Pèse-liqueurs. Alcoomètre.

Le pèse-esprit de Cartier et l'alcoomètre centésimal de Gay-Lussac servent tous deux à trouver le degré de centralisation d'un mélange d'alcool et d'eau; mais le dernier a sur le premier l'avantage d'indiquer en centièmes la proportion d'alcool contenu dans la liqueur.

Les liqueurs et les vins sont appréciés, après distillation, à l'aide de ces instruments, qui indiquent la *richesse alcoolique* des liquides étudiés.

80. Pèse-lait, pèse-vin. — Ces instruments reposent sur le même principe que les appareils précédents, et font voir approximativement les quantités d'eau qu'on a pu introduire dans le liquide à étudier. Les résultats qu'ils donnent sur la nature des liquides sont peu certains, puisque la densité de ces liquides peut varier, suivant leur provenance, sans qu'on les ait falsifiés.

QUESTIONNAIRE. — Qu'appelle-t-on densité ou poids spécifique? — Comment peut-on trouver le poids d'un corps, connaissant son volume et sa densité? — En général, comment trouve-t-on la densité d'un corps? — *Décrire les opérations à faire pour déterminer la densité d'un solide par la balance hydrostatique, par le flacon de densité; 3° par l'aréomètre de Nicholson. — Comment procède-t-on quand le corps est poreux ou soluble dans l'eau? — Comment détermine-t-on la densité d'un liquide? — Qu'appelle-t-on aréomètres à poids constant? Quels sont les principaux? Comment les gradue-t-on? — Qu'est-ce que l'alcoomètre centésimal? Comment en fixe-t-on les divisions?*

EXERCICES. — 1. Le poids d'un corps est de 125 gr. 15, son volume de 80 cent. cubes. Trouver sa densité.

2. Quel est le poids d'un cylindre de fonte dont le diamètre est de 0m,563 et la hauteur 3m,397? (La densité de la fonte est 7,27.)

3. Trouver la densité de l'acide sulfurique, sachant qu'il faut 55 gr., 8 d'acide ou 50 gr. d'eau pour remplir la même bouteille.

4. Quel est le volume du plomb qui, dans une balance, fait équilibre à 565 cent. cubes de fer ? (Densité du fer = 7,29 ; du plomb = 11,35).

5. Dans une expérience faite avec l'aréomètre de Nicholson, un morceau d'étain placé dans la capsule supérieure est représenté par un poids de 14 gr. 4 ; introduit dans la corbeille, il a subi une perte de poids de 2 gr. Quelle est sa densité ?

6. Le poids d'un aréomètre de Fahrenheit est de 29 gr. 50 ; il faut placer dans sa capsule 10 gr. pour produire l'affleurement dans l'acide sulfurique et 5 gr. 5 pour l'affleurement dans l'eau. Quelle est la densité de l'acide ?

7. La densité de l'acide chlorhydrique est de 1,21. Quel est le poids d'un aréomètre de Fahrenheit, sachant qu'il a dû être chargé de 8, puis de 2 gr. pour produire l'affleurement dans cet acide et dans l'eau ?

CHAPITRE V

PROPRIÉTÉS DES GAZ

81. Élasticité des gaz. — Les gaz sont *élastiques*, c'est-à-dire peuvent changer de volume sous l'action de la pression et reprendre leur volume primitif lorsque la pression cesse.

Fig. 52. — Briquet à air.

Si l'on comprime de l'air dans un tube au moyen d'un piston (fig. 52) et qu'on abandonne ensuite le piston à lui-même, il est aussitôt repoussé par l'air, qui agit comme un ressort. Cet appareil a reçu le nom de *briquet à air*, parce que, si la compression est brusque, l'air s'échauffe et peut aller jusqu'à enflammer un morceau d'amadou.

On appelle *force élastique* ou *force d'expansion* des gaz la force qui écarte leurs molécules les unes des autres ; elle tend à leur faire occuper le plus grand volume possible, et presse sur les parois des vases qui les renferment.

On met en évidence l'élasticité des gaz en introduisant une vessie renfermant un peu d'air sous la cloche de la machine pneumatique (fig. 53). Si l'on fait le vide, la vessie augmente de vo-

Fig. 53.
Expansibilité des gaz.

lume; si on laisse rentrer l'air dans la cloche, elle reprend son volume initial.

82. Pesanteur des gaz. — Tous les gaz sont pesants. Pour le démontrer, on place sur une balance un ballon dans lequel on a fait le vide, puis on établit l'équilibre; lorsqu'on laisse rentrer l'air, l'équilibre est rompu en faveur du plateau qui supporte le ballon.

L'air pèse, à volume égal, 773 fois moins que l'eau; un litre d'air dans les conditions normales de température (0°) et de pression (760ᵐᵐ) pèse 1 g. 293.

Remarque. — La densité des gaz est rapportée à celle de l'air, que l'on prend pour unité. Or les poids d'un même volume de gaz et d'air étant proportionnels à leurs densités respectives, on aura, par exemple, si on représente par x le poids d'un litre de gaz de densité d :

$$\frac{x}{1,293} = \frac{d}{1} \cdot$$

d'où
$$x = d \times 1,293.$$

Par conséquent, pour obtenir, en grammes, le poids d'un litre de gaz, il suffit de multiplier sa densité par 1 gr. 293.

83. Transmission des pressions par le gaz. — Les gaz transmettent les pressions, et le principe de Pascal (n° 57) leur est applicable aussi bien qu'aux liquides.

Pour le constater, on prend une vessie en caoutchouc que l'on charge d'un poids, puis on y introduit de l'air avec un soufflet; la pression se transmet aux parois de la vessie, et le poids est soulevé.

On peut encore employer un ballon portant deux tubulures horizontales dans lesquelles on adapte deux tubes recourbés, comme l'indique la figure 51. On verse un peu d'eau colorée dans ces tubes, puis on adapte au bouchon une poire en caoutchouc. En pressant la poire avec la main, on chasse dans le ballon l'air qu'elle renferme, et l'on constate que l'eau monte à la même

Fig. 51. — Transmission des pressions dans les gaz.

hauteur dans les deux tubes. C'est donc que la pression s'exerce dans tous les sens et avec la même intensité.

84. Pression atmosphérique. — L'atmosphère est la couche d'air qui enveloppe la terre; on admet généralement qu'elle atteint une épaisseur de 70 km. L'air étant pesant, cette couche de gaz exerce sur les corps qu'elle enveloppe une pression qu'on appelle *pression atmosphérique*.

On démontre l'existence de la pression atmosphérique par les expériences de la pluie de mercure, du crève-vessie et des hémisphères de Magdebourg.

Pluie de mercure (fig. 55). — Le tube T étant fermé à son extrémité supérieure par un disque en bois sur lequel on verse du mercure, on y fait le vide. Alors le mercure, comprimé par la pression atmosphérique, traverse le disque et tombe dans l'intérieur. Cette expérience démontre aussi la porosité des corps (n° 10).

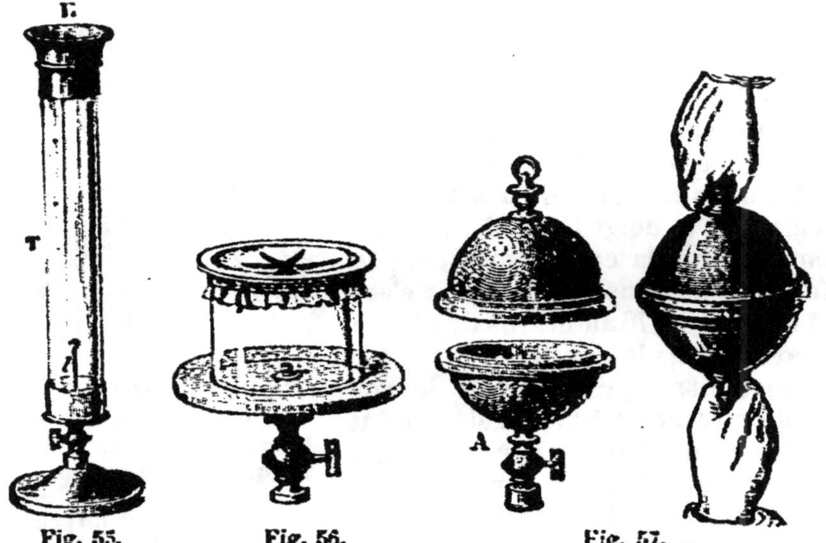

Fig. 55.
Pluie de mercure.

Fig. 56.
Crève-vessie.

Fig. 57.
Hémisphères de Magdebourg.

Crève-vessie (fig. 56). — Un large cylindre est fermé à la partie supérieure par une membrane bien tendue. Lorsqu'on y fait le vide, la pression atmosphérique fait fléchir la membrane et finit par la crever.

Hémisphères de Magdebourg (fig. 57). — Ces hémisphères sont faciles à séparer lorsque la pression atmosphérique s'exerce à l'intérieur; mais, si l'on fait le vide dans la cavité formée en les réunissant, il faut un effort considérable pour les séparer de nouveau.

Si l'on chauffe l'air d'un verre ordinaire, par exemple, en y brûlant un peu de papier, et que l'on applique la paume de la main sur l'ouverture, l'air intérieur se refroidissant diminue de pression, et l'on voit la paume de la main faire saillie à l'intérieur du verre, en même temps qu'elle devient rouge, parce que le sang tend à sortir des tissus. C'est ainsi que l'on attire à l'extérieur certaines humeurs qui gênent les organes (*ventouses*).

On explique de la même manière pourquoi un œuf cuit dur, dépouillé de sa coquille, et placé sur l'ouverture d'une carafe dans laquelle on vient de brûler un peu de papier, est précipité au fond de la carafe.

85. Mesure de la pression atmosphérique. — Pour mesurer la *pression atmosphérique*, on prend un tube de verre de 1 mètre environ, fermé à l'une de ses extrémités et rempli de mercure. On le ferme avec le doigt (fig. 58), puis on le renverse sur la cuve à mercure ; le liquide descend dans le tube, puis s'arrête à environ $0^m,76$ au-dessus du niveau du mercure dans la cuvette.

L'espace libre qui surmonte la colonne de mercure est vide d'air ; on lui donne le nom de *chambre barométrique*.

Le tube dont on se sert dans cette expérience est appelé *tube de Torricelli*, parce que c'est ce physicien qui, le premier, réalisa ainsi la mesure de la pression atmosphérique.

Par hauteur de la colonne de mercure, il faut entendre la distance verticale mesurée entre les niveaux du liquide dans le tube et dans la cuvette, et non la longueur mesurée le long du tube. Cette hauteur ne change pas quand on incline le tube, c'est-à-dire que le niveau du mercure reste toujours dans le même plan horizontal (fig. 59) ; d'autre part, elle est indépendante du diamètre du tube, il n'est donc pas nécessaire que l'intérieur de celui-ci soit régulier.

La colonne mercurielle, faisant équilibre à la pression atmos-

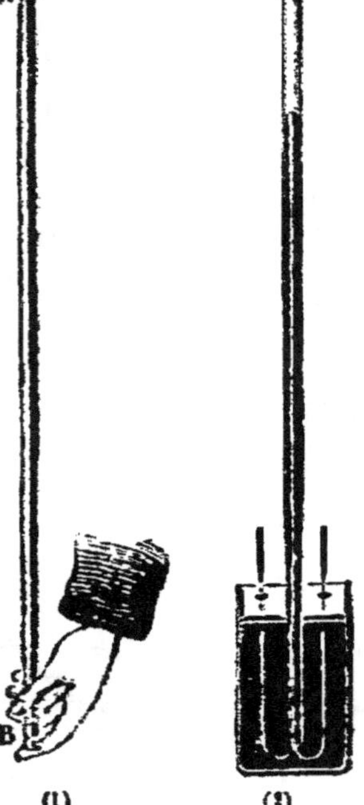

Fig. 58. — Expérience de Torricelli.

1. Préparation du tube.
2. Équilibre de pression.

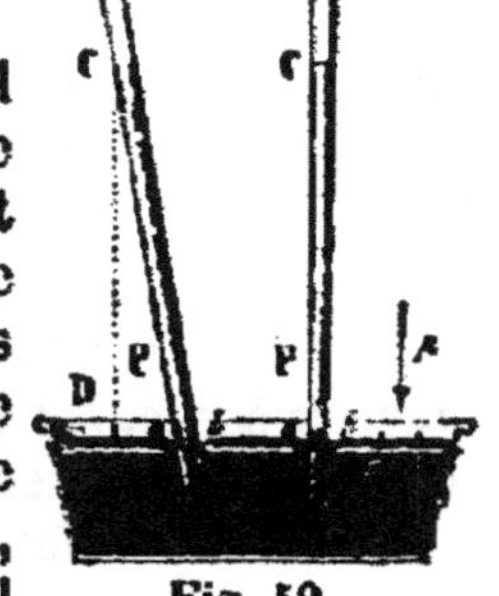

Fig. 59.

Mesure de la hauteur barométrique.

phérique, doit donc diminuer avec elle. C'est ce que Pascal vérifia en répétant l'expérience de Torricelli, d'abord au pied, et ensuite au sommet du Puy-de-Dôme, dont l'altitude est de 1,456 mètres. A cette hauteur, la pression atmosphérique étant évidemment moindre que dans la plaine, il vit qu'en effet le mercure baissait dans le tube à mesure qu'il s'approchait du sommet.

Si l'ouverture du tube est d'un centimètre carré et la hauteur du mercure $0^m,76$, le volume de la colonne est de $76\,cm^3$; le poids de ce mercure est de $13^{gr},6 \times 76 = 1033^{gr},6$. Ainsi la pression de l'air, par cm^2, est de $1^{kg},033$; c'est ce qu'on appelle la *pression d'une atmosphère*. Cette pression n'augmente pas le poids du corps, parce qu'elle agit dans tous les sens.

Remarque. — On peut remplacer le mercure dans le tube par des liquides quelconques, mais les hauteurs seront inversement proportionnelles aux densités de ces liquides. Ainsi, le mercure pesant 13,6 fois plus que l'eau, il faudra 13,6 fois plus d'eau que de mercure pour faire équilibre à la pression atmosphérique, c'est-à-dire une colonne d'eau d'environ $0,^m76 \times 13,6$ ou $10^m,33$ de hauteur.

QUESTIONNAIRE. — Qu'entendez-vous en disant que les gaz sont élastiques? — Par quelle expérience montre-t-on cette élasticité? — Qu'appelle-t-on force élastique? Comment la met-on en évidence? — Les gaz sont-il pesants? — Quel est le poids d'un litre d'air? — A quoi rapporte-t-on la densité des gaz? — Comment trouve-t-on le poids d'un litre de gaz? — Comment montre-t-on que le principe de Pascal est applicable aux gaz? — Qu'est-ce que l'atmosphère? — Par quelles expériences démontre-t-on l'existence de la pression atmosphérique? — Comment la mesure-t-on? — Que faut-il entendre par hauteur de la colonne de mercure dans l'expérience de Torricelli? — Pourrait-on dans cette expérience remplacer le mercure par de l'eau? Quelle serait alors la hauteur de la colonne d'eau?

EXERCICES. — 1. Quelle tare faut-il ajouter ou retrancher à un ballon de 6 lit. 250 pour répéter l'expérience qui prouve que l'air est pesant? (1 litre d'air pèse 1 g. 293.)

2. La différence de poids d'un ballon plein et d'un ballon vide d'air est de 5 gr. 750. Quel est le volume du ballon?

3. La densité du sulfure de carbone est de 1 292, celle de l'acide sulfurique 1,84, de l'alcool 0,793. A quelle hauteur s'élèveraient les colonnes de ces liquides qui feraient équilibre à la pression atmosphérique?

4. La pression qu'exerce l'atmosphère sur 1 cent. carré est de 1 kilog. 033. Quelle est la pression totale que supporte le corps humain, dont la surface est évaluée à 1 mètre carré 50?

5. Un tube de Torricelli est incliné; la distance du point où il pénètre dans le mercure à la projection du niveau supérieur sur la surface du bain est de 8 cent. Quelle est la longueur de la colonne mercurielle? (Pression : 76^{mm}.)

6. Un tube barométrique repose sur un bain de mercure placé dans l'air raréfié; la colonne mercurielle a une hauteur de 25 millim. Quelle fraction d'atmosphère représente-t-elle?

CHAPITRE VI

BAROMÈTRES

86. Usage des baromètres. — Les *baromètres* sont des instruments qui servent à mesurer la pression atmosphérique. Il existe des baromètres à mercure et des baromètres métalliques.

87. Construction du baromètre à mercure. — Pour construire cet instrument, on prend un tube de verre de 1 mètre de longueur, fermé à l'une de ses extrémités, et on le remplit de mercure. Le tube est ensuite placé sur une grille inclinée, et entouré de quelques charbons incandescents, de manière à porter le mercure à l'ébullition, en commençant par la partie inférieure. Quand le mercure est refroidi, on détache l'ampoule

Fig. 60.
Ébullition du mercure dans un tube barométrique.

qui a servi à l'introduire, et le tube, ainsi débarrassé de l'air et de la vapeur d'eau qui seraient restés adhérents aux parois, est renversé sur une cuvette contenant du mercure, et fixé le long d'une règle divisée.

Le zéro de l'échelle correspond au niveau du mercure dans la cuvette.

Si le tube est assez large, on peut négliger le ménisque (n° 65), car l'action capillaire est faible dans ce cas; mais si le tube est étroit, on prend pour niveau le plan qui passe par le milieu de la flèche $a\,b$ du ménisque convexe (fig. 61).

Le zéro du baromètre ainsi construit est variable, car le niveau du mercure dans la cuvette, surtout si celle-ci est étroite, monte ou descend suivant la hauteur de la colonne mercurielle. Pour obvier à cet inconvénient, on dispose

4

verticalement, au-dessus de la cuvette, une vis qui peut se mouvoir dans un écrou fixe. Au moment de l'observation, on amène l'extrémité inférieure de la vis en contact avec le mercure, et

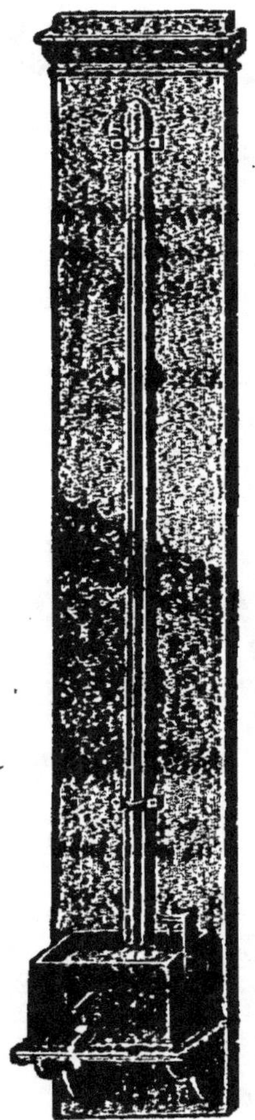

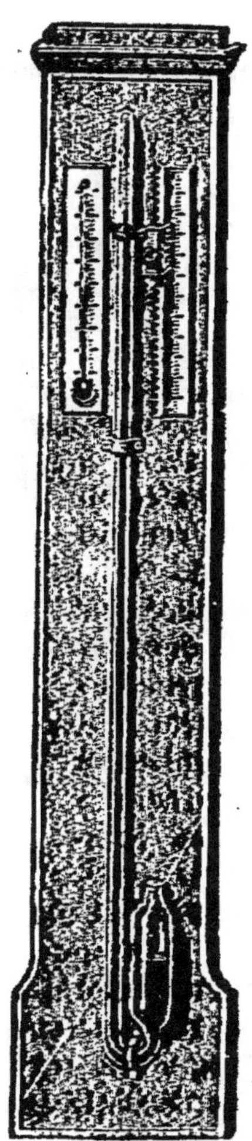

Fig. 62. — Baromètre normal.   Fig. 63. — Baromètre à siphon.

on mesure la distance qui sépare son extrémité supérieure du niveau du mercure dans le tube. Il suffit alors d'ajouter, à la hauteur trouvée, la longueur de la vis, déterminée une fois pour toutes.

Cet instrument prend alors le nom de *baromètre normal* (fig. 62); il est peu transportable, aussi est-il généralement fixe.

Pour rendre cet appareil plus usuel, on donne à la cuvette la forme d'un flacon dont l'ouverture est incomplètement fermée par une membrane ou par un bouchon (fig. 63). On l'appelle alors *baromètre à siphon.*

88. Baromètre Fortin. — Le *baromètre Fortin* est un baromètre dont le fond de la cuvette est formé par une peau de chamois F,

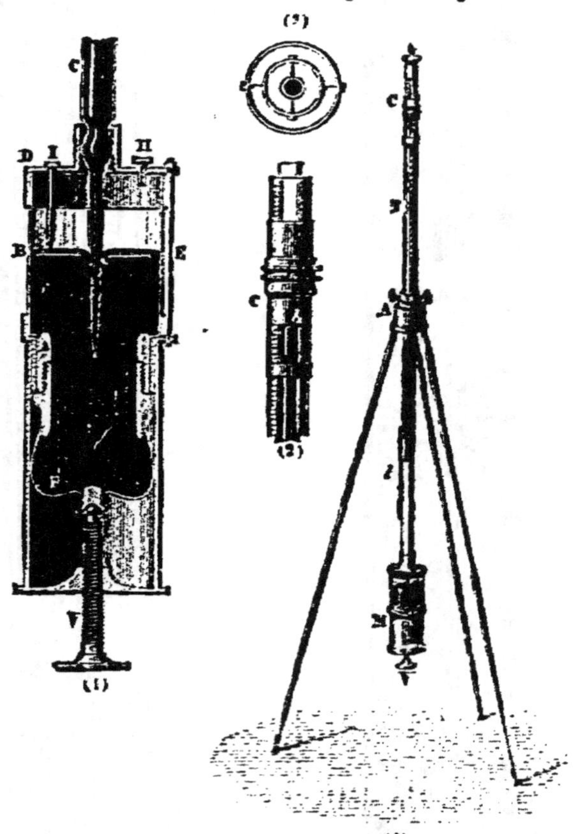

Fig. 64. — Baromètre de Fortin.

1. Détail de la cuvette: A, anneau en buis. — F, fond en peau. — V, vis pour le soulever. — B, anneau en verre. — I, repère en ivoire. — H, prise d'air. — C, tube barométrique. — 2. Curseur du baromètre. — 3. Suspension du baromètre. — 4. Disposition pour une observation.

qu'une vis V peut faire monter ou descendre (fig. 64). Au moment de l'observation, le baromètre étant vertical, on fait mouvoir la vis de manière que le niveau BE du mercure dans la cuvette affleure la pointe d'ivoire I. C'est donc un baromètre à niveau fixe.

Cet appareil est transportable et offre une assez grande précision.

Un mode particulier de suspension permet de lui donner une position rigoureusement verticale.

89. Baromètre à cadran. — Le baromètre à cadran est un baromètre à siphon dissimulé derrière une planchette portant

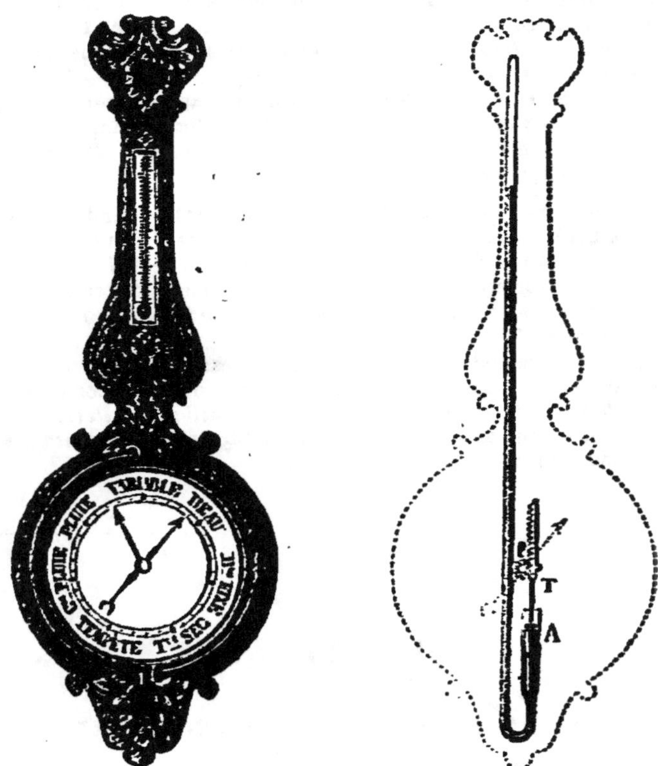

Fig. 65. — Baromètre à cadran.

un cadran (fig. 65). Un flotteur ou une crémaillère fait mouvoir une petite poulie dont l'axe, traversant la planchette, porte une aiguille qui se déplace sur le cadran quand le niveau du mercure monte ou descend dans la cuvette.

Fig. 66.
Baromètre de Vidi.

90. Baromètres métalliques ou anéroïdes (sans liquide). — Les *baromètres métalliques* reposent sur les variations de volume qu'éprouvent des enveloppes métalliques closes et vides, sous l'action de la pression atmosphérique. Ils n'ont pas une sensibilité constante. On les gradue par comparaison avec le baromètre à mercure.

Le plus connu est le baromètre de Vidi (fig. 66).

QUESTIONNAIRE. — A quoi servent les baromètres ? — Comment construit-on un baromètre à mercure ? — Pourquoi porte-t-on le mercure à l'ébullition ? — Où est le zéro du baromètre à cuvette ? — Que prend-on comme niveau dans le tube quand la surface du mercure est un ménisque convexe ? — Pourquoi le zéro du baromètre à cuvette est-il variable ? — Quel avantage présente le baromètre normal ? — *Décrivez la cuvette du baromètre Fortin.* — Expliquez le fonctionnement du baromètre à cadran. — *Sur quel principe repose la construction des baromètres métalliques ?*

EXERCICES. — 1. Les diamètres intérieurs d'une cuvette cylindrique et d'un tube barométrique sont égaux à 123 et 8 millim. Quelle variation de niveau dans la cuvette correspond à une dépression barométrique de 1 cent. ?

2. La hauteur barométrique varie de 9 millim. Quel changement de niveau se produit à chacune des surfaces du mercure dans un baromètre à siphon dont le diamètre est constant ?

3. Exprimer en grammes la différence des pressions supportée par une surface de 1 mètre carré soumise successivement à des pressions de 722 et de 782 millim., limite extrême des oscillations barométriques à Paris.

4. A quelle pression sont soumis les câbles télégraphiques reposant sur le fond des mers à une profondeur de 3,700 mètres ?

CHAPITRE VII

LOI DE MARIOTTE — MANOMÈTRES

91. Loi de Mariotte. — *A une même température, les volumes d'une masse gazeuse sont inversement proportionnels aux pressions qu'ils supportent.*

Pour les pressions supérieures à la pression atmosphérique, on vérifie cette loi au moyen du *tube de Mariotte.*

Le tube de Mariotte est un tube recourbé (fig. 67) à branches inégales. La petite branche est fermée, et la grande est ouverte.

Au moyen d'une colonne de mercure dont les deux niveaux sont dans un même plan horizontal, on isole en A une certaine quantité d'air sous la pression atmosphérique. Si l'on verse du mercure en B jusqu'à ce que le volume de l'air soit réduit de moitié (fig. 43-2), la différence des niveaux N'C égale la hauteur du mercure dans le baromètre; donc l'air intérieur a une tension de deux atmosphères, l'une fournie par la colonne mercurielle N'C, et l'autre par l'atmosphère, dont la pression s'exerce librement en C.

Si l'on réduit le volume d'air au tiers, la différence des

niveaux P'D devient égale à deux fois celle du baromètre, ce qui prouve que la masse d'air AP est soumise à une pression de 3 atmosphères ; et ainsi de suite.

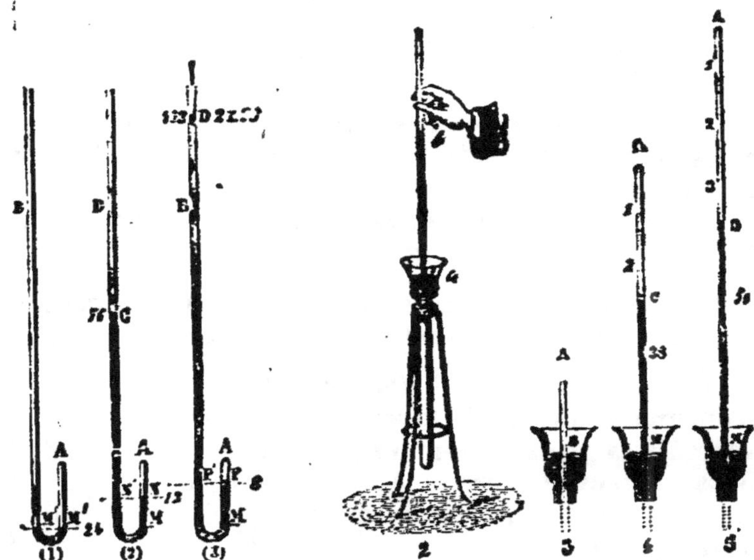

Fig. 67. — Vérification de la loi de Mariotte pour les pressions supérieures à la pression atmosphérique.

(1) 1re expérience: 1 vol. — 1 atmosph.
(2) 2e — 1/2 — 2 —
(3) 3e — 1/3 — 3 —

Fig. 68. — Vérification de la loi de Mariotte pour les pressions inférieures à la pression atmosphérique.

1re expérience: 1 vol. — 1 atmosph.
2e — 2 — 1/2 —
3e — 3 — 1/3 —

Pour les pressions inférieures à la pression atmosphérique, on se sert de la *cuvette profonde* (fig. 68).

Le tube dont on se sert alors est un tube droit. On le remplit presque entièrement de mercure, puis on le renverse sur la cuvette profonde, et on l'enfonce jusqu'à ce que le mercure dans le tube soit au niveau du mercure dans la cuvette. On isole ainsi en A un volume d'air à la pression atmosphérique. Ensuite on soulève le tube jusqu'à ce que le volume de l'air soit double ; la différence MG des niveaux du mercure égale la moitié de la hauteur du mercure dans le baromètre ; donc l'air intérieur a une tension d'une demi-atmosphère.

On soulève davantage le tube de manière à tripler le volume, la colonne de mercure est alors les deux tiers de la hauteur barométrique ; l'air intérieur est donc sous une pression égale au tiers de la pression atmosphérique ; et ainsi de suite.

En appelant V et V' les volumes successifs occupés par la même masse d'air, H et H' les pressions correspondantes, on a :

$$\frac{V}{V'} = \frac{H'}{H}.$$

Le produit VH, du volume par la pression, est donc une quantité constante.

92. Manomètres. — Les *manomètres* sont des instruments qui servent à mesurer la *tension* ou *ou force élastique* des gaz et des vapeurs.

On les divise en deux classes : les *manomètres à liquides* et les *manomètres métalliques.*

93. Manomètres à mercure. — Les manomètres à mercure peuvent être à air libre ou à air comprimé.

Le *manomètre à air libre* se compose d'un grand tube CE en verre (fig. 69), ouvert à ses deux extrémités et plongeant dans une cuvette fermée A, contenant du mercure, et renfermée dans une boîte métallique, hermétiquement close, communiquant, par le robinet R, avec le gaz ou la vapeur. La force élastique à mesurer, s'ajoutant à la pression atmosphérique, agit sur la surface du mercure dans la cuvette, et fait monter celui-ci dans le tube à une hauteur d'autant plus grande que la pression est plus forte.

Quand on fait une observation, il faut tenir compte de la pression atmosphérique qui s'exerce au-dessus du mercure dans le tube et ajouter sa valeur à la hauteur mesurée.

Le manomètre à air libre fournit des résultats exacts; il est assez sensible, mais la longueur qu'il faut donner au tube en fait un appareil encombrant, et par suite peu employé.

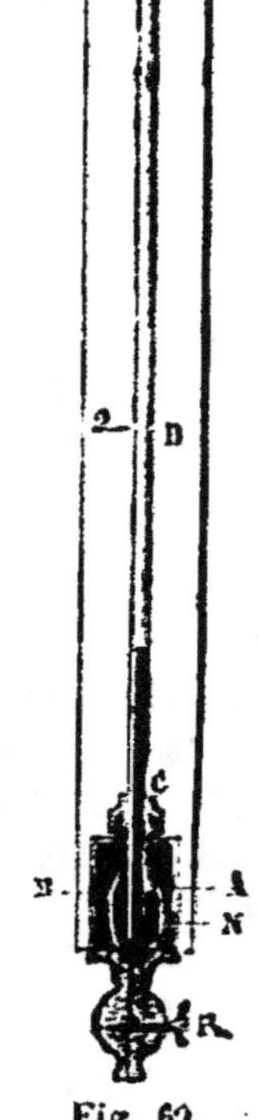

Fig. 69.
Manomètre à air libre.

Dernièrement on a installé à la tour Eiffel un manomètre à air libre pouvant mesurer jusqu'à près de 400 atmosphères.

Dans le *manomètre à air comprimé* (fig. 70), l'extrémité supérieure du tube est fermée. L'air est comprimé par l'ascension de la colonne mercurielle; on le gradue, par comparaison, avec le manomètre à air libre.

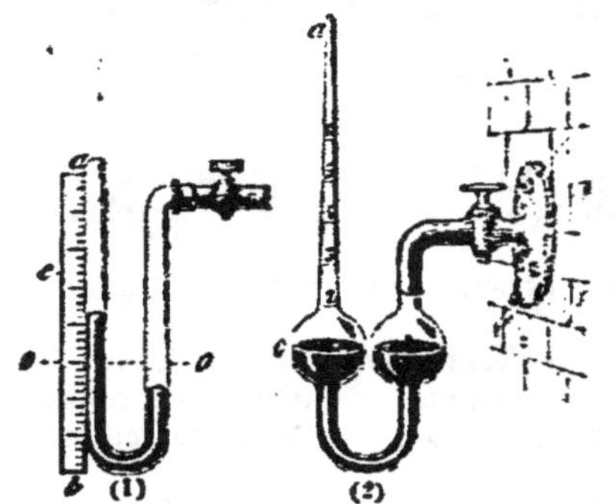

Fig. 70.— Manomètre à air comprimé.

Ce manomètre est donc une application directe de la loi de Mariotte. Il est bien plus commode que le p. .édent, mais il a l'inconvénient d'être de moins en moins sensible à mesure que la pression augmente; car les variations de niveau, pour une même augmentation de pression, sont d'autant plus petites que la pression est plus forte. On corrige en partie cet inconvénient en donnant au tube une forme effilée, comme l'indique la figure 70.

94. Manomètre de Bourdon. — Le *manomètre métallique de Bourdon* (fig. 71) est formé d'un tube aplati, en cuivre, contourné

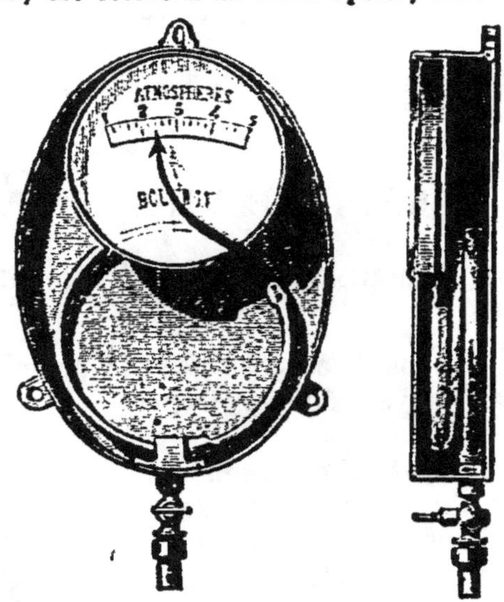

Fig. 71. — Manomètre métallique de Bourdon (face et profil).

en spirale; une extrémité de ce tube est fixe; l'autre est libre et porte une aiguille mobile devant un cadran. Ce tube se déroule ou s'enroule suivant que la pression intérieure augmente ou diminue, et fait ainsi mouvoir l'aiguille sur le cadran.

sions inférieures? — *Par quelle formule se traduit cette loi?* — A quoi servent les manomètres? — En combien de classes les divise-t-on? — Décrivez le manomètre à air libre. Quels avantages et quels inconvénients offre-t-il? — Mêmes questions pour le baromètre à air comprimé.— Quelle forme donne-t-on quelquefois à la branche fermée du manomètre à air comprimé? Pourquoi? — *Décrivez le manomètre de Bourdon.*

EXERCICES. — 1. Continuer les tableaux des expériences faites pour la loi de Mariotte, jusqu'à ce que le volume de l'air soit de 6 volumes, ou 1/6 du volume primitif.

2. Une éprouvette renferme 52 cent. cubes d'air sous la pre.sion 760. Que deviendra ce volume sous les pressions 742 et 781?

3. Un tube reposant sur un bain de mercure renferme 46 cent. cubes d'azote, le baromètre marque 755 milim., la distance des deux niveaux du mercure est de 48 millim. Que deviendra la tension du gaz si le mercure monte de 35 millim. dans le tube?

4. Dans un manomètre à air libre, la différence des niveaux du liquide est de 78 millim.; exprimer la tension du gaz, en supposant que la pression atmosphérique est égale à 760 millim., et que le liquide versé dans le tube est d'abord de l'eau, puis de l'acide sulfurique. Densité de l'acide sulfurique = 1,81.

5. La différence des niveaux du mercure dans un manomètre à air libre est de 1,82. Quelle est la pression du gaz qui a soulevé cette colonne liquide?

6. Le tube cylindrique d'un manomètre à air comprimé renferme 32 cent. cubes d'air sous la pression normale 760. Quelles sont les tensions du gaz qui réduisent ce volume à la moitié, au quart, au dixième du volume primitif?

CHAPITRE VIII

PRINCIPE D'ARCHIMÈDE APPLIQUÉ AU GAZ

95. **Baroscope.** — Dans le cas des gaz, le principe d'Archimède se vérifie au moyen du *baroscope* (fig. 72).

Le baroscope se compose de deux sphères d'inégal volume se faisant équilibre dans l'air. Si on place l'appareil sous le récipient de la machine pneumatique et que l'on fasse le vide, la grosse sphère l'emporte sur la petite; car la poussée de bas en haut qu'elle éprouvait dans l'air était supérieure à celle qu'éprouvait la petite sphère, puisque les volumes d'air déplacés sont différents. Ces poussées étant supprimées dans le vide, l'équilibre est rompu.

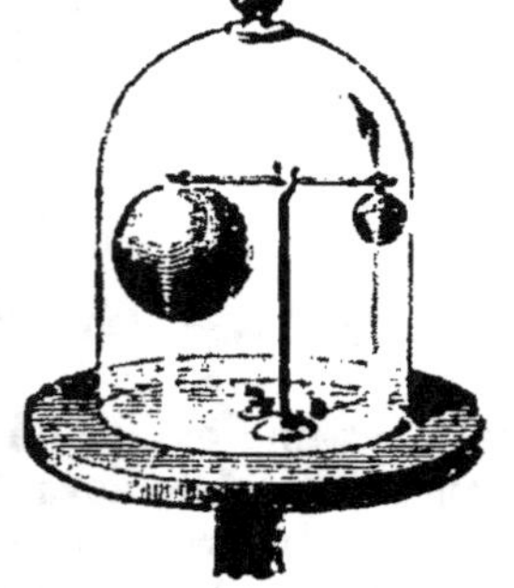

Fig. 72. — Baroscope.

On peut donc appliquer aux gaz ce qui a été dit au sujet des corps plongés dans les liquides. Tout corps plongé dans un gaz tombe, flotte ou monte, suivant que son propre poids est supérieur, égal ou inférieur au poids du gaz dont il tient la place. Ainsi, des bulles de savon gonflées avec de l'hydrogène ou du gaz de l'éclairage s'élèvent dans l'air, parce que le poids de l'enveloppe de ces bulles, augmenté du poids du gaz, donne un poids moins grand que le poids du volume d'air qu'elles déplacent.

C'est pour la même raison que la fumée, l'air chaud, s'élèvent dans l'atmosphère.

96. Pesées faites dans l'air. — Les pesées faites dans l'air fournissent le poids apparent du corps, lequel égale le poids réel, diminué de la différence entre le poids de l'air déplacé par le corps et celui qui est déplacé par les poids marqués.

Pour les solides et les liquides, on néglige généralement cette correction; pour les gaz, il faut en tenir compte.

97. Aérostats. — Un *aérostat* (fig. 73) est formé d'une enveloppe sphérique capable de contenir un gaz plus léger que l'air (hydrogène, ou plus souvent gaz de l'éclairage), et d'une nacelle suspendue au filet qui retient l'enveloppe. Lorsque le poids de l'air déplacé est supérieur à celui de l'appareil, le ballon s'élève avec une *force ascensionnelle* égale à la différence des deux poids.

On remplit incomplètement l'enveloppe, parce que, à mesure que l'on s'élève, la pression atmosphérique diminue, et le gaz intérieur augmente de volume.

Pour monter, lorsque le ballon est en équilibre dans l'atmosphère, les aéronautes

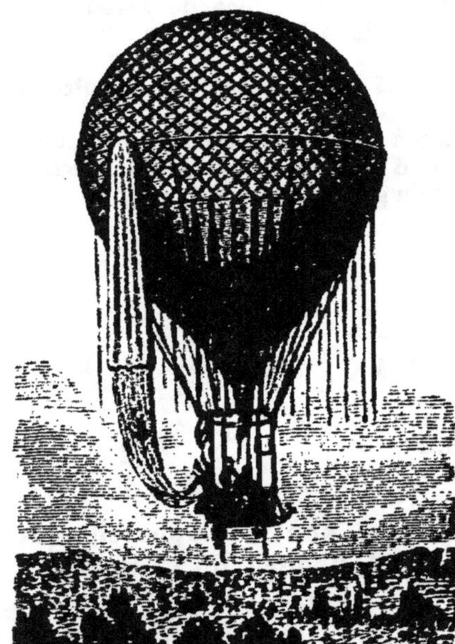

Fig. 73.
Aérostat avec sa nacelle et son parachute.

jettent du *lest* (sable). Lorsqu'ils veulent descendre, ils laissent échapper du gaz par une soupape qui se trouve au-dessus du ballon.

Le parachute sert quelquefois à la descente; il a la forme d'un vaste parapluie portant une nacelle à la partie inférieure; le sommet est percé d'une ouverture pour l'écoulement de l'air.

Les premiers ballons furent construits en 1783, par les frères Montgolfier; ces ballons, nommés montgolfières, étaient en papier et gonflés avec de l'air chaud.

Calcul de la force ascensionnelle. — Pour calculer la force ascensionnelle d'un aérostat, il suffit de retrancher, du poids total de l'air déplacé par l'enveloppe, le gaz, les agrès, etc., le poids de tous ces corps.

Ainsi un aérostat qui déplace 600 m. cubes d'air et dont le poids total est de 770 kilogr. aura une *force* ascensionnelle de 5 kilogr.

$$F = 600 \times 1\,\text{kg}.\,293 - 770 = 5\,\text{kgr}.$$

QUESTIONNAIRE. — En quoi consiste l'expérience du baroscope? Que démontre-t-elle? — Pourquoi des bulles de savon gonflées avec de l'hydrogène s'élèvent-elles dans l'air? — Les pesées faites dans l'air donnent-elles le poids réel des corps? De quoi se compose un aérostat? — Qu'est-ce que le lest? A quoi sert-il? — Comment fait-on descendre un aérostat? — *A quoi est égale la force ascensionnelle? Comment la calcule-t-on?*

EXERCICES. — 1. Dans une expérience faite avec le baroscope, le rayon de la sphère creuse est de 7 cent. A l'aide de quel poids maintiendrait-on l'équilibre dans le vide?

2. Le volume d'un ballon en taffetas est de 23 mètres cubes 750. Calculer le poids de l'air qu'il déplace.

3. Un ballon de baudruche vide pèse 5 gr., son volume est de 7 litres. Calculer sa force ascensionnelle en le supposant rempli d'hydrogène, puis de gaz d'éclairage. (Densité de l'hydrogène, 0,069; densité du gaz d'éclairage, 0, 63.)

CHAPITRE IX

POMPES

98. Usage des pompes. — Les *pompes* sont des appareils qui servent à élever les liquides sous l'influence de la pression atmosphérique.

Elles peuvent être : *aspirantes, foulantes, aspirantes et foulantes.*

Dans toutes les pompes, le jeu du piston a pour but de diminuer la pression dans l'intérieur de l'appareil; la pression atmosphérique extérieure, n'étant plus équilibrée, fait monter le liquide dans la pompe.

Le piston de la pompe aspirante est traversé par l'air ou le liquide; celui de la pompe foulante est plein, et refoule le liquide dans le tube d'élévation.

99. Pompe aspirante. — La *pompe aspirante* (fig. 74) se compose d'un tuyau d'aspiration A muni d'une soupape S, d'un cylindre B renfermant un piston P portant une ou deux soupapes *s* et *s'*, et d'un tuyau de déversement D.

Au commencement, quand le piston monte, les soupapes *s* et *s'* sont fermées, le volume de l'air du tuyau d'aspiration augmente, et par suite sa pression diminue (n° 91); la pression atmosphérique qui s'exerce à la surface de l'eau dans le réservoir fait monter celle-ci dans le corps de la pompe.

Quand le piston descend, la soupape S se ferme, et l'air, qui se trouve comprimé dans le cylindre, s'échappe en traversant le piston.

Le même phénomène se renouvelant à chaque coup de piston, le liquide arrive bientôt dans le cylindre, passe au-dessus du piston quand celui-ci descend, puis est soulevé jusqu'au tuyau de déversement par l'ascension du piston.

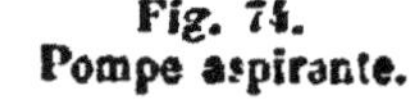

Fig. 74.
Pompe aspirante.

Remarque. — Comme c'est la pression atmosphérique qui fait monter l'eau dans le tuyau d'aspiration, et qu'une colonne d'eau de 10^{m}33 (n° 85, *Remarque*) fait équilibre à cette pression, il s'ensuit que, si la longueur du tuyau d'aspiration était supérieure à 10^m,33, l'eau ne pourrait arriver dans le cylindre.

100. Pompe foulante. — La *pompe foulante* (fig. 75) est une pompe à piston plein dont la partie inférieure au moins du cylindre plonge dans l'eau. Un raisonnement identique au précédent montre que lorsque le piston P monte, *m'* se ferme et *m* s'ouvre,

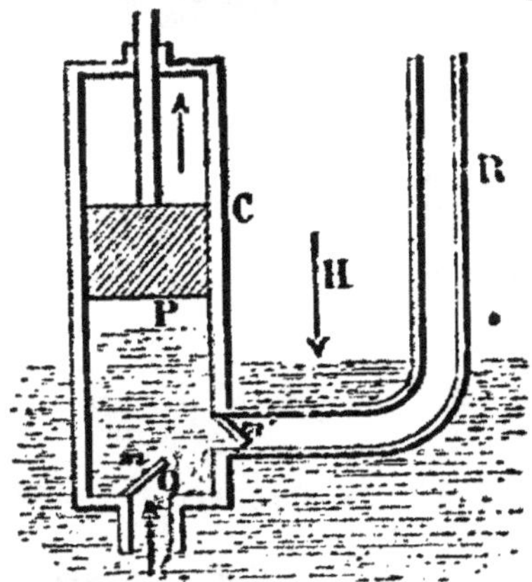

Fig. 75. — Pompe foulante.

l'eau passe dans le cylindre. Quand le piston descend, *m* se ferme, *m'* s'ouvre, et l'eau est refoulée dans le tuyau d'élévation R.

La pompe à incendie (fig. 76) est une pompe foulante munie d'un réservoir à air comprimé R qui régularise la sortie de l'eau par le tuyau d'écoulement. L'eau, versée en A et A', passe en C et C' sous l'action des pistons pleins dont les tiges T et T' sont mues par les leviers L et L'; la descente des pistons la refoule ensuite dans le récipient central, d'où elle est chassée dans le tuyau d'échappement D.

Fig. 76. — Pompe à incendie.

101. Pompe aspirante et foulante. — Comme son nom l'indique, cette pompe (fig. 77) est une pompe foulante munie d'un tuyau d'aspiration. Son jeu est identique à celui des deux précédentes.

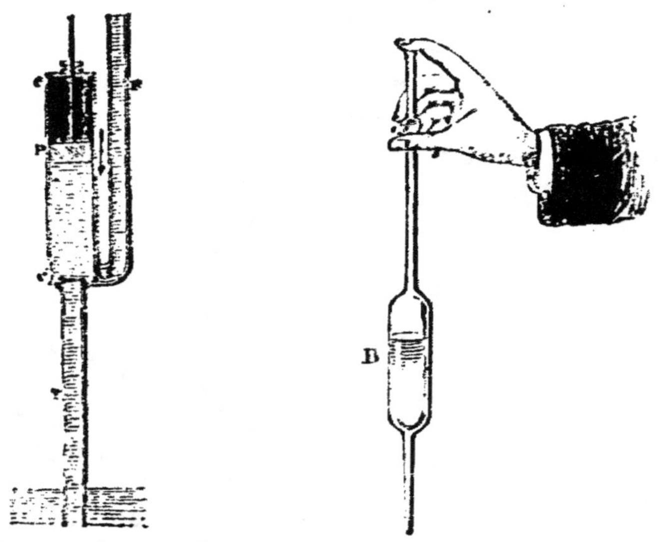

Fig. 77. — Pompe aspirante et foulante.　　　Fig. 78. — Pipette.

102. Pipette. — La *pipette* est formée d'un tube en verre (fig. 78) renflé dans sa partie moyenne. Elle sert à prendre de petites quantités de liquides. Pour cela on plonge la pointe dans le liquide, puis on aspire avec la bouche par l'autre extrémité, que l'on bouche ensuite avec le doigt. Le liquide est maintenu dans l'appareil par la pression atmosphérique qui s'exerce à la partie inférieure.

103. Siphon. — Le *siphon* est un tube recourbé, à branches inégales, ouvert à ses extrémités. Il sert à transvaser les liquides sans déplacer les vases qui les contiennent (fig. 79).

Le siphon commence à fonctionner quand il est amorcé, c'est-à-dire rempli de liquide. On l'amorce ordinairement en aspirant le liquide avec la bouche par l'une des extrémités, l'autre extrémité plongeant dans le liquide.

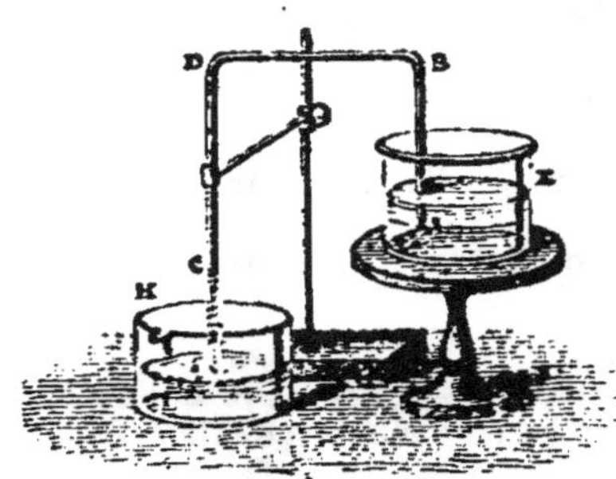

Fig. 79. — Siphon ordinaire.

Fig. 80. Amorçage du siphon.

Pour les liquides corrosifs on ajoute au siphon ordinaire une branche latérale (fig. 80), qui permet d'amorcer l'instrument sans danger d'introduire du liquide dans la bouche. Pour cela on ferme l'ouverture inférieure du siphon, on plonge une extrémité dans le liquide, et avec la bouche on aspire jusqu'à ce que le siphon soit rempli; on ouvre d'abord la branche inférieure en même temps que l'on cesse l'aspiration, le siphon est *amorcé*, et l'écoulement se produit.

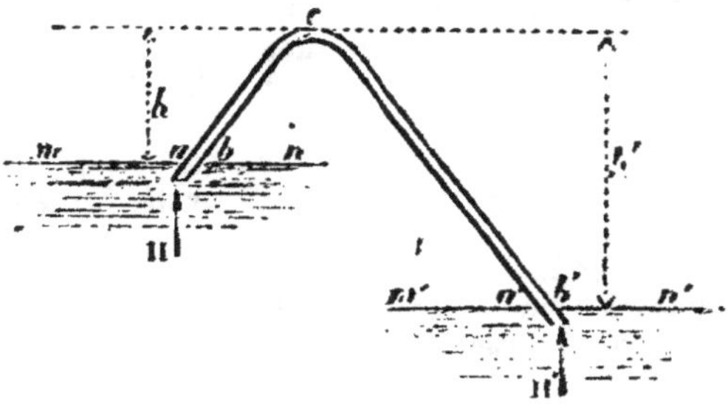

Théorie du siphon. — La pression qui s'exerce de bas en haut, à l'intérieur du tube en ab (fig. 81), est égale à la pression atmosphérique H, qui dans ce cas serait représentée par une colonne d'eau de 10 m. 33 (n° 85, *Remarque*). Or l'élément ab supporte aussi de haut en bas une pression égale au poids d'une colonne d'eau verticale de hauteur h. Une molécule d'eau en ab subit donc une poussée de bas en haut représentée par $H - h$.

Fig. 81. — Théorie du siphon.

On démontrerait de même que la poussée qui s'exerce de bas en haut en $a'b'$ est représentée par H-h'. Or, comme H-h est plus grand que H-h', l'eau s'écoulera dans le sens HcH'.

104. Fontaines intermittentes. — Les *fontaines intermittentes*, comme leur nom l'indique, ne coulent que par intervalles. L'eau, s'accumulant peu à peu dans le réservoir (fig. 82), finit par atteindre le niveau MN ; alors le siphon est amorcé, et l'eau s'échappe par l'orifice O jusqu'à ce que son niveau soit descendu à l'orifice intérieur.

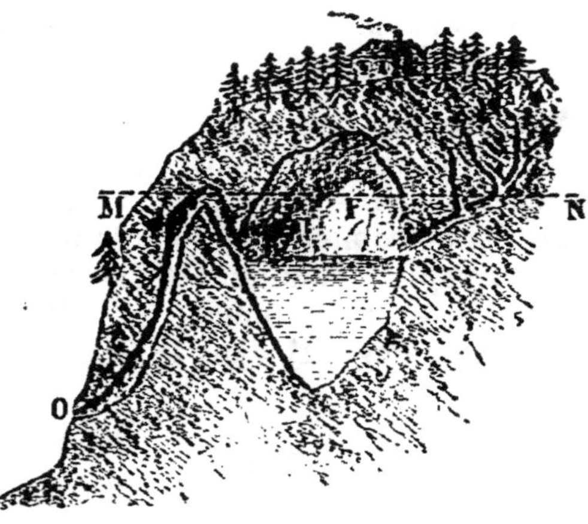

Fig. 82. — Fontaine intermittente.

QUESTIONNAIRE. — A quoi servent les pompes ? — Quel est le but du jeu du piston dans les pompes ? De quoi se compose la pompe aspirante ? Expliquez son jeu. — Peut-on, au moyen de la pompe aspirante, élever l'eau à une grande hauteur ? Pourquoi ? — Qu'est-ce qu'une pompe foulante ? — Que présente de particulier la pompe à incendie ? — A quoi sert la pipette ? Qu'est-ce qui empêche le liquide de s'écouler quand on la ferme en haut avec le doigt ? — Qu'est-ce que le siphon ? A quoi sert-il ? — *Expliquez son fonctionnement.* — Qu'appelle-t-on fontaines intermittentes ? — Expliquez l'intermittence de leur écoulement.

EXERCICES. — **1.** Dans une pompe foulante, le diamètre du corps de pompe est de 15 cent., la course du piston est de 35 cent. Combien de coups de piston faut-il pour que l'eau sorte du tuyau de refoulement qui a 3 mètres de longueur et 4 cent. de diamètre intérieur ?

2. Avec quelle force le piston se soulève-t-il dans le mouvement ascendant d'une pompe foulante et amorcée, dont le tuyau d'aspiration a 5 mètres ?

3. La base du piston d'une pompe foulante est un cercle de 10 cent. de diamètre, la section horizontale du tuyau de refoulement a 3 cent. de diamètre. Calculer la pression qu'il faut développer sur le piston pour soulever l'eau à 10 mètres au-dessus de la base du piston.

4. Dans une pompe à incendie, le volume du récipient est réduit au tiers de son volume primitif. Avec quelle force l'eau est-elle lancée ? Jusqu'à quelle hauteur peut-elle s'élever ?

5. La branche courte d'un siphon mesure 25 cent. Quel doit être, en fractions d'atmosphère, l'excès de pression atmosphérique nécessaire pour produire l'amorcement, d'abord avec de l'eau, puis avec de l'acide sulfurique dont la densité égale 1,84 ?

6. Une pipette de 27 cent. de longueur est remplie d'acide sulfurique. (D=1,84.) Jusqu'à quelle valeur faudra-t-il que descende la pression de l'air pour que l'acide s'écoule du tube ?

CHAPITRE X

MACHINE PNEUMATIQUE

105. Organes essentiels. — La *machine pneumatique* est une pompe aspirante qui a pour but d'extraire les gaz d'un récipient.

Elle se compose essentiellement : 1° d'un corps de pompe C (fig. 83) dans lequel se meut un piston P, traversé par un canal

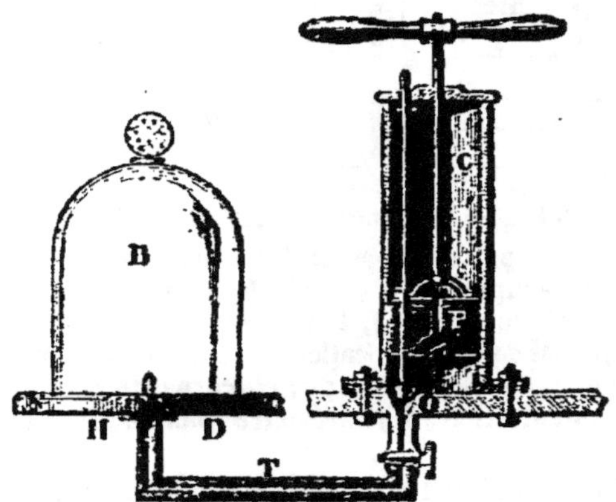

Fig. 83. — Machine pneumatique.

C, corps de pompe. — B, récipient. — T, tube de communication. — H D, platine sur laquelle repose la cloche. — P, piston avec sa soupape. — O, ouverture et soupape conique du corps de pompe.

muni d'une soupape; 2° d'un récipient B communiquant avec le corps de pompe par un tube T fermé au moyen de la soupape O. Les deux soupapes s'ouvrent de bas en haut. Le jeu de l'appareil est analogue à celui de la pompe aspirante.

Quand le piston monte, il soulève la tige qui le traverse à frottement dur; la soupape conique s'ouvre, et une partie de l'air du récipient passe dans le corps de pompe.

Quand le piston descend, il abaisse la tige et ferme ainsi la soupape; l'air comprimé par le piston s'échappe par l'ouverture qui traverse le piston. Les mêmes phénomènes se reproduisent à chaque coup de piston.

106. Machine pneumatique ordinaire. — La *machine pneu-*

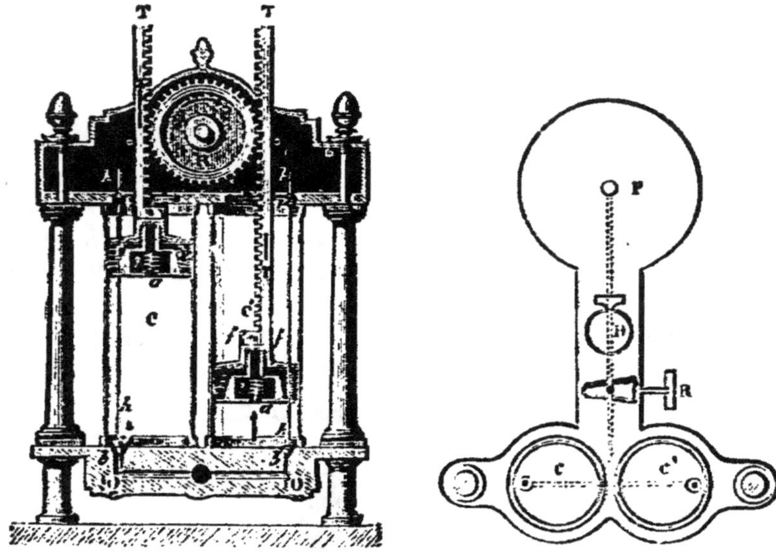

Fig. 84. — Machine pneumatique ordinaire.

1. Coupe verticale des corps de pompe et des pistons. — C, C', corps de pompe ;
P, P, pistons ; *a*, *a*, soupapes du piston ; *b*, *b*, soupapes des corps de pompe
avec leur tige *h*, *h* et leur taquet *i*, *i* ; R, roue dentée avec ses deux crémaillères T, T' ; O, O, canal de communication entre les corps de pompe et le récipient.
2. Plan de la machine ; — P, platine ; *c*, *c'*, corps de pompe ; PCC', tuyau de
communication ; H, baromètre tronqué ; R, clef.

matique ordinaire est une machine à deux cylindres (fig. 84).
Les deux pistons sont accouplés et mus
au moyen de crémaillères T, T, de manière que l'un monte quand l'autre descend.

Cette disposition a pour but de détruire l'effet de la pression atmosphérique qui s'exerce sur la face supérieure
des pistons.

Une clef permet d'intercepter la communication entre les corps de pompe et
le récipient, ou de mettre celui-ci en
communication avec l'extérieur. Un baromètre tronqué (fig. 85), en communication avec l'air du récipient, donne à
chaque instant la pression intérieure.
Ce baromètre est un simple tube en U,
dont l'une des branches est fermée et l'autre ouverte. Le mer-

Fig. 85.— Baromètre tronqué.

cure remplit complètement la branche fermée tandis qu'il ne s'élève qu'à une faible hauteur dans l'autre. Il est fixé contre une planchette graduée et renfermé dans une éprouvette qui communique avec le récipient, et qui, par conséquent, est toujours à la même pression que lui. Le mercure ne commence à descendre dans la branche fermée que lorsque le vide est déjà fait en partie. La pression du gaz renfermé dans le récipient est alors donnée par la différence des niveaux du mercure dans les deux branches.

Remarque. — La machine pneumatique ne fait pas le vide absolu pour deux raisons : 1° chaque coup de piston n'enlève qu'une fraction de l'air contenu dans le récipient; 2° les espaces (*espaces nuisibles*) dans lesquels le piston ne pénètre pas recèlent toujours une certaine quantité d'air.

107. Machine de compression. — *La machine de compression* sert à comprimer les gaz dans les récipients. Elle ne diffère de la machine pneumatique que par le jeu des soupapes, disposées inversement.

On la remplace ordinairement par la *pompe à main,* qui est une pompe aspirante et foulante.

Le scaphandre est un appareil qui permet à l'homme de travailler sous l'eau. Il se compose essentiellement d'un casque vitré, hermétiquement fixé sur les épaules, et dans lequel on envoie de l'air au moyen d'un tube flexible qui le relie à une pompe de compression.

C'est l'air comprimé qui fait fonctionner les horloges pneumatiques et lance les dépêches dans les tubes formant le réseau télégraphique intérieur de Paris. C'est encore lui qui, agissant sur les pistons des nouveaux freins employés aujourd'hui sur les lignes de chemin de fer, permet d'arrêter en quelques secondes un train marchant à grande vitesse.

108. Soufflet. — Le *soufflet* est un appareil qui sert à injecter un courant d'air dans un foyer pour activer la combustion. Il fonctionne comme une pompe aspirante.

Au moyen de la corde MP (fig. 86), on met en mouvement le levier MN, mobile autour du point A. Ce mouvement fait alternativement monter et descendre la face inférieure du soufflet, laquelle porte une soupape S s'ouvrant de bas en haut, et fonctionne comme celle du piston de la pompe aspirante.

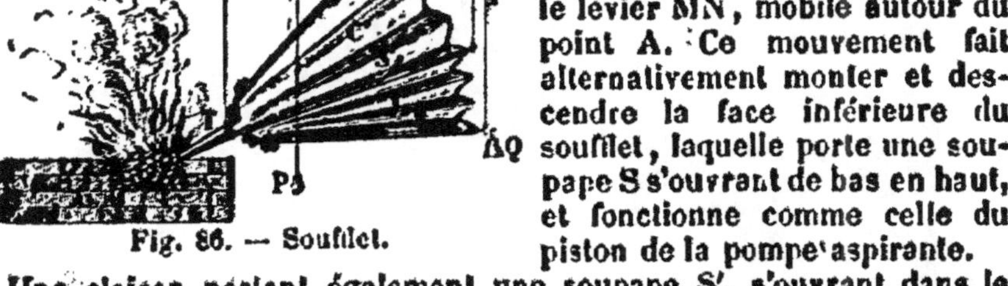

Fig. 86. — Soufflet.

Une cloison portant également une soupape S', s'ouvrant dans le même sens, partage le soufflet en deux compartiments superposés C et C'. L'air du compartiment inférieur passe, par cette soupape, dans le compartiment supérieur, d'où il s'échappe par la tuyère T.

QUESTIONNAIRE. — A quoi sert la machine pneumatique ? Quels en sont les organes essentiels ? — Décrivez la machine pneumatique ordinaire. — Comment est constitué le baromètre tronqué ? — *Pourquoi la machine pneumatique ne peut-elle faire le vide absolu dans un récipient ? — Q'appelle-t-on espace nuisible ? — En quoi la machine de compression diffère-t-elle de la machine pneumatique ? — Citez des applications de l'air comprimé. — A quoi sert le soufflet ? — Comment fonctionne-t-il ?*

EXERCICES. — 1. Dans une machine pneumatique, le récipient mesure 8 litres, le corps de pompe 2 litres; la pression initiale est de 754 millim. Trouver la tension de l'air dans le récipient après 2 coups de piston.

2. Le corps de pompe d'une machine pneumatique mesure 1 litre. Quel doit être le volume du récipient avec lequel on le fait communiquer, pour que, dès le premier coup de piston, la tension du gaz soit réduite à la moitié de sa valeur primitive ? Quelle sera alors la pression du gaz raréfié après trois coups de piston ?

3. Dans une machine pneumatique, les volumes du récipient et du corps de pompe sont respectivement égaux à 4 litres et à 1 litre. Trouver le volume qu'occuperait l'air qui reste dans le récipient après 2 coups de piston, si on le ramenait à la pression initiale.

TROISIÈME PARTIE

CHALEUR

CHAPITRE I

DILATATION DES CORPS

109. Action de la chaleur sur les corps. — La *chaleur* est la cause qui produit en nous les sensations de chaud et de froid.

Les principaux effets de la chaleur sont : 1° de dilater les corps ; 2° de les faire changer d'état.

110. Dilatation des solides. — Les solides subissent par l'action de la chaleur deux sortes de dilatations : la dilatation linéaire ou en longueur, et la dilatation cubique ou en volume.

111. Dilatation linéaire. — La *dilatation linéaire* se démontre à l'aide du *pyromètre à cadran* (fig. 87).

Fig. 87. — Pyromètre à cadran.

Une tige métallique fixée en A vient buter en B contre une aiguille E, mobile sur un cadran. En s'échauffant, la tige s'allonge et déplace l'aiguille.

Quand la tige est refroidie, l'aiguille a repris sa position initiale.

Applications. — On fait chauffer les cercles des roues de voitures avant de les poser. Le cercle chauffé entoure alors exactement les jantes de la roue, et, lorsqu'il se refroidit, sa contraction serre les assemblages et les consolide.

On laisse un petit intervalle entre deux rails consécutifs des

voies ferrées, afin qu'elles puissent s'allonger quand la température augmente: sans cette précaution les rails se soulèveraient
dans leur partie moyenne.

On ne soude pas les feuilles métalliques des toitures, mais on
les maintient en place par des clous spéciaux passant dans des
trous assez larges pour ne pas gêner la dilatation.

Le *pendule compensateur* est un système de tiges de métaux
différents, se dilatant dans des sens opposés, et ayant pour but
de maintenir constante la longueur des balanciers des horloges.

En été, les fils télégraphiques sont moins tendus qu'en hiver.

112. Dilatation cubique. — La *dilatation cubique* est mise
en évidence à l'aide de l'anneau de S'Gravesande (fig. 88). Cet
appareil se compose d'une boule de
cuivre passant exactement, quand elle
est froide, dans un anneau de même
métal.

Si l'on chauffe la sphère seule, elle ne
passe plus dans l'anneau; donc son volume a augmenté. En chauffant l'anneau
seul, la sphère passe sans frottement;
donc l'espace annulaire s'est accru.

Si on chauffe la sphère et l'anneau,
les dimensions des parties en contact
restent respectivement égales ; *donc les
espaces vides des corps s'accroissent
comme s'ils étaient pleins.*

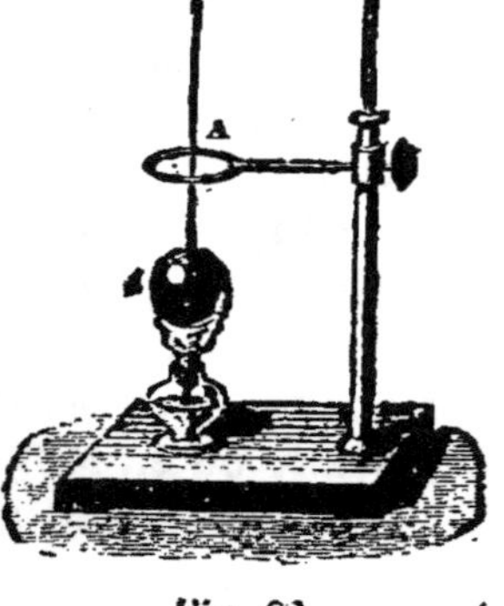

Fig. 88.
Anneau de S'Gravesande.

Applications. — Pour enlever un bou-
chon à l'émeri qui résiste aux efforts ordinaires, on chauffe avec
précaution le col du flacon; l'ouverture se dilate, ce qui permet
d'extraire le bouchon.

L'échauffement ou le refroidissement brusque des corps
à parois épaisses produit une inégale dilatation des parois qui
peut amener leur rupture. C'est pourquoi un verre épais casse
quand on y verse de l'eau très chaude, tandis qu'un verre mince
ne casse pas.

113. Dilatation des liquides. — Les liquides se dilatent plus
que les solides; on le démontre de la manière suivante :

Un ballon B, complètement rempli d'eau colorée, est fermé
par un bouchon dans lequel passe un long tube; l'introduction
du bouchon dans le col du ballon fait monter le liquide dans le
tube jusqu'à une certaine hauteur que l'on marque sur une

petite feuille de papier collée à la paroi du tube. On plonge alors le ballon dans l'eau chaude (fig. 89), et l'on voit baisser immédiatement le niveau de l'eau dans le tube. Ce phénomène est dû à ce que, au moment de l'immersion, la paroi du ballon s'est échauffée, et par conséquent s'est subitement dilatée; sa capacité ayant ainsi augmenté, le niveau du liquide dans le tube a dû nécessairement s'abaisser. Mais, à son tour, l'eau du ballon s'échauffe peu à peu, et, comme l'eau se dilate plus que le verre, le niveau remonte bientôt à sa position initiale, qu'il dépasse ensuite d'autant plus que la température s'élève davantage.

Les thermomètres à liquides reposent sur la dilatation des liquides.

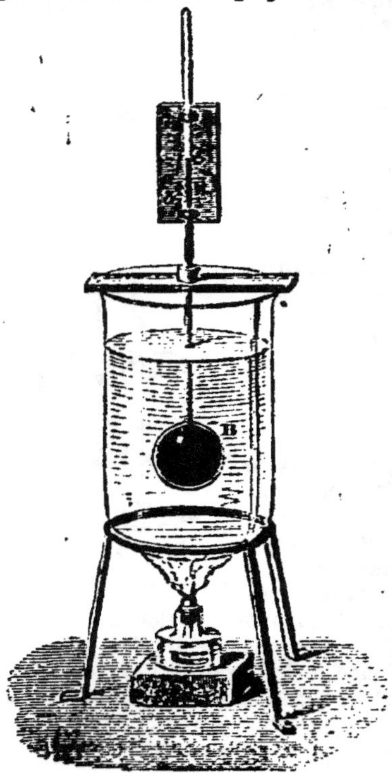

Fig. 89. — Dilatation des liquides.

114. Dilatation des gaz. — Les gaz sont très dilatables. Si la pression ne change pas, c'est-à-dire si on laisse le gaz se dilater librement, son volume s'accroît avec la température; c'est ce que l'on met en évidence en chauffant dans un ballon une masse d'air séparée de l'atmosphère (fig. 90) par un index de liquide coloré. Il suffit de chauffer simplement le ballon avec la main pour voir l'index se déplacer aussitôt.

Si le volume ne change pas, c'est-à-dire si on empêche le gaz de se dilater, sa tension augmente avec la température.

Fig. 90.
Dilatation des gaz.

115. Variation de la densité suivant la température. — Un corps, en se dilatant, conserve le même poids tout en augmentant de volume; donc sa densité diminue. C'est pour cette raison que la fumée et l'air chaud s'élèvent dans l'atmosphère. Les vents sont produits par les mouvements des couches atmosphériques, causés par le déplacement de l'air échauffé à la surface de la terre.

C'est l'ascension de l'air chaud qui produit le tirage des cheminées. Si l'on place une source de chaleur au-dessous d'un large tube vertical ouvert à ses deux extrémités (fig. 91), on constate que les flammes, les corps légers, qu'on approche de l'extrémité supérieure sont emportés ou repoussés par le courant d'air chaud, tandis qu'à la partie inférieure du tube ils sont attirés par l'arrivée de l'air froid.

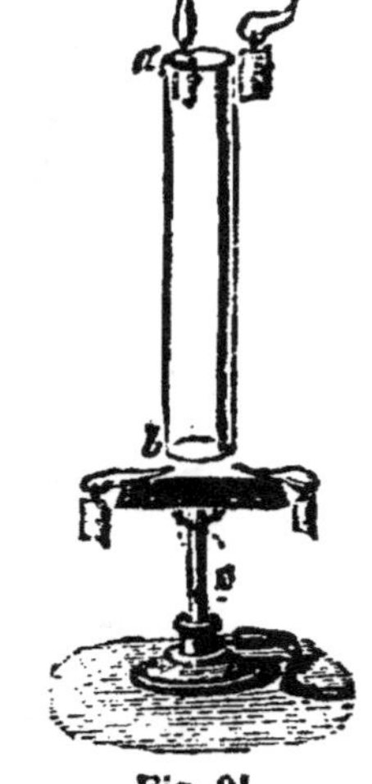

Fig. 91.
Tirage des cheminées.

Questionnaire. — Quels sont les principaux effets de la chaleur? — Combien de sortes de dilatation éprouvent les solides? — Comment montre-t-on qu'une tige métallique s'allonge quand on la chauffe? — Citez des applications de la dilatation linéaire. — Comment met-on en évidence la dilatation cubique. — Pourquoi un verre épais casse-t-il quand on y verse de l'eau bouillante? — Comment montre-t-on que la chaleur dilate les liquides? — Pourquoi le liquide baisse-t-il d'abord dans le tube au moment où on plonge le ballon dans l'eau chaude? — Comment démontre-t-on que les gaz se dilatent quand on les chauffe? — Sont-ils très dilatables? — Comment varie la densité d'un corps quand on le chauffe? — Pourquoi les cheminées ne tirent-elles que lorsqu'on y fait du feu?

CHAPITRE II

THERMOMÈTRES

116. Usage des thermomètres. — Les *thermomètres* sont des instruments qui servent à déterminer la température des corps.

La *température* d'un corps est son état calorifique actuel, caractérisé par la constance de son volume. La variation du volume peut donc servir à mesurer la température.

Le mercure est le meilleur corps thermométrique, car : 1° on peut l'obtenir très pur; 2° il se met rapidement en équilibre de température avec les corps ambiants; 3° sa dilatation est assez régulière et relativement grande; 4° entre son point de solidification (—40°) et son point d'ébullition (350°) sont comprises la plupart des températures usuelles.

Pour les températures très basses, on se sert de thermomètres à alcool; mais ces instruments ne peuvent servir au delà de 50°, à cause des vapeurs d'alcool qui se forment et qui pourraient briser le tube.

Les solides ont l'inconvénient d'être trop peu dilatables, et les gaz de l'être, au contraire, beaucoup trop.

Les *thermomètres à gaz* sont très sensibles, mais exigent une manipulation assez délicate; ils ne servent que dans quelques cas particuliers, qui exigent une très grande précision.

117. Construction du thermomètre à mercure. — 1° *Préparation du tube.* — Il faut vérifier d'abord si le calibre est régulier, c'est-à-dire si la section intérieure du tube est la même dans toute la longueur. Pour cela on fait glisser un index de mercure tout le long du tube, et l'on examine si cet index conserve la même longueur. Si dans une certaine position il diminue de longueur, c'est qu'il existe un renflement en cet endroit; si au contraire il s'allonge, c'est qu'il y a un étranglement. Dans l'un ou l'autre cas, le tube ne peut servir et doit être rejeté.

Quand on a trouvé un tube bien calibré, on soude un réservoir à l'une de ses extrémités, et à l'autre une ampoule terminée en pointe effilée. On trouve les enveloppes thermométriques ainsi préparées dans le commerce.

2° *Remplissage du tube.* — On chauffe le réservoir R (fig. 92); une partie de l'air sort du tube; on plonge alors l'ampoule A dans le mercure; le refroidissement produit une contraction de l'air intérieur, et la pression atmosphérique fait monter du mercure dans l'ampoule. Il suffit alors de redresser le tube, de chauffer de nouveau le réservoir pour faire sortir une nouvelle quantité d'air qui est remplacé, après refroidissement, par quelques gouttes

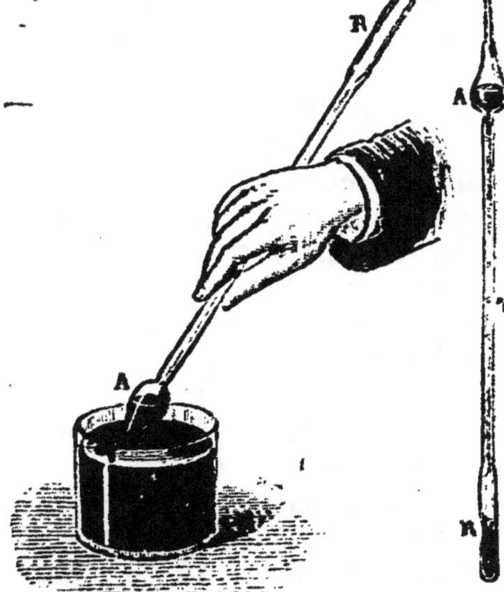

Fig. 92.
Remplissage d'un thermomètre à mercure.

de mercure que l'on fait bouillir ensuite. Les vapeurs de mercure chassent les dernières traces d'air, et leur condensation fait descendre le mercure dans toute la longueur du tube. On porte l'instrument à la plus haute température qu'il doit marquer, on enlève l'ampoule, puis on ferme le tube à la lampe.

· · 3° *Graduation.* — La graduation du thermomètre consiste d'abord à déterminer deux points fixes qui serviront de repères pour la détermination des degrés du thermomètre. L'un de ces points correspond à la température de la glace fondante, et l'autre à celle de la vapeur d'eau bouillante.

Pour les obtenir, on plonge le thermomètre dans un vase renfermant de la glace fondante (fig. 93), et ouvert à la partie inférieure,

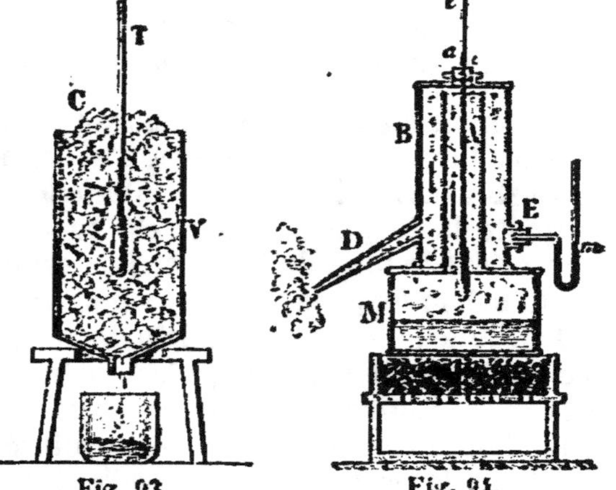

Fig. 93.
Détermination du zéro.

Fig. 94.
Détermination du point 100.

afin de laisser l'eau de fusion s'écouler librement. Quand le niveau du mercure cesse de descendre, on marque C° au point où il s'est arrêté.

On met ensuite l'instrument dans une étuve à vapeur d'eau bouillante (fig. 94); le niveau du mercure monte, puis s'arrête; on marque 100° si la pression atmosphérique est 760ᵐᵐ; dans le cas contraire, on ajoute ou on retranche 1° pour 27ᵐᵐ de différence. Un petit manomètre à eau en communication avec la vapeur, au moyen de la tubulure E, permet de comparer la tension de cette vapeur à celle du milieu ambiant, et de faire au besoin la correction nécessaire à cette différence de pression.

On divise l'espace de 0° à 100° en cent parties égales, ce sont les degrés de l'échelle; puis on prolonge les divisions au delà des points extrêmes. Les degrés au-dessous de zéro sont affectés du signe —.

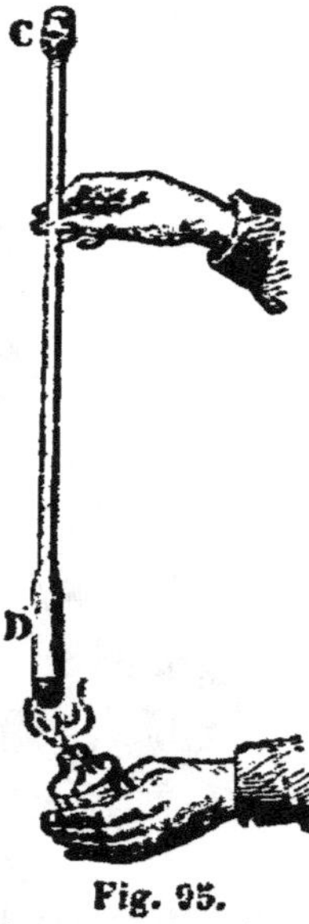

118. Construction du thermomètre à alcool. — On introduit de l'alcool dans l'entonnoir (fig. 95), puis on chauffe légèrement le réservoir. Le liquide

Fig. 95.
Remplissage d'un thermomètre à alcool.

descend dans le tube sous l'action de la pression atmosphérique quand l'air se refroidit. On le gradue par comparaison avec le thermomètre à mercure.

110. Échelles diverses (fig. 96). — Les principales graduations thermométriques en usage sont :

1° L'*échelle centigrade*, dont le 0° correspond à la température de la glace fondante, et le 100° à celle de la vapeur d'eau bouillante ;

2° L'*échelle Réaumur* : le 0° correspond aussi à la température de la glace fondante, le 80° à celle de l'eau bouillante ;

3° L'*échelle Fahrenheit*, dont le 32° degré correspond à la glace fondante, et le 212° à celle de l'eau bouillante ; cette échelle est surtout employée dans les pays de langue anglaise.

100° centigrades valent donc 80° Réaumur ou 180° Fahrenheit ; donc 1° centigrade vaut $^1/_5$ de degré Réaumur et $^9/_5$ de degré Fahrenheit.

120. Remarque. — Pour qu'un thermomètre soit sensible, il faut que le réservoir soit aussi grand que possible et le tube très fin. Pour qu'il se mette rapidement en équilibre de température, il faut, au contraire, que le volume du réservoir soit aussi petit que possible. On construit les thermomètres suivant les différents usages auxquels on les destine.

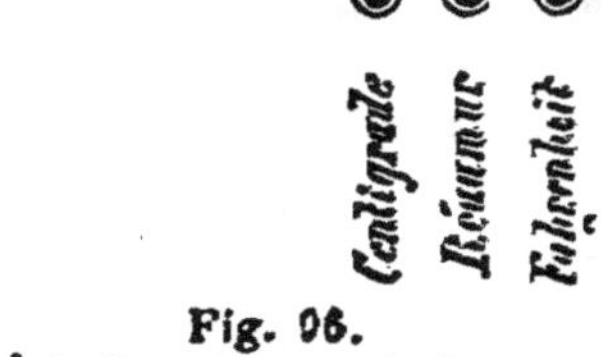

Fig. 96.
Échelles thermométriques.

121. Thermomètre à maxima. — Le *thermomètre à maxima* indique la plus haute température à laquelle l'instrument a été porté. C'est un thermomètre à mercure, à tube recourbé horizontalement (fig. 97). L'index A avance vers la droite du tube à mesure que la température s'élève, il reste en place lorsqu'elle s'abaisse. Sa position indique donc la plus haute température qu'a marquée l'instrument.

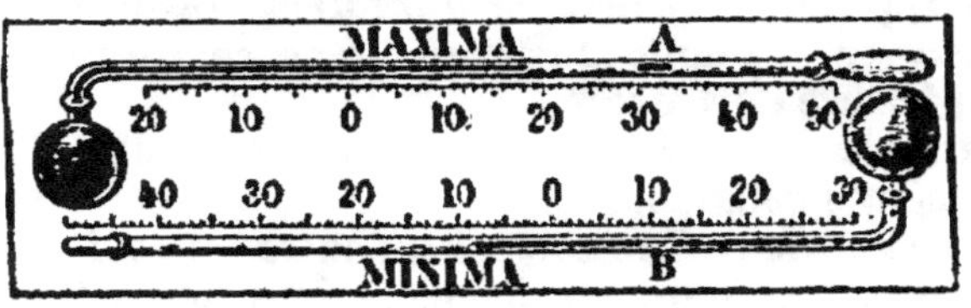

Fig. 97.
Thermomètre à maxima et à minima.—A, index en acier. —B, index en émail, dans l'intérieur du liquide.

122. Thermomètre à minima. — Le *thermomètre à minima* indique, au contraire, la plus basse température à laquelle il a été porté. C'est un thermomètre à alcool, à branche recourbée horizontalement (fig. 97). Quand la température diminue, l'index est entraîné par le liquide.

Lorsque les deux instruments sont fixés sur la même planchette, comme dans la figure ci-dessus, il suffit de soulever la droite de l'appareil pour ramener l'index à l'extrémité de chaque colonne liquide et mettre les thermomètres en état de servir.

QUESTIONNAIRE. — A quoi servent les thermomètres ? — Quel est le meilleur corps thermométrique, et pourquoi ? — Dans quel cas emploie-t-on l'alcool ? — Pourquoi n'emploie-t-on généralement pas les solides ou les gaz ? — Comment vérifie-t-on la régularité du calibre d'une tige thermométrique ? — Comment remplit-on de mercure une enveloppe thermométrique ? — Comment s'y prendrait-on pour la remplir d'alcool ? — Indiquez comment on détermine la graduation du thermomètre à mercure. — Comment désigne-t-on les degrés inférieurs à la température zéro ? — Quelles différences existe-t-il entre la graduation des thermomètres centigrade, Réaumur et Fahrenheit ? — *Que faut-il pour qu'un thermomètre soit sensible ? — Que faut-il pour qu'il donne rapidement la température cherchée ? — A quoi servent les thermomètres à maxima et minima ? Comment sont-ils construits ?*

EXERCICES. — 1. Les réservoirs de deux thermomètres à mercure ont la même capacité, les diamètres intérieurs de leur tige sont dans le rapport de 1 à 10. Trouver le rapport des longueurs d'un degré dans ces deux instruments.

2. Les réservoirs de deux thermomètres ont le même volume ; les longueurs que l'intervalle fondamental occupe sur leur tige sont dans le rapport de 1 à 2. Trouver le rapport des sections et des rayons intérieurs de ces deux tiges.

3. A combien de degrés centigrades correspondent 45, 50, 25, 8 degrés Réaumur ?

4. Convertir 45, 60, 40, 23 degrés Réaumur en degrés Fahrenheit.

5. Un thermomètre de Fahrenheit est plongé dans un bain à côté d'un thermomètre centigrade. Quelles indications donnera-t-il quand le thermomètre centigrade marquera 50°, 75°, 10° ?

CHAPITRE III

COEFFICIENTS DE DILATATION

123. Définitions. — On appelle *coefficient de dilatation linéaire* d'un corps l'allongement que subit l'unité de longueur de ce corps pour une élévation de température de 1 degré.

Le *coefficient de dilatation cubique* est l'augmentation que subit l'unité de volume dans les mêmes conditions.

Les coefficients de dilatation varient d'un corps à un autre ; le coefficient de dilatation cubique est toujours sensiblement le triple du coefficient de dilatation linéaire.

Pour les liquides et les gaz, on ne considère évidemment que le coefficient de dilatation cubique.

124. Coefficients de dilatation linéaire des solides. — *Méthode de Lavoisier et Laplace.* On prend une barre AB (fig. 98) de la substance dont on cherche le coefficient de dilatation, et on la place sur des rouleaux au fond d'une caisse dans laquelle on met de la glace fondante. L'extrémité A vient buter contre un arrêt, tandis que l'extrémité B s'appuie contre un levier BO dont le mouvement peut incliner une lunette mobile autour du point O.

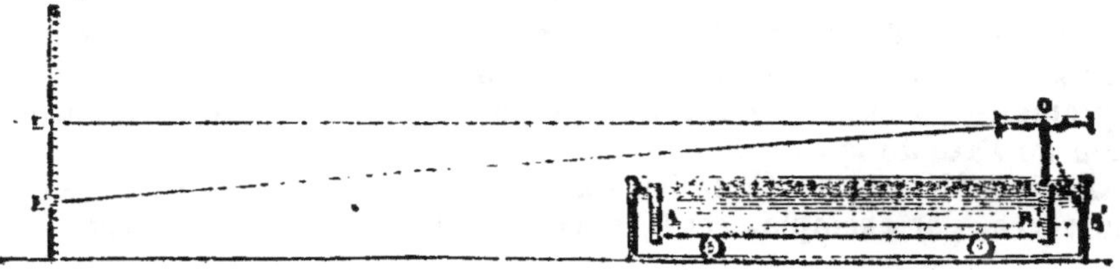

Fig. 98. — Principe de la méthode Lavoisier et Laplace.

Quand la barre a pris la température de la glace fondante, c'est-à-dire se trouve à la température de 0°, on vise, avec la lunette, une mire éloignée, et on note la division correspondante E.

On remplace ensuite la glace par de l'eau ou de l'huile que l'on porte à une température déterminée t; l'extrémité B vient alors en B', par exemple, la lunette s'incline, et son axe prend la direction OE'. On note la division E', et on mesure EE'.

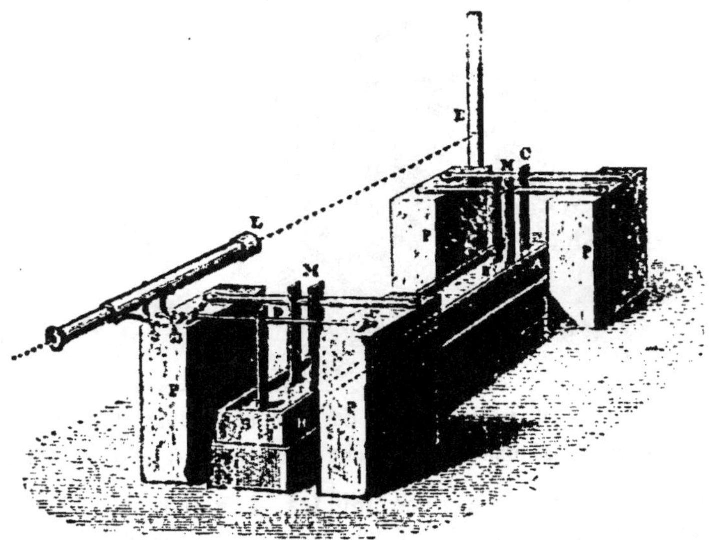

Fig. 99. — Dilatation linéaire des solides (Lavoisier et Laplace).

AB, tige métallique. — D, bras du levier coudé. — xy, son axe. — L, lunette. — E, mire divisée. —P, dés en pierre.

L'allongement BB' est, par rapport à la longueur du levier BO, ce que la longueur EE' est, par rapport à la distance OE. Or BO et OE peuvent se mesurer, une simple proportion donnera donc BB'.

Si L est la longueur de la barre à la température zéro, et si la deuxième expérience a été faite à la température t, le coefficient de dilatation linéaire sera, par sa définition même :

$$d = \frac{BB'}{L \times t}.$$

La cuve est disposée entre quatre dés en pierre (fig. 99) qui assurent la fixité des différentes pièces. Le jeu de l'appareil rappelle celui du pyromètre à cadran (n° 111); l'aiguille est ici remplacée par la direction de l'axe de la lunette.

Les coefficients de dilatation linéaire sont toujours très petits; celui du verre, par exemple, est 0,0000086; celui du zinc, 0,000029.

125. Coefficients de dilatation des liquides. — *Méthode de Dulong et Petit.* L'appareil dont se sont servis Dulong et Petit, pour déterminer le coefficient de dilatation du mercure, se compose de deux tubes communiquants A et C (fig. 100) maintenus à des températures différentes, mais connues. La température des deux branches étant différente, le mercure n'a pas la même densité dans l'une et dans l'autre (n° 113); par conséquent, les deux niveaux ne sont pas dans le même plan horizontal. C'est de la mesure de cette différence de niveau que ces deux physiciens ont déduit le coefficient de dilatation du mercure.

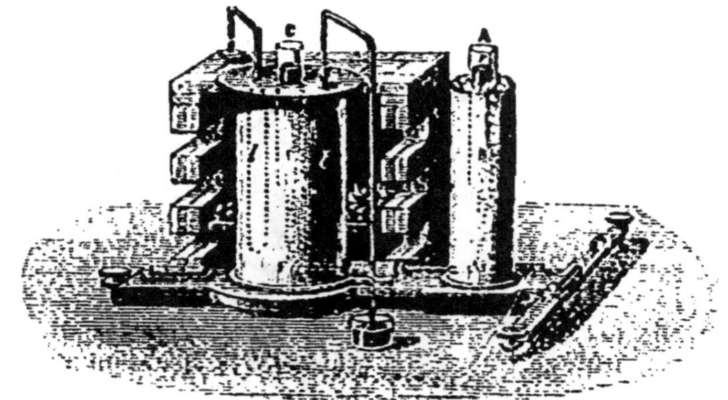

Fig. 100. — Dilatation absolue du mercure (Dulong et Petit).
CD, AB, tubes communiquants. — FE, tube capillaire. — t, thermomètre à poids.

On est obligé, dans le cas des liquides, d'avoir recours à des procédés indirects pour déterminer leur coefficient de dilatation; car il est impossible de les chauffer sans dilater l'enveloppe qui les renferme. Dans la méthode précédente, il n'y a pas à tenir compte de la dilatation des enveloppes; car, dans les vases communiquants, la hauteur des liquides est indépendante de la forme et de la dimension des vases (n° 63).

Le coefficient de dilatation cubique du mercure est 0,000179; celui de l'alcool, 0,001059; celui de l'éther, 0,001515.

126. Coefficients de dilatation des gaz. — *Méthode de Gay-Lussac.* Une masse de gaz est introduite dans un petit ballon muni d'un long tube et séparée de l'atmosphère par un index de mercure. Le ballon est introduit dans une cuve (fig. 101) et amené à la température zéro au moyen de glace fondante ; l'index de mercure s'arrête dans une position que l'on note. On remplace ensuite la glace par de l'eau ou de l'huile que l'on porte à une température connue ; la dilatation de la masse gazeuse est alors mesurée par le déplacement de l'index. Connaissant cette augmentation de volume, le volume du gaz à la température zéro, et la température à laquelle il a

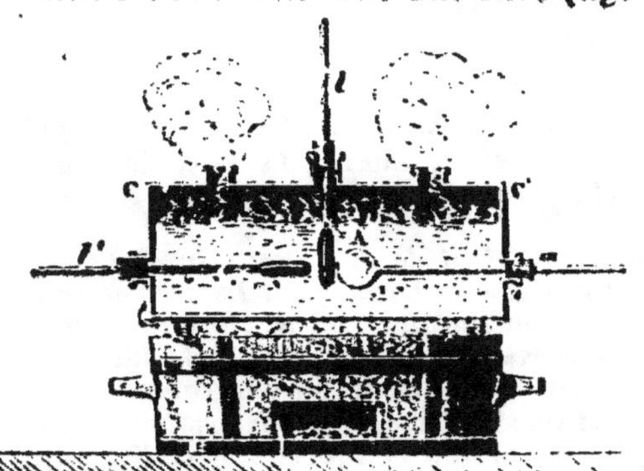

Fig. 101. — Dilatation des gaz (Gay-Lussac).
Am, ballon contenant l'air. — m, index mercuriel. — t, t', thermomètres donnant la température du bain CC'.

été porté, on en déduit le coefficient de dilatation.

Il faut ici tenir compte de la dilatation de l'enveloppe et faire une correction relative à la pression si la hauteur barométrique a varié entre les deux observations.

Le coefficient de dilatation de l'air est 0,003670 ; celui de l'hydrogène, 0,003666 ; celui de l'acide carbonique, 0,003710.

127. Formules de dilatation. — *Dilatation linéaire.* Prenons une règle de 1 mètre de longueur à la température zéro, soit d son coefficient de dilatation linéaire ; si nous la portons à la température t, son accroissement de longueur sera $d \times t$, et si, au lieu d'un mètre, la règle avait une longueur de l mètres, son accroissement serait $l \times d \times t$ (n° 123).

La nouvelle longueur L de cette règle sera donc ce qu'elle était d'abord l, augmenté de l'accroissement $l \times d \times t$, et l'on aura :

$$L = l + l \times d \times t$$
ou
$$L = l(1 + d \times t) \qquad (1).$$

Pour une autre température t', on aurait de même :

$$L' = l(1 + d \times t') \qquad (2).$$

En divisant membre à membre les égalités (1) et (2), on trouve une troisième formule :

$$\frac{L}{L'} = \frac{1 + d \times t}{1 + d \times t'}$$
d'où
$$L = L' \frac{1 + d \times t}{1 + d \times t'} \qquad (3).$$

128. Dilatation cubique. — En désignant par v le volume d'un corps à la température zéro, par K son coefficient de dilatation cubique, et par t ou t' la température à laquelle on le porte, un raisonnement identique au précédent donne les trois formules :

$$V = v(1 + K \times t)$$
$$V' = v(1 + K \times t')$$
$$V = V' \frac{1 + K \times t}{1 + K \times t'}.$$

Remarque. — Dans le cas des liquides et des gaz, il faut tenir compte de la dilatation des enveloppes qui les contiennent ; et, pour les gaz, il faut, en outre, tenir compte de la pression à laquelle ils sont soumis.

QUESTIONNAIRE. — *Qu'appelle-t-on coefficient de dilatation linéaire ? cubique ? — Indiquez sommairement le procédé de Lavoisier et Laplace pour la détermination des coefficients de dilatation linéaire. — En quoi consiste la méthode de Dulong et Petit pour la détermination du coefficient de dilatation des liquides ? — Pourquoi dans cette méthode ne tient-on pas compte de la dilatation des enveloppes ? — Comment Gay-Lussac a-t-il déterminé le coefficient de dilatation des gaz ? Indiquez et expliquez les formules relatives aux dilatations linéaire et cubique.*

EXERCICES. — 1. Quel accroissement de longueur prennent 100 kilom. de rails en acier, en passant de 0° à 25° ? (Coefficient de dilatation de l'acier = 0,0000115.)

2. Une tige de cuivre mesure 3 mètres à la température de 0° et 3m,0052 à 100°. Trouver le coefficient de dilatation de ce métal.

3. Quel accroissement de longueur prend, en passant de 100° à 200°, une tige de fer qui, à 0°, mesure 2 mètres ? (Coefficient du métal = 0,0000122.)

4. Ramener à 0° la hauteur d'un baromètre qui est 762 millim. à 25°. (Coefficient de dilatation du mercure $= \frac{1}{5,550}$.)

5. Un ballon de verre gradué à 0° porte deux traits de repère correspondant aux volumes 50 et 100 cent. cubes. Trouver le volume vrai qu'indiquent ces traits à 100° (Coefficient du verre = 0,000025.)

CHAPITRE IV

PROPAGATION DE LA CHALEUR

129. Mode de propagation de la chaleur. — Quand la chaleur se propage de proche en proche et à travers les molécules des corps, on dit qu'elle se transmet par *conductibilité*. Au contraire, si elle se propage à distance et très vite, à travers les milieux qui séparent les corps, on dit qu'elle se transmet par *rayonnement*.

130. Corps conducteurs. — On appelle corps *bons conducteurs* de la chaleur les substances qui laissent passer facilement la chaleur à travers leur masse. *Ex. :* Le fer, le cuivre, et en général tous les métaux.

Les corps *mauvais conducteurs* laissent passer difficilement la chaleur à travers leur masse. *Ex. :* Le charbon, la mousse, les cendres, le bois, le verre.

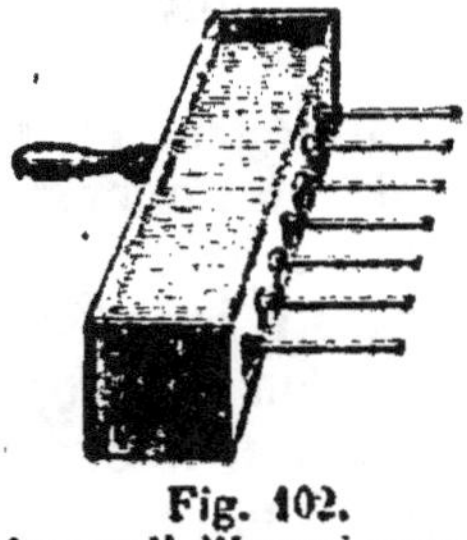

On met en évidence la différence de conductibilité des corps au moyen de l'*appareil d'Ingenhousz* (fig. 102). C'est une caisse métallique portant des tiges de différentes substances enduites de cire. La caisse étant remplie d'eau bouillante, les tiges s'échauffent par conductibilité, et la cire fond sur une longueur d'autant plus grande que la substance est plus conductrice.

Fig. 102.
Appareil d'Ingenhousz.

131. Conductibilité des liquides et des gaz. — Les liquides conduisent peu la chaleur. On brûle de l'alcool sur de l'eau sans que celle-ci s'échauffe ; on peut aussi porter à l'ébullition de l'eau en contact avec un morceau de glace maintenu au fond d'un tube, sans que la glace fonde (fig. 103).

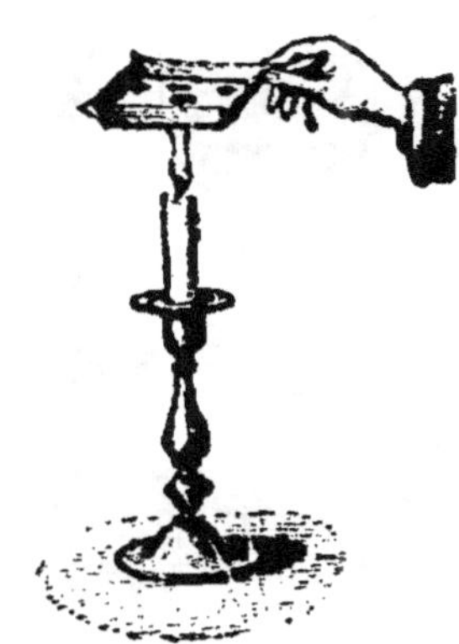

Fig. 103. — Ébullition de l'eau au-dessus de la glace.

Fig. 104. — Fusion de l'étain sur une feuille de papier.

Les gaz conduisent encore moins bien la chaleur que les liquides. Aussi les corps qui renferment beaucoup d'air comme les tissus, la paille, conduisent-ils mal la chaleur.

132. Applications. — La braise mal éteinte se conserve sous la cendre, car celle-ci conduit mal la chaleur. Le charbon de bois chauffé par l'une de ses extrémités s'allume, car la chaleur s'y concentre, tandis que l'autre extrémité ne s'échauffe même pas.

On peut faire bouillir de l'eau dans une boîte en papier mince sans brûler le papier, qui cède la chaleur à l'eau. L'étain placé dans les mêmes conditions fond sans que le papier soit carbonisé (fig. 104).

Les laines, les tissus, le duvet, la ouate, protègent contre le froid, parce qu'ils renferment beaucoup d'air et s'opposent aux courants; ils conservent ainsi la chaleur du corps.

Les oiseaux résistent à l'action du froid, grâce à leur épais plumage. Les aliments se conservent chauds si l'on enveloppe avec une étoffe de laine le vase qui les contient. Les maisons en briques creuses, les doubles portes, les doubles fenêtres et les doubles cloisons protègent contre le froid. La glace se conserve dans des glacières en briques sous un lit de paille.

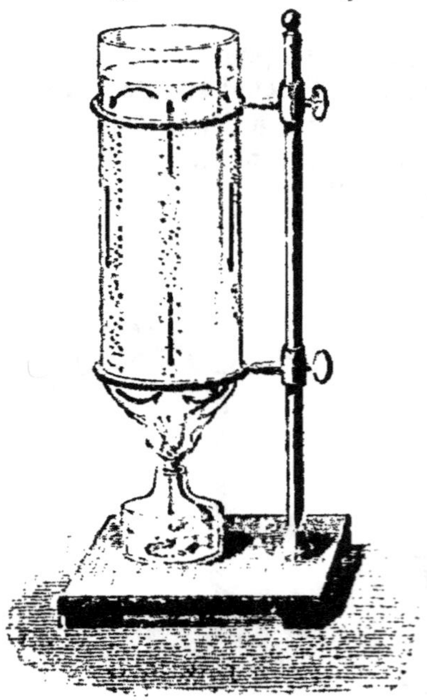

Fig. 105.

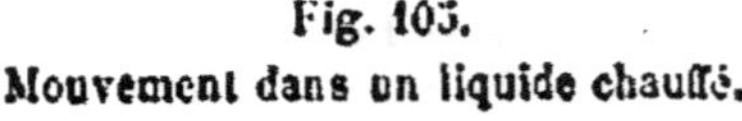
Mouvement dans un liquide chauffé.

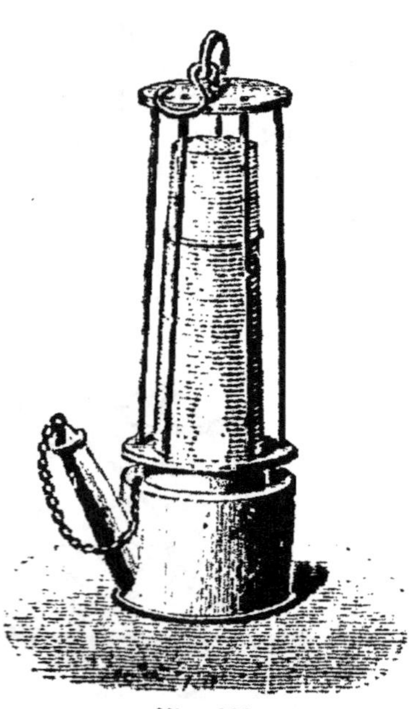

Fig. 106.

Lampe de Davy.

Les liquides ne s'échauffent que par des courants; les couches inférieures deviennent plus légères en s'échauffant et montent à la surface, pendant que les couches froides descendent au fond du vase (fig. 105). Une cause analogue produit les courants marins.

Une toile métallique posée sur une flamme l'éteint en s'emparant de la chaleur du foyer qui permettait aux gaz de brûler.

La *lampe de Davy* (fig. 106), employée par les mineurs, est une application de la propriété qu'ont les toiles métalliques de ne pouvoir être traversées par une flamme.

133. Rayonnement. — Les corps chauds envoient de la chaleur dans toutes les directions. Cette chaleur, appelée *chaleur rayonnante*, se transmet en ligne droite.

On appelle *diathermanes* les corps qui se laissent traverser par la chaleur. *Ex. :* Le sel gemme, les gaz, l'air (ces derniers pour la chaleur lumineuse seulement).

Les corps *athermanes* sont ceux qui ne se laissent pas traverser par la chaleur. *Ex. :* Le bois, la pierre, l'alun solide ou en dissolution.

Certains corps, tels que le verre, laissent passer la chaleur lumineuse, mais non la chaleur obscure; ils sont diathermanes seulement pour la chaleur lumineuse, et athermanes pour la chaleur obscure. Cette propriété est utilisée dans les cloches en verre des jardiniers, dans les serres couvertes en verre.

Remarque. — Le froid ne rayonne pas; mais deux corps placés l'un à côté de l'autre rayonnent de la chaleur; celui qui est le plus chaud en rayonne davantage et se refroidit, tandis que le moins chaud en reçoit plus qu'il n'en rayonne et s'échauffe.

134. Pouvoir rayonnant ou émissif. — Le *pouvoir émissif* d'un corps est la propriété qu'il a de rayonner de la chaleur vers les objets qui l'environnent. Le pouvoir émissif dépend de la nature du corps, de sa couleur, etc. Une couleur noire ou foncée, une surface rugueuse, favorisent le pouvoir émissif. Les métaux polis ont un pouvoir émissif faible; c'est pourquoi les substances contenues dans des vases en métal poli conservent plus longtemps leur chaleur que celles qui sont dans des vases en terre.

Le *noir de fumée* et le *blanc de céruse* ont le plus grand pouvoir émissif.

135. Pouvoir absorbant. — On appelle *pouvoir absorbant* la propriété qu'ont les corps de se laisser pénétrer par la chaleur que rayonnent les corps qui les environnent. Plus le pouvoir absorbant est grand, plus le pouvoir émissif l'est aussi. Les corps rugueux et de couleur foncée possèdent le plus grand pouvoir absorbant.

136. Pouvoir réflecteur. — Le *pouvoir réflecteur* est la propriété qu'ont les corps de *réfléchir*

Fig. 107. — Miroir ardent.

ou *renvoyer* les rayons calorifiques qui tombent sur leur surface. Les corps blancs ou à surface polie sont ceux qui ont le plus grand pouvoir réflecteur.

Les miroirs ardents (fig. 107) sont des miroirs concaves qui ont la propriété de réfléchir et de concentrer la chaleur du soleil et d'élever ainsi la température des corps qui sont à leur foyer.

137. Appareils de chauffage. — *Cheminées.* — Une bonne cheminée doit avoir une *section assez grande* pour l'écoulement complet des produits du foyer, mais pas trop grande à cause des courants descendants qui pourraient ramener une partie de la fumée; une *élévation suffisante* pour activer le tirage; des *prises d'air* pour alimenter le foyer.

Le mouvement ascendant se produit par l'air chaud, qui a une densité moindre que l'air extérieur. — Le tirage dépend de la *température du foyer*, de la *hauteur de la cheminée* et de l'*état atmosphérique de l'air*.

Poêles ordinaires. — Les poêles sont des foyers entourés d'un corps conducteur qui échauffe par rayonnement l'air et les corps qui l'environnent. Ils exigent un bon tirage, une bonne cheminée et des prises d'air suffisantes au-dessous du foyer. Ce système de chauffage est plus économique, mais moins salubre que le précédent.

Calorifères à air chaud. — Les calorifères à air chaud comprennent un foyer central échauffant une grande quantité d'air, qui est porté par des tuyaux distributeurs dans tous les appartements, où ils pénètrent par des *bouches de chaleur*; l'air chaud doit être humide. Les *prises d'air* ou *bouches de départ*, s'ouvrant à l'extérieur, assurent, en outre, le renouvellement de l'air des appartements.

Calorifères à eau chaude. — Ces calorifères se composent d'un foyer au centre duquel se trouve un bouilleur plein d'eau (fig. 108); un système de tubes emmène l'eau chaude, qui monte à cause de sa densité plus faible; cette eau passe dans des enveloppes métalliques placées dans les appartements; refroidie, elle descend

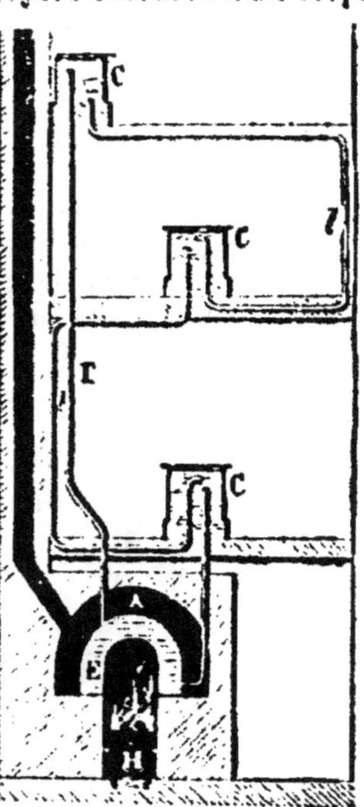

Fig. 108.
Calorifère à eau chaude.

dans le bouilleur par un autre tube. Ces calorifères donnent une température constante, douce; on les utilise dans les serres.

CHAPITRE V

FUSION — SOLIDIFICATION — DISSOLUTION

I. — Fusion.

138. Définition. — La *fusion* est le passage d'un solide à l'état liquide sous l'action de la chaleur.

Presque tous les corps sont fusibles ; ceux qui résistent aux plus hautes températures sont dits *réfractaires*. (Chaux, plombagine, etc.)

Les plus puissants foyers que nous possédions sont le chalumeau à gaz oxyhydrique et l'arc voltaïque.

Certains corps, comme la chair, le bois, ne fondent pas, mais se décomposent sous l'action de la chaleur.

139. Lois de la fusion. — **1re Loi.** — *Un corps entre toujours en fusion à la même température.*

2º Loi. — *La température d'un corps en fusion reste la même pendant toute la durée de la fusion.*

La température à laquelle se produit la fusion d'un corps s'appelle son *point de fusion*.

La constance de la température pendant tout le temps que dure la fusion de la glace a été mise à profit pour la détermination du zéro dans la graduation des thermomètres centigrade et Réaumur.

139. Regel. — Quand on presse fortement l'un contre l'autre deux morceaux de glace, ils se soudent l'un à l'autre ; c'est à ce phénomène qu'on donne le nom de *regel*.

Le regel est dû à ce que, sous l'influence de la pression, il se produit, aux points de contact, un commencement de fusion ; l'eau qui provient de cette fusion se solidifie de nouveau aussitôt que la pression cesse, et les deux morceaux de glace n'en forment plus qu'un.

Ainsi, lorsqu'on comprime fortement de la glace pilée dans un moule formé de deux calottes sphériques, on en retire une lentille de glace homogène, transparente. Il y a donc eu fusion, puis solidification.

Les glaciers sont produits par l'agglomération des neiges, dont la pression amène une fusion partielle suivie d'une solidification en masse.

II. — Solidification.

140. Définition. — On nomme solidification le passage d'un corps de l'état liquide à l'état solide.

1re Loi. — *Un corps se solidifie toujours à la même température, et le point de solidification est le même que le point de fusion.*

2e Loi. — *La température d'un corps reste la même pendant toute la durée de la solidification.*

La première loi n'est vraie que si le corps ne contient pas de matières étrangères : l'eau de mer ne se solidifie qu'au-dessous de 0°.

Les corps en se solidifiant diminuent de volume; par conséquent leur densité augmente. Cependant quelques-uns, l'eau par exemple, augmentent de volume par la solidification.

L'accroissement de volume qu'éprouve l'eau en se congelant peut produire des effets mécaniques d'une puissance extraordinaire. Si on expose à la gelée un vase à col étroit complètement rempli d'eau, la partie supérieure gèle d'abord, forme bouchon, et, par le fait de la solidification du reste de la masse, l'expansion qui en résulte détermine inévitablement la rupture du vase. Cette dilatation de l'eau par la gelée peut causer la pulvérisation des pierres dites *gélives* et le déchirement des vaisseaux des plantes, des conduites d'eau.

La glace a une densité de 0,92; c'est pourquoi elle flotte sur l'eau.

141. Maximum de densité de l'eau. — L'eau, à 4° au-dessus de 0°, est à son maximum de densité; c'est-à-dire que, sous un même volume, elle pèse davantage à 4° qu'à toute autre température, ou encore qu'en se refroidissant jusqu'à 4° son volume diminue, et que si elle continue à se refroidir au-dessous de 4°, son volume augmente.

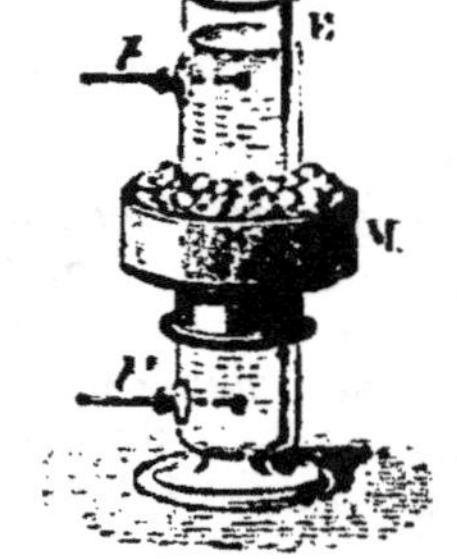

Fig. 109.
Maximum de densité
de l'eau.

L'appareil de Hope (fig. 109), qui démontre ce fait, se compose d'une éprouvette entourée à sa partie moyenne d'un manchon M, et munie de deux thermomètres *t* et *t'* dont la tige traverse la paroi, l'un à la partie supérieure de l'éprouvette, l'autre à sa partie inférieure.

L'éprouvette étant pleine d'eau à la température ordinaire, on remplit le manchon d'un mélange de glace et de sel marin. On voit alors le thermomètre inférieur baisser rapidement, tandis que l'autre reste stationnaire; c'est donc que l'eau devient plus dense en se refroidissant, puisqu'elle tombe au fond.

Quand le thermomètre inférieur est arrivé à 4°, il reste à cette température; le thermomètre supérieur commence à descendre et marque successivement 4°, 3°, 2°, 1° et enfin zéro. Les couches liquides étant placées par ordre de densité (n° 71), c'est donc à 4° que l'eau est à son maximum de densité.

C'est pour cette raison que l'eau du fond des lacs et des rivières n'est jamais à une température inférieure à 4°, ce qui permet aux poissons de se soustraire aux froids rigoureux de l'hiver. C'est encore ce qui explique pourquoi ce sont toujours les couches supérieures de l'eau d'une carafe qui se congèlent les premières, même quand on refroidit la carafe par le fond.

III. — Dissolution.

142. Définition. — On donne le nom de *dissolution* au passage d'un solide à l'état liquide, quand ce changement d'état se fait au sein d'un autre liquide auquel il se mélange. Ce n'est qu'un cas particulier de la fusion.

Ainsi, quand on met un morceau de sucre dans l'eau, il se *dissout*. Le résultat est une *dissolution*; l'eau dans laquelle s'est opérée la dissolution est un *dissolvant* du sucre. On dit que le sucre est *soluble* dans l'eau.

L'eau est le dissolvant ordinaire; certains corps, tels que le fer, la craie, ne se dissolvent pas dans l'eau. Les graisses, insolubles dans l'eau, sont solubles dans l'ammoniaque et dans la benzine. Le soufre se dissout dans le sulfure de carbone.

Les corps ne se dissolvent pas également à toute température; mais on peut dire en général que la chaleur en favorise la dissolution. Ainsi l'eau dissout 10 fois plus de salpêtre à 100° qu'à 20°.

143. Saturation. — Lorsqu'un liquide contient tout ce qu'il peut dissoudre d'un corps, on dit qu'il est *saturé* de ce corps.

144. Mélanges réfrigérants. — En général, les dissolutions absorbent de la chaleur; quelquefois elles prennent le nom de *mélanges réfrigérants* quand cette absorption est considérable.

Ainsi l'azotate d'ammoniaque mélangé avec un poids égal d'eau froide abaisse la température de 26°; huit parties d'acide chlorydrique et cinq de sulfate de soude produisent un abaissement de température de 27°; une partie de sel marin et deux de neige ou de glace pilée donnent une température de — 20°; un mélange d'acide carbonique solide et d'éther l'abaisse à — 110°.

145. Glacière des familles. — La *glacière des familles* (fig. 110) se compose de deux vases concentriques ; dans le vase intérieur on met l'eau ou le liquide à congeler ; dans le vase extérieur, un mélange de 3 parties de sulfate de soude et de 2 parties d'acide chlorhydrique. Il suffit alors, à l'aide d'une manivelle, d'agiter le mélange réfrigérant pour déterminer la congélation du liquide contenu dans le vase central.

146. Dissolution des gaz et des liquides. — On donne encore le nom de dissolution au phénomène qui consiste dans l'absorption d'un gaz par un liquide. Ainsi, l'eau de Seltz artificielle est une dissolution d'acide carbonique dans l'eau.

La quantité de gaz qu'un liquide peut dissoudre varie avec la température. C'est ainsi que, sous la pression

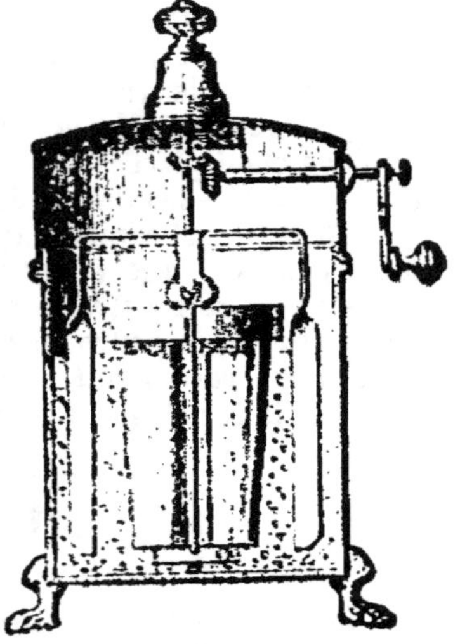

Fig. 110. — Glacière.

ordinaire, l'eau à 15 degrés centigrades dissout un peu moins de 800 fois son volume de gaz ammoniac, tandis qu'elle en dissout plus de 1 000 fois son volume à la température zéro. Il suffit de chauffer une dissolution gazeuse pour chasser tout le gaz qu'elle renferme.

Pour une même température, la quantité de gaz qui se dissout augmente avec la pression.

Le mélange de deux liquides prend aussi quelquefois le nom de dissolution. Ainsi on dit que le sulfure de carbone est insoluble dans l'eau, mais soluble dans l'éther ; que l'essence de térébenthine dissout les huiles.

147. Cristallisation. — La *cristallisation* est le passage à l'état solide d'un corps dissous ou fondu, lorsqu'il prend une forme géométrique régulière (chimie n° 6).

QUESTIONNAIRE. — Qu'est-ce que la fusion ? — Qu'appelle-t-on corps réfractaires ? — Énoncez les lois de la fusion. — *A quoi est dû le phénomène du regel ?*

Qu'est-ce que la solidification ? Quelles en sont les lois ? — Pourquoi la congélation de l'eau brise-t-elle les vases qui la renferment ? — Qu'entend-on quand on dit que l'eau est à son maximum de densité ? A quelle température atteint-elle ce maximum ? *Comment le vérifie-t-on ? — Quelle est en hiver la température du fond des lacs, et donnez-en la raison.*

Qu'appelle-t-on dissolution ? — La température a-t-elle quelque influence sur la dissolution ? — *Quand un liquide est-il saturé d'un corps ? — Pourquoi les mélanges réfrigérants refroidissent-ils les corps ? — Les gaz sont-ils solubles dans les liquides ? — Quelle est l'action de la chaleur sur les dissolutions des gaz ? — Qu'est-ce que la cristallisation ?*

CHAPITRE VI

FORMATION DES VAPEURS — ÉVAPORATION

I. — Formation des vapeurs dans le vide.

148. Expérience. — Lorsqu'on introduit une goutte de liquide dans la chambre barométrique, on constate que le liquide se vaporise instantanément et que le niveau du mercure baisse aussitôt. On peut donc formuler cette loi : *Dans le vide, un liquide se vaporise instantanément, et sa vapeur exerce une tension comme un gaz.*

La tension de la vapeur s'évalue ordinairement à l'aide de la dépression de la colonne barométrique.

149. Tension maximum. — La tension de la vapeur ne va pas sans cesse en augmentant ; quand l'espace *vide* en est *saturé*, le corps ne donne plus de vapeur, et il reste un excès de liquide au-dessus du mercure (fig. 111).

A ce moment, la vapeur a une *tension* ou *force élastique maximum*, qu'elle ne peut dépasser si la température reste la même. La vapeur est dite alors *saturante*. Mais si on chauffe le tube, le liquide donne encore des vapeurs, et la tension augmente. La tension maximum dépend donc de la température.

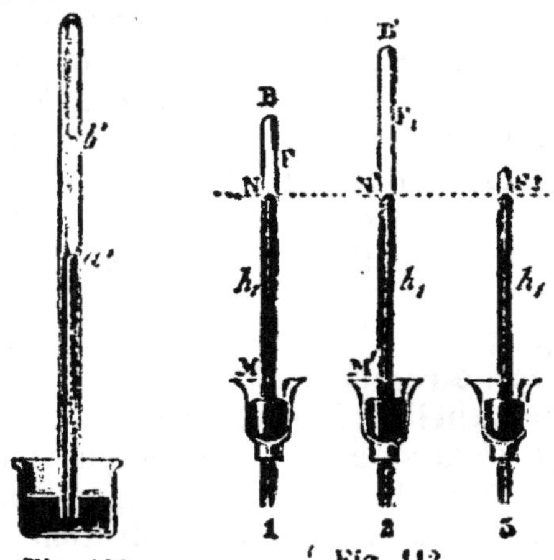

Fig. 111.
Vapeur saturante.

Fig. 112.
Maximum de tension
d'une vapeur saturante.

La tension maximum n'est pas la même pour toutes les vapeurs. Ainsi, si on dispose trois tubes barométriques les uns à côté des autres et que l'on introduise dans l'un de l'eau, dans le second de l'alcool et dans le troisième de l'éther, on remarque que la force élastique de la vapeur d'éther est plus grande que celle de l'alcool, celle-ci plus grande que celle de l'eau.

D'une manière générale, pour une température donnée, plus le liquide est volatil, plus la pression de la vapeur est grande.

Quand la vapeur est saturante, si on soulève le tube de manière à augmenter le volume de la vapeur, une partie du liquide se vaporise aussitôt. Si, au contraire, on enfonce le tube, une partie de la vapeur repasse à l'état liquide, de sorte que dans les deux cas la hauteur de la colonne mercurielle conserve la même valeur (fig. 112). Le tube semble simplement glisser sur la colonne de mercure.

Si la vapeur n'est pas saturante, ses variations de volume et de pression suivent la loi de Mariotte (n° 91).

II. — Évaporation.

150. Définition. — L'*évaporation* est la transformation d'un liquide à vapeur à la température ordinaire. Un liquide s'évapore d'autant plus rapidement, qu'il est plus *volatil*. L'eau est moins volatile que l'alcool; celui-ci l'est moins que l'éther.

Si la vapeur se forme dans un espace illimité, l'évaporation continue jusqu'à ce que tout le liquide soit transformé en vapeur; mais si l'espace est limité, elle s'arrête lorsque le milieu ambiant est saturé de vapeur.

151. Causes qui favorisent l'évaporation. — Ces causes sont :

1° L'*étendue* de la surface du liquide. L'évaporation ne se produisant, en effet, qu'à la surface, est d'autant plus rapide que celle-ci est plus grande. On utilise cette propriété dans les marais salants, les bâtiments de graduation pour l'extraction du sel.

2° L'*élévation* de la température. Le séchage des tissus et du papier se fait par un cylindre chauffé intérieurement par un courant de vapeur d'eau.

3° L'*agitation de l'air*, qui renouvelle les couches déjà saturées. Un vent sec et chaud sèche rapidement le linge.

4° La *diminution de pression*. Un liquide s'évapore d'autant plus rapidement que la pression qui s'exerce à sa surface est plus faible.

5° L'*état de sécheresse* ou d'*humidité de l'air*. Le linge mouillé sèche difficilement par un temps humide. La transpiration cutanée est très abondante quand l'atmosphère est sèche; elle est presque nulle par les temps humides.

Il faut remarquer que la vapeur d'eau atmosphérique n'a d'influence que sur l'évaporation de l'eau et non sur celle de tout autre liquide; l'éther, le sulfure de carbone, par exemple, s'évaporent aussi facilement par un temps humide que par un temps sec.

152. L'évaporation refroidit les corps. — Quand un corps s'évapore, il emprunte de la chaleur aux corps environnants.

L'expérience de Leslie, qui démontre ce fait, consiste à mettre, sous le récipient de la machine pneumatique, une rondelle de liège enduite de noir de fumée, sur laquelle on a versé un peu d'eau, et placée au-dessus d'un récipient contenant de l'acide sulfurique (fig. 113).

Quand on fait le vide, la pression diminuant, l'évaporation se fait très rapidement, et le froid qu'elle produit suffit pour congeler ce qui reste d'eau non évaporée.

Fig. 113. — Congélation de l'eau dans le vide.

Fig. 114. — Production de la glace par évaporation de l'eau (app. Carré).

L'acide sulfurique a pour but d'absorber la vapeur d'eau qui se forme, et d'empêcher ainsi la saturation de l'espace limité par la cloche.

Les vases poreux conservent l'eau fraîche en été, parce que le liquide qui suinte à travers leurs parois s'évapore à l'air, et emprunte de la chaleur au vase et à l'eau (*alcarazas*).

Lorsque le corps est en sueur, il faut éviter les courants d'air, parce qu'ils amèneraient un refroidissement brusque par l'évaporation rapide de la sueur et pourraient ainsi exercer une funeste influence sur l'appareil respiratoire. C'est pour se garantir contre les inconvénients de ces refroidissements que l'on fait usage de vêtements de flanelle.

L'appareil Carré, qui sert à la production artificielle de la glace, est une application de l'expérience de Leslie.

Un levier L (fig. 114) actionne le piston d'une machine pneumatique à un seul cylindre P qui fait le vide dans une carafe C renfermant de l'eau, et adaptée au conduit A. Un récipient en plomb R contient de l'acide sulfurique sans cesse agité par le levier *l*, et destiné à absorber la vapeur d'eau qui se produit.

Quand la pression est suffisamment basse, l'eau de la carafe entre en ébullition et ne tarde pas à se congeler.

M. Carré a imaginé un autre appareil, dit *appareil à gaz ammoniac*, qui se compose d'un réservoir à paroi solide, renfermant une dissolution aqueuse de gaz ammoniac A (fig. 115). Ce réservoir communique avec un récipient C, hermétiquement clos, ayant la forme d'un manchon au centre duquel on peut placer un vase E contenant le liquide à congeler.

Quand on chauffe la dissolution A, le gaz ammoniac se dégage de la dissolution

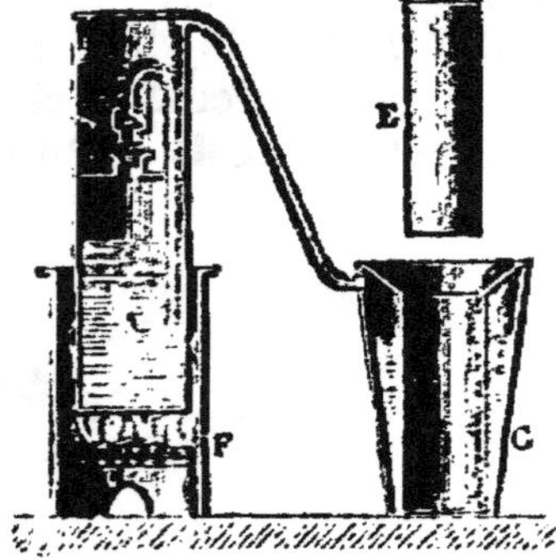

Fig. 115. — Production de la glace par évaporation de l'ammoniaque.

(n° 116) et vient se liquéfier dans le récipient C ; puis, quand on cesse de chauffer, ce gaz liquéfié s'évapore très rapidement pour se redissoudre dans l'eau en A, et produit un froid considérable qui fait congeler le liquide placé dans le vase central.

CHAPITRE VII

ÉBULLITION — CONDENSATION

I. — Ébullition.

183. Définition. — L'*ébullition* est le passage tumultueux d'un liquide à l'état de vapeur sous l'influence de la chaleur en produisant de grosses bulles de vapeur qui se forment sur la paroi chauffée et viennent crever à la surface.

154. Lois de l'ébullition. — Le phénomène de l'ébullition est soumis aux trois lois suivantes :

1re Loi. — *Un liquide placé dans des conditions identiques de pression bout toujours à la même température. Cette température est ce qu'on appelle son point d'ébullition.*

2e Loi. — *La température d'un liquide reste constante pendant toute la durée de l'ébullition.*

3e Loi. — *Un liquide bout lorsque la tension de sa vapeur est égale à la pression qu'il supporte.*

155. Influence de la pression. — Il résulte de la troisième loi, que si la pression diminue, le point d'ébullition s'abaisse. C'est ce que l'on démontre au moyen du *ballon de Franklin.*

On fait bouillir de l'eau dans un ballon de manière à en chasser l'air, puis on le bouche et on le renverse comme l'indique la figure 116. Si alors on verse de l'eau froide sur la partie supérieure, la vapeur qui surmonte le liquide se condense et détermine un vide partiel, c'est-à-dire une diminution de pression; on voit aussitôt l'ébullition recommencer.

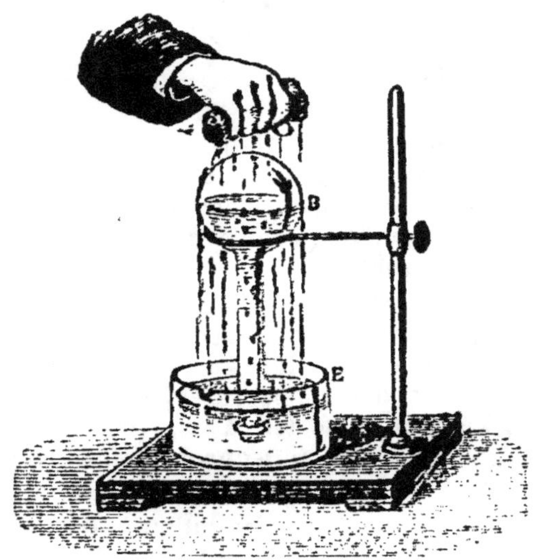

Fig. 116.
Ballon de Franklin.

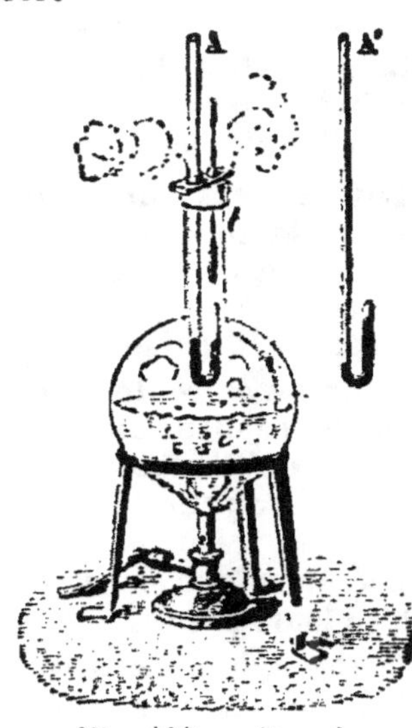

Fig. 117. — Pression
de la vapeur d'eau bouillante.

Quand un liquide bout à l'air libre, la force élastique de sa vapeur est égale à la pression atmosphérique. On le constate au moyen d'un petit tube A' (fig. 117) identique à celui du manomètre tronqué de la machine pneumatique (n° 106). On introduit un peu d'eau à la partie supérieure de la branche fermée et on le place dans la vapeur d'eau bouillante. L'eau du tube entre elle-même en ébullition, et la tension de sa vapeur fait descendre le mercure dans la branche fermée, jusqu'à ce que les niveaux soient à la même hauteur dans les deux branches; ce qui prouve que la vapeur emprisonnée dans la branche fermée exerce, à la surface du mercure, une pression égale à celle que supporte le niveau du mercure dans la branche ouverte, c'est-à-dire égale à la pression atmosphérique.

L'eau froide peut entrer en ébullition si la pression est suffisamment faible. C'est ce que l'on observe dans le fonctionnement de l'appareil Carré (n° 152).

Quand la pression augmente, le point d'ébullition s'élève. Ainsi, sous la pression de deux atmosphères, l'eau n'entre en ébullition qu'à 120°6. L'eau des générateurs des machines à vapeur n'est pas en ébullition, quoique sa température soit supérieure à 100°, à cause de la pression que la vapeur exerce à sa surface.

Dans les laboratoires on constate ce fait au moyen de la *marmite de Papin* (fig. 118), réservoir clos, à parois très solides, dans lequel l'eau peut être portée à plus de 100° sans bouillir.

La marmite de Papin sert, sous le nom d'*autoclave* ou de *digesteur*, à extraire la gélatine des os.

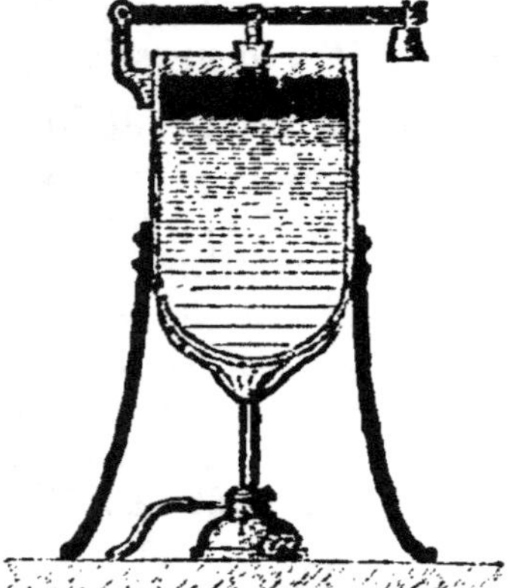

Fig. 118. — Marmite de Papin.

156. Causes qui modifient le point d'ébullition. — 1° L'épaisseur de la couche liquide. — La vapeur formée au fond du vase a besoin, pour soulever le liquide et s'échapper, d'acquérir une tension égale à la pression atmosphérique augmentée de la pression exercée par l'épaisseur de la couche liquide.

2° *La présence de bulles de gaz au sein du liquide.* — L'eau qui a bouilli pendant un certain temps et qui, par conséquent, a perdu tout l'air qu'elle renfermait, bout à une température supérieure à 100°. C'est encore pour cette raison que, dans certains vases, comme les ballons en verre, par exemple, l'ébullition se fait à une plus haute température que dans d'autres, parce qu'ils retiennent moins d'air contre leurs parois.

3° *Les substances dissoutes.* — Les sels en dissolution retardent l'ébullition. L'eau saturée de carbonate de potasse ne bout qu'à 135°.

157. Bain-marie. — La constance de la température pendant toute la durée de l'ébullition est utilisée dans le chauffage au *bain-marie*. Ainsi, pour maintenir constante la température d'un liquide, il suffit de plonger le vase qui le contient dans un autre liquide convenablement choisi que l'on maintient en ébullition.

II. — Condensation et liquéfaction.

158. Définitions. — La *condensation* est le retour d'une vapeur à l'état liquide, et la *liquéfaction* est le passage d'un gaz à l'état liquide.

On donne plus spécialement le nom de vapeurs aux corps gazeux qui existent ordinairement à l'état liquide ou solide (eau, soufre), et on réserve le nom de gaz pour ceux qui existent ordinairement à l'état gazeux (hydrogène, acide carbonique). On emploiera de préférence le mot condensation pour les premiers, et celui de liquéfaction pour les seconds.

Le passage d'un liquide à l'état gazeux étant généralement le résultat d'une élévation de température ou d'une diminution de pression, le retour à l'état liquide s'obtiendra, le plus souvent, par une augmentation de pression ou un abaissement de température; souvent même par l'un et l'autre de ces deux moyens.

Il est à remarquer qu'à partir d'une température inférieure, déterminée pour chaque gaz en particulier, et appelée *point critique*, aucune pression, si forte qu'elle soit, ne peut déterminer la liquéfaction.

159. Distillation. — La *distillation* a pour but d'isoler, au moyen de la chaleur et en vase clos, les produits volatils des corps.

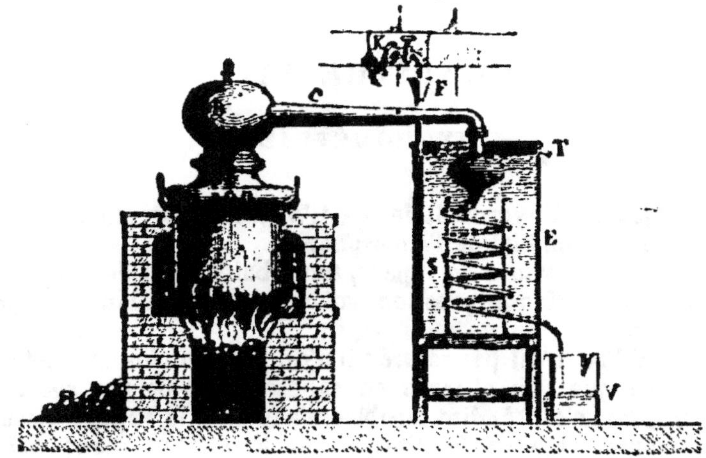

Fig. 119. — Alambic.

On distille l'eau pour l'avoir pure, le vin pour en extraire l'alcool, le bois pour avoir l'esprit de bois et le vinaigre de bois, la houille pour obtenir le gaz de l'éclairage.

Lorsqu'on soumet à la distillation un mélange de plusieurs liquides, ceux-ci se vaporisent par ordre de température de vaporisation ; c'est pourquoi on peut séparer l'alcool de l'eau que contient le vin. (*Distillation fractionnée.*)

160. Alambic. — L'*alambic* (fig. 119), qui sert surtout à la distillation de l'eau et de l'alcool, se compose essentiellement d'une chaudière ou *cucurbite* A, d'un *chapiteau* B et d'un *serpentin* S, refroidi dans un vase E rempli d'eau froide (*réfrigérant*) ; un tube F amène l'eau froide au fond du *réfrigérant*. Le tube extérieur T emmène l'eau chaude, qui se rend à la partie supérieure de l'appareil.

QUESTIONNAIRE. — Qu'est-ce que l'ébullition ? — Quelles en sont les lois ? — Quelle est l'influence de la pression sur la température d'ébullition ? — Que démontre l'expérience du ballon de Franklin ? — *Quelle est la force élastique de la vapeur d'un liquide qui bout à l'air libre ? Pourquoi l'eau ne bout-elle pas dans la marmite de Papin quand la température dépasse 100° ? — Pourquoi l'ébullition devient-elle de plus en plus difficile à mesure qu'elle se produit ? — Quelles sont les causes qui modifient le point d'ébullition ? — Qu'est-ce qu'un bain-marie ? A quoi sert-il ?*

Qu'est-ce que la condensation ? — Dans quel cas emploie-t-on le mot liquéfaction ? — Par quels moyens obtient-on généralement le retour d'un corps gazeux à l'état liquide ? — Qu'est-ce que la distillation ? — Quelles sont les différentes parties d'un alambic ?

CHAPITRE VIII

HYGROMÉTRIE

161. Objet de l'hygrométrie. — L'*hygrométrie* étudie l'état de sécheresse ou d'humidité de l'atmosphère.

Lorsque l'air est saturé de vapeur, tout abaissement de température ou toute augmentation de pression amène la condensation d'une partie de la vapeur.

En général l'air n'est pas saturé ; il n'est pas non plus complètement sec. C'est ce que l'on observe en exposant à l'air des *substances hygroscopiques*, c'est-à-dire capables d'absorber la vapeur d'eau.

Par exemple, si nous équilibrons sur le plateau d'une balance une assiette renfermant du sel de cuisine ou mieux de la potasse caustique, nous verrons bientôt ces substances s'imprégner d'eau, qu'elles empruntent à l'atmosphère, et l'équilibre être rompu en faveur du plateau qui les supporte.

On appelle *fraction de saturation* ou *état hygrométrique* de l'air le *rapport de la tension actuelle* de la vapeur d'eau à la *tension maximum* correspondant à la même température :

$$e = \frac{f}{F}.$$

On peut encore définir l'état hygrométrique, le rapport entre le poids p de la vapeur d'eau contenue dans un volume déterminé d'air, et le poids P que ce même volume contiendrait s'il était saturé à la même température.

Pour obtenir l'état hygrométrique, il suffit donc de déterminer f ou p; les tables de tension donnent F; le calcul donne P. L'état hygrométrique dépend non seulement de la quantité absolue de la vapeur d'eau contenue dans l'air, mais encore de la température.

162. Hygroscopes. — Les *hygroscopes* sont des instruments qui indiquent approximativement l'état d'humidité ou de sécheresse de l'air; ils sont basés sur la propriété qu'ont les cordes et les boyaux tordus de se détordre sous l'action de l'humidité.

163. Hygromètres. — On appelle *hygromètres* des instruments qui servent à déterminer l'état hygrométrique de l'air. Les principaux hygromètres sont l'hygromètre à cheveu ou de Saussure, l'hygromètre chimique et les hygromètres à condensation.

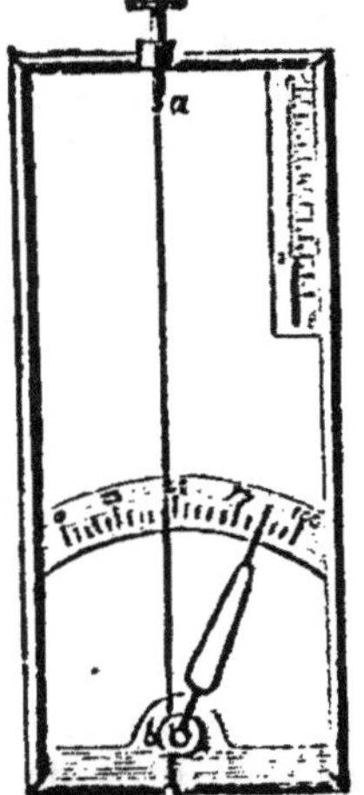

Fig. 120.

Hygromètre à cheveu.

L'*hygromètre de Saussure* (fig. 120) se compose d'un cheveu soigneusement dégraissé, fixé en a, enroulé sur la gorge d'une poulie b, et tendu par un petit poids c. L'allongement ou le raccourcissement du cheveu sous l'action de l'humidité ou de la sécheresse de l'air produit le déplacement d'une aiguille sur un cadran.

Le zéro de la graduation correspond à la sécheresse extrême; le 100e degré à la saturation. On le gradue de la manière suivante.

Pour obtenir le *point 0°*, ou de sécheresse extrême, on place l'instrument sous une cloche, avec un vase ouvert contenant de l'acide sulfurique concentré, qui absorbe toute la vapeur d'eau de l'air de la cloche. Le *point 100°*, ou d'humidité extrême, s'obtient en remplaçant sous la cloche l'acide sulfurique par de l'eau; il faut de plus mouiller les parois intérieures de la cloche. On divise ensuite l'arc de 0° à 100° en 100 parties égales.

L'*hygromètre chimique* comprend un aspirateur d'une quinzaine de litres, des tubes desséchants qui, pesés avant, puis après l'aspiration, fournissent le poids de la vapeur d'eau contenue dans l'air qui les a traversés; on en déduit la tension f de cette vapeur; les tables donnent F.

Les *hygromètres à condensation* ont pour but de refroidir une petite partie de l'air à étudier, de manière à rendre saturante la vapeur d'eau qu'elle contient ; ce que l'on reconnaît au dépôt de gouttelettes de rosée sur la partie refroidie. Le plus connu est celui de Daniell (fig. 121), qui se compose d'une boule de verre A renfermant de l'éther dans lequel plonge un thermomètre, et d'une seconde boule de verre B enveloppée de gaze humectée d'éther qui, en se vaporisant, refroidit cette boule.

L'éther de A distille vers B en refroidissant A et son thermomètre. Il se dépose bientôt à la surface du verre une légère buée. On note la température inférieure ; c'est le *point de rosée*. Elle fournit *f*, qui est égal à la tension maximum correspondant à cette température dans les tables ; la température extérieure, marquée par l'autre thermomètre, donne F.

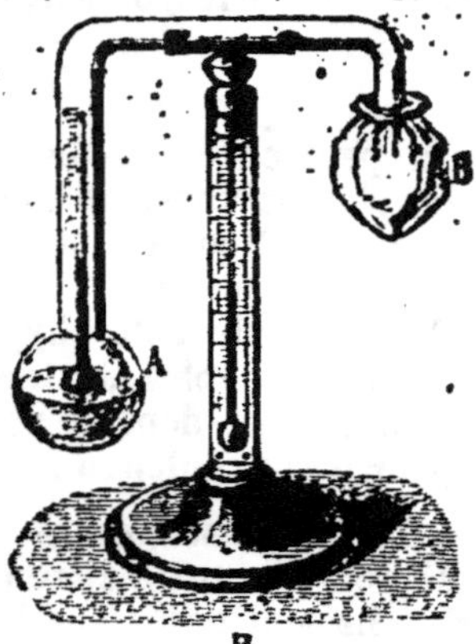

Fig. 121.
Hygromètre de Daniell.

CHAPITRE IX

MACHINES A VAPEUR

164. Principes des machines à vapeur. — Les *machines à vapeur* utilisent comme force motrice la force élastique de la vapeur d'eau. Quand on chauffe de l'eau dans un vase d'où la vapeur ne peut s'échapper entièrement à mesure qu'elle se produit, la température s'élève bientôt au-dessus de 100 degrés, et acquiert une force élastique qui croît très rapidement à mesure que la température s'élève.

On peut mettre en évidence l'existence de cette force élastique par les expériences suivantes :

1° On suspend par un fil un ballon contenant de l'eau, et fermé au moyen d'un bouchon traversé par plusieurs tubes recourbés (fig. 122) ; l'eau, portée à l'ébullition, fournit de la vapeur qui, agissant sur les tubes, imprime au ballon un mouvement de rotation.

2° Si l'on chauffe l'eau du ballon B (fig. 122) et que l'on ferme le tube de gauche, la vapeur, agissant sur le liquide, la fait monter dans le tube droit et produit un jet d'eau.

165. Constitution d'une machine à vapeur. — Toute machine à vapeur comprend un *générateur*, dans lequel

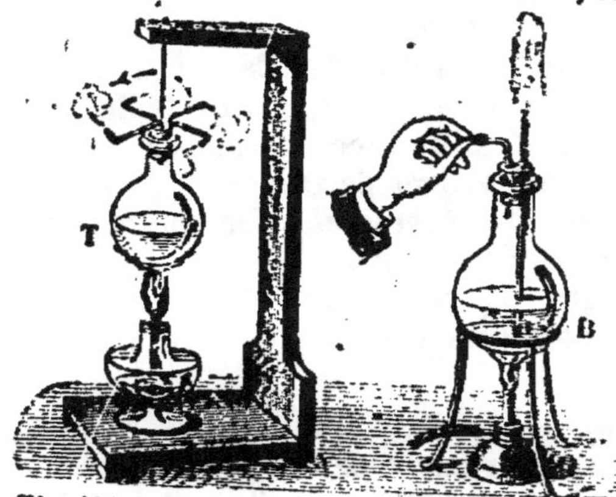

Fig. 122. — Force élastique de la vapeur d'eau.

la vapeur est produite, et la *machine proprement dite*.

166. Générateur. — Le *générateur* est ordinairement un

Fig. 123. — Générateur de la vapeur.

B, bouilleurs; E, flotteur rattaché au sifflet d'alarme; P, flotteur indiquant le niveau de l'eau dans la chaudière; S, soupape de sûreté; *t*, trou d'homme pour le nettoyage du générateur; *m*, prise de vapeur de la machine; *n*, tube amenant l'eau d'alimentation du générateur.

cylindre horizontal renfermant l'eau et placé au-dessus d'un foyer. Il comprend généralement deux *bouilleurs* B (fig. 123) en contact direct avec la flamme du foyer, et communiquant librement avec la *chaudière*. Quand la dépense de vapeur doit être considérable, comme dans les locomotives, par exemple, la chaudière est traversée par une série de tubes parallèles à son axe, et que la chaleur du foyer est obligée de traverser pour se rendre dans la cheminée (*chaudière tubulaire*). On augmente ainsi considérablement la surface de chauffe.

Le générateur porte plusieurs appareils accessoires, dont les principaux sont les soupapes de sûreté et l'indicateur du niveau de l'eau.

107. Soupapes. — Les *soupapes* sont des ouvertures maintenues fermées au moyen d'un levier tendu par un ressort ou un contrepoids. La tension du ressort ou la masse du contrepoids est choisie de telle sorte, que la vapeur puisse soulever le levier et s'échapper librement, quand sa force élastique atteint une limite au delà de laquelle il pourrait arriver des accidents.

Un manomètre métallique donne, du reste, à chaque instant, la valeur de la pression intérieure du générateur.

108. Indicateur du niveau de l'eau. — L'*indicateur du niveau de l'eau* est un flotteur qui fait monter ou descendre un petit contrepoids, suivant que le niveau de l'eau baisse ou s'élève dans la chaudière.

On le remplace souvent par un petit tube vertical en verre, à parois résistantes, communiquant par sa partie supérieure avec le haut de la chaudière, et par sa partie inférieure avec l'eau qu'elle renferme. Le niveau de l'eau dans le tube correspond alors à celui de l'eau dans la chaudière.

Une *pompe d'alimentation* introduit dans la chaudière, quand il est nécessaire, la quantité d'eau destinée à remplacer celle qui disparaît dans la vaporisation. Dans beaucoup de générateurs, cette pompe est remplacée par un injecteur particulier (*injecteur Giffard*).

109. Cylindre distributeur de la vapeur. — L'organe principal de la machine proprement dite est l'appareil distributeur de la vapeur (fig. 124). Il se compose d'un *cylindre* C dans lequel se meut un *piston* P, dont la tige s'articule avec un levier coudé. La vapeur arrive dans la *boîte à vapeur* T

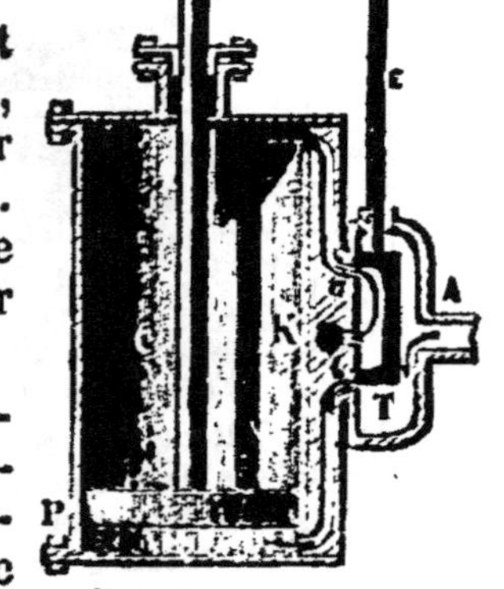

Fig. 124. — Appareil distributeur de la vapeur.

par le conduit A; de là elle agit sur l'une ou l'autre face du piston en passant par celle des ouvertures *a* ou *b* qui se trouve libre. Ces ouvertures sont alternativement ouvertes ou fermées par le *tiroir*, sorte de boîte à 5 faces appliquée sur la surface du cylindre par sa face ouverte, et animée d'un mouvement de va-et-vient qui lui est communiqué par la tige E. Le tiroir se déplaçant en sens inverse du piston, il s'ensuit que celui-ci prend également un mouvement de va-et-vient.

La vapeur qui vient d'agir se dégage en repassant par celle des ouvertures qui se trouve sous le tiroir, et qui communique avec l'extérieur par le conduit K.

170. Détente. — La *détente* consiste dans une disposition particulière du tiroir qui ne permet l'arrivée de la vapeur dans le cylindre

Fig. 123. — *a,a,a,a,* réservoir de vapeur; B, bielle; *c*, cylindre; D, D', chaudière tubulaire; *e*, tube d'échappement; F, foyer; H, prise de vapeur; N, boîte à fumée; P, piston; R, R, roues; *r*, clef pour la prise de vapeur; *s*, sifflet; *t*, tiroir et sa tige.

que pendant une fraction de la course du piston. Celui-ci continue ensuite à être poussé par la *détente* de la vapeur, qui agit alors sur lui à la manière d'un ressort.

La quantité de vapeur dépensée à chaque coup de piston est alors

moindre que s'il n'y avait pas de détente. Il en résulte, par conséquent,
une économie dans la dépense de la vapeur.

171. Machines à haute et basse pression. — On appelle machines
à *haute pression* celles dans lesquelles la tension de la vapeur dépasse
5 atmosphères, et machines à *basse pression,* celles dans lesquelles
elle n'atteint pas 2 atmosphères. Les machines à *moyenne pression*
sont celles dans lesquelles cette tension est comprise entre 2 et
5 atmosphères.

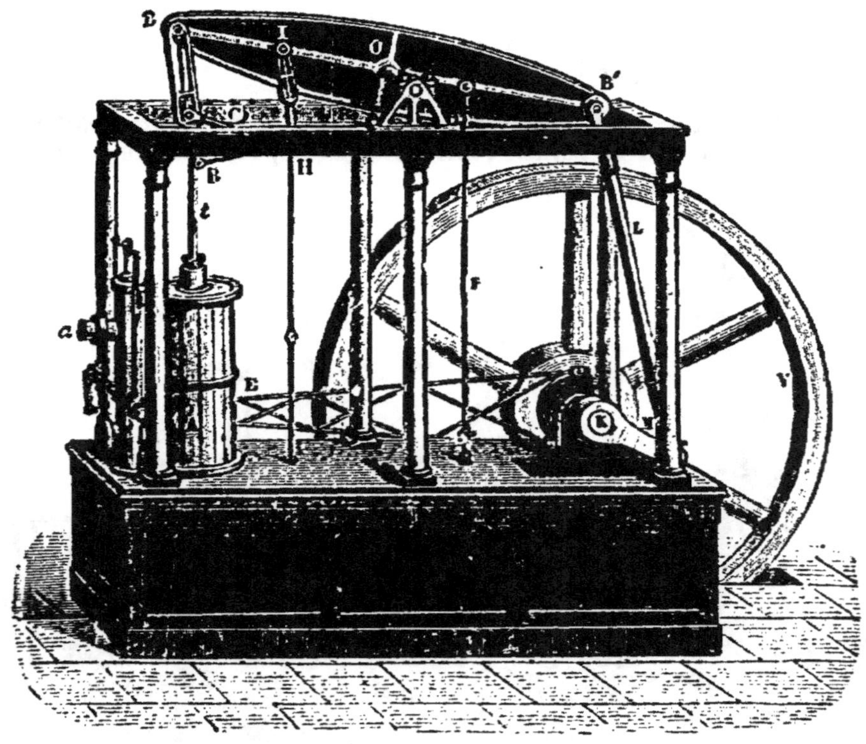

Fig. 126. — Perspective d'une machine de Watt.

A, cylindre dans lequel la vapeur entre en *a; t,* tige du piston ; BB', balancier ;
L, bielle ; M, manivelle ; K, arbre de couche ; V, volant ; H, pompe d'épuisement du condenseur ; F, pompe à eau froide.

La puissance d'une machine ne dépend pas seulement de la tension
de la vapeur, mais encore de la surface du piston ; c'est pourquoi une
machine à basse pression peut être plus puissante qu'une machine
à haute pression, si son piston a une surface suffisamment grande.

172. Condenseur. — La force qui pousse le piston dans le cylindre
est égale à la différence des pressions qui s'exercent sur ses deux
faces. Or, quand la vapeur s'échappe librement du cylindre, la face
sur laquelle elle vient d'agir supporte au moins la pression atmos-

phérique; il y a donc avantage à diminuer celle-ci. On y parvient en faisant arriver cette vapeur dans un espace clos où elle se *condense* rapidement sous l'influence d'une pluie d'eau froide, et produit ainsi un vide partiel qui favorise l'action de la vapeur sur l'autre face. L'eau du condenseur, échauffée par la vapeur qui vient s'y condenser, sert à l'alimentation de la chaudière.

Les condenseurs ne peuvent être de quelque utilité que dans les machines à basse pression, où la dépense de vapeur est peu considérable.

173. Locomotive. — Une *locomotive* est une machine à haute pression, munie de deux cylindres, et portée sur des roues (fig. 125). Les tiges des pistons actionnent deux des roues (*roues motrices*) sur lesquelles elle repose, de sorte que la machine se déplace elle-même sur des *rails* qui guident sa course.

174. Travail des machines. — L'unité de travail est le *kilogram-mètre* (n° 28); mais, pour les machines à vapeur, on adopte généralement une autre unité de travail, le *cheval-vapeur*, qui tient compte du temps.

On appelle *cheval-vapeur* un travail de 75 kilogrammètres par seconde.

Une machine de dix chevaux peut donc produire 75×10, ou 750 kilogrammètres à la seconde, c'est-à-dire le travail nécessaire pour élever 750 kgr. à un mètre. Le cheval-vapeur équivaut au travail de plus de cinq chevaux ordinaires.

Parmi les forces qui agissent sur une machine, les unes la mettent en mouvement : elles sont dites *motrices*, leur travail se nomme *travail moteur;* les autres tendent à retarder, à arrêter le mouvement : on les nomme *forces résistantes*, leur travail est le *travail résistant*.

QUESTIONNAIRE. — Qu'arrive-t-il quand on chauffe de l'eau en vase clos ? — Qu'est-ce qu'un générateur ? Comment est-il construit? — Qu'est-ce qu'une chaudière tubulaire? Quel avantage présente-t-elle sur les chaudières à bouilleurs ? — A quoi servent les soupapes? Comment fonctionnent-elles ? — Comment sont disposés les appareils qui indiquent le niveau de l'eau dans la chaudière? — Comment remplace-t-on l'eau qui s'est évaporée? — Décrivez le cylindre, et expliquez le jeu du tiroir.

En quoi consiste la détente? Quel avantage présente-t-elle? — Qu'appelle-t-on machine à haute et à basse pression? — Qu'est-ce que le condenseur? Quel est son but? — Qu'est-ce qu'une locomotive?

Quelle est l'utilité du travail pour les machines? La définir. — Qu'appelle-t-on forces motrices et forces résistantes?

CHAPITRE X

CALORIMÉTRIE — ÉQUIVALENCE DU TRAVAIL ET DE LA CHALEUR

I. Calorimétrie.

175. But de la calorimétrie. — La *calorimétrie* mesure les quantités de chaleur correspondant à un effet déterminé : échauffement, changement d'état, etc.

L'unité de hauteur s'appelle *calorie*. La calorie est la quantité de chaleur nécessaire pour élever la température de 1 kilogr. d'eau de $0°$ à $1°$.

176. Chaleur spécifique. — On appelle *chaleur spécifique* d'un corps la quantité de chaleur nécessaire pour élever de 1 degré la température de 1 kilogramme de ce corps, pourvu que cette température soit inférieure à 60 degrés. La calorie est donc la chaleur spécifique de l'eau.

Des poids égaux de différents corps exigent pour s'échauffer d'un même nombre de degrés des quantités de chaleur différentes. L'expérience suivante le montre clairement. On chauffe dans un bain d'huile des sphères de métaux différents, ayant toutes le même poids, et on les pose ensuite sur un gâteau de cire (fig. 127) d'épaisseur uniforme. On constate alors que celle qui est en fer, par exemple, traverse le gâteau de cire plus rapidement que celle qui est en cuivre, et qu'une sphère de plomb y reste engagée. Comme la cire fondue par chacune des sphères est proportionnelle à la quantité de chaleur dégagée, et par suite à la quantité de chaleur absorbée, on en conclut que, pour les porter à une même température, il a fallu leur fournir des quantités de chaleurs différentes.

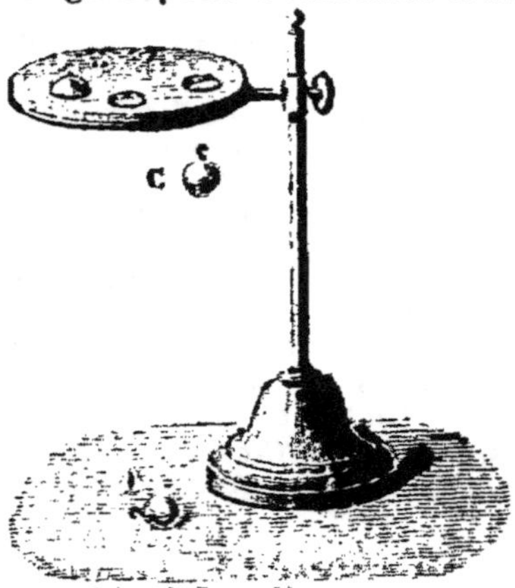

Fig. 127. — Expérience sur les chaleurs spécifiques.

Il résulte, de la définition même de la chaleur spécifique, que pour élever la température d'un corps pesant P kilogr., de la température t

à la température t', c étant sa chaleur spécifique, il faut lui fournir une quantité de chaleur donnée par l'expression :

$$Q = P \times c \times (t' - t).$$

177. Détermination des chaleurs spécifiques. — La chaleur spécifique d'un corps peut se déterminer par la méthode du puits de glace ou par celle des mélanges.

Méthode du puits de glace. — Un poids P du corps est porté à une

Fig. 128. — Puits de glace.

température connue T et introduit dans une cavité creusée dans un bloc de glace à la température zéro (fig. 128). Le corps se refroidit et fait fondre une certaine quantité de glace, jusqu'à ce que sa température soit elle-même descendue à zéro. On recueille l'eau de fusion et on la pèse. Or on sait que, pour fondre 1 kilogramme de glace à zéro, il faut employer 79 calories 25; on aura donc évidemment, si le corps a fondu p kilogr. de glace :

$$p \times 79,25 = P \times c \times T$$

d'où
$$c = \frac{p \times 79,25}{P \times T}.$$

Méthode des mélanges. — Le corps précédent, au lieu d'être placé

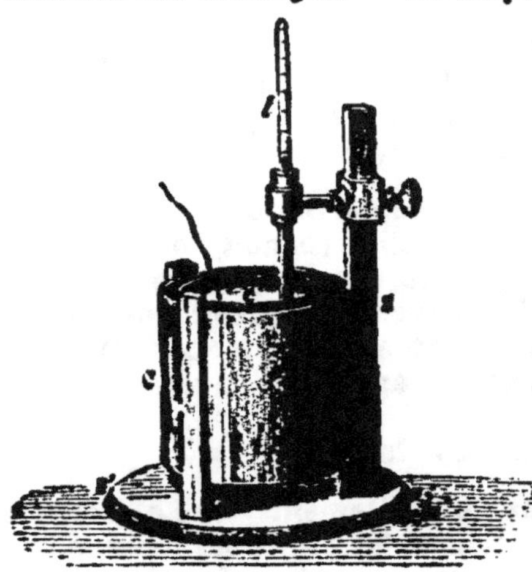

Fig. 129. — Calorimètre.

dans un bloc de glace, est plongé dans l'eau d'un *calorimètre*.

Le calorimètre employé est un simple vase en laiton C (fig. 129), contenant un poids connu d'eau à une température donnée, et isolé aussi bien que possible au point de vue de la conductibilité calorifique. Le corps se refroidit et échauffe l'eau du calorimètre. Quand il y a équilibre de température, on écrit que la quantité de chaleur perdue par le corps est égale à celle qui a été employée pour échauffer l'eau et le calorimètre. On obtient ainsi une équation de laquelle on déduit la chaleur spécifique cherchée.

Par exemple, si P est le poids du corps et T sa température; si M est le poids de l'eau, p celui du calorimètre, c sa chaleur spécifique, *t* leur température commune; et si *t'* est la température finale, on aura :

$$P \times x \times (T - t') = M (t' - t) + p \times c \times (t' - t)$$

d'où
$$x = \frac{(M + p \times c)(t' - t)}{P(T - t')} .$$

178. Chaleur latente. — *On appelle chaleur latente de fusion, de vaporisation* d'un corps, la quantité de chaleur nécessaire au changement d'état de 1 kgr. de ce corps, *sans élévation* de température. Cette chaleur est insensible au thermomètre; c'est pourquoi on l'appelle *latente.*

1 kilogramme de glace absorbe, pour fondre, 79 calories 25.

II. Équivalence du travail et de la chaleur.

179. Transformation du travail en chaleur. — C'est un fait d'expérience que toutes les fois qu'un mouvement se trouve annulé, ou simplement gêné par des résistances, il se produit un dégagement de chaleur. Ainsi, un boulet de canon tiré contre une plaque de blindage éprouve, au moment du choc, une élévation de température qui le porte à l'incandescence. Quand on serre les freins d'une voiture ou d'un train en marche, le mouvement s'arrête, mais les freins s'échauffent.

Le travail mécanique est donc une source de chaleur; il peut être produit par le choc, le frottement, la compression; nous allons en donner quelques exemples. Dans tous les cas, la quantité de chaleur dégagée est proportionnelle à la valeur du travail disparu.

180. Chaleur développée par le choc. — Si on laisse tomber une bille d'ivoire sur un plan de marbre, elle rebondit; on ne constate aucune élévation de température, parce que le mouvement se conserve. Mais si au lieu d'une bille d'ivoire on prend une balle de plomb, celle-ci s'aplatit, son mouvement s'annule, on constate qu'elle s'est échauffée. En la martelant sur une enclume, on serait arrivé au même résultat.

Les corps explosifs s'enflamment sous le choc.

181. Chaleur développée par le frottement. — Le frottement d'une allumette contre un corps solide suffit pour enflammer le phosphore. Une corde qui glisse rapidement dans les mains devient brûlante.

On peut montrer la production de chaleur due au frottement au moyen de l'appareil de Tyndall (fig. 130). Un tube métallique T, contenant un peu d'éther, est fermé par un bouchon; on le serre modérément avec une pince en bois M, et, au moyen d'une grande roue et d'une courroie, on lui imprime un mouvement de rotation rapide.

Le frottement de la pince contre le tube dégage alors assez de chaleur pour porter l'éther à l'ébullition, et bientôt la force élastique de sa vapeur est assez forte pour faire sauter le bouchon.

Fig. 130. — Chaleur dégagée par le frottement. (Tyndall.)

182. Chaleur développée par la compression. — Si on enfonce brusquement le piston du briquet à air (n° 81), la compression de l'air produit une élévation de température capable d'enflammer un morceau d'amadou que l'on a mis au fond du tube. Les pièces de monnaie deviennent brûlantes sous l'action de la presse monétaire. Les barres métalliques fortement chauffées restent assez longtemps incandescentes sous l'action répétée du laminoir.

183. Équivalent mécanique de la chaleur. — Des expériences nombreuses et variées (exp. de Joule, de Hirn, etc.) ont montré qu'il existait une relation constante entre la chaleur résultant d'une action mécanique et le travail qui l'a produit. On a constaté qu'il fallait dépenser un travail de 425 kilogrammètres pour dégager une quantité de chaleur égale à une calorie. Ce nombre 425 est *l'équivalent mécanique de la chaleur.* Par conséquent, un poids de 425 kilogr. qui tomberait d'une hauteur de 1 mètre dégagerait, par suite du choc, une quantité de chaleur capable d'élever de 1 degré la température d'un kilogramme d'eau.

184. Transformation de la chaleur en travail. — Réciproquement, toute disparition de chaleur produit un travail équivalent. Les machines à vapeur, par exemple, ne sont pas autre chose que des appareils qui transforment en travail la chaleur dégagée par le combustible. Elles sont précisément d'autant plus parfaites qu'elles opèrent cette transformation avec le moins de perte possible; aussi a-t-on soin d'éviter, autant qu'on le peut, les chocs, les frottements de toutes sortes qui se produisent nécessairement dans le jeu des différentes pièces.

poids de différents corps absorbe-t-il la même quantité de chaleur pour atteindre une même température ? — Comment détermine-t-on la chaleur spécifique d'un corps par la méthode du puits de glace ? — Qu'est-ce qu'un calorimètre ? — A quoi sert-il ? — Indiquez comment on procède pour déterminer une chaleur spécifique par la méthode des mélanges. — Qu'appelle-t-on chaleur latente ?

Donnez des exemples de la transformation du travail en chaleur. — Qu'arrive-t-il quand on martelle un morceau de plomb ? — Décrivez l'expérience de Tyndall. — Quelle quantité de chaleur produirait la transformation de 125 kilogrammètres ? Quel nom donne-t-on à ce nombre de 125 ? — Réciproquement, la chaleur peut-elle se transformer en travail ?

EXERCICES. — 1. Quelle quantité de chaleur faut-il dépenser pour élever de 100° les 35 gr. de mercure que renferme un thermomètre ? (C = 0,033.)

2. 35 gr. de mercure à 10° sont versés dans 30 gr. d'eau à 15°. Trouver la température finale du mélange. (C = 0,033.)

3. La chaleur spécifique du fer est 0,111. Quelle chaleur dégagent 5235 gr. de ce métal, en descendant de 341 à 26° ? A quelle température seront portés 658 gr. d'eau pris à 12°, qui absorbent la chaleur perdue par le fer ?

4. Dans 180 gr. d'eau à 19°, on jette quelques morceaux de fer à 100°, dont le poids total est de 60 gr. Quand l'équilibre de température s'est produit, la température du mélange est de 22°. Trouver, d'après cette expérience, la chaleur spécifique du fer.

5. Une sphère de cuivre du poids de 315 gr. est plongée dans 1 kilog. d'eau ; la température s'élève de 15° à 20. Trouver la température initiale de la boule de cuivre. (C = 0,095.)

6. Un boulet en fer du poids de 500 gr. et chauffé à 125° est plongé dans une cavité pratiquée dans un bloc de glace fondante. On demande quelle est la quantité d'eau de fusion que l'on pourra recueillir dans le puits de glace.

7. Quelle quantité de chaleur produit en se congelant 1 mètre cube d'eau ?

CHAPITRE XI

NOTIONS DE CLIMATOLOGIE ET DE MÉTÉOROLOGIE

185. Climats. — On appelle *climat* d'un pays l'ensemble des conditions atmosphériques qui lui sont propres : température, humidité, vents, pression atmosphérique.

Les *climats constants* sont ceux dont la variation de température entre l'été et l'hiver ne dépasse pas 8°. *Ex. :* Les climats marins, les climats insulaires.

Les *climats variables* présentent, entre ces saisons, une différence de 20°. *Ex. :* Le climat de Paris.

Les *climats excessifs* sont ceux dont la différence entre les températures extrêmes de l'hiver et de l'été est de 30° et plus : tels sont en général les climats continentaux. *Ex. :* Le climat de New-York, de Pékin.

186. Température moyenne. — On appelle *température moyenne* d'un jour le quotient, par 24, de vingt-quatre observations faites d'heure en heure ; elle est sensiblement égale à la moyenne de la température maxima et de la température minima du jour et de la nuit.

187. Causes qui influent sur la température. — 1° *La latitude*. La température moyenne diminue de l'équateur au pôle. Cette diminution provient en grande partie de l'obliquité des rayons solaires ;

2° *L'altitude*, qui produit une diminution moyenne de 1° pour 180ᵐ d'élévation ; à une certaine hauteur, la température est constamment au-dessous de 0° ; c'est la cause des neiges perpétuelles (limites : dans les Alpes, 2 700 m. ; à Quito, 4 800 m.) ;

3° *La direction des vents*. — En France, le vent du Sud est chaud, tandis que celui du Nord est froid ;

4° *La proximité de la mer*, qui rend la température plus uniforme.

188. Météorologie. — La *météréologie* est une science qui étudie les phénomènes atmosphériques et les causes qui les produisent. On appelle *météore* tout phénomène qui se produit dans l'atmosphère.

189. Vents. — Les vents sont des courants aériens produits par la différence de densité, conséquence de la différence de température des couches atmosphériques.

On observe la *direction* des vents au moyen des girouettes que l'on place en haut des toits ; cependant il vaut mieux observer la direction des nuages, qui donnent le sens des courants supérieurs. Pour avoir leur vitesse, on se sert de l'*anémomètre* ; c'est une espèce de petit moulin à vent qui inscrit le nombre de tours qu'il fait sous l'action du vent.

Les *vents alizés* soufflent régulièrement dans la zone torride, des pôles vers l'équateur, en obliquant par suite de la rotation de la terre.

La *mousson* souffle six mois dans un sens, et six mois dans un sens opposé, dans l'océan Indien et les contrées avoisinantes.

On donne le nom de *cyclone* à une masse d'air animée d'un mouvement de rotation et de translation (tornados des pays équatoriaux).

Une *trombe* est une énorme quantité de vapeur d'eau animée de mouvements violents qui renverse tout ce qu'elle rencontre.

Les *bourrasques*, les *orages* résultent de variations brusques de la pression atmosphérique qui produisent des vents violents, généralement accompagnées de pluie et d'éclairs.

190. Nuages. — Les *nuages* sont des amas de gouttelettes d'eau très petites, en suspension dans l'atmosphère. Ils proviennent de la condensation de la vapeur d'eau dans l'air. On peut voir des nuages se former le soir, vers le coucher du soleil, dans les endroits humides et froids.

Relativement à la forme des nuages, on distingue les *stratus*, les *cirrus*, les *cumulus* et les *nimbus*.

Les *stratus* sont des nuages horizontaux, parallèles, minces en apparence ; ils se forment au coucher du soleil en automne. Le soir ils annoncent le beau temps du lendemain; le matin ils annoncent la pluie dans la journée.

Les *cumulus* sont des nuages arrondis, entassés, à contours nets; surmontés le soir par les cirrus, ils annoncent la pluie ou l'orage, et sont à 2 ou 3 km. de hauteur.

Les *cirrus* sont des nuages blancs, petits, d'aspect filamenteux, formés d'aiguilles de glace; ils précèdent souvent un changement de temps et stationnent de 9 à 10 km. de hauteur.

Les *nimbus*, masses sombres, sans forme, sont des nuages à pluie; ils sont plus bas que tous les autres.

Les *brouillards* sont des nuages formés à la surface de la terre par la condensation des vapeurs émises par le sol. On appelle *brume* un brouillard épais.

101. Pluie. La *pluie* est la chute de gouttelettes d'eau provenant de la condensation des vapeurs de l'atmosphère, causée par un abaissement de température ou une augmentation de pression.

Lorsque les gouttelettes sont très fines, la pluie prend le nom de *bruine* ou *brouillasse*. La bruine qui se produit quelquefois après le coucher du soleil s'appelle *serein*.

La quantité de pluie qui tombe annuellement dans une contrée a une certaine influence sur le climat; on mesure cette quantité à l'aide du *pluviomètre* (fig. 131). A Paris, par exemple, il tombe annuellement une couche d'eau de 0 m.56, tandis qu'à la Havane cette couche atteint 2 m.71.

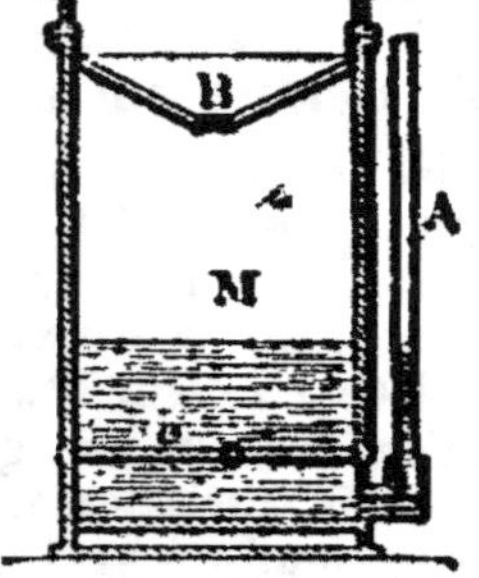

Fig. 131.—Pluviomètre.

102. Rosée. — Pendant la nuit, les corps se refroidissent, par rayonnement, *plus vite* que l'air ambiant; il se produit à leur surface une condensation de vapeur d'eau, d'autant plus active que leur pouvoir émissif (refroidissement) est plus grand; c'est pourquoi on observe de la rosée sur le bois, la terre, les arbres, le verre, etc., et non sur les métaux polis. Le refroidissement, et par conséquent la rosée, augmente par un ciel serein, favorable au rayonnement. Les nuages, les toitures, empêchent le refroidissement, et par conséquent la rosée; un vent léger la favorise en renouvelant les couches d'air; un vent fort l'empêche de se former.

La *gelée blanche* provient d'un dépôt de rosée qui s'est congelée par suite d'un abaissement de température.

103. Neige. — La neige est produite par la solidification, dans l'atmosphère, de gouttes d'eau qui donnent naissance à de petits cristaux; ces cristaux, groupés régulièrement, forment les *flocons de neige*.

On appelle *grésil* de petits grains formés d'aiguilles de glace enchevêtrées, produits par la congélation des gouttes de pluie dans un air agité.

104. Grêle. — La *grêle* provient de nodules formés d'un glaçon central blanc, analogue à un grain de grésil, enveloppé d'une couche de glace transparente.

Les grêlons prennent naissance dans les *cirrus* à plus de 10 000 m. de hauteur et à une température de —20°; ils traversent, en tombant, des *nimbus* froids en *surfusion*, c'est-à-dire qui sont liquides, quoique à une température inférieure à 0°. Ces grains s'enveloppent de couches de glace concentriques et prennent parfois la dimension du poing.

195. Prévision du temps. — Le vent du sud-ouest, chaud et humide, amène généralement la pluie.

Le vent du nord-est, continental, froid et sec, est ordinairement le précurseur d'une période sèche. Les orages, les tourbillons prolongés, amènent presque toujours la pluie.

Le vent chaud du sud a une faible densité, il détermine la baisse du baromètre; or, ce vent se refroidissant dans nos régions, la vapeur d'eau qu'il contient devient saturante, se condense en partie, ce qui produit la pluie.

Très sec	782
Beau fixe	773
Beau	764
Variable	755
Pluie ou vent . .	746
Grande pluie . .	737
Tempête	728

Fig. 132.
Indications barométriques.

Le vent du nord, froid et sec, est très dense: il fait monter le baromètre. S'échauffant dans nos climats, la vapeur qu'il contient s'éloigne de son point de saturation; l'atmosphère devient alors très sèche et amène le beau temps.

Une variation brusque correspond généralement à un orage suivi d'un changement de temps. Une hausse lente et régulière précède le beau temps; une baisse, dans les mêmes circonstances, est suivie de la pluie.

Pour prévoir le temps à l'aide du baromètre, il vaut mieux suivre les variations de la hauteur mercurielle que de se fier aux indications écrites sur la plupart des baromètres ordinaires; ces indications sont purement conventionnelles; elles ne se rapportent qu'à la France, et varient même, dans ce pays, pour les localités d'altitudes différentes.

Les points *très sec, beau fixe*, etc., sont séparés par une hauteur barométrique de 9 mm.

QUATRIÈME PARTIE

ACOUSTIQUE

CHAPITRE I

PRODUCTION ET PROPAGATION DU SON

196. Objet de l'acoustique. — *L'acoustique* est la partie de la physique qui étudie les sons.

On appelle *son* la sensation produite sur l'oreille par les vibrations rapides d'un corps élastique.

Le *bruit* résulte d'un ensemble de plusieurs sons confus qu'il est difficile d'analyser; tel est le clapotement des vagues, le roulement des voitures sur le pavé.

197. Mouvement vibratoire. — Un corps *vibre* lorsqu'il oscille rapidement autour de sa position d'équilibre.

Ainsi, par exemple, si l'on serre l'extrémité d'une lame d'acier dans un étau, qu'on l'écarte de sa position d'équilibre, et qu'on l'abandonne à elle-même, elle se met à osciller. Si les oscillations sont suffisamment rapides, on dit qu'elle vibre.

L'angle que font les deux positions extrêmes est appelé *amplitude des vibrations* (fig. 133). Le mouvement de D' en D'' s'appelle *vibration simple*; le passage de la lame vibrante de D' en D'' et son retour en D' constituent une *vibration double*.

Fig. 133.
Vibration d'une tige élastique.

198. Production du son. — Le son résulte toujours de la

vibration d'un corps élastique. Si l'on frotte un archet A (fig. 134) sur le bord d'une cloche de verre, elle rend un son, et le mouvement vibratoire peut être mis en évidence par les soubresauts qu'éprouve, au contact de la cloche, une petite bille suspendue au moyen d'un fil P.

Un coup donné sur un timbre, le frottement d'un archet sur une corde tendue, le battement rapide des ailes des insectes, font naître des mouvements vibratoires qui se traduisent par des sons. En pinçant une corde tendue, on perçoit un son tant qu'on la voit vibrer.

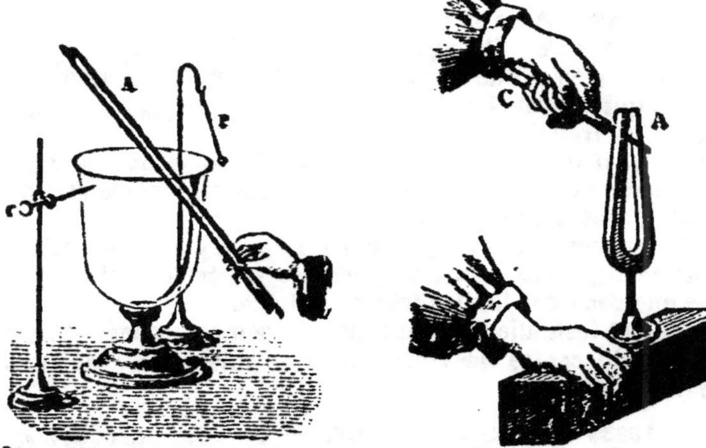

Fig. 134. — Vibration d'une cloche en verre.   Fig. 135. — Diapason.

Remarquons cependant que le mouvement vibratoire ne se traduit par un son qu'à la condition d'être suffisamment rapide. Il est impossible de percevoir un son quand le corps élastique effectue moins de 32 vibrations par seconde.

On appelle *diapason* une tige d'acier recourbée en forme de pince (fig. 135) ; on la fait vibrer à l'aide d'un archet ou en passant vivement un cylindre entre ses branches ; le son obtenu est renforcé par une petite caisse qui sert de *résonateur*.

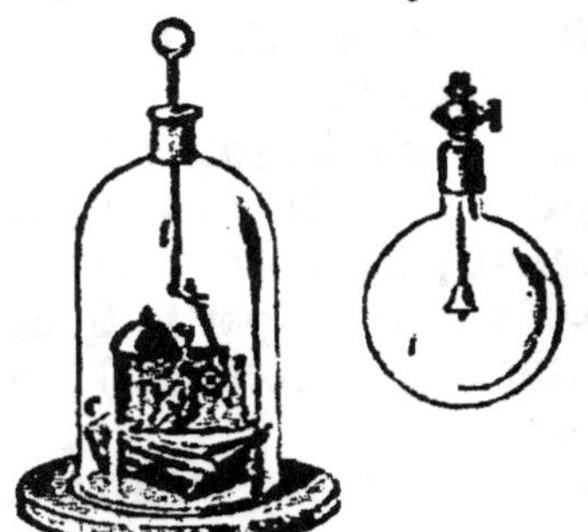

Fig. 136.
Production du son dans le vide.

109. Transmission du son. — Le son se transmet dans un milieu élastique, et non dans le vide.

Si l'on introduit une clochette dans un ballon, ou un timbre sous une cloche (fig. 136), où l'on raréfie l'air à l'aide de la machine pneumatique, on remarque que le son diminue à mesure qu'on fait le vide et finit par ne plus être perceptible.

Dans un milieu élastique, le mouvement vibratoire se transmet par l'ébranlement successif des molécules. On peut se faire une idée de ce mode de propagation au moyen d'une série de billes d'ivoire (fig. 137) suspendues de manière que leurs centres soient en ligne droite. Ces billes nous représentent alors une file de molécules. Si on écarte la première A de sa position d'équilibre, et qu'on l'abandonne ensuite à elle-même, elle frappe la deuxième, qui transmet son mouvement à la troisième; celle-ci

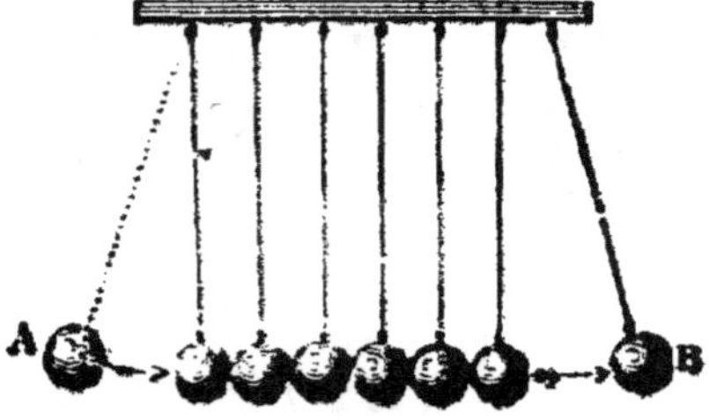

Fig. 137. — Transmission du choc.

ébranle la quatrième, et ainsi de suite, de sorte que la dernière B sera repoussée vers la droite, puis retombera elle-même et reproduira les mêmes phénomènes en sens inverse.

Dans le mouvement de propagation du son, il y a transmission rapide du mouvement, mais non transport des molécules; chacune d'elles n'oscille que dans des limites très restreintes.

Dans l'air et les milieux homogènes, le son se propage dans tous les sens autour du centre de vibration, avec une vitesse qui varie suivant le milieu ambiant.

200. Vitesse du son dans l'air. — Le son parcourt environ 340 mètres par seconde à la température ordinaire (12°); cette vitesse diminue avec la température; elle n'est plus que de 331 mètres à 0°. Elle est la même pour tous les sons, aigus ou graves.

Expérience du Bureau des longitudes entre Montlhéry et Villejuif. — De chacune des stations de Montlhéry et Villejuif on tirait un coup de canon à cinq minutes d'intervalle; la lumière se transmettait instantanément, le son s'entendait un certain temps après l'apparition de la lumière; en divisant l'espace qui sépare Montlhéry de Villejuif (18.613 mètres) par le temps que met le son à parcourir cette distance (55 secondes), on trouve à peu près 340 mètres par seconde.

Pour mesurer la distance à laquelle on se trouve d'un nuage orageux, il suffit de multiplier 340 mètres par le temps, en secondes, qui sépare l'éclair du moment où l'on entend le tonnerre.

201. Vitesse du son dans les liquides et les solides. — Dans les *liquides*, la vitesse du son est plus grande que dans l'air.

Dans l'eau à 8° (lac de Genève), elle est de 1.435 mètres par seconde.

Dans les *solides*, cette vitesse est encore plus grande que dans les liquides. L'expérience faite sur les fils télégraphiques de Paris à Versailles a fourni 3.485 mètres par seconde.

202. Réflexion du son. — Lorsque le son rencontre un obstacle, il se réfléchit, c'est-à-dire change de direction. Les lois de la réflexion du son sont analogues à celles de la réflexion de la chaleur et de la lumière.

1re Loi. — *Le rayon sonore incident et le rayon réfléchi sont dans un même plan, perpendiculaire à la surface réfléchissante.*

2e Loi. — *L'angle d'incidence égale l'angle de réflexion.*

Les miroirs concaves (n° 136) peuvent concentrer les rayons sonores à leur foyer comme ils concentrent les rayons lumineux ; c'est ce que nous montre l'expérience représentée par la figure 138.

Fig. 133. — Concentration des sons par réflexion.

203. Écho. — L'écho est la répétition d'un son qui se réfléchit une ou plusieurs fois sur quelque obstacle. Un son émis entre deux murs parallèles, situés à une certaine distance, est réfléchi plusieurs fois ; l'écho s'affaiblit de plus en plus, il semble alors que le son s'éloigne. L'écho s'observe dans les salles acoustiques, dans les grandes églises, au-dessous des nuages, etc.

Le centre sonore doit être à 34 mètres de la surface réfléchissante pour fournir un écho monosyllabique.

EXERCICES. — 1. Neuf secondes se sont écoulées entre le moment où l'on a vu la fumée sortir d'un canon et celui où le son a été entendu. A quelle distance se trouve-t-on du canon ?

2. Une batterie est placée sur une hauteur distante de 9,208 mètres du point que l'on occupe. Après combien de temps entendra-t-on ses décharges ?

3. Une pierre tombe au fond d'un puits de mine qui a 326 mètres de profondeur. Quel temps s'écoule entre le moment où l'on abandonne la pierre et celui où l'on entend le son ?

4. Un régiment en marche sur une grande route s'avance par rangs, tambours en tête. La distance qui sépare les rangs est de 3 mètres, et il faut une 1/2 seconde à chaque homme pour faire un pas. Les hommes se mettent en marche au premier son du tambour. Cela posé, on demande quels sont les rangs qui commenceront leur premier pas, quand les premiers soldats commenceront leurs deuxième, troisième et quatrième pas ?

5. Un observateur et le corps sonore dont il veut entendre les sons par réflexion sont aux extrémités de la base d'un triangle isocèle dont le sommet est sur la muraille qui produit l'écho. La base OM du triangle OIM mesure 10 mètres, sa hauteur 25 mètres. Détermıner le temps qui s'écoulera entre la perception du son direct et celle du son réfléchi.

CHAPITRE II

QUALITÉS DU SON

204. Définition. — On entend par *qualités* des sons des propriétés particulières qui modifient leur action sur notre appareil auditif et d'après lesquelles nous les distinguons les uns des autres.

Ces qualités sont : la *hauteur*, l'*intensité* et le *timbre*.

205. Hauteur du son. — La *hauteur* du son est la place plus ou moins élevée qu'il occupe dans l'échelle musicale. Elle dépend du nombre de vibrations exécutées par le corps sonore dans un temps donné ; suivant que le corps vibre plus ou moins rapidement, il produit des *sons aigus* ou des *sons graves*.

On juge donc de la hauteur d'un son d'après le nombre des vibrations que le corps sonore exécute pendant un temps donné, une seconde, par exemple. Cette détermination se fait au moyen de la sirène ou par la méthode des compteurs graphiques.

Sirène de Cagniard-Latour. — La sirène (fig. 139) se compose d'une boîte cylindrique H dans laquelle on peut faire arriver de l'air par le conduit F. La face supérieure de cette boîte présente, vers sa circonférence, une série d'ouvertures qui traversent obliquement la paroi et dirigées dans des plans perpendiculaires aux rayons de cette face.

A une très petite distance de ces ouvertures, se trouve un disque S mobile autour de l'axe X, et portant un même nombre d'ouvertures que la face de la boîte, mais inclinées en sens inverse, et pouvant, pour une certaine position du disque, se trouver en regard des premières.

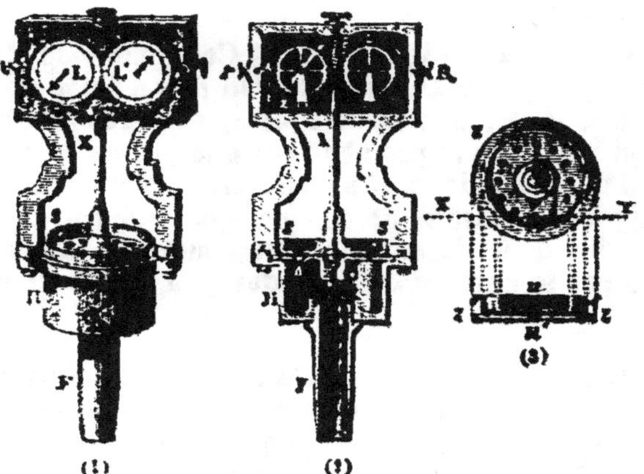

Sirène de Cagniard-Latour.

1. Perspective. — 2. Coupe : F, prise d'air. — H, chambre à air. — OO, ouverture du plateau inférieur et du plateau supérieur SS. — X, axe avec sa vis sans fin V. — A, roue des tours. — D, roue des centaines de tours. — *l*, doigt qui fait avancer d'une dent la roue D. — 3. Plateau : face et section, *x*, *y* des deux plateaux et des trous *uu'*.

L'axe X peut, au moyen d'un levier R, faire mouvoir, à un moment déterminé, un système de roues qui permet de lire sur les cadrans L et L' le nombre de tours qu'a faits le disque mobile.

Si on fait arriver de l'air dans la sirène, il s'échappe par les ouvertures du disque fixe et vient frapper obliquement celles du disque mobile qui, sous cette impulsion, prend un mouvement de rotation plus ou moins rapide suivant la force du courant d'air. Il en résulte donc des interruptions dans la sortie de l'air suivant que les ouvertures des deux disques sont en coïncidence ou non, et ces interruptions impriment à l'air un mouvement vibratoire qui produit un son plus ou moins élevé suivant la rapidité de la rotation.

Pour se servir de la sirène, on règle le courant d'air de manière qu'elle soit à l'unisson du son dont on cherche la hauteur. On met alors en mouvement le système compteur pendant un temps déterminé, *t* secondes, par exemple. Si le disque a *n* trous, et s'il a fait N tours pendant ce temps, le nombre des interruptions, c'est-à-dire le nombre des vibrations du corps sonore pendant une seconde, sera donné par l'expression :

$$\frac{n \times N}{t}$$

Cet appareil est peu précis, car il est difficile de maintenir le son à la même hauteur pendant un temps un peu long ; d'autre part, il exige une oreille très exercée pour juger si le corps sonore et la sirène sont bien à l'unisson.

Méthode des compteurs graphiques. — Cette méthode, très exacte, est facilement applicable aux diapasons. On fixe à l'une des branches un petit style très léger, un crin de brosse, par exemple, et, pendant que le diapason vibre, on le promène sur une plaque de verre noircie à la flamme d'une chandelle. Le style trace alors, sur le noir de fumée, une ligne sinueuse dont chaque sinuosité correspond à une vibration. Il suffit donc de compter ces sinuosités, et de diviser le nombre trouvé par le nombre de secondes qu'a mis le diapason pour les tracer.

206. Intervalles. — On appelle *intervalles* de deux sons le rapport de leur nombre de vibrations, le numérateur correspondant au son le plus aigu. Lorsque ce rapport est simple, les sons produisent une impression agréable à l'oreille : on dit qu'il y a *consonance*.

La consonance est d'autant plus parfaite, que le rapport qui exprime l'intervalle est plus simple. Les intervalles les plus consonants sont les suivants :

Unisson	$\dfrac{1}{1}$	Quarte	$\dfrac{4}{3}$
Octave	$\dfrac{2}{1}$	Tierce majeure	$\dfrac{5}{4}$
Quinte	$\dfrac{3}{2}$	Tierce mineure	$\dfrac{6}{5}$

On dit qu'un son est l'*octave aiguë* d'un autre, lorsqu'il correspond à un nombre double de vibrations exécutées pendant le même temps. Réciproquement, le premier est l'*octave grave* du second.

Quand on fait entendre simultanément plus de deux sons dont les nombres de vibrations sont dans un rapport simple, on obtient un *accord multiple*. Les accords les plus remarquables sont l'*accord parfait majeur* et l'*accord parfait mineur*. Pour le premier, les nombres de vibrations sont entre eux comme les nombres 4, 5, et 6, et, pour le second, comme les nombres 10, 12 et 15.

En prenant le premier pour son fondamental, les intervalles de l'accord parfait majeur sera donc 1, $^5/_4$ et $^3/_2$; il se compose donc du son fondamental, de la tierce majeure et de la quinte. Ceux de l'accord parfait mineur sont 1, $^6/_5$ et $^3/_2$; il est donc formé du son fondamental de la tierce mineure et de la quinte.

207. Gamme. — La *gamme* est formée d'une série de sept sons séparés par des intervalles qui semblent dictés par la nature de notre oreille ; ces intervalles particuliers sont toujours les mêmes pour les différentes gammes.

Les notes de la gamme d'*ut* sont : *ut, ré, mi, fa, sol, la, si*. Les six premières sont les syllabes qui commencent les hémistiches des trois premiers vers de l'hymne de saint Jean-Baptiste.

Les intervalles de la gamme sont, par rapport à la note fondamentale ou *tonique* :

ut	ré	mi	fa	sol	la	si	ut₂
1	$\dfrac{9}{8}$	$\dfrac{5}{4}$	$\dfrac{4}{3}$	$\dfrac{3}{2}$	$\dfrac{5}{3}$	$\dfrac{15}{8}$	2

On accorde les instruments sur une note invariable, le *la normal*, donné par le diapason normal ; il correspond à 870 vibrations simples par seconde.

208. Intensité du son. — L'*intensité* du son est l'énergie avec laquelle les ondes sonores viennent heurter notre tympan et nous donner ainsi, d'une manière plus ou moins accentuée, la sensation du son.

L'*intensité* du son dépend : 1° de l'amplitude des vibrations ; 2° de la distance du centre de vibration. *L'intensité des sons varie en raison inverse du carré de la distance au centre de vibration.*

En vertu de la deuxième loi, l'intensité diminue quand on s'éloigne du corps sonore. Cet affaiblissement n'a évidemment plus lieu si on oblige le mouvement de propagation à suivre une direction déterminée : par exemple, un tube à surface bien lisse. C'est ce que l'on obtient au moyen du porte-voix, du cornet acoustique (fig. 140).

Dans certaines maisons on utilise les *tubes acoustiques* pour communiquer d'un étage à l'autre ; on les emploie à bord des navires pour parler au gabier dans les hunes. Il est vrai qu'aujourd'hui le téléphone a remplacé presque partout les tubes acoustiques.

Les corps mous, comme la ouate, les étoffes, affaiblissent considérablement les sons. Un tapis moelleux étouffe le bruit des pas ; d'épaisses tentures rendent une salle sourde comme des tentures noires l'assombrissent. Un piano perd de sa sonorité dans une pièce garnie de tapis et de draperies.

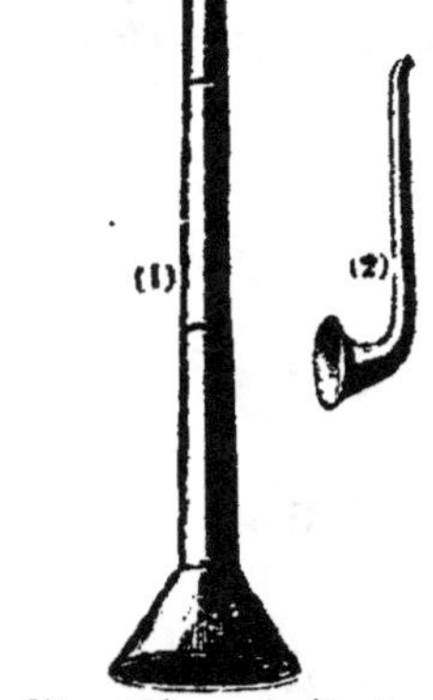

Fig. 140. — 1. Porte-voix.
2. Cornet acoustique.

209. Timbre du son. — Le *timbre* varie suivant la nature du corps vibrant, il sert à distinguer les différents instruments, les voix ; il provient de plusieurs sons secondaires (*harmoniques*) qui se produisent en même temps que le son fondamental.

On appelle *harmoniques* d'un son une série de sons dont les nombres de vibration sont, par rapport à celui du son fondamental, comme la suite des nombres entiers 1, 2, 3... Le premier harmonique est donc l'octave; le second, la quinte de l'octave; le troisième, la deuxième octave, etc.

QUESTIONNAIRE. — Qu'entend-on par les qualités du son? Quelles sont ces qualités? — Qu'est-ce que la hauteur du son? De quoi dépend-elle? — Donnez la description de la sirène. Pourquoi rend-elle un son quand un courant d'air la traverse? A quoi sert-elle? Décrivez la marche d'une expérience. — Comment mesure-t-on la hauteur d'un son par la méthode des compteurs graphiques? — Qu'appelle-t-on intervalle de deux sons? — Quels sont les intervalles de deux sons les plus consonants? — Quels sont les intervalles qui composent les accords parfaits? — Qu'est-ce que la gamme? — Quels sont les intervalles des notes de la gamme?

Qu'est-ce que l'intensité du son? De quoi dépend-elle? Quel est l'effet des corps mous sur l'intensité? — De quoi dépend le timbre des sons? — Qu'appelle-t-on harmoniques?

EXERCICES. — 1. Calculer la hauteur du son rendu par une sirène et soutenu pendant 30 secondes, sachant que l'aiguille des tours du plateau s'est déplacée de 80 divisions, et l'aiguille des centaines de tours de 40. Le plateau porte 15 ouvertures.

2. La tonique d'une gamme correspond à 520 vibrations par seconde. Calculez le nombre de vibrations correspondant à l'octave aiguë, à la quinte, et à la tierce majeure.

3. Une roue porte 180 dents sur sa circonférence et fait 4 tours par seconde. Quel devrait être le nombre des dents d'une seconde roue qui fait 5 tours par seconde pour qu'en appuyant une carte sur les dents de ces deux roues l'intervalle des sons rendus soit égal à celui d'une quinte?

CHAPITRE III

VIBRATION DES CORDES — TUYAUX SONORES

I. Vibrations transversales des cordes.

210. Cordes vibrantes. — On appelle *cordes*, en acoustique, des fils fins en métal ou en boyaux, tendus entre deux points fixes. On les fait vibrer transversalement en les pinçant avec les doigts (guitare), en les frottant avec un archet (violon) ou simplement en les frappant (piano).

211. Lois des vibrations transversales des cordes. — *Loi des longueurs.* Deux cordes de même nature, de même section, tendues par des poids égaux, rendent des sons dont les hauteurs sont en raison inverse de leurs longueurs.

Loi des diamètres. — Deux cordes de même longueur, de même nature, tendues par des poids égaux, rendent des sons dont les hauteurs sont en raison inverse de leurs diamètres.

Loi des densités. Deux cordes de même longueur, de même section, tendues par des poids égaux, rendent des sons dont les hauteurs sont inversement proportionnelles aux racines carrées de leurs densités.

Loi des tensions. Pour une même corde, la hauteur du son rendu est proportionnelle à la racine carrée du poids qui tend la corde.

Toutes ces lois peuvent se résumer dans la formule :

$$N = \frac{1}{2RL}\sqrt{\frac{g\,P}{\pi d}}$$

N étant le nombre des vibrations du son rendu ; R, L et d, le rayon, la longueur et la densité de la corde ; P, le poids tenseur ; g, l'accélération de la pesanteur, et π le rapport de la circonférence au diamètre. On les vérifie au moyen du sonomètre (fig. 141).

Fig. 141. — Sonomètre.

Le *sonomètre* est une caisse sonore portant dans sa longueur une règle divisée, et sur laquelle deux cordes peuvent être tendues, l'une au moyen d'une clef, l'autre par les poids qu'on y attache.

212. Instruments à cordes. — Les *instruments à cordes* se composent d'un système de cordes tendues sur une caisse sonore destinée à renforcer l'intensité du son. Les uns ont un nombre de cordes égal au nombre des sons qu'ils doivent rendre ; ce sont, par exemple, le piano, la harpe. La longueur des cordes est alors fixe et d'autant plus petite, que le son rendu est plus élevé. Les autres n'ont qu'un petit nombre de cordes ; mais alors, au moyen des doigts convenablement placés, on raccourcit la longueur de la partie vibrante de manière à produire des sons plus élevés ; tels sont le violon, le violoncelle, la contrebasse.

Dans les instruments à cordes, on augmente le diamètre en même temps que la densité des cordes qui doivent rendre les sons les plus graves en les entourant d'un fil métallique.

II. Tuyaux sonores.

213. Définition. — Les *tuyaux sonores* sont des tubes dans lesquels le son est produit par la vibration de la colonne d'air qu'ils renferment. Ils comprennent les *tuyaux à bouche* et les *tuyaux à anche.*

La hauteur du son est indépendante de la nature du tube ; le timbre seul en dépend.

214. Tuyaux à bouche. — Dans les tuyaux à bouche, l'air sort par une fente (fig. 142), vient se briser contre la paroi du tuyau taillée en biseau, et produit un sifflement formé d'un grand nombre de sons discordants, parmi lesquels le tuyau en choisit un pour le renforcer.

On trouve des applications des *tuyaux à bouche* dans le sifflet, la flûte, le flageolet.

215. Tuyaux à anches. — Une anche est une petite lame métallique fixée par une de ses extrémités, et fermant incomplètement une ouverture que l'air doit traverser (fig. 143).

Le timbre des tuyaux à anches est éclatant et nasillard ; il n'a pas le moelleux des sons rendus par les tuyaux à bouche. On peut modifier la hauteur du son qu'ils rendent au moyen d'une *rasette*, qui augmente ou diminue à volonté la longueur de la partie vibrante de la lame.

Les tuyaux à anche sont utilisés dans les *harmoniums*, les *clarinettes*, les *hautbois*, les *bassons*. Dans

Fig. 142.

Tuyau à bouche.

Fig. 143. — Tuyau à anche.
a, anche ; r, rasette ;
C, cornet de résonnance ;
p, porte-vent ou pied.

les instruments à *embouchure de cor*, les lèvres font l'office d'*anche. Ex. :* l'ophicléide, le cornet à pistons.

216. Mouvement vibratoire dans un tuyau. — Quand un tuyau rend un son, la colonne d'air qu'il renferme se partage en segments vibrants ou *ventres*, séparés par des tranches appelées *nœuds*, où le mouvement vibratoire est nul. Deux ventres consécutifs sont toujours séparés par un nœud.

Pour constater la présence des nœuds et des ventres, il suffit de descendre dans le tuyau une petite membrane horizontale saupoudrée de sable (fig. 144). On voit celui-ci sautiller dans les régions correspondant aux ventres, et demeurer immobile dans celle des nœuds.

Dans la figure 144, le mouvement vibratoire est produit par une petite toile métallique transversale D que l'on a chauffée avec un bec de gaz.

En augmentant la puissance du courant d'air qui fait vibrer l'air du tuyau, on peut modifier le nombre des nœuds et des ventres, et lui faire rendre des sons de plus en plus élevés qui sont les harmoniques du son fondamental.

217. Lois des tuyaux. — La hauteur du son fondamental rendu par un tuyau est en raison inverse de sa longueur.

Un tuyau dont l'extrémité est fermée rend un son qui est l'octave grave du son rendu par un tuyau ouvert de même longueur.

Les harmoniques rendus par un tuyau ouvert sont entre eux comme la suite naturelle des nombres entiers, tandis que, pour les tuyaux fermés, ils sont entre eux comme la suite naturelle des nombres impairs.

Fig. 144.
Vibration de l'air.

218. Instruments à vent. — Certains instruments, comme le clairon, le cor, sont des tuyaux de longueur fixe. Les sons qu'ils rendent sont donc des harmoniques du son fondamental. D'autres sont des tuyaux de longueur variable. Les variations de longueur sont obtenues au moyen de pistons comme dans le cornet, la basse, ou par une coulisse comme dans le trombone. Dans la flûte, le hautbois, la clarinette, le basson, l'ophicléide, les variations de hauteur s'obtiennent en ouvrant ou en fermant de petites ouvertures qui modifient le nombre et la position des nœuds et des ventres de la colonne d'air en vibration.

QUESTIONNAIRE. — *Qu'appelle-t-on cordes vibrantes ?* — *Donnez la formule générale qui exprime le nombre de vibrations rendues par une corde, et donnez-en l'explication.* — *Qu'est-ce que le sonomètre ? A quoi sert-il ?* — *Comment modifie-t-on la hauteur du son rendu par une corde dans le violon ?* — *Pourquoi entoure-t-on d'un fil métallique certaines cordes d'instruments de musique ?*

Par quoi est produit le son dans les tuyaux sonores ? — *Comment se fait l'ébranlement de l'air dans les tuyaux à bouche et dans les tuyaux à anche ?* — *A quoi sert la rasette ?* — *Comment se subdivise la colonne d'air en vibration dans un tuyau ?* — *Énoncez la loi des longueurs.* — *Dans quels rapports sont les harmoniques rendus par un tuyau ouvert ?* — *Comment produit-on les variations de hauteurs dans les instruments à vent ?*

EXERCICES. — **1.** Deux cordes mises à l'unisson de 2 diapasons ont respectivement 30 et 45 cent. Quel est l'intervalle musical de ces deux notes ?

2. Une corde de $1^m,20$ donne le *la* normal ; de combien faut-il la raccourcir pour qu'elle donne la tierce majeure, puis la quinte ?

3. Quelles sont les longueurs des tuyaux ouverts qui rendent les différentes notes d'une gamme, sachant que celui qui donne le son fondamental a $1^m,20$ de longueur ?

4. Dans quel rapport sont les longueurs de deux tuyaux ouverts qui sont à un intervalle d'une quarte ?

CINQUIÈME PARTIE
ÉLECTRICITÉ STATIQUE ET MAGNÉTISME

CHAPITRE I

DÉVELOPPEMENT ET PROPRIÉTÉS DE L'ÉLECTRICITÉ STATIQUE

210. Définition. — L'*électricité* est un agent physique dont la nature n'est pas connue, et qui se manifeste par des attractions, des répulsions, des effets chimiques, etc.

L'*électricité statique* est celle qui se trouve à l'état de repos à la surface des corps. On l'appelle ainsi par opposition à l'*électricité dynamique*, ou en mouvement, que nous étudierons dans les *courants électriques*.

220. Corps conducteurs et corps mauvais conducteurs. — On appelle *corps mauvais conducteurs* de l'électricité, les corps qui s'opposent à la dispersion de l'électricité. *Ex. :* Le verre, les résines, l'air, le bois, la soie, etc. Quand on les met en contact avec un autre corps chargé lui-même d'électricité, ils ne manifestent aucun changement dans leurs propriétés.

Les corps *bons conducteurs* de l'électricité sont ceux qui n'opposent aucun obstacle à la dispersion de l'électricité. Mis en contact avec un corps chargé d'électricité, ils acquièrent aussitôt toutes les propriétés des corps électri-

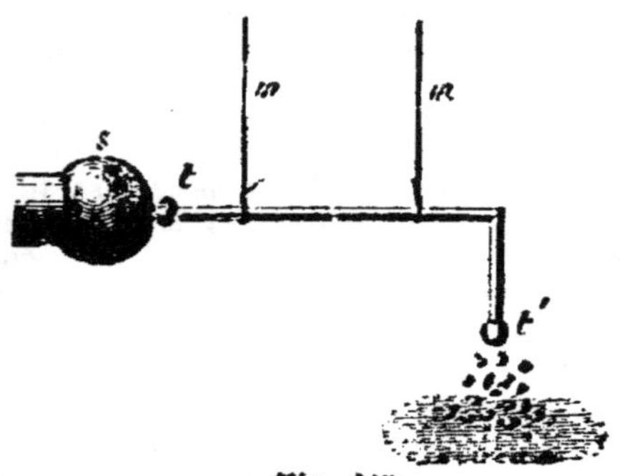

Fig. 115.

S, source d'électricité; m, m, fils de soie (mauvais conducteurs); tt', tige de cuivre (bon conducteur).

sés, comme, par exemple, celle d'attirer les corps légers (fig. 145). Tels sont les métaux, le corps humain, la terre.

221. Développement de l'électricité par le frottement. — L'électricité statique se développe facilement par le frottement des corps mauvais conducteurs. Un bâton de verre, de résine, de soufre (fig. 146), frottés avec un morceau de laine, acquièrent des propriétés électriques et peuvent attirer les corps légers, comme de petits morceaux de papier, de la sciure de bois. Les propriétés électriques se localisent aux endroits que l'on a frottés.

Fig. 146. — Attraction électrique.

Quand on frotte un corps bon conducteur de l'électricité en le tenant à la main, on ne parvient pas à l'électriser, car l'électricité se disperse par le corps et la terre qui sont bons conducteurs. Pour rendre sensible l'électrisation développée dans ce cas, il faut interposer entre eux et le sol un corps mauvais conducteur, lequel joue alors le rôle de *corps isolant*.

222. Électricité positive et électricité négative. — Il est admis que l'électricité, comme la chaleur, est un mode de mouvement. Cependant, pour expliquer facilement les phénomènes électriques, on suppose qu'ils sont dus à l'existence de deux fluides qui se trouvent sur tous les corps en quantités égales et qui se neutralisent réciproquement (*état neutre*); ces deux fluides ne manifestent leurs propriétés particulières que lorsqu'ils sont séparés. Le frottement est l'un des moyens qui peut déterminer cette séparation.

Pour les distinguer l'un de l'autre, on a recours au *pendule électrique* (fig.147), lequel se compose d'une petite balle de sureau suspendue par un fil de soie qui l'isole au point de vue électrique. On frotte un bâton de résine, par exem-

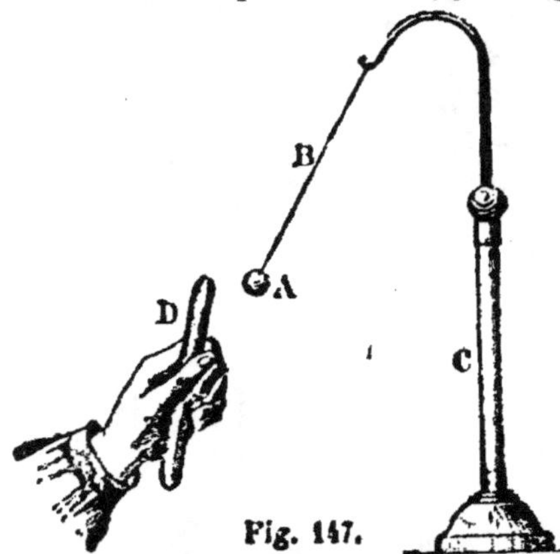
Fig. 147.
Pendule électrique. — Électricité négative.

ple, avec un morceau de drap ou de laine, et on l'approche de la balle de sureau. Celle-ci est vivement attirée, et, si elle vient à toucher le bâton de résine, elle se charge de la même électricité que lui; mais aussitôt elle est vivement repoussée.

Si ensuite on approche de la balle de sureau un bâton de verre que l'on vient de frotter, la balle est fortement attirée.

Fig. 148. — Pendule électrique. — Électricité positive.

La résine et le verre n'ont donc pas fourni le même fluide, puisque la première repousse maintenant la balle de sureau, tandis que la seconde l'attire. Le fluide développé sur le bâton de résine prend le nom d'*électricité résineuse*, ou plus souvent celui d'*électricité négative*; le second est l'*électricité vitrée* ou *positive*.

De ces expériences on peut conclure que : 1° *deux corps chargés d'électricité de même nom se repoussent*; 2° *deux corps chargés d'électricité de nom contraire s'attirent*.

223. Distribution de l'électricité. — *L'électricité se porte à la surface des corps conducteurs.* Pour vérifier cette propriété, on prend une sphère creuse (fig. 149), électrisée, isolée par le pied de verre C; l'ouverture O permet d'explorer l'intérieur de la sphère à l'aide du plan d'épreuve P.

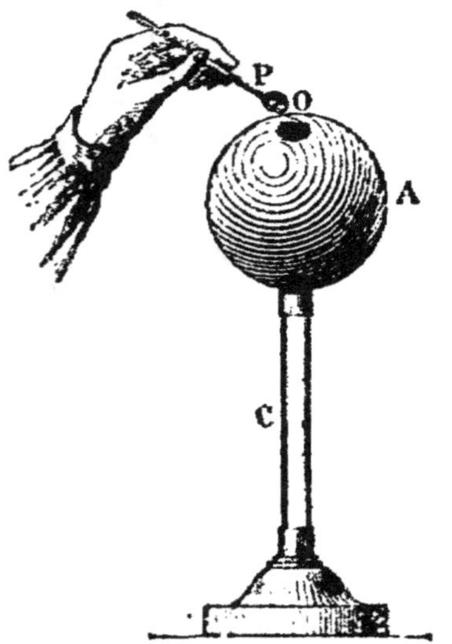

Fig. 149. — L'électricité se répand à la surface des corps.

Le plan d'épreuve est un petit disque ou une petite boule

métallique fixée à l'extrémité d'une tige isolante. En touchant la surface intérieure de la sphère creuse avec le disque, celui-ci se chargerait d'électricité s'il en existait sur cette surface, et pourrait ensuite attirer le pendule électrique. Or on constate qu'après le contact le plan d'épreuve ne possède aucune propriété électrique; il n'y a donc pas d'électricité libre à l'intérieur de la sphère.

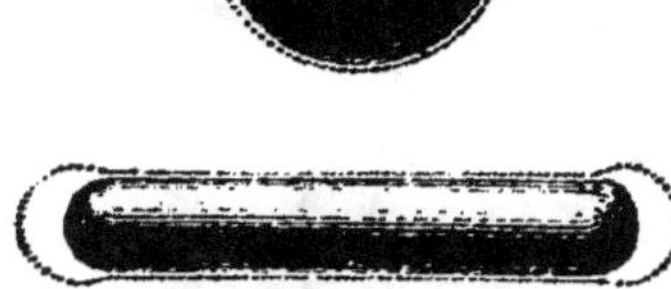

Fig. 150.
Distribution de l'électricité
à la surface des corps.

224. Influence de la forme du conducteur. — La quantité de fluide électrique existant en chaque point d'un conducteur isolé dépend de la forme de celui-ci. Sur une sphère, la distribution est uniforme. Sur un cylindre terminé par deux hémisphères, il y a accumulation d'électricité aux extrémités (fig. 150).

225. Pouvoir des pointes. — En étudiant, au moyen du plan d'épreuve, la distribution de l'électricité sur un conducteur isolé et électrisé $a\,b\,c$ (fig. 151), on constate que la charge est minimum en c et maximum en a. Il y a accumulation d'électricité vers la pointe, et cette accumulation est d'autant plus grande que la pointe est plus aiguë.

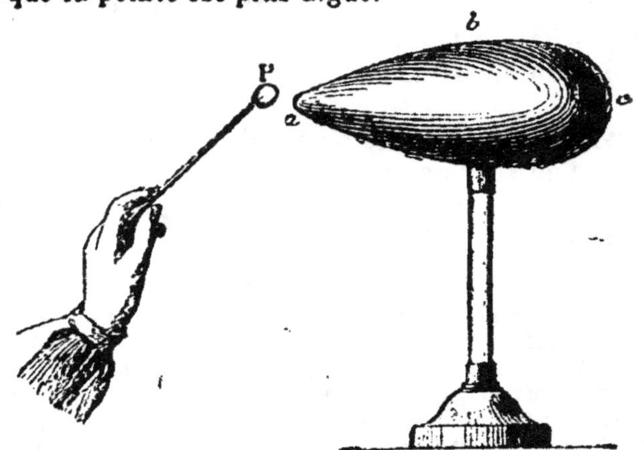

Fig. 151. — Distribution de l'électricité à la surface des corps.

On en conclut que, *dans les conducteurs isolés, l'électricité s'accumule vers les pointes.*

Dans ces conditions, le fluide, agissant sur lui-même par

répulsion, tend à s'échapper dans l'atmosphère si la résistance de l'air n'est pas trop grande; c'est en cela que consiste ce qu'on appelle le *pouvoir des pointes.*

On peut mettre en évidence le pouvoir des pointes en présentant une bougie allumée à l'extrémité d'une pointe (fig. 152), en rapport avec une source électrique; lorsque la machine électrique est en marche, on voit la flamme s'infléchir sous l'action du fluide qui s'échappe.

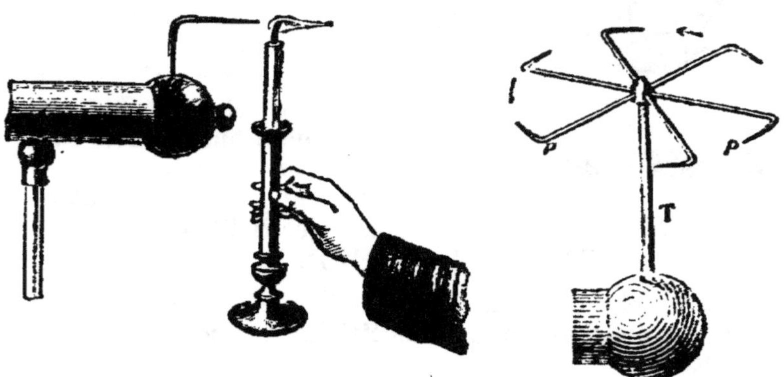

Fig. 152. — Pouvoir des pointes.   Fig. 153. — Tourniquet électrique.

Si l'on remplace la tige de l'expérience précédente par un système T (fig. 153) pouvant tourner sur un pivot, on voit l'appareil prendre un mouvement de rotation (*tourniquet électrique.*)

C'est pour éviter la déperdition de l'électricité sur les conducteurs isolés qu'on leur donne de préférence une forme sphérique ou cylindrique, et qu'on évite, dans leur construction, les arêtes saillantes.

QUESTIONNAIRE. — Comment se manifeste l'électricité? — Qu'est-ce que l'électricité statique? — Qu'appelle-t-on corps bons conducteurs et corps mauvais conducteurs de l'électricité? Donnez-en des exemples. — Comment peut-on développer de l'électricité? — Quelle est l'action du frottement sur le fluide neutre? — Comment fait-on l'expérience qui montre que les deux fluides électriques n'agissent pas de la même façon sur un pendule électrique? — Existe-t-il de l'électricité à l'intérieur des conducteurs? — Comment le fluide électrique est-il distribué sur une sphère? sur un cylindre? sur un ellipsoïde? — En quoi consiste le pouvoir des pointes? Comment le met-on en évidence?

CHAPITRE II

INFLUENCE ÉLECTRIQUE

I. Développement de l'électricité par influence.

226. Expérience fondamentale. — Si l'on prend un conducteur isolé AB, à l'état neutre (fig. 154), et qu'on en approche une sphère isolée S électrisée positivement, on remarque les phénomènes suivants :

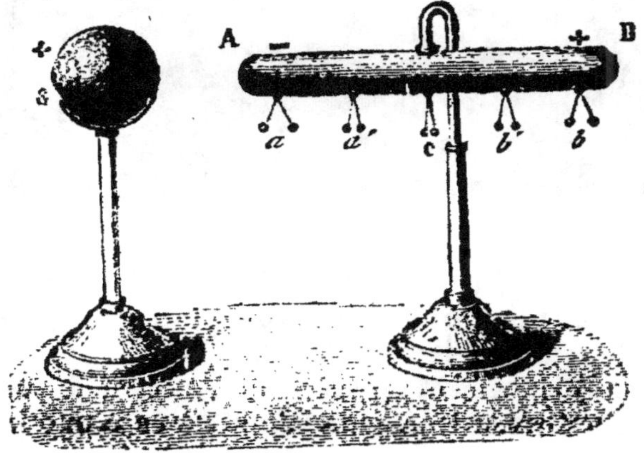

Fig. 154. — Électrisation par influence.

1° Il se développe de l'électricité positive en B et de l'électricité négative en A. Cette décomposition du fluide neutre par la présence, à distance, d'un corps électrisé, est un phénomène d'*influence électrique*.

2° Si on éloigne la sphère, le cylindre revient à l'état neutre.

3° Si, avant d'éloigner la sphère, on touche le cylindre avec le doigt, en un point quelconque, les pendules *b* et *b'* retombent, *a* et *a'* divergent davantage.

4° Si on éloigne alors la sphère, les pendules *b* et *b'* divergent de nouveau. On constate que tout le cylindre est chargé d'électricité négative.

227. Interprétation de ces résultats. — 1ᵉʳ Cas. — Au début, le conducteur renfermait les deux fluides neutralisés (état neutre); sous l'action de la sphère S, l'électricité négative se porte en A et l'électricité positive en B; c'est pourquoi les pendules divergent.

2ᵉ Cas. — L'éloignement de la sphère permet aux deux électricités de se combiner de nouveau; c'est pourquoi les pendules retombent.

3ᵉ Cas. — En touchant avec le doigt le conducteur, l'électricité positive s'écoule dans le sol, tandis que l'électricité négative est retenue par la présence de la sphère.

4ᵉ Cas. — En éloignant la sphère, l'électricité négative est rendue *libre* et se manifeste par la divergence des pendules.

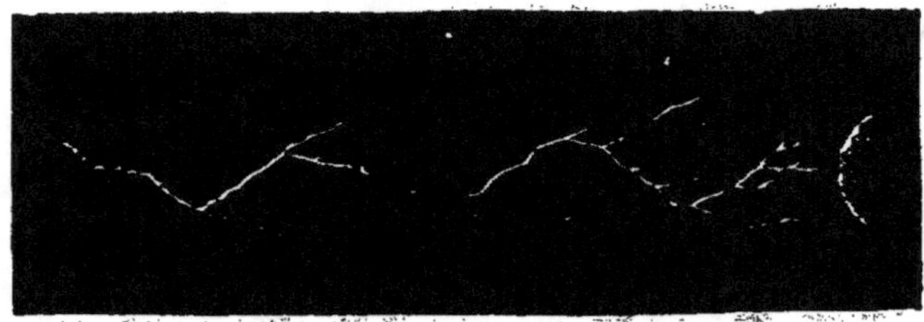

Fig. 155. — Étincelle électrique.

Remarque. — Lorsque l'attraction en A (—) et S (+) est suffisante pour vaincre la résistance de l'air, les deux électricités se combinent brusquement en produisant une étincelle appelée *étincelle électrique* (fig. 155).

228. Attractions et répulsions électriques. — Prenons un pendule (fig. 156) dont la balle de sureau est isolée au moyen d'un fil de soie, et approchons-en un corps chargé d'électricité positive, un bâton de verre électrisé, par exemple. Le fluide positif du bâton de verre décompose, par influence, le fluide neutre de la balle, repousse le fluide positif et attire le fluide négatif. Celui-ci étant plus rapproché du bâton de verre que le fluide positif, l'attraction l'emporte sur la répulsion, et devient de plus en plus forte à mesure que la distance diminue.

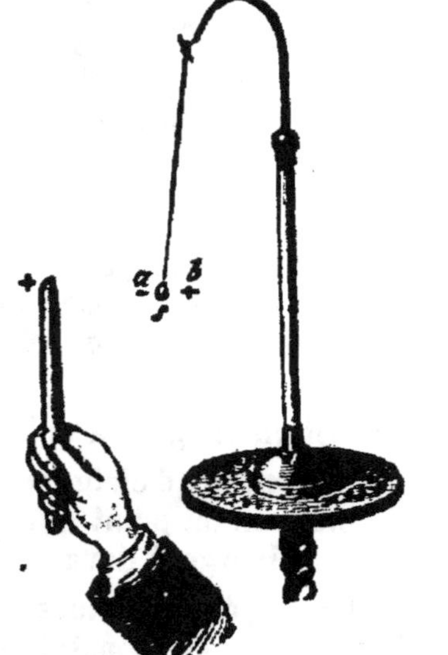

Fig. 156. — Attraction électrique.

Au moment du contact, une partie du fluide positif du bâton de

9

verre neutralise le fluide négatif de la balle de sureau ; celle-ci, étant alors uniquement chargée du fluide positif, est aussitôt repoussée.

229. Électroscope à feuilles d'or. — L'*électroscope à feuilles d'or* est un appareil qui sert à reconnaître la présence et la nature de l'électricité d'un corps. Il se compose d'une tige métallique *t*, traversant la partie supérieure d'une cloche en verre et portant deux feuilles d'or *l* et *l'* (fig. 157).

Fig. 157. — Électroscope à feuilles d'or.

On approche de la tige *t* le corps à étudier ; s'il est électrisé, les feuilles divergent. En effet, le fluide neutre des feuilles d'or est décomposé par influence ; le fluide du même nom que celui du corps est repoussé dans les feuilles d'or, ce qui les fait diverger.

Pour connaître la nature de la source électrique, on charge d'abord les feuilles d'or d'une électricité connue, en procédant de la manière suivante. On frotte un bâton de résine, par exemple, et on l'approche à une petite distance de la tige ; on touche alors celle-ci avec le doigt ; le fluide négatif, refoulé dans les feuilles d'or, s'écoule aussitôt dans le sol, et les feuilles d'or retombent. On retire d'abord le doigt et on éloigne ensuite le bâton de résine ; l'électricité positive qui était maintenue dans le haut de la tige se répand dans les feuilles d'or et les fait diverger. L'appareil est ainsi préparé.

On approche ensuite de la tige le corps à étudier. S'il est chargé d'électricité positive, il repousse celle de l'appareil dans les feuilles d'or, alors celles-ci divergent davantage ; s'il est chargé d'électricité négative, il attire celle des feuilles d'or, et par conséquent celles-ci divergent moins.

Si, par suite d'une charge trop forte, l'écart des feuilles d'or était trop grand, elles viendraient toucher deux petites bornes métalliques *d* et *d'* communiquant avec le sol et se déchargeraient aussitôt.

II. Machines électriques.

230. Électrophore. — L'*électrophore*, inventé par Volta (fig. 158), se compose d'un gâteau de résine et d'un plateau en bois C recouvert d'une feuille métallique, et pouvant être soulevé au moyen d'un manche isolant en verre.

Si l'on frotte le gâteau à l'aide d'une peau de chat ou d'un morceau de flanelle chaude, la résine se charge d'électricité négative ; pour utiliser cette électricité, on procède de la manière suivante :

1° On pose le plateau sur le gâteau de résine. L'électricité neutre du plateau est décomposée, par influence, en fluide positif, qui est retenu sur la face infé-

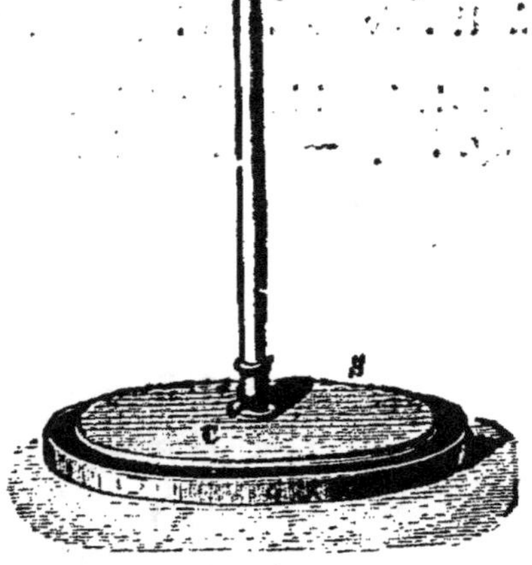

Fig. 158. — Électrophore.

rieure, et en fluide négatif, qui est repoussé à la face supérieure, où il se manifeste par l'écartement des pendules *p* (fig. 159, 1).

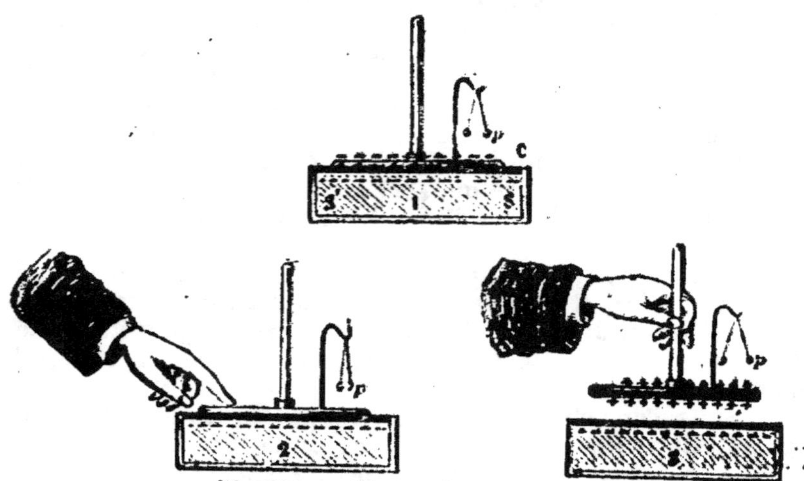

Fig. 159. — Charge de l'électrophore.

2° On touche du doigt le plateau, les pendules retombent (fig. 159, 2), car le fluide négatif *libre* s'est écoulé dans le sol, et le fluide positif est toujours maintenu à la face inférieure par l'influence de la résine, électrisée négativement.

3° On enlève le doigt, puis on soulève le plateau, les pendules divergent; car le fluide positif, devenu libre, se répand sur le conducteur (fig. 159, 3).

Alors, en touchant du doigt le plateau, on en tire une étincelle.

On peut répéter l'expérience un grand nombre de fois sans frotter de nouveau le gâteau de résine.

231. Machine électrique ordinaire ou machine de Ramsden (fig. 160). — La *machine de Ramsden* a pour but de produire

Fig. 160. — Machine électrique de Ramsden.

DD', plateau en verre ; M, manivelle ; B, montants ; F, F', mâchoires ; C, C', conducteurs. A, tige mobile du conducteur ; H, pendule de Henley ; T, chaîne qui rattache les montants au sol ; R, réchaud.

de *l'électricité statique* au moyen d'un disque de verre passant entre des *frotteurs;* le fluide produit décompose par influence l'électricité neutre du système de conducteurs métalliques C, C'; c'est le fluide libre qui s'accumule dans ces conducteurs que l'on utilise.

232. Marche de la machine. — Le disque passant entre les frotteurs RR' (fig. 161) s'électrise positivement. Arrivé en F,F', il décompose par influence le fluide neutre des conducteurs, dont l'électricité négative est attirée, s'écoule par les pointes et vient neutraliser l'électricité positive du plateau, tandis que leur électricité positive est repoussée en *l*. Il y a donc *accumu-*

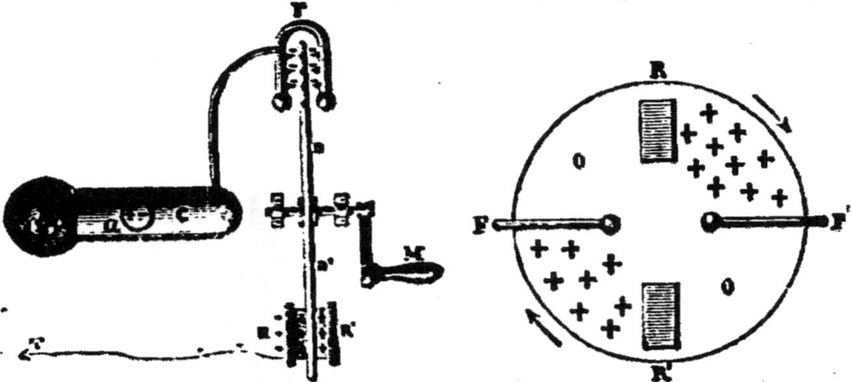

Fig. 161. — Théorie de la machine de Ramsden.
1. Phénomènes d'influence. — 2. État électrique de la roue en mouvement.

lation d'électricité positive à la surface des conducteurs ; sa présence, et jusqu'à un certain point sa tension, est marquée par l'*électromètre de Henley.*

L'électromètre de Henley (fig. 162) est un petit pendule composé d'une tige rigide, portant une petite balle de sureau, qui s'écarte d'autant plus du conducteur que la charge électrique est plus forte. L'angle d'écart se lit sur un petit cadran portant des divisions égales.

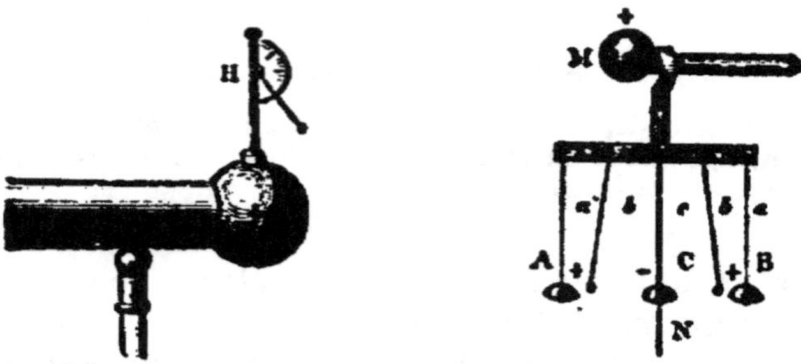

Fig. 162. — Électromètre de Henley.   Fig 163. — Carillon électrique.

Carillon électrique. — On met en communication avec les conducteurs de la machine électrique une tige métallique supportant des timbres A, B, C (fig. 163), entre lesquels sont suspendues des balles métalliques ; les fils extrêmes sont conducteurs (fils de lin), tandis que b, b, c sont isolants (fils de soie); N relie métalliquement le timbre C au sol. Lorsque la machine est en mouvement, les balles sont attirées par les timbres A et B, et après le contact sont repoussées contre le timbre C, où elles se déchargent; puis le phénomène recommence.

Grêle électrique. — Sur un plateau conducteur (fig. 164), relié au sol, on met des balles de sureau sous une cloche; la tige métallique qui traverse le bouchon communique avec la machine électrique; lorsque la machine est en activité, on voit les balles frapper alternativement la sphère inté-

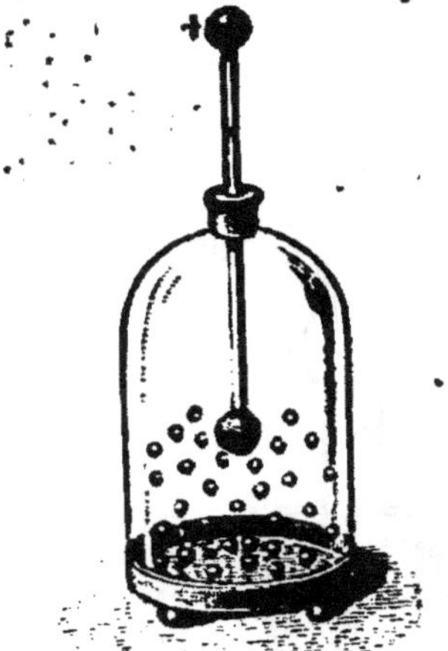

Fig. 164. — Grêle électrique.

rieure; le bruit que produisent ces chocs rappelle celui de *la grêle.*

QUESTIONNAIRE. — Qu'arrive-t-il quand on approche une sphère électrisée d'un cylindre métallique isolé ? — Donnez l'explication des phénomènes qu'on observé. — *Pourquoi la balle d'un pendule électrique est-elle attirée quand on en approche un corps électrisé? Pourquoi est-elle repoussée après le contact?* — De quoi se compose l'électroscope à feuilles d'or? A quoi sert-il ? — *Comment le charge-t-on de fluide positif, par exemple?*

Qu'est-ce que l'électrophore? — Comment s'en sert-on ? — Donnez-en la théorie. — Décrivez la machine de Ramsden, et expliquez-en la marche. — Qu'est-ce que l'électromètre de Henley ? — En quoi consiste l'expérience du carillon électrique et celle de la grêle électrique?

CHAPITRE III

CONDENSATION ÉLECTRIQUE

233. Condensateurs. — Les *condensateurs* ont pour but d'accumuler l'électricité à la surface des conducteurs en soumettant ceux-ci à l'influence d'autres conducteurs chargés d'électricité du nom contraire à celle que l'on veut condenser.

234. Condensateurs à plateaux. — Le *condensateur à plateaux* (fig. 165), appelé aussi *condensateur d'Æpinus*, se compose de deux plateaux conducteurs parallèles isolés A et B, pouvant se rapprocher ou s'éloigner, et séparés par une lame isolante C.

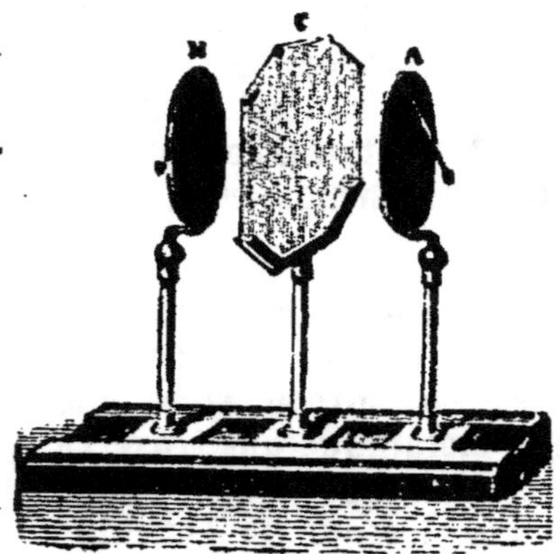

Fig. 165. — Condensateur à plateaux.

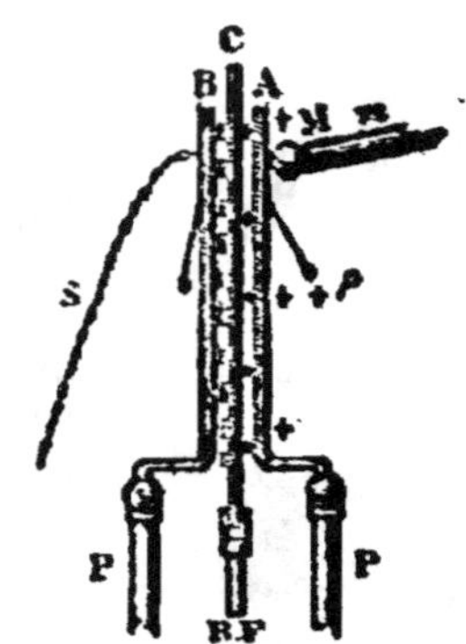

Fig. 166. — Charge du condensateur.

235. Charge des plateaux. — Le plateau A (fig. 166) étant seul en communication avec la machine, le pendule p accuse une électrisation positive. Si on approche le plateau B, en communication avec le sol par la chaîne S, le pendule p diverge davantage; il y a donc *augmentation* ou *condensation* d'électricité positive en A. Cette condensation provient de l'attraction que le fluide négatif de B exerce sur le fluide positif de A. La lame de verre permet de rapprocher les plateaux et d'éviter la production d'étincelles.

Si l'on isole le plateau A de la machine électrique, il reste chargé d'électricité positive; en isolant de même le plateau B du sol et en l'éloignant de A, il accuse une électrisation négative.

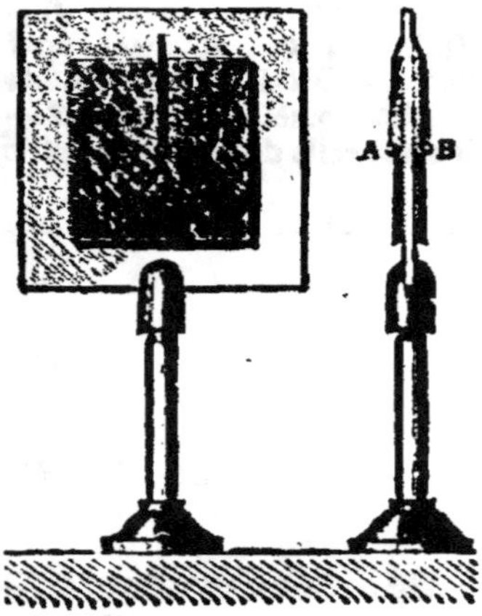

236. Condensateur à lame de verre. — Le *condensateur à lame de verre* n'est autre chose que le condensateur à plateaux légèrement simplifié. Pour le construire (fig. 167), on prend une lame de verre, et sur chacune de ses faces on colle une feuille métallique; ces feuilles remplacent les plateaux mobiles de l'appareil précédent. On lui donne encore le nom de *carreau fulminant*.

Fig. 167.
Condensateur à lame de verre.

237. Bouteille de Leyde. — La *bouteille de Leyde* est un condensateur à lame de verre auquel on a donné la forme d'une bouteille.

Elle se compose (fig. 168) d'un flacon de verre renfermant des feuilles de clinquant (*armature intérieure*). Une tige métallique T, traversant le bouchon, plonge dans ces feuilles. Le flacon est enveloppé, jusqu'aux ²/₃ de sa hauteur, par une feuille de papier d'étain B (*armature extérieure*).

Pour la charger, on la tient avec la main par l'armature extérieure (fig. 169) et on met l'armature intérieure en communication avec une source d'électricité. Les deux armatures se comportent alors comme les deux plateaux d'un condensateur.

Fig. 168.
Bouteille de Leyde.

238. **Décharge de la bouteille de Leyde.** — 1º *Décharge instantanée*. Pour décharger instantanément la bouteille, lors-

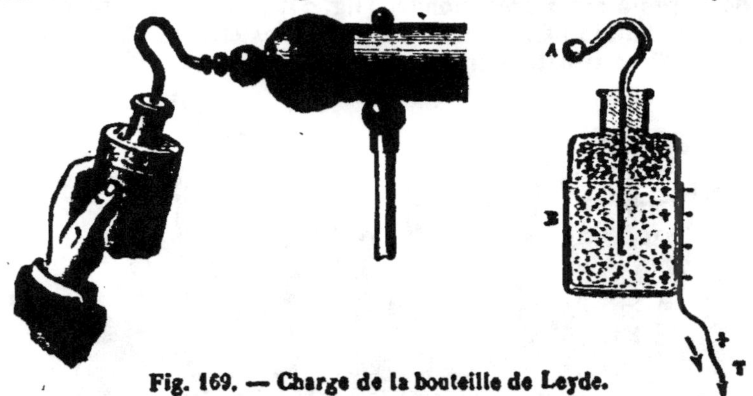

Fig. 169. — Charge de la bouteille de Leyde.

qu'elle est de faible dimension, il suffit de la prendre d'une main par la *panse* B et d'approcher l'autre main de la tige T.

Dans le cas d'une bouteille un peu forte, on met les armatures en communication à l'aide d'un *excitateur*, formé de deux tiges métalliques articulées (fig. 170).

2º *Décharges successives*. — Pour décharger la bouteille de Leyde par décharges successives, on touche

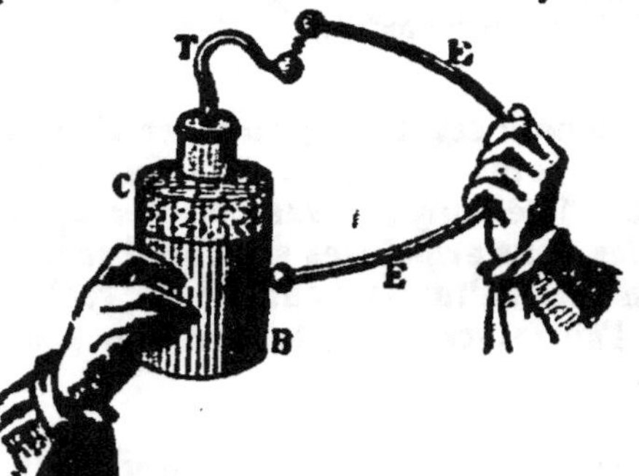

Fig. 170. — Décharge instantanée.

alternativement chacune des deux armatures.

On peut se servir aussi du petit appareil représenté par la
fig. 171; *d* et *e* sont deux timbres; le
pendule *p*, à balle métallique, est at-
tiré par le timbre *d*, puis repoussé
vers le timbre *e*, où il se décharge, et
le phénomène recommence.

**239. Bouteille de Leyde à armatures
mobiles.** — Quand on décharge une bouteille de Leyde au moyen de l'excitateur,
on constate qu'après la décharge elle peut
encore donner plusieurs étincelles (*charge
résiduelle*). Ces étincelles sont dues à ce
que le fluide électrique pénètre dans l'é-
paisseur de la lame de verre, et qu'il lui
faut un certain temps pour s'en dégager.
On constate ce fait au moyen de la bou-

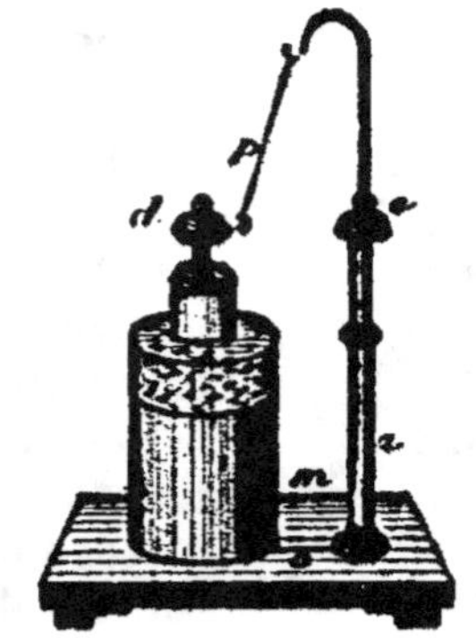

Fig. 171.
Appareil pour la décharge
successive.

teille de Leyde à armatures mobiles (fig. 172), qui se compose d'une
enveloppe métallique C, formant l'armature extérieure d'un vase en
verre S, et d'une armature intérieure D.

Fig. 172. — Bouteille à armatures mobiles.

Les armatures étant en place, comme il est indiqué en B, on charge
la bouteille, puis on la pose sur un corps isolant, et, avec la main,
on enlève successivement l'armature intérieure, le vase en verre, et
on touche l'armature extérieure; les deux armatures sont ainsi rame-
nées à l'état neutre. Si ensuite on reconstitue la bouteille en repla-
çant les trois pièces l'une dans l'autre, on constate que l'on peut
encore en tirer une étincelle assez forte.

240. Batterie électrique. — Pour construire une batterie, on
réunit de grosses bouteilles de Leyde, ou *jarres* (fig. 173), de
manière que leurs armatures de même nom soient en contact.
Pour cela, on les dispose dans une caisse doublée intérieure-

ment d'une feuille métallique qui réunit les armatures externes et communique avec la poignée de la caisse T; des tiges métalliques C réunissent les armatures internes.

La décharge d'une batterie produit une étincelle puissante.

Fig. 173. — Batterie électrique.

241. Électromètre condensateur ou électroscope de Volta.
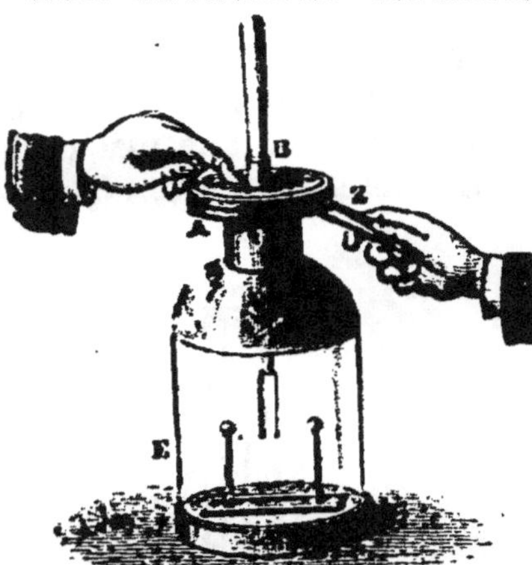

Fig. 174. — Électroscope condensateur.

(fig. 174). — *L'électromètre condensateur* est formé d'un électroscope à feuilles d'or, surmonté d'un plateau métallique A, sur lequel s'applique un deuxième plateau conducteur B, portant un manche de verre. Les plateaux sont séparés par une mince couche de gomme laque, posée sur le plateau A. Cet appareil sert à étudier les sources électriques très faibles. Pour cet effet, on met la source Z, par exemple, en communication avec le plateau A; le plateau B, communiquant avec le sol, joue le rôle de condensateur; on enlève ensuite le doigt, puis la source, et enfin le plateau; les feuilles d'or accusent s'il y a électrisation; on détermine la nature de l'électricité comme au n° 229.

CHAPITRE IV

DÉCHARGES ÉLECTRIQUES

I. Effets des décharges électriques.

242. Effets physiologiques. — Lorsqu'une décharge électrique traverse les organes des animaux, les muscles sont brusquement contractés, ce qui produit une sensation pénible; la décharge étant rapide, il en résulte une excitation appelée *commotion électrique*. On peut atténuer l'effet de la commotion électrique en formant une chaîne de plusieurs personnes se tenant par la main.

La foudre n'est autre chose qu'une décharge électrique puissante.

243. Effets mécaniques. — Les substances traversées par les décharges électriques sont généralement brisées ou percées, et projetées à distance; c'est ainsi que l'on perce une plaque de verre (*perce-verre,* fig. 175), ou une feuille de carton (*perce-*

Fig. 175. — Perce-verre.

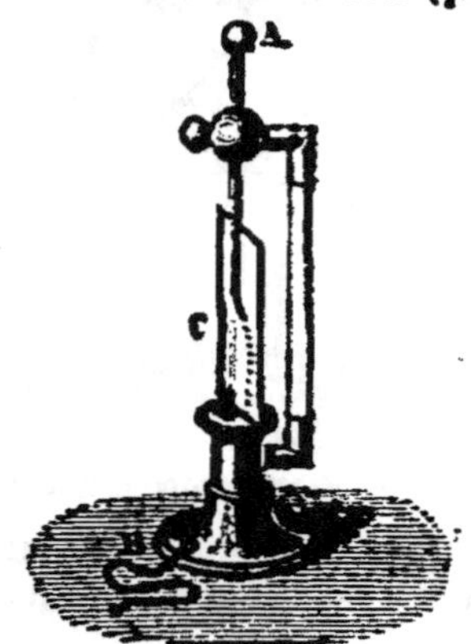

Fig. 176. — Perce-carte.

carte (fig. 176), en disposant ces objets entre deux pointes métalliques où l'on fait jaillir l'étincelle électrique.

244. Effets lumineux. — Les décharges électriques qui ont lieu dans un gaz raréfié produisent des lueurs de teintes variées;

on le constate au moyen de l'*œuf électrique* (fig. 177) ou des tubes de *Geissler* (fig. 178).

Si l'on dispose sur une feuille de verre une série de bandes

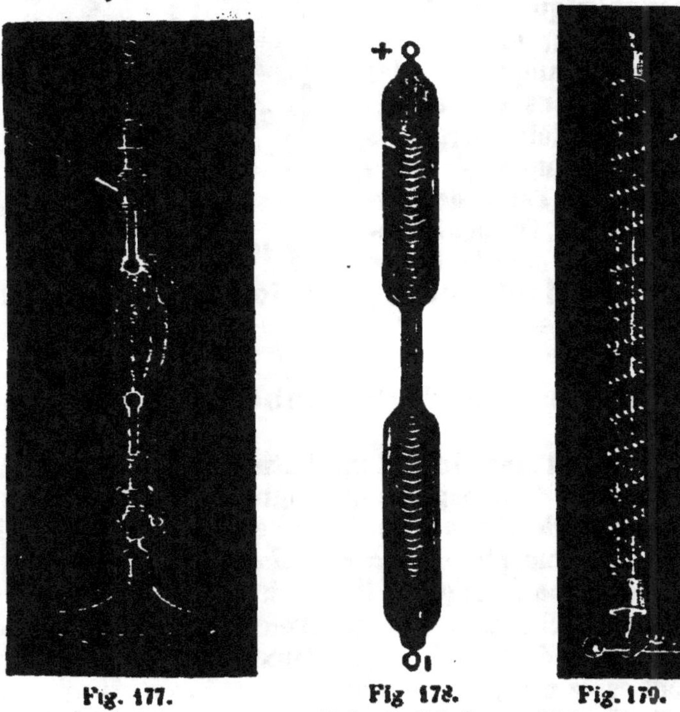

Fig. 177.
Œuf électrique.

Fig. 178.
Tube de Geiss'er.

Fig. 179.
Tube étincelant.

métalliques laissant de petits espaces entre elles, et que l'on fasse communiquer la première et la dernière respectivement avec les armatures d'une bouteille de Leyde, on obtient des étincelles entre chaque bande; c'est ce qu'on réalise dans le *tube étincelant* (fig. 179) et dans le *carreau étincelant.*

Fig. 180. — Inflammation de l'éther.

248. Effets calorifiques. — L'étincelle électrique peut enflammer les substances volatiles, par exemple l'éther (fig. 180). Lorsque la décharge traverse des feuilles métalliques très minces, elle peut les vola-

tiliser et fixer les particules métalliques sur les objets en contact; c'est ce que l'on obtient dans l'expérience du *portrait de
Franklin.*

246. Effets chimiques. — L'étincelle électrique peut exciter certaines actions chimiques, telles
que les combinaisons ou les décompositions de certains corps; on
s'en sert, par exemple, dans la
synthèse de l'eau à l'aide de l'*eudiomètre à mercure.* On peut donner à cette expérience la forme

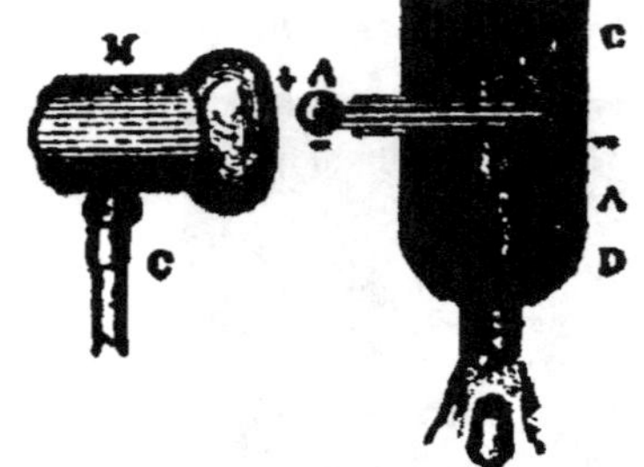

Fig. 181. — Pistolet de Volta.

qu'indique la fig. 181; l'appareil prend alors le nom de *pistolet
de Volta.*

II. Électricité atmosphérique.

247. Présence de l'électricité dans l'atmosphère. — Lorsque
le temps est serein, l'atmosphère est chargée d'électricité positive et le sol d'électricité négative. C'est ce que vérifia Franklin
en lançant dans l'atmosphère un *cerf-volant,* qu'il retenait par
une corde conductrice de laquelle il tira des étincelles.

Les nuages sont chargés, les uns d'électricité positive, les
autres d'électricité négative. Lorsque deux nuages, ou un nuage
et le sol, sont assez près, il se produit une décharge brusque que
l'on appelle *foudre;* l'étincelle prend le nom d'*éclair* (12 à 20 km.),
et le bruit celui de *tonnerre.* Les roulements que l'on entend
proviennent des réflexions que le bruit principal subit, soit sur
les nuages environnants, soit sur le sol.

248. Choc en retour. — Les objets qui sont à proximité d'un
nuage fortement électrisé sont eux-mêmes électrisés par influence.
Lorsque le nuage repasse à l'état neutre, par suite d'une décharge
brusque, ces objets reviennent aussi à l'état neutre; c'est ce qu'on
appelle le *choc en retour,* qui produit quelquefois des accidents aussi
graves que la décharge directe.

Les effets de la foudre sont de même nature que ceux des décharges
électriques, mais ils ont une intensité incomparablement plus grande.

249. Paratonnerre. — Le *pouvoir des pointes* fut utilisé par
Dalibard en 1732, sur les indications de Franklin. A l'aide d'une
longue tige métallique isolée, il put recueillir le fluide atmosphérique et le combiner avec le fluide terrestre.

Les *paratonnerres* sont des appareils qui protègent les édifices contre la foudre, soit en neutralisant l'électricité des nuages orageux, soit en excitant les décharges électriques en des points prévus.

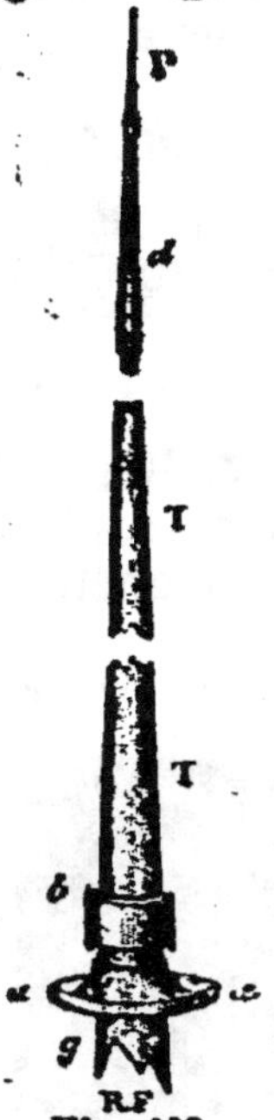

Le *paratonnerre* (fig. 182) comprend une longue tige de fer TT, terminée par une pointe de cuivre dorée P. Cette tige communique avec le sol par une tringle ou un câble métallique qui s'enfonce dans le sol de manière à être en contact avec une nappe d'eau, si c'est possible; sinon on entoure la partie terminale d'une grande quantité de braise de boulanger. On la relie par des tiges conductrices aux principales pièces métalliques de l'édifice.

Quand un nuage orageux passe à proximité du paratonnerre, l'électricité du sol s'écoule par la pointe (*aigrette*) et neutralise celles des nuages environnants. Si l'écoulement est insuffisant, la pointe provoque les décharges et garantit de la foudre les objets avoisinants.

On admet que l'appareil protège contre la foudre les objets situés dans un cercle dont son pied est le centre, et dont le rayon est double de la hauteur de la tige.

Fig. 182.
Tige de paratonnerre.

QUESTIONNAIRE. — Quel est l'effet d'une décharge électrique à travers les muscles ? — Comment fait-on l'expérience du perce-carte et du perce-verre ? — Qu'est-ce que le tube étincelant ? — Quels effets calorifiques peut produire une décharge électrique ?

Existe-t-il de l'électricité dans l'atmosphère ? — A quoi est dû l'éclair ? — Qu'est-ce qui produit le roulement du tonnerre ? — *Qu'appelle-t-on choc en retour ?* — Qu'est-ce qu'un paratonnerre ? — Que comprend-il?

CHAPITRE V

MAGNÉTISME

280. Aimants. — On nomme *aimants* des corps qui ont la propriété d'attirer certains métaux, comme le fer, le nickel, le cobalt, le chrome. Ces métaux sont appelés *substances magnétiques*.

La *pierre d'aimant* ou *aimant naturel* est l'oxyde magnétique ou oxyde salin de fer Fe^3O^4, que l'on rencontre dans la nature. Les *aimants artificiels* sont des barreaux d'acier auxquels on a communiqué les propriétés des aimants naturels.

Lorsqu'on plonge un barreau aimanté dans la limaille de fer, on voit que l'action magnétique

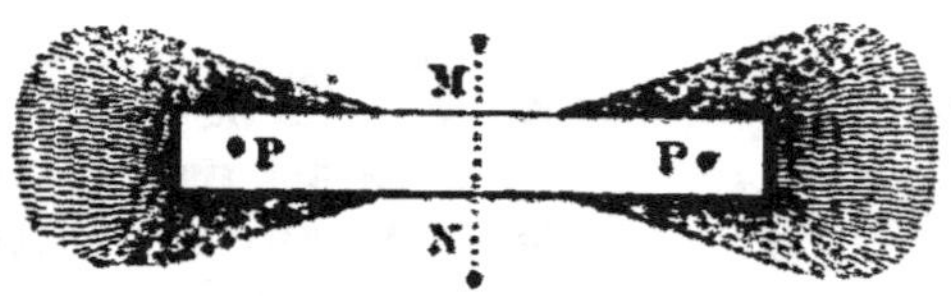

Fig. 283. — Action des pôles d'un aimant.

se manifeste surtout en deux points, près des extrémités P du barreau (fig. 183); ce sont les *deux pôles* de l'aimant. La ligne moyenne MN est neutre, c'est-à-dire sans action magnétique.

L'action magnétique peut s'exercer à distance et à travers les corps. Si l'on place un aimant sous une feuille de papier, par exemple, et que l'on saupoudre cette feuille de limaille de fer, on voit la poussière métallique s'orienter sous l'action de l'aimant et former des lignes courbes dont l'ensemble constitue le *spectre magnétique* (fig. 184).

Lorsqu'on brise un aimant, chaque morceau de

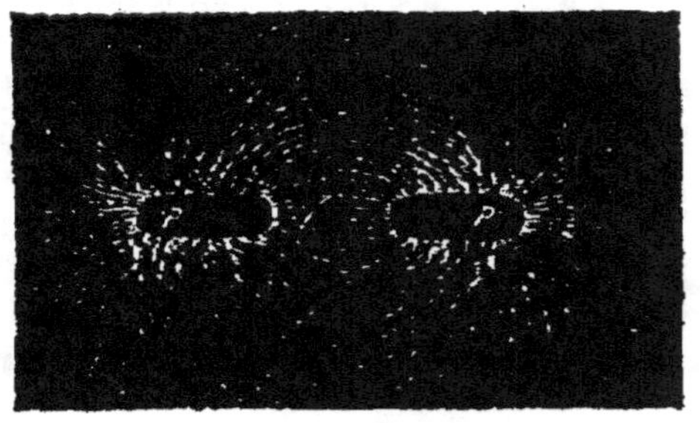

Fig. 184. — Spectre magnétique.

vient un aimant complet à deux pôles. Ainsi, en brisant une aiguille à tricoter aimantée, on obtient de petits aimants complets, c'est-à-dire ayant chacun deux pôles.

251. Aiguille aimantée. — Une aiguille aimantée (fig. 185), suspendue par son milieu au mobile sur un pivot, s'oriente dans une direction constante qui est à peu près la direction nord-sud.

Le pôle qui se dirige vers le nord prend le nom de *pôle nord;* l'autre, celui de *pôle sud.*

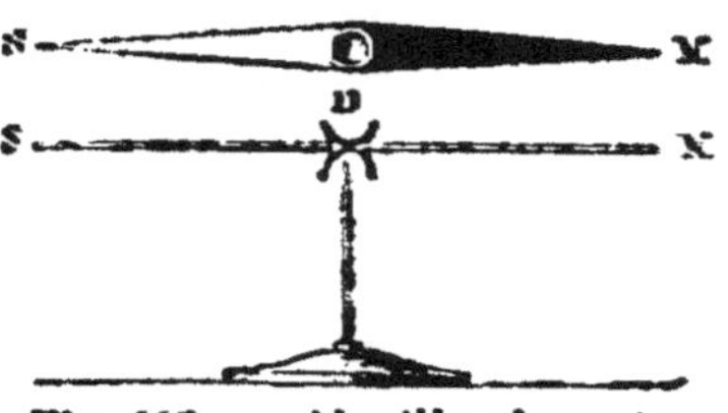

Fig. 185. — Aiguille aimantée.

252. Attractions et répulsions magnétiques. — Soient N et N' S et S' (fig. 186), les pôles de même nom de deux aiguilles aimantées. L'expérience montre que S' exerce une *répulsion* sur S. Au contraire, si l'on met en présence les pôles N et S', on observe une *attraction*.

Fig. 186. — Nature différente des pôles.

On peut donc énoncer la loi suivante : *Deux pôles de même nom se repoussent ; deux pôles de nom contraire s'attirent.*

253. Aimant terrestre. — Quand on place une aiguille aimantée mobile au-dessus d'un aimant fixe NS (fig. 187), l'aiguille tend à prendre la direction du premier, de manière que leurs pôles de noms contraires coïncident.

On explique alors l'orientation de l'aiguille aimantée sous l'action de la terre en considérant celle-ci comme un vaste aimant, dont les pôles (*pôles magnétiques*) diffèrent peu des pôles géographiques. Alors si nous appelons *austral* le pôle magnétique terrestre qui est au sud, le pôle d'un aimant mobile qui se dirige vers le sud sera de nom contraire ; on l'appellera pôle boréal. Pour un aimant, *pôle boréal* ou *pôle sud* sont synonymes ; *pôle austral* ou *pôle nord* désignent l'extrémité de l'aimant qui se dirige vers le nord.

Fig. 187. — Orientation d'une aiguille aimantée dans le plan d'un aimant.

254. Aimantation par influence. — Un barreau d'acier aimanté, placé sur le prolongement d'un barreau de fer doux, développe par influence dans celui-ci une aimantation temporaire. A l'aide d'un aimant et de morceaux de fer doux, on peut former des chaînes d'aimants temporaires (fig. 188).

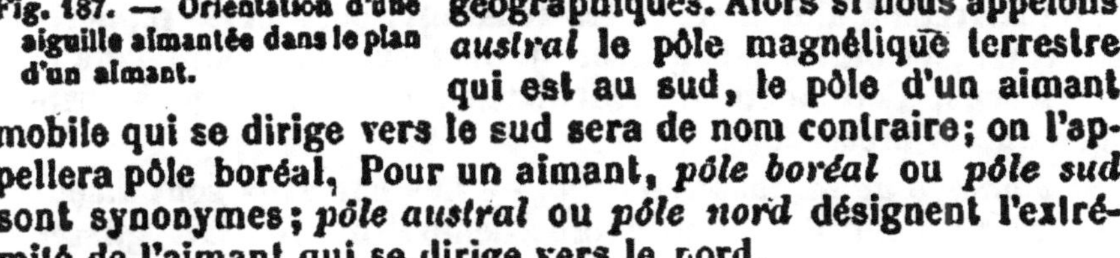

Le fer doux est du fer d'une grande pureté qui peut s'aimanter et perdre son aimantation très rapidement.

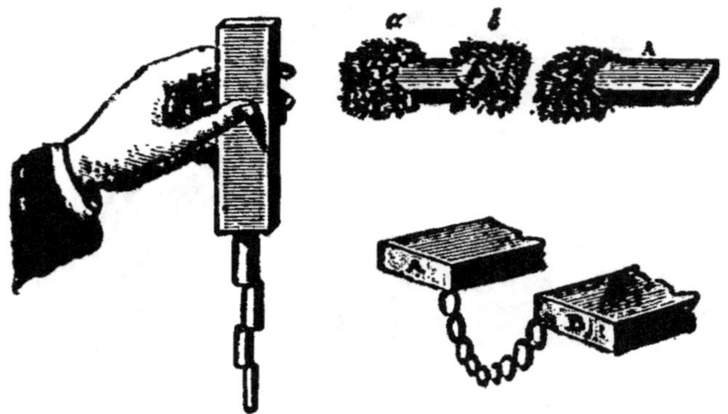

Fig. 188. — Aimantation du fer doux par influence.

255 .Procédés d'aimantation. — 1° *Méthode de la simple touche.* — On frotte toujours dans le même sens une aiguille ou un barreau d'acier, avec l'extrémité d'un barreau aimanté; on obtient ainsi une aimantation peu énergique.

2° *Méthode de la touche séparée.* (fig. 189). — N et N', M et M' étant des barreaux aimantés, ces deux derniers séparés par une pièce de bois L et ayant leurs pôles de nom con-traire en regard, et les barreaux N et N' étant placés comme l'indique la figure, les pôles de nom contraire en contact,

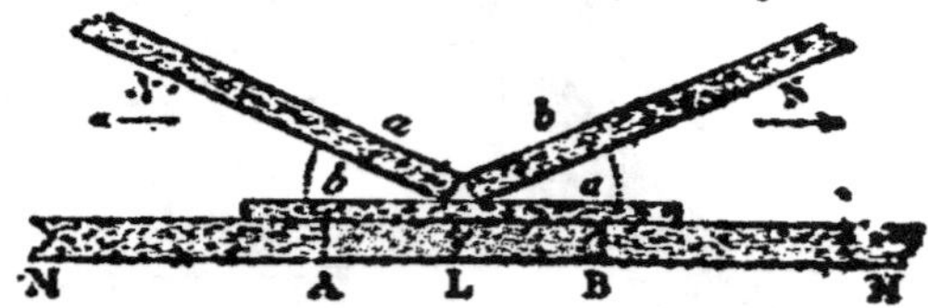

Fig. 189. — Aimantation.

on fait glisser les barreaux N et N' du milieu vers les extrémi-tés du barreau à aimanter, en les séparant; puis on les rapporte au centre, et on les fait glisser de nouveau, toujours dans le même sens. Cette méthode fournit une aimantation plus éner-gique que la précédente.

3° *Méthode de la double touche.* — Les barreaux sont dispo-sés comme pour l'expérience précédente; on les fait glisser ensemble sans les séparer, de droite à gauche, puis de gauche à droite, et cela pendant un certain temps.

4° *Aimantation par les courants* (n° 280).

256. Forme des aimants. — On donne souvent aux aimants la forme d'un fer à cheval. Une armature de fer doux réunit les deux pôles et sert à suspendre les corps que l'aimant doit supporter.

10

L'aimant Jamin est constitué par un faisceau de lames aimantées réunies par une armature (fig. 190).

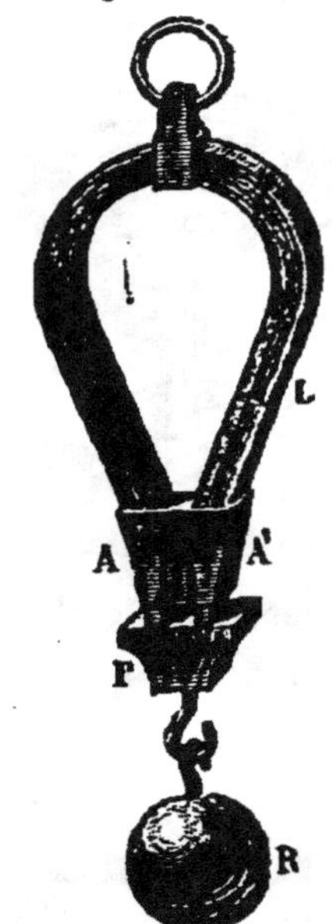

Fig. 190.
Aimant en fer à cheval (Jamin).

Fig. 191.
Déclinaison magnétique.

257. Boussoles. — Les *boussoles* sont des instruments qui déterminent une direction constante, *nord-sud magnétique;* elles ont pour principe l'action directrice du magnétisme terrestre sur l'aiguille aimantée. Elles comprennent une aiguille aimantée mobile autour d'un pivot.

258. Déclinaison. — On appelle *déclinaison* d'un lieu l'angle que font entre eux les méridiens géographique et magnétique de ce lieu (fig. 191). La déclinaison varie d'un lieu à un autre, et dans un même lieu d'un temps à un autre.

Elle est orientale lorsque le nord magnétique se trouve à droite du nord géographique, et occidentale dans le cas contraire. En 1887, la déclinaison à Paris était occidentale et égale à environ 16°.

On obtient la déclinaison au moyen de la *boussole* de déclinaison, formée d'une aiguille aimantée (fig. 192), mobile autour d'un pivot vertical; une lunette LL′ permet de diriger la *ligne de foi* de l'appareil suivant le nord-sud géographique; l'angle que fait cette direction avec l'aiguille donne la valeur de la déclinaison.

La *boussole marine* ou *compas de mer* est une boussole de déclinaison suspendue de manière à rester toujours horizontale ; son cercle

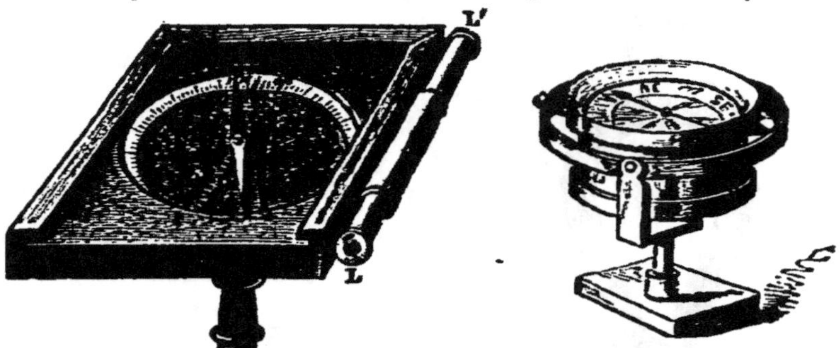

Fig. 192. — Boussole de déclinaison.   Fig. 193. — Boussole marine.

est divisé en degrés et porte de plus une *rose des vents* (fig. 193). Elle sert à la direction des navires.

259. Inclinaison. — On appelle *angle d'inclinaison* le plus petit angle que fait l'aiguille aimantée mobile dans le plan du méridien magnétique, avec l'horizontale menée par son centre. On obtient l'angle d'inclinaison à l'aide de la boussole d'inclinaison, formée d'une aiguille aimantée (fig. 194), mobile autour d'un axe horizontal. On place l'appareil de manière que l'aiguille soit mobile dans le plan vertical du méridien magnétique du lieu.

L'inclinaison varie d'un lieu à un autre ; elle vaut 90° au pôle magnétique et 0° à l'équateur magnétique ; à Paris elle égalait environ 65° en 1887.

Fig. 194. — Boussole d'inclinaison.

VV', cercle vertical au centre duquel se trouve l'axe horizontal de l'aiguille ; HH', cercle horizontal fixé sur son pied A.

QUESTIONNAIRE. — Qu'appelle-t-on aimants et substances magnétiques ? — Qu'observe-t-on quand on plonge un aimant dans la limaille de fer ? — *Comment se fait l'expérience du sceptre magnétique ?* — Comment s'oriente l'aiguille aimantée ? — Quelle est la loi des attractions et des répulsions magnétiques ? — Comment explique-t-on l'orientation des aimants sous l'action de la terre ? — Qu'est-ce que du fer doux ? — Décrivez les différents procédés d'aimantation. — Quelle forme donne-t-on aux aimants ? — Qu'est-ce qu'une boussole ? — Qu'est-ce que la déclinaison et l'inclinaison ? — *Comment les obtient-on l'une et l'autre ?*

SIXIÈME PARTIE

ÉLECTRICITÉ DYNAMIQUE

CHAPITRE I

PILES ÉLECTRIQUES

260. Expérience de Galvani. — Galvani, professeur à l'université de Bologne, fut le premier qui découvrit l'existence de l'électricité dynamique. L'expérience qui le conduisit à cette découverte peut se répéter de la manière suivante. On prend les membres postérieurs d'une grenouille, préalablement dépouillés de leur peau, et à l'aide d'un arc métallique, formé d'une tige de cuivre et d'une tige de zinc, on touche avec l'extrémité du cuivre les nerfs lombaires de l'animal (fig. 195), puis on approche le zinc des muscles de la jambe; on constate, à chaque contact, une contraction vive des muscles de la cuisse.

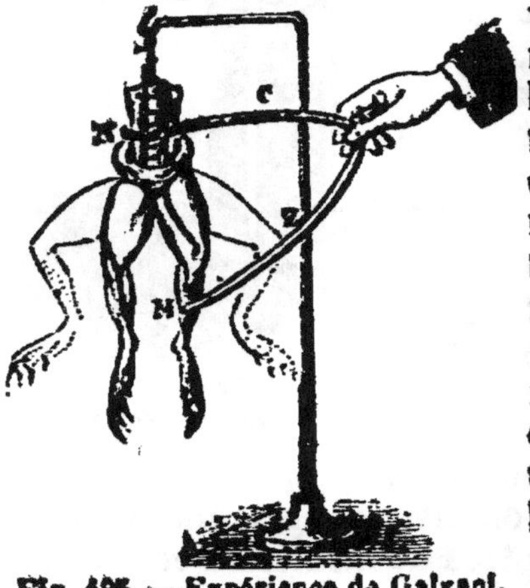

Fig. 195. — Expérience de Galvani.

261. Source chimique d'électricité. — Lorsqu'on plonge dans un acide un métal attaquable par cet acide, une lame de zinc, par exemple, le métal se charge d'électricité négative et le liquide d'électricité positive.

262. Piles. — Les *piles* sont des appareils qui permettent d'utiliser les courants électriques qui se produisent dans les actions chimiques.

263. Pile de Volta. — La première pile est due à Volta. En soudant ensemble un disque de cuivre et un disque de zinc, on obtient un *couple voltaïque.*

On superpose un certain nombre de ces couples en les séparant par des rondelles de drap, imbibées d'eau acidulée. Alors, si l'on réunit le dernier zinc au premier cuivre par un fil métallique (réophore), ce fil est parcouru par un *courant électrique.* On admet que le courant va, à l'extérieur de la pile, du *pôle positif* au *pôle négatif;* le pôle négatif est toujours formé par le métal qui est attaqué (zinc).

On peut constater l'existence du courant en approchant une aiguille aimantée, mobile sur un pivot, du fil métallique qui réunit les deux pôles de la pile. On voit aussitôt l'aiguille dévier de sa direction nord-sud.

Le dernier zinc et le premier cuivre peuvent être supprimés, car ils ne servent que de conducteurs, n'étant pas en contact avec le liquide excitateur.

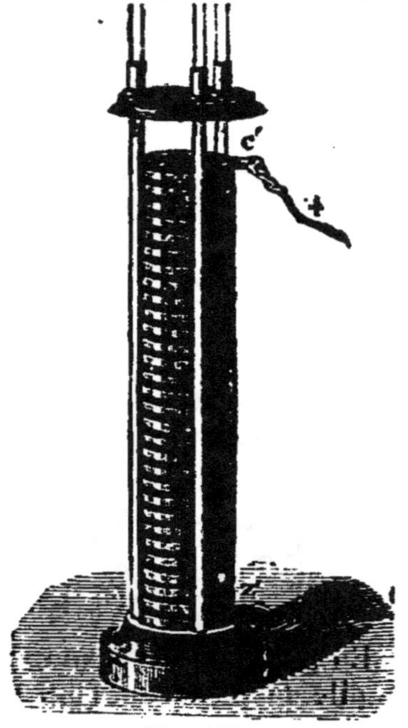

Fig. 196.
Pile à colonne, de Volta.

La *tension* du courant est sensiblement proportionnelle au nombre de couples; c'est pourquoi on dispose un grand nombre de disques les uns au-dessus des autres de manière à en former une *pile.*

La *pile à auge* est une modification de la pile de Volta; les couples voltaïques, au lieu d'être disposés verticalement, sont groupés dans une caisse horizontale.

Remarque. — Dans toutes les piles on amalgame le zinc; ainsi préparé, il n'est attaqué par l'acide sulfurique que lorsque le circuit est fermé.

Le zinc amalgamé est du zinc recouvert d'une couche de mercure.

264. Pile de Wollaston. — Un élément de Wollaston se compose d'une lame de cuivre C (fig. 197) repliée sur elle-même de manière à entourer sans la toucher une lame de zinc Z. Le tout est plongé dans un vase V contenant de l'eau acidulée.

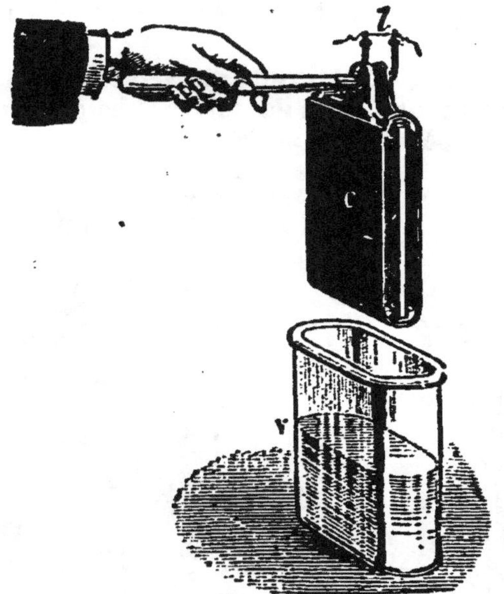

Fig. 197. — Élément Wollaston.

En réunissant ensemble plusieurs de ces éléments, on obtient la pile de Wollaston (fig. 198).

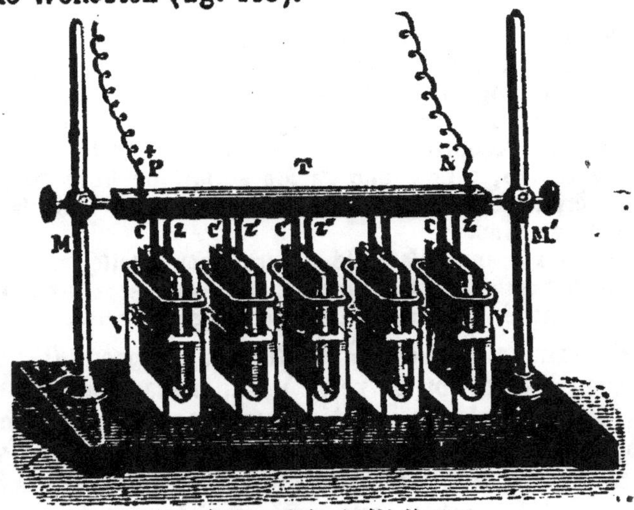

Fig. 198. — Pile de Wollaston.

265. Pile de Daniell. — La *pile de Daniell* (fig. 199) comprend :

1º Un vase extérieur V, contenant de l'acide sulfurique étendu dans lequel plonge une lame de zinc Z; c'est le pôle négatif de la pile.

2º Un vase poreux P, dans lequel on verse une dissolution de sulfate de cuivre; une lame de cuivre C baigne dans cette dissolution; c'est le pôle positif de la pile.

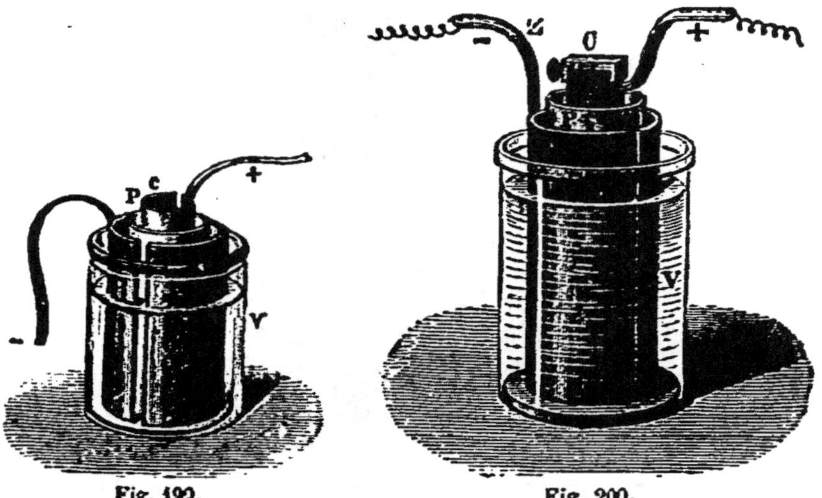

Fig. 199.
Élément de pile de Daniell.

Fig. 200.
Pile de Bunsen.

Lorsqu'on *ferme le circuit*, c'est-à-dire que l'on réunit les pôles par un fil métallique, l'acide sulfurique attaque le zinc et forme du sulfate de zinc: l'hydrogène résultant de la décomposition de l'eau traverse le vase poreux, prend de l'oxygène au sulfate de cuivre pour régénérer l'eau décomposée; le métal mis en liberté se dépose sur la lame de cuivre, tandis que l'acide sulfurique libre se porte dans le vase extérieur et remplace celui qui a disparu dans la formation du sulfate de zinc.

La pile s'appauvrit en sulfate de cuivre; pour cette raison, et aussi par suite des *courants secondaires*, qui s'opposent au courant principal, son intensité diminue: on dit qu'elle se *polarise*.

266. Pile de Bunsen. — La *pile de Bunsen* comprend (fig. 200) un vase extérieur en grès ou en verre V, renfermant un mélange, au dizième d'acide sulfurique et d'eau, dans lequel plonge un cylindre Z de zinc amalgamé; au centre se trouve un vase poreux P, contenant de l'acide azotique et un prisme de charbon de cornue C: le charbon joue seulement le rôle de conducteur et constitue le pôle positif de la pile.

Lorsque le circuit est fermé, le zinc en présence de l'acide sulfurique décompose l'eau et forme du sulfate de zinc; l'hydrogène se porte sur l'acide azotique pour former de l'eau et des produits azotés moins riches en oxygène, qui se dissolvent en partie dans le liquide (émanations d'acide hypoazotique). Cette pile est très énergique; mais elle est moins constante que la précédente, à cause de la disparition rapide de l'acide sulfurique.

267. Pile au bichromate de potasse (fig. 201). — La pile au bichromate de potasse comprend un vase en forme de bouteille, renfermant une dissolution de bichromate de potasse additionnée d'acide sulfurique; des lames de charbon C, C, et une lame de zinc Z plongent dans la dissolution.

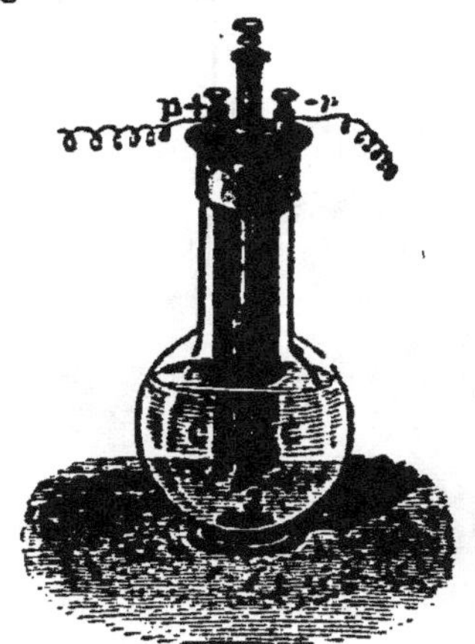
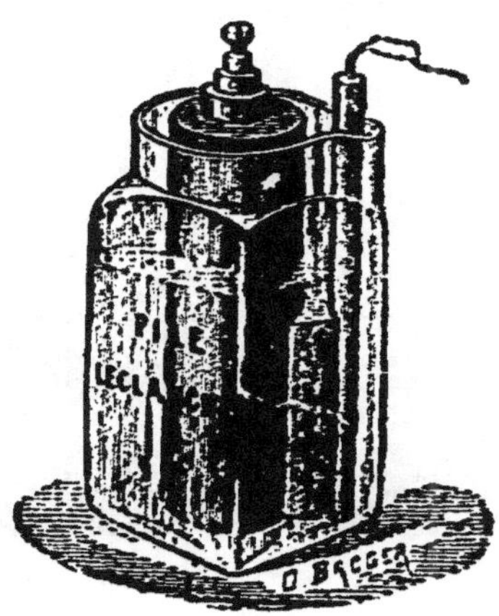

Fig. 201. — Pile au bichromate.   Fig. 202. — Pile Leclanché.

268. Pile Leclanché (fig. 202). — Le pôle négatif de la *pile Leclanché* est formé par un petit cylindre de zinc plongeant dans une dissolution de chlorhydrate d'ammoniaque. Le charbon du pôle positif est entouré d'un mélange de bioxyde de manganèse et de charbon.

Cette pile est constante et de longue durée; elle est généralement employée dans les télégraphes, les téléphones, les sonneries électriques.

269. Association des éléments des piles. — Suivant les effets que l'on veut obtenir, on groupe les éléments des piles par leurs pôles de même nom, *association en batterie*, ou par leurs pôles de nom contraire, *association en série*.

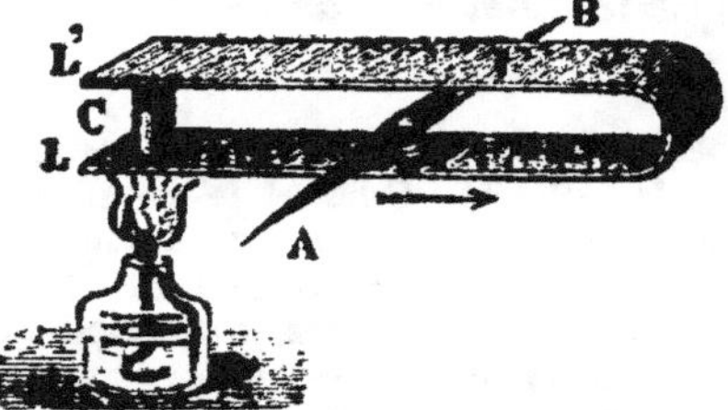

Fig. 203. — Expérience de Seebeck.

270. Piles thermo-électriques. — Les *piles thermo-électriques* sont des piles dont le courant est dû, non à une action chimique, mais à l'inégal échauffement des soudures de métaux différents.

L'expérience de Seebeck (fig. 203) montre qu'en effet, si on prend une lame de cuivre LL' soudée à un petit cylindre de bismuth C, et que l'on chauffe l'une des soudures, il se produit un courant capable de faire dévier une aiguille aimantée AB. On constate que le courant va du bismuth au cuivre en traversant la soudure chaude, et que son intensité est proportionnelle à la différence de température des deux soudures.

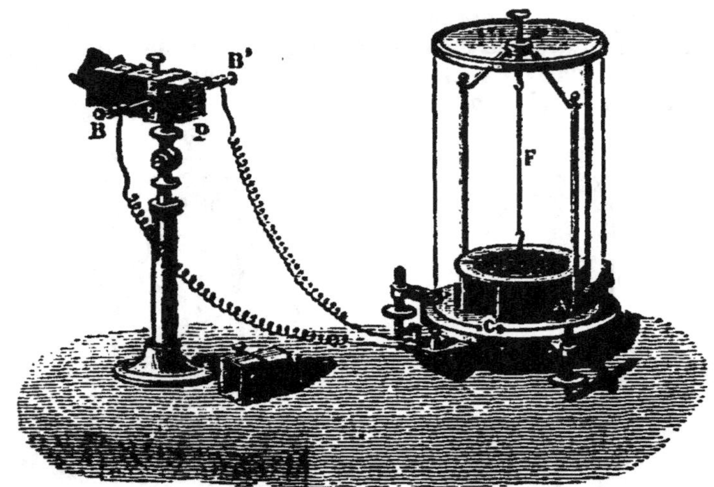

Fig. 204. — Pile de Melloni.

La pile de Melloni (fig. 204) est formée d'une suite de petits barreaux d'antimoine et de bismuth, alternant les uns avec les autres, soudés par leurs extrémités, et repliés sur eux-mêmes de manière à former un prisme dans lequel toutes les soudures de rang pair forment l'une des bases, et les soudures de rang impair la base opposée. Les extrémités de la pile aboutissent à deux bornes B et B' qui sont les deux pôles de la pile.

Il se produit un courant quand ces deux faces sont à des températures différentes.

Les courants thermo-électriques sont toujours faibles, mais conservent une intensité constante, tant que la différence de température reste elle-même constante.

QUESTIONNAIRE. — En quoi consiste l'expérience de Galvani? — Qu'appelle-t-on piles? — Comment construit-on une pile de Volta? — Quel est le métal qui forme le pôle négatif de chaque couple? — Pourquoi prend-on un grand nombre de couples? — Qu'est-ce que le zinc amalgamé? Quel avantage présente-t-il dans les piles? — De quoi se compose la pile à auge? — Donnez la description d'un élément des piles de Wollaston, de Daniell et de Bunsen. — *Indiquez pour chacune d'elles les réactions chimiques qui se produisent.* — *Comment est construite la pile au bichromate de potasse? la pile Leclanché?*

A quoi est dû le courant dans les piles thermo-électriques? — *Comment répète-t-on l'expérience de Seebeck?* — *Donnez la description de la pile de Melloni.*

CHAPITRE II

PRINCIPAUX EFFETS DES COURANTS

271. Effets caloriques et lumineux. — Si l'on introduit dans le circuit un fil métallique très fin, ce fil s'échauffe, rougit, peut être fondu et même volatilisé.

Arc voltaïque. — Si l'on termine les réophores d'une pile puissante par deux crayons de charbon de cornue A et B (fig. 205) que l'on rapproche, on voit aux parties en contact jaillir une lumière éblouissante; si l'on éloigne un peu les charbons, le courant continue à passer en produisant un arc appelé *arc voltaïque.*

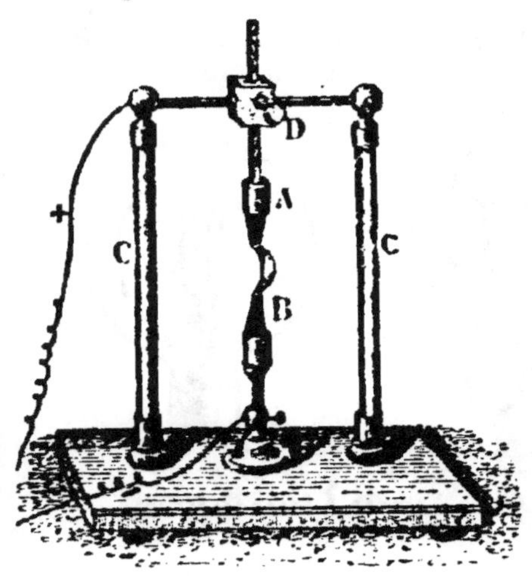

Fig. 205.
Arc voltaïque.

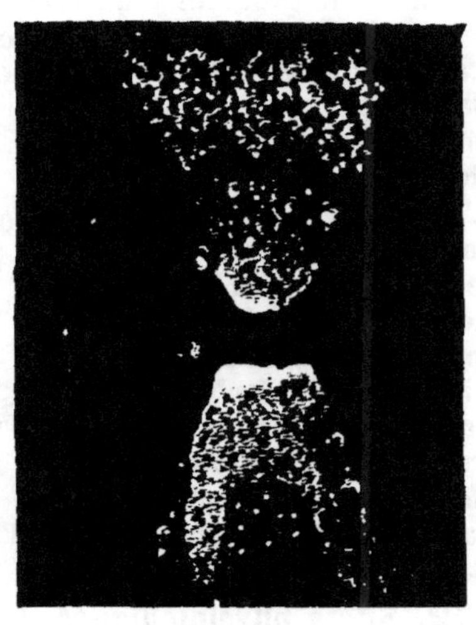

Fig. 206.
Charbons de l'arc voltaïque (grossis).

Cet arc est à la fois très chaud et très éclairant; c'est le mode le plus économique d'éclairage électrique. Cependant il a les inconvénients de fournir un foyer trop puissant pour les usages ordinaires, de produire de l'acide carbonique par la combustion du charbon, et surtout d'exiger un régulateur coûteux et peu constant.

Les *régulateurs* sont des appareils qui servent à maintenir les extrémités des deux charbons à une distance convenable; car, à mesure qu'ils s'usent, l'intervalle qui les sépare augmente, et il arriverait un moment où le courant cesserait de passer.

On utilise l'arc voltaïque dans les *bougies. Jablochkoff* (fig. 207). Ces bougies sont formées de deux crayons de charbon séparés par une lame de plâtre; l'arc voltaïque jaillit entre leurs extrémités et volatilise le plâtre à mesure que les charbons s'usent. Pour rendre la lumière plus douce, on place l'arc voltaïque dans un globe de verre dépoli.

Les bougies Jablochkoff ont l'avantage de ne pas exiger l'emploi de régulateurs.

Lampes à incandescence. — Les lampes à incandescence mettent à profit l'échauffement produit par un courant traversant un fil fin introduit dans le circuit (fig. 208).

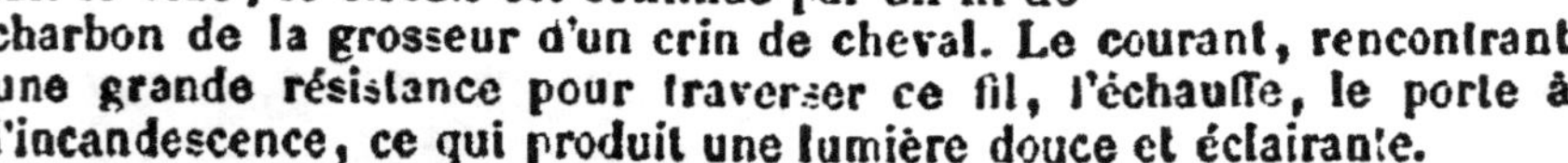

Fig. 207.
Bougie Jablochkoff.

La *lampe Edison* comprend un circuit qui pénètre dans un globe de verre fermé où l'on a fait le vide; le circuit est continué par un fil de charbon de la grosseur d'un crin de cheval. Le courant, rencontrant une grande résistance pour traverser ce fil, l'échauffe, le porte à l'incandescence, ce qui produit une lumière douce et éclairante.

Dans ces appareils, la combustion est impossible faute d'oxygène.

L'éclairage par les lampes à incandescence a l'avantage de donner une lumière douce et régulière, et de ne pas produire d'acide carbonique, puisqu'il n'y a pas de combustion. Il est d'ailleurs plus facile de multiplier les foyers lumineux que dans le cas de l'éclairage par l'arc voltaïque.

Fig. 208. — Lampes à incandescence.

272. Effets physiologiques des courants. — Lorsqu'on met les pôles d'une pile en communication avec les muscles d'un animal, on observe une contraction à la fermeture du circuit ainsi qu'à son ouverture.

273. Effets chimiques. — Lorsqu'on oblige un courant assez intense à traverser un composé chimique, il y a généralement décomposition du corps. On nomme *électrolyse* l'analyse des corps par les courants.

Les effets de décomposition se produisent toujours au contact des surfaces métalliques qui terminent les réophores de la pile, et que l'on appelle *électrodes*.

Parmi les produits de l'électrolyse, on nomme *électro-positifs* ceux qui se rendent à l'électrode négative, et *électro-négatifs* ceux qui vont à l'électrode positive.

274. GALVANOPLASTIE. — La *galvanoplastie* a pour but de déposer des couches métalliques à la surface des corps, en précipitant les métaux de leurs dissolutions salines à l'aide d'un faible courant électrique.

Si la pièce à recouvrir est métallique, il suffit de la nettoyer; on procède de la manière suivante :

On chauffe la pièce à la flamme, puis on la plonge d'abord dans de l'eau aiguisée d'acide sulfurique, puis, pendant quelques secondes, dans l'acide azotique faible, et ensuite dans l'acide concentré; puis on la rince à l'eau pure. Alors on suspend l'objet au pôle négatif d'une pile dont l'autre électrode est formée par une lame du métal à déposer (fig. 209). Les électrodes sont plongées dans une dissolution de sulfate de cuivre pour le cuivrage, de cyanure double d'or et de potassium pour la dorure, d'argent et de potassium pour l'argenture, de sulfate double de nickel et d'ammoniaque pour le nickelage.

Si l'objet n'est pas métallique, il faut le rendre conducteur; pour métalliser un objet non conducteur : pierre, bois, plâtre, on le recouvre de plombagine, puis on procède comme ci-dessus.

Lorsque l'on veut reproduire des médailles, des clichés, etc., on en prend une empreinte au moyen de cire, de gutta-percha, de soufre. Cette empreinte, étant rendue conductrice, fournit par la galvanoplastie une ou plusieurs images identiques au modèle.

Fig. 209.

Appareil composé pour la galvanoplastie.

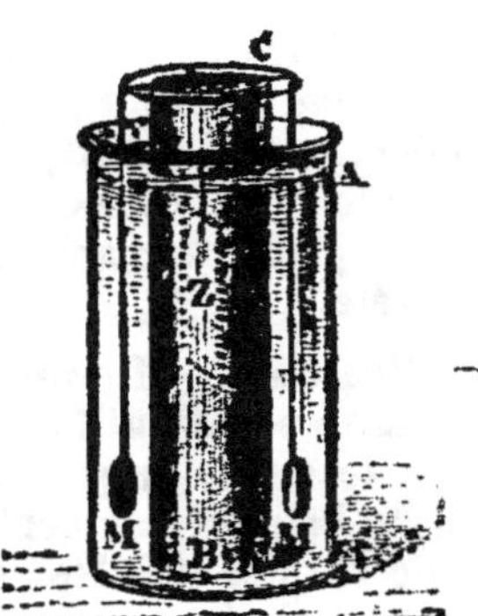

Fig. 210.

Appareil simple pour la galvanoplastie.

Remarque. — On obtient une cuve qui dispense de pile spéciale (*appareil simple*), en mettant une lame de zinc (fig. 210) dans un vase poreux B, renfermant de l'acide sulfurique étendu; on place le tout dans un second vase A, contenant une dissolution de sulfate de cuivre; un fil de cuivre partant du zinc porte les objets à galvaniser, lesquels doivent plonger dans la dissolution.

CHAPITRE III

ÉLECTRO-MAGNÉTISME

I. Action des courants sur les aimants.

275. Expérience d'Œrsted (fig. 211). — *Si un fil parcouru par un courant est situé près d'une aiguille aimantée et parallèlement à cette aiguille, celle-ci tend à se mettre dans une position perpendiculaire à celle du fil.*

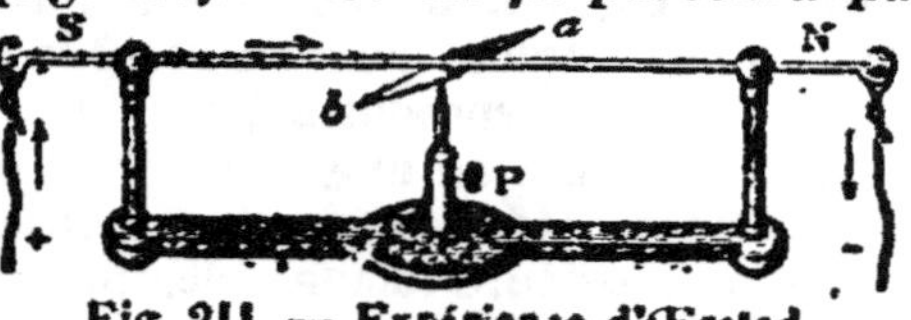

Fig. 211. — Expérience d'Œrsted.

276. Loi d'Ampère. — *Un courant agissant sur un aimant tend à le placer dans une position perpendiculaire à la sienne, et de manière que le pôle austral (nord) soit à la gauche du courant.*

On appelle gauche du courant la gauche d'un observateur regardant l'aiguille, et placé de manière que le courant entre par ses pieds et sorte par sa tête.

277. Multiplicateur. — Le *multiplicateur* a pour but d'augmenter l'action du courant sur l'aiguille aimantée. Il se compose d'un cadre en bois, suivant les côtés duquel on a enroulé le fil traversé par le courant. On place l'aiguille au centre du cadre et de son plan.

Il est facile de vérifier que les actions de toutes les parties du rectangle s'ajoutent pour amener le pôle austral du même côté du cadre.

278. Aiguilles astatiques. — On appelle *aiguilles astatiques* l'ensemble de deux aiguilles aimantées à peu près identiques, fixées sur le même axe, de manière que leurs pôles de noms contraires se correspondent (fig. 212). Si les aiguilles sont rigoureusement iden-

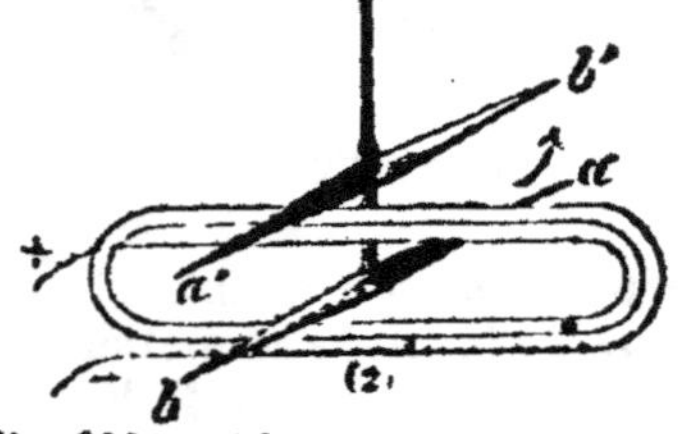

Fig. 212. — Aiguilles astatiques.

tiques, le système est absolument astatique, c'est-à-dire que la terre n'a pas d'action directrice sur lui ; on ne pourrait l'utiliser. Il existe toujours une petite différence d'aimantation entre les aiguilles ; c'est cette différence que le courant de multiplicateur doit vaincre pour orienter le système.

279. Galvanomètre (fig. 213). — Le *galvanomètre* est un appareil qui indique la présence des courants, leur direction, et compare leur intensité ; il repose sur l'expérience d'Œrsted.

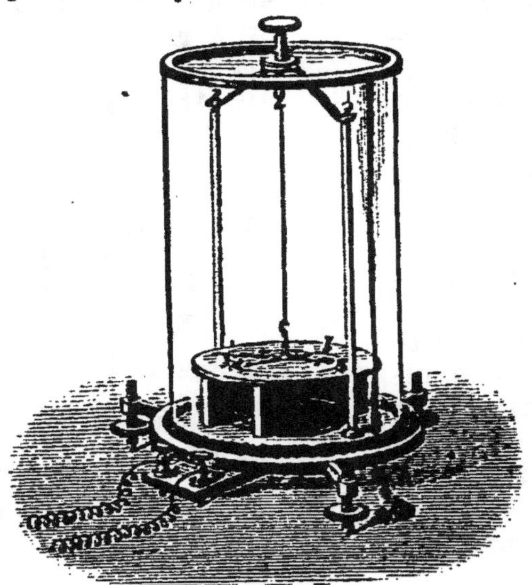

Fig. 213. — Galvanomètre.

Le galvanomètre comprend : 1° un système *astatique* de deux aiguilles aimantées ; 2° un *multiplicateur* dans lequel on fait passer les courants à étudier. L'aiguille située hors du cadre se meut sur un cercle divisé, et sa déviation est d'autant plus grande, que le courant est plus intense.

280. Aimantation par les courants. — On enroule un fil métallique en spirale autour d'un tube en verre, dans l'intérieur duquel on place une aiguille d'acier (fig. 214). Alors, si

Fig. 214. — Action d'un courant sur un fil d'acier.

on fait passer dans le fil un courant intense, l'aiguille est fortement aimantée. En opérant sur une aiguille de fer doux, l'aimantation est plus puissante, mais passagère, et cesse avec le courant.

291. Électro-aimant. — Un *électro-aimant* (fig. 215) est constitué par un cylindre de fer doux entouré d'une bobine de fil métallique dans lequel passe un courant. Dans l'électro-aimant en forme de fer à cheval, on entoure les extrémités seulement, et l'enroulement doit être tel que le fil de chaque bobine soit la continuation du fil de l'autre, de sorte que le courant circule de gauche à droite dans l'une des bobines, et de droite à gauche dans l'autre.

La puissance des électro-aimants est bien supérieure à celle des aimants permanents. Elle augmente avec les dimensions du cylindre de fer doux, avec le nombre des couches du fil conducteur et avec l'intensité du courant.

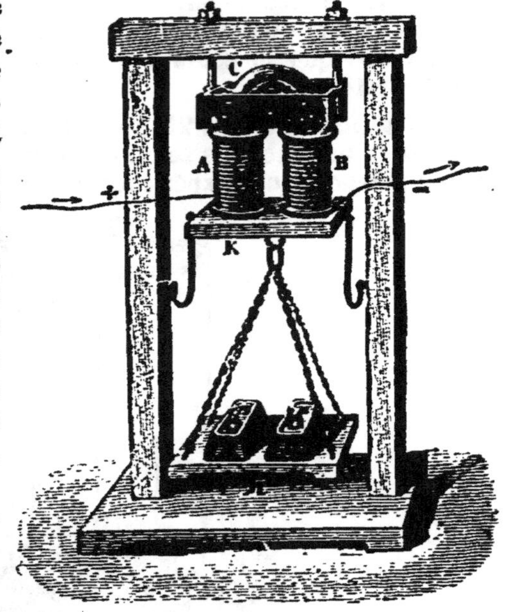

Fig. 215. — Électro-aimant.

II. Télégraphie électrique.

282. Appareils télégraphiques. — La *télégraphie* a pour but de transmettre la pensée au loin à l'aide de signes conventionnels.

Le *télégraphe électrique* comprend (fig. 216) : 1° un *poste expéditeur* ou *manipulateur;* 2° un *poste récepteur;* 3° un *circuit métallique* reliant ces deux postes, et 4° une *pile* fournissant un courant destiné à circuler entre les deux stations.

Le *manipulateur* est un appareil qui permet d'établir ou d'interrompre à volonté le passage du courant dans le circuit.

Le *récepteur* se compose d'un électro-aimant dont le fil fait partie du circuit, et qui, à chaque passage du courant, peut attirer une armature de fer doux.

Le *circuit* est un fil unique reliant le manipulateur au récepteur. Ces appareils communiquent d'ailleurs avec la terre, qui complète le circuit. Lorsque le fil est aérien, il est porté par des poteaux; les crochets qui le soutiennent sont isolés du poteau par un godet en porcelaine. Souvent les fils télégraphiques passent sous terre dans des tubes spéciaux. Lorsqu'ils doivent traverser l'Océan, on les isole les uns des autres en les recouvrant de gutta-percha, puis on en fait un câble protégé par une gaine métallique isolée du noyau.

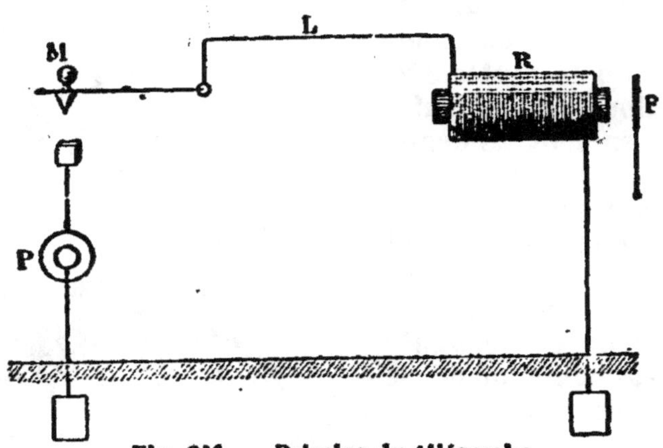

Fig. 216. — Principe du télégraphe.

M, manipulateur; R, récepteur; L, fil de ligne formant le circuit; P, pile.

Lorsque les postes sont éloignés, on installe une sonnerie électrique à chaque poste, et l'on dispose les conducteurs de manière que le courant du poste expéditeur seul passe dans le circuit.

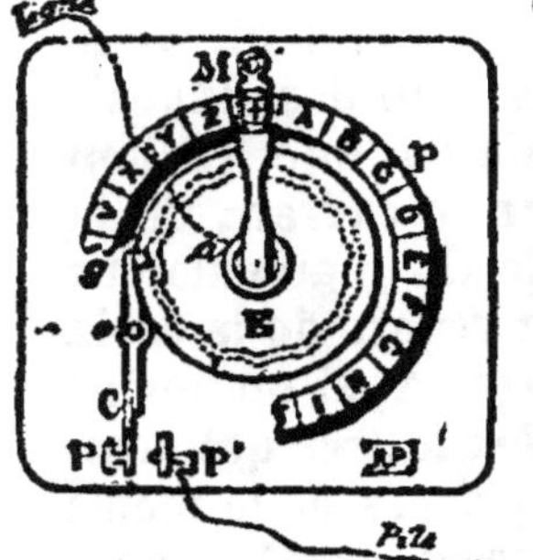

Fig. 217. — Manipulateur du télégraphe Bréguet.

283. Télégraphe Bréguet ou télégraphe à cadran. — *Manipulateur* (fig. 217). — Le manipulateur de Bréguet comprend une manivelle M, mettant en mouvement un disque E, dont le contour présente une rainure formée de 26 sinuosités se rapprochant et s'éloignant alternativement du centre du disque. Quand on fait tourner le disque, l'extrémité g du levier gC, mobile autour du point o, suit les sinuosités de la rainure, de sorte que son autre extrémité C vient toucher alternativement les deux bornes P et P'. Quand le levier est en contact avec la borne P', le courant passe par le disque, le levier et la borne P'; mais

quand le contact a lieu en P, il y a interruption dans le circuit, et le courant ne passe pas.

Dans un tour complet, la manivelle produit donc vingt-six alternatives d'ouverture et de fermeture du circuit.

Récepteur (fig. 218). — Le récepteur comprend un électro-aimant E et une armature de fer doux P dont les oscillations, autour de l'axe *w*, font tourner, au moyen d'un système de leviers, une double roue dentée RR', portant en tout 26 dents. En tournant, cette roue entraîne une aiguille qui se déplace devant un cadran sur lequel sont tracées les lettres de l'alphabet. Un ressort *r* maintient la plaque de fer doux P un peu éloignée de l'électro - aimant quand le courant ne passe pas.

Fonctionnement. — Chaque fois que le levier du manipulateur touche la borne P', le cou-

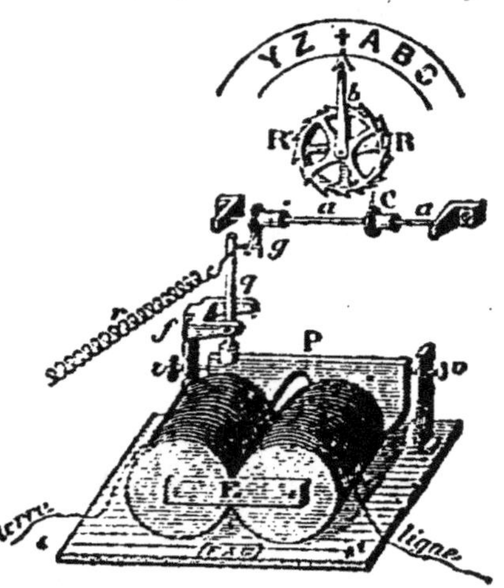

Fig. 218. — Récepteur du télégraphe à cadran.

rant passe dans l'électro-aimant du récepteur, et la plaque de fer doux est attirée. Quand, au contraire, le levier touche la borne P, le courant cesse de passer, et la plaque, sous l'action du ressort *r*, revient à sa position primitive. A chacune de ces allées et venues de la plaque, la roue dentée tourne d'une dent. Or le nombre des dents de cette roue étant égal à celui des sinuosités du disque du manipulateur, si la manivelle fait une fraction de tour, l'aiguille du récepteur tournera, sur le cadran, de la même fraction. Par conséquent, la manivelle du manipulateur et l'aiguille du récepteur étant toutes deux en regard de la croix conventionnelle séparant la lettre Z de la lettre A, si on amène la manivelle successivement sur les différentes lettres qui composent un mot, l'aiguille du récepteur se déplacera de la même manière sur le cadran et s'arrêtera sur les lettres de ce même mot.

Les alternatives de passage et de rupture du courant dans le circuit étant indépendantes du sens dans lequel on tourne la manivelle, il est évident que, pour conserver la concordance des mouvements du manipulateur et du récepteur, il faut toujours tourner la manivelle dans le même sens sans jamais revenir en arrière.

284. Télégraphe Morse. — *Manipulateur* (fig. 219). Le manipulateur du télégraphe Morse se compose d'un levier mobile autour d'un axe A. Quand, sous l'action du ressort *f*,

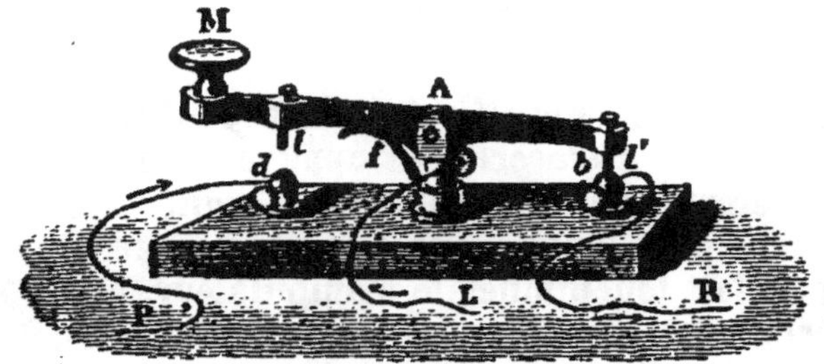

Fig. 219. — Manipulateur Morse.

il occupe la position indiquée sur la figure, le courant est interrompu en *d* (supprimer, pour le moment, le fil R qui part de *b*); mais, si l'on vient à appuyer sur la manette M, on établit le contact en *d*, et le courant passe tant que dure ce contact.

Récepteur (fig. 220). — Le récepteur du télégraphe Morse

Fig. 220. — Récepteur de Morse.

AA, électro-aimant; BB, levier; C, son axe; *m*, armature de fer doux; *r*, ressort antagoniste; R, rouleau de papier; H, roue à encrer.

comprend un électro-aimant A, pouvant attirer un petit cylindre de fer doux *m* quand le courant passe. Ce cylindre fait mouvoir un levier B, dont l'extrémité porte une pointe à tracer ou une petite molette chargée d'encre, en regard de laquelle une bande de papier se déroule d'une façon régulière, sous l'action d'un mécanisme d'horlogerie.

Fonctionnement. — Quand l'électro-aimant attire le cylindre de fer doux, la pointe à tracer vient appuyer contre la bande de papier, et, comme celle-ci se déroule régulièrement, trace une ligne d'autant plus longue que le contact dure plus longtemps. Quand on fait fonctionner le manipulateur, c'est-à-dire quand on détermine alternativement le passage et la rupture du courant dans le circuit, le levier du récepteur suit naturellement les mouvements de la manette, de sorte que, suivant que le contact du levier du manipulateur avec la borne d sera court ou prolongé, on obtiendra, sur la bande de papier du récepteur, des points ou des traits. En admettant une combinaison spéciale de points et de traits pour représenter chacune des lettres de l'alphabet, on pourra ainsi reproduire les mots.

285. Remarque. — Chaque poste télégraphique comprend toujours un manipulateur et un récepteur. On dispose alors les appareils comme l'indique la figure 221, de manière que le

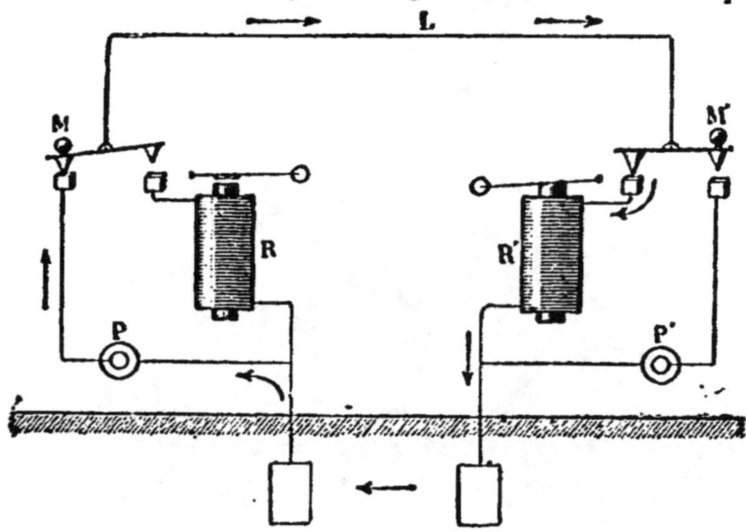

Fig. 221. — Dispositions des appareils pour deux postes télégraphiques. M,M', manipulateurs ; R,R', récepteurs ; P,P' piles ; L, fil de ligne.

même fil puisse servir dans les deux sens. Cette figure représente le passage du courant lorsque le poste A envoie une dépêche au poste B.

285 bis. Sonneries électriques. — Les *sonneries électriques* comprennent un timbre sur lequel frappe un marteau actionné par un électro-aimant (fig. 222).

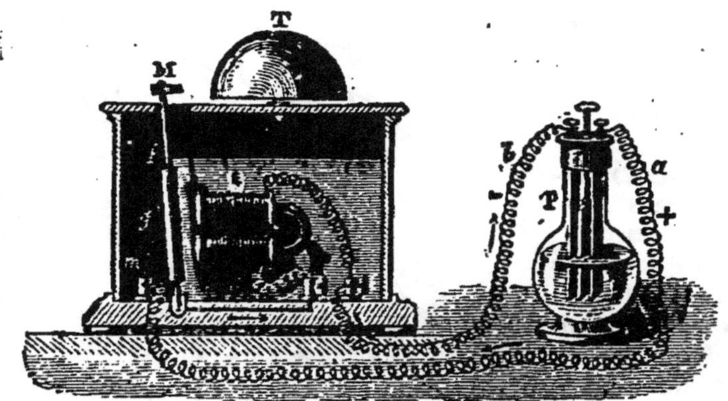

Fig. 222. — Sonnerie à trembleur.

Lorsque le courant passe, l'électro-aimant E attire le marteau M, qui vient frapper le timbre T; mais alors le courant est interrompu, puisque le manche du marteau ne touche plus le ressort *g*; l'électro-aimant devient inactif, et le marteau est ramené en contact avec le ressort *g*; le courant passe de nouveau, et les mêmes phénomènes se reproduisent; on obtient ainsi un carillon (*trembleur électrique*).

QUESTIONNAIRE. — *En quoi consiste l'expérience d'Œrsted? — Énoncez la loi d'Ampère. — Qu'est-ce que le multiplicateur? —* Qu'appelle-t-on aiguilles astatiques? — Quel est le but de l'emploi du multiplicateur? — *De quoi se compose un galvanomètre? A quoi sert-il?* — Comment peut-on aimanter une aiguille d'acier au moyen d'un courant? — Comment est constitué un électro-aimant?

Quel est le but de la télégraphie? — Que comprend un télégraphe électrique? — Quel est le rôle du manipulateur? — Quel est l'organe essentiel du récepteur? — Décrivez le manipulateur et le récepteur du télégraphe à cadran et expliquez comment ils fonctionnent. — Mêmes questions pour le télégraphe Morse. — Comment est constituée une sonnerie électrique? Expliquez son fonctionnement.

CHAPITRE IV

ÉLECTRO-DYNAMIQUE — INDUCTION

286. Objet de l'électro-dynamique. — L'*électro-dynamique* est la partie de la Physique qui étudie l'action réciproque que les courants exercent les uns sur les autres.

287. Lois générales. — Les courants électriques exercent les uns sur les autres des actions qui dépendent du sens dans lequel ils circulent, et qui sont soumises aux lois suivantes établies par Ampère :

1° *Deux courants parallèles de même sens s'attirent.*

Deux courants parallèles de sens contraire se repoussent ;

2° *Deux courants croisés s'attirent lorsqu'ils s'approchent ou s'éloignent ensemble du point de croisement.*

Deux courants croisés se repoussent quand l'un s'approche du point de croisement, tandis que l'autre s'en éloigne :

Fig. 223. — Action réciproque de deux courants parallèles de même sens.

3° *Deux portions consécutives d'un même courant rectiligne se repoussent ;*

4° *Un courant sinueux a la même action qu'un courant rectiligne terminé aux mêmes extrémités.*

288. Solénoïdes. — Un *solénoïde* est formé d'un ensemble de courants circulaires égaux, dont les plans sont perpendiculaires à un même axe passant par leurs centres. On réalise cet appareil en enroulant en hélice un fil métallique AB (fig. 224). On le dispose sur un support qui lui permet de tourner autour d'un axe vertical M N.

Les solénoïdes peuvent être assimilés aux aimants ; ils ont deux pôles dont les attractions et les répulsions sont soumises aux mêmes lois que celles des aimants. Ils s'orientent sous l'action du magnétisme terrestre ; d'ailleurs, un solénoïde et un aimant se comportent réciproquement comme deux aimants ou deux solénoïdes.

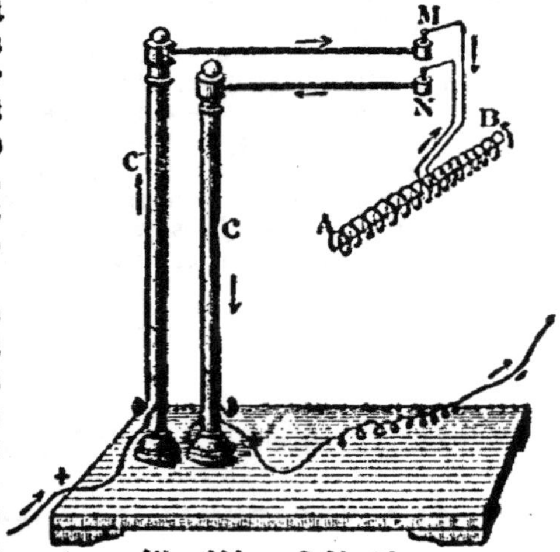

Fig. 224. — Solénoïde.

289. Courants d'induction. — On appelle *courants d'induction* les courants qui prennent naissance dans des circuits métalliques, sous l'influence de causes extérieures au circuit. On peut mettre en évidence la production des courants d'induction à l'aide de l'appareil suivant (fig. 225).

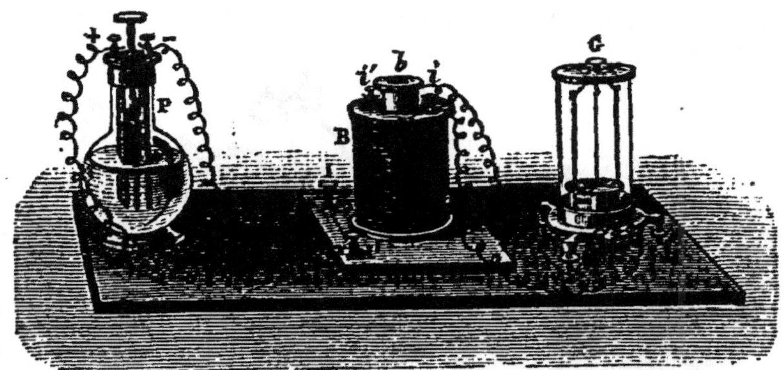

Fig. 225. — Production des courants d'induction.

B étant une bobine creuse communiquant, par les deux bornes I I', avec les pôles de la pile P ; *b* étant une autre bobine placée à l'intérieur de la première et communiquant, par les deux bornes *i i'*, avec un galvanomètre G, on remarque que si l'on fait passer un courant dans B, il se manifeste instantanément un courant très court dans le circuit *b*; ce courant a pris naissance sous l'*influence* de celui de B ; c'est pourquoi on l'appelle *courant induit*; celui de B prend le nom de *courant inducteur.*

Si on interrompt ensuite le passage du courant dans la bobine B, il se produit un nouveau courant induit dans la bobine *b*, mais de sens contraire au précédent.

Les deux bobines étant ensuite séparées et le courant de la pile passant dans la bobine B, on introduit brusquement la bobine *b* dans la première ; on constate qu'il s'y développe alors un courant induit. On attend ensuite que l'aiguille du galvanomètre soit revenue au zéro, puis on retire brusquement la bobine *b*; on remarque alors qu'elle est traversée par un courant induit de sens contraire au précédent.

Le courant induit est de sens contraire au courant inducteur : 1° quand *on ferme le circuit B* (courant de fermeture); 2° quand *on introduit la bobine b dans la bobine B*; 3° quand *on augmente l'intensité du courant inducteur.*

Il se produit un courant induit de même sens que le courant inducteur : 1° quand *on ouvre le circuit* B (courant d'ouverture); 2° quand *on retire la bobine b de la bobine* B; 3° quand *on diminue l'intensité du courant inducteur.*

Les courants induits durent peu, mais sont généralement très intenses.

En prenant un aimant pour inducteur, on obtient des résultats analogues. Ainsi, en reliant simplement les deux extrémités du fil d'une bobine creuse à un galvanomètre, il s'y développe un courant induit quand on introduit un aimant dans la bobine, ou simplement quand on l'en approche. On obtient un nouveau courant induit de sens contraire au précédent quand on retire l'aimant ou qu'on l'éloigne de la bobine.

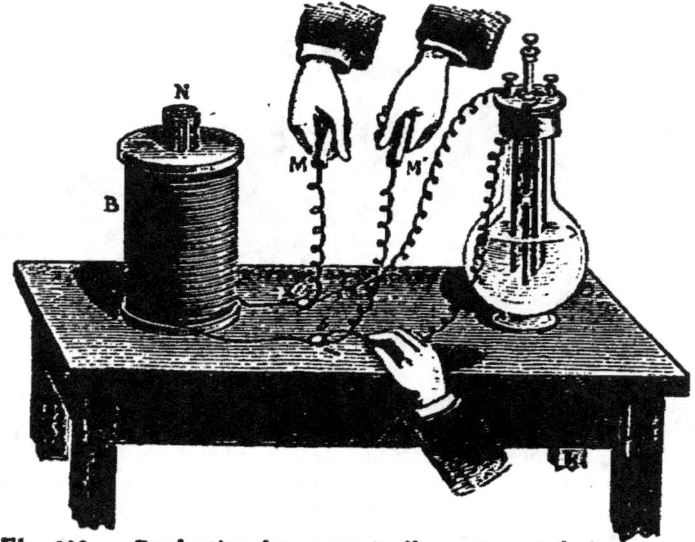

Fig. 226. — Production des courants d'ouverture et de fermeture.

Quand on fait passer un courant dans une bobine renfermant un noyau de fils de fer doux (fig. 226), le noyau s'aimante et agit comme inducteur sur le courant. Si on interrompt le passage du courant, l'aimantation disparaît, et il se produit dans la bobine un nouveau courant induit de sens contraire. Aussi, quand on touche les manettes M, M', on ressent une commotion électrique chaque fois que l'on ferme ou que l'on ouvre le circuit en *b*.

QUESTIONNAIRE. — *Qu'est-ce que l'électro-dynamique? — Quelles sont les lois générales qui régissent les actions des courants les uns sur les autres? — Comment est formé un solénoïde? — A quoi peut-on assimiler les solénoïdes? — Qu'appelle-t-on courants d'induction? — Comment, au moyen de deux bobines, montre-t-on la production de courants induits? — Quel est, par rapport au courant inducteur, le sens du courant induit? — Peut-on prendre un aimant pour inducteur? — Quel est l'effet d'un noyau de fer doux sur le courant qui traverse périodiquement le fil d'une bobine?*

CHAPITRE V

MACHINES D'INDUCTION

290. Machines magnéto-électriques. — Les machines *magnéto-électriques* sont formées d'un aimant puissant qui sert d'inducteur, et d'une bobine dans laquelle se produisent les courants; l'une de ces parties se déplace, par rotation, de manière à modifier sa distance à l'autre. Il se produit alors des courants d'induction que l'on peut recueillir.

Les appareils particuliers, appelés *commutateurs,* permettent de redresser les courants inverses, c'est-à-dire de recueillir par un même fil les courants de même sens; on transforme ainsi les courants *alternatifs* en courants *continus.*

Fig. 227. — Machine de Clarke.

A, aimant; B,B', bobines mobiles. — D, tige de *fer qui relie* leurs noyaux. — *ac,* axe de rotation. — *l,l',* ressorts qui recueillent le courant. — R, roue avec manivelle et courroie.

Les principales machines magnéto-électriques sont la machine de Clarke et la machine de Gramme.

La *machine de Clarke* (fig. 227) se compose d'un puissant aimant
en fer à cheval A, devant les pôles duquel deux bobines B et B' se
déplacent par un mouvement de rotation rapide autour de l'axe *ac*.
Par l'effet de leur déplacement, les deux bobines sont parcourues par
des courants alternatifs de sens contraire. L'axe de rotation *ac* est
conditionné de telle façon que les courants de même sens sont recueil-
lis, les uns par la lame métallique *l*, les autres par la lame *l'*.

La *machine de Gramme* (fig. 228) est formée d'un faisceau de
lames d'acier aimantées, recourbées en fer à cheval, entre les pôles
duquel tourne un anneau, dit *anneau de Gramme*.

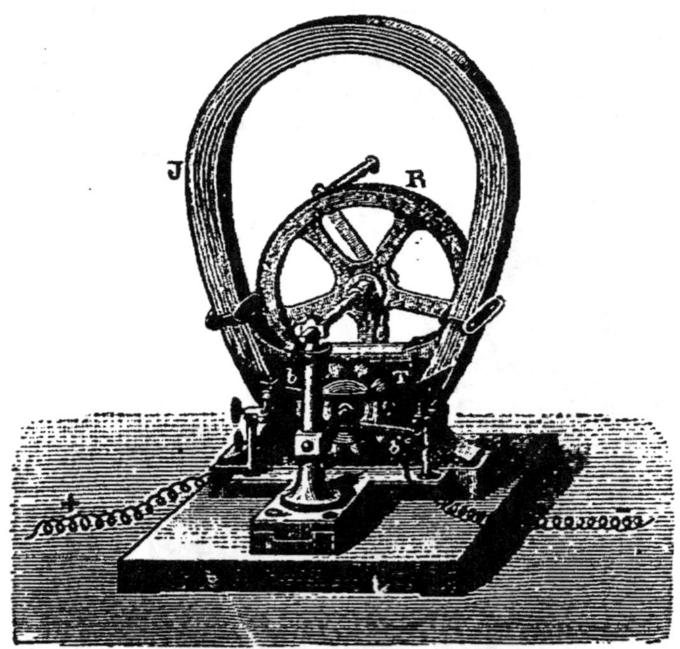

Fig. 228. — Machine de Gramme.

J' aimant Jamain ; T, ses armures ; A, anneau de Gramme ; *b,b'*, balais ;
R, grande roue dentée et sa manivelle.

L'anneau de Gramme se compose d'une couronne en fils de fer
doux dans laquelle sont enfilées des bobines de fil conducteur.

En imprimant à l'anneau A un mouvement de rotation rapide, les
bobines s'approchent et s'éloignent alternativement des pôles de l'aimant J, dont l'action, jointe à celle du faisceau de fil de fer qui forme
les axes des bobines, développe dans le fil de celles-ci des courants
alternativement directs et inverses. Deux balais métalliques *b* et *b'*,
convenablement disposés, recueillent, l'un les courants directs,
l'autre les courants inverses, et jouent par conséquent le rôle des
pôles d'une pile.

291. Machines dynamo-électriques. — Dans les *machines dynamo-électriques,* l'inducteur est un *électro-aimant;* ces machines sont utilisées dans l'industrie pour l'éclairage électrique, la galvanoplastie; elles sont *réversibles,* c'est-à-dire que si l'on fait passer le courant produit par une de ces machines, actionnée par un moteur, dans l'inducteur d'une machine similaire, l'induit de celle-ci se met en mouvement et peut servir alors lui-même de moteur; cette propriété permet de transporter les forces à distance.

292. Bobine de Ruhmkorff (fig. 229). — La *bobine de Ruhmkorff* est une machine d'induction formée d'une double bobine; dans le circuit intérieur, en fil gros et court, passe le courant inducteur; dans la bobine extérieure, en un fil fin et long, se produisent les courants induits.

Fig. 229. — Bobine de Ruhmkorff.

1. Disposition de l'appareil; B, bobine à deux fils; NN', noyau de fer doux; *a, b,* bornes du fil inducteur; *i, i',* bornes du fil induit; M, marteau; E, enclume; *b c,* une extrémité du gros fil.

2. Marche du courant dans la bobine et jeu de l'interrupteur M.

Au moment où le courant induit se ferme, il arrive par le fil *a,* passe par le marteau M et aimante le faisceau de fer doux N; il se produit alors un courant induit de *fermeture* dans le fil de la bobine B. Mais alors le faisceau de fer doux attire le marteau M; il en résulte par conséquent une rupture du circuit inducteur en E, et il se produit, dans le fil de la bobine, un courant induit d'*ouverture.*

L'aimantation du fer doux ayant cessé par le fait de la rupture du circuit inducteur, le marteau reprend sa position première, et, le circuit inducteur étant de nouveau fermé, le phénomène recommence.

Ces alternatives de rupture et de fermeture du courant inducteur se reproduisent indéfiniment et avec rapidité. S'il existe un petit intervalle entre les conducteurs fixés aux bornes i et i' qui terminent le fil induit, le courant direct passe seul et produit des étincelles.

293. Téléphone. — Le *téléphone* est un appareil qui transmet le son au loin. Il repose sur des phénomènes d'induction.

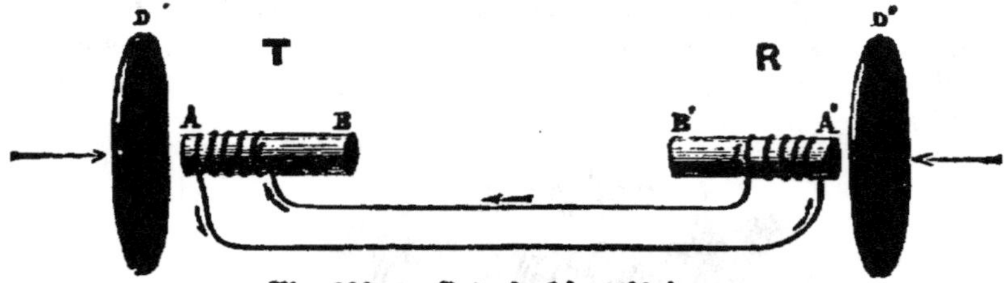

Fig. 230. — Principe du téléphone.

Le *téléphone* (fig. 230) comprend essentiellement deux plaques métalliques D, D', très minces, pouvant vibrer sous l'action d'un appareil d'induction formé par les barreaux aimantés AB et A'B'; un *fil de ligne* complète le circuit.

Si l'on parle devant la plaque D, elle entre en vibration, s'approche ou s'éloigne de l'aimant A, et modifie ainsi l'état magnétique de ce barreau; il y a alors en AB production de courants induits qui modifient l'état magnétique de l'aimant A', et font vibrer la plaque D'. Les vibrations de D seront donc reproduites par D'.

La plaque vibrante et l'appareil d'induction sont fixés dans un manchon en bois ou en métal. La partie supérieure porte un pavillon qui a pour but de concentrer les sons sur la plaque métallique.

On obtient un appareil plus sensible et plus puissant en introduisant dans le téléphone précédent une source d'électricité dynamique; le système d'induction, bobine et barreau, fonctionne alors comme un électro-aimant. Un des plus employés est le *téléphone de Bell* (fig. 231).

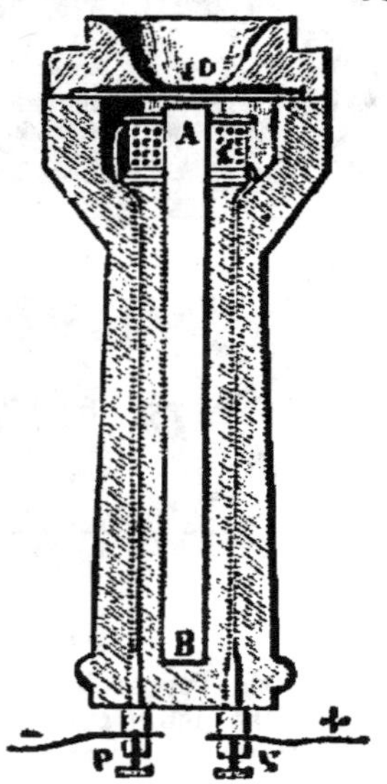

Fig. 231. — Téléphone de Bell.
AB, barreau de fer doux; C, bobine de fil conducteur en communication avec les pôles d'une pile par les bornes P et N; D, plaque vibrante.

294. Microphone (fig. 232). — On appelle *microphone* un appareil inventé par Hughes et destiné à modifier l'intensité des courants, en introduisant dans le circuit des résistances produites par des pièces qui vibrent sous l'action des sons.

Il comprend le circuit d'une pile dans lequel on a intercalé un téléphone T et un crayon de charbon de cornue C. Celui-ci est maintenu verticalement par des cavités D et D' qui reçoivent ses deux pointes effilées et lui laissent ainsi une certaine mobilité.

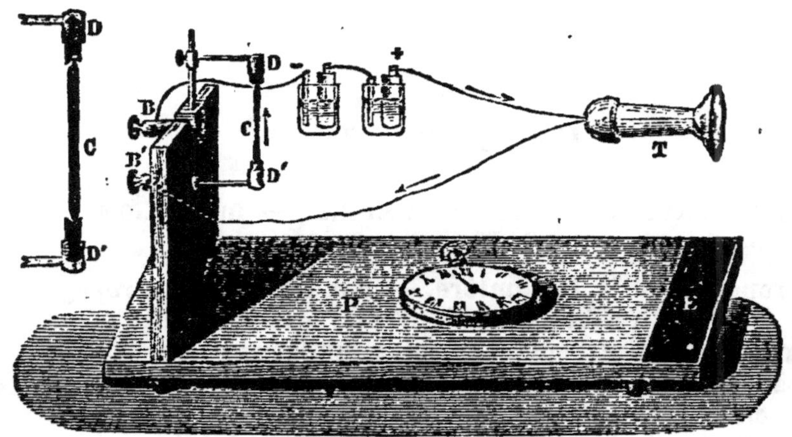

Fig. 232. — Microphone de Hughes.

C, lame de charbon faiblement fixée dans les godets DD'; T, téléphone
P, planchette supportant le corps sonore.

Les vibrations produites à proximité de l'appareil modifient la position du charbon, et par suite la résistance du circuit; ce qui se traduit, dans le téléphone, par le renforcement du son primitif.

On augmente la sensibilité du microphone en remplaçant le charbon unique C par une série de plusieurs charbons : les effets de chaque charbon s'ajoutent pour produire des variations plus grandes dans l'intensité du courant.

SEPTIÈME PARTIE

OPTIQUE

CHAPITRE I

NOTIONS GÉNÉRALES SUR LA LUMIÈRE — RÉFLEXION

205. Propagation de la lumière. — *La lumière se propage en ligne droite.* En effet, il suffit d'interposer un petit écran sur la droite qui joint l'œil à un point lumineux, pour que le point cesse d'être visible. Dans toute autre position de l'écran, l'œil aperçoit le point lumineux.

On appelle *rayon lumineux* toute droite qui joint un foyer lumineux à l'un des points qu'il éclaire.

Les corps qui se laissent traverser par la lumière sont appelés *transparents* ou *diaphanes;* on nomme *milieux opaques* ceux qui arrêtent la lumière.

La lumière parcourt environ 300,000 kilomètres à la seconde; elle met 8 minutes 13″ pour venir du soleil à la terre.

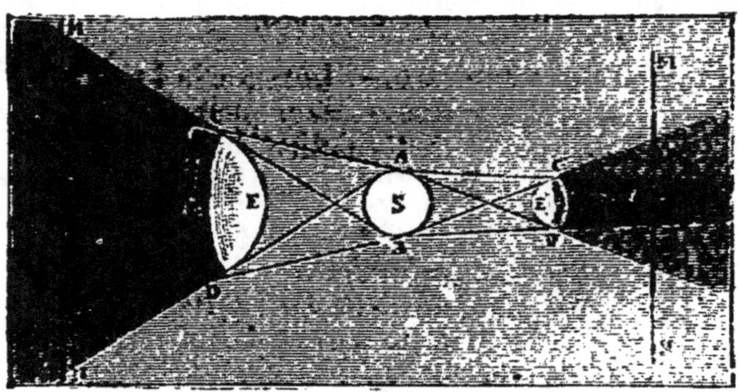

Fig. 233. — Ombre et pénombre circulaires.

206. Ombre et pénombre. — Lorsqu'un faisceau lumineux rencontre un corps opaque, il est arrêté, et la partie située derrière le corps est privée de lumière; on dit qu'elle est dans *l'ombre.*

Lorsque le foyer lumineux est réduit à un point, la partie dans l'ombre est séparée de la partie éclairée par une surface conique engendrée par une droite qui part du foyer et glisse sur le contour apparent du corps. Pour tout point situé dans la partie du cône privée de lumière, ce foyer est éclipsé totalement.

Si le foyer, au lieu d'être un point, est une sphère S, par exemple (fig. 233), la région comprise entre les tangentes extérieures AC et BD et les tangentes intérieures BC et AD ne reçoit qu'une partie des rayons lumineux. Cette région constitue ce qu'on appelle la *pénombre*. Il y a passage insensible de l'ombre absolue à la lumière complète.

207. Photomètres. — Les *photomètres* sont des appareils qui servent à comparer les intensités des deux sources lumineuses.

Le *photomètre de Foucault* se compose d'une simple tige voisine d'un écran. On dispose les deux sources lumineuses à des distances telles de cette tige, que les ombres qu'elle projette sur l'écran soient également obscures. Les intensités des deux lumières sont alors proportionnelles aux carrés de leurs distances à l'écran.

Le *photomètre de Bunsen* consiste en un écran de papier blanc, dans le milieu duquel se trouve une tache grasse. On dispose les sources à étudier de part et d'autre de l'écran, de manière que l'on ne voie plus la tache, ce qui arrive lorsqu'elle est également éclairée sur ses deux faces. On mesure les distances des sources à l'écran : *leurs intensités sont proportionnelles aux carrés de ces distances.*

208. Réflexion de la lumière. — Lorsque la lumière rencontre une surface plane, elle se réfléchit, c'est-à-dire change de direction (fig. 234), d'après les deux lois suivantes :

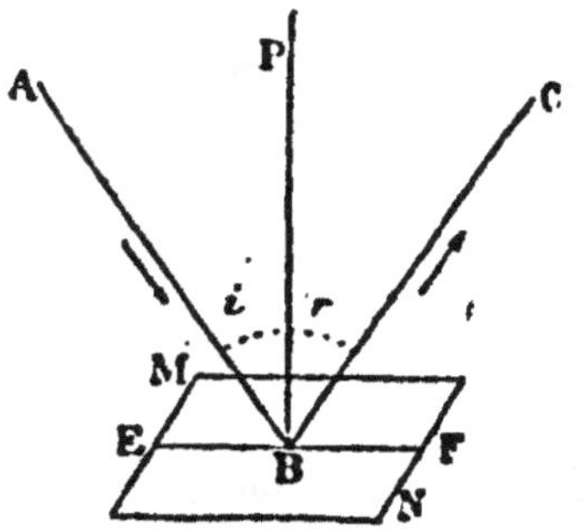

1re Loi. — *Le rayon réfléchi reste dans le plan d'incidence.*

2e Loi. — *L'angle de réflexion égale l'angle d'incidence.*

Le plan d'incidence est le plan qui passe par le rayon incident et la normale au plan de réflexion, menée au plan où le rayon se réfléchit.

Fig. 234. — *i*, angle d'incidence ; *r*, angle de réflexion.

L'angle d'incidence est l'angle *i* que fait le rayon incident avec la normale BP; l'angle de réflexion est l'angle que fait le rayon réfléchi avec cette même normale.

299. Miroirs plans. — Les propriétés de la réflexion de la lumière sont utilisées dans les *miroirs plans*; ces miroirs donnent des images *droites*, *égales à l'objet* et *symétriques* de cet objet par rapport au plan du miroir (fig. 235). En inclinant convenablement deux miroirs plans, on peut obtenir des images multiples du même objet; c'est le principe du *kaléidoscope*.

Fig. 235. — Image vue sur un miroir plan.

300. Miroirs sphériques. — Les *miroirs sphériques* sont formés d'une calotte sphérique dont les surfaces sont rendues réfléchissantes. L'intérieur fournit un *miroir concave*, l'extérieur un *miroir convexe*.

On appelle *centre de courbure* du miroir (fig. 236) le centre C de la sphère dont le miroir fait partie, et *centre de figure* le point O de sa surface équidistant de son bord.

On appelle *axe principal* la droite OC qui passe par le centre de figure et le centre de courbure, et *axe secondaire* toute autre droite

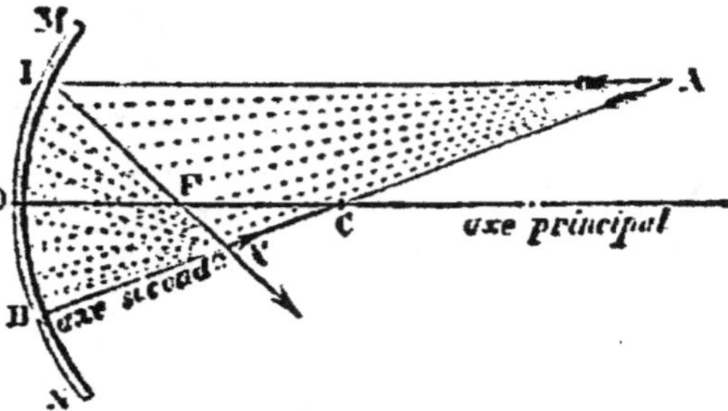

Fig. 236. — Éléments des miroirs.

AB qui passe par le centre de courbure.

Tous les rayons tels que AI, par exemple, parallèle à l'axe principal, passent tous après réflexion en un même point F situé sensiblement au milieu de OC et appelé *foyer principal*.

Tout rayon passant par le centre de courbure C étant normal au miroir se réfléchit sur lui-même.

Tous les rayons émanant du point A concourent, après réflexion, en un même point A'; ce point A' est dit l'*image* du point A. L'image d'un objet est l'ensemble des images de tous ses points.

Fig. 237. — Image réelle formée par un miroir concave.

Une image est dite *réelle* lorsqu'on peut la recevoir sur un écran (fig. 237); on la nomme *virtuelle* dans le cas contraire.

301. Formation des images dans les miroirs. — Pour trouver l'image d'un point A dans un miroir concave (fig. 238), il suffit

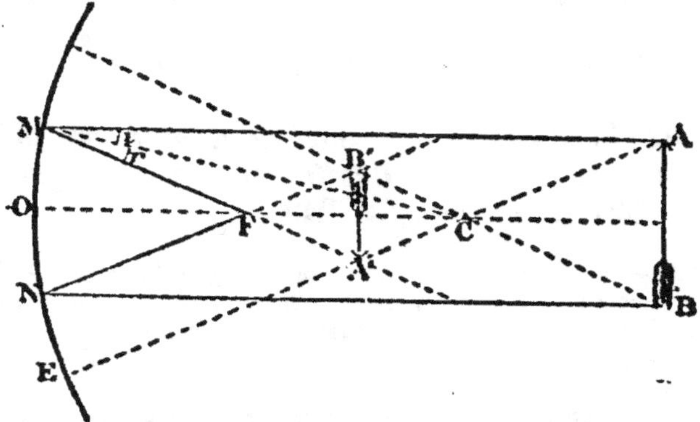

Fig. 239. — Image réelle formée par un miroir concave.

de mener deux rayons, l'un parallèle à l'axe du miroir, et l'autre passant par son centre. Après réflexion, le premier passe par le foyer F et prend donc la direction MF; le second se réfléchit sur lui-même suivant EC. L'intersection de ces deux rayons donne le point A', image du point A.

On obtiendrait de même l'image de tous les autres points de l'objet.

En appliquant les règles à différents objets placés devant un miroir concave, on voit que :

1° Les objets situés au delà du centre donnent une image réelle, renversée, plus petite que l'objet, située entre le foyer principal et le centre (fig. 238).

2° Les objets situés entre le centre et le foyer princi-

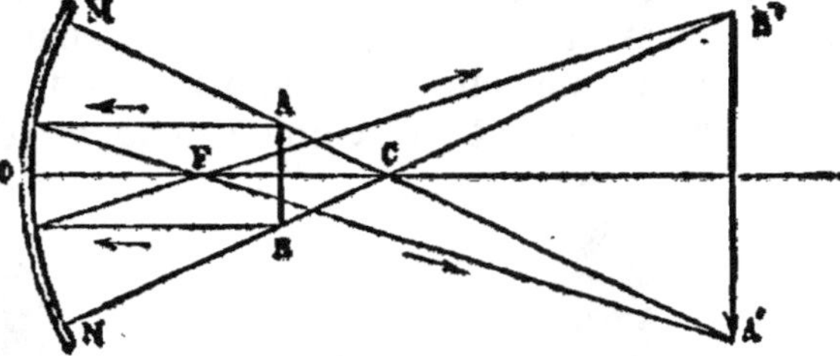

Fig. 239. — Image réelle formée par un miroir concave.

pal donnent une image réelle, renversée, plus grande que l'objet, et située au delà du centre (fig. 239).

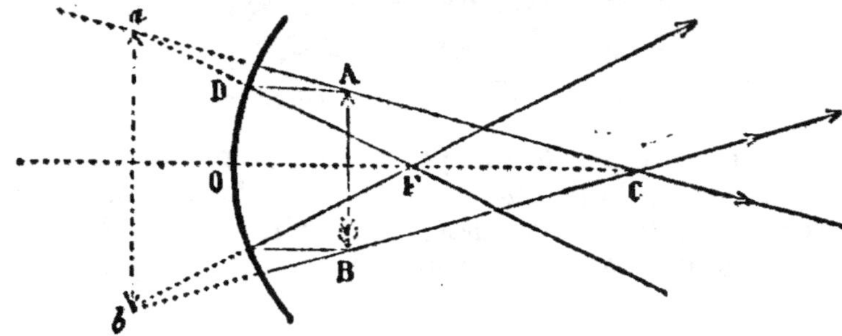

Fig. 240. — Images virtuelles des miroirs concaves.

3° Les objets situés entre le sommet O et le foyer principal donnent une image virtuelle, droite, plus grande que l'objet et située en arrière du miroir (fig. 240).

QUESTIONNAIRE. — Suivant quelle direction se propage la lumière ? — Qu'est-ce qu'un corps transparent ? — Expliquez sur une figure ce qu'on entend par ombre et pénombre. Quelle est la vitesse de propagation de lumière ? — A quoi servent les photomètres ? — Décrivez les photomètres de Foucault et de Bunsen, et dites comment on s'en sert.

Quelles sont les lois de la réflexion de la lumière ? — Qu'appelle-t-on angle d'incidence et angle de réflexion ? — Quelles images donnent les miroirs plans ? — De quoi sont formés les miroirs sphériques ? — Qu'appelle-t-on centre de courbure, axe principal, axe secondaire, foyer principal, dans un miroir concave ? — Quand dit-on qu'une image est réelle ? quand dit-on qu'elle est virtuelle ? — Expliquez comment on trouve l'image d'un point. — Trouvez l'image d'un objet situé : 1° au delà du centre du miroir ; 2° entre le foyer et le miroir. Dites dans chaque cas si l'image est réelle ou virtuelle.

EXERCICES. — 1. Combien de temps demanderait, pour faire le tour de la terre, un rayon lumineux qui parcourt 300 000 kilom. par seconde ?

2. La lumière parcourt en 8 minutes 13 secondes la distance qui nous sépare du soleil. Trouver cette distance.

3. Quelle est la distance qui sépare un point lumineux de son image formée dans un miroir plan ?

4. Construire les images formées par deux miroirs inclinés de 72° ou de 120°.

CHAPITRE II

RÉFRACTION DE LA LUMIÈRE

I. Principes généraux.

302. Réfraction d'un rayon lumineux. — Lorsqu'un rayon oblique SI passe d'un milieu transparent dans un autre également transparent et de densité différente, de l'air dans l'eau, par exemple (fig. 241), il est dévié de sa direction IS″, se rapproche de la normale AB et prend la direction IS′.

Le rayon lumineux n'est pas dévié quand il traverse obliquement un milieu à faces parallèles ; il éprouve seulement un déplacement latéral.

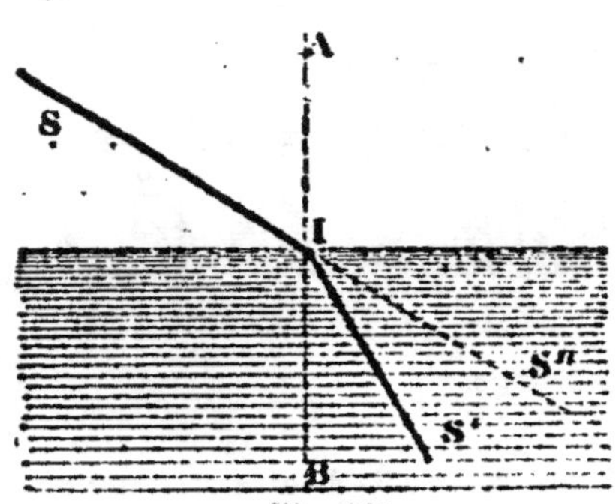

Fig. 241.
Phénomène de réfraction.

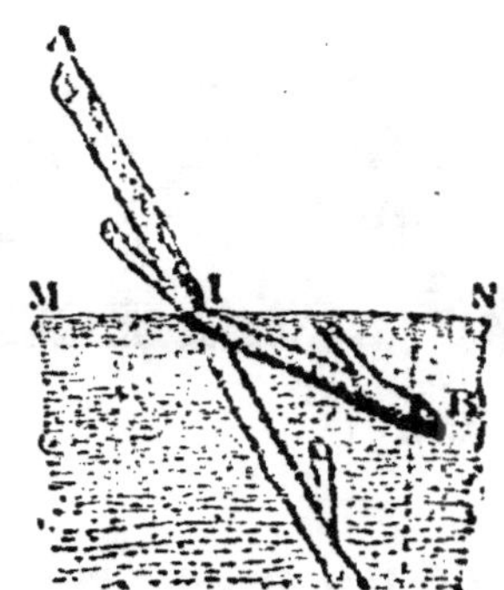

Fig. 242. — Brisement apparent
des objets vus par réfraction.

Le rayon réfracté reste dans le plan d'incidence (loi de Descartes), mais l'angle d'incidence n'égale pas l'angle de réfraction.

La réfraction nous fait voir comme brisés les objets qui sont en partie dans l'eau (fig. 242); le fond d'un vase plein d'eau nous apparaît comme relevé ; c'est ainsi que l'on peut apercevoir certaines parties qui seraient invisibles si ce vase était vide.

303. Réflexion totale. — Quand un faisceau lumineux rencontre obliquement la surface d'un milieu moins dense que celui dans lequel il se propage, il peut arriver qu'il se réfléchisse entièrement, c'est-à-dire qu'aucun rayon ne se réfracte dans le second milieu. Cette propriété est utilisée dans les prismes *à réflexion totale* pour changer la direction d'un faisceau lumineux (fig. 243).

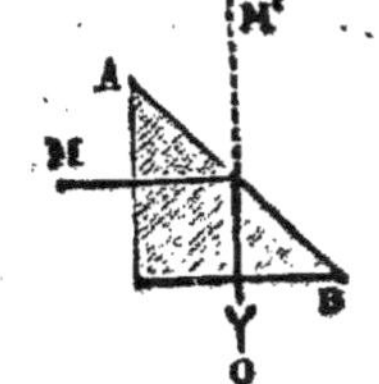

Fig. 243. — Prisme à réflexion totale. M, rayon incident; O, rayon réfléchi.

304. Mirage. — Un rayon tel que AO (fig. 244), traversant les couches inférieures de l'atmosphère lorsqu'elles sont échauffées (ce qui arrive surtout dans les déserts), passe à travers des milieux de densités différentes; il se réfracte. Il peut arriver qu'il subisse la réflexion totale et remonte suivant OB.

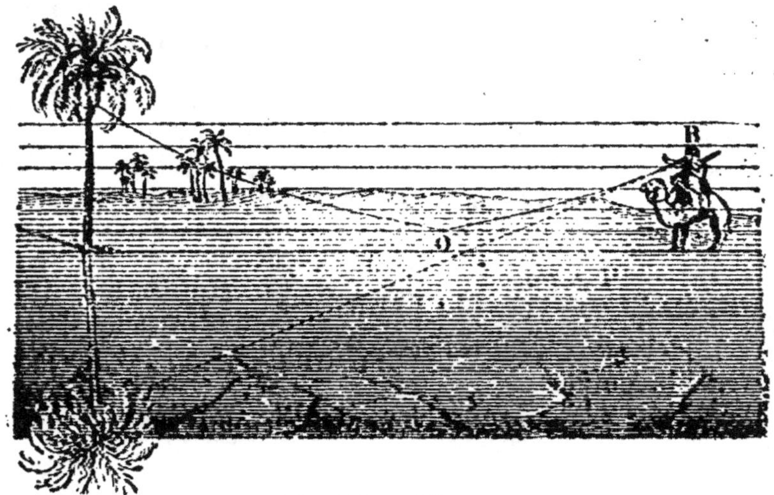

Fig. 244. — Mirage.

l'œil placé en B verra l'image de A en A', c'est-à-dire comme si A se réfléchissait sur une nappe d'eau.

II. Lentilles sphériques.

305. Forme des lentilles. — Les *lentilles sphériques* sont des corps transparents (verre, cristal) terminés par des surfaces sphériques.

On appelle *lentilles convergentes* celles qui sont plus épaisses au centre que sur les bords, et *lentilles divergentes* celles qui sont, au contraire, plus minces au centre que sur leurs bords.

Les lentilles convergentes rapprochent les uns des autres,

et les lentilles divergentes écartent, les rayons parallèles qui les traversent.

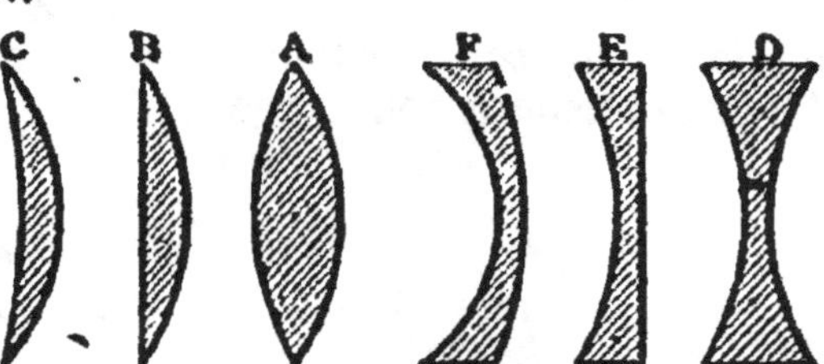

Fig. 245. — Lentilles.

Lentilles convergentes : C, ménisque convergent ; B, plan convexe; A, biconvexe.
— divergentes : F, ménisque divergent ; E, plan concave ; D, biconcave.

306. Éléments des lentilles. — On appelle *axe principal* d'une lentille la droite qui passe par les centres de courbure des deux faces sphériques. Si l'une des faces est plane, c'est la perpendiculaire menée du centre de la face sphérique sur la surface plane.

Fig. 246.
Convergence des rayons parallèles à l'axe.

On donne le nom de *foyer principal* au point F de l'axe vers lequel convergent les rayons parallèles à l'axe après avoir traversé la lentille.

Dans toute lentille sphérique, il existe un point appelé *centre optique,* tel que tout rayon lumineux qui traverse la lentille en passant par ce point sort sans déviation.

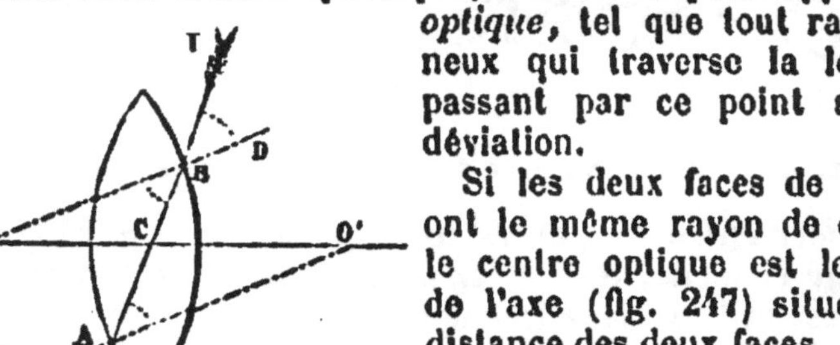

Fig. 247. — Centre optique.

Si les deux faces de la lentille ont le même rayon de courbure, le centre optique est le point C de l'axe (fig. 247) situé à égale distance des deux faces.

Tout rayon lumineux passant par le centre optique prend le nom d'*axe secondaire.*

307. Construction des images dans les lentilles convergentes. — Pour construire l'image d'un point A (fig. 248), on mène le rayon AL parallèle à l'axe principal; il passe par F, après réfraction; puis on trace le rayon AO du centre optique; on le considère comme ne se réfractant pas. La rencontre de xF'' et de AO donne A', l'image de A. En répétant la même construction pour les différents points de l'objet AB, on obtiendra son image A'B'.

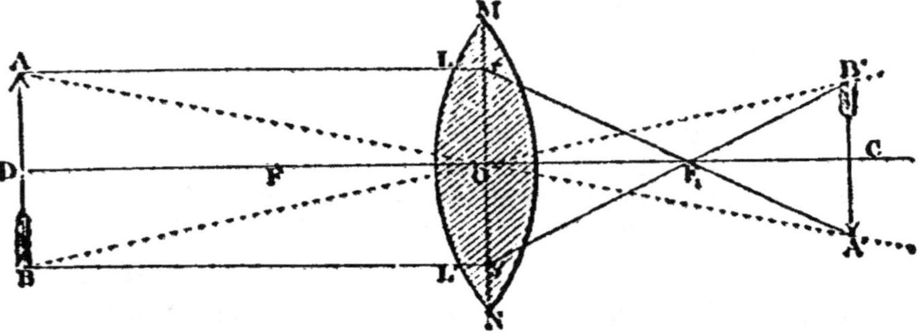

Fig. 248. — Marche des rayons lumineux dans une lentille biconvexe.
DC, axe principal; O, centre optique; F, F₁, foyers principaux.

En général, dans les lentilles convergentes :
Tout objet placé au delà des foyers principaux donne une image réelle, renversée et plus petite que l'objet (fig. 248).

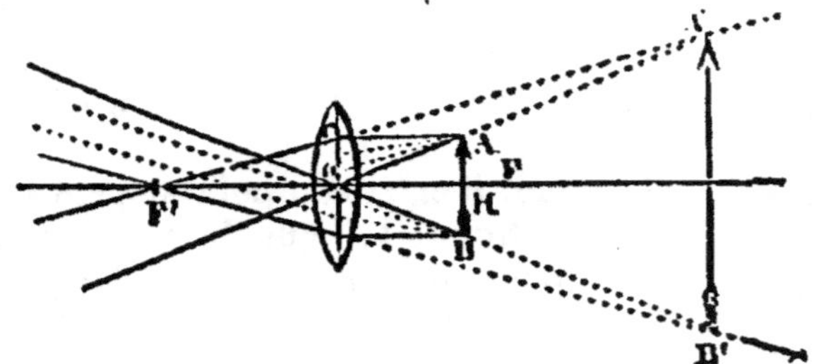

Fig. 249. — Formation de l'image virtuelle dans les lentilles convergentes.

Tout objet placé entre les foyers principaux FF' (fig. 249) *donne une image virtuelle, droite, et plus grande que l'objet.* Cette propriété est utilisée dans la loupe.

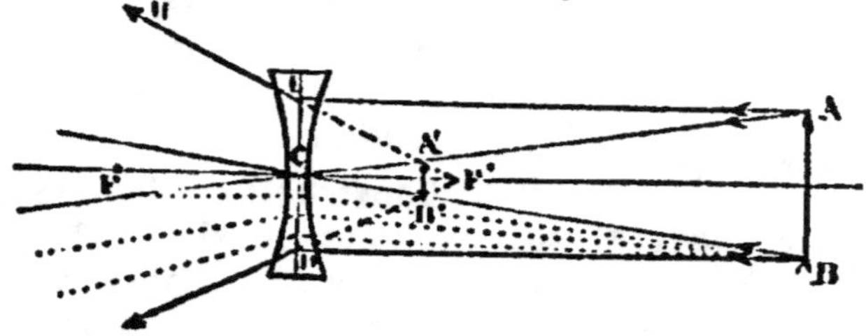

Fig. 250. — Construction de l'image d'une lentille divergente.

Les lentilles divergentes donnent toujours des images virtuelles, droites et diminuées (fig. 250).

III. Prisme.

308. Définition. — Le *prisme* (fig. 251) est, en optique, un solide transparent terminé par deux faces planes qui se coupent; l'intersection des faces forme l'*arête* du prisme; la *base* est la surface opposée à l'arête.

On appelle *section principale* du prisme toute section plane perpendiculaire à l'arête; c'est ce qu'on appelle en géométrie une section droite.

Fig. 251. — Prisme.

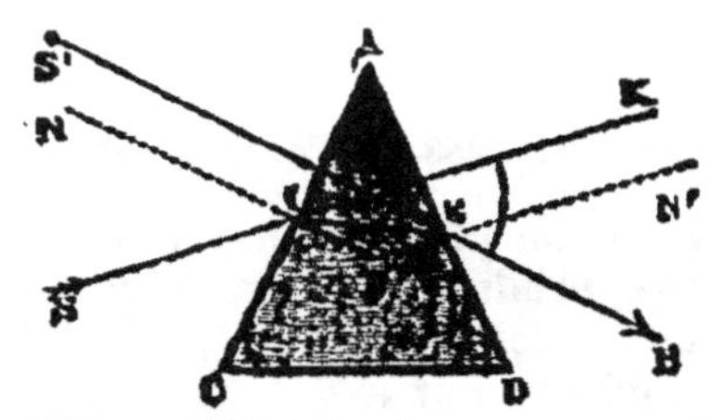

Fig. 252. — Réfraction à travers un prisme.

309. Propriétés du prisme. — Tout rayon lumineux qui traverse un prisme est dévié de sa direction primitive; de plus, si le rayon incident est fourni par le soleil, par exemple, il est coloré à sa sortie du prisme. On obtient donc une *déviation* et une *coloration* du rayon incident.

310. Déviation du rayon incident. — Soit un rayon incident SI (fig. 252) qui tombe sur la face CA. Il se réfracte en I, se rapproche de la normale NF en pénétrant dans le prisme, et prend la direction IE. A sa sortie dans l'air, en E, il s'écarte de la normale N'F, et prend la direction EB. L'angle KOB est *l'angle de déviation*.

311. Décomposition de la lumière blanche. — Si l'on fait tomber convenablement un faisceau de lumière solaire sur un prisme (fig. 253), et que l'on reçoive ce *faisceau réfracté* sur un écran, on obtient une succession de sept couleurs dans l'ordre suivant: *violet, indigo, bleu, vert, jaune, orangé, rouge;* le violet étant la couleur la plus déviée.

L'ensemble de ces couleurs forme le *spectre solaire*. Cette expérience montre que la lumière blanche n'est pas simple, mais se compose de sept couleurs appelées *couleurs principales*.

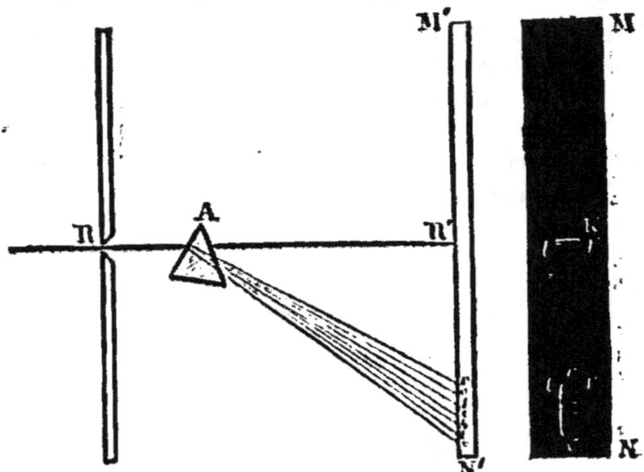

Fig. 253. — Formation du spectre.

L'*arc-en-ciel* est un phénomène lumineux, formé des sept couleurs du spectre solaire, produit par la *réflexion totale* et la *réfraction* des rayons solaires dans les gouttes de pluie (fig. 254). Pour apercevoir l'arc-en-ciel, il faut tourner le dos au soleil et avoir en face de soi des nuages à pluie.

On appelle *halos* des cercles irisés que l'on voit quelquefois autour du soleil; ils proviennent de la décomposition de la lumière solaire par les prismes de glace des cirrus. Les *couronnes* sont des cercles plus pâles que les halos : ils se produisent au passage d'un nuage léger devant le soleil ou la lune.

312. Recomposition de la lumière blanche. — On peut faire la synthèse de la lumière blanche à l'aide des couleurs élémentaires.

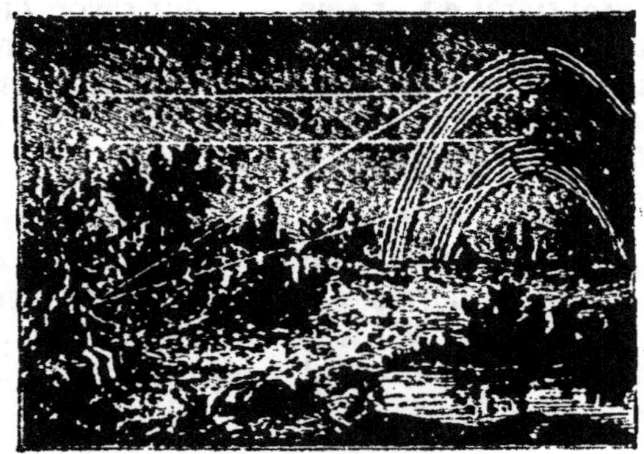

Fig. 254. — Arc-en-ciel.

1° On les dispose par ordre, suivant les secteurs d'un cercle, *disque de Newton* (fig. 255). On imprime à ce cercle un rapide mouvement de rotation; l'œil ne perçoit alors qu'une couleur blanche;

2° On fait tomber le *faisceau coloré* sur une lentille convergente (fig. 256); on constate alors que l'image formée sur un écran E, par la réunion des couleurs du spectre, est une image blanche.

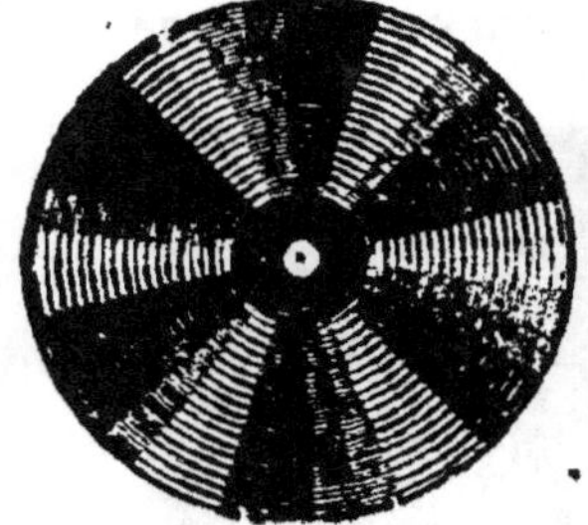

Fig. 255.
Disque de Newton.

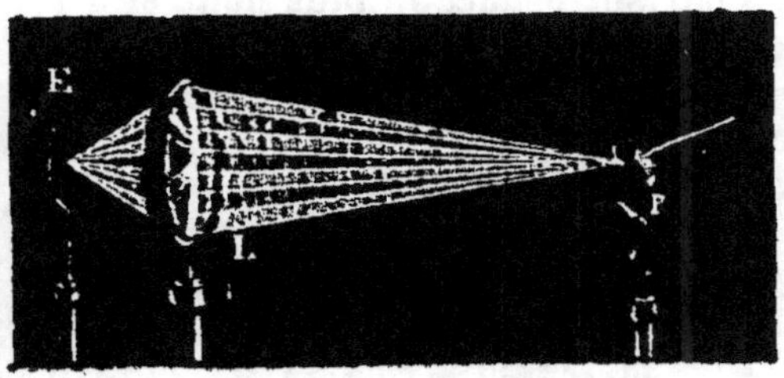

Fig. 256. — Synthèse de la lumière blanche
à l'aide d'une lentille.

QUESTIONNAIRE. — Comment se comporte un rayon lumineux qui passe obliquement de l'air dans l'eau ? — *Qu'est-ce qu'un prisme à réflexion totale ? Expliquez brièvement le phénomène du mirage.*

Qu'appelle-t-on lentilles sphériques ? — Donnez les différentes formes des lentilles convergentes et des lentilles divergentes. — Pourquoi leur donne-t-on ces dénominations ? — Quels sont les éléments des lentilles, et donnez-en la définition. — Qu'est-ce que le centre optique ? De quelle propriété jouit-il ? — Comment construit-on l'image d'un point donné par une lentille convergente ? — Déduisez-en l'image d'un objet situé : 1° au delà de l'un des centres de courbure ; 2° entre un foyer et la lentille.

Quelles sont les propriétés du prisme ? — Construisez la marche d'un rayon qui traverse un prisme. Nommez par ordre les couleurs du spectre. — *Comment peut-on reconstituer la lumière blanche au moyen des couleurs du spectre ?*

EXERCICES. — 1. Dans quel rapport sont les surfaces de l'objet et de son image quand leurs distances au centre optique de la lentille sont respectivement de 4^m80 et 0^m90 ?

2. Sous quel angle est rencontrée la seconde surface d'un prisme par le rayon lumineux qui est tombé normalement sur la première surface quand l'angle du sommet du prisme est 45° — 50° — 60° ?

3. Démontrer que l'angle au sommet d'un prisme égale la somme de deux angles de réfraction intérieure d'un rayon lumineux quelconque qui traverse le prisme.

4. L'angle au sommet d'un prisme est de 60°, un des angles de réfraction intérieure égale 30°. Trouver que les angles d'incidence et d'émergence sont égaux.

CHAPITRE III

PRINCIPAUX INSTRUMENTS D'OPTIQUE

313. Chambre noire (fig. 257). — Si, dans une chambre complètement obscure (*chambre noire*), on pratique une ouverture de petite dimension sur l'une des parois, on voit sur un écran convenablement éloigné l'image renversée des objets extérieurs.

L'image devient beaucoup plus nette si à l'ouverture on place une lentille convergente.

Fig. 257. — Formation des images dans la chambre noire.

314. Loupe. — La *loupe* ou *microscope simple* (fig. 258) est formée par une lentille convergente; on place l'objet à observer entre la lentille et son foyer principal; on obtient ainsi une image droite et plus grande que l'objet.

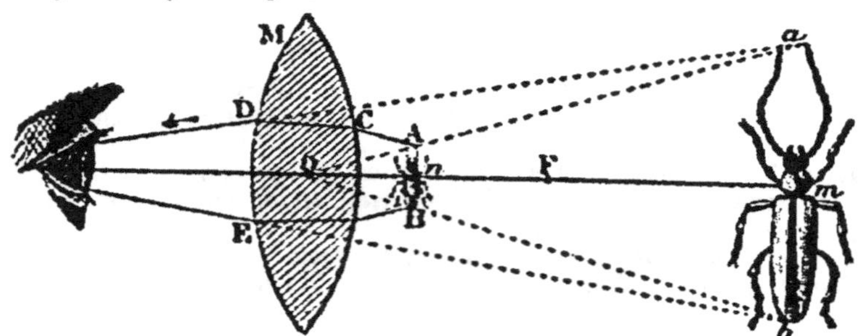

Fig. 258. — Loupe.

On emploie la loupe sous le nom de *compte-fils* pour étudier la texture et la nature des tissus, elle sert au naturaliste pour examiner les êtres (animaux, plantes, etc.) de petites dimensions.

315. Microscope. — Le *microscope* (fig. 259) est un appareil formé de deux systèmes de lentilles convergentes, l'*oculaire* et l'*objectif*; ces lentilles sont disposées de manière à produire des grossissements considérables.

Le microscope est muni d'une lentille convergente L destinée à éclairer les objets que l'on place sur la plate-forme P, et d'un réflecteur M pour éclairer ces objets par-dessous quand on veut les observer par transparence.

Le microscope a permis de faire de nombreuses découvertes et d'étudier tout un monde d'êtres dits *microscopiques*, dont on ne soupçonnait pas même l'existence avant l'invention de ce merveilleux instrument. Il permet de reconnaître un grand nombre de falsifications; il signale souvent l'existence de nombreux microbes qui sont autant de germes de maladies contagieuses.

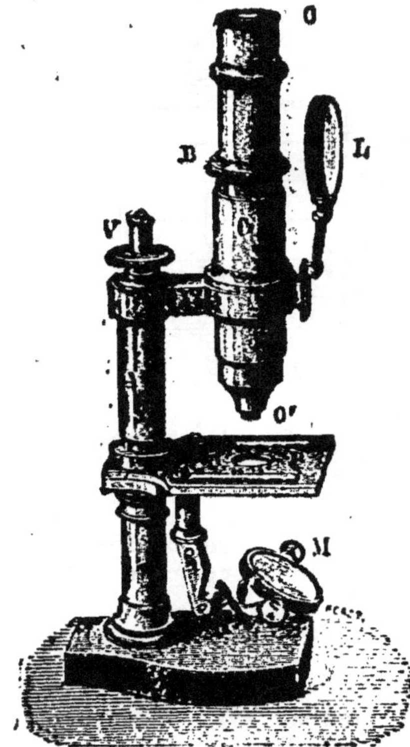

Fig. 259. — Microscope.
B, corps de l'appareil; O, oculaire; O', objectif; V, vis de réglage; P, porte-objet; L, loup; M, miroir.

316. Appareil de projection. — L'*appareil de projection* (fig. 260) a pour but d'agrandir les images et de les projeter sur un écran afin de les rendre visibles à plusieurs observateurs à la fois.

On prend généralement pour source lumineuse la lumière Drummond, fournie par l'incandescence d'un bâton de chaux F sous l'action du chalumeau à gaz oxyhydrique H. Un miroir M réfléchit les rayons lumineux et les renvoie sur la lentille convergente C, qui les concentre, et éclaire fortement l'objet AB. L'objectif O donne alors une image A' B' que l'on reçoit sur un écran.

La *lanterne magique* (fig. 261) repose sur le même principe que l'appareil de projection. Les images sont d'autant plus vives, que l'agrandissement est plus faible; leur éclat varie en raison inverse du carré de leur distance à l'objectif.

317. Microscope solaire. — Le *microscope solaire* est analogue à l'appareil de projection; il n'en diffère que par l'objectif, qui est plus puissant, et par le foyer lumineux, qui est constitué par un faisceau de lumière solaire.

318. Télescope. — Le *télescope* (fig. 262) est un instrument qui fournit une image très agrandie des astres; il est formé d'un grand tube au fond duquel se trouve un miroir concave; près du foyer de ce miroir se produit l'image de l'astre, qu'on observe au moyen d'un oculaire grossissant.

319. Lunette astronomique. — La *lunette astronomique* (fig. 263) comprend, comme le microscope, un *objectif* et un *oculaire*, avec cette différence que l'objectif est à long foyer et l'oculaire à courte distance focale; cette lunette fournit une image renversée, ce qui est indifférent pour l'observation des astres.

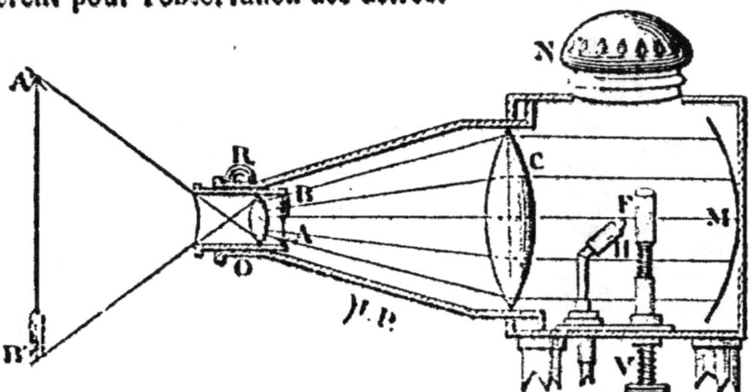

Fig. 260. — Appareil de projection.
F, foyer lumineux; C, condensateur de la lumière; AB, objet à projeter ;
O, objectif grossissant; R, vis de réglage; A'B', image.

La *lunette terrestre* ou *longue-vue* est analogue à la lunette astronomique; un *chariot* placé à l'intérieur du tube porte un *système redresseur*, formé de plusieurs lentilles, qui donnent une image droite.

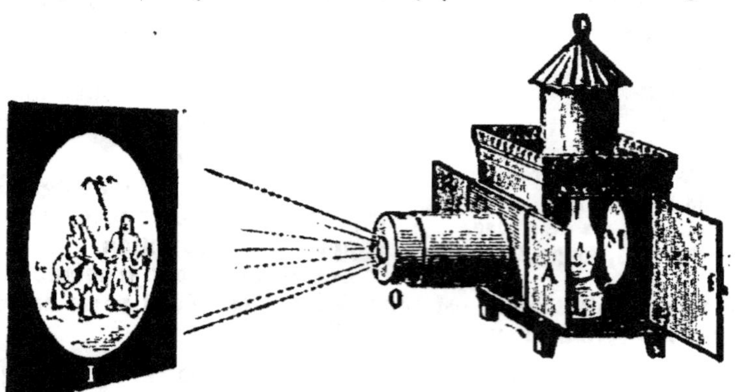

Fig. 261. — Lanterne magique.
O objectif; A, objet ; L, foyer lumineux; I, image ; M, réflecteur.

La *lunette de Galilée* ou *lorgnette* est une lunette terrestre à oculaire divergent ; elle fournit une image droite sans employer de système redresseur. Les *jumelles* sont formées de deux lunettes accouplées.

320. Chambre noire photographique. — Lorsqu'on place une lentille convergente à l'ouverture de la chambre noire (fig. 261), on obtient sur la paroi opposée une image très nette des objets qui sont à une *certaine distance* de la lentille. *La photographie permet de fixer et de reproduire l'image de la chambre noire.*

321. Manipulations. — 1° *Préparation de la plaque sensible.* — On prend une plaque de verre bien nettoyée; sur l'une de ses faces

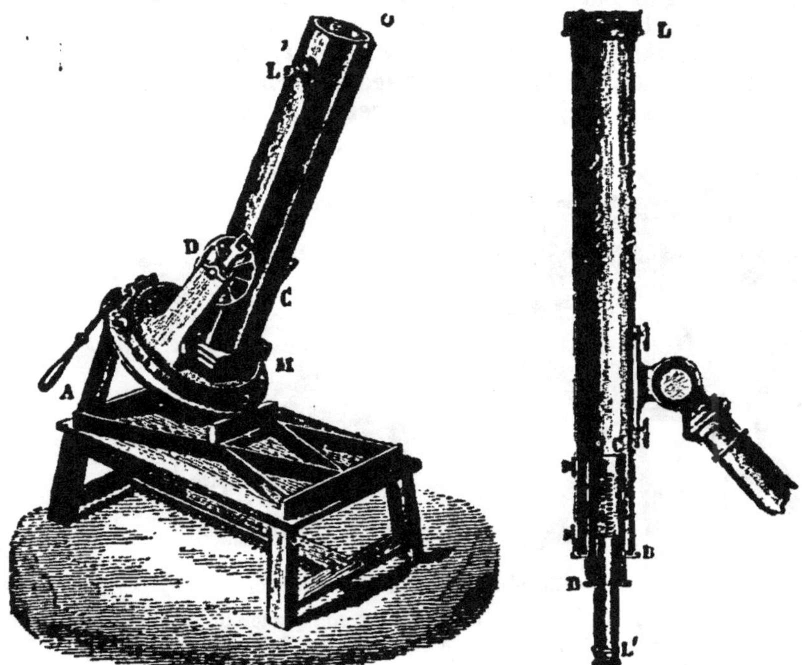

Fig. 262.

Télescope de Foucault.
O, ouverture du télescope; OC, tube du télescope, en bois ou en métal; M, place
du miroir; L, oculaire.

Fig. 263.

Lunette astronomique.
L, oculaire; L', objectif;
BL, porte-objectif;
EI', porte oculaire.

on dépose une couche de *collodion* photographique contenant de l'iodure de potassium en dissolution, puis on verse sur cette couche une

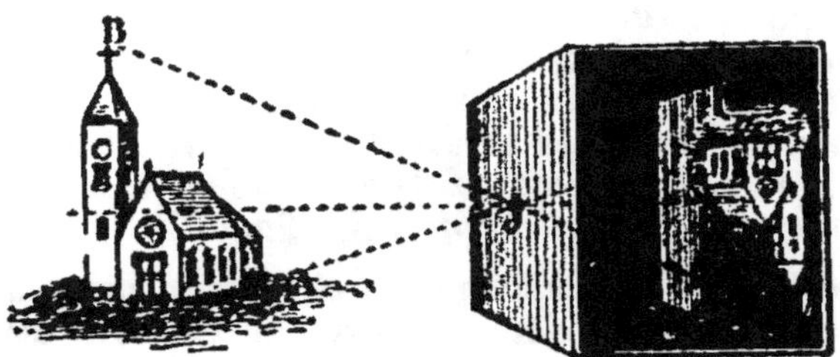

Fig. 264. — Chambre noire.

dissolution d'azotate d'argent. Il se forme de l'iodure d'argent très
altérable à la lumière; c'est pourquoi cette manipulation doit se faire
dans un cabinet noir, éclairé seulement par une vitre de couleur

jaune, cette couleur étant sans action sur le sel d'argent ainsi préparé. A partir de ce moment il faut conserver la plaque à l'abri de la lumière.

2° *Exposition de la plaque à l'impression lumineuse.* — Pour soumettre la plaque à l'influence lumineuse, on se sert de la *chambre noire de photographe* (fig. 265); *on met au point,* c'est-à-dire que l'on règle l'appareil de manière que l'image se forme nette et claire sur la paroi opposée à l'objectif; puis on remplace cette paroi par la

Fig. 265. — Chambre noire de photographe.

1. Chambre noire à tiroir; O, tube de l'objectif avec son pignon denté *r*; C. obturateur; B', boîte ouverte glissant dans la chambre B; E, châssis mobile portant un verre dépoli pour la mise au point.
2. Châssis S avec sa planchette R à charnière, destiné à recevoir la plaque sensible.

plaque préparée, et placée dans un châssis qui la garantit de l'action de la lumière. L'objectif étant fermé par un obturateur, on soulève l'écran E pour mettre la plaque à découvert du côté de la chambre noire, on ôte l'obturateur pendant un instant, puis on rabaisse l'écran, et on le porte dans le cabinet noir pour procéder au développement de l'image.

3° *Développement et fixation de l'image.* — On immerge la plaque dans un *bain révélateur* qui est souvent une dissolution de sulfate de fer. Les parties claires du dessin *apparaissent* en noir, et les ombres en clair; on fixe alors l'image en enlevant le sel d'argent qui n'a pas été attaqué par la lumière, au moyen d'une dissolution d'hyposulfite de soude. On obtient ainsi un *cliché négatif* (fig. 266).

4° *Épreuve positive.* — On applique le cliché sur une feuille de papier rendue sensible à la lumière au moyen du chlorure d'argent, puis on l'expose à la lumière du jour. Le papier noircit plus ou moins énergiquement suivant que la lumière traverse les régions plus ou moins claires du cliché, et l'on obtient ainsi, sur le papier, après un certain temps, une *image positive* (fig. 267), c'est-à-dire une image dont les *clairs* et les *ombres* correspondent à ceux du modèle. Il suffit

de la fixer en enlevant l'excès de sel d'argent par un lavage à.l'hypo-
sulfite.de soude.

Fig. 266. — Cliché négatif.

Fig. 267. — Épreuve positive.

322. Photomicrographie. — Parmi les nombreuses applications de
la photographie, il faut rappeler la *photomicrographie,* qui a pour but
de reproduire des figures, dessins, etc., avec des dimensions microscopiques, puis d'agrandir ces reproductions lorsqu'il en est besoin.
C'est ainsi qu'on a pu condenser trois cents pages in-folio sur l'une
des faces d'une pellicule de collodion, le tout pesant à peu près un
demi-gramme.

*QUESTIONNAIRE. — De quoi se compose la loupe ? — De quoi est formé le mi-
croscope ? — Quels sont les principaux instruments d'optique qui rapprochent
les objets ? Décrivez l'appareil de projection et expliquez la formation des
images.*

*Dans la photographie, comment prépare-t-on la plaque sensible ? — Qu'est-ce
que la mise au point ? — Comment obtient-on le développement de l'image ?
Comment ensuite la fixe-t-on ? — Expliquez comment on obtient des épreuves
positives. — Quel est le but de la photomicrographie ?*

CHIMIE

NOTIONS PRÉLIMINAIRES

I. Définitions.

1. Objet de la chimie. — La *Chimie* est une science qui étudie la constitution intime des corps et les phénomènes qui en changent la nature. On la divise ordinairement en *chimie minérale* et en *chimie organique.*

La *chimie minérale* étudie les corps bruts ou inorganiques, et la *chimie organique* s'occupe de l'étude des éléments qui entrent dans la composition des tissus végétaux et animaux.

2. Corps simples et corps composés. — Les *corps simples* ou *éléments* sont ceux dont on n'a pu jusqu'ici extraire qu'une seule substance (fer, soufre). Les *corps composés* sont ceux desquels on peut tirer plusieurs corps simples (eau, craie).

Propriétés des corps. — Les corps se distinguent les uns des autres par leurs propriétés *physiques* et *chimiques.*

Les *propriétés physiques* sont celles par lesquelles les corps impressionnent les organes des sens (*propriétés organoleptiques*). Telles sont la couleur, l'odeur, la saveur. Ainsi, le soufre est jaune, l'odeur de l'ammoniaque est suffocante, la saveur de la glycérine est sucrée.

On appelle encore propriétés physiques celles par lesquelles les corps peuvent subir des modifications qui n'altèrent en rien leur constitution chimique. Tels sont les changements d'état par dissolution, par fusion, etc.

Les *propriétés chimiques* sont celles par lesquelles les corps, mis en contact, exercent réciproquement les uns sur les autres des actions spéciales, auxquelles on donne le nom de *réactions chimiques.*

Les réactions chimiques peuvent se manifester par un précipité, par un changement de coloration, par une effervescence, par une élévation de température.

Un *précipité* est un dépôt qui se forme dans un liquide lorsque deux corps, ordinairement liquides ou en dissolution, ont réagi l'un sur l'autre. Ainsi, en versant un peu d'acide sulfurique dans une dissolution de chlorure de baryum, on obtient un précipité blanc (fig. 1).

Fig. 1. — Formation d'un précipité.

Les réactions chimiques occasionnent fréquemment des *changements de coloration*. Quelques gouttes d'un acide quelconque font passer au rouge la teinture bleue de tournesol.

L'*effervescence* est le dégagement d'un gaz à travers un liquide. Un morceau de craie sur lequel on verse un acide ou simplement du vinaigre donne une effervescence due à un dégagement d'acide carbonique (fig. 2).

Fig. 2. — Effervescence d'acide carbonique.

Une réaction chimique détermine souvent une *élévation de température* sensible au thermomètre. Quelques gouttes d'eau sur un morceau de chaux vive, ou quelques gouttes d'acide sulfurique sur de la baryte anhydre produisent une forte élévation de température.

8. **Combinaison.**—On appelle *combinaison* l'action réciproque de deux ou plusieurs corps donnant, pour produit final, un corps qui diffère, par ses propriétés, de ceux qui ont servi à le former.

La combinaison s'effectue toujours suivant des proportions rigoureusement définies pour chacun des composants.

La combinaison se distingue du *mélange* en ce que, dans celui-ci, chacun des éléments composants conserve ses propriétés particulières ; ces composants peuvent d'ailleurs se mélanger en proportions tout à fait arbitraires. Ainsi, l'air est un mélange et l'eau une combinaison. Si on broie dans un mortier de la limaille de fer et du soufre, on obtient un mélange ; le fer et le soufre y existent encore avec leurs propriétés respectives. On peut les séparer, soit en attirant la limaille de fer au moyen d'un aimant, soit en jetant le mélange dans l'eau : la limaille tombe au fond et le soufre surnage. Mais si on vient à chauffer ce mélange, les deux corps se *combinent*, et l'on obtient une substance noire, n'ayant ni les propriétés du fer ni celles du soufre, et dans laquelle il est impossible de distinguer la moindre parcelle de ces deux corps.

4. Affinité. — L'*affinité* est la tendance que possède un corps à se combiner à un autre. Elle peut être modifiée par la cohésion, la chaleur, l'électricité, etc.

Quand un corps est chassé d'une combinaison dont il fait partie (*état naissant*), les phénomènes calorifiques qui accompagnent cette décomposition lui communiquent une affinité très énergique qui permet de le faire entrer facilement dans une autre combinaison.

5. Lois des combinaisons. — Les combinaisons chimiques se font toujours suivant certaines lois définies qui sont les suivantes :

1º Loi des poids ou de Lavoisier. — *Le poids d'un corps composé est égal à la somme des poids des corps composants.*

2º Loi de Proust ou des proportions définies. — *Les poids de deux corps qui se combinent pour former un même composé sont entre eux dans des proportions déterminées et constantes.* Par exemple, si on chauffe ensemble du fer et du soufre, on constate que les poids respectifs de ces deux corps qui se sont combinés sont toujours entre eux comme les nombres 28 et 16. Par conséquent, en chauffant 23 grammes de fer avec 20 grammes de soufre, il resterait 4 grammes de soufre qui ne se combineraient pas.

3º Loi de Dalton ou des proportions multiples. — *Il y a toujours un rapport simple entre les différents poids d'un corps qui s'unissent à un même poids d'un autre corps pour former différents composés.*

Ainsi, par exemple, un même poids d'azote peut se combiner avec différents poids d'oxygène pour former des composés tous différents ; mais ces poids d'oxygène, qui se combinent à un même poids d'azote, sont toujours entre eux comme les nombres 1, 2, 3, 4 et 5 ;

4º Loi de Gay-Lussac ou des volumes. — *Les volumes des gaz qui se combinent sont toujours en rapport simple et constant. Le volume du composé gazeux formé est à la somme des volumes des gaz qui se sont combinés dans un rapport simple et constant.*

Par exemple, 2 vol. de chlore se combinent à 2 vol. d'hydrogène pour former 4 vol. d'acide chlorhydrique ; 2 vol. d'hydrogène se combinent à 1 vol. d'oxygène pour former 2 vol. de vapeur d'eau.

6. Équivalents. — On appelle *équivalents chimiques* les poids différents de chaque corps qui peuvent se remplacer dans les combinaisons. Par convention, les équivalents sont rapportés à celui de l'hydrogène pris pour unité. Ainsi, 1 gr. d'hydrogène peut se combiner à 8 gr. d'oxygène, à 16 gr. de soufre, à 6 gr. de carbone ; d'autre part, 33 gr. de zinc, 28 gr. de fer, peuvent remplacer 8 gr. d'oxygène ou 16 gr. de soufre, etc.

dans ces combinaisons; ces nombres 8, 16, 6, 33, 28 sont les équivalents des différents corps.

7. **Analyse et synthèse.** — L'*analyse* est une opération qui consiste à décomposer un corps en ses éléments. Elle est *qualitative* quand elle ne détermine que la nature de ces éléments; *quantitative*, quand elle fait connaître en outre les quantités relatives des éléments qui constituent le corps.

La *synthèse* est l'inverse de l'analyse; elle reconstitue le corps à l'aide de ses éléments.

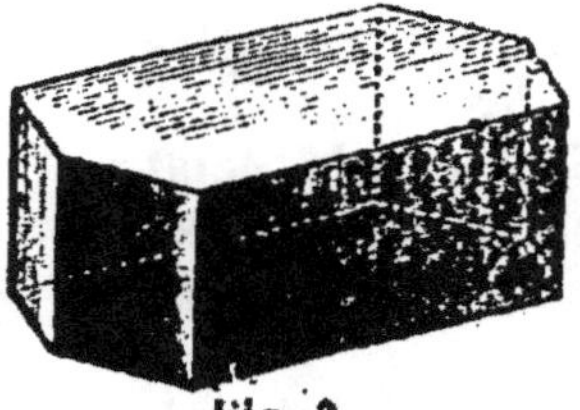

Fig. 3.
Cristal de sucre candi.

8. **Cristallisation.** — La *cristallisation* est le passage d'un corps à l'état solide lorsque, en se solidifiant, ce corps prend certaines formes géométriques déterminées (fig. 3).

Un corps qui n'est pas cristallisé est dit *amorphe*.

Procédés de cristallisation. — La cristallisation des corps peut s'obtenir par *voie sèche* ou par *voie humide*.

Cristallisation par voie sèche. — Elle comprend deux méthodes, suivant que l'on emploie la *fusion* ou la *sublimation*.

Fig. 4.
Cristallisation
du soufre.

Dans le premier cas, on fait fondre le corps dans un creuset, puis on le laisse un peu refroidir; on perce la croûte superficielle, et on décante le liquide en excès. On observe alors des cristaux sur la surface du creuset (cristall. du soufre, fig. 4).

Dans le second cas, on chauffe le corps, et l'on fait arriver les vapeurs dans un récipient convenablement refroidi (sublimation de l'iode).

Cristallisation par voie humide. — On dissout le corps dans un liquide convenable qu'on laisse ensuite évaporer lentement.

Une assiette pleine d'eau salée et exposée à l'air fournit des cristaux cubiques de sel.

On peut hâter l'évaporation en chauffant la dissolution; une partie du liquide passe à l'état de vapeur, l'autre partie se sature de plus en plus et finit par laisser déposer des cristaux. Ou bien

Fig. 5. — Cristallisation du sucre.

on chauffe le liquide, et on le sature du corps que l'on veut cristalliser : les cristaux se forment alors par refroidissement (cristall. du sucre, fig. 5).

II. Nomenclature chimique.

9. Définition. — La *nomenclature chimique* est l'ensemble des règles adoptées en chimie pour former les noms des corps. Elle est due en grande partie à Lavoisier, chimiste français.

10. Nomenclature des corps simples. — Les corps simples sont divisés en deux groupes, les métalloïdes et les métaux.

Les *métaux* sont doués d'un éclat particulier appelé éclat métallique; ils sont bons conducteurs de la chaleur et de l'électricité, et forment en se combinant à l'oxygène au moins une base.

Les *métalloïdes* sont généralement dépourvus de l'éclat métallique : ils sont mauvais conducteurs de la chaleur et de l'électricité et forment avec l'oxygène au moins un acide.

Les corps simples déjà connus avant Lavoisier ont conservé leur nom; ceux qui ont été découverts après lui ont reçu des noms qui rappellent une de leurs propriétés caractéristiques.

11. Nomenclature des corps composés. — Les corps composés sont dits binaires, ternaires, quaternaires, suivant qu'ils renferment deux, trois ou quatre corps simples.

Composés binaires. — Un composé binaire peut résulter de la combinaison : 1° de l'oxygène avec un autre corps simple (*acides* ou *oxydes*); 2° de l'hydrogène avec un métalloïde (*hydracides*); 3° de deux corps simples autres que l'oxygène et l'hydrogène (*composés haloïdes*).

12. Acides. — Les *acides* ont généralement une saveur aigrelette ou brûlante et possèdent la propriété de rougir la teinture bleue de tournesol.

Les acides formés par l'oxygène portent le nom d'*oxacides*.

Dénomination des oxacides. — Si l'oxygène ne forme avec un métalloïde qu'un seul acide, on le nomme en terminant le nom du métalloïde en *ique*. *Ex. :* acide carbon*ique*.

2° Lorsqu'il en forme deux, le plus oxygéné se termine en *ique*, et l'autre en *eux*. *Ex. :* acide arsén*ique*, acide arsén*ieux*.

3° Lorsqu'il en forme plus de deux, on les désigne en faisant précéder les noms des acides en *ique* et en *eux* des préfixes *hypo* (au-dessous) et *per* (au-dessus).

Ainsi, le chlore forme avec l'oxygène cinq acides qui sont, en commençant par le plus oxygéné : les acides *perchlorique*, *chlorique*, *hypochlorique*, *chloreux* et *hypochloreux*.

13. Oxydes. — Les *oxydes* sont des composés binaires résultant généralement de la combinaison d'un métal avec l'oxygène.

On appelle *oxydes basiques*, ou simplement *bases*, ceux qui ont la propriété de pouvoir s'unir aux acides pour former des sels. Ainsi, la chaux est une base; car, combinée à l'acide carbonique, elle donne un sel qui est la craie. Les bases solubles ramènent au bleu la teinture de tournesol rougie par un acide.

On appelle *oxydes neutres* ceux qui ne peuvent se combiner aux acides; ils sont sans action sur le tournesol rougi.

Dénomination des oxydes. — Lorsque l'oxygène ne forme avec un corps simple qu'un seul oxyde, on le nomme en faisant suivre le mot *oxyde* du nom d'un corps simple. *Ex. : oxyde* de carbone.

Si l'oxygène forme avec un corps simple plusieurs oxydes, on les distingue les uns des autres en faisant précéder le mot *oxyde* des préfixes *proto, sesqui, bi, per,* suivant la quantité relative d'oxygène qu'ils renferment. *Ex. : protoxyde, sesquioxyde, bioxyde, peroxyde* de manganèse.

La tendance actuelle est de désigner par les terminaisons *eux* et *ique* les oxydes au minimum et au maximum d'oxydation. Ainsi, l'on dit souvent oxyde ferreux, cuivreux, etc., ferrique, cuivrique, etc.

Plusieurs oxydes ont conservé les noms sous lesquels on les désignait autrefois; ce sont, par ex. : la *chaux* (ox. de calcium), la *potasse* (ox. de potassium), la *soude* (ox. de sodium), la *magnésie* (ox. de magnésium), l'*eau* (ox. d'hydrogène).

14. Hydracides. — Pour désigner un hydracide, on termine le nom du corps simple qui l'a formé par le suffixe *hydrique.* *Ex. :* acide chlor*hydrique*, fluor*hydrique.*

15. Composés haloïdes. — Ces composés peuvent être formés par deux métalloïdes, par deux métaux, par un métalloïde et un métal, et quelquefois par plus de deux corps simples.

Si le composé est formé de deux métalloïdes ou d'un métalloïde et d'un métal, on nomme d'abord le corps le plus électro-négatif[1], qu'on termine par le suffixe *ure*, puis on le fait suivre du nom de l'autre corps. *Ex.:* chlor*ure* de soufre, iod*ure* de fer.

Si le corps électro-négatif entre dans la combinaison pour plusieurs équivalents, on fait précéder son nom des particules *bi, tri, sesqui... Bichlorure* d'étain, *sesquichlorure* de carbone.

La combinaison des deux métaux se nomme *alliage* (n° 147).

___

[1] On nomme corps *électro-négatif*, celui qui, dans la décomposition par la pile, se rend au pôle positif, et *électro-positif* celui qui se rend au pôle négatif.

16. Sels. — Un *sel* est le résultat de la combinaison d'un oxacide ou d'un hydracide avec une base.

Dénomination des sels. — On désigne un sel en nommant d'abord l'acide, dont on change la terminaison *ique* en *ate* ou *eux* en *ite*[1] : on nomme ensuite la base. Ainsi, les acides chlorique et hypochloreux, combinés à la chaux, donnent du chlorate et de l'hypochlorite de chaux.

Si l'acide ou la base sont en proportion multiple par rapport à l'autre élément, on emploie les préfixes *sesqui, bi, tri. Ex. :* bicarbonate de soude, phosphate *tri*basique de chaux.

III. Notation chimique.

17. Définition. — On appelle *notation chimique* un ensemble de conventions qui permettent d'abréger l'écriture du nom des corps et de représenter par des égalités rigoureuses les diverses réactions chimiques. Elle est due à Berzélius, chimiste suédois.

18. Formules chimiques. — Les *formules* ou *symboles* sont des abréviations conventionnelles que l'on emploie pour représenter le nom des corps.

Corps simples — Les corps simples se représentent ordinairement par la première lettre de leur nom. *Ex. :* H, hydrogène ; O, oxygène ; C, carbone. Cette lettre représente aussi l'équivalent chimique du corps.

Si plusieurs noms commencent par la même lettre, on se sert de deux lettres. *Ex. :* Ca, calcium ; Cl, chlore.

Composés binaires. — Les composés binaires sont représentés par la réunion des deux symboles en écrivant d'abord le corps électro-positif. *Ex. :* CO. oxyde de carbone ; CaS, sulfure de calcium.

Si un corps composé contient plusieurs équivalents d'un même élément, on en indique le nombre par un chiffre placé en exposant. *Ex. :* L'acide carbonique, qui contient deux équivalents d'oxygène ; le sulfure de carbone, qui contient deux équivalents de soufre, s'écriront CO^2 et CS^2.

Si le chiffre était placé en avant du composé, il représenterait un nombre d'équivalents de ce composé. Ainsi, trois équivalents d'acide carbonique s'écrivent $3CO^2$.

Sels. — Pour représenter un sel, on écrit d'abord la base, puis l'acide, et on les sépare par une virgule. *Ex. :* CaO,CO^2, carbonate de chaux ; KO,ClO^5, chlorate de potasse.

S'il entrait plus d'un équivalent de la base ou de l'acide, on

---

[1] Pour les acides sulfurique et phosphorique, on dit *sulfate* et *phosphate*, et non *sulfurate* et *phosphorate*.

mettrait le nombre en évidence. *Ex. :* KO,2SO³, bisulfate de potasse ; 3CaO,PO⁵, phosphate tribasique de chaux.

Si l'on voulait représenter un certain nombre d'équivalents d'un sel, on mettrait le symbole du sel entre parenthèses. Ainsi, cinq équivalents de bisulfate de potasse ou de phosphate tribasique de chaux s'écriront : 5(KO,2SO³) ; 5(3CaO,PO⁵).

10. Équation chimique. — Une *équation chimique* est une traduction, sous forme algébrique, des relations qui existent entre les équivalents, et par conséquent entre les poids des corps réagissant dans une combinaison, et ceux des composés formés. Le poids total des éléments ou le nombre des équivalents de chaque corps simple du premier membre doit se retrouver intégralement dans le second membre.

Ainsi, la préparation de l'hydrogène par le zinc, l'eau et l'acide sulfurique, se traduit par l'équation :

$$Zn + SO^3,HO = ZnO,SO^3 + H$$

Les équivalents du zinc, du soufre, de l'oxygène et de l'hydrogène étant respectivement 33, 16, 8 et 1, on a :

$$Zn + SO^3,HO = ZnO,SO^3 + H$$
$$33 + 49 = 81 + 1$$

Ces considérations servent de base à la résolution de la plupart des problèmes élémentaires de Chimie.

Exemple : Quel poids de zinc faut-il employer pour obtenir 100 gr. de sulfate de zinc (ZnO,SO³)?

L'équivalent du zinc étant 33 et celui du sulfate de zinc 81, pour obtenir 1 gr. de sulfate, il faut $^{33}/_{81}$ de zinc, et, pour en obtenir 100 gr., il en faudra :

$$\frac{33 \times 100}{81} = 41 \text{ gr. } 97.$$

ÉQUIVALENTS DES PRINCIPAUX CORPS SIMPLES

MÉTALLOIDES	Symb.	Équiv.	MÉTAUX	Symb.	Équiv.		Symb.	Équiv.
Arsenic.....	As	75	Aluminium..	Al	14	Magnésium.	Mg	12
Azote.......	Az	14	Antimoine...	Sb	120	Manganèse.	Mn	27,5
Bore........	Bo	11	Argent......	Ag	108	Mercure ...	Hg	100
Brome	Br	80	Baryum......	Ba	68,5	Nickel.....	Ni	29,5
Carbone....	C	6	Bismuth....	Bi	106	Or.........	Au	98,2
Chlore	Cl	35,5	Calcium	Ca	20	Palladium..	Pa	53,25
Fluor	Fl	19	Chrome.....	Cr	26	Platine	Pt	98,5
Iode........	Io	127	Cobalt......	Co	29,5	Plomb.....	Pb	103,5
Oxygène....	O	8	Cuivre......	Cu	31,5	Potassium.	K	39
Phosphore..	P	31	Étain.......	Sn	59	Sodium....	Na	23
Silicium.,...	Si	14	Fer.........	Fe	28	Strontium..	Sr	43,75
Soufre......	S	16	Hydrogène..	H	1	Zinc.......	Zn	33

Tableau résumant les lois de la Nomenclature chimique.

OXYDES	1 équiv. d'ox. et 1 équiv. du corps simple.	oxyde de (*corps simple*).
	2 — — 1 — — —	bioxyde de (*id.*).
	3 — — 2 — — —	sesquioxyde de (*id.*).
ACIDES OXYGÉNÉS	1 SEUL ACIDE	acide (*métalloïde*) ique.
	2 ACIDES — le moins oxygéné.	— (*id.*) eux.
	— le plus —	— (*id.*) ique.
	3 ACIDES — le moins oxygéné	— (*id.*) eux.
	—	ac. hypo (*id.*) ique.
	— le plus —	acide (*id.*) ique.
	4 ou 5 ACIDES — le moins oxygéné.	ac. hypo (*id.*) eux.
	—	acide (*id.*) eux.
	—	ac. hypo (*id.*) ique.
	—	acide (*id.*) ique.
	— le plus —	ac. per (*id.*) ique.
HYDRACIDES	— Les comp. binaires hydrogénés ne forment qu'un *acide*, ac (*métalloïde*) hydrique.	
COMPOSÉS BINAIRES NE RENFERMANT ni O ni H	1 équiv. du métalloïde et 1 équiv. du corps simple	(*métalloïde électro-négatif*) ure de...
	2 — — 1 — — — bi (*id.*) ure de...
	3 — — 1 — — — tri (*id.*) ure de...
	4 — — 2 — — — sesqui (*id.*) ure de...
SELS	Les acides en *ique* forment des sels en *ate*; les acides en *eux* forment des sels en *ite*.	
	1 équiv. d'acide et 1 équiv. de base.	(*acide*) ate ou ite de (*base*).
	2 — —	(*id.*) ate ou ite bibasique de (*base*).
	3 — —	(*id.*) ate ou ite tribasique de (*id.*).
	3 équiv. d'acide et 1 — —	bi (*id.*) ate ou ite de (*base*).
	2 — —	sesqui (*id.*) ate ou ite de (*id.*).

QUESTIONNAIRE. — Qu'est-ce que la chimie ? — Comment la divise-t-on ? — Qu'appelle-t-on corps simples et corps composés ? — Qu'entend-on par propriétés physiques et chimiques des corps ? Quelles sont les principales ? — Qu'appelle-t-on combinaison ? En quoi se distingue-t-elle d'un mélange ? — Donnez-en un exemple. — Qu'est-ce que l'affinité ? — *Énoncez les lois des combinaisons.* — Qu'appelle-t-on équivalents ? — Qu'est-ce que l'analyse ? — Comment appelez-vous l'opération inverse ? — Qu'est-ce que la cristallisation ? — Quels sont les procédés au moyen desquels on peut faire cristalliser les corps ?

Qu'est-ce que la nomenclature chimique ? — Comment a-t-on subdivisé les corps simples ? — De quoi peut être formé un composé binaire ? — Quelles sont les propriétés générales des acides ? — Comment les nomme-t-on ? — Qu'entend-on par oxydes ? par oxydes basiques ? — Comment nomme-t-on les oxydes ? — les hydracides ? — De quoi peuvent être formés les sels haloïdes ? — Qu'est ce qu'un sel ? — Comment nomme-t-on un sel ?

Qu'appelle-t-on notation chimique ? — Comment se représentent les corps simples ? les composés binaires ? les sels ?

EXERCICES. — Comment s'appellent les acides formés par la combinaison de l'oxygène avec : 1° le carbone, 2° l'iode, 3° le bore ?

L'oxygène forme avec l'arsenic deux acides, quels sont-ils ? — Quels acides l'hydrogène forme-t-il avec : 1° le fluor, 2° le brome, 3° l'iode, 4° le soufre, 5° le chlore ?

Comment se nomme le résultat de la combinaison de l'oxygène avec : 1° le fer, 2° le cuivre, 3° le mercure, 4° le sodium, 5° le potassium, 6° le baryum, 7° l'hydrogène ?

Que donne la combinaison des acides carbonique, azotique et sulfurique avec la chaux, le potasse et l'ammoniaque ? — Que donneraient, avec ces mêmes corps, les acides azoteux et sulfureux ?

Que donne la combinaison des acides chlorydrique et sulfhydrique avec l'ammoniaque ?

Nommez les corps suivants : CaO — BaO — MnO^2 — $MnCl$ — SO^2 — CO — CO^2 — SO^3 — HS — HCl — FeS — HO — KCl — PbS — PbS^2 — CaO,CO^2 — PbO,SO^3 — CuO,AzO^5 — AzO — AzO^2 — AzO^3 — AzO^5 — KO,ClO^5 — $KO,2SO^3$ — $3CaO,PO^5$.

PREMIÈRE PARTIE

MÉTALLOÏDES

CHAPITRE I

ÉLÉMENTS DE L'EAU

I. Oxygène. — Équiv. $O = 8$.

20. Historique et état naturel. — L'*oxygène* fut isolé en 1777 par Priestley, chimiste anglais, et étudié en 1779 par Lavoisier, chimiste français.

C'est le plus répandu de tous les corps simples. Il constitue les 8/9 du poids de l'eau et le cinquième du volume de l'air. Un très grand nombre de composés organiques et inorganiques en renferment.

21. Propriétés physiques. — L'oxygène est un gaz simple, incolore, inodore et sans saveur, peu soluble dans l'eau. Sa densité est 1,105.

22. Propriétés chimiques. — L'oxygène se combine directement avec presque tous les corps. Il est lui-même incombustible, mais entretient avec énergie les combustions. Un fil de fer que l'on plonge dans un flacon rempli d'oxygène, après en avoir fait rougir l'extrémité au feu, brûle avec incandescence (fig. 6).

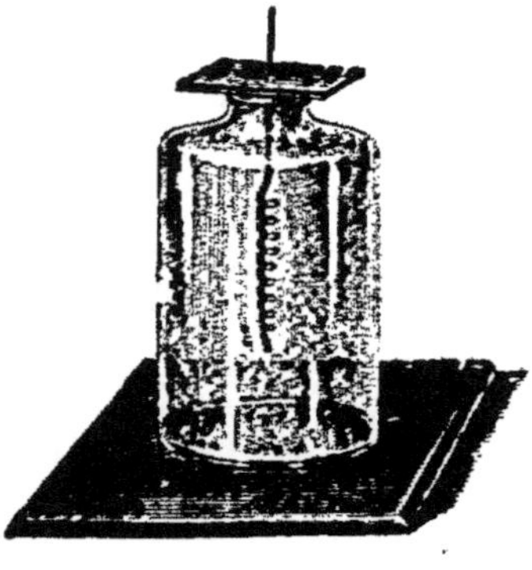

Sa combinaison avec les métalloïdes donne des *acides anhydres* ou des *oxydes neutres;* avec les métaux, il forme des *oxydes* la plupart *basiques,* c'est-à-dire pouvant se combiner avec des acides pour former des sels.

Fig. 6. — Combustion du fer dans le gaz oxygène.

23. Préparation. — 1° *Par le chlorate de potasse.* On décompose le chlorate de potasse (KO,ClO^5) en le chauffant dans une cornue (fig. 7). Ce sel abandonne tout son oxygène, et il reste dans la cornue du chlorure de potassium.

$$KO,ClO^5 = KCl + 6O$$

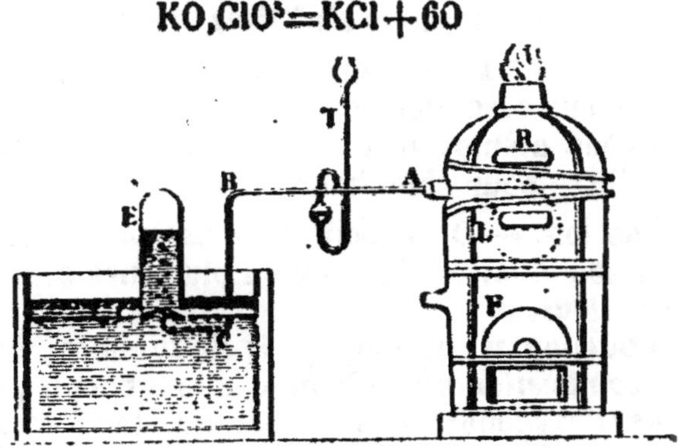

Fig. 7 — Préparation de l'oxygène par le chlorate de potasse.

F, fourneau. — L, cornue. — R, réverbère. — ABC, tube de dégagement. — E, éprouvette. — T, tube de sûreté.

2° *Par le bioxyde de manganèse et l'acide sulfurique.* — On chauffe, dans un ballon (fig. 8), un mélange de bioxyde de manganèse (MnO^2) avec de l'acide sulfurique (SO^3,HO). Le bioxyde abandonne un équivalent d'oxygène, c'est celui que l'on

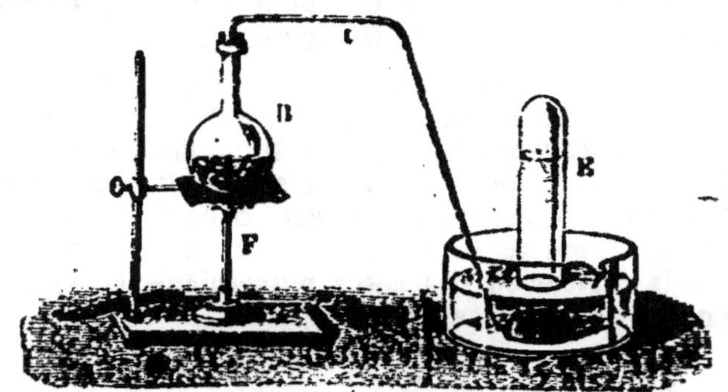

Fig. 8. — Préparation de l'oxygène par le bioxyde de manganèse et l'acide sulfurique.

recueille, et se transforme ainsi en protoxyde (MnO), qui se substitue à l'eau de l'acide pour former du sulfate de manganèse qui reste dans la cornue.

$$MnO^2 + SO^3,HO = MnO,SO^3 + HO + O$$

On obtiendrait également de l'oxygène en chauffant simplement le bioxyde de manganèse.

$$3MnO^2 = Mn^3O^4 + 2O$$

Il faut alors prendre trois équivalents de bioxyde, car le corps que l'on obtient a pour formule Mn^3O^4 (oxyde salin de manganèse).

24. Usages. — L'oxygène est l'agent ordinaire des combustions et l'élément essentiel de la respiration. Sa combinaison avec l'hydrogène au moyen d'un appareil spécial (chalumeau, n° 29) est utilisée pour obtenir des températures élevées.

25. Combustion. — On appelle *combustion* le phénomène qui résulte de la combinaison de deux ou plusieurs corps avec production de chaleur.

Si la combustion est accompagnée de lumière, on lui donne le nom de *combustion vive* (flamme d'une bougie, combustion du fer dans l'oxygène). Les causes qui la favorisent sont : 1° l'enlèvement des produits de la combustion (cheminées) ; 2° les courants d'air (soufflets) ; 3° l'état de division des corps (copeaux) ; 4° l'élévation de température.

Si la combustion n'est pas accompagnée de lumière, on lui donne le nom de *combustion lente*. Dans ce cas, le dégagement de chaleur peut être assez faible pour n'être pas appréciable au toucher (oxydation de fer qui se rouille).

Les phénomènes lumineux et calorifiques qui ne résultent pas de combinaisons ne sont pas des combustions (étincelle électrique, chaleur produite par le frottement).

26. Ozone. — On appelle *ozone* un état particulier de l'oxygène condensé. C'est un gaz incolore, très odorant, qui prend naissance toutes les fois que l'oxygène se dégage à froid d'une combinaison. On l'obtient facilement en faisant passer des effluves, ou des étincelles électriques, dans l'oxygène ou simplement dans l'air. C'est un puissant agent d'oxydation, qui se détruit avec la plus grande facilité sous l'influence de la chaleur ou des corps pulvérulents (mousse de platine) en donnant de l'oxygène ordinaire.

II. Hydrogène[1]. — Équiv. H = 1.

27. Historique et état naturel. — L'*hydrogène* fut découvert au xvii° siècle, et étudié en 1766 par Cavendish, chimiste anglais.

Il entre, avec le carbone et l'oxygène, dans la constitution de tous les composés organiques. L'eau en contient le neuvième de son poids.

---

[1] Bien que l'hydrogène soit classé parmi les métaux, il est indispensable de le placer au commencement de l'étude des métalloïdes.

28. Propriétés physiques. — L'hydrogène est un gaz incolore, sans odeur et sans saveur quand il est bien pur. C'est le plus léger de tous les corps. Un litre d'air pèse autant que 14 litres ½ d'hydrogène ; sa densité est donc 14 fois ½ moindre, c'est-à-dire exactement 0,0693. Il est peu soluble dans l'eau. Son extrême légèreté permet de le faire passer d'une éprouvette dans une autre, comme l'indique la figure 9. Il traverse avec la plus

Fig. 9.
Transvasement de l'hydrogène.

Fig. 10.
Diffusibilité de l'hydrogène.

grande facilité les corps poreux ; une feuille de papier tendue sur l'orifice d'un flacon plein d'hydrogène ne l'empêche pas de s'échapper, comme il est facile de le constater en l'enflammant (fig. 10).

Si l'on entoure la flamme de l'hydrogène d'un tube vertical, la colonne d'air se met à vibrer et rend un son parfois intense. On donne à cette expérience le nom d'expérience de l'*harmonica chimique* (fig. 11).

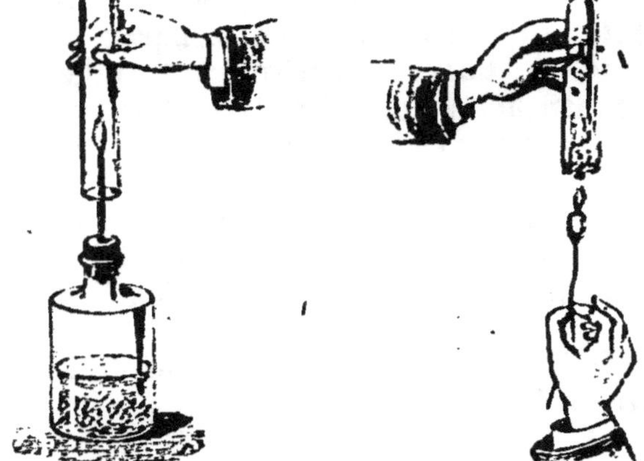

Fig. 11.
Harmonica chimique.

Fig. 12. — Combustion de l'hydrogène.

29. Propriétés chimiques. — L'hydrogène est un gaz irrespirable, mais non délétère. Il brûle avec une flamme pâle (fig. 12) en se combinant avec l'oxygène de l'air pour former de l'eau (fig. 13)

$$H + O = HO$$

mais il n'entretient pas la combustion.

Si on le fait passer à travers un carbure liquide, tel que le pétrole, la benzine, sa flamme devient très éclairante.

Un mélange de deux volumes d'hydrogène et d'un volume d'oxygène détone violemment à l'approche d'une flamme ou par la production d'une étincelle électrique à son contact; il se forme de la vapeur d'eau comme ci-dessus.

Fig. 13.
Vapeur d'eau produite
par la combustion
de l'hydrogène dans l'air.

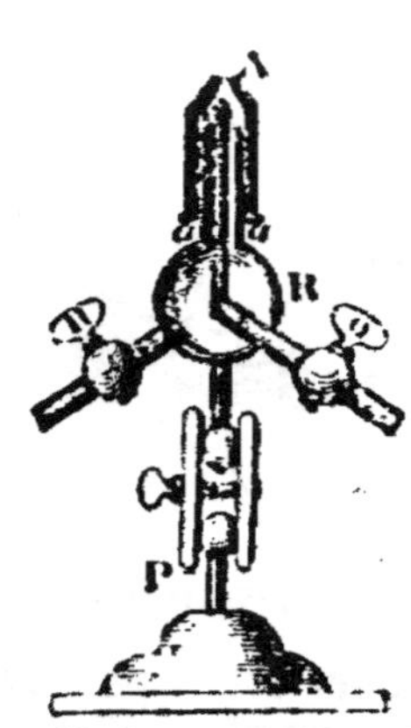

Fig. 14. — Chalumeau à gaz oxyhydrique.
O, H, robinets laissant arriver les gaz
oxygène et hydrogène;
A, région où s'effectue la combinaison.

La combustion de l'hydrogène est accompagnée d'un dégagement de chaleur considérable utilisée dans l'emploi du *chalumeau à gaz oxyhydrique* (fig. 14). Le chalumeau se compose de deux tubes concentriques effilés; l'oxygène arrive par le tube central et l'hydrogène par le manchon que les deux tubes laissent entre eux, de sorte que les deux gaz ne se mélangent qu'au sortir des deux tubes.

En dirigeant le dard de la flamme du chalumeau sur un morceau de chaux, celui-ci devient incandescent et donne une lumière presque aussi éclatante que la lumière électrique (*lumière Drummond*).

L'hydrogène se combine facilement avec le chlore, plus difficilement avec tous les autres métalloïdes.

30. Préparations. — 1° *Par l'eau, le zinc et l'acide sulfurique.*

On introduit l'eau (composé d'oxygène et d'hydrogène) et le zinc dans un flacon à deux tubulures (fig. 15); on verse ensuite peu à peu l'acide sulfurique (SO^3, HO) par un tube à entonnoir qui plonge dans l'eau du flacon. Le zinc prend la place de l'hydrogène dans la constitution de l'acide et le met ainsi en liberté. Il reste dans le flacon une dissolution de sulfate de zinc (ZnO,SO^3).

$$Zn + SO^3,HO = ZnO,SO^3 + H$$

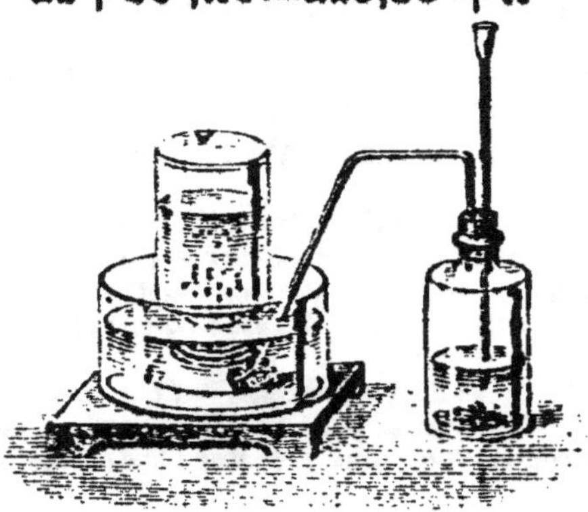

Fig. 15. — Préparation de l'hydrogène par le zinc et l'acide sulfurique.

2° *Par le zinc et l'acide chlorhydrique.* L'appareil est identique au précédent. Le zinc prend la place de l'hydrogène dans l'acide chlorhydrique (HCl) : il reste dans le flacon une dissolution de chlorure de zinc ($ZnCl$).

$$Zn + HCl = ZnCl + H$$

3° *Par la vapeur d'eau et le fer chauffé au rouge.* On fait passer un courant de vapeur d'eau sur de la tournure de fer chauffée au rouge dans un tube de porcelaine (fig. 16). Le fer se combine avec l'oxygène de l'eau pour former de l'oxyde salin de fer (Fe^3O^4), et l'hydrogène se dégage.

$$4HO + 3Fe = Fe^3O^4 + 4H$$

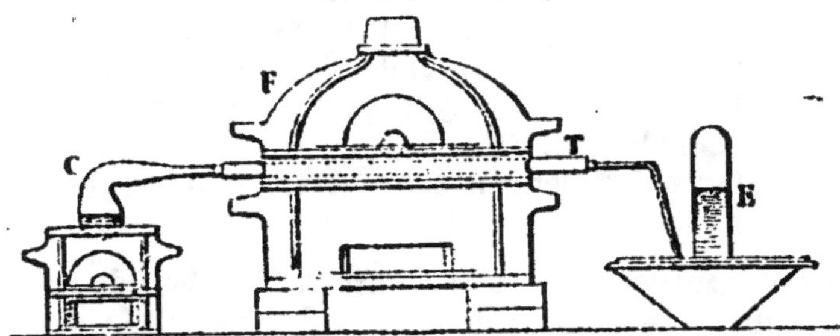

Fig. 16. — Préparation de l'hydrogène par la décomposition de la vapeur d'eau. C, cornue où se produit la vapeur ; T, tube contenant de la tournure de fer ; F, fourneau à réverbère ; E, éprouvette recueillant le gaz.

Comme le produit obtenu (Fe^3O^4) renferme 3 équivalents de fer et 4 équivalents d'oxygène, il faut prendre 4 équivalents d'eau et 3 équivalents de fer ;

4° On pourrait également obtenir l'hydrogène en décomposant l'eau à froid par la pile (n° 35) ou par un corps très avide d'oxygène, comme le potassium ou le sodium, par exemple (n° 160) ; mais ces procédés sont trop coûteux pour être employés avantageusement.

31. Usages. — En raison de sa légèreté, l'hydrogène est utilisé dans le gonflement des petits ballons en caoutchouc ou en baudruche ; on en remplit les aérostats (*Physique*, n° 97).

QUESTIONNAIRE. — Où trouve-t-on de l'oxygène à l'état naturel ? — L'oxygène est-il combustible ? — Comment peut-on le préparer ? — Qu'appelle-t-on combustion ? — Quelles sont les causes qui favorisent la combustion ? — L'étincelle électrique est-elle un produit de combustion ? — *Qu'est-ce que l'ozone ?* — *Comment peut-on l'obtenir ?*

Donnez les propriétés physiques de l'hydrogène. — Comment montre-t-on sa grande légèreté ? — Que produit-il en brûlant ? — Décrivez le chalumeau ? — A quoi sert-il ? — Expliquez comment on peut préparer l'hydrogène. — Qu'obtient-on comme résidu ?

EXERCICES [1]. — 1. Quel poids d'oxygène obtiendrait-on : 1° par la calcination de 100 gr. de chlorate de potasse ; 2° de 100 gr. de bioxyde de manganèse ?

2. Quel poids de zinc et d'acide chlorhydrique faut-il employer pour obtenir un mètre cube d'hydrogène ?

CHAPITRE II

L'EAU

32. Historique et état naturel. — Pendant longtemps l'*eau* fut regardée comme l'un des quatre éléments de la nature (eau, air, feu, terre). Lavoisier en fit le premier l'analyse à la fin du siècle dernier. Elle est composée d'hydrogène et d'oxygène, c'est un véritable oxyde d'hydrogène.

L'eau peut exister naturellement sous les trois états (glace, pluie, vapeur). Tous les corps vivants en renferment.

33. Propriétés physiques. — L'eau pure est un liquide inodore, sans saveur, incolore sous une faible épaisseur. Sa densité est prise pour unité ; un litre d'eau pèse 1 kgr. à son maximum de densité (*Physique*, n° 141).

A la température de 100 degrés, et sous la pression de 760

---

[1] Pour la résolution des problèmes de chimie, on trouvera les équivalents des corps dans le tableau de la page 193. Nous rappelons que pour obtenir le poids d'un litre d'un gaz, il faut multiplier sa densité par un gr. 293. (*Physique*, n° 82)

millim., elle entre en ébullition (*Physique*, n° 153). Elle cristallise à 0° en prismes hexagonaux groupés avec une admirable régularité (fig. 17); ce sont ces cristaux qui forment, en hiver, les élégantes arborisations que l'on observe quelquefois sur les vitres des appartements.

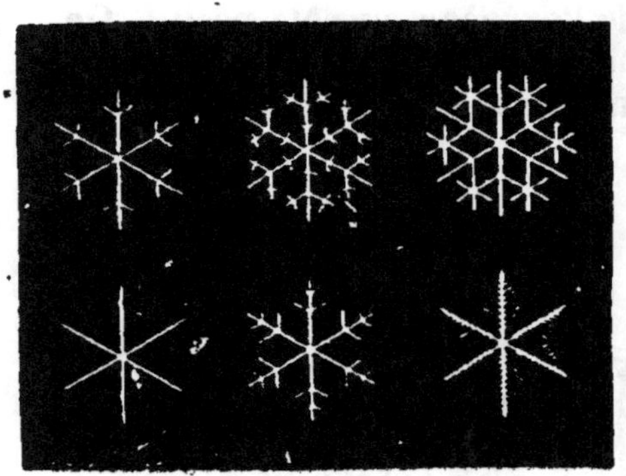

Fig. 17.
Étoiles de cristaux de neige vues avec une loupe grossissant environ 16 fois (en surface).

En se congelant, l'eau augmente de volume (*Physique*, n° 140), et sa densité n'est plus à 0° que 0,918; c'est pourquoi elle flotte sur l'eau.

Pouvoir dissolvant. — L'eau peut dissoudre un grand nombre de corps solides en proportions différentes, et se charger ainsi d'éléments qu'elle abandonne quand elle s'évapore.

Les gaz sont, eux aussi, solubles dans l'eau; la proportion de gaz que l'eau peut dissoudre varie avec la nature du gaz, la température et la pression. C'est grâce à l'air que renferme l'eau des rivières que les poissons peuvent vivre. L'eau de seltz est de l'eau ordinaire qui renferme un gaz en dissolution (acide carbonique).

34. Propriétés chimiques. — Un grand nombre de corps peuvent se combiner avec l'oxygène de l'eau et mettre l'hydrogène en liberté. Quelques-uns seulement, comme le chlore, peuvent s'emparer de l'hydrogène et mettre l'oxygène en liberté.

L'eau pure est un composé neutre pouvant cependant jouer le rôle de base avec les acides forts (ac. sulfurique, par ex.) et celui d'acide avec les bases puissantes (potasse, par ex.).

Elle est décomposée par la chaleur aux températures élevées; c'est pourquoi les forgerons projettent quelquefois de l'eau sur le foyer de leur forge afin d'en activer la combustion.

35. Analyse de l'eau. — *Analyse en volumes par l'électrolyse.* Cette analyse se fait au moyen du *voltamètre*. Le voltamètre (fig. 18) est un verre dont le pied est traversé par deux fils métalliques terminés, à l'intérieur du verre, par deux lames recouvertes chacune par une éprouvette également remplie d'eau; on met les deux fils en communication avec les deux pôles d'une pile. On constate alors qu'il se forme, sur chacune des lames, des bulles de gaz que l'on reconnaît aisément être de l'hydrogène au pôle négatif et de l'oxygène au pôle positif. On remarque de plus que le volume de l'hydrogène est double du volume d'oxygène dégagé pendant le même temps.

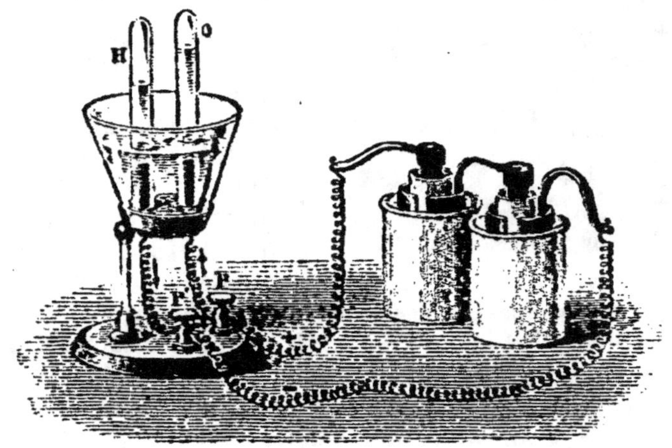

Fig. 18. — Décomposition de l'eau par le voltamètre.

On ajoute à l'eau du voltamètre un peu d'acide sulfurique (*eau acidulée*), afin de la rendre meilleure conductrice. On emploie des lames de platine et non des lames de cuivre, par exemple; car, dans ce dernier cas, l'oxygène, se trouvant à l'état naissant (n° 4), se combinerait avec le cuivre pour former de l'oxyde de cuivre; et on ne recueillerait que de l'hydrogène.

Analyse en poids par le fer. — On répète l'expérience indiquée n° 3) pour la préparation de l'hydrogène. Du poids de la vapeur d'eau qui a traversé le tube on retranche le poids de l'hydrogène recueilli; la différence donne le poids de l'oxygène.

36. Synthèse de l'eau. — *Synthèse en volumes par l'eudiomètre à mercure.* L'eudiomètre (fig. 19) se compose essentiellement d'un long tube de verre gradué, à parois très épaisses, et traversé à la partie supérieure par deux pointes métalliques dont les extrémités sont en regard. On y introduit 100 volumes d'hydrogène et 100 volumes d'oxygène, et on y fait passer une étincelle électrique au moyen des deux pointes. Il y a combinaison (n° 29), et l'on constate qu'il ne reste plus que 50 volumes d'un gaz que l'on reconnaît facilement être de l'oxygène. Les 100 volumes d'hydrogène disparus se sont donc emparés de 50 volumes d'oxygène pour former de l'eau.

Synthèse en poids. Méthode de M. Dumas. Cette méthode consiste à faire passer un courant d'hydrogène sur de l'oxyde de cuivre (CuO) chauffé dans un tube de porcelaine. L'oxyde de cuivre abandonne son oxygène, qui se combine avec l'hydrogène pour former de l'eau, laquelle est absorbée par des matières desséchantes renfermées dans des tubes qu'elle doit traverser. La différence du poids des tubes avant et après l'expérience donne le poids de l'eau formée, la diminution de poids de l'oxyde de cuivre donne le poids de l'oxygène employé à la formation de l'eau, dont on détermine ainsi la composition.

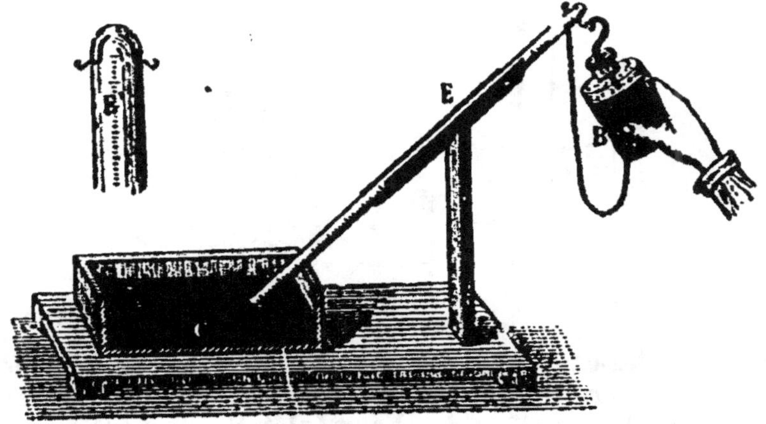

Fig. 19. — Synthèse eudiométrique de l'eau.

B, bouteille de Leyde ; E, eudiomètre ; E', extrémité de l'eudiomètre montrant les fils métalliques ; C, cuve à mercure.

37. Usages de l'eau. — L'eau est employée pour une foule d'usages : alimentation, agriculture, usages domestiques, industrie, etc.; il n'est pas de composé chimique qui ait plus d'applications. Les eaux naturelles : eaux de pluie, de rivières, de sources, etc., renferment toujours en dissolution des matières étrangères; pour avoir l'eau pure, il faut la distiller (*Physique*, nº 159).

38. Eaux potables. — On appelle *eaux potables* les eaux qui peuvent servir à l'alimentation. Leurs caractères sont d'être limpides, incolores, inodores, aérées, c'est-à-dire contenant de l'air en dissolution. Elles doivent renfermer une certaine proportion de sels calcaires (sulfate et carbonate de chaux). On les reconnaît à ce qu'elles dissolvent bien le savon et qu'elles cuisent bien les légumes, surtout les haricots.

Pour constater la présence de l'air en dissolution dans une eau potable, on adapte, au col d'un ballon, un tube recourbé se rendant sous une éprouvette placée sur la cuve à eau, comme l'indique la figure 20. Le ballon, le tube et l'éprouvette étant complètement remplis d'eau, on chauffe le ballon; l'air en dissolution se dégage (*Physique*, n° 146), et, par le tube, se rend dans l'éprouvette, à la partie supérieure de laquelle il s'accumule.

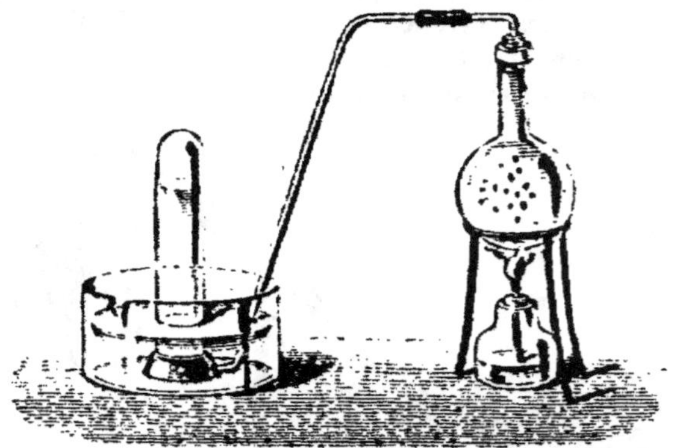

Fig. 20. — Dégagement de l'air dissous dans l'eau.

On dit que les eaux sont *dures, crues, séléniteuses, lourdes*, lorsqu'elles renferment une trop grande proportion de sels calcaires, surtout du sulfate de chaux (plâtre). On peut corriger en partie leur mauvaise qualité en y ajoutant de 1 à 2 grammes de carbonate de soude par litre.

Généralement on assainit les eaux en les filtrant. Les *filtres* sont ordinairement composés de couches alternatives de sable et de charbon de bois, disposées horizontalement, et que l'eau traverse lentement de haut en bas.

Les eaux *incrustantes* sont des eaux chargées de carbonate de chaux (craie) qu'elles abandonnent à l'air (*Géologie*, n° 17).

39. Eaux minérales. — Les *eaux minérales* sont des eaux naturelles qui contiennent en dissolution certains principes qui leur donnent des propriétés particulières. Elles sont appelées *eaux thermales* quand leur température dépasse 20 degrés.

Les *eaux sulfureuses* renferment de l'acide sulfhydrique (HS) qui leur communique une odeur d'œufs pourris (Barèges, dans les Hautes-Pyrénées; Bonnes, dans les Basses-Pyrénées).

Les *eaux chlorurées* renferment du chlorure de sodium (NaCl, sel de cuisine) (Bourbon-l'Archambault, dans l'Allier; Wiesbaden, en Allemagne).

Les *eaux bicarbonatées* contiennent de l'acide carbonique (CO^2) en dissolution (Vichy, dans l'Allier; Vals, dans l'Ardèche).

Les *eaux sulfatées* renferment des sulfates de soude, de chaux ou de magnésie (Plombières, dans les Vosges; Epsom, en Angleterre; Sedlitz, en Bohême).

Les *eaux ferrugineuses* sont ainsi nommées à cause des sels de fer qu'elles contiennent (Bagnères-de-Luchon, dans la Haute-Garonne; Spa, en Belgique; Passy, à Paris).

40. Eau oxygénée. — L'eau *oxygénée* résulte de la combinaison d'un équivalent d'eau avec un équivalent d'oxygène.

$$HO + O = HO^2$$

C'est un liquide sirupeux, incolore, facilement décomposable par la chaleur en eau et en oxygène, ce qui en fait un oxydant énergique. Elle transforme facilement le sulfure de plomb, qui est noir, en sulfate de plomb, qui est blanc, ce qui la fait employer pour la restauration des vieux tableaux, dont les couleurs, à base de plomb, ont noirci avec le temps.

QUESTIONNAIRE. — Quelles sont les propriétés physiques de l'eau? — L'eau peut-elle dissoudre les gaz? — L'eau peut-elle jouer le rôle d'acide et le rôle de base? — Décrivez le voltamètre. — A quoi sert-il? — Comment se fait l'analyse de l'eau? — Pourquoi les lames du voltamètre sont-elles en platine et non en cuivre ou en fer? — *Décrivez l'eudiomètre à mercure. Comment s'en sert-on?* — *Comment fait-on la synthèse de l'eau en poids?* — Qu'appelle-t-on eaux potables? Quels sont leurs caractères? — Comment assainit-on les eaux? — Qu'est-ce qu'une eau séléniteuse? — *Qu'est-ce que l'eau oxygénée?*

EXERCICES. — Quel volume d'hydrogène faut-il brûler pour obtenir 1 gramme d'eau?

2. On introduit dans un eudiomètre un demi-litre d'hydrogène et un litre et demi d'oxygène, puis on enflamme le mélange. Quel sera le gaz en excès et quel volume occupera-t-il?

3. Dans une analyse de l'eau par le fer, on recueille 3 litres d'hydrogène; quel est le poids de l'eau décomposée et l'augmentation du poids du fer?

4. Combien faut-il décomposer de grammes d'eau, par la pile, pour obtenir un mélange détonant de 2 litres?

CHAPITRE III

AZOTE — AIR ATMOSPHÉRIQUE

I. Azote. — Équiv. Az = 14.

41. Historique et état naturel. — L'*azote*, confondu d'abord avec l'acide carbonique, dont il possède les principales propriétés physiques, en fut distingué en 1772 par Rutherford, chimiste anglais. Lavoisier, le premier, le découvrit dans l'air, dont il forme les $4/5$ du volume.

Il existe à l'état naturel sous forme d'azotates (salpêtres, etc.); les végétaux, principalement ceux qui servent à l'alimentation, et surtout les organismes animaux, en renferment à l'état de combinaison.

42. Propriétés physiques. — L'azote est un gaz incolore, inodore, sans saveur, très peu soluble dans l'eau, d'une densité un peu inférieure à celle de l'air.

43. Propriétés chimiques. — L'azote est un corps neutre, ni comburant ni combustible, non respirable, se combinant difficilement avec d'autres corps; on peut donc dire que ses propriétés sont négatives.

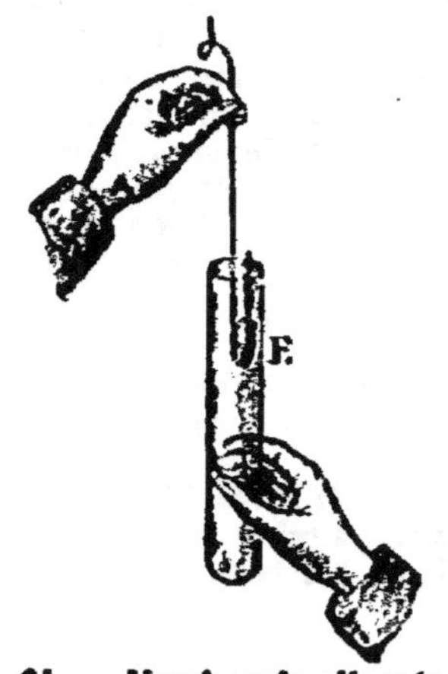

Fig. 21. — Une bougie allumée
s'éteint dans le gaz azote.

Fig. 22. — Préparation
de l'azote par le phosphore.

44. Préparation. — 1° *Par le phosphore.* Il suffit d'enflammer un morceau de phosphore placé dans une coupelle reposant sur un morceau de liège flottant sur l'eau, et de recouvrir le tout avec une cloche que l'on maintient avec la main (fig. 22). Le phosphore en brûlant s'empare de l'oxygène de l'air en formant des fumées blanches d'acide phosphorique (PO^5), qui peu à peu se dissolvent dans l'eau, et il ne reste plus sous la cloche que l'azote qui se trouvait dans l'air. Ainsi que nous le verrons plus loin, l'air est un simple mélange d'oxygène et d'azote.

2° *Par le cuivre chauffé au rouge.* On fait passer lentement, sur du cuivre chauffé au rouge dans un tube de porcelaine (fig. 23), un courant d'air obtenu en déplaçant l'air que renferme un flacon, par de l'eau qu'on y amène au moyen d'un tube qui plonge jusqu'au fond.

L'oxygène de l'air se fixe sur le cuivre pour former de l'oxyde de cuivre (CuO), et l'azote se dégage à l'extrémité du tube de porcelaine.

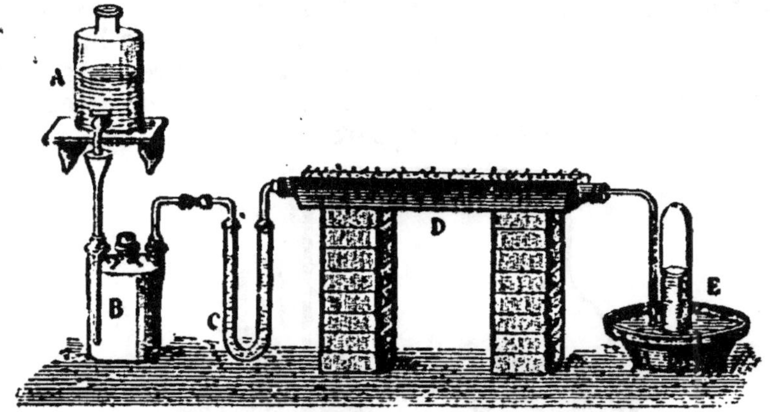

Fig. 23. — Préparation de l'azote par le cuivre.

A, flacon primitivement rempli d'eau; B, flacon primitivement rempli d'air; C, tube en U pour dessécher l'air; D, tube rempli de cuivre sur un fourneau; E, éprouvette.

3° *Par l'azotite d'ammoniaque.* On chauffe simplement l'azotite d'ammoniaque dans un ballon de verre.

Les 3 équivalents d'hydrogène de l'ammoniaque (AzH^3) se combinent aux 3 équivalents d'oxygène de l'acide azoteux (AzO^3) pour former de l'eau, et l'azote est mis en liberté. Il ne reste rien dans le ballon.

$$AzH^3, HO, AzO^3 = 3HO + HO + 2Az = 4HO + 2Az.$$

45. Usages. — L'azote n'a presque aucune application pratique. Il conserve les substances organiques qu'on y laisse séjourner. Sa présence dans l'air sert à tempérer l'action trop vive qu'aurait l'oxygène pur sur l'organisme.

II. Air atmosphérique.

46. Historique. — Lavoisier fut le premier qui fit connaître la nature de l'air, qui jusque-là avait été considéré comme l'un des quatre éléments. On donne le nom d'*atmosphère* à la couche d'air qui enveloppe le globe terrestre.

47. Composition de l'air. — *Expérience de Lavoisier.* La première analyse de l'air fut faite par Lavoisier en 1774. Il chauffa pendant douze jours un ballon à moitié rempli de mercure, et dont le col recourbé s'engageait sous une cloche reposant sur le mercure et renfermant de l'air (fig. 24). Il vit peu à peu le volume d'air diminuer dans la cloche et une pellicule rouge se former à la surface du mercure dans le ballon. Il constata que le gaz restant dans la cloche était de l'azote et que la pellicule rouge était de l'oxyde de mercure, c'est-à-dire un composé résultant de la combinaison d'une partie du mercure avec l'oxygène de l'air renfermé dans l'appareil.

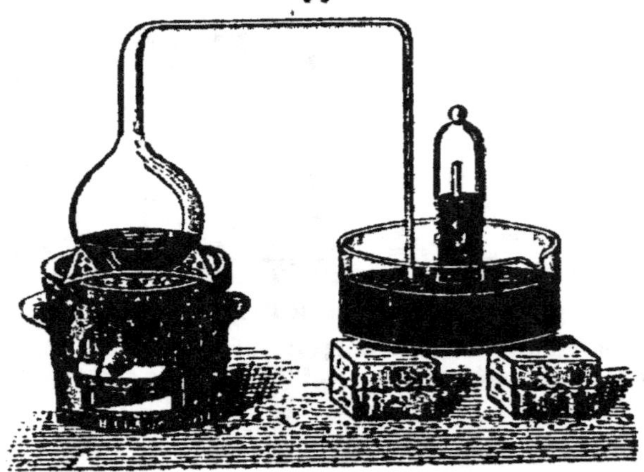

Fig. 24. — Analyse de l'air par le mercure (Lavoisier).

De plus, Lavoisier, en chauffant fortement l'oxyde de mercure ainsi obtenu, le décomposa en mercure et oxygène; et, mélangeant cet oxygène à l'azote de la cloche, il reconstitua l'air primitif; c'était en faire la synthèse.

48. Propriétés physiques. — L'air est un mélange gazeux, sans odeur ni saveur, incolore sous une faible épaisseur, mais bleuâtre sous une grande épaisseur. L'air est pesant (*Physique*, n° 82); c'est à sa densité que l'on rapporte celle des gaz et des vapeurs; sa densité est donc 1.

On reconnaît que l'air est un simple mélange et non une combinaison aux caractères suivants :

1° Les volumes d'azote et d'oxygène qui le composent ne sont pas dans un rapport simple (0,69 d'azote; 0,21 d'oxygène).

2° La synthèse de l'air ne donne lieu à aucun dégagement de chaleur, et chacun des composants y conserve ses propriétés respectives.

3° Chaque gaz se dissout dans l'eau comme s'il était seul.

49. Propriétés chimiques. — L'air n'a de propriétés chimiques que celles qui appartiennent à chacun des gaz qui le constituent; c'est donc un oxydant par son oxygène.

80. Analyse de l'air. — *1° Par le phosphore à froid.* On introduit un bâton de phosphore sous une éprouvette graduée renfermant un volume d'air connu et dont l'extrémité ouverte plonge dans l'eau. Peu à peu le phosphore se combine avec l'oxygène de l'air pour former de l'acide phosphoreux (PO^3), qui se dissout dans l'eau. Bientôt il ne reste plus que l'azote dans l'éprouvette (fig. 25). On reconnaît ainsi que l'air contient les 0,79 de son volume d'azote, et par conséquent les 0,21 de son volume d'oxygène.

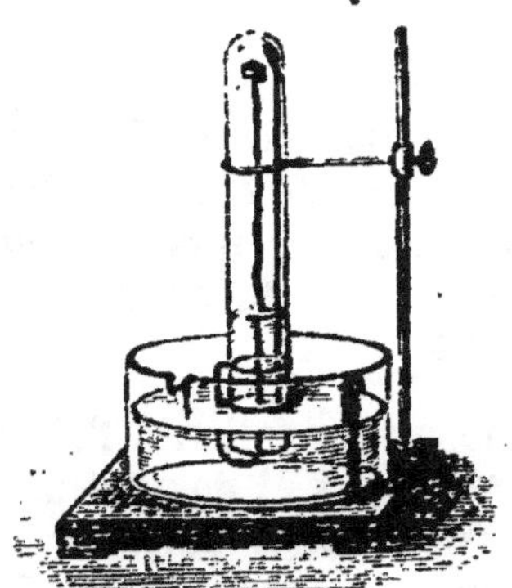

Fig. 25. — Analyse de l'air par le phosphore à froid.

Fig. 26. — Analyse de l'air par le phosphore à chaud.

2° Par le phosphore à chaud. Un morceau de phosphore, placé à la partie supérieure d'une cloche courbe disposée comme dans l'expérience précédente, est enflammé au moyen de la flamme d'une lampe à alcool (fig. 26). Il se forme dans ce cas de l'acide phosphorique (PO^5), et le résultat est identique au précédent.

3° Par l'eudiomètre. On introduit dans l'eudiomètre 100 volumes d'air et 160 volumes d'hydrogène, puis on y fait passer une étincelle électrique. Les 200 volumes se réduisent à 137, donc 63 volumes ont disparu sous forme de vapeur d'eau qui s'est rapidement condensée, car on constate que tout l'oxygène a disparu. Or l'eau renferme le tiers de son volume d'oxygène, donc l'oxygène contenu dans les 100 volumes d'air comprend le tiers des 63 volumes de vapeur d'eau formée, c'est-à-dire 21 volumes. La différence $100 - 21 = 79$ donne le volume de l'azote.

4° Analyse par le procédé Dumas et Boussingault. Ce procédé consiste à faire passer un poids déterminé d'air sur de la tournure de cuivre chauffée au rouge dans un tube de porcelaine et à recueillir l'azote qui se dégage (n° 44-2°).

Le tube contenant la tournure de cuivre, pesé avant et après l'expérience, donne une augmentation de poids qui est le poids de l'oxygène qui s'est fixé sur le cuivre pour former l'oxyde de cuivre (CuO); l'azote est pesé directement. En prenant toutes les précautions possibles pour ne rien négliger, on trouve que 100 grammes d'air renferment 23 gr. 1 d'oxygène et 76 gr. 9 d'azote.

51. Matières contenues dans l'air atmosphérique. — 1° *Vapeur d'eau.* C'est elle qui se condense en buée ou en fines gouttelettes sur les corps plus froids que le milieu ambiant; par sa condensation, elle devient parfois visible (brouillard, jet de vapeur dans une atmosphère froide).

2° *Acide carbonique.* L'acide carbonique (CO^2) est un gaz incolore provenant ordinairement des combustions ou de la respiration. On constate sa présence en exposant de l'eau de chaux à l'air; elle se recouvre bientôt d'une pellicule blanche de carbonate de chaux (CaO,CO^2 — craie) résultant de la combinaison de la chaux avec l'acide carbonique de l'air.

52. Usages de l'air. — Par l'oxygène qu'il contient, l'air est le principe essentiel à l'existence des végétaux et des animaux. Sa suppression détermine l'asphyxie. (*Zoologie*, n° 80.)

C'est l'air qui transporte les éléments reproducteurs d'un grand nombre de végétaux et d'animaux microscopiques, et malheureusement aussi les miasmes, agents des maladies contagieuses.

On l'emploie comme oxydant dans une foule d'opérations industrielles, surtout dans l'extraction des métaux du minerai qui les renferme.

C'est grâce à l'oxygène qu'il contient que l'air entretient les combustions. Une bougie allumée, placée sous une cloche (fig. 27), ne tarde

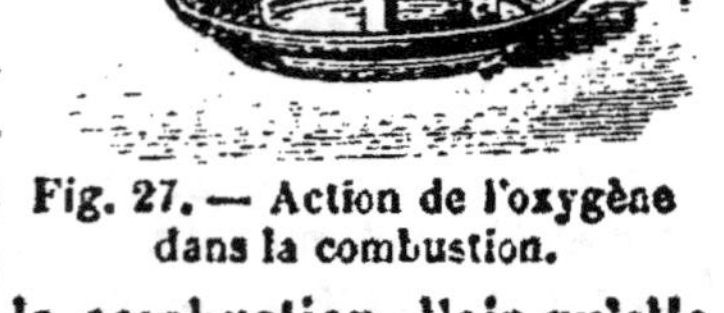

Fig. 27. — Action de l'oxygène dans la combustion.

pas à s'éteindre quand, par suite de la combustion, l'air qu'elle renferme s'appauvrit en oxygène.

d'hydrogène. Quelle sera la composition du mélange gazeux après le passage de l'étincelle ?

2. L'air, expiré par les poumons, ne renferme plus que 14 p. % d'oxygène. On introduit 1 litre de cet air sous une cloche et on y fait brûler du phosphore. Quel sera le volume du gaz restant ?

3. Quel volume d'hydrogène faut-il brûler dans 1 litre d'air pour qu'il ne reste plus que de l'azote ?

CHAPITRE IV

PRINCIPAUX COMPOSÉS DE L'AZOTE

53. L'azote forme avec l'oxygène cinq composés, qui sont :

    1° Le protoxyde d'azote. . . . . AzO

    2° Le bioxyde d'azote. . . . . AzO^2

    3° L'acide azoteux. . . . . AzO^3

    4° L'acide hypoazotique. . . . . AzO^4

    5° L'acide azotique . . . . AzO^5

L'acide azoteux est un composé peu important qu'il suffit de mentionner.

L'azote forme avec l'hydrogène un composé gazeux qui est l'ammoniaque AzH^3.

I. Protoxyde d'azote AzO.

54. Propriétés physiques. — Le *protoxyde d'azote* est un gaz incolore, inodore, d'une saveur légèrement sucrée. Un litre d'eau en dissout un demi-litre à la température ordinaire; l'alcool en dissout 4 fois son volume.

55. Propriétés chimiques. — Le protoxyde d'azote est un composé neutre décomposable par la chaleur en azote et oxygène. Un corps en ignition introduit dans un flacon rempli de ce gaz y brûle avec énergie sous l'action de l'oxygène mis en liberté par la chaleur.

$$AzO = Az + O$$

La combustion est alors plus active que dans l'air, parce que la proportion d'oxygène y est plus forte.

56. Préparation. — *Par l'azotate d'ammoniaque.* On chauffe doucement de l'azotate d'ammoniaque (AzH^3, HO, AzO^5) dans un ballon de verre (fig. 28). Les 3 équivalents d'hydrogène de l'ammoniaque (AzH^3) se combinent avec 3 des 5 équivalents d'oxygène de l'acide azotique (AzO^5) pour former 3 équivalents d'eau. L'équivalent d'azote qui reste de l'ammoniaque se combine au composé AzO^2 qui reste de l'acide, et donne 2 équivalents de protoxyde d'azote.

$$AzH^3, HO, AzO^5 = 4HO + 2AzO.$$

Il ne reste rien dans le ballon.

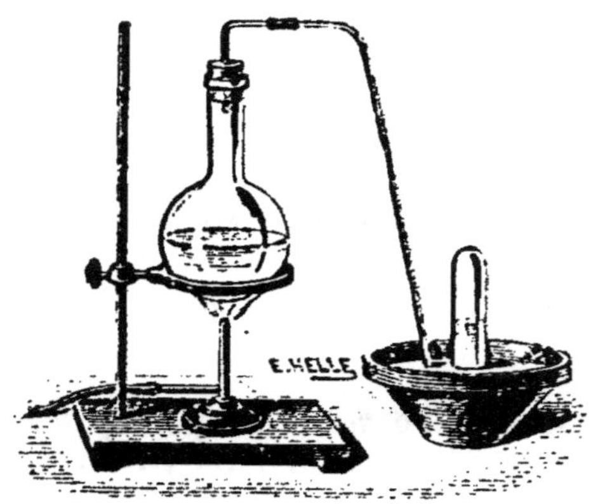

Fig. 28. — Préparation du protoxyde d'azote.

57. Usages. — Le protoxyde d'azote est parfois employé comme anesthésique, mais alors il est essentiel qu'il ne soit pas mélangé de bioxyde. Son inhalation produit une sorte d'ivresse gaie qui lui a fait donner le nom de *gaz hilarant*.

II. Bioxyde d'azote AzO^2.

58. Propriétés physiques. — Le *bioxyde d'azote* est un gaz incolore dont l'odeur et la saveur sont inconnues ; car, en présence de l'air, il se transforme en acide hypoazotique.

59. Propriétés chimiques. — Au contact de l'oxygène, ou simplement de l'air atmosphérique, le bioxyde d'azote s'empare de deux équivalents d'oxygène et se transforme en acide hypoazotique.

$$AzO^2 + 2O = AzO^4$$

La chaleur ne le décompose qu'au rouge vif en azotate et en oxygène ; c'est pourquoi un corps en ignition plongé dans un flacon rempli de ce gaz s'éteint, à moins qu'il n'ait été fortement enflammé ou qu'il ne soit, comme le phosphore ou le carbone, très avide d'oxygène.

Une dissolution de sulfate de fer l'absorbe très facilement.

60. Préparation. — *Par le cuivre et l'acide azotique.* Dans un flacon identique à celui qui sert à la préparation de l'hydrogène (fig. 17), on introduit de l'eau et de la tournure de cuivre; puis, par le tube à entonnoir, on verse peu à peu de l'acide azotique.

L'acide azotique abandonne trois équivalents d'oxygène et donne le bioxyde d'azote, qui se dégage. Les trois équivalents d'oxygène se portent sur le cuivre pour former trois équivalents d'oxyde de cuivre ($3CuO$), lesquels se combinent à l'acide azotique en excès pour former trois équivalents d'azotate de cuivre, $3(CuO,AzO^5)$

$$4(AzO^5,HO) + 3Cu = 3(CuO,AzO^5) + 4HO + AzO^2$$

Comme il y a trois équivalents d'oxygène mis en liberté, il faut prendre trois équivalents de cuivre.

Au commencement de l'expérience, des fumées rougeâtres, dues à la transformation des premières bulles de bioxyde au contact de l'oxygène de l'air renfermé dans le flacon, apparaissent dans l'appareil, puis se dissolvent dans l'eau. Le bioxyde commence à se dégager quand tout l'oxygène a disparu. Les premières éprouvettes que l'on recueille contiennent un mélange de bioxyde d'azote et d'azote provenant de l'air du flacon.

61. Usage. — Le bioxyde d'azote joue un rôle important, quoique intermédiaire, dans la préparation de l'acide sulfurique (SO^3,HO).

III. Acide hypoazotique AzO^4.

62. Propriétés physiques. — *L'acide hypoazotique* est un liquide rouge brun, dégageant à l'air d'abondantes fumées orangées (*vapeurs rutilantes*); il bout à 22^c et cristallise à -9°.

63. Propriétés chimiques. — De tous les composés oxygénés de l'azote, c'est celui qui résiste le mieux à l'action de la chaleur. Une petite quantité d'eau le décompose en acide azoteux et acide azotique, tandis qu'une grande quantité le décompose en acide azotique et bioxyde d'azote.

64. Préparation. — *Par l'azotate de plomb.* On chauffe, dans une cornue en grès, de l'azotate de plomb bien desséché, et on recueille les vapeurs qui se dégagent dans un tube ou un ballon refroidi.

L'azotate de plomb (PbO,AzO^5) se décompose en acide hypoazotique (AzO^4) et oxygène qui se dégagent, et en oxyde de plomb (PbO) qui reste dans la cornue.

$$PbO, AzO^5 = PbO + AzO^4 + O.$$

IV. Acide azotique AzO^5,HO.

65. Historique et état naturel. — L'Arabe Geber (vııı⁰ siècle) l'obtint pour la première fois en chauffant un mélange d'argile et de nitre (salpêtre) et lui donna le nom d'*esprit de nitre.* Raymond Lulle (1224) l'appela *eau-forte,* à cause de la propriété qu'il a d'attaquer les métaux. Cavendish, chimiste anglais, en fit le premier l'analyse (1784), et Lavoisier le nomma *acide nitrique.* On l'appelle plus généralement *acide azotique.*

L'acide azotique existe naturellement sous forme d'azotate de chaux, de soude, de potasse (salpêtre). On en trouve des traces dans l'air atmosphérique.

66. Propriétés physiques. — L'acide azotique est un liquide incolore, possédant une odeur acide et une saveur extrêmement caustique. La lumière y détermine à la longue la formation d'un peu d'acide hypoazotique, qui lui communique une teinte jaunâtre. Concentré, il répand à l'air des fumées blanches (*acide fumant*). Il bout à 86°.

67. Propriétés chimiques. — L'acide azotique est un oxydant des plus énergiques; il attaque toutes les matières organiques (liège, bois, peau) et les détruit. Il détruit également les matières colorantes et jaunit la soie, la laine, etc.

Il est facilement décomposé par la chaleur et attaque tous les métaux, à l'exception de l'or et du platine.

68. Eau régale. — L'*eau régale,* ainsi nommée parce qu'elle dissout l'or, le roi des métaux, est un mélange de trois ou quatre parties d'acide chlorhydrique (HCl) avec une partie d'acide azotique.

69. Préparation. — *Préparation des laboratoires.* On chauffe dans un ballon de verre un mélange d'acide sulfurique (SO^3,HO) et d'azotate de potasse ou salpêtre $(KO,AzO)^5$: on recueille dans un ballon refroidi les vapeurs d'acide azotique qui se dégagent (fig. 29).

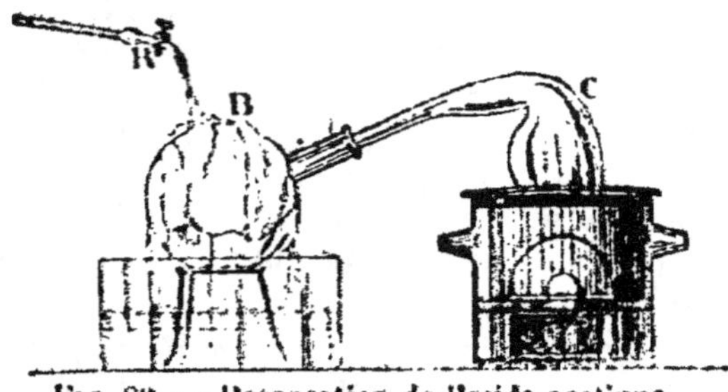

Fig. 29. — Préparation de l'acide azotique.

L'acide sulfurique s'empare de la potasse (KO) pour former du bisulfate de potasse $(KO, HO,2SO^3)$ qui reste dans le ballon, et met l'acide azotique en liberté.

$$KO,AzO^5 + 2(SO^3,HO) = KO,HO,2SO^3 + AzO^3,HO$$

Comme il se forme un bisulfate, il faut prendre deux équivalents d'acide sulfurique dans la réaction.

2° *Préparation industrielle.* — Dans l'industrie, on remplace l'azotate de potasse par l'azotate de soude, qui est moins coûteux. La réaction est la même, seulement on obtient alors un sulfate au lieu d'un bisulfate.

$$NaO,AzO^5 + SO^3,HO = NaO,SO^3 + AzO^5,HO$$

D'autre part, cette préparation exige une température moins élevée, et le rendement est plus considérable.

70. Usages. — L'acide azotique est employé pour décaper les métaux, pour graver sur cuivre et sur acier. Pour graver, on enduit de cire ou de vernis la surface du métal; puis, avec un stylet, on enlève la cire ou le vernis, suivant les traits du dessin à reproduire: on étend ensuite sur le vernis une couche d'acide azotique, qui n'attaque que les régions mises à nu par le stylet. On lave ensuite, on nettoie, et le dessin apparaît en creux.

On emploie encore l'acide azotique pour colorer en jaune certaines étoffes (soies, draps).

V. Gaz ammoniac AzH^3.

71. Propriétés physiques. — Le *gaz ammoniac* est incolore, doué d'une odeur forte, pénétrante, qui provoque les larmes; sa saveur est brûlante et caustique. Un litre d'eau à 0° peut en dissoudre 1 000 litres, et à 15° plus de 700 litres. C'est à sa dissolution que l'on donne le nom d'*alcali volatil*. Si on chauffe cette dissolution, elle abandonne tout le gaz qu'elle renferme, et comme sa densité n'est que 0, 596, on peut le recueillir dans un flacon disposé comme l'indique la figure 30. En sortant du ballon, le gaz traverse un flacon contenant des matières desséchantes qui retiennent la vapeur dont il est chargé.

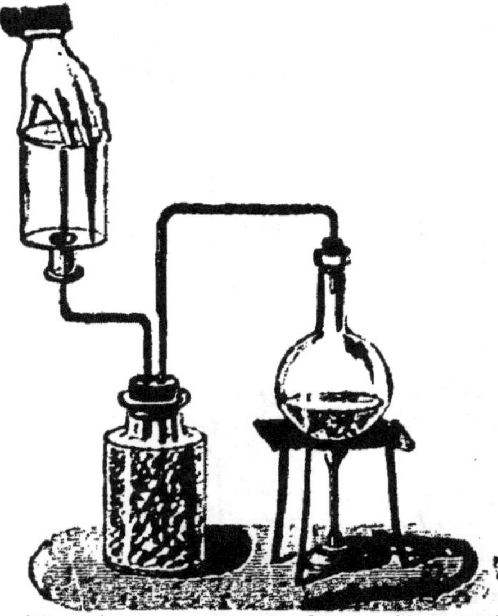

Fig. 30. — Gaz ammoniac se dégageant de sa dissolution.

Refroidi et comprimé, le gaz ammoniac se liquéfie; le liquide ainsi obtenu refroidit considérablement les corps qui l'environnent en repassant à l'état gazeux. Cette production de froid est utilisée pour la fabrication de la glace dans l'appareil Carré à gaz ammoniac (*Physique,* n° 152). On le trouve dans la nature sous forme d'azotate, de sulfate, etc.: il prend naissance dans la putréfaction des matières organiques azotées. On en rencontre des traces dans l'air atmosphérique.

72. Propriétés chimiques. — Le gaz ammoniac est incombustible dans l'air; mais un mélange de 3 volumes d'oxygène avec 4 volumes de ce gaz détone à la flamme d'une bougie, en donnant de l'eau et de l'azote.

$$AzH^3 + 3O = 3HO + Az.$$

Le chlore et l'iode forment avec l'ammoniaque des composés explosifs (chlorure et iodure d'azote) dangereux à manier. Sous l'influence de la chaleur, le gaz ammoniac est décomposé par le cuivre, le fer et le platine, en azote et hydrogène. Cette décomposition se produit également sous l'influence d'une série d'étincelles électriques.

Sa dissolution aqueuse est basique; elle verdit le sirop de violettes et ramène au bleu la teinture de tournesol rougie par un acide.

73. Préparation. — *Par la chaux et le chlorhydrate d'ammoniaque.* On chauffe légèrement dans un ballon un mélange de chaux vive (CaO) et de chlorhydrate d'ammoniaque (AzH³,HCl). L'hydrogène (H) et le calcium (Ca) se substituent l'un à l'autre dans la chaux et l'acide chlorhydrique (HCl); il se forme de l'eau et du chlorure de calcium (CaCl) qui reste dans le ballon; le gaz ammoniac se dégage.

$$AzH^3HCl + CaO = CaCl + HO + AzH^3$$

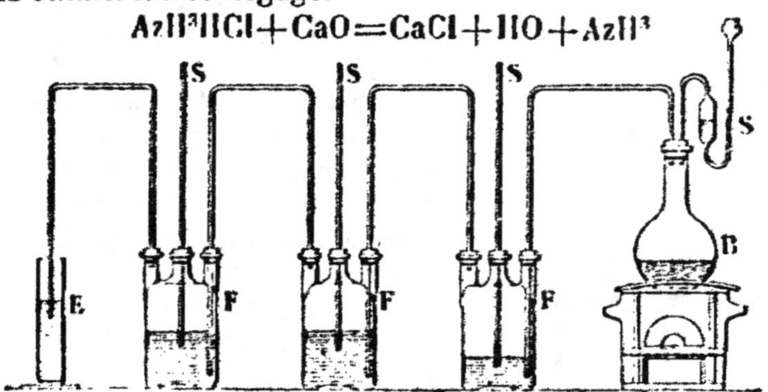

Fig. 31. — Préparation de la dissolution ammoniacale.

B, ballon où se produit le gaz ammoniac; S,S, tubes de sûreté; F,F,F, flacons renfermant de l'eau froide.

On le recueille sur le mercure à cause de sa grande solubilité dans l'eau.

Si l'on veut obtenir la dissolution ammoniacale, on fait passer le gaz dans des flacons renfermant de l'eau froide et reliés entre eux par des tubes disposés comme l'indique la figure 31 (appareil de Wolf).

74. Usages de l'ammoniaque. — L'ammoniaque pouvant s'unir directement aux acides est employée pour dégraisser les étoffes et nettoyer l'argenterie. Une dizaine de gouttes de la dissolution, prises dans un verre d'eau, peuvent dissiper l'ivresse. On l'emploie aussi comme caustique contre la piqûre des insectes venimeux, comme les guêpes, les cousins; pour dissiper le gonflement de l'estomac (*météorisation*) auquel certains animaux domestiques sont sujets, et qui provient ordinairement de l'ingestion de trèfle ou de luzerne humides.

QUESTIONNAIRE. — Donnez les noms et les symboles des composés oxygénés de l'azote. — *Quelles sont les propriétés physiques et chimiques du protoxyde d'azote? — Comment le prépare-t-on? — A quoi sert-il?*

Comment se comporte le bioxyde d'azote en présence de l'air? — Expliquez sa préparation par l'acide azotique et un métal. — *Que savez-vous de l'acide hypoazotique? — Comment l'obtient-on?*

Quel nom donnait-on autrefois à l'acide azotique? — Quelles sont ses propriétés? — Qu'est-ce que l'eau régale? — Comment prépare-t-on l'acide azotique: 1° dans les laboratoires? 2° dans l'industrie? — Quels sont les principaux usages de l'acide azotique?

Quelles sont les propriétés du gaz ammoniac? — Est-il soluble dans l'eau? — Est-il combustible? — Comment le prépare-t-on? — Comment le recueille-t-on? — Quels sont ses principaux usages?

EXERCICES. — 1. On décompose 100 grammes d'azotate d'ammoniaque par la chaleur. Quel sera le poids de l'eau qui se forme et celui du protoxyde d'azote qui se dégage?

2. On mélange 1 litre d'air avec 1 litre de bioxyde d'azote. Quel sera le poids de l'acide hypoazotique formé?

3. L'azotate de potasse coûte 75 fr. les 100 kilogr., et l'azotate de soude coûte 38 fr. Quel bénéfice retire-t-on dans la préparation de 100 kilogr. d'acide azotique en employant l'azotate de soude au lieu de l'azotate de potasse?

4. Combien de chaux faut-il ajouter à 100 gr. de chlorhydrate d'ammoniaque pour obtenir toute l'ammoniaque que ce sel renferme?

CHAPITRE V

PHOSPHORE ET SES COMPOSÉS — ARSENIC

I. Phosphore. — Équiv. P = 31.

75. Propriétés physiques. — Le *phosphore* est un corps assez mou pour être facilement coupé avec un couteau, répandant une odeur d'ail, transparent quand il est récemment préparé, mais devenant opaque à la surface quand on l'expose à la lumière. Il est insoluble dans l'eau, mais très soluble dans la benzine et le sulfure de carbone.

76. Historique et état naturel. — Le phosphore fut découvert en 1669 par Brandt, alchimiste de Hambourg, qui le retira de l'urine. Il existe à l'état de combinaison dans le foie, dans la laitance des poissons, dans le tissu nerveux, dans l'urine. On le trouve dans la nature à l'état de phosphates de fer et de chaux.

77. Propriétés chimiques. — Le phosphore est lumineux dans l'obscurité; il est très inflammable et brûle dans l'oxygène avec un vif éclat en produisant d'abondantes fumées blanches d'acide phosphorique (PO^5). Il s'enflamme spontanément en présence du brome, du chlore et de l'iode. Ses brûlures sont dangereuses, c'est pourquoi il faut le manier avec précaution et sous l'eau autant que possible. C'est un poison violent.

Exposé à la lumière solaire à l'abri de l'air, ou chauffé en vase clos, le phosphore ordinaire se transforme en *phosphore rouge*, chimiquement identique, mais doué de propriétés particulières. Ainsi, le phosphore rouge est insoluble dans le sulfure de carbone, s'enflamme beaucoup moins facilement et n'est pas vénéneux.

Fig. 32. — Préparation du phosphore.

C, cornue dans laquelle s'opère la réduction du phosphate acide de chaux; B, récipient; A, vase renfermant de l'eau froide; s, tube ouvert pour le dégagement des gaz.

78. Préparation. — On calcine des os à l'air libre, on les pulvérise ensuite, et on y ajoute de l'acide sulfurique. Les os renferment une assez forte proportion de phosphate tribasique de chaux $(3CaO,PO^5)$, lequel, en présence de l'acide sulfurique, donne du sulfate de chaux (CaO,SO^3), qui est insoluble, et du phosphate acide de chaux $(CaO,2HO,PO^5)$ soluble.

$$3CaO,PO^3 + 2(SO^3,OH) = 2(CaO,SO^3) + CaO,2HO,PO^5$$

On filtre; le liquide recueilli est évaporé jusqu'à consistance sirupeuse, mélangé ensuite à du charbon de bois en poudre, et calciné légèrement. La masse ainsi desséchée est alors soumise à une distillation dans des cornues en grès (fig. 32). Il se dégage de l'acide carbonique, et il se reforme du phosphate tribasique. Le phosphore distille

$$3(CaO,PO^5) + 10 = 3CaO,PO^5 + 10CO + 2P$$

On recueille le phosphore dans l'eau.

70. Usages. — Le phosphore sert à préparer une pâte employée pour détruire les animaux nuisibles (mort aux rats). Le phosphore rouge est utilisé pour la fabrication des allumettes chimiques. Il donne au bronze des propriétés particulières.

II. Principaux composés du phosphore.

80. Acide phosphorique anhydre, PO^5. — *L'acide phosphorique anhydre* s'obtient en brûlant du phosphore dans l'air ou l'oxygène sec (fig. 33). $P + 5O = PO^5$.

Fig. 33. — Préparation de l'acide phosphorique anhydre.

Il se présente sous l'aspect de flocons blancs, soyeux, très avides d'eau.

81. Acide phosphorique ordinaire, $PO^5,3HO$. — *L'acide phosphorique ordinaire* est en cristaux incolores très déliquescents. On le prépare en distillant du phosphore rouge délayé dans 15 fois son poids d'acide azotique. Il se forme du bioxyde d'azote qui se dégage, et de l'acide phosphorique, que l'on condense dans un récipient refroidi.

82. Hydrogène phosphoré ou phosphure d'hydrogène, PH^3. — L'*hydrogène phosphoré* est un gaz incolore, d'une forte odeur aliacée. Il est très combustible et s'enflamme spontanément à l'air s'il contient des traces de phosphore liquide (PH^2). C'est à lui que sont dus les feux follets que l'on observe quelquefois dans les cimetières humides et les marais renfermant des débris d'animaux.

Un morceau de phosphure de calcium projeté dans l'eau donne des bulles de ce gaz, qui s'enflamment spontanément en arrivant à l'air et forment de belles couronnes de fumée blanche.

Fig. 31. — Préparation de l'hydrogène phosporé.

On peut encore le préparer en chauffant dans un ballon un mélange de phosphore, de potasse et d'eau (fig. 34). C'est l'hydrogène de l'eau, qui se combine au phosphore pour former l'hydrogène phosphoré.

III. Arsenic, As.

83. Arsenic. — L'*arsenic* est un corps solide, à texture grenue, se sublimant vers 300 degrés en répandant une forte odeur d'ail. C'est un poison violent.

On le rencontre dans la nature à l'état de sulfure rouge (*réalgar*) ou jaune (*orpiment*); on l'extrait d'un sulfo-arséniure de fer (*mispickel*).

L'arsenic forme avec l'oxygène deux oxydes, qui sont tous deux de violents poisons; ce sont les *acides arsénieux* ($As\,O^3$) et *arsénique* (AsO^5). On emploie la magnésie calcinée délayée dans l'eau comme contrepoison des sels arsenicaux.

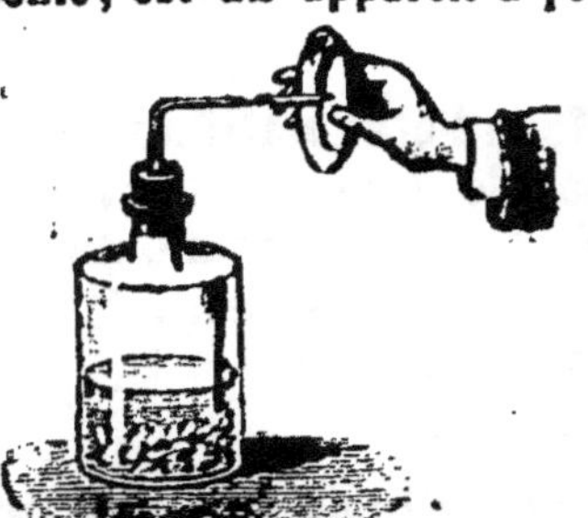

Fig. 35. — Appareil de Marsh.

L'*appareil de Marsh*, qui sert à déceler la présence de traces d'arsenic, est un appareil à production d'hydrogène dans lequel on introduit la substance à examiner. En écrasant avec une soucoupe la flamme de l'hydrogène qui se dégage, on obtient des taches noires d'arsenic si l'appareil en renferme (fig. 35).

QUESTIONNAIRE. — Quelles sont les propriétés physiques du phosphore ? — Que produit-il en brûlant ? — Comment obtient-on le phosphore rouge ? — Indiquez comment on retire le phosphore des os. — A quoi sert le phosphore ?

Comment prépare-t-on : 1° l'acide phosphorique anhydre ; 2° l'acide phosphorique hydraté ; 3° le phosphure d'hydrogène ? — Le phosphure d'hydrogène est-il combustible ?

Qu'est-ce que l'arsenic ? — Quels sont ses principaux composés naturels ? — Quels acides forme-t-il avec l'oxygène ? — Décrivez l'appareil de Marsh. — A quoi sert-il ?

EXERCICES. — 1. Les os renferment 51 p. % de phosphate tribasique de chaux ; combien faudra-t-il traiter de kilogr. d'os par l'acide sulfurique pour obtenir 1 kilogr. de phosphate acide ? — Combien la réduction de ce phosphate acide par le charbon donnera-t-elle de phosphore ?

2. Quel poids de phosphore faut-il brûler dans l'air pour obtenir 10 grammes d'acide phosphorique anhydre ?

3. Quel poids d'acide arsénieux renferme autant d'arsenic que 100 grammes d'acide arsénique ?

CHAPITRE VI

SOUFRE ET SES COMPOSÉS

I. Soufre. — Équiv. $S = 16$.

81. Propriétés physiques. — Le *soufre* est un corps solide, jaune citron, inodore, sans saveur, insoluble dans l'eau, mais soluble dans le sulfure de carbone et la benzine, fusible vers 110°. Il est mauvais conducteur de la chaleur et de l'électricité et s'électrise négativement par le frottement.

Tenu dans la main, un morceau de soufre fait entendre un crépitement particulier dû à l'inégal échauffement de ses parties.

Par fusion, il cristallise en longues aiguilles prismatiques, tandis que par voie humide il donne des cristaux octaédriques.

85. État naturel. — Le soufre existe à l'état natif au voisinage des volcans (*solfatares*), et à l'état de combinaisons, dont les principales sont des sulfures (sulf. de fer, d'antimoine, de plomb, etc.). Certains corps organiques en renferment (jaune d'œuf, moutarde, oignons, etc.). Il se dégage des fosses d'aisances sous forme d'acide sulfhydrique (HS).

86. Propriétés chimiques. — Le soufre est inaltérable à l'air; il brûle avec une flamme bleue en donnant de l'acide sulfureux (SO^2).

$$S + 2O = SO^2$$

Il peut se combiner avec l'hydrogène (acide sulfhydrique, HS), avec le carbone (sulfure de carbone, CS^2), avec les métaux (sulfure de cuivre, de plomb, etc.).

87. Extraction. — Le soufre se retire des terrains volcaniques qui le renferment à l'état natif. On le sépare des matières terreuses auxquelles il est mélangé par simple *fusion* du minerai disposé en meules (*calkeroni*), analogues à celles que l'on construit dans la fabrication du charbon de bois, ou par *distillation* dans des vases en terre (fig. 36). Dans le premier procédé, une partie du soufre est perdue par combustion, l'autre fond et s'accumule à la partie inférieure.

88. Raffinage. — Le *raffinage* du soufre consiste à faire arriver sa vapeur dans une chambre en maçonnerie (fig. 37). Les premières vapeurs se condensent à l'état de fine poussière ; c'est la *fleur de soufre*. Quand les parois sont échauffées, le soufre se condense à l'état liquide, on le recueille et on le coule dans des moules coniques ; c'est le *soufre en canon.*

Fig. 36.

Extraction du soufre par distillation.

Le soufre, réduit en vapeur dans le récipient de gauche, se condense dans le récipient de droite, et, par le tube A, tombe dans le baquet B contenant de l'eau.

89. Usages. — Le soufre est employé dans la fabrication de la poudre (n° 164), des allumettes; pour sceller le fer dans la pierre, pour prendre

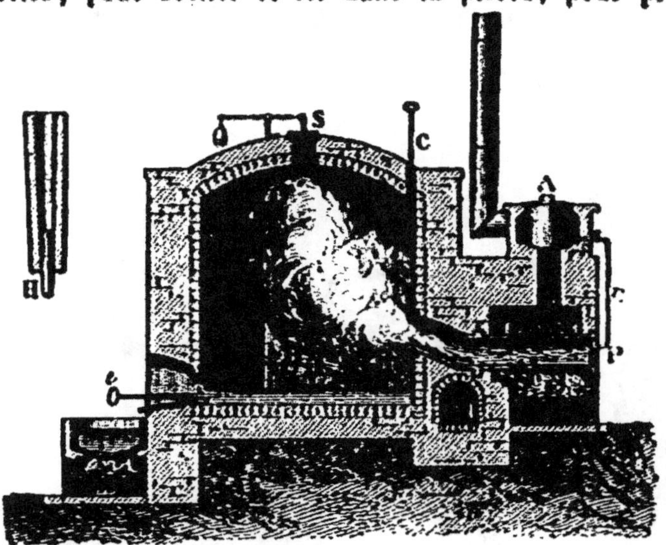

Fig. 37. — Raffinage du soufre.

A, réservoir contenant le soufre en fusion, lequel s'écoule par le tube r dans le cylindre P, où la chaleur du foyer E le réduit en vapeur ; B, chambre à condensation; C, registre qui permet d'arrêter l'arrivée de la vapeur de soufre ; S, soupape; t, tringle servant à donner issue au soufre fondu ; H, moule pour le coulage du soufre en canon.

des empreintes de médailles, pour détruire l'oïdium de la vigne. On l'utilise contre certaines maladies de la peau (gale).

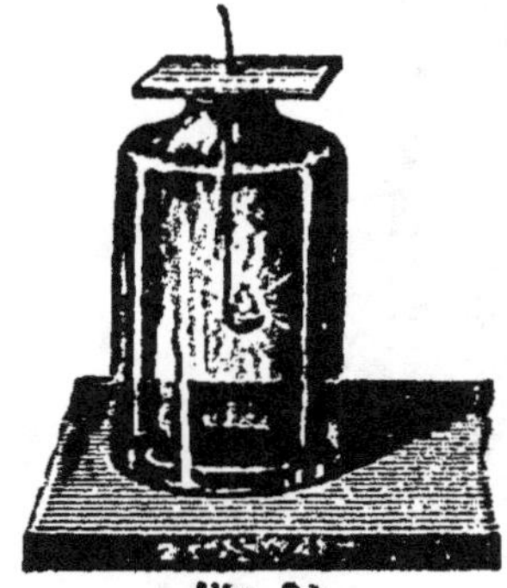

Fig. 38.

Préparation de l'acide sulfureux par combustion du soufre.

II. Acide sulfureux, SO^2.

90. Propriétés. — L'acide sulfureux est un gaz incolore, d'une odeur suffocante provoquant la toux, liquéfiable à — 8°, très soluble dans l'eau.

Il n'est ni comburant ni combustible; c'est un décolorant énergique.

91. Préparation. — I. *Par la combustion du soufre.* On enflamme un morceau de soufre dans un flacon rempli d'oxygène (fig. 38).

II. *Par le mercure ou le cuivre et l'acide sulfurique.* On chauffe légèrement le mélange dans un ballon et on recueille le gaz sur le

mercure (fig. 39). Un équivalent de l'acide sulfurique (SO³) perd un
équivalent d'oxygène et donne l'acide sulfureux (SO²) qui se dégage;

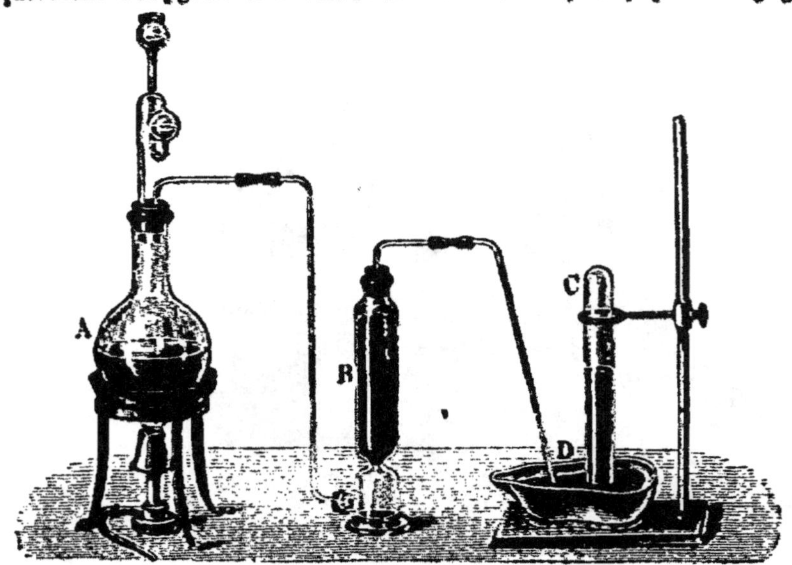

Fig. 39. — Disposition de l'appareil où l'on prépare du gaz sulfureux.
A, ballon renfermant l'acide sulfurique et le cuivre ; B, éprouvette à dessécher
les gaz ; c, éprouvette dans laquelle on recueille le gaz ; D, cuve à mercure.

cet équivalent d'oxygène se combine avec le cuivre pour former de
l'oxyde de cuivre (CuO), lequel forme, avec un autre équivalent

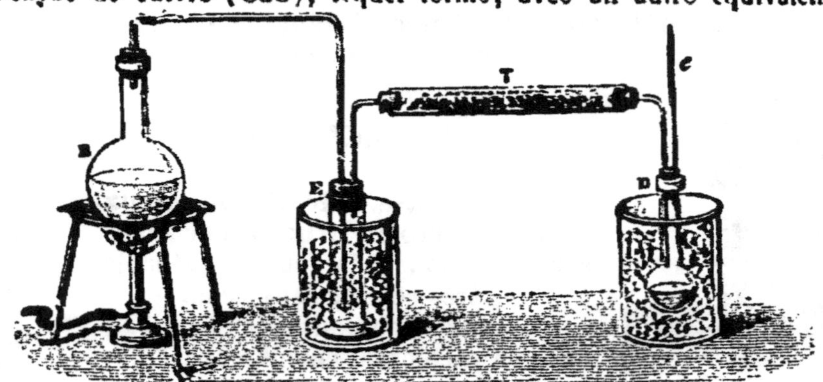

Fig. 40. — Liquéfaction de l'acide sulfureux.
B, ballon où se produit le gaz ; E, éprouvette où se condense la vapeur d'eau ; T, tube
à dessécher le gaz ; D, ballon où le gaz se liquéfie ; e, tube de sortie du gaz en excès.

d'acide sulfurique, du sulfate de cuivre, qui reste dans le ballon.
L'eau de l'acide sulfurique devient libre.

$$Cu + 2(SO^3,HO) = SO^2 + CuO,SO^3 + 2HO.$$

Si on veut l'obtenir liquide, on le fait arriver dans un ballon entouré
d'un mélange réfrigérant (fig. 40).

III. *Préparation de la dissolution par le carbone et l'acide sulfurique.* L'appareil est identique au précédent et la réaction analogue.

$$C + 2(SO^3,HO) = 2SO^2 + CO^2 + 2HO.$$

Il se dégage un mélange d'acide sulfureux et d'acide carbonique que l'on fait passer dans des flacons renfermant de l'eau froide, dans laquelle l'acide sulfureux se dissout. L'acide carbonique, qui pourrait se dissoudre en même temps, ne nuit pas aux propriétés de l'acide sulfureux.

92. Usages. — L'acide sulfureux est employé dans la fabrication de l'acide sulfurique, pour le blanchiment de la soie et de la laine, pour éteindre les feux de cheminée, pour détruire les moisissures des vieux tonneaux (mèches soufrées), pour assainir les milieux infects (cales des navires, lazarets,) pour désinfecter les objets à l'usage des malades atteints d'affections contagieuses (cholériques, galeux). Dans presque tous les cas, on le prépare sur place par combustion du soufre.

III. Acide sulfurique anhydre, SO³.

93. Propriétés. — *L'acide sulfurique anhydre* a l'aspect d'une masse blanche, soyeuse, répandant à l'air d'abondantes fumées. Il est très avide d'eau et produit, quand on le projette dans l'eau, un bruissement analogue à celui qu'y produirait un fer rouge.

94. Préparation. — On le prépare en condensant dans un récipient refroidi les vapeurs qui se dégagent quand on chauffe de l'acide sulfurique de Nordhausen. L'acide de Nordhausen est considéré comme une dissolution d'acide sulfurique anhydre dans l'acide sulfurique ordinaire. On l'obtient par la calcination du sulfate de fer, qui résulte de l'oxydation des schistes pyriteux au contact de l'air humide.

IV. Acide sulfurique ordinaire, SO³,HO.

95. Propriétés physiques. — *L'acide sulfurique ordinaire* est un liquide incolore, inodore, de consistance huileuse; sa densité est de 1,842.

96. Historique. — L'acide sulfurique ordinaire était déjà connu au XIIIᵉ siècle. Albert le Grand lui donna le nom d'*huile de vitriol*; le moine Basile Valentin indiqua sa préparation, et Lavoisier en détermina la nature et la composition.

97. Propriétés chimiques. — L'acide sulfurique ordinaire est un acide énergique très avide d'eau, ce qui le fait employer pour dessécher les gaz. Le mélange de quatre parties d'acide et d'une partie d'eau est accompagné d'une contraction et d'une élévation de température d'environ 100°. Il détruit les matières organiques (liège, linge, peau, etc.) et attaque tous les métaux, excepté l'or et le platine.

98. Préparation. — I. *Préparation des laboratoires.* On fait arriver en même temps dans un grand ballon (fig. 41) du bioxyde d'azote, de l'acide sulfureux, de la vapeur d'eau et de l'air. La production de l'acide comprend trois phases successives.

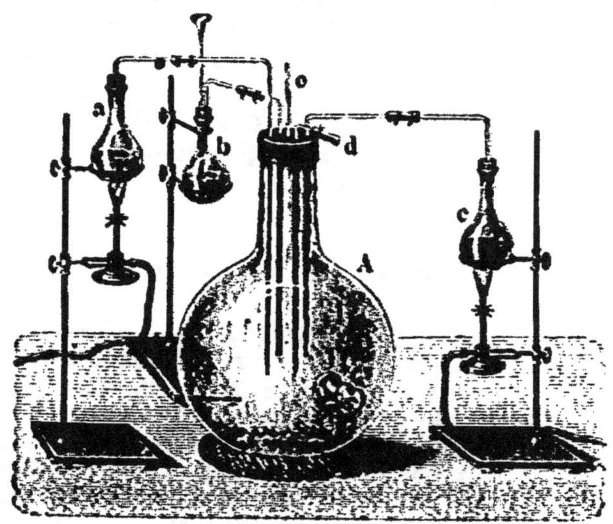

Fig. 41. — Préparation de l'acide sulfurique.

a, b, c, ballons dans lesquels se produisent l'acide sulfureux, le bioxyde d'azote et la vapeur d'eau ; *d,* tube qui amène le courant d'air ; A, ballon où s'opèrent les réactions ; *e,* tube pour la sortie des gaz en excès. L'acide sufurique se condense dans le ballon A.

1° Le bioxyde d'azote (AzO^2), au contact de l'oxygène de l'air, se transforme en acide hypoazotique (AzO^4)

$$AzO^2 + 2O = AzO^4$$

2° L'acide hypoazotique, en présence de la vapeur d'eau, donne de l'acide azotique et reproduit du bioxyde d'azote

$$3AzO^2 + 2HO = 2(AzO^5,HO) + AzO^2$$

3° L'acide azotique (AzO^5,HO) cède un équivalent d'oxygène à l'acide sulfureux (SO^2), qui passe ainsi à l'état d'acide sulfurique et reproduit de l'acide hypoazotique.

$$AzO^5,HO + SO^2 = SO^3HO + AzO^4$$

Théoriquement, le bioxyde d'azote n'est qu'un intermédiaire; il prend à l'air l'oxygène nécessaire pour se transformer en acide hypoazotique, puis en acide azotique, et le cède ensuite à l'acide sulfureux, qui passe ainsi à l'état d'acide sulfurique.

II. *Préparation industrielle.* — Dans l'industrie, la fabrication de l'acide sulfurique se fait dans de grandes chambres dont les parois sont formées de lames de plomb (*chambres de plomb*), comme l'indique la fig. 42. L'acide est ensuite concentré par distillation dans des alambics en platine.

Les chambres de plomb communiquent entre elles par des conduits de même métal, placés alternativement à la partie inférieure et à la partie supérieure de ces chambres. Les parois de ces cloches plongent dans des cuvettes, dont les bords sont relevés d'une quinzaine de centimètres.

L'acide sulfureux provient de la combustion du soufre ou mieux et plus généralement du grillage des pyrites de fer (FeS^2). Ces sulfures de fer grillés en présence de l'air donnent de l'acide sulfureux. Ce gaz est entraîné dans les chambres de plomb par le tirage de la cheminée.

La première chambre traversée par l'acide sulfureux est un *tambour* A, divisé par des tablettes de plomb horizontales, sur lesquelles coule de l'acide sulfurique chargé de vapeurs nitreuses (capacité : 100 mètres cubes).

La seconde chambre B s'appelle *dénitrificateur*, parce qu'elle reçoit l'excès d'acide azotique que renferme la troisième chambre.

Cette troisième chambre C reçoit un courant lent et continu d'acide azotique, qui s'écoule des touries Z remplies d'acide azotique, et retombe sur les degrés d'une cascade en grès.

Vient ensuite la *grande chambre* D, où s'élèvent des jets de vapeur d'eau assez abondants pour favoriser les réactions et empêcher la formation des cristaux des chambres de plomb, pas assez cependant pour donner un acide sulfurique trop étendu. De là, les vapeurs se rendent dans la chambre E.

L'appareil se termine par un nouveau *tambour* rempli de coke, sur lequel on fait couler de l'acide sulfurique faible. Ce liquide dissout les vapeurs nitreuses que le tirage de la cheminée allait entraîner pour les répandre dans l'atmosphère.

Cet acide sulfurique nitreux est recueilli dans un récipient M, pour être de là chassé par la pression de la vapeur dans un baquet J, qui le laissera tomber sur les tablettes du premier tambour.

L'acide sulfurique que l'on recueille à la fin de l'opération marque de 40° à 50° Baumé.

99. Usages. — L'acide sulfurique sert dans la préparation des acides azotiques, sulfureux, chlorhydrique, dans celle d'un grand nombre de sulfate (sulfate de fer, de cuivre, etc.), dans la fabrication des bougies stéariques, des savons, des éthers.

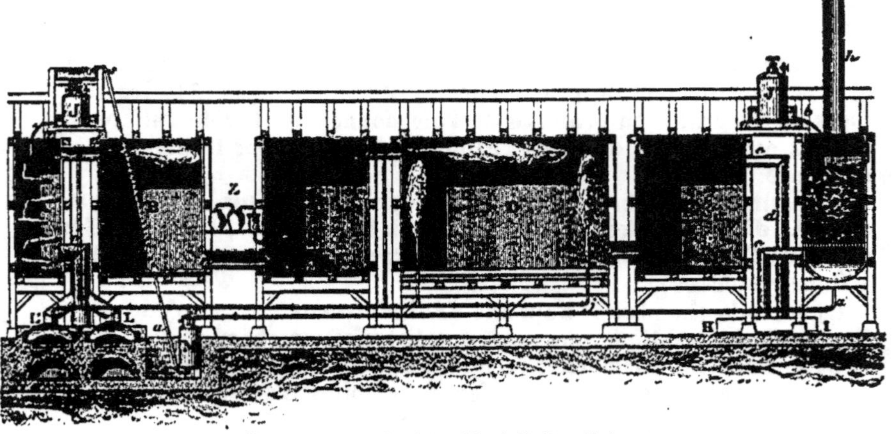

Fig. 42. — Préparation industrielle de l'acide sulfurique.

F, F, foyer où se grillent les pyrites; A, tambour à cascade; J, réservoir d'acide sulfurique nitreux; B, dénitrificateur;
Z, touries d'acide nitrique; C, chambre des touries;
D, grande chambre; G, tambour à coke; M, réservoir inférieur d'acide sulfurique nitré.

V. Acide sulfhydrique, HS.

100. État naturel. — *L'acide sulfhydrique* se dégage spontanément de certaines eaux minérales (eaux sulfureuses). Il se forme dans la décomposition des matières végétales et animales qui renferment du soufre (œufs, vase des marais, fosses d'aisances).

101. Propriétés. — L'acide sulfhydrique est un gaz incolore, d'une odeur fétide rappelant celle des œufs pourris, soluble dans 3 fois son volume d'eau à la température ordinaire.

Il brûle avec une flamme bleue, en produisant de l'eau et de l'acide sulfureux

$$HS + 3O = HO + SO^2$$

et forme, avec trois volumes d'oxygène, un mélange détonant.

Si l'oxygène n'est pas en quantité suffisante, il se forme de l'eau, et le soufre se dépose, comme il est facile de le constater, en enflammant l'acide sulfhydrique contenu dans une éprouvette (fig. 43).

Fig. 43.

Combustion de l'acide sulfhydrique.

Il noircit l'argent et le plomb, et donne avec la plupart des sels métalliques des précipités dont la coloration est souvent caractéristique de la nature du métal. C'est un gaz très dangereux à respirer.

Son odeur fétide avertit de sa présence quand il n'existe dans l'air qu'en très faible proportion ; mais, quand il se dégage subitement et en abondance (ouverture des fosses d'aisances), son action est instantanée, et il peut déterminer l'asphyxie en quelques minutes. Le remède consiste à faire respirer de très petites quantités de chlore obtenu en trempant, dans de l'eau légèrement vinaigrée, un linge renfermant du chlorure de chaux.

102. Préparation. — *Par un sulfure et l'acide sulfurique.* On chauffe, dans un ballon, du sulfure de fer ou d'antimoine et de l'acide sulfurique ou chlorhydrique.

$$FeS + SO^3,HO = HS + FeO,SO^3$$
$$FeS + HCl = HS + FeCl.$$

Dans le premier cas, il se forme du sulfate de fer, et dans le second, du chlorure de fer.

Quelles sont les propriétés chimiques de l'acide sulfurique ? — Comment le nommait-on autrefois ? — Indiquez les réactions qui se passent dans sa préparation par oxydation de l'acide sulfureux. — Donnez brièvement la description des appareils qui servent à le préparer dans l'industrie.

Quelle combinaison le soufre forme-t-il avec l'hydrogène ? — Quelles sont les propriétés de l'acide sulfhydrique? — Que donne-t-il en brûlant! — Quelle est son action sur le plomb et l'argent? — Comment le prépare-t-on ?

EXERCICES. — 1. Quel volume d'acide sulfureux produit la combustion d'un gramme de soufre?

2. Quels poids de cuivre et d'acide sulfurique faut-il employer pour obtenir 10 grammes d'acide sulfureux ?

3. Quel volume d'air faut-il combiner à 10 grammes de soufre pour obtenir de l'acide sulfurique anhydre ? — Quel sera le poids de cet acide ?

4. Quel poids de sulfure de fer faut-il traiter par l'acide chlorhydrique pour obtenir 1 gramme d'acide sulfhydrique ?

CHAPITRE VII

CHLORE ET SES COMPOSÉS — IODE, BROME, FLUOR

I. Chlore. — Équiv. Cl.＝35,5.

103. Propriétés physiques. — Le *chlore* est un gaz jaune verdâtre, d'une odeur suffocante, assez soluble dans l'eau, qui en dissout trois fois son volume à la température ordinaire. Sa densité est 2,44.

104. Historique et état naturel. — Le chlore fut découvert en 1774 par Scheele, chimiste suédois. Il fut étudié au commencement de ce siècle par Gay-Lussac et Thénard. On ne le rencontre dans la nature qu'à l'état de combinaison, dont la plus importante est le chlorure de sodium (NaCl) ou *sel marin*.

105. Propriétés chimiques. — Le chlore n'est pas combustible. La poudre d'antimoine, d'arsenic, le phosphore, s'enflamment spontanément dans le chlore sec (fig. 44). Un mélange de chlore et d'hydrogène à volume égal détone avec violence sous l'action directe des rayons solaires.

Fig. 44.

Combustion de l'antimoine dans le chlore.

Le chlore forme avec l'oxygène des combinaisons facilement

décomposables par la chaleur, et souvent avec explosion. On les obtient presque toutes en traitant, avec précaution, le chlorate de potasse par l'acide sulfurique. Le chlore attaque la plupart des métaux.

106. Préparation. — *Par l'acide chlorhydrique et le bioxyde de manganèse.* On chauffe légèrement le mélange dans un ballon. Les deux équivalents d'oxygène du bioxyde de manganèse (MnO^2) se combinent aux deux équivalents d'hydrogène de l'acide pour former de l'eau ; l'un des équivalents de chlore de l'acide forme, avec le manganèse, du chlorure de manganèse ($MnCl$) : l'autre équivalent de chlore se dégage.

$$MnO^2 + 2HCl = 2HO + MnCl + Cl$$

On fait arriver le gaz directement au fond d'un flacon, dans lequel il s'accumule en raison de sa grande densité (fig. 45).

Sa dissolution s'obtient comme la dissolution ammoniacale (fig. 31).

Fig. 45. — Préparation du chlore.

107. Usages. — Le chlore est employé dans la préparation des chlorures désinfectants et décolorants, dont les principaux sont le chlorure de chaux, l'eau de Javel et l'eau de Labarraque.

Le *chlorure de chaux* provient de la réaction d'un courant de chlore sur de la chaux éteinte. *L'eau de Javel* s'obtient en faisant passer un courant de chlore dans une dissolution de potasse ; si on emploie une dissolution de soude, on a *l'eau de Labarraque.* Ces chlorures sont employés pour assainir les appartements, pour blanchir les tissus, la pâte à papier.

II. Acide chlorhydrique, HCl.

108. Propriétés physiques. — *L'acide chlorhydrique* est un gaz incolore, d'une odeur vive et suffocante, produisant à l'air des fumées blanches. L'eau en dissout 500 fois son volume.

109. Historique et état naturel. — L'acide chlorhydrique était autrefois connu par les alchimistes, qui l'obtinrent par la distillation d'un mélange de sel marin et de sulfate de fer, et lui donnèrent les noms d'*acide muriatique*, et d'*esprit de sel*. Gay-Lussac et Thénard en déterminèrent la composition.

On le trouve dans les vapeurs qui se dégagent des volcans.

110. Propriétés chimiques. — L'acide chlorhydrique est un acide énergique attaquant tous les métaux, à l'exception de l'or et du platine. Il n'est ni comburant ni combustible. Il se combine directement avec le gaz ammoniac en formant d'abondantes fumées blanches de chlorhydrate d'ammoniaque (AzH^3,HCl).

111. Préparation. — I. *Préparation des laboratoires.* On chauffe dans un ballon un mélange de chlorure de sodium ou sel marin ($NaCl$) avec de l'acide sulfurique (SO^3,HO). Les équivalents de sodium et d'hydrogène se remplacent mutuellement ; l'acide chlorhydrique se dégage, et il reste du sulfate de soude (NaO,SO^3)

$$NaCl + SO^3,HO = HCl + NaO,SO^3$$

On recueille le gaz sur le mercure.

II. *Préparation industrielle.* Dans l'industrie, le mélange d'acide et de sel est introduit dans des cylindres en fonte chauffés par un foyer, le gaz se rend dans des touries contenant de l'eau dans laquelle il se dissout (fig. 46).

112. Usages. — On emploie l'acide chlorhydrique pour la préparation du chlore et des chlorures, pour dissoudre et décaper les métaux, pour isoler la gélatine des os.

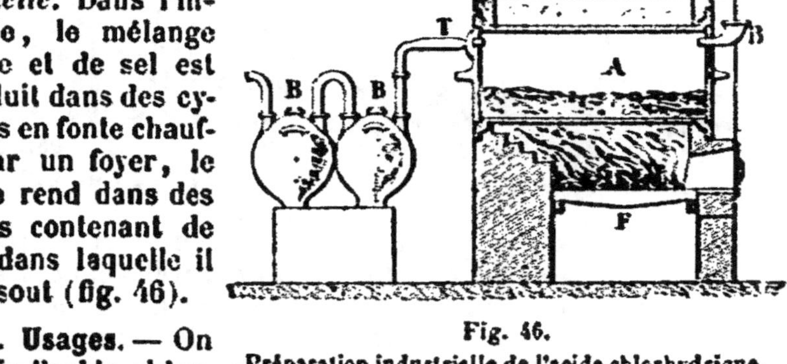

Fig. 46.

Préparation industrielle de l'acide chlorhydrique.

F, foyer ; A, cylindre contenant le mélange ; B, entonnoir ; T, tube de dégagement ; B,B, touries.

III. Iode. Brome. Fluor.

113. Iode. — L'*iode* est un corps solide, ordinairement en lamelles d'un gris bleuâtre, se volatilisant facilement en vapeurs violettes. Il est peu soluble dans l'eau, mais très soluble dans l'alcool (teinture d'iode). Avec l'amidon, il donne une coloration bleue intense par la formation d'iodure d'amidon. On le retire des eaux-mères des marais salants et de quelques varechs. On le purifie par sublimation en le chauffant dans des cornues complètement entourées de sable (fig. 47); les vapeurs se rendent dans des récipients extérieurs dans lesquels elles se solidifient en lamelles.

Fig. 47. — Sublimation de l'iode.

L'*iodure de potassium* est employé en médecine comme dépuratif; on s'en sert aussi en photographie.

114. Brome. — Le *brome* est un liquide rouge brun, peu soluble dans l'eau, mais très soluble dans l'éther et le sulfure de carbone. C'est un poison violent. Il possède des propriétés analogues à celles du chlore et de l'iode.

En médecine, on emploie le *bromure de potassium* comme calmant du système nerveux.

115. Fluor. — Le *fluor* est un gaz incolore, odorant, récemment isolé de ses combinaisons par M. Moissan. Il est doué d'une puissante affinité pour la plupart des corps. On le trouve dans la nature à l'état de fluorure de calcium (*fluorine*).

Sa principale combinaison est l'*acide fluorhydrique* (HFl), liquide très corrosif qui attaque le verre, ce qui fait qu'on ne peut le conserver que dans des flacons en platine ou en gutta-percha.

Fig. 48. — Gravure à l'acide fluorhydrique gazeux.

percha. On l'emploie pour la gravure sur verre, en procédant comme pour la gravure sur métal (n° 70). On s'en sert aussi à l'état gazeux en délayant, dans un réservoir en plomb (fig. 48), du fluorure de calcium dans de l'acide sulfurique, et en le recouvrant de la plaque de verre préparée pour la gravure. Les parties mises à nu par le stylet sont alors attaquées par l'acide fluorhydrique gazeux qui se dégage.

QUESTIONNAIRE. — Quelles sont les propriétés physiques et chimiques du chlore ? — Comment le prépare-t-on ? — Comment le recueille-t-on ? — Quels sont ses usages ? — Comment s'obtiennent le chlorure de chaux ? l'eau de Javel ? l'eau de Labarraque ?

Comment s'appelait autrefois l'acide chlorhydrique ? — Quelles sont ses propriétés physiques et chimiques ? — Comment le prépare-t-on ? — Peut-on le recueillir sur l'eau ? A quoi est-il employé ?

Indiquez brièvement les principales propriétés de l'iode, du brome et du fluor. — Qu'est-ce que l'acide fluorhydrique ? — Comment l'emploie-t-on dans la gravure sur verre ?

EXERCICES. — 1. Sachant que l'acide chlorhydrique gazeux est formé de volumes égaux de chlore et d'hydrogène, trouver sa densité.

2. Quels poids d'acide sulfurique et de sel marin faut-il employer pour obtenir un mètre cube d'acide chlorhydrique gazeux ? — Quel sera le poids du résidu ?

CHAPITRE VIII

CARBONE ET SES COMPOSÉS OXYGÉNÉS

I. Carbone. — Équiv. C = 6.

116. Propriétés physiques. — Le *carbone* est un corps simple, solide, sans odeur ni saveur, gris ou noir quand il n'est pas cristallisé, insoluble dans tous les liquides, excepté dans la fonte de fer en fusion.

117. Propriétés chimiques. — Le carbone est inaltérable à l'air à la température ordinaire, mais jouit, à une température élevée, d'une très grande affinité pour l'oxygène, avec lequel il peut former deux combinaisons : l'*oxyde de carbone* (CO), qui se forme quand le carbone est en excès, et l'*acide carbonique* (CO^2) qui se produit quand l'oxygène est en quantité suffisante (fig. 49). Il peut aussi se combiner au soufre (*sulfure de*

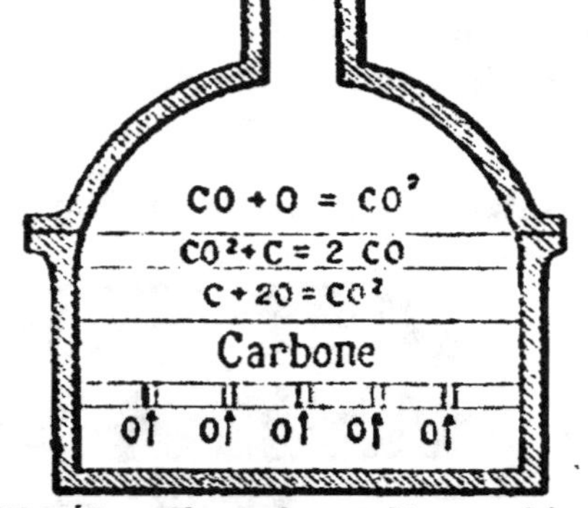

Fig. 49. — Formation et décomposition de l'acide carbonique dans un foyer.

carbone (CS^2); il forme avec l'hydrogène de nombreux composés (*carbures d'hydrogène*).

118. État naturel. — Le carbone entre dans la composition de presque toutes les substances organiques. Il existe sous forme d'acide carbonique, de carbonates, dans certaines eaux minérales et dans beaucoup de roches. On trouve dans le sol d'abondants dépôts de charbons naturels.

119. Charbons naturels. — Les principales variétés de charbons naturels sont : le diamant, le graphite, l'anthracite, la houille, la lignite et la tourbe.

Diamant. — Le diamant est le carbone pur cristallisé. Il est ordinairement incolore et brille d'un vif éclat particulier (*éclat adamantin*). Sa dureté est telle, qu'on ne peut l'user qu'avec sa propre poussière. C'est un corps très précieux, que l'on n'a pu jusqu'ici reproduire artificiellement. On le taille en rose ou en brillant (fig. 50). Son poids s'évalue en carats (0 gr. 2025). On s'en sert pour couper le verre.

Fig. 50.
Diamant taillé en brillant.

Graphite. — Le graphite, improprement désigné sous le nom de *plombagine* ou *mine de plomb*, est un charbon, ordinairement en masse feuilletée, doux au toucher, laissant une trace grise sur le papier. On en fabrique des crayons. Comme il est bon conducteur de l'électricité, on s'en sert en galvanoplastie pour rendre conductrices les surfaces à métalliser. Délayé dans l'huile, on l'emploie pour préserver de l'oxydation les fourneaux, les tuyaux de poêle, etc.

Anthracite. — L'anthracite ou charbon de pierre s'allume difficilement; mais avec un bon tirage il brûle en produisant beaucoup de chaleur.

Houille. — La houille ou charbon de terre est noire, luisante, brûle facilement en répandant d'abondantes fumées, dues aux matières bitumineuses qu'elle renferme. Ce combustible, fréquemment employé, résulte de la décomposition lente des végétaux anciens. Elle sert à la fabrication du gaz d'éclairage (no 137).

Lignite. — La lignite est un charbon noir, offrant la structure du bois; c'est un mauvais combustible. Il en existe une variété compacte, appelée *jayet* ou *pierre de jais*, que l'on taille pour en faire des ornements noirs (perles, boutons, etc.).

Tourbe. — La tourbe est une matière combustible, spongieuse, qui brûle assez facilement (*Géologie*, n° 18).

120. Charbons artificiels. — Les principaux charbons artificiels sont le coke, le charbon des cornues, le charbon de bois, le noir animal et le noir de fumée.

Coke. — Le coke est le résidu de la distillation de la houille. Il est très poreux et brûle en donnant beaucoup de chaleur. Comme il a perdu, par la distillation, presque tous les produits gazeux que renfermait la houille, sa combustion se fait presque sans flamme.

Charbon des cornues. — Le charbon des cornues est du carbone presque pur qui se dépose sur les parois des cornues qui servent à la distillation de la houille. On l'emploie comme conducteur dans les piles électriques et dans la production de la lumière électrique.

Charbon de bois. — Le charbon de bois est le résidu de la distillation du bois ou de sa combustion incomplète à l'abri de l'air.

Pour le fabriquer, on dispose les bûches comme l'indique la figure 51 (*procédé des meules*). On recouvre le tout de terre, eu

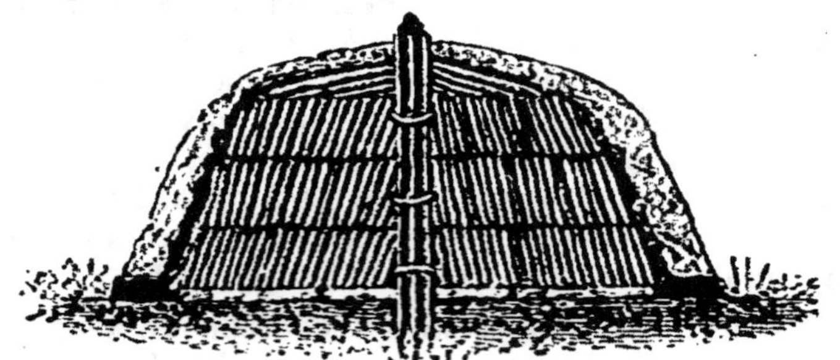

Fig. 51. — Carbonisation du bois (procédé des meules).

ménageant près du sol quelques ouvertures (*évents*) donnant accès à l'air; puis on jette des matières embrasées dans la cheminée, et quand la combustion, se propageant petit à petit, est suffisamment avancée, on bouche les évents et on laisse refroidir. On peut aussi le préparer par distillation du bois dans des cornues. On obtient alors des produits secondaires tels que les goudrons, l'esprit de bois, etc., qui sont perdus dans la préparation par le procédé des meules.

Le charbon est fréquemment employé comme substance réductrice dans l'extraction des métaux de leur minerai. Le charbon de peuplier, de bourdaine, est utilisé pour la fabrication de la poudre. La facilité avec laquelle le charbon de bois absorbe les gaz le fait employer dans la construction des filtres (n° 38). On l'utilise aussi comme dentifrice.

Noir animal. — Le noir animal est le résultat de la calcination des os en vase clos; il n'est pas combustible. On l'emploie pour décolorer les liquides, surtout dans la fabrication et le raffinage du sucre. Il sert aussi comme engrais.

Fig. 52.
Fabrication du noir de fumée.

Noir de fumée. — Le noir de fumée provient de la combustion des matières grasses ou résineuses. Pour l'obtenir, on fait arriver la fumée dans une chambre cylindrique dont les parois sont tapissées par une toile; un cône en tôle glissant de haut en bas fait l'office de racloir et détache le noir de fumée qui s'est déposé sur la toile (fig. 52). Le noir de fumée est employé dans la peinture et pour la fabrication de l'encre de Chine et de l'encre d'imprimerie.

II. Oxyde de carbone, CO.

221. Historique et état naturel. — L'*oxyde de carbone* a été découvert par Priestley à la fin du siècle dernier. Il se produit dans la combustion du carbone (n° 117); c'est lui qui donne naissance aux flammes bleues que l'on observe dans la combustion du charbon de bois.

122. Propriétés. — L'oxyde de carbone est un gaz incolore, inodore, sans saveur, sans action sur la teinture de tournesol; il brûle avec une flamme bleue en produisant de l'acide carbonique (CO_2).

$$CO + O = CO_2$$

L'oxyde de carbone est un poison violent; respiré, même en petite quantité, il peut occasionner des accidents très graves. C'est pourquoi il est indispensable de prendre toutes les précautions possibles pour bien assurer le tirage des poêles dans lesquels on brûle du charbon; d'autre part, il a la propriété de traverser la fonte rougie par la chaleur, il faut donc éviter de chauffer ces poêles jusqu'au rouge.

123. Préparation. I. *Par l'acide oxalique et l'acide sulfurique.* On chauffe dans un ballon un mélange d'acide oxalique ($C^4 H^2 O^8$) et d'acide sulfurique (SO^3, HO). L'acide oxalique perd deux équivalents d'eau et se dédouble en oxyde de carbone (CO) et acide carbonique (CO^2).

$$C^4 H^2 O^8 + SO^3, HO = SO^3, 3HO + 2CO + 2CO^2.$$

On fait passer le mélange gazeux d'oxyde de carbone et d'acide carbonique dans une dissolution de potasse, qui retient l'acide carbonique, et l'oxyde de carbone se dégage.

II. *Par le carbone et l'acide carbonique.* On fait passer de l'acide carbonique (CO^2) sur du carbone chauffé au rouge dans un tube de porcelaine. L'acide carbonique s'empare d'un équivalent de carbone et forme de l'oxyde de carbone

$$CO^2 + C = 2CO$$

124. Usages. — Il se produit de l'oxyde de carbone quand on projette de l'eau sur des charbons ardents ; c'est pourquoi les forgerons activent le foyer de leur forge en y projetant de l'eau. C'est pour la même raison qu'il serait imprudent d'éteindre des charbons enflammés en jetant de l'eau dessus, si on se trouve dans un lieu insuffisamment aéré.

L'oxyde de carbone étant, à une certaine température, très avide d'oxygène, est employé en métallurgie comme réducteur des oxydes métalliques. C'est ainsi que l'on peut réduire l'oxyde de cuivre

$$CuO + CO = Cu + CO^2$$

III. Acide carbonique, CO^2.

125. Historique. — L'acide carbonique a été découvert en 1648, par Van Helmont, chimiste belge ; en 1776, Lavoisier établit sa composition, et MM. Dumas et Stas en firent l'analyse exacte en 1840.

126. État naturel. — L'acide carbonique existe dans l'air atmosphérique. Il se dégage abondamment des fours à chaux, des cuves renfermant des substances en fermentation, des fissures du sol, etc. Comme il est plus lourd que l'air, il s'accumule facilement dans les bas-fonds (grotte du Chien, près de Naples). Il provient encore des décompositions, des combustions, de la respiration des animaux, etc. On le trouve en dissolution dans certaines eaux (eaux acidules) et en combinaison dans une foule de corps (coquilles des mollusques, marbre, craie, etc.).

127. Propriétés physiques. — L'acide carbonique est un gaz incolore, d'une odeur légèrement piquante, d'une saveur aigrelette. L'eau en dissout son volume à la température ordinaire : chargée d'acide carbonique, elle peut dissoudre du carbonate de chaux, qu'elle laisse ensuite déposer quand l'acide carbonique s'en échappe (*Géologie*, n° 17).

Fig. 53.
Extinction, par l'acide carbonique,
d'une bougie allumée.

L'acide carbonique se liquéfie et se solidifie assez facilement : sa grande densité (1,529) permet de le verser facilement d'une éprouvette dans une autre (fig. 53).

128. Propriétés chimiques. — L'acide carbonique n'est pas combustible; comme l'azote, il éteint les corps en combustion, et s'en distingue en ce qu'il trouble l'eau de chaux par la formation de carbonate de chaux. Il est décomposé, par les végétaux, en oxygène et carbone. C'est un gaz impropre à la respiration.

129. Préparation. — I. *Par le carbone et l'oxygène.* On fait brûler un morceau de charbon de bois dans un flacon rempli d'oxygène.

$$C + 2O = CO^2$$

II. *Par un carbonate et un acide.* On décompose, dans un flacon à deux tubulures (fig. 15), du carbonate de chaux (craie, marbre) par l'acide chlorhydrique (HCl). L'acide carbonique est mis en liberté : l'équivalent d'hydrogène de l'acide chlorhydrique forme, avec l'oxygène de la chaux (CaO), un équivalent d'eau, et il reste du chlorure de calcium (CaCl) en dissolution.

$$CaO,CO^2 + HCl = CO^2 + HO + CaCl$$

On pourrait remplacer l'acide chlorhydrique par l'acide sulfurique; mais, dans ce cas, il se forme du sulfate de chaux (plâtre), qui recouvre les morceaux de calcaire et finit par empêcher l'action de l'acier sur le carbonate non décomposé.

130. Usages. — L'eau de seltz n'est autre chose qu'une dissolution d'acide carbonique dans l'eau. La mousse, le pétillement, la saveur aigrelette des boissons gazeuses (bière, limonade, etc.), sont dus à l'acide carbonique qu'elles renferment.

QUESTIONNAIRE. — Quelles sont les propriétés du carbone ? — Quelles combinaisons forme-t-il avec l'oxygène et le soufre ? — Nommez les principales variétés de carbone naturel et dites à quoi on les emploie. — Quels sont les principaux charbons artificiels et à quoi servent-ils ? — Pourquoi la combustion du coke ne donne-t-elle pas de flamme ? — Comment fabrique-t-on le charbon de bois ? le noir animal ? le noir de fumée ?

Quelles sont les propriétés de l'oxyde de carbone ? — Quand se produit-il ? — *Comment peut-on le préparer ?* — Quel est son rôle en métallurgie ?

D'où provient l'acide carbonique qu'on trouve dans l'air ? — Est-il soluble dans l'eau ? — Comment le distingue-t-on de l'azote ? — Comment prépare-t-on l'acide carbonique ? — Quel avantage y a-t-il, dans sa préparation par le carbonate de chaux, à employer de l'acide chlorhydrique et non de l'acide sulfurique ?

EXERCICES. — 1. Un homme exhale 750 grammes d'acide carbonique par jour. Combien a-t-il pris d'oxygène à l'air ? — Quel est le volume d'air utilisé dans cette journée ?

2. Une plante, exposée au soleil, a dégagé 60 centim. cubes d'oxygène. Combien de grammes de carbone a-t-elle fixés dans ses tissus ?

3. Combien de grammes de carbone faut-il brûler dans un litre d'oxygène pour obtenir de l'oxyde de carbone ?

4. Quel volume d'acide carbonique peut donner la décomposition d'un morceau de craie qui pèse 10 grammes ?

CHAPITRE IX

PRINCIPAUX COMPOSÉS NON OXYGÉNÉS DU CARBONE — FLAMME. BORE ET SILICIUM

I. Sulfure de carbone, CS^2.

131. Propriétés physiques. — *Le sulfure de carbone* est un liquide incolore, très mobile, d'une odeur fétide, soluble dans l'alcool et l'éther, mais insoluble dans l'eau. Il dissout facilement le phosphore, l'iode, le soufre et le caoutchouc.

132. Propriétés chimiques. — *Le sulfure de carbone* est très combustible. Sa vapeur même peut s'enflammer facilement ; cette vapeur est délétère et peut former avec l'air un mélange détonant, c'est pourquoi on ne doit le manier qu'avec précaution en présence d'une flamme. Autant que possible, il faut le manipuler en plein air. En brûlant, il donne de l'acide sulfureux (SO_2) et de l'acide carbonique (CO_2).

$$CS_2 + 6O = 2SO_2 + CO_2.$$

133. Préparation. — *Par le carbone et le soufre.* On met du charbon dans une cornue que l'on porte au rouge (fig. 54), puis on y introduit petit à petit des fragments de soufre. Le sulfure de carbone se condense dans un récipient refroidi, et les gaz se dégagent librement.

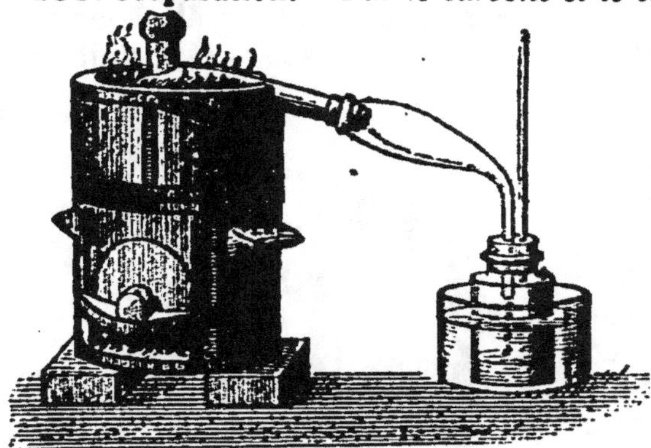

Fig. 54. — Préparation du sulfure de carbone.

134. Usages. — Le sulfure de carbone sert à dissoudre le phosphore, à vulcaniser le caoutchouc. Cette dernière opération consiste à tremper le caoutchouc dans du sulfure de carbone contenant en dissolution parties égales de soufre et de chlorure de soufre, et à le chauffer ensuite.

On l'emploie avec avantage pour combattre certaines maladies de la vigne, surtout le phylloxera.

II. Carbures d'hydrogène.

135. Principaux carbures. — Le carbone et l'hydrogène forment de nombreux composés que l'on étudie en chimie organique: tels sont les pétroles, la benzine, la naphtaline, etc.

Nous ne nous occuperons ici que de l'hydrogène protocarboné ou gaz des marais (C_2H_4) et de l'hydrogène bicarboné ou gaz d'éclairage.

136. Hydrogène protocarboné, C_2H_4. — L'hydrogène protocarboné, appelé aussi *gaz des marais* ou *formène*, est un gaz incolore qui brûle avec une flamme jaunâtre. Il se dégage dans les mines de houille, où il peut former avec l'air un mélange qui dé-

Fig. 55. — Gaz des marais.

tone violemment à l'approche d'une flamme (*feu grisou*). On peut conjurer l'explosion en faisant usage de la lampe de Davy (*Physique*, n° 132).

On l'obtient en recueillant, comme l'indique la fig. 55, le gaz qui s'échappe de la vase des marais quand on la remue avec un bâton. On peut le préparer en chauffant dans un ballon un mélange de potasse caustique, de chaux vive et d'acétate de soude.

137. Gaz d'éclairage. — L'éclairage au gaz a été imaginé par Philippe Lebon, ingénieur français, en 1799, et installé à Paris en 1820. Il se produit dans la distillation de la houille. En chauffant de la houille dans une pipe en terre bouchée avec du plâtre (fig. 56), il se dégage par le tuyau et peut être enflammé. On recueille en même temps du goudron, et il reste du coke comme résidu.

Fig. 56. — Distillation de la houille.

La fabrication du gaz d'éclairage comprend : 1° sa préparation par distillation de la houille; 2° son épuration physique; 3° son épuration chimique.

On distille la houille dans des *cornues* demi-cylindriques en terre réfractaire disposées par batteries de six ou sept pour chaque foyer (fig. 57). Le gaz se rend d'abord, par un tube vertical,

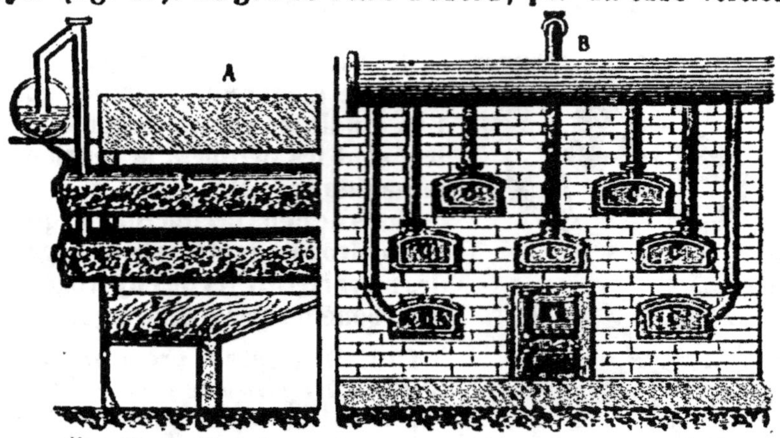

Fig. 57. — Four à sept cornues pour la distillation du gaz.

A, coupe verticale; B, élévation; C, cornues; F, foyer.

dans un cylindre horizontal appelé *barillet*, à moitié rempli d'eau froide, dans laquelle se déposent les produits les moins volatils (goudrons). Il passe ensuite dans une série de tubes

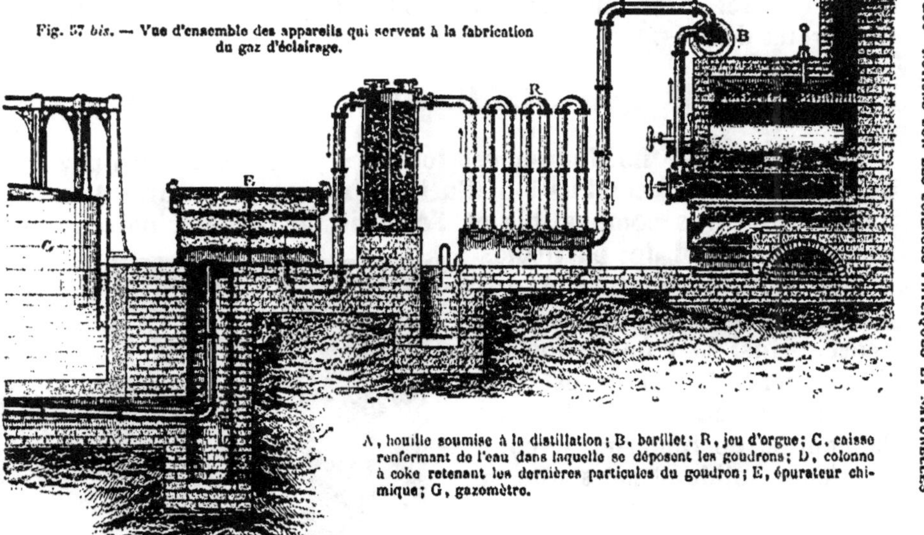

Fig. 57 *bis*. — Vue d'ensemble des appareils qui servent à la fabrication du gaz d'éclairage.

A, houille soumise à la distillation; B, barillet; R, jeu d'orgue; C, caisse renfermant de l'eau dans laquelle se déposent les goudrons; D, colonne à coke retenant les dernières particules du goudron; E, épurateur chimique; G, gazomètre.

verticaux (*jeu d'orgue*) disposés au-dessus d'une caisse renfermant de l'eau et dans lesquels il achève de se refroidir.

De là il se rend dans un cylindre rempli de coke, puis dans des caisses en tôle renfermant des claies sur lesquelles on a disposé un mélange de sesquioxyde de fer, de chaux éteinte, de sulfate de chaux et de sciure de bois. Le gaz achève ainsi son épuration et se rend ensuite dans le *gazomètre*, immense réservoir, d'où il est enfin distribué aux appareils qui doivent l'utiliser.

Le gaz d'éclairage est délétère et répand une odeur assez forte, qui heureusement trahit sa présence dans l'air. Les principaux produits secondaires que l'on retire de sa fabrication sont le coke, des sels ammoniacaux, des goudrons, et par suite leurs nombreux dérivés.

III. La flamme.

138. Nature. — La *flamme* est toujours produite par un gaz ou une vapeur en combustion. Sa température varie suivant la nature du corps combustible et l'énergie de la combinaison; son éclat dépend des particules solides qu'elle renferme et qui sont alors portées à l'incandescence. Ainsi la combustion de l'hydrogène dans l'air est très chaude et peu éclairante, car la flamme ne renferme aucune particule solide, tandis que la flamme d'une bougie est moins chaude, mais plus brillante, parce qu'elle renferme des particules de carbone, comme on peut s'en convaincre en l'écrasant avec une soucoupe froide (noir de fumée).

Les sels de cuivre colorent la flamme en vert, les sels de soude en jaune, les sels de lithium et de strontium en rouge.

Fig. 58.

Constitution de la flamme d'une bougie.

A, zone obscure ; B, enveloppe brillante ; c, feu d'oxydation ; b, feu de réduction.

139. Constitution. — La flamme d'une bougie, par exemple (fig. 58), comprend trois régions : 1° un cône central obscur, presque froid, formé de gaz non enflammé ; 2° une enveloppe brillante, formée des gaz dont la combustion porte à l'incandescence les particules de carbone qu'ils renferment ; 3° une enveloppe extérieure chaude, mais peu éclairante, où les particules solides sont brûlées ; la pointe de cette région est la partie la plus chaude de la flamme. L'extrémité de la zone centrale est une région réductrice (*feu de réduction*), tandis que la pointe de l'enveloppe extérieure possède un pouvoir d'oxydation (*feu d'oxydation*).

La chaleur de la flamme est utilisée dans l'emploi du chalumeau (n° 20).

IV. Bore. Silicium.

140. Bore. — Le *bore* est un corps solide, verdâtre, infusible, presque aussi dur que le diamant. Sa principale combinaison est l'acide borique.

L'*acide borique* se rencontre en dissolution dans l'eau des lacs de certains terrains volcaniques communs en Toscane (*lagoni*). Il présente l'aspect de petites écailles blanches, nacrées. On en imprègne la mèche des bougies pour faciliter sa carbonisation dans la flamme. Le *borate de soude* ou *borax* est employé pour souder les métaux, pour faire des imitations de pierres précieuses ; on s'en sert comme caustique dans les maux de gorge.

141. Silicium. — Le *silicium* est un corps solide brun, fusible au rouge vif. Sa principale combinaison est la *silice*, qui existe en quantités notables dans l'eau des geysers d'Islande ; on en trouve aussi dans la tige des graminées. Les silicates forment une classe importante de minéraux.

La silice est l'une des substances les plus répandues sur le globe. On la rencontre sous le nom de *quartz hyalin* ou *cristal de roche* en beaux cristaux limpides. Quelquefois ces cristaux sont colorés par des traces d'oxydes métalliques, et sont employés en joaillerie comme pierres d'ornement. Certaines variétés de silice, comme le *jaspe*, l'*agate*, l'*opale*, sont très recherchées pour les mêmes usages.

Les *grès* dont on fait des pavés, la pierre *meulière* qui sert pour les constructions et la fabrication des meules de moulin, sont en grande partie formés de silice. Le *sable*, formé de silice presque pure, entre dans la composition des poteries, des verres, du cristal.

DEUXIÈME PARTIE

MÉTAUX

CHAPITRE I

GÉNÉRALITÉS SUR LES MÉTAUX

I. Notions générales

142. Nature des métaux. — Les *métaux* sont des corps simples qui peuvent se combiner à l'oxygène pour former des bases. Ils sont tous solides, à l'exception de l'hydrogène, qui est gazeux, et du mercure, qui est liquide. Tous sont bons conducteurs de la chaleur et de l'électricité.

143. État naturel. — Quelques métaux se rencontrent à l'état natif, tels sont l'or, l'argent, le mercure; le plus souvent on les trouve à l'état d'oxydes, de sulfures, de chlorures. La *métallurgie* est l'industrie qui s'occupe d'extraire les métaux de leurs combinaisons naturelles.

144. Propriétés physiques. — Les principales propriétés physiques des métaux sont les suivantes :

Fig. 59. — Laminoir.

1° La *malléabilité*, par laquelle ils peuvent se réduire en feuilles minces sous l'action du marteau ou du laminoir (fig. 59). L'argent, le cuivre, l'or surtout, sont les métaux les plus malléables.

2º La *ductilité*, qui permet de les étirer en fils. Avec un gramme d'or on peut obtenir un fil de 3 kilomètres de longueur.

3º La *ténacité*, résistance qu'ils opposent à la rupture. Un fil de fer de 2 millim. carrés de section supporte, sans se rompre, un poids de 250 kilos (fig. 60).

Fig. 60. — Ténacité du fer.

4º *Fusibilité.* Tous les métaux sont fusibles : les uns, comme l'étain, le plomb, le sont assez facilement; les autres, comme l'or, le platine, ne le sont qu'à des températures très élevées.

Formes cristallines. — Les métaux peuvent cristalliser presque tous par fusion (bismuth).

On peut également obtenir la cristallisation de certains métaux en décomposant lentement leurs combinaisons, soit par l'action de la pile, soit par l'action chimique d'un autre métal. Ainsi, en plongeant des fils de laiton attachés à une lame de zinc dans une dissolution d'acétate de plomb, on obtient de magnifiques arborisations de cristaux de plomb métallique (*arbre de Saturne*).

145. Propriétés chimiques. — Le potassium est le seul métal qui s'oxyde à la température ordinaire en présence de l'air ou de l'oxygène sec. L'air humide, surtout s'il est chargé d'acide carbonique, attaque la plupart des métaux. Le fer se recouvre à la longue d'une couche d'hydrate de sesquioxyde de fer (*rouille*); le plomb, le zinc, se ternissent par la formation d'hydrocarbonate de plomb ou de zinc à leur surface; les statues de zinc sont bientôt recouvertes d'hydrocarbonate de cuivre.

Pour garantir les métaux de l'oxydation, on les enduit de peinture, de vernis; on protège le fer en le recouvrant d'une couche d'étain (*fer-blanc*) ou de zinc (*fer galvanisé*).

146. Décomposition des sels par la pile. — Si l'on fait passer un courant électrique à travers une dissolution d'un sel métallique, celui-ci est décomposé; l'acide et l'oxygène de la base se portent au pôle positif, tandis que le métal se porte au pôle négatif (fig. 61). C'est sur cette décomposition des sels par la pile qu'est basée la *galvano-plastie* (*Physique*, n° 274).

147. Alliages. — On appelle *alliage* la combinaison ou le mélange de deux ou plusieurs métaux. Les alliages possèdent des propriétés particulières qui les font souvent employer dans l'industrie.

Les principaux alliages sont : le *laiton* et le *similor* (cuivre et zinc), le *maillechort* (cuivre, zinc et nickel), le *bronze* (cuivre et étain) et les *alliages monétaires*.

Quand le mercure est l'un des composants de l'alliage, on donne à celui-ci le nom d'*amalgame*.

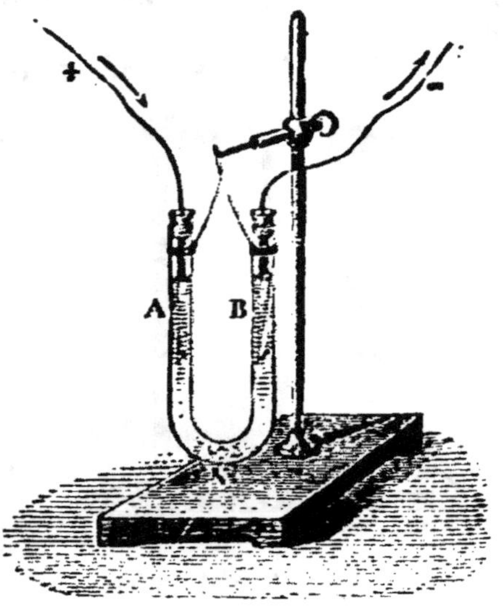

Fig. 61.
Décomposition d'un sel par la pile.

148. Procédé d'extraction des métaux. — Les procédés d'extraction des métaux varient évidemment suivant la nature du minerai.

Si le métal est à l'*état natif*, les moyens mécaniques suffisent le plus souvent pour l'obtenir pur.

Si le minerai est un *oxyde* ou un *carbonate*, on le traite par le charbon à une température élevée. Il se dégage de l'acide carbonique (fer, cuivre).

Si le minerai est un *sulfure* ou un *arséniure*, on le grille d'abord dans un courant d'air; il se forme de l'acide sulfureux ou de l'acide arsénieux, et il reste un oxyde que l'on traite par le charbon.

Si enfin le métal est à l'état de *sel indécomposable* par la chaleur, un silicate, par exemple, on le calcine avec une base, qui est généralement la chaux ; il se forme un silicate de chaux et un oxyde, que l'on réduit par le charbon.

Remarque. — Il existe aujourd'hui de nouveaux procédés basés sur la décomposition des sels métalliques par la pile. C'est ainsi que l'on extrait le cuivre, l'aluminium, dans certaines usines; c'est même le seul bon procédé d'extraction de ce dernier métal.

II. Sels métalliques.

149. Oxydes. — Les *oxydes métalliques* sont en général pulvérulents; la plupart sont blancs, quelques-uns sont colorés. Un petit nombre sont solubles. Sous l'influence de la chaleur, l'hydrogène se combine à l'oxygène de la plupart des oxydes et met le métal en liberté, c'est ce qu'on appelle *réduire* un oxyde.

$$CuO + H = HO + Cu.$$

Il en est de même si on chauffe un mélange de l'oxyde avec du charbon; il se forme de l'acide carbonique (CO_2) ou de l'oxyde de carbone (CO), suivant que l'oxyde est facilement ou difficilement réductible.

$$2CuO + C = CO_2 + 2Cu$$
$$ZnO + C = CO + Zn.$$

Préparation. — On prépare les oxydes : 1° par oxydation directe du métal (zinc, plomb...); 2° par décomposition d'un sel par la chaleur (azotate de plomb, carbonate de chaux...); 3° par voie humide, en précipitant par la potasse ou la soude un sel en dissolution (sulfate de magnésie, de zinc,... fig. 62).

Fig. 62. — Préparation d'un oxyde par voie humide.

150. Sulfures. — Les *sulfures métalliques* sont généralement solides, cristallisés. Les sulfures des métaux dont les oxydes sont solubles sont seuls solubles. Un grand nombre existent dans la nature ; tels sont la *galène* (PbS), le *cinabre* (HgS), la *pyrite* (FeS_2), etc.

Tous les sulfures sont décomposables par la chaleur. Quelques-uns sont transformés en sulfates par l'action de l'air humide (sulfure de fer).

Préparation. — On prépare les sulfures : 1° en chauffant un mélange du métal et de soufre (cuivre, étain...); 2° en réduisant les sulfates par le charbon (sulfate de baryte...).

Réactif. — Les sulfures traités par un acide donnent un dégagement d'acide sulfhydrique reconnaissable à son odeur.

151. Chlorures. — Les *chlorures métalliques* sont généralement volatils, de couleur variable suivant le métal. Presque tous sont solubles dans l'eau.

Préparation. — 1° Par l'action directe du chlore sur le métal (cuivre, fer...); 2° par l'action de l'acide chlorhydrique sur le métal ou sur un sel (zinc).

Réactif. — Les chlorures donnent avec l'azotate d'argent un précipité blanc de chlorure d'argent.

152. Azotates. — Les *azotates* sont solides, solubles dans l'eau, cristallisent facilement. Ils sont décomposables par la chaleur et fusent quand on les projette sur des charbons ardents.

Préparation. — On fait agir l'acide azotique sur le métal, son oxyde ou son carbonate.

Réactif. — Chauffés avec de la tournure de cuivre et de l'acide sulfurique, ils dégagent des vapeurs rutilantes d'acide hypoazotique.

153. Sulfates. — Les *sulfates* sont solides, généralement solubles dans l'eau, difficilement décomposables par la chaleur. Ils sont assez facilement réductibles par le charbon et donnent un sulfure.

$$KO,SO^3 + 4C = 4CO + KS.$$

Réactif. — Les sulfates donnent, avec l'azotate de baryte, un précipité blanc de sulfate de baryte insoluble dans l'acide azotique.

· 154. Carbonates. — Les *carbonates alcalins* sont solubles dans l'eau et ramènent au bleu la teinture de tournesol rougie par un acide. Tous les autres sont insolubles, mais se décomposent par la chaleur en acide carbonique et oxyde métallique.

Si l'oxyde est lui-même réductible par la chaleur, on obtient le métal

$$2(CuO,CO^2) + C = 3CO^2 + 2Cu.$$

Réactif. — Tous les carbonates font effervescence avec un acide; le gaz qui se dégage (acide carbonique) trouble l'eau de chaux.

III. Lois de Berthollet.

155. Objet de ces lois. — Ces lois, appelées du nom du chimiste français qui les énonça le premier au commencement de ce siècle, régissent les actions que les acides, les bases et les sels exercent les uns sur les autres.

156. Action des acides sur les sels. — *1° Un acide quelconque décompose complètement un sel dont l'acide est plus volatil que lui.*

$$KO,AzO^5 \quad + \quad 2(SO^3,HO) \quad = \quad AzO^5,HO \quad + \quad KO,HO,2SO^3.$$
azotate de potasse   acide sulfuriq.   ac. azotique   bisulf. de potasse.

2° Un acide soluble décompose complètement un sel dont l'acide est insoluble.

$$NaO,BoO^3 \quad + \quad SO^3,3HO \quad = \quad BoO^3,3HO \quad + \quad NaO,SO^3.$$
borate de soude   ac. sulfuriq.   ac. borique   sulfate de soude.

3° Un acide décompose toujours un sel quand il peut former avec sa base un autre sel insoluble.

$$BaO,AzO^5 \quad + \quad SO^3,HO \quad = \quad BaO,SO^3 \quad + \quad AzO^5,HO.$$
azotate de baryte   ac. sulfuriq.   sulf. de baryte   ac. azotique.

157. Action des bases sur les sels. — 1° *Une base fixe décompose toujours un sel dont la base est volatile.*

$$AzH^3,HCl \quad + \quad CaO \quad = \quad AzH^3 \quad + \quad HO \quad + \quad CaCl.$$

chlorydr. d'ammon.　　　chaux　　　gaz ammoniac　　　eau　　　chlor. de calcium.

2° *Une base soluble décompose complètement un sel dont la base est insoluble.*

$$CuO,SO^3 \quad + \quad KO,HO \quad = \quad CuO,HO \quad + \quad KO,SO^3.$$

sulfate de cuivre　　　potasse　　　oxyde de cuivre　　　sulfate de potasse.

3° *Une base décompose toujours un sel quand elle peut former avec son acide un sel insoluble.*

$$KO,SO^3 \quad + \quad BaO,HO \quad = \quad BaO,SO^3 \quad + \quad KO,HO.$$

sulfate de potasse　　　baryte　　　sulfate de baryte　　　potasse.

158. Action des sels sur les sels. — 1° *Deux sels solubles se décomposent mutuellement lorsqu'ils peuvent former, par l'échange de leur acide et de leur base, un sel insoluble.*

$$NaO,SO^3 \quad + \quad BaO,AzO^5 \quad = \quad BaO,SO^3 \quad + \quad NaO,AzO^5.$$

sulfate de soude　　　azotate de baryte　　　sulf. de baryte　　　azotate de soude.

2° *Deux sels se décomposent lorsque, chauffés ensemble, ils peuvent donner par l'échange de leur base et de leur acide un sel fixe ou infusible et un sel plus volatil ou moins fusible que chacun d'eux.*

$$AzH^3,HO,SO^3 \quad + \quad CaO,CO^2 \quad = \quad AzH^3,CO^2 \quad + \quad CaO,SO^3 \quad + \quad HO.$$

sulfate d'ammon.　　　carb. de chaux　　　carb. d'ammon.　　　sulf. de chaux.

$$BaO,SO^3 \quad + \quad CaCl \quad = \quad BaCl \quad + \quad CaO,SO^3.$$

sulfate de baryte　　　chlorure de calcium　　　chlorure de baryum　　　sulf. de chaux.

QUESTIONNAIRE. — Qué sont les métaux ? — Quelles sont leurs combinaisons naturelles ? — Nommez et définissez les principales propriétés physiques des métaux. — Les métaux peuvent-ils cristalliser ? — Donnez-en un exemple. — Quelle est l'action de l'air sur les métaux ? — Comment peut-on garantir les métaux de l'oxydation ? — Qu'arrive-t-il quand on fait passer un courant électrique dans un sel métallique en dissolution ? — Qu'est-ce qu'un alliage ? — Quels sont les principaux alliages ? — Quels procédés emploie-t-on généralement pour extraire le métal d'un oxyde ? d'un carbonate ? d'un sulfure ? d'un arséniure ? d'un sel indécomposable par la chaleur ?

Quels sont les caractères généraux des oxydes ? — Que donnent-ils quand on les réduit par le charbon ? — Comment les prépare-t-on ? — Indiquez les caractères généraux, les principaux procédés de préparation et les réactifs des sulfures, des chlorures, des azotates, des sulfates et des carbonates.

Énoncez les lois de Berthollet et donnez un exemple comme application de chacune d'elles.

CHAPITRE II

POTASSIUM — SODIUM — CALCIUM

I. Potassium. — Équiv. K=39.

159. Historique. — Le *potassium* fut découvert en 1807 par Davy, qui l'obtint en décomposant la potasse (KO) par la pile (fig. 63). Il n'existe dans la nature qu'à l'état de combinaison (eaux de la mer, cendres de bois, etc.).

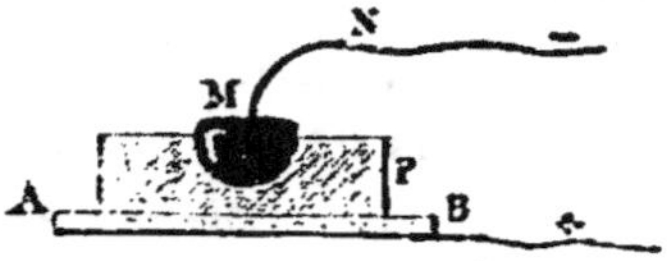

Fig. 63. — Décomposition de la potasse par la pile.

AB, plaque conductrice; P, potasse caustique présentant une cavité M remplie de mercure communiquant avec le pôle négatif de la pile par le fil N.

160. Propriétés. — Le potassium est un métal mou à la température ordinaire, ayant l'éclat de l'argent quand il est fraîchement coupé. Il fond à 62 degrés.

Le potassium est très oxydable à l'air; il flotte sur l'eau et la décompose à la température ordinaire; l'hydrogène qui se dégage s'enflamme par la chaleur qui résulte de la combinaison (fig. 64). Il est si avide d'oxygène, qu'on ne peut le conserver que dans l'huile de naphte, liquide qui n'en renferme pas.

Fig. 64.
Décomposition de l'eau par le potassium.

161. Préparation. — On le prépare en décomposant à une haute température le carbonate de potasse mélangé à du charbon. Les vapeurs de potassium qui se dégagent se condensent dans un récipient refroidi renfermant de l'huile de naphte (fig. 65).

162. Potasse caustique, KO,HO. — La *potasse caustique* est un corps solide blanc, déliquescent, très soluble dans l'eau. C'est un caustique énergique, qui corrode les tissus.

Pour la préparer, on fait bouillir une partie de carbonate de potasse (KO,CO²) dans 10 parties d'eau, et on y ajoute petit à petit un lait de chaux; il se forme un carbonate de chaux insoluble, et la potasse reste en dissolution. On filtre et on évapore à siccité (*potasse à la chaux*). On la purifie par dissolution dans l'alcool (*potasse à l'alcool*).

On l'emploie comme réactif en chimie et comme pierre à cautère.

163. Carbonate de potasse ou Potasse du commerce, KO,CO². — Dans le commerce, on désigne sous le nom de *potasse* le carbonate de potasse impur qui provient de l'incinération des végétaux. Pour l'obtenir, on lave les cendres et on évapore les eaux de lavage. On la retire également des lies de vin et des vinasses de betteraves.

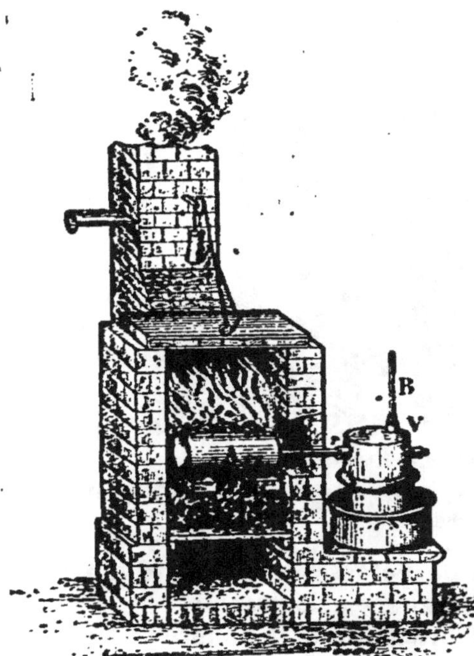

Fig. 65. — Préparation du potassium.

A, cylindre en fer dans lequel s'opère la réduction. Les vapeurs de potassium se rendent, par le tube *r*, dans le récipient V, renfermant de l'huile de naphte. Les gaz se dégagent par le tube B.

Le carbonate de potasse est employé dans la fabrication du savon mou, du verre, de l'azotate de potasse ou salpêtre, du bleu de Prusse, de l'eau de Javel, du chlorate de potasse pour le dégraissage des laines, le lessivage du linge (usage des cendres de bois).

164. Azotate de potasse, KO,AzO⁵. — L'*azotate de potasse*, appelé aussi *sel de nitre* ou *salpêtre*, est un sel anhydre, blanc, d'une saveur piquante, très soluble dans l'eau.

Il est abondant dans les Indes et en Égypte, où il forme des efflorescences à la surface du sol. Il se produit sur les murs des endroits humides, caves, écuries, et partout où se trouvent des matières animales azotées en décomposition.

On l'extrait des vieux plâtras en les soumettant à des lavages méthodiques et en évaporant les eaux de lavage (fig. 66).

L'azotate de potasse abandonne facilement son oxygène, c'est donc un oxydant énergique. Projeté sur des charbons ardents, il en active énergiquement la combustion. Des fragments de

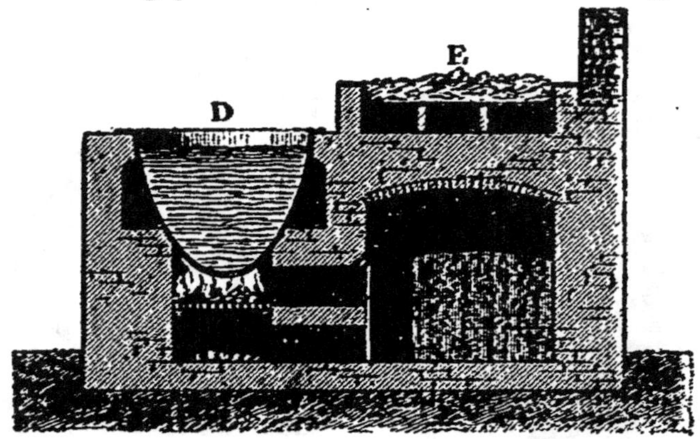

Fig. 66. — Extraction du salpêtre des vieux plâtras.

D, cuve où s'évaporent les eaux de lavage ; E, salpêtre cristallisé mis à égoutter et à sécher.

soufre projeté dans de l'azotate de potasse en fusion (fig. 67) s'enflamment et brûlent avec une flamme éblouissante.

On l'emploie surtout dans la fabrication de la poudre et pour la préparation de l'acide azotique.

Poudre. — La poudre est un mélange intime de 75 parties d'azotate de potasse, de 12 parties et demie de soufre et de 12 parties et demie de charbon. Le mélange, réduit en poudre très fine et placé dans des mortiers, est soumis à l'action de pilons en bois pendant 14 heures ; on l'arrose de temps en temps avec de l'eau pour prévenir l'inflammation. On fait ensuite passer la pâte à travers un crible appelé *guillaume,* qui détermine la grosseur des grains ; la poudre est ensuite portée à l'étuve pour être séchée.

Fig. 67. — Combustion du soufre sur le salpêtre.

165. Chlorate de potasse, KO,ClO⁵. — Le *chlorate de potasse* est un sel blanc, cristallisé en lamelles rhomboïdales inaltérables à l'air. Mélangé avec du soufre, il détone violemment sous le choc.

Dans les laboratoires, on le prépare en faisant passer un courant de chlore dans une dissolution concentrée de potasse caustique.

$$6Cl + 6KO = KO,ClO^5 + 5KCl.$$

Dans l'industrie, on chauffe ensemble de l'eau, de la chaux éteinte, du chlorure de potassium, et on fait passer un courant de chlore. Il se forme d'abord un hypochlorite de chaux qui se transforme en chlorate de chaux à l'ébullition; celui-ci, en présence du chlorure de potassium, donne du chlorate de potasse qui cristallise, par refroidissement.

$$CaO,ClO^5 + KCl = KO,ClO^5 + CaCl.$$

Le chlorate de potasse sert à préparer l'oxygène, les amorces fulminantes, les allumettes sans soufre. On l'emploie dans le traitement des maux de gorge.

II. Sodium. — Équiv. Na = 23.

166. Historique. — Le *sodium* fut découvert en 1807 par Davy, qui l'obtint en décomposant la soude par la pile. Il existe à l'état de chlorure dans les eaux de la mer (*sel marin*) et dans certains terrains (*sel gemme*). Quelques plantes marines en renferment.

167. Propriétés. — Bien que le sodium soit un peu moins oxydable que le potassium, leurs propriétés sont tout à fait les mêmes. On l'obtient par la décomposition du carbonate de soude au moyen du charbon, en procédant comme pour l'extraction du potassium.

168. Soude caustique, NaO,HO. — La *soude caustique* se prépare avec le carbonate de soude en opérant comme pour la potasse caustique, dont elle possède toutes les propriétés; on l'emploie aux mêmes usages.

169. Carbonate de soude ou soude du commerce, NaO,CO².

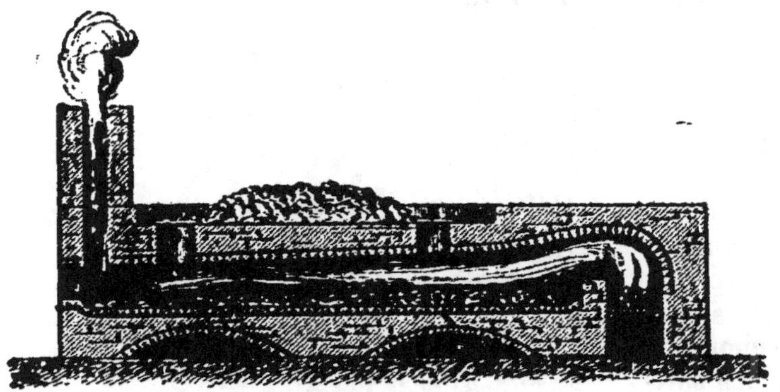

Fig. 68. — Fabrication de la soude (procédé Leblanc).

— Le *carbonate de soude* est un sel blanc, efflorescent, ce qui le distingue du carbonate de potasse, qui est déliquescent.

Les *soudes naturelles* sont celles qui proviennent de l'incinération des végétaux marins (varechs). On les obtient par lessivage des cendres et évaporation des eaux de lavage.

Les *soudes artificielles* s'obtiennent en chauffant à une haute température du sulfate de soude (NaO,SO^3), du charbon et de la craie (CaO,CO^2) (procédé Leblanc, fig. 68).

Le carbonate de soude sert à la fabrication des savons durs, du verre à bouteille, pour le lessivage des laines et du linge.

170. Bicarbonate de soude, $Na O,HO,2CO^2$. — Le *bicarbonate de soude* est un sel blanc, d'une saveur alcaline, peu soluble dans l'eau froide. La chaleur lui fait perdre un équivalent d'acide carbonique et le transforme en carbonate de soude (NaO,CO^2). Il existe en dissolution dans les eaux de Vals (Ardèche) et de Vichy (Allier).

On le prépare en faisant passer un courant d'acide carbonique sur du carbonate de soude pulvérisé. On l'emploie en médecine contre les maux d'estomac et pour préparer l'eau de Seltz artificielle.

171. Sulfate de soude, NaO,SO^3. — Le *sulfate de soude* est un sel blanc d'une saveur amère, très soluble dans l'eau. On le retire des eaux de la mer. Il est employé en médecine comme purgatif sous le nom de *sel de Glauber*.

172. Chlorure de sodium ou sel marin, NaCl. — Le *chlorure de sodium* est solide, inodore, blanc, doué d'une saveur particulière; il cristallise en cubes qui se groupent en pyramide renversée (*trémie*, fig. 69).

Le chlorure de sodium est très répandu dans la nature. On le trouve :

1° à l'état solide dans le sein de la terre (*sel gemme*);

2° Dans certaines sources salées, dont on évapore les eaux dans des bâtiments de graduation (fig. 70);

3° Dans les eaux de la mer, qui en contiennent environ 2 p. % (*marais salants*, fig. 71).

Fig. 69. — Trémie de gros sel.

Fig. 70. — Bâtiment de graduation pour l'évaporation des eaux salées.

Le chlorure de sodium sert à préparer l'acide chlorhydrique;

Fig. 71. — Marais salants.

on l'emploie pour vernisser les poteries grossières, pour conserver les viandes. C'est un véritable aliment.

III. Calcium. — Équiv. Ca = 20.

173. Historique. — Le *calcium* fut découvert en 1808 par Davy, qui l'obtint en décomposant la chaux par la pile.

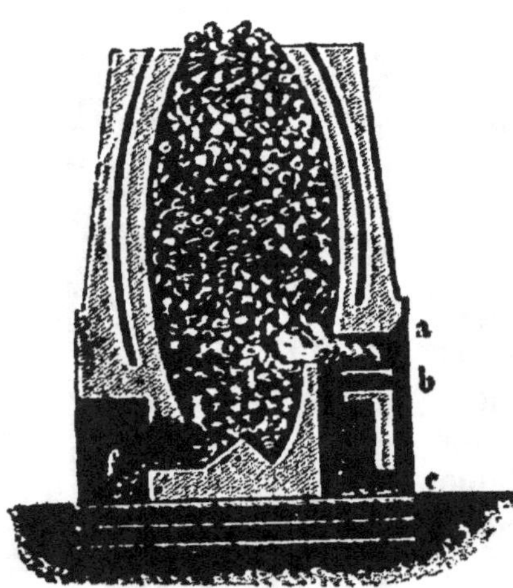

Fig. 72. — Four à chaux.

174. Propriétés. — Le calcium est un métal blanc jaunâtre, très brillant, très altérable à l'air humide. Il brûle dans l'air avec une flamme éclatante. Il est très difficile à préparer.

175. Chaux ou protoxyde de calcium, CaO. — La *chaux* est une matière blanche, caustique, infusible, qui absorbe l'eau avec avidité en dégageant beaucoup de chaleur.

La chaux anhydre, appelée *chaux vive*, foisonne, se gonfle et se délite quand on verse de l'eau dessus; on obtient ainsi la *chaux éteinte*.

On prépare la chaux en chauffant au rouge vif, dans des fours (*fours à chaux*, fig. 72), du carbonate de chaux ou *pierre à chaux*; l'acide carbonique se dégage, et il reste de la chaux vive. Suivant la nature du calcaire employé, on obtient de la *chaux aérienne* ou de la *chaux hydraulique*.

La chaux aérienne est *grasse* quand elle provient de calcaire presque pur; elle est alors blanche et donne avec l'eau une pâte liante et onctueuse. Elle est *maigre* quand le calcaire renferme un peu d'argile ou d'autres substances; elle donne alors une pâte peu liante.

La chaux hydraulique, qui durcit dans l'eau, provient de calcaire renfermant de 10 à 30 p. % d'argile. Lorsqu'elle renferme de 30 à 60 p. % d'argile, on lui donne le nom de *ciment*.

Le *mortier* est un mélange de sable, de chaux éteinte et d'eau, destiné à unir les matériaux de construction. Les mortiers hydrauliques durcissent rapidement, parce que l'argile, privée d'eau par calcination, tend à s'hydrater pour former des composés durs et insolubles (silicate de chaux et d'alumine).

Le *béton* est un mélange de chaux hydraulique, de cailloux et de sable. On l'emploie dans les fondations des bâtiments et pour la construction des piles de pont.

176. Carbonate de chaux, CaO,CO². — Le *carbonate de chaux* est très répandu dans la nature. Ses principales variétés sont : la *craie*, le *marbre*, la *pierre à chaux*, la *pierre lithographique*. Il fait effervescence avec les acides; il est insoluble dans l'eau pure, mais soluble dans l'eau chargée d'acide carbonique.

On l'emploie pour la construction des édifices et la fabrication de la chaux.

177. Sulfate de chaux ou plâtre, CaO,SO³. — Le *sulfate de chaux* est abondant dans la nature sous le nom de *gypse* ou *pierre à plâtre*. C'est un corps blanc, insipide, très peu soluble dans l'eau, cristallisant en fer de lance (fig. 73).

On le prépare en chauffant le gypse vers 120° pour le déshydrater (fig. 74); on le pulvérise ensuite, on le tamise, et on obtient ainsi le plâtre. Mélangé à son volume d'eau, le

Fig. 73.
Gypse en fer de lance.

plâtre s'hydrate, augmente de volume, et se prend en masse compacte très dure.

Il est employé pour recouvrir les murs, pour le moulage, l'amendementdesterres. Mélangé à la colle forte, il donne le *stuc*, substance très dure analogue au marbre blanc.

178. Chlorure de calcium. — Le *chlorure de calcium* est un corps solide très

Fig. 74. — Four à plâtre.

avide d'eau, souvent employé pour dessécher les gaz.

QUESTIONNAIRE. — Par qui et comment le potassium fut-il isolé pour la première fois ? — Que se passe-t-il quand on projette du potassium sur l'eau ? — Comment prépare-t-on le potassium et dans quel liquide le conserve-t-on ? — Comment prépare-t-on la potasse caustique ? — Qu'est-ce que la potasse du commerce ? — D'où la retire-t-on ? — A quoi sert-elle ? — Où trouve-t-on l'azotate de potasse ? — A quoi est-il surtout employé ? — Quelle est la composition de la poudre ? — *Comment prépare-t-on le chlorate de potasse ? — A quoi l'emploie-t-on ?*

Quelle est la principale combinaison naturelle du sodium ? — Quelles sont ses principales propriétés ? — Comment obtient-on la soude caustique ? — Comment le carbonate de soude peut-il se distinguer du carbonate de potasse ? — D'où proviennent les soudes naturelles ? — Comment obtient-on les soudes artificielles ? — *Quelles sont les propriétés du bicarbonate de soude ? — Où trouve-t-on le sulfate de soude ?* — Le chlorure de sodium existe-t-il dans la nature ? — D'où l'extrait-on ?

Qu'est-ce que la chaux ? — Comment appelle-t-on la chaux anhydre ? — Qu'obtient-on quand on verse de l'eau dessus ? — Comment prépare-t-on la chaux ? — Quelle différence y a-t-il entre la chaux grasse et la chaux maigre ? — Qu'est-ce que le ciment ? le mortier ? le béton ? — Comment fabrique-t-on le plâtre ? — A quoi sert le chlorure de calcium ?

EXERCICES. — 1. Quel poids de potassium peut-on retirer de 100 kilogr. d'une potasse du commerce qui renferme 60 p. % de potasse caustique ?

2. Quel poids de chlorate de potasse pourrait-on préparer avec le potassium contenu dans 100 grammes d'azotate de potasse ?

3. Quel volume de chlore renferme 1 gramme de sel marin ?

4. L'analyse d'un calcaire donne 0,520 de chaux et 0,400 d'acide carbonique. Y a-t-il excès de l'un de ces corps pour constituer un carbonate de chaux ordinaire ?

CHAPITRE III

MAGNÉSIUM — ALUMINIUM

I. Magnésium. — Équiv. Mg = 12.

179. Propriétés. — Le *magnésium* est un métal blanc d'argent, très léger, brûlant dans l'air avec une flamme éblouissante en formant de l'oxyde de magnésium ou magnésie (fig. 75). Cette lumière est photogénique, c'est-à-dire peut servir à éclairer des objets que l'on veut photographier et qui sont dans l'obscurité.

180. Magnésie, MgO. — La *magnésie* est une substance blanche pulvérulente, sans saveur ni odeur, insoluble dans l'eau. On l'emploie contre les aigreurs d'estomac et comme purgatif léger ; c'est le contrepoison des sels d'arsenic.

181. Sulfate de magnésie, MgO,SO^3. — Le *sulfate de magnésie* est un sel blanc soluble dans l'eau, d'une saveur amère. C'est un purgatif souvent employé sous le nom de *sel de Sedlitz*. Il existe dans certaines eaux minérales (eau de Sedlitz).

Fig. 75.
Combustion du magnésium.

II. Aluminium, Al.

182. Propriétés. L'*aluminium* est un métal blanc, léger, très ductile et très malléable, inaltérable à l'air. Allié au cuivre, il donne le *bronze d'aluminium*, employé dans l'orfèvrerie.

183. Alumine, Al^2O^3. — L'*alumine* est très répandue dans la nature ; cristallisée, elle constitue des pierres précieuses telles que le *rubis* (rouge), le *saphir* (bleu), la *topaze* (jaune) ; mélangée à la silice, elle forme les *argiles*. L'*émeri*, employé dans le polissage des glaces et des métaux, est une alumine colorée en noir par l'oxyde de fer.

184. Aluns. — En général, les *aluns* sont des sels doubles que forme l'alumine, principalement avec la potasse et la soude. Le plus important est l'*alun de potasse* ou *alun ordinaire;* c'est un sel blanc, cristallisé, d'une saveur d'abord sucrée et ensuite amère, soluble dans l'eau, très employé dans la teinture et pour le tannage des peaux.

185. Argile. — L'*argile* est une matière plastique, douce au toucher. L'argile pure est blanche, essentiellement formée de silice et d'alumine; c'est le *kaolin.* L'argile commune est colorée en jaune ou en vert par des oxydes métalliques. La *céramique* est l'art de travailler les argiles.

186. Poteries. — Les principales poteries sont : 1º la *porcelaine,* fabriquée avec du kaolin pur. On en fait de la vaisselle, des objets d'ornementation. Certaines porcelaines sont très renommées (porcelaines de Sèvres, de Saxe);

2º La *faïence,* faite avec de l'argile et de la chaux; on la recouvre d'un vernis vitreux; c'est la vaisselle ordinaire;

3º Les *poteries communes,* fabriquées avec des argiles très ferrugineuses, mêlées de sable et de marne. On en fait des pots à fleurs, des cruches, des fourneaux, des tuyaux, des briques, etc.

On ajoute toujours du sable fin à l'argile pour empêcher son retrait par la cuisson.

187. Verre. — Le *verre* est une combinaison de silice avec des bases telles que la potasse, la soude, la chaux, l'alumine, etc.; c'est un silicate double. La chaleur amène le verre à l'état pâteux, ce qui permet de le façonner facilement. A-part les glaces, qui sont coulées, les vitres, les bouteilles sont en verre soufflé.

Les principales variétés de verre sont : 1º le *verre à vitre,* silicate double de soude et de chaux;

2º Le *verre à bouteille,* silicate double de chaux et d'alumine, auquel se trouvent associés de la potasse et du fer, qui lui donnent sa coloration;

3º Le *cristal,* silicate double de potasse et de plomb. Le plomb lui donne de la transparence et augmente sa réfringence.

Les verres colorés s'obtiennent en ajoutant à la pâte différents oxydes métalliques.

Travail du verre. — Les matières premières employées pour

la fabrication du verre sont : le sable, qui fournit la silice ; le
carbonate ou le sulfate de soude et la craie ou l'argile. Ces
matières sont d'abord broyées, puis calcinées (*fritte*) et chauffées ensuite dans des creusets en terre réfractaire où on les

Fig. 76. — Travail du verre.

maintient en fusion pendant 10 ou 12 heures. Le verre est
alors à l'état pâteux, ce qui permet de le travailler avec facilité. Aussitôt façonnés, les objets en verre sont placés dans des
fours spéciaux où ils se refroidissent très lentement. Sans cette
précaution, le moindre choc suffirait pour les briser.

QUESTIONNAIRE. — *Que donne la combustion du magnésium ? — Qu'est-ce
que la magnésie ?*

Quelles sont les propriétés de l'aluminium ? — Quelles sont les principales
variétés d'alumine qu'on trouve dans la nature ? — Que sont les aluns ? — Quel
est le plus important ? — A quoi sert-il ? — Qu'est-ce que l'argile ? — Quelles sont
les principales poteries ? — Avec quoi sont-elles fabriquées ? — Qu'est-ce que
le verre ? — Quelles sont ses principales variétés ? — Comment le travaille-t-on ?

CHAPITRE IV

FER — ZINC — ÉTAIN

I. Fer. — Équiv. Fe = 28.

188. Propriétés. — Le *fer* est un métal blanc grisâtre, ductile, malléable et très tenace, fusible vers 1500 degrés. Chauffé
au rouge blanc, il se soude à lui-même. Le martelage le rend

fibreux; lés vibrations, les chocs répétés, modifient sa structure et le rendent cassant, ce qui occasionne parfois la rupture des essieux de wagons.

Il se combine à tous les métalloïdes, excepté à l'azote. Inaltérable dans l'air sec, il s'oxyde dans l'air humide et se convertit en sesquioxyde de fer hydraté (*rouille*). On prévient son oxydation par la galvanisation, l'étamage ou la peinture.

Le fer se rencontre rarement à l'état natif dans la nature, mais souvent à l'état d'*oxyde magnétique*, de sesquioxyde (*rouille*), de carbonate (*sidérose*), de sulfure (*pyrite*).

189. Métallurgie du fer. — La réduction du minerai de fer peut se faire par la méthode catalane ou par celle des hauts fourneaux.

Méthode catalane. — Le fourneau catalan se compose d'un creuset en briques réfractaires dans lequel on fait arriver un courant d'air. On remplit le creuset de charbon de bois qu'on allume, et on le recouvre de minerai. L'oxyde de carbone qui se forme réduit le minerai, et le fer en fusion tombe au fond du creuset en masse spongieuse, que l'on soumet ensuite au martelage pour la rendre compacte. Cette méthode, qui ne donne que le tiers du fer contenu dans le minerai, n'est employée que pour des minerais riches et dans les pays où le combustible est abondant.

Fig. 77. — Haut fourneau.

En A, les matières introduites dans le haut fourneau se dessèchent; en B, le charbon réduit le minerai et donne du fer, lequel descend en G, où, sous l'influence de la haute température qui y règne, il se combine avec du carbone et du silicium pour former de la *fonte*, tandis que la gangue donne, avec le fondant, le *laitier*, qui surnage et s'écoule par l'orifice qui est en H; la fonte s'accumule dans le creuset K. — Les gaz chauds et combustibles qui se dégagent du haut fourneau sont aspirés par le tuyau T, et servent à chauffer l'air lancé en S par la tuyère.

Méthode des hauts fourneaux. — On introduit d'abord dans le haut fourneau (fig. 77) du combustible qu'on allume, puis on achève de le remplir avec des couches alternatives de minerai, de fondant et de charbon. Le fondant est calcaire (*castine*) si le minerai est siliceux, et siliceux (*erbue*) si le minerai est calcaire.

Des machines soufflantes envoient de l'air à la partie inférieure.

Les réactions sont identiques à celles de la méthode précédente. Le fer se combine à une petite quantité de carbone et forme la *fonte*, qui tombe au fond; le *laitier*, formé par des scories, surnage sur la fonte et s'écoule au dehors par une ouverture.

190. Fonte. — La *fonte* est un carbure de fer contenant de 2 à 5 p. % de carbone. Elle est dure, cassante. Il existe une *fonte blanche* et une *fonte grise;* c'est avec cette dernière que l'on fabrique des colonnes, des marmites, des roues, des poêles, etc.

191. Fer doux. — Le *fer doux* est du fer pur. On l'obtient en décarburant la fonte (*affinage*). Pour cela on chauffe la fonte blanche dans un fort courant d'air; le carbone de la fonte se transforme en acide carbonique, et l'on obtient le fer doux.

192. Acier. — L'*acier* est du fer qui contient moins de 2 p. % de carbone. Il est plus ductile, plus élastique que le fer.

L'*acier de forge* s'obtient comme le fer doux. L'*acier de cémentation* provient de la carburation du fer doux. A cet effet on chauffe, dans des caisses en briques réfractaires, des couches alternatives de fer doux et d'un cément formé d'un mélange intime de charbon de bois, de cendre et de sel marin. L'*acier fondu* s'obtient par la fusion dans des creusets ou dans des cornues (*acier Bessemer*, fig. 78 (de l'un ou l'autre des deux aciers précédents. L'acier fondu est d'une homogénéité parfaite.

L'acier chauffé au rouge et plongé brusquement dans l'eau ou dans l'huile donne l'*acier trempé*, très dur et très élastique; on l'emploie dans la fabrication des fusils, des canons, des machines, des couteaux, etc.

193. Sulfate de fer, FeO, SO^3. — Le *sulfate de fer*, appelé aussi *couperose verte* ou *vitriol vert*, est un sel cristallisé, soluble dans l'eau, à saveur styptique. Il est blanc quand il est anhydre, et vert quand il est hydraté.

On l'obtient en traitant directement le fer par l'acide sulfurique. Il est employé dans la fabrication de l'encre ordinaire, dans la teinture et comme désinfectant.

Fig. 78. — Fabrication de l'acier Bessemer.

A gauche, on introduit dans une cornue mobile appelée *convertisseur* de 20 à 30 tonnes de fonte en fusion. A droite, le convertisseur est relevé; un courant d'air, lancé par un tube qui débouche par cent ouvertures pratiquées au fond du creuset, traverse la fonte et brûle son carbone. De nouveau incliné, ce creuset reçoit assez de fonte pour convertir le fer pur en acier. Au centre, les ouvriers font couler dans des moules engagés dans le sol l'acier fondu qu'on a recueilli dans une poche mobile.

194. Chlorure de fer, Fe^2Cl^3. — Le *chlorure de fer,* produit par l'action directe du chlore sur le fer, est un liquide rouge brun qui a la propriété de coaguler le sang, ce qui le fait employer en dissolution dans l'eau pour arrêter les hémorragies.

II. Zinc. — Équiv. Zn = 32,5

195. Propriétés. — Le *zinc* est un métal blanc, bleuâtre, cristallin, cassant, que l'on extrait de la *blende* (sulfure de zinc) ou de la *calamine* (carbonate de zinc).

Il se ternit à l'air et se recouvre d'une couche d'hydrocarbonate de zinc qui protège la partie non attaquée. Il se combine facilement aux acides et forme avec eux des composés vénéneux, ce qui fait qu'on ne les emploie pas dans la fabrication des ustensiles de cuisine. Il fond vers 410 degrés et se volatilise vers 1 000 degrés, en répandant d'abondants flocons blancs d'oxyde de zinc (*laine philosophique*).

106. Extraction. — On extrait le zinc en calcinant la blende ou la calamine au contact de l'air; on obtient ainsi de l'oxyde de zinc, que l'on réduit par le charbon.

107. Usages. — On emploie le zinc en feuilles pour construire des gouttières, des baignoires; pour galvaniser le fer; dans certaines piles électriques. Allié au cuivre, il forme le *laiton* ou *cuivre jaune*. L'*oxyde de zinc* ou *blanc de zinc* est employé en peinture; il ne noircit pas comme la céruse (carbonate de plomb) par les émanations sulfureuses, mais il est moins tenace et couvre moins bien.

III. Étain. — Équiv. Sn = 59.

108. Propriétés. — L'*étain* est un métal blanc d'argent, très malléable, mais peu tenace, faisant entendre quand on le ploie un bruit particulier (cri de l'étain). Il fond à 230 degrés.

L'étain ne s'altère pas à l'air à la température ordinaire, mais s'oxyde facilement quand on le chauffe. Il est attaqué par les acides, l'acide chlorhydrique surtout, qui le transforme en chlorure d'étain ($SnCl$). Les sels d'étain sont inoffensifs.

On l'extrait de la *cassitérite* ou bioxyde d'étain naturel.

109. Usages. — L'étain sert à fabriquer des ustensiles de table, des mesures pour les liquides; on l'emploie pour étamer le cuivre et le fer; en feuilles minces, il sert à envelopper le chocolat; il entre dans la composition du bronze, de la monnaie de cuivre, de la soudure des plombiers; on l'utilise pour l'étamage des glaces.

QUESTIONNAIRE. — Quelles sont les principales propriétés du fer ? — Quelles sont ses combinaisons naturelles les plus communes ? — Comment traite-t-on le minerai de fer dans la méthode catalane ? — Décrivez un haut fourneau. — Qu'y introduit-on ? — Qu'est-ce que la fonte ? le fer doux ? l'acier ? — A quoi les emploie-t-on ? — Comment obtient-on l'acier ? — *Comment prépare-t-on le sulfate et le chlorure de fer ? — A quoi servent-ils ?*

Quelles sont les propriétés du zinc ? — Quels sont les principaux minerais ? — A quels usages emploie-t-on le zinc ? — Qu'est-ce que le laiton ? — Qu'est-ce que le blanc de zinc ? A quoi sert-il ?

Que savez-vous de l'étain ? — Quels sont ses usages ?

EXERCICES. — 1. On a employé 500 grammes de sulfate de fer pour faire 2 litres d'encre. Quel poids de fer renferme 1 litre de cette encre ?

2. La rouille du fer a pour symbole Fe^2O^3,HO. Un fil de fer pesant 10 grammes s'est complètement transformé en rouille, combien pèse-t-il alors ?

CHAPITRE V

CUIVRE — PLOMB — MERCURE. ARGENT. OR. PLATINE

I. Cuivre. — Équiv. Cu = 31,85.

200. Propriétés physiques. — Le *cuivre* est un métal rouge, brillant, malléable et très ductile, fusible à 1150 degrés et brûlant avec une flamme verte. Après le fer, c'est le plus important des métaux.

On le trouve quelquefois à l'état natif, mais on l'extrait surtout des pyrites cuivreuses.

201. Propriétés chimiques. — Le cuivre ne s'oxyde pas dans l'air sec; mais, dans l'air humide, il se couvre d'une couche d'hydrocarbonate de cuivre (*vert-de-gris*). Il est attaqué à froid par l'acide azotique et à chaud par l'acide sulfurique. Les acides organiques l'attaquent aussi, et, comme les sels de cuivre sont vénéneux, il est nécessaire d'étamer l'intérieur des ustensiles de cuisine qui sont en cuivre.

202. Usages. — Le cuivre sert à fabriquer des chaudières, des alambics, des ustensiles de cuisine, des fils. Avec le zinc, il constitue le *laiton* ou *cuivre jaune*, employé à une foule d'usages. Avec l'étain, il forme le *bronze* des canons, des cloches, etc. Allié au zinc et au nickel, il donne le *maillechort*, presque inaltérable à l'air, et avec lequel on fabrique des timbales, des couverts de table.

203. Sulfate de cuivre, CuO, SO^3. — Le *sulfate de cuivre*, appelé aussi *vitriol bleu* ou *couperose bleue*, est un sel d'une saveur astringente, assez soluble dans l'eau, rougissant la teinture de tournesol.

On le prépare en traitant à chaud les rognures de cuivre par l'acide sulfurique. Par évaporation lente, il se dépose en beaux cristaux bleus.

Le sulfate de cuivre est employé pour le chauffage des blés, dans la teinture des laines et la conservation des bois, pour préserver la vigne du *black-rot* et du *mildiou;* il entre, avec la chaux, dans la composition de la *bouillie bordelaise,* qui sert à combattre les maladies de la vigne.

II. Plomb. — Équiv. Pb = 103,5.

204. Propriétés. — Le *plomb* est un métal gris bleuâtre, malléable, peu tenace, pouvant être rayé par l'ongle; il fond à 335 degrés.

On le retire surtout de la *galène* (sulfure de plomb, PbS), laquelle renferme assez souvent un peu d'argent (*plomb argentifère*).

Le plomb s'oxyde rapidement à l'air humide. L'eau chargée de sels calcaires l'attaque peu, mais l'eau de pluie forme avec lui un hydrocarbonate de plomb soluble et vénéneux.

205. Usages. — Le plomb est employé pour la fabrication des balles de fusil, des plombs de chasse, des conduites d'eau et de gaz. Allié à l'antimoine, il constitue l'alliage avec lequel on fabrique les caractères d'imprimerie.

206 Minium. — Le *minium* est une poudre d'une belle couleur rouge obtenue en chauffant à l'air, à une température qui ne doit pas dépasser 300 degrés, de l'oxyde de plomb ou massicot. On l'emploie en peinture pour préserver les métaux de l'oxydation; il sert à colorer les papiers peints, la cire à cacheter.

207. Carbonate de plomb, PbO,CO². — Le *carbonate de plomb* ou *céruse* est un sel blanc, insoluble dans l'eau, très vénéneux. Pour l'obtenir, on place des lames de plomb enroulées en spirales dans des pots en grès au fond desquels on a mis un peu de vinaigre (acide acétique) (fig. 79). Ces pots sont disposés les uns au-dessus des autres, et le tout est recouvert d'une couche de fumier, qui fournit l'acide carbonique nécessaire pour transformer en carbonate l'acétate de plomb résultant de l'action des vapeurs d'acide acétique sur les lames de plomb.

Fig. 79.

La céruse est employée en peinture; elle fournit une belle couleur blanche très solide, mais qui a l'inconvénient de noircir sous l'influence des émanations sulfureuses.

III. Mercure. Argent. Or. Platine.

208. Mercure, Hg. — Le *mercure* est un métal blanc, liquide, d'une très grande densité (13,60), se solidifiant à — 40 degrés, et bouillant à 3̶50 degrés en répandant des vapeurs incolores très vénéneuses.

On le trouve quelquefois à l'état natif; le plus souvent on l'extrait du *cinabre* (sulfure de mercure).

Le mercure s'oxyde lentement à l'air à la température ordinaire. Le chlore, l'acide azotique, l'attaquent à froid. Un de ses composés, le *bichlorure de mercure* ou *sublimé corrosif*, est un poison extrêmement violent employé pour préserver des insectes nuisibles les collections d'histoire naturelle.

209. Argent, Ag. — L'*argent* est un métal blanc très brillant, ductile et très malléable, sonore, très bon conducteur de la chaleur et de l'électricité; il fond vers 1000 degrés.

Il se trouve à l'état natif, mais le plus souvent à l'état de sulfure (*argyrose*), surtout au Chili, au Mexique et au Pérou; on en extrait aussi des *galènes argentifères*.

L'argent est inaltérable à l'air; l'acide azotique l'attaque à froid en donnant l'*azotate d'argent* employé en photographie : l'azotate d'argent, fondu et coulé en crayons (*pierre infernale*), est journellement employé pour la cautérisation des plaies.

L'argent noircit en présence du soufre ou de l'acide sulfhydrique. Allié au cuivre, il est utilisé pour la fabrication des monnaies et celle d'une foule d'objets de prix.

210. Or, Au. — L'*or* est un métal jaune, brillant, le plus ductile et le plus malléable de tous les métaux. Il est inaltérable à l'air à toutes les températures, et n'est attaqué que par l'eau régale (n° 69). On le trouve à l'état natif (paillettes, pépites) et en combinaison avec les sulfures de plomb, d'argent et de cuivre.

Il est employé à l'état d'alliage pour la fabrication des monnaies, des bijoux, des vases sacrés; on s'en sert en feuilles minces pour la dorure, en fils ténus dans la passementerie, pour la confection des ornements d'église.

Les alliages d'or peuvent être essayés au *touchau*. La *pierre de touche* est une pierre noire sur laquelle on marque un trait avec l'alliage à essayer; cette trace, traitée par l'acide azotique, prend une teinte qui varie avec le titre de l'alliage; on compare alors cette coloration avec celles que l'on obtient en répétant la même expérience avec les différentes branches du touchau (fig. 80), étoile dont les rayons portent à leur extrémité des alliages d'or d'un titre connu.

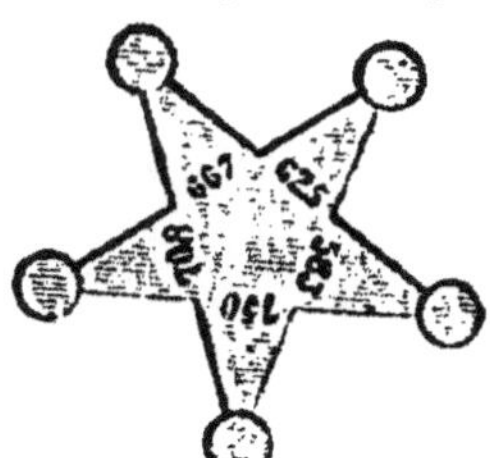

Fig. 80. -- Touchau.

211. Platine, Pt. — Le *platine* est un métal blanc, mou comme le plomb, mais très malléable et très ductile : il ne fond que vers 1800 degrés. C'est le plus lourd de tous les métaux (dens. 21,50). Il se trouve à l'état natif dans les roches quartzeuses, dans les sables d'alluvions (Brésil, Sibérie). Le platine ne s'oxyde à aucune température. Comme l'or, il n'est attaqué que par l'eau régale. Une spirale de platine, portée au rouge et placée dans un verre au fond duquel se trouve un peu d'alcool (fig. 81), reste incandescente (*lampe sans flamme*).

Le platine sert à fabriquer des creusets et des cornues pour les laboratoires, des alambics pour la concentration des acides. On en fait des électrodes pour les piles.

Fig. 81.
Lampe sans flamme.

QUESTIONNAIRE. — Quelles sont les propriétés physiques du cuivre? — Qu'est-ce que le vert-de-gris? — Pourquoi étame-t-on les ustensiles de cuisine en cuivre? — Quels sont les usages du cuivre? — Nommez ses principaux alliages. *Comment prépare-t-on le sulfate de cuivre? — A quoi est-il employé?*

D'où retire-t-on le plomb? — Quels sont ses usages? — *Qu'est-ce que le minium? la céruse? — Comment les prépare-t-on et à quoi les emploie-t-on?*

Quel est le principal minerai de mercure? — Qu'est-ce que le sublimé corrosif? — De quoi extrait-on l'argent? — A quoi sert l'azotate d'argent? Quel est le dissolvant de l'or? — Qu'est-ce que le touchau? — Comment s'en sert-on? — Quels sont les propriétés et les usages du platine? — De quoi se compose la lampe sans flamme?

TROISIÈME PARTIE

CHIMIE ORGANIQUE

Notions préliminaires.

212. Objet de la chimie organique. — La *chimie organique* est la partie de la chimie qui étudie les matières d'origine végétale ou animale, c'est-à-dire les nombreux composés que l'on rencontre dans les organes des végétaux et des animaux. Comme toutes ces matières renferment du carbone, on peut dire que la chimie organique est la chimie du carbone.

213. Principes immédiats. — On appelle *principes immédiats* des composés dont les propriétés sont bien définies et qui présentent toujours les mêmes caractères, quelle que soit leur origine. Ce sont, par exemple, le sucre, l'amidon, la benzine, la cellulose.

214. Analyse. — L'analyse *immédiate* consiste à déterminer la nature des principes immédiats renfermés dans une substance organique; c'est ainsi que l'analyse immédiate de la farine montre qu'elle renferme de l'amidon, de l'albumine, du sucre, etc.

L'analyse *élémentaire* consiste à déterminer la nature et les proportions relatives des corps simples qui la constituent, c'est ainsi que l'on voit que l'amidon se compose de 12 équivalents de carbone combinés à 10 équivalents d'hydrogène et à 10 équivalents d'oxygène; sa formule est donc $C^{12}H^{10}O^{10}$.

Remarque. — Toutes les substances chimiques, simples ou combinées, peuvent entrer dans la composition des corps inorganiques et y sont ordinairement associées dans des rapports simples, tandis que les corps organisés ne renferment que trois ou quatre éléments, qui sont l'oxygène, l'hydrogène, le carbone et l'azote, ordinairement combinés dans des rapports très complexes. Quelques autres substances minérales qu'on rencontre ne s'y trouvent qu'accidentellement.

Conséquence. — Une substance organique complètement brûlée ne peut donc donner que des produits volatils, qui sont l'acide carbonique, la vapeur d'eau et l'ammoniaque; tandis qu'en général les substances minérales donnent un résidu après leur calcination. Ainsi, en calcinant de l'amidon à l'air, en brûlant de l'alcool, on n'obtient aucun résidu; au contraire, la calcination du chlorate de potasse, de l'azotate de soude, donne des résidus fixes.

CHAPITRE I

ACIDES ORGANIQUES. — ALCALOÏDES VÉGÉTAUX

I. Acides organiques.

215. Définition. — On appelle *acides organiques* des composés qui peuvent se combiner aux bases minérales ou aux alcaloïdes pour former des sels. Leurs propriétés sont identiques à celles des acides minéraux. Ils renferment tous de l'oxygène. Aucun d'eux ne contient d'azote.

216. Acide oxalique, $C^4O^6,2HO$. — *L'acide oxalique* est un corps solide, blanc, vénéneux, que l'on extrait de l'oseille, qui le renferme à l'état d'oxalate de potasse. On peut le préparer en oxydant l'amidon, le sucre, la sciure de bois, au moyen de l'acide azotique (fig. 82).

Il est employé en teinture pour dissoudre le bleu de Prusse; sa dissolution dans l'eau, appelée *eau de cuivre*, sert pour le nettoyage des ustensiles en cuivre. Une dissolution bouillante d'acide oxalique, dans laquelle on a introduit un morceau de feuilles d'étain, enlève les taches d'encre sur le linge.

Fig. 82. — Oxydation de l'amidon par l'acide azotique.

217. Acide acétique, $C^4H^4O^4$. — *L'acide acétique* est un corps solide, blanc, d'une saveur très caustique, très soluble dans l'eau. On l'obtient par distillation du bois, ou par oxydation à l'air des liquides alcooliques.

L'acétate de plomb sert à la préparation de l'*extrait de Saturne*, avec lequel on fait l'*eau blanche*, employée en compresses pour les foulures, les contusions, etc.; il sert à la fabrication de la céruse. L'*acétate de cuivre*, appelé aussi *vert-de-gris* ou *verdet*, est un poison violent utilisé en peinture et dans la teinture. L'*acétate d'alumine* et l'*acétate de fer* servent de mordants pour la teinture des étoffes en rouge ou en noir.

L'acide acétique a des propriétés antiseptiques qui le font employer en inhalations dans la syncope. Étendu d'eau, il constitue le vinaigre.

Vinaigre. — Le vinaigre est de l'acide acétique étendu d'eau en proportion convenable. Le bon vinaigre en renferme de 5 à 8 p. %. On le falsifie parfois en y ajoutant de l'acide sulfurique, qui lui donne du mordant. On peut reconnaître la présence de cet acide en ajoutant au vinaigre une dissolution de chlorure de calcium; il doit rester limpide s'il est de bonne qualité.

Fabrication du vinaigre. — On prépare le vinaigre par le procédé d'Orléans, par le procédé Pasteur ou par le procédé allemand.

Dans le *procédé d'Orléans*, on verse dans des tonneaux une certaine quantité de vinaigre qu'on laisse exposé à l'air sous une température de 20 à 30 degrés. Tous les quinze jours on soutire la moitié du vinaigre, que l'on remplace par une égale quantité de vin.

Dans le *procédé Pasteur*, le vin est placé dans de larges bassins peu profonds; on sème du ferment à la surface (*mère du vinaigre*), et l'acétification est complète au bout de quelques jours.

Dans le *procédé allemand*, on se sert de tonneaux divisés en trois compartiments par des cloisons horizontales percées de trous; le compartiment du milieu renferme des copeaux de hêtre. Le vin, versé à la partie supérieure, traverse goutte à goutte les copeaux et se transforme en vinaigre (fig. 83).

Fig. 83. — Fabrication du vinaigre.

218. Acide tartrique, $C^8H^6O^{12}$. — L'*acide tartrique* est solide, blanc, d'une saveur acide agréable, soluble dans l'eau. Il existe dans beaucoup de plantes, surtout dans le jus du raisin. On l'extrait du bitartrate de potasse, qui se dépose au fond des tonneaux qui contiennent du vin (*lie, tartre*).

Il forme avec l'antimoine et la potasse un tartrate double employé comme vomitif sous le nom d'*émétique*. On l'emploie dans l'argenture du verre.

219. Acide tannique, $C^{27}H^{10}O^{17}$. — L'*acide tannique* ou *tannin* est un corps solide, blanc jaunâtre, sans odeur, très soluble dans l'eau. On l'extrait particulièrement de l'écorce de chêne et de la noix de galle. En médecine, on l'emploie comme astringent; il raffermit les tissus et coagule le sang et l'albumine.

L'encre ordinaire résulte du mélange d'une infusion de noix de galle avec une dissolution de sulfate de fer; il se produit du tannate de fer, qui noircit à l'air.

Le tannin forme, avec les matières animales, des combinaisons imputrescibles; c'est ce qui le fait employer dans le tannage des peaux.

Tannage des peaux. — Le tannage comprend d'abord le *débourrage* ou *épilage*, qui consiste à enlever les poils dont l'épiderme est recouvert; on y arrive en faisant macérer les peaux soit dans de l'eau de chaux, qui relâche les tissus et permet de détacher facilement les poils, soit dans des liquides sulfurés, qui attaquent la substance même du poil, à tel point qu'un simple racloir de bois suffit pour le faire tomber.

Les peaux sont ensuite lavées et soumises au *gonflement* dans le but d'en relâcher les fibres. Pour cela on les entasse dans des cuves pleines de jusée, c'est-à-dire d'eau qui est restée long-temps en contact avec la *tannée;* cette opération, très délicate, doit être conduite avec précaution. Enfin vient le *tannage proprement dit.*

Le tannage proprement dit a pour but de rendre la peau imputrescible et de lui conserver sa souplesse en même temps que sa ténacité.

Dans des fosses en bois ou en maçonnerie, on dispose au fond une couche de *tan* ou écorce de chêne pulvérisée, sur laquelle on étend une peau que l'on recouvre ensuite d'une seconde couche de tan. On continue ainsi, en disposant alternativement une peau et une couche de tan, jusqu'à ce que la cuve soit remplie; l'eau, arrivant ensuite par le fond, baigne le tan et les peaux et facilite l'opération.

Le tannage dure souvent plus d'une année. Certains procédés permettent cependant de le réduire à trois ou quatre semaines, mais les cuirs ainsi obtenus sont de moins bonne qualité.

220. Acide lactique, $C^6H^6O^6$. — L'*acide lactique* est un liquide incolore, incristallisable, soluble dans l'eau et dans l'alcool. Une goutte de cet acide suffit pour cailler le lait. Exposé à l'air, le lait s'aigrit, et la lactose, qui lui donne sa saveur sucrée, se transforme en acide lactique qui détermine la coagulation.

II. Alcaloïdes végétaux.

221. Nature. — Les *alcaloïdes végétaux* sont des composés organiques qui peuvent, comme les oxydes métalliques, se combiner avec les acides pour former des sels. On les trouve, comme les acides organiques, dans un grand nombre de plantes.

222. Alcaloïde de l'opium. — L'*opium* est le suc épaissi qui s'échappe des incisions que l'on pratique autour de la capsule du *pavot somnifère* (fig. 84). C'est un narcotique puissant; administré à petite dose, il agit comme calmant. La médecine emploie très fréquemment l'opium ou les alcaloïdes qu'on en retire, et dont les principaux sont la *morphine* et la *codéine*. L'opium est la base du *laudanum*.

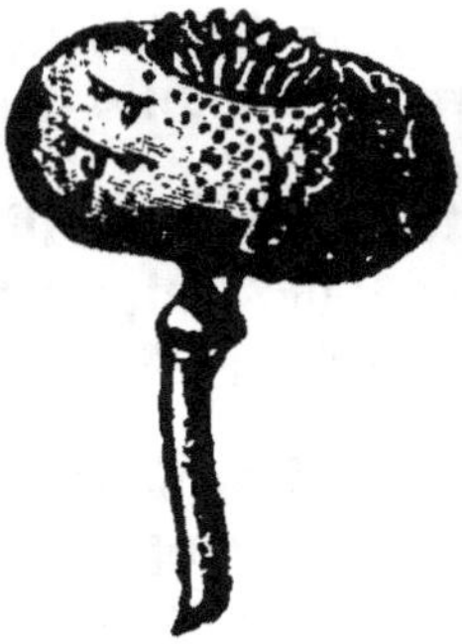

Fig. 84.
Capsule de pavot.

La morphine est solide; on l'emploie à l'état d'injection cutanée pour provoquer le sommeil. Son usage, comme celui du tabac, devient rapidement une passion dont les effets sont des plus redoutables.

223. Nicotine. — La *nicotine* est un alcaloïde retiré des feuilles du tabac; c'est un liquide incolore, sirupeux, d'une odeur âcre. Quelques gouttes suffisent pour tuer un chien. C'est à la nicotine que le tabac doit son action pernicieuse sur ceux qui en abusent.

224. Strychnine. — La *strychnine* est un poison très violent employé pour détruire les carnassiers qui rôdent autour des fermes (loups, renards, etc.). On l'extrait de la noix vomique.

225. Quinine. — La *quinine* se retire de l'écorce des quinquinas. Elle est excessivement amère et possède des propriétés toniques et fébrifuges très remarquables. On emploie surtout en médecine le *sulfate de quinine*.

Questionnaire. — Qu'appelle-t-on acides organiques? — Comment peut-on préparer l'acide oxalique? — Quels sont ses usages? — D'où retire-t-on l'acide acétique? — Quels sont les principaux acétates? A quoi servent-ils? — Qu'est-ce que le vinaigre? — Quel sont les principaux procédés de fabrication du vinaigre? En quoi consistent-ils? — *Qu'est-ce que l'acide tartrique? — D'où le retire-*

t-on ? — Qu'est-ce que le tannin ? Quels sont ses usages ? — Quelles sont les principales opérations du tannage des peaux ? — Que savez-vous de l'acide lactique ?

Qu'appelle-t-on alcaloïdes végétaux ? — D'où retire-t-on l'opium ? Quels sont ses principaux alcaloïdes ? — D'où extrait-on la nicotine ? la strychnine ? la quinine ? Quels sont leurs usages ?

CHAPITRE II

GOUDRON — BITUMES

I. Goudron.

226. Goudron de houille. — Le *goudron* est un liquide noir très épais, que l'on recueille de la distillation de la houille dans la fabrication du gaz d'éclairage.

Chauffé graduellement, il donne par distillation des huiles volatiles de densités variables. Les premières qui passent, moins denses que l'eau, sont des *huiles légères;* les autres, plus denses que l'eau, sont les *huiles lourdes.*

On revêt d'une couche de goudron l'extrémité des pieux qui doivent être enfoncés dans le sol afin de les empêcher de pourrir. On en enduit l'extérieur des bateaux pour la même raison.

Aujourd'hui le goudron est devenu un produit précieux pour les nombreux dérivés qu'on en retire, et dont les principaux sont la benzine, les phénols, les couleurs d'aniline.

227. Benzine, $C^{12}H^6$. — La *benzine* s'extrait des huiles légères de goudron par distillation à une température inférieure à 86 degrés. C'est un liquide incolore très mobile, très inflammable, d'une odeur forte, insoluble dans l'eau, mais soluble dans l'alcool et l'éther.

Elle dissout le soufre, le phosphore, les graisses; on l'emploie journellement pour dégraisser les étoffes. En versant doucement de l'acide azotique dans la benzine, on obtient un liquide huileux, jaunâtre, d'une odeur d'amandes amères; c'est la *nitrobenzine,* employée en parfumerie sous le nom d'*essence de mirbane.*

En faisant agir sur la nitrobenzine un mélange de limaille de fer et d'acide acétique concentré, on obtient l'*aniline,* liquide très odorant qui donne naissance, sous l'influence de divers oxydants, à de magnifiques matières tinctoriales (*couleur d'aniline*).

228. Naphtaline, $C^{20}H^8$. — La *naphtaline* est un carbure d'hydrogène, solide, en paillettes d'un blanc nacré, d'une odeur forte. Elle se dépose quelquefois dans les conduites du gaz d'éclairage. On l'emploie pour écarter les mites et les insectes nuisibles qui peuvent ronger la laine ou les fourrures.

229. Anthracène, $C^{18}H^{10}$. — L'*anthracène* se retire des produits qui passent après la naphtaline dans la distillation du goudron de houille. Il cristallise en feuillets blancs, d'une odeur désagréable.

On l'emploie dans la fabrication artificielle de l'alizarine, principe colorant de la racine de garance. L'alizarine est très employée pour la teinture en rouge ou en rose; sa couleur est beaucoup moins fugace que celle que l'on obtient par l'emploi des rouges d'aniline.

230. Phénol ou acide phénique, $C^{12}H^6O^2$. — Le *phénol* s'extrait des huiles lourdes de goudron en les traitant par une dissolution de soude caustique. Il se présente sous la forme de longues aiguilles peu solubles dans l'eau, mais très solubles dans l'alcool et l'éther, et douées d'une forte odeur de goudron.

Le phénol est souvent employé comme désinfectant et dans le pansement des plaies de mauvaise nature.

II. Bitumes.

231. Nature des bitumes. — Les *bitumes* sont des matières hydrocarburées naturelles, solides ou liquides, provenant de la décomposition, à une époque reculée, de végétaux résineux enfouis dans le sol. Tous brûlent avec une flamme jaune en produisant une épaisse fumée noire (fig. 85). Les plus importants sont le *pétrole* et l'*asphalte*.

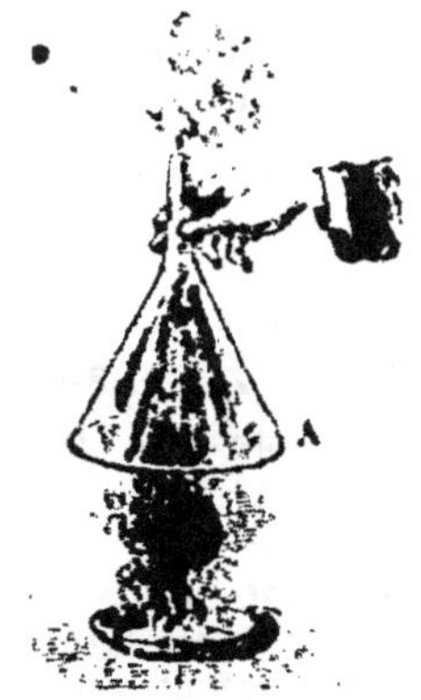

Fig. 85. — Noir de fumée produit par la combustion des bitumes.

232. Pétrole brut. — Le *pétrole brut* est un liquide visqueux, de couleur brune, brûlant facilement en répandant d'abondantes fumées. Il forme dans le sol des nappes souterraines que l'on exploite au moyen de puits (fig. 86).

Le pétrole brut est soumis au *raffinage*, c'est-à-dire aux opérations multiples et minutieuses d'une distillation fractionnée qui donne, entre autres produits, l'*huile de naphte* ou *huile de pétrole* et des *essences minérales* employées pour l'éclairage.

Parmi les produits secondaires que l'on retire de cette distillation, on peut citer la *vaseline*, substance grasse, minérale, ressemblant au saindoux, sans saveur ni odeur, ne rancissant pas à l'air. La médecine et la parfumerie l'utilisent depuis quelques années.

Fig. 86. — Puits de pétrole (Amérique).

Un autre produit solide, provenant de la distillation des pétroles, est la *paraffine*, substance blanche, ayant la consistance de la cire, et servant, comme la stéarine, à la fabrication des bougies.

233. Asphalte ou bitume de Judée. — L'*asphalte* est solide, d'un noir brillant, fusible vers 100°. Mêlé à du sable, l'asphalte sert à faire des enduits dont on recouvre les terrasses, les trottoirs, les places publiques.

QUESTIONNAIRE. — Qu'est-ce que le goudron de houille? Qu'en retire-t-on par distillation? Quels sont ses usages? — D'où s'extrait la benzine? Quelles sont ses propriétés? — Qu'est-ce que la nitrobenzine? — Comment prépare-t-on l'aniline? A quoi l'emploie-t-on? — *Qu'est-ce que la naphtaline l'anthracène!* — *A quoi peut servir l'anthracène?* — *D'où retire-t-on le phénol? A quoi est-il employé?*

D'où proviennent les bitumes? Que produisent-ils en brûlant? — Qu'est-ce que le pétrole brut? Quels produits en retire-t-on?

CHAPITRE III

COMPOSÉS ORGANIQUES NEUTRES

I. Cellulose et amidon.

234. Cellulose, $C^{12}H^{10}O^{10}$. — La *cellulose* est la substance qui constitue les parois des cellules et des vaisseaux de toutes les plantes. Elle est solide, blanche, insoluble dans l'eau et l'alcool. Le coton, la moelle de sureau, le papier, le vieux linge, sont formés de cellulose presque pure.

Traitée par l'acide sulfurique, puis étendue d'eau et portée à l'ébullition, elle se transforme d'abord en *dextrine* et ensuite en *glucose*. La cellulose trempée dans de l'acide azotique concentré, puis séchée, donne le *fulmicoton* ou *coton-poudre*, très inflammable et très explosible. Dissous dans l'éther, le fulmicoton forme le *collodion*, employé en photographie.

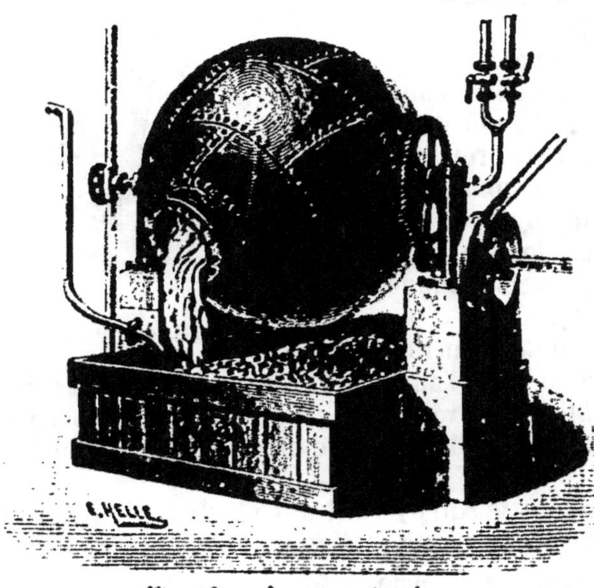

Fig. 87. — Laveur mécanique.

La cellulose sert encore à fabriquer des tissus, du papier, des cordes.

235. Fabrication du papier. — Le *papier* se fabrique généralement avec les chiffons. Cette fabrication comprend les opérations suivantes :

1° *Triage.* — Les chiffons sont triés à la main, suivant leur couleur, leur nature, leur solidité.

2° *Effilochage.* — Par l'effilochage, le tissu des chiffons est désagrégé ; les fils sont séparés les uns des autres au moyen de machines particulières, après avoir été lavés dans une dissolution de soude chaude qui favorise la désagrégation.

3° *Blanchiment.* — La décoloration des chiffons s'obtient au moyen du chlore gazeux ou du chlorure de chaux.

4° *Moulage du papier.* — Si le papier doit être *collé*, on incorpore à la pâte une bouillie de résine et d'alun, qui fait que le papier ne boit pas l'encre. Le papier buvard est du papier non collé. Ensuite on colore la pâte si on veut obtenir du papier de couleur, puis elle est étendue mécaniquement sur des cadres couverts d'une toile métallique qui laisse filtrer l'eau, et s'engage ensuite entre des rouleaux chauffés qui la sèchent, la pressent, et lui donnent son lustre.

On fait aussi du papier avec du bois et de la paille.

230. Amidon, $C^{12}H^{10}O^{10}$. — L'*amidon* est une substance blanche que l'on trouve surtout dans la graine des céréales. Pour l'obtenir, il suffit de délayer de la farine dans de l'eau, et de malaxer la pâte sous un filet d'eau (fig. 88) ; les grains d'amidon sont entraînés. Ce qui reste entre les doigts est le *gluten*, partie la plus nourrissante du pain.

L'amidon est insoluble dans l'eau froide ; mais, chauffé dans l'eau à 60 degrés, il se prend en masse gélatineuse et donne l'*empois d'amidon*, employé par les blanchisseuses pour donner de la consistance au linge (cols et manchettes de chemises).

Fécule. — La fécule a la même composition chimique que l'amidon et en possède toutes les propriétés. On l'obtient en râpant des pommes de terre dans l'eau ; la fécule tombe au fond en poudre blanche ; on la recueille et on la sèche.

Fig. 88. — Extraction de l'amidon.

Le *tapioca*, le *sagou*, le *salep*, sont des fécules alimentaires qui ne sont en rien supérieures à la fécule de pommes de terre.

Dextrine. — La dextrine a, comme la fécule, la composition chimique de l'amidon ; c'est une matière solide, très soluble dans l'eau, insoluble dans l'alcool concentré. Les acides étendus d'eau la transforment en glucose.

On peut l'obtenir en chauffant soit l'amidon ou la fécule à 210 degrés, soit un mélange d'amidon et d'acide sulfurique très étendu d'eau.

La dextrine remplace la gomme arabique dans l'industrie.

237. Diastase. — La *diastase* est une substance azotée qui se développe dans la germination des graines ; elle transforme l'amidon, qui est insoluble, en dextrine, puis en glucose, qui est soluble.

II. Sucres.

238. Nature des sucres. — Les *sucres* sont des substances d'une saveur douce et agréable qui peuvent, sous l'influence d'un ferment particulier, se transformer en alcool et en acide carbonique.

239. Glucose, $C^{12}H^{12}O^{12}$. — La *glucose* est un sucre amorphe qui provient soit des fruits sucrés : figues, raisins, prunes, etc., soit de la transformation de l'amidon sous l'influence de la diastase. Sa formule chimique montre qu'elle dérive de l'amidon par combinaison avec deux équivalents d'eau.

$$C^{12}H^{10}O^{10} + 2HO = C^{12}H^{12}O^{12}$$

Dans l'industrie, on la prépare en versant dans de l'eau acidulée, portée à l'ébullition, de l'amidon délayé dans l'eau. On agite, on laisse bouillir pendant plusieurs heures, puis on ajoute de la craie en poudre pour saturer l'excès d'acide. Il suffit ensuite de filtrer et de faire évaporer le liquide pour obtenir la glucose.

Elle est peu employée dans les usages domestiques ; on l'utilise dans la fabrication de la bière et de différents sirops. Elle sucre deux fois et demi moins que le sucre ordinaire.

240. Sucre ordinaire, $C^{12}H^{11}O^{11}$. — Le *sucre ordinaire* ou *saccharose* cristallise en prismes rhomboïdaux. Il est très soluble dans l'eau, surtout à chaud, et insoluble dans l'alcool concentré. On le trouve tout formé dans la canne à sucre, la betterave, l'érable, etc.

La fabrication du sucre de betteraves comprend les opérations suivantes : 1° *L'extraction du jus*, qui consiste à laver des betteraves, à les réduire en pulpe au moyen de râpes ou de hachoires et à presser la pulpe ;

2° La *purification du jus* ou *défécation*. Le jus est chauffé, puis additionné de 3 p. % de chaux vive pulvérisée. Il se forme un sucrate de chaux, et une grande partie des matières étrangères sont précipitées. On filtre ensuite.

3° La *carbonatation*. On fait arriver dans la liqueur un courant d'acide carbonique qui précipite la chaux. On filtre de nouveau.

4° La *clarification* et la *décoloration du jus*. On l'obtient au moyen du noir animal.

5° La *cuite du jus*. Elle consiste à le faire bouillir dans des chaudières, afin de le concentrer. Cette opération se fait au moyen de chaudières closes dans lesquelles on fait le vide partiel, ce qui permet de faire bouillir le jus à une température relativement peu élevée ; la quantité de sucre cristallisable obtenue dans ces conditions est plus considérable que si l'on opérait à l'air libre.

6° La *cristallisation*. On laisse refroidir le jus ainsi concentré dans de vastes cristallisoirs où les cristaux de sucre se forment par refroidissement. On essore, et on a ainsi le sucre en grains ou *cassonade*.

Raffinage. — Le raffinage consiste à dissoudre la cassonade dans l'eau, à clarifier et à décolorer la dissolution par le noir animal, puis à concentrer le liquide. On le fait ensuite cristalliser dans des moules coniques dont la pointe est en bas et présente une ouverture que l'on débouche à la fin de l'opération pour faire égoutter le résidu non cristallisable (*mélasse*).

Les mélasses de betterave sont utilisées, après fermentation, pour la fabrication de l'alcool: les mélasses de sucre de canne, traitées de la même manière, donnent le *rhum*.

Les mélasses épuisées renferment encore des sels de potasse que l'on extrait par des lavages méthodiques. L'agriculture les utilise comme engrais.

III. Gommes et résines.

241. Gommes. — Les *gommes* sont des substances incristallisables, translucides, solubles dans l'eau, insolubles dans l'alcool et l'éther. Les principales sont : la *gomme arabique*, produite par des espèces exotiques du genre Acacia; la *gomme adragante* et la *gomme de Bassora*.

Les *Cerisiers*, les *Pruniers*, les *Abricotiers* de nos pays sécrètent des gommes particulières de qualité médiocre.

242. Caoutchouc. — Le *caoutchouc* est une substance très élastique, qui peut être réduite en feuilles minces, imperméables aux liquides et aux gaz. Il est incolore à l'état de pureté; dans le commerce, il est ordinairement brun ou gris.

Le caoutchouc provient d'arbres exotiques appartenant à la famille

19

des Euphorbiacées. Pour l'obtenir, on fait à ces arbres de profondes incisions, et l'on recueille la sève laiteuse qui s'en échappe; cette sève, abandonnée à elle-même ou chauffée, se dessèche et donne le caoutchouc brut.

Mélangé au soufre dans la proportion de 1 à 2 p. %, le caoutchouc est employé à une foule d'usages (*caoutchouc vulcanisé*). Une proportion de 20 à 30 p. % lui communique une grande dureté (*caoutchouc durci*).

La souplesse, l'inaltérabilité, la facilité avec laquelle on le travaille, rendent le caoutchouc vulcanisé propre à un grand nombre d'usages. On en fait des tuyaux de conduite, des chaussures, des appareils de chirurgie, des étoffes imperméables. Réduit en fils, on en fait des jarretières. Il sert à effacer le crayon.

243. Gutta-percha. — La *gutta-percha* a la même composition que le caoutchouc. On en fabrique des courroies, des enveloppes pour isoler les fils métalliques destinés à conduire l'électricité. On en fait des moules pour la galvanoplastie.

244. Résines. — Les *résines* découlent de l'écorce de certains végétaux sous forme de sucs visqueux qui se solidifient ordinairement en masses transparentes, d'aspect vitreux, souvent jaunes, rouges ou brunes, et fortement odorantes.

Quelques-unes, connues sous le nom général de *térébenthines*, restent toujours liquides ou pâteuses.

La tige des *Pins*, des *Sapins*, des *Cèdres*, et d'une manière générale des espèces appartenant à la famille des Conifères, renferme de la résine en abondance.

Les principales résines employées dans le commerce sont la *poix*, la *colophane*, le *baume de Tolu*.

245. Huiles. — Les huiles végétales se subdivisent en *huiles fixes* et en *huiles volatiles* ou *essences*.

Les huiles fixes sont des liquides onctueux, insolubles dans l'eau, fournis par les fruits et les graines de certaines espèces végétales. Les plus remarquables sont les huiles d'*Olive*, de *Colza*, de *Pavot* ou d'*Œillette*, de *Noix*, de *Lin*, d'*Amandes douces*.

Les huiles volatiles sont douées d'une odeur pénétrante et se rencontrent dans les feuilles, les fleurs, l'écorce des fruits. Les plus connues sont les essences de *Rose*, de *Menthe*, de *Lavande*, de *Citron*, d'*Eucalyptus*.

L'essence de térébenthine s'extrait par distillation d'une résine appelée *térébenthine*.

L'essence de térébenthine du commerce est un mélange de plusieurs carbures d'hydrogène que l'on retire des résines fournies par des arbres appartenant à la famille des Conifères (Pins, Sapins). C'est un produit industriel très important.

L'essence de térébenthine est insoluble dans l'eau; elle dissout les résines, les corps gras. On l'emploie très fréquemment dans la fabrication des vernis, dans la préparation des couleurs à l'huile. On a reconnu qu'elle était le meilleur antidote dans les cas d'empoisonnement par le phosphore.

246. Camphre. — Le *camphre* est une matière solide, diaphane, volatile, odorante, à texture cristalline, soluble dans l'alcool. On l'obtient en distillant de l'eau dans laquelle on a mis des fragments de rameaux et de tiges du *Laurus camphora*, qui croît au Japon.

IV. Matières colorantes.

247. Matières colorantes ou tinctoriales. — Indépendamment des couleurs extraites du goudron de houille, et dont l'usage est d'ailleurs assez récent, l'art de la teinture emploie un grand nombre d'autres matières colorantes, qui se trouvent principalement dans le règne végétal.

Les principales matières colorantes fournies par le règne végétal sont extraites des plantes *tinctoriales*, dont les plus connues sont la *Garance* et le *Bois de campêche* (rouge); la *Gaude*, le *Fustet* et le *Mûrier des teinturiers* (jaune); l'*Indigo* et le *Pastel* (bleu); le *Nerprun de Chine* (vert); la *Noix de galle*, le *brou de Noix*, le *Cachou* (noir).

248. Teinture des étoffes. — La *teinture* a pour but de fixer les principes colorants sur les tissus préalablement blanchis. Les étoffes sont d'abord trempées dans un *mordant* (alun, protochlorure d'étain, acétate d'alumine, etc.), qui favorise l'action de la matière colorante et lui donne plus d'éclat et de solidité; on les plonge ensuite dans le bain de teinture, dissolution chaude de la matière colorante.

249. Impressions sur étoffes. — L'impression des étoffes se fait par impression directe ou par voie de teinture.

Dans l'*impression directe*, le dessin est imprimé sur l'étoffe au moyen de planches ou de rouleaux portant le dessin en relief ou en creux, et enduits d'un mélange de la matière colorante et de son mordant épaissi avec de la fécule. Les étoffes sont ensuite exposées à l'action de la vapeur d'eau.

Dans l'impression par *voie de teinture*, on imprime le dessin sur l'étoffe avec le mordant seulement, lequel est choisi suivant la nature de l'étoffe et celle de la matière colorante. On plonge ensuite l'étoffe dans le bain de teinture. Un lavage à grande eau suffira ensuite pour enlever la teinture des endroits non attaqués par le mordant, et le dessin apparaîtra seul.

V. Matières albuminoïdes.

250. Albumine. — L'*albumine* existe en dissolution dans le sang, le blanc d'œuf. Elle se coagule par la chaleur. Sa décomposition dans les œufs donne de l'acide sulfhydrique, que l'on reconnaît facilement à sa mauvaise odeur.

251. Gélatine. — La *gélatine* est une substance incolore quand elle est pure, soluble dans l'eau bouillante, avec laquelle elle donne une gelée par refroidissement. On la retire des os, des tendons, des peaux, etc., par l'ébullition dans l'eau.

Les principales variétés de gélatine sont la *colle de poisson*, qui provient de la vessie natatoire de l'Esturgeon ; la *colle de Flandre*, moins blanche, servant à fabriquer la *colle à bouche* et des images transparentes ; la *colle forte*, de couleur brune, très employée dans la menuiserie ; elle provient des déchets de tannerie.

252. Lait. — Le *lait* est un liquide blanc, opaque, d'une densité un peu supérieure à celle de l'eau et renfermant environ 10 à 15 p. % de matières solides, dont les principales sont le *sucre de lait*, le *beurre* et la *caséine*.

Le sucre de lait ou lactose peut, sous l'influence de l'air ou des acides, se transformer en acide lactique ; c'est lui qui détermine la coagulation du lait à l'air.

Le beurre est une matière grasse disséminée dans le lait en fines gouttelettes entourées d'une membrane très mince ; ces gouttelettes, plus légères que le liquide, montent à la surface et y forment une couche plus ou moins épaisse qu'on appelle la *crème*. Si par le battage on déchire les enveloppes des globules, la matière grasse se réunit en masse et donne le *beurre*.

La caséine est une substance albuminoïde qui forme la partie gélatineuse du lait coagulé, c'est elle qui constitue les fromages.

Au moment de bouillir, le lait augmente tout à coup de volume, on dit qu'il *monte*. Ce phénomène tient à ce que les gaz qui sont en dissolution dans le lait ne peuvent s'échapper par suite de la coagulation de l'albumine, qui le rend un peu visqueux.

CHAPITRE IV

CORPS GRAS

233. Nature des corps gras. — Les *corps gras* sont des matières neutres, onctueuses, ne se mélangeant pas avec l'eau et laissant sur le papier une tache translucide. Ils sont formés par le mélange de deux ou trois principes immédiats qui sont la *stéarine*, la *margarine* et l'*oléine*.

Analyse immédiate. — Les huiles refroidies deviennent solides; par pression, on en extrait un liquide qui est l'*oléine*, et on obtient pour résidus des paillettes blanches, nacrées, formées d'un mélange de *margarine* et de *stéarine* que l'on traite par l'éther : la margarine se dissout, et il reste la *stéarine*. La margarine est souvent employée pour falsifier le beurre.

234. Saponification. — On appelle *saponification* l'action chimique des bases sur les corps gras. C'est sur elle que repose la fabrication des *bougies* et des *savons*.

En présence de l'eau chaude et des bases énergiques, telles que la chaux, la potasse, la soude, les principes gras se dédoublent en acides gras (*acides stéarique, margarique, oléique*) qui se combinent aux bases, et en *glycérine*, principe doux et sucré.

La glycérine est soluble dans l'eau et dans l'alcool. On l'emploie contre les engelures, les gerçures; on en fait des savons de toilette. Quand on verse goutte à goutte de la glycérine dans un mélange à volume égal d'acide azotique et d'acide sulfurique, et qu'on verse ensuite le tout dans une grande quantité d'eau, il se dépose au fond un liquide jaune, insoluble, qui est la *nitroglycérine*, matière très dangereuse qui détone sous le choc avec une extrême violence.

La *dynamite* est un corps pulvérulent, moins explosible, et par conséquent plus maniable que la nitroglycérine. On la prépare en faisant absorber de la nitroglycérine par de la terre, du sable ou de la brique pilée.

235. Savons. — Les *savons* sont de véritables sels formés par la combinaison des acides gras avec des bases. Ce sont des stéarates, des margarates, des oléates de potasse, de soude ou de chaux. Ce dernier, appelé *savon calcaire*, est insoluble dans l'eau; on s'en sert pour la fabrication des bougies.

Pour fabriquer les savons, on fait bouillir de la graisse dans une lessive de soude ou de potasse; on obtient ainsi une émulsion de savon et de la glycérine. On y ajoute ensuite du sel marin; le savon, étant insoluble dans l'eau salée, se rassemble à la partie supérieure en une pâte consistante.

Après refroidissement, on soutire le liquide et on achève la saponification en faisant bouillir le savon dans des lessives concentrées et salées, puis on le coule dans des moules.

Les savons *mous* sont à base de potasse, et les savons *durs* à base de soude. Le savon de Marseille est marbré avec du sulfate de fer.

250. Bougies stéariques. — Pour obtenir la stéarine, on fait fondre du suif dans une cuve en bois contenant de l'eau chauffée

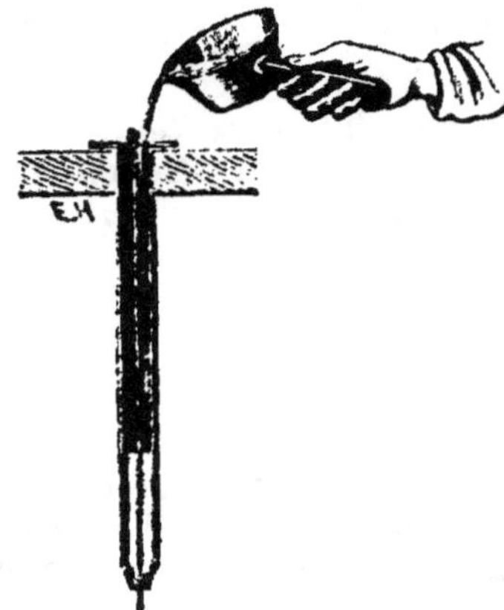

Fig. 89. — Moulage des bougies.

par un courant de vapeur; puis on y ajoute de la chaux, qui donne avec les acides gras un savon calcaire insoluble. La glycérine se dissout. On soutire le liquide et on traite le savon calcaire par l'acide sulfurique; il se forme du sulfate de chaux (plâtre) qui se précipite, et des acides gras qui surnagent. On laisse refroidir, et, par pressage, on sépare l'acide oléique, qui est liquide, des acides margarique et stéarique, qui sont solides.

On procède ensuite au coulage dans des moules contenant, suivant leur axe, une mèche de coton tressée et préalablement trempée dans une solution de borax. Les bougies sont ensuite blanchies par une exposition à la lumière et polies par un frottement mécanique sur une bande de drap.

Les chandelles s'obtiennent en coulant du suif fondu dans des moules garnis d'une mèche de coton non tressée.

CHAPITRE V

FERMENTATION

257. Ferments. — La *fermentation* est une action chimique produite par certains organismes qu'on appelle *ferments*.

Un ferment est un être organisé microscopique qui, placé dans des conditions favorables, vit et se développe aux dépens d'une matière organique qu'il transforme en produits plus simples et parfaitement définis. Ainsi le ferment du vinaigre transforme l'alcool en vinaigre.

258. Fermentation acétique. — La *fermentation acétique* est la transformation de l'alcool en vinaigre; elle se fait par l'action d'un ferment végétal particulier, le *mycoderma aceti* ou mycoderme du vinaigre.

Cette transformation est en résumé une oxydation qui se fait par l'intermédiaire du ferment.

$$C^4H^6O^2 \quad + \quad 4O \quad = \quad C^4H^6O^6.$$
alcool   oxygène   vinaigre.

259. Fermentation putride. — La *fermentation putride* est l'altération des matières azotées (viande, urine, etc.) sous l'influence d'un ferment spécial qui décompose ces matières en eau, ammoniaque et acide carbonique.

On supprime cette fermentation en empêchant les ferments de se développer. On y arrive par la dessiccation (légumes, fruits, plantes pour herbier) ou par un abaissement de température (conservation des viandes et du poisson par la glace). Si les ferments existent déjà, on peut les détruire par la cuisson et la conservation des substances à l'abri de l'air (sardines, conserves alimentaires), ou par l'emploi d'antiseptiques tels que le sel marin, l'alcool, le phénol, le sublimé corrosif.

260. Fermentation alcoolique. — La *fermentation alcoolique* est la transformation du sucre en alcool et acide carbonique sous l'influence de la *levure de bière*, ferment végétal qui se développe abondamment dans la fabrication de la bière.

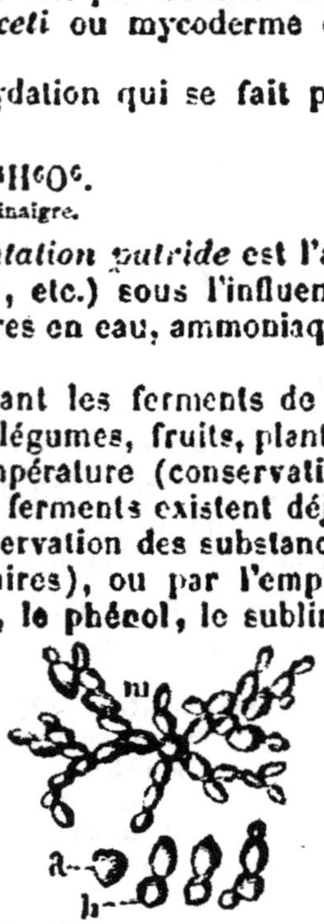

Fig. 90. — Levure de bière.

261. Alcool. — $C^4H^6O^2$. — L'*alcool ordinaire* est un liquide incolore, d'une saveur brûlante, bouillant à 70 degrés, s'enflammant facilement et donnant par combustion de l'eau et de l'acide carbonique.

$$C^4H^6O^2 + 12O = 6HO + 4CO^2$$

Il résulte de la fermentation de toute espèce de sucre; par conséquent, on l'extrait, par distillation, de tout liquide sucré ayant éprouvé la fermentation alcoolique (vins, mélasses, fruits, pommes de terre, grains, etc.).

Une première distillation donne un alcool renfermant la moitié de son volume d'eau; c'est *l'eau-de-vie ordinaire*. Des distillations successives le concentrent de plus en plus; enfin une dernière opération en présence de la baryte et de la chaux, qui sont avides d'eau, donne l'*alcool absolu* ou anhydre.

L'alcool ordinaire sert de dissolvant et de combustible (lampe à alcool). Le trois-six est un alcool d'une force telle que trois parties de cet alcool, étendues de trois parties d'eau, donnent six parties d'eau-de-vie ordinaire.

Distillé avec l'acide sulfurique, l'alcool donne l'*éther sulfurique* ou *éther ordinaire;* distillé avec un mélange de chaux vive, de chlorure de chaux et d'eau, il donne le *chloroforme*. L'éther et le chloroforme sont deux liquides volatils, souvent employés comme anesthésiques dans les opérations chirurgicales.

262. Vin. — Le *vin* est le résultat de la fermentation alcoolique du jus ou moût de raisin. Ce jus renferme environ 80 p. %

Fig. 91. — Machine à écraser le raisin.

d'eau, du sucre, des matières albuminoïdes, du tannin, des sels. Sa fabrication comprend: 1° le *foulage* du raisin; 2° le *cuvage* ou fermentation du jus; 3° le *soutirage* du jus fermenté et le *pressurage* du marc ; 4° la *mise en pièces*, où s'achève la vinification ; 5° le *collage* au blanc d'œuf ou à la gélatine, qui le clarifie.

On peut obtenir du vin blanc avec du raisin noir pourvu que l'on presse celui-ci avant la fermentation, car la coloration rouge du vin est due à une matière colorante de la pellicule noire, matière qui se dissout dans l'alcool provenant de la fermentation.

Les *vins mousseux* de Champagne sont fabriqués avec du vin blanc, auquel on ajoute, au moment de la mise en bouteilles, un peu de sucre candi qui se transforme, dans la bouteille même, en alcool et acide carbonique.

Les vins naturels renferment en moyenne de 6 à 15 p. $\%$ d'alcool. Ils peuvent devenir *acides* ou *piqués*, *tournés*, *gras*, etc., sous l'influence des fermentations ultérieures auxquelles ils sont exposés.

263. Cidre et poiré. — Ces deux boissons se préparent à peu près comme le vin, la première avec le jus des pommes, la seconde avec celui des poires.

264. Bière. — La *bière* est une boisson nourrissante que l'on prépare avec l'orge et le houblon. Sa fabrication comprend les opérations suivantes :

1° Le *maltage* ou germination de l'orge, qui a pour but de développer dans le grain la diastase nécessaire à la transformation en glucose de l'amidon de la graine. On sépare la radicule, puis on broie le grain, et l'on obtient ainsi une farine grossière appelée *malt* ;

2° Le *brassage*. On brasse le malt dans des cuves renfermant de l'eau à 70 degrés ; l'amidon se transforme en glucose, qui se dissout. Le liquide obtenu prend le nom de *moût* ;

3° Le *houblonnage*. On fait bouillir le moût avec des cônes de houblon, qui donnent du goût à la bière et assurent sa conservation ;

4° La *fermentation* du moût. On la détermine au moyen de la levure de bière. On clarifie ensuite.

La levure, qui pendant la fermentation surnage sous la forme d'une mousse blanche, est recueillie pour les opérations suivantes.

265. Panification. — Le *pain* est fabriqué avec de la farine, de l'eau, du sel et du levain.

La farine est obtenue par la *mouture* du grain des céréales et le *blutage*, qui sépare la farine de l'enveloppe des grains (*son*). Elle est formée d'amidon, de gluten, d'albumine, de dextrine, de glucose, de matières grasses et de quelques sels minéraux.

La fabrication du pain comprend : le *pétrissage* de la farine avec l'eau et le sel, la *fermentation* de la pâte obtenue, par du levain ou de la levure de bière qui transforme les principes sucrés en alcool et acide carbonique et rend ainsi le pain très poreux ; la *cuisson* dans des fours préalablement chauffés.

QUESTIONNAIRE. — Qu'est-ce que la fermentation ? — Qu'est-ce qu'un ferment ? — *Comment se fait la fermentation acétique ? — Qu'est-ce que la fermentation putride ? Comment peut-on empêcher son développement ? — Qu'est-ce que la fermentation alcoolique ?* — Quelles sont les propriétés du l'alcool ? Comment obtient-on l'alcool absolu ? — Comment prépare-t-on l'éther ordinaire ? le chloroforme ? A quoi sont-ils employés ? — *Que comprend la fabrication du vin ?* — Peut-on fabriquer du vin blanc avec des raisins noirs ? — Comment obtient-on les vins de Champagne ? — Comment fabrique-t-on la bière ? le pain ?

HISTOIRE NATURELLE

1. Définitions. — L'*Histoire naturelle* est la science qui a
pour objet l'étude des corps répandus à la surface de la terre
ou qui en constituent la masse. Elle recherche leur origine,
examine leur mode de formation et de développement; elle étudie leur organisation, leur distribution géographique et les
caractères qui peuvent servir à les distinguer et à les classer.

2. Corps bruts et corps vivants. — Les corps se subdivisent
en deux classes, les corps bruts et les corps vivants.

Les *corps bruts* ou *inorganiques* sont ceux qui sont dépourvus
de la vie, comme, par exemple, la craie, les métaux. Les *corps
vivants* ou *organisés* sont ceux qui sont pourvus d'organes
propres à l'accomplissement de certains actes dont l'ensemble
constitue ce qu'on appelle la vie.

Les *végétaux* sont des êtres qui se *nourrissent* et se *reproduisent*; les *animaux* sont, en outre, doués de *sensibilité* et de
mouvement volontaire.

3. Les grands règnes de la nature. — Tous les corps, organiques et inorganiques, ont été répartis en trois grands groupes
qu'on appelle règnes; ce sont le *règne minéral*, le *règne végétal*
et le *règne animal*.

Le règne minéral comprend tous les corps bruts; le règne
végétal, tous les végétaux, et le règne animal tous les animaux.

Les corps vivants comprennent les végétaux et les animaux.

L'*Homme*, composé d'un corps et d'une âme immortelle créée
à l'image de Dieu, forme un règne à part, le règne hominal.
A la sensibilité et au mouvement volontaire, il ajoute la faculté
de *penser* et de se savoir *libre* et *responsable*. Seul il possède
la *parole*, expression de la pensée, qui lui permet de communiquer avec ses semblables.

4. Subdivision de l'Histoire naturelle. — Les différentes parties de l'*Histoire naturelle* sont : la Géologie et la Minéralogie,
la Botanique et la Zoologie.

La *Géologie* et la *Minéralogie* comprennent l'étude des corps bruts ; la Géologie étudie la structure du globe terrestre, et la Minéralogie sa constitution chimique. La *Botanique* s'occupe de la description, de la classification et de la propriété des *végétaux*. La *Zoologie* comprend l'étude des *animaux*, au point de vue de leur organisation, de leurs mœurs, de leurs instincts, des services qu'ils peuvent rendre à l'homme et des torts qu'ils peuvent lui causer.

L'*anthropologie* étudie l'*homme* au point de vue de son organisation personnelle et de ses rapports avec les êtres qui l'entourent.

5. Caractères différentiels des corps bruts et des corps vivants. — *Origine.* Le corps brut remonte à la création, ou résulte de la combinaison de plusieurs corps simples préexistants ; le chimiste peut en produire. Le corps vivant provient de corps vivants semblables à lui ; le chimiste ne peut en produire.

Existence. — Les corps bruts sont inertes ; ils existent sans que leurs molécules se renouvellent. Les corps vivants sont le siège d'un mouvement incessant de destruction et de reconstitution de leur substance.

Accroissement. — L'accroissement des corps bruts se fait extérieurement, par *juxtaposition*, tandis que celui des corps vivants se fait par *intussusception*, c'est-à-dire intérieurement, par assimilation de molécules inertes, transformées par la force vitale en éléments identiques à leur propre substance.

Structure. — Les corps bruts sont formés de molécules homogènes et peuvent être divisés mécaniquement en échantillons de même nature. Dans les corps vivants, l'individu n'est pas divisible, et la partie n'est pas semblable au tout.

Durée. — La durée des corps bruts est *illimitée*, à moins qu'une cause extérieure ne vienne disperser leurs molécules ou les engager dans de nouvelles combinaisons. La *mort* vient fatalement terminer l'existence des corps vivants et faire rentrer leur substance dans le monde minéral.

QUESTIONNAIRE. — Qu'est-ce que l'histoire naturelle ? — Comment se subdivisent les corps ? — Que sont les végétaux et les animaux ? — Quels sont les trois grands règnes de la nature et que comprennent-ils ? — Quels sont les caractères qui font de l'homme un être à part ? — Quelles sont les subdivisions de l'histoire naturelle ? — De quoi s'occupe chacune de ces subdivisions ?

Indiquez comment les corps bruts se distinguent des corps vivants au point de vue de l'origine, de l'existence, de l'accroissement, de la structure et de la durée.

ZOOLOGIE

NOTIONS PRÉLIMINAIRES

6. Définitions. — Les *organes* sont les différentes parties qui constituent un être vivant (l'estomac, l'œil).

On donne le nom d'*organismes* à l'ensemble des organes d'un même individu.

Les *tissus* sont les différentes substances qui, par la réunion de leurs éléments, forment les organes (tissu osseux).

On appelle *fonctions* les actes exécutés par les organes (la digestion, la vision).

Un *appareil* est un ensemble d'organes concourant à l'accomplissement d'une même fonction (app. digestif, app. de la vision).

Un *système* est une réunion d'organes formés des mêmes éléments et destinés à accomplir des fonctions analogues (syst. nerveux, musculaire).

L'*anatomie* est une science qui a pour objet la description des organes.

L'*anatomie comparée* est la partie de l'anatomie qui étudie les rapports, les ressemblances et les dissemblances qui existent entre les organes de l'Homme et ceux des animaux.

La *physiologie* étudie les fonctions, c'est-à-dire le jeu des organes.

7. Subdivision des fonctions. — Les *fonctions* se subdivisent en deux classes : les *fonctions de nutrition* et les *fonctions de relation*.

Les fonctions de nutrition sont celles qui servent à entretenir la vie de l'individu. On les appelle encore fonctions de la *vie végétative*, parce qu'elles sont communes aux végétaux et aux animaux.

Les fonctions de relation sont celles qui mettent l'individu en rapport avec le monde extérieur. On les appelle encore fonctions de la *vie animale*, parce qu'elles sont propres aux animaux.

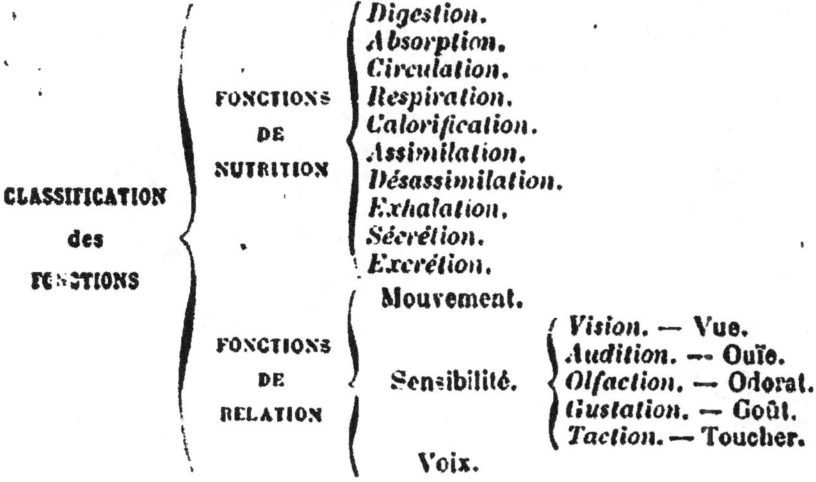

8. Cellule. — La *cellule* est le point de départ, l'élément fondamental de tout organisme végétal ou animal. La cellule animale se présente tout d'abord sous la forme d'un petit corps mou, à peu près sphérique (fig. 1). Elle est formée d'une sorte de gelée, le *protoplasma*, partie essentiellement vivante de la cellule, dans lequel se trouve une vésicule plus ferme, le *noyau* ou *nucleus*, renfermant lui-même quelques granulations ou *nucléoles;* le tout enveloppé d'une *membrane* particulière.

Fig. 1.

Cellule animale. *m*, membrane cellulaire; *p*, protoplasma renfermant une matière granuleuse; *n*, noyau.

9. Constitution des tissus. — Tous les tissus résultent d'une agglomération de cellules, modifiées ou transformées d'une façon particulière.

On admet généralement comme principaux tissus animaux : le tissu *épithélial* ou *épidermique*, le tissu *connectif* ou *conjonctif*, le tissu *osseux*, le tissu *musculaire* et le tissu *nerveux*.

Le *tissu épithélial* est constitué par des cellules de formes diverses juxtaposées et disposées par couches plus ou moins épaisses qui tapissent les surfaces extérieures et intérieures du corps, et dont l'ensemble constitue un *épithélium* (fig. 2 et 3).

Le *tissu connectif* ou *conjonctif* est un tissu essentiellement formé par une substance intercellulaire provenant des cellules, et qui donne naissance à des variétés particulières de tissu

connectif, dont les principaux sont : le *tissu adipeux*, constituant la graisse; le *tissu cellulaire*, remplissant les intervalles
que les organes laissent entre eux, et le *tissu fibreux*, formant
les membranes, les ligaments, etc.

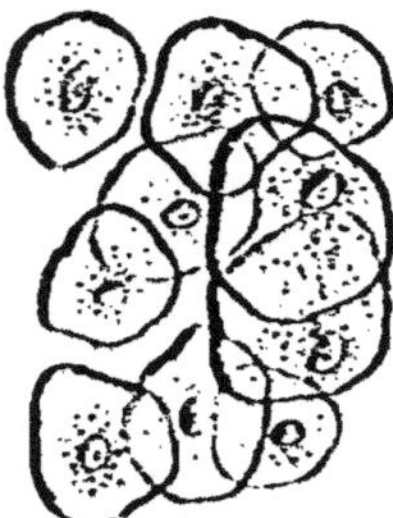

Fig. 2.
Cellules épithéliales aplaties
(cellules de la cavité buccale).

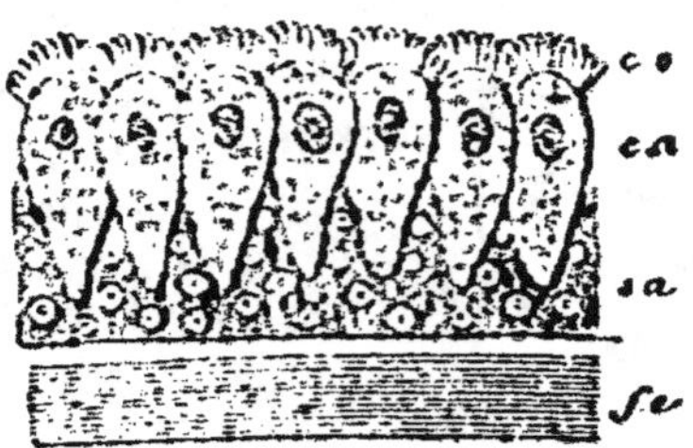

Fig. 3. — Épithélium.
f. e, fibres élastiques; *s. a.* substance amorphe renfermant des cellules; *c. a*, cellules
épithéliales allongées; *c. v*, cils vibratiles.

Le *tissu osseux* est regardé comme du tissu conjonctif dans les
cellules duquel sont déposées des matières calcaires (phosphate
et carbonate de chaux), qui lui donnent une grande consistance.

Le *tissu musculaire* est formé de *fibres musculaires*. Ces
fibres sont des filaments très fins, accolés les uns aux autres,
et dont l'ensemble constitue ce qu'on appelle vulgairement la
viande. La propriété essentielle d'un muscle est d'être *contrac-
tile*, c'est-à-dire de pouvoir se raccourcir dans le sens de ses
fibres; aussi les muscles sont, pour cette raison, les organes
essentiels des *mouvements*.

Le *tissu nerveux* est formé
d'éléments complexes, *cellules
nerveuses*, *tubes nerveux*, etc.,
et sert d'agent aux phénomènes
de *sensibilité*, d'*intelligence* et
de *volonté*.

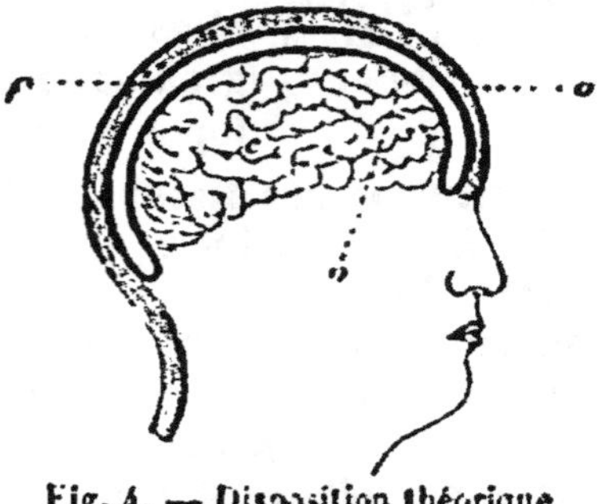

10. Muqueuses et séreuses.
— Les *muqueuses* sont les membranes qui tapissent les cavités
de l'organisme communiquant
avec l'extérieur (muqueuse de
la bouche, des paupières). On ap-
pelle *mucosités* ou simplement *mucus*, les produits liquides ou
semi-liquides qu'elles sécrètent.

Les *séreuses* sont les membranes qui tapissent les cavités
closes de l'organisme (séreuse du cerveau, fig. 4). Elles sont

Fig. 4. — Disposition théorique
de la séreuse du cerveau.

c, cerveau; *o*, os du crâne; *p*, feuillet
pariétal de la séreuse; *v*, feuillet viscéral.

formées de deux feuillets contigus : le feuillet *pariétal*, s'appliquant contre les parois de la cavité, et le foyer *viscéral*, recouvrant les organes contenus dans cette cavité. Les liquides qu'elles produisent sont appelés *sérosités*.

11. Structure générale du corps humain. — Le corps humain est limité extérieurement par la *peau*. Un système osseux ou *squelette* en forme la charpente et lui donne sa forme générale ; sur les os viennent se fixer des *muscles* destinés à produire des mouvements.

Les organes principaux sont renfermés dans trois grandes cavités, qui sont :

1° La cavité *cérébro-spinale*, renfermant le *cerveau* et la *moelle épinière* ;

2° La cavité *thoracique*, renfermant les organes de la *respiration* et les principaux organes de la *circulation* ;

3° La cavité *abdominale*, contenant l'*appareil digestif* presque en entier.

La cavité thoracique est séparée de la cavité abdominale par le *diaphragme*, sorte de plancher de forme convexe dont le contour est musculaire.

Au point de vue de l'aspect général, on peut diviser le corps humain en trois parties : la *tête*, le *tronc*, et les *membres supérieurs et inférieurs*.

QUESTIONNAIRE. — Que sont les organes? les tissus? — Qu'appelle-t-on fonctions? — Qu'est-ce qu'un appareil, un système? — Qu'est-ce que l'anatomie? l'anatomie comparée? la physiologie? — Comment subdivise-t-on les fonctions? — Quelles sont les principales fonctions? — Quelle est la constitution de la cellule? — De quoi résultent tous les tissus? — Comment sont disposées les cellules du tissu épithélial?— Comment est formé le tissu conjonctif? Quelles sont ses variétés? A quoi servent-elles? — Qu'est-ce que le tissu osseux? — Quelle est la propriété essentielle d'un muscle? — Qu'entend-on par muqueuses et par séreuses? — Quelles sont les trois grandes cavités de l'organisme? Que renferment-elles?

PREMIÈRE PARTIE

ANATOMIE ET PHYSIOLOGIE

CHAPITRE I

APPAREIL DIGESTIF

I. Canal digestif.

12. Composition. — L'appareil digestif comprend le *canal digestif* et quelques organes annexes, tels que les *dents* et certaines *glandes*.

Le canal digestif a la même structure dans toute son étendue; il est tapissé par la *muqueuse digestive*, au-dessous de laquelle se trouve une couche de tissu musculaire, et comprend la *bouche*, le *pharynx*, l'*œsophage*, l'*estomac* et les *intestins*. Il est contenu presque en entier dans la *cavité abdominale*.

La cavité abdominale est tapissée par une séreuse, le *péritoine*, formant de nombreux replis dont les principaux sont le *mésentère*, qui sépare et soutient les différentes parties de l'intestin, et les *épiploons*, qui se chargent souvent de graisse.

13. Bouche. — La *bouche* renferme les organes de la mastication (les *dents*) et celui du goût (la *langue*). Elle est incomplètement séparée du pharynx par le *voile du palais*, sorte de membrane suspendue comme un rideau au fond de la bouche, et qui présente, au milieu de son bord flottant, un petit prolongement, la *luette*.

14. Pharynx. — Le *pharynx*, ou *arrière-bouche* (fig. 5) est une sorte de carrefour communiquant avec l'*estomac* par l'*œsophage*, avec les *poumons* par la trachée-artère, avec l'*oreille* par la trompe d'Eustache, et enfin avec les *fosses nasales*.

C'est dans le pharynx que s'entre-croisent les voies *digestive* et *aérienne* ou *respiratoire* (fig. 6). La première, conduisant les aliments dans l'estomac, comprend la *bouche*, le *pharynx* et l'*œsophage;* la deuxième, destinée à introduire l'air atmosphérique dans les poumons, se compose des *fosses nasales,* du *pharynx* et de la *trachée-artère.*

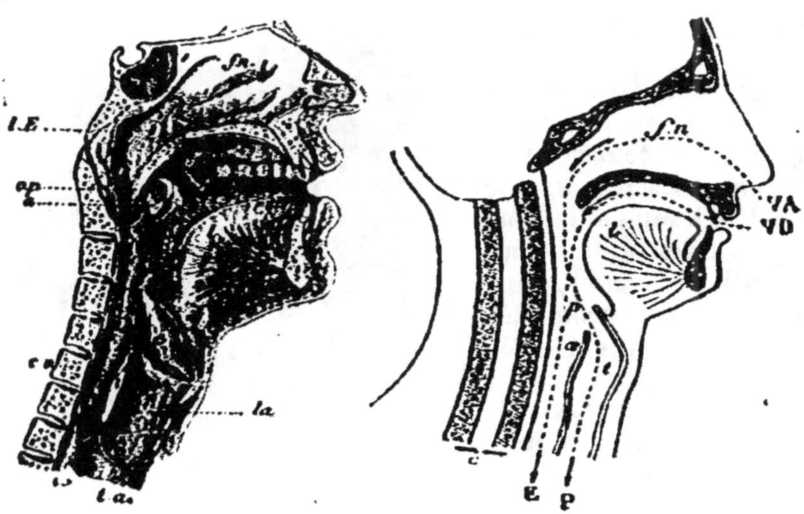

Fig. 5. — *ph,* pharynx; *œ,* œsophage; *f. n,* fosses nasales; *l,* langue; *t. E,* orifice de la trompe d'Eustache, *v. p,* voiles du palais; *a,* amygdales; *c. v,* colonne vertébrale; *e,* épiglotte; *la,* larynx; *t. a,* trachée-artère.

Fig. 6. — *VD,* voie digestive; *l,* langue; *œ,* œsophage; ↦ E, estomac; *VA,* voie aérienne ou respiratoire; *f. n,* fosses nasales; *p,* pharynx; *t,* trachée-artère; ↦ P, poumons.

La *glotte* est la partie supérieure de la trachée-artère; elle est surmontée d'une petite membrane fibro-cartilagineuse, l'*épiglotte,* qui peut se rabattre sur la glotte et en fermer l'entrée.

15. Œsophage. — L'*œsophage* est un simple canal descendant devant la colonne vertébrale et débouchant dans l'estomac après avoir traversé le diaphragme.

16. Estomac. — L'*estomac* (fig. 7) est un des organes les plus importants du canal digestif. C'est une poche membraneuse placée horizontalement au-dessous du diaphragme. Sa partie gauche, plus renflée que la partie droite, communique avec l'œsophage par une ouverture, le *cardia;* sa partie droite, moins volumineuse, communique avec l'intestin par le *pylore.*

17. Intestins. — Les *intestins* (fig. 7) comprennent les 4/5 environ de la longueur du canal digestif, et sont d'autant plus développés, que la nourriture de l'animal est plus végétale (3 à 4 fois la longueur du corps chez les carnivores, 20 à 25 fois chez les herbivores).

On subdivise les intestins en deux parties : 1° l'*intestin grêle*, qui comprend le duodénum (12 travers de doigt), le jéjunum et l'iléon ; 2° le *gros intestin*, qui commence par le *cæcum*, dans lequel l'iléon débouche latéralement par la valvule *iléocæcale*.

A partir du *cæcum*, le gros intestin monte le long du flanc droit (*côlon ascendant*), traverse la cavité abdominale au-dessous de l'estomac (*côlon transverse*), redescend en S le long du flanc gauche (*côlon descendant*), et se continue par le *rectum*.

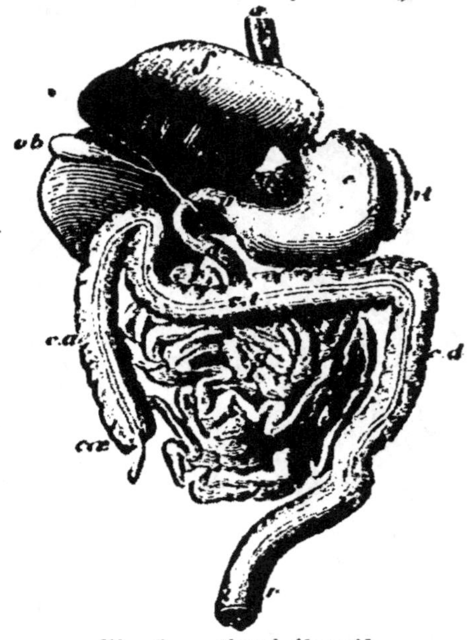

Fig. 7. — Canal digestif.

œ, œsophage ; c, cardia ; e, estomac ; p, pylore ; d, duodénum ; f. g, intestin grêle ; cæ, cæcum ; c. a, côlon ascendant ; c. t, côlon transverse ; c. d, côlon descendant ; r, rectum ; f, foie ; v. b, vésicule biliaire ; rt, rate.

II. Les Dents.

18. Nature des dents. — Les *dents* sont de petits organes analogues aux os, mais qui en diffèrent par la structure, le mode de développement et le rôle physiologique. Elles sont implantées dans des cavités de l'os de la mâchoire (*alvéoles dentaires*).

Une dent comprend (fig. 8) : la racine, la couronne et le collet. La *racine* est la partie renfermée dans l'alvéole ; la *couronne* est la partie visible de la dent ; le *collet* est la limite de séparation de la racine et de la couronne.

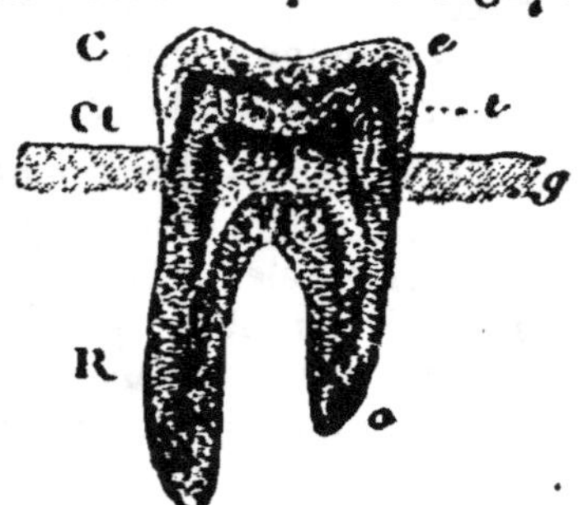

Fig. 8. — Structure d'une dent.

C, couronne ; Ct, collet ; R, racine ; g, gencive ; e, émail ; f, ivoire ou dentine ; c, cément ; b, bulbe dentaire.

19. Structure. — Au point de vue de la structure, on

y distingue (fig. 8) : le *bulbe*, l'*ivoire*, l'*émail* et le *cément*.

Le *bulbe* est une petite masse charnue, recevant des nerfs et des vaisseaux sanguins et occupant la partie centrale de la dent ; l'*ivoire* forme la plus grande partie du tissu de la dent ; l'*émail* est une sorte de vernis très dur recouvrant la couronne ; le *cément* est un tissu analogue à l'émail recouvrant la racine.

20. Formes. — Relativement à leur forme, les dents se subdivisent en *incisives*, *canines* et *molaires* (fig. 9).

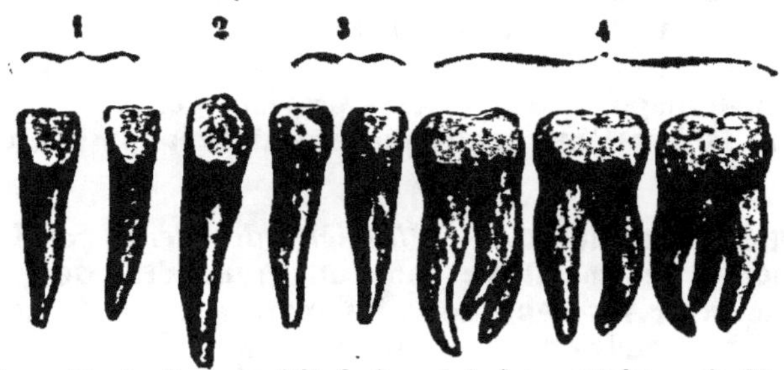

Fig. 9. — Dents de la moitié de la mâchoire supérieure de l'homme.
1, incisives ; 2, canine ; 3, fausses molaires (*une seule racine*) ; 4, vraies molaires (*racines multiples*).

Les *incisives* sont aplaties et tranchantes sur les bords et servent à couper les aliments. Elles sont très développées chez les animaux rongeurs (Lapin, Écureuil, Rat).

Les *canines* ont une forme conoïde ; elles sont fortement implantées dans les mâchoires et servent à déchirer la chair ; elles sont remarquablement développées chez les carnivores (Chien, Chat, Tigre).

Les *molaires* sont aiguës et tranchantes chez les carnivores, cylindriques et à surfaces mamelonnées ou présentant des replis d'émail chez les herbivores (Cheval, Bœuf).

21. Développement. — De 6 à 12 mois, les incisives médianes paraissent d'abord, puis successivement les autres dents. A 2 ans, l'enfant possède ordinairement 20 dents ; c'est la *première dentition* ou *dentition de lait*. Ces dents tombent vers l'âge de 7 ans et sont remplacées par une *seconde dentition*, qui doit durer toute la vie. Les 4 dernières molaires (*dents de sagesse*) paraissent ordinairement de 20 à 25 ans.

La dentition complète comprend alors chez l'homme 32 dents, savoir, pour la moitié de chaque mâchoire, 2 incisives, 1 canine et 5 molaires (fig. 9), tandis que la première dentition comprenait le même nombre d'incisives et de canines, mais 2 molaires seulement à chaque moitié de mâchoire.

22. Maladies des dents. — La plus commune de toutes les *maladies des dents* est la *carie*. Elle provient toujours de la destruction d'une partie de l'émail qui protège l'ivoire; celui-ci, ainsi mis à nu, se trouvant en contact permanent avec la salive ou les aliments, s'altère et se détruit petit à petit. Une fois commencée, la carie se continue jusqu'à la disparition complète de la dent, si on n'y remédie. Le plus souvent une dent cariée gâte la voisine.

Tant qu'aucune des fibrilles nerveuses qui sillonnent l'ivoire n'est atteinte, on ne ressent aucune douleur; mais dès que la carie attaque un de ces filets nerveux, elle détermine des douleurs souvent intolérables.

La mauvaise disposition des dents provient généralement de ce que les dents de la deuxième dentition percent avant la chute des dents de lait.

23. Hygiène des dents. — L'*hygiène des dents* consiste presque exclusivement à les maintenir dans un grand état de propreté. On doit donc se laver les dents tous les matins et les frotter avec une brosse dure. La poudre de charbon, le meilleur de tous les dentifrices, est préférable à toutes les compositions, plus ou moins complexes, préconisées comme hygiéniques.

Il faut éviter de se nettoyer les dents avec des cure-dents métalliques; de s'en servir, comme le font trop souvent les enfants, pour briser, tordre des corps durs. Cette imprudence peut déterminer la carie en dégradant une partie de l'émail qui recouvre et protège l'ivoire.

III. Glandes digestives.

21. Rôle des glandes digestives. — Les glandes annexées à l'appareil digestif sont des organes charnus sécrétant les liquides destinés à rendre absorbables les aliments ingérés. Ce sont : les *glandes salivaires*, les *follicules gastriques*, le *pancréas*, le *foie* et les *glandes intestinales*.

25. Glandes salivaires. — Il existe 3 paires de *glandes salivaires* :

1° Les *parotides* (fig. 10), situées entre l'oreille et l'articulation des mâchoires; leur inflammation constitue les *ourles* ou *oreillons*; elles conduisent leur salive dans la bouche par le *canal de Sténon*;

Fig. 10. — Glande parotide.

2° Les *sous-maxillaires*, situées sous les mâchoires (canal de Warthon);

3° Les *sublinguales*, placées sous la langue (*canaux de Rivinus*).

Ces glandes sécrètent les liquides qui, en se mêlant dans la bouche au mucus buccal, forment la *salive mixte*.

26. Amygdales. — A l'entrée du pharynx se trouvent deux glandes en forme d'amandes, les *amygdales*, qui paraissent destinées à favoriser la déglutition.

27. Follicules gastriques. — Les *follicules gastriques* sont de très petites glandes logées dans la muqueuse de l'estomac, et sécrétant un liquide acide, le *suc gastrique*. Ces glandes sont très nombreuses.

28. Pancréas. — Le *pancréas* est une glande en forme de languette adossée à la courbure de l'estomac (fig. 11), sécrétant

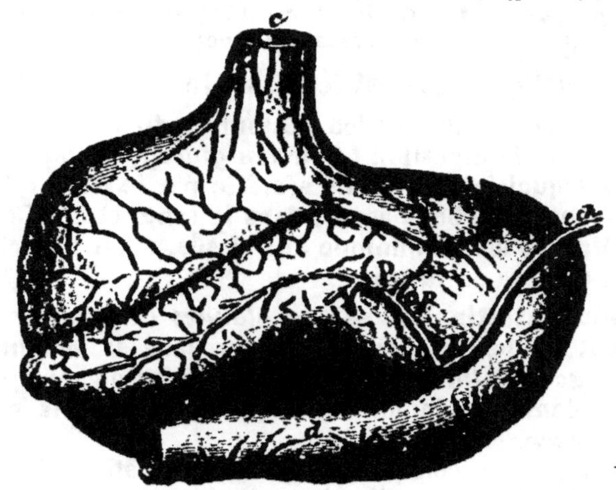

Fig. 11. — Pancréas (région postérieure de l'estomac).
c, cardia ; e, estomac ; P, pancréas ; c. p, canal pancréatique ; c. ch, canal cholédoque ; d, duodénum.

le *suc pancréatique*, qui se déverse dans le *duodénum* par le *canal pancréatique* ou de Wirsung.

29. Foie. — Le *foie* est la plus volumineuse des glandes de l'organisme. C'est une masse charnue, d'un rouge plus ou moins brun, occupant toute la partie droite et supérieure de l'abdomen et maintenue par les organes qui l'entourent, ainsi que par des replis du péritoine (*ligaments du foie*). La gêne que l'on éprouve quand on se couche sur le côté gauche pendant la digestion vient de la pression exercée par le foie sur l'estomac rempli d'aliments non encore digérés.

La principale fonction du foie est de sécréter la *bile*, liquide savonneux, jaune verdâtre. La bile s'accumule peu à peu dans la *vésicule biliaire* ou *vésicule du fiel* (fig. 12), réservoir piriforme, situé à la face inférieure du foie, et se déverse en temps utile dans le duodénum par le *canal cholédoque*, formé de la réunion du *canal hépatique*, venant directement du foie,

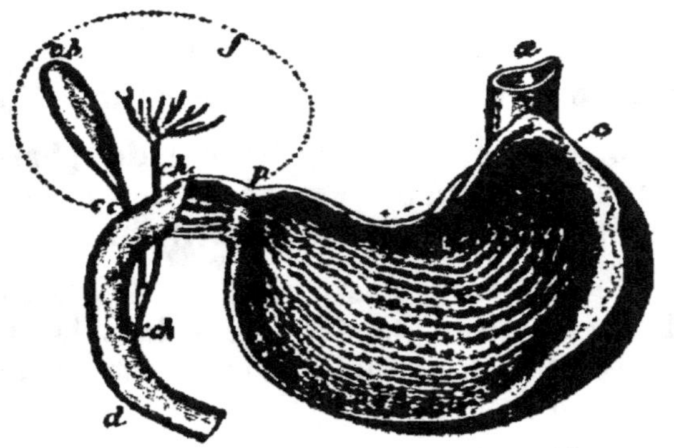

Fig. 12. — Canaux sécréteurs de la bile.

œ, œsophage; *c*, cardia; *p*, pylore; *d*, duodénum; *f*, foie; *ch*, canal hépathique; *v. b*, vésicule biliaire; *c. c*, canal cystique; *c. ch*, canal cholédoque.

et du *canal cystique*, qui est le col de la vésicule biliaire.

Le foie a encore pour fonction de fournir du *sucre*, qui disparaît dans le travail de la digestion (*fonction glycogénique*).

Il arrive quelquefois que la bile sécrétée par le foie n'est plus excrétée; ses éléments résorbés passent dans le sang, et celui-ci prend une teinte jaunâtre qu'il communique aux tissus. C'est l'affection connue sous le nom d'*ictère* ou *jaunisse*.

30. Glandes intestinales. — Les *glandes intestinales* ou de *Lieberkühn* sont de petites glandes logées dans la muqueuse et qui sécrètent le *suc intestinal*. Près de ces glandes on remarque des *follicules clos*, dont l'agglomération en certains points constitue les *plaques de Peyer*.

La fièvre typhoïde consiste dans une altération des plaques de Peyer, altération qui peut aller jusqu'à déterminer la perforation de la paroi intestinale.

La muqueuse du duodénum est tapissée par des glandes particulières (*glandes de Brünner*), dont le rôle n'est pas bien connu.

31. Rate. — *La rate* est un organe spongieux, d'un rouge violacé, ayant la forme d'un croissant, situé à gauche de l'estomac, et dont le rôle physiologique n'est pas bien déterminé. Sa suppression n'amène pas de changements notables dans l'économie.

Lorsque la respiration est très active, la rate se gonfle et gêne la respiration. L'expression « courir comme un dératé » repose sur cette croyance erronée que, dans l'antiquité, les coureurs se la faisaient enlever pour prévenir l'essoufflement. Les anciens ne pouvaient pratiquer cette opération, qui est une des conquêtes de la chirurgie moderne.

QUESTIONNAIRE. — Que comprend l'appareil digestif? — Quelles sont les différentes parties du canal digestif? Dans quelle cavité est-il contenu? Comment se nomme la séreuse de cette cavité? — Avec quels organes communique le pharynx? — Qu'est-ce que l'épiglotte? — Comment se nomment les orifices de l'estomac? — Quelles sont les différentes parties des intestins?

Que comprend une dent? Quelle est sa structure? — Comment divise-t-on les dents quant à leurs formes? — Toutes les dents paraissent-elles en même temps? — Combien la dentition complète comprend-elle de dents chez l'homme? — *A quoi est due la carie?* · *En quoi consiste surtout l'hygiène des dents?*

Nommez les glandes annexées à l'appareil digestif. — Quelles sont les trois paires de glandes salivaires? Où sont-elles situées? — Où se trouve le pancréas? — Dans quel organe se déverse le suc pancréatique? — Qu'est-ce que les follicules gastriques? Que sécrètent-ils? — Où est situé le foie? Que sécrète-t-il? — Où se rend la bile à mesure de sa sécrétion? Par quel canal se déverse-t-elle? Dans quel organe? — *Par quoi est occasionnée la jaunisse?* — *Qu'est-ce que les glandes intestinales?* — *Qu'est-ce que la rate?*

CHAPITRE II

PHYSIOLOGIE DE LA DIGESTION

32. But de la digestion. — La *digestion est une fonction qui a pour but de rendre absorbables les aliments introduits dans l'estomac.*

Cette transformation, préparée par l'action des dents, qui divisent les aliments solides, s'effectue sous l'influence des liquides fournis par les glandes digestives.

I. Aliments.

33. Définition. — *Les aliments sont des substances qui, introduites dans le canal digestif, peuvent servir à entretenir la vie.*

34. Aliments proprement dits. — On peut subdiviser les aliments proprement dits en trois classes : 1° les aliments *azotés, albuminoïdes* ou *plastiques;* 2° les aliments *hydrocarbonés;* 3° les *graisses.*

35. Aliments azotés, albuminoïdes ou plastiques. — Les éléments constitutifs des aliments azotés sont : l'azote, le carbone, l'hydrogène et l'oxygène. Ils servent surtout à la réparation des tissus, et sont fournis en grande partie par le règne animal; ce sont, par exemple, la *viande,* l'*albumine* ou *blanc d'œuf;* la *gélatine,* qu'on trouve dans les os; la *caséine*, dans le fromage; la *légumine*, dans les haricots, les lentilles, etc.

36. Aliments hydrocarbonés. — Les aliments hydrocarbonés sont constitués par le *carbone*, l'*hydrogène* et l'*oxygène*; ces deux derniers éléments étant combinés dans les proportions de l'eau. Ils sont presque tous empruntés au règne végétal et comprennent des aliments *féculents* (fécule), *amylacés* (amidon), *saccharoïdes* (sucres).

37. Graisses. — Les corps gras sont plus riches en carbone et en hydrogène que les précédents; ce sont les *graisses*, les *huiles* végétales et animales, le *beurre*, etc.

Les aliments hydrocarbonés et les graisses sont parfois désignés sous le nom d'*aliments respiratoires*, car ils servent en grande partie à l'entretien de la chaleur animale.

38. Aliments complets. — On appelle *aliments complets* certains aliments naturels qui renferment des éléments azotés, hydrocarbonés, et des graisses; tels sont, par exemple, les œufs et le lait.

Le *lait* est le type de l'aliment complet; il renferme, en effet, les trois ordres d'aliments : un aliment azoté, la *caséine;* un aliment hydrocarboné, l'*acide lactique* ou *sucre de lait*, et un corps gras, le *beurre;* il contient en outre de l'eau et des sels minéraux.

39. Sels minéraux. — Les *sels minéraux*, dont les éléments (*phosphore, calcium, fer,* etc.) doivent entrer dans la composition des tissus, se trouvent en combinaisons avec les autres aliments et dans les boissons.

Le *sel marin* (chlorure de sodium) doit être rangé parmi les aliments; il est aussi nécessaire à l'alimentation que les épices le sont peu. L'absence des chlorures alcalins dans l'organisme peut aller jusqu'à produire un véritable appauvrissement du sang.

40. Condiments. — Les *condiments* sont des substances que l'on ajoute aux éléments pour leur donner du goût ou en faciliter la digestion (vinaigre, ail, moutarde, etc.). Leur abus rend les digestions pénibles et amène des maux d'estomac.

41. Boissons. — Les *boissons* sont des liquides renfermant une forte proportion d'eau et aussi des principes qui les font entrer dans les différentes catégories d'aliments.

Les principales boissons sont l'eau, le vin, le cidre, la bière et le café.

Les *eaux-de-vie*, et les spiritueux en général, sont des boissons dangereuses, surtout à jeun. On croyait autrefois que l'alcool était brûlé dans l'organisme et servait ainsi à entretenir la chaleur animale. De nouvelles recherches ont montré que l'alcool se retrouvait intact dans les tissus, et surtout dans le tissu nerveux. S'il paraît suppléer l'alimentation, c'est qu'il détermine un arrêt dans la nutrition: ce n'est donc qu'un excitant cérébral, dont il faut se défier.

II. Transformation des aliments.

42. Actes mécaniques. — Les actes mécaniques qui concourent à la digestion sont la *préhension*, la *mastication*, la *déglutition* et les *mouvements digestifs proprement dits*.

43. Préhension. — On appelle *préhension* l'acte par lequel l'animal saisit l'aliment pour le porter à sa bouche.

44. Mastication. — La *mastication* est l'acte par lequel les aliments solides introduits dans la bouche sont broyés par les dents, afin de les rendre plus facilement attaquables par les liquides digestifs. Cette trituration est aidée par les joues et la langue, qui ramènent les matières sous les dents, et favorisée par la salive, qui les transforme en une masse pâteuse, le *bol alimentaire*.

Quand la mastication est incomplète, toute la digestion s'en ressent et devient pénible; car le surcroît de travail ainsi imposé à l'estomac finit par le fatiguer.

45. Déglutition. — La *déglutition* est le phénomène par lequel le bol alimentaire franchit le pharynx et tombe dans l'œsophage.

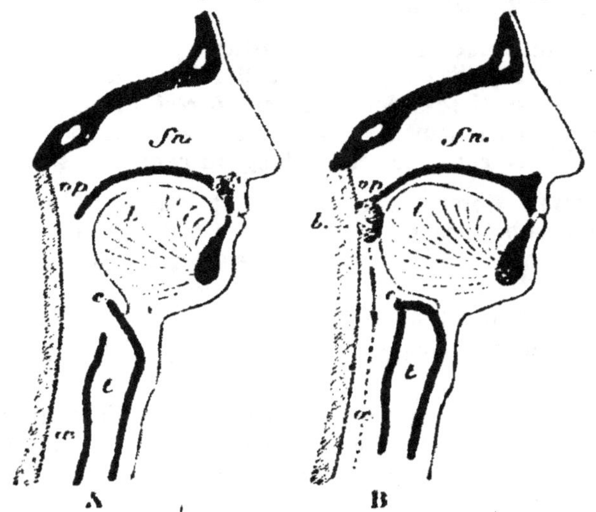

Fig. 13. — Mouvement de déglutition.

A, disposition théorique des organes avant la déglutition. — B, disposition de ces organes pendant le mouvement de déglutition.
l, langue; *f. n.* fosses nasales; *v. p*, voile du palais; *e*, épiglotte; *œ*, œsophage; *t*, trachée-artère; *b*, bol alimentaire.

Dans ce mouvement très compliqué, le pharynx remonte tout entier, de manière que la glotte vienne se cacher sous la base de la langue (fig. 13). Celle-ci, refoulant l'épiglotte, la recourbe en arrière et la rabat sur la glotte à la manière d'un couvercle. Pendant ce temps, le voile du palais se relève et vient fermer l'orifice postérieur des fosses nasales. Le bol alimentaire, pressé contre le palais par la langue, chemine vers l'arrière-bouche, puis, culbutant par-dessus l'épiglotte, tombe dans l'œsophage, seul canal dont l'ouverture soit libre à ce moment.

Pendant que ce mouvement s'accomplit, il faut que l'entrée de la trachée-artère soit parfaitement close, sans quoi l'introduction de la moindre parcelle solide ou liquide dans le canal respiratoire suffirait pour déterminer une toux violente, qui ne cesserait qu'après l'expulsion complète des substances ainsi fourvoyées. C'est ce qu'on appelle vulgairement « avaler de travers ».

46. Mouvements digestifs proprement dits. — Les aliments traversent l'œsophage sans y séjourner et arrivent dans l'estomac, qui, par ses contractions, les mélange et les imprègne de suc gastrique. Ces mouvements, se continuant dans l'intestin, font ainsi cheminer les matières alimentaires tout le long du canal digestif.

47. PHÉNOMÈNES CHIMIQUES. — Les phénomènes chimiques qui accompagnent la digestion sont : *l'insalivation*, la *chymification* et la *chylification*.

48. Digestion buccale ou insalivation. — Outre son rôle mécanique, la salive, par son principe actif, la *ptyaline*, contribue à transformer les matières féculentes en *dextrine*, puis en *glucose*, matière sucrée parfaitement absorbable. Cette action, commencée dans la bouche, se continue tout le long du canal digestif.

49. Digestion stomacale ou chymification. — Le suc gastrique renferme une substance particulière, la *pepsine*, qui, agissant sur les matières azotées, telles que les viandes, les transforme en un liquide absorbable, l'*albuminose* ou *peptone*.

La salive continuant aussi son action, les aliments présentent bientôt dans l'estomac l'aspect d'une substance grisâtre semi-fluide, appelée *chyme*.

50. Digestion intestinale ou chylification. — En arrivant dans le duodénum, le chyme se trouve en contact avec le *suc pancréatique*, liquide analogue à la salive par sa composition et son rôle physiologique. Ce liquide agit sur les féculents comme la salive et sur les produits azotés comme le suc gastrique ; mais son rôle principal est d'*émulsionner les matières grasses* et de les transformer ainsi en un liquide laiteux, le *chyle*, qui pourra être absorbé en grande partie dans l'intestin grêle.

La *bile* n'est déversée dans le duodénum qu'après le passage des aliments. On admet qu'elle favorise l'absorption des graisses à la surface de l'intestin.

III. Alimentation et hygiène de la digestion.

51. Besoin d'aliments. — Le *besoin d'aliments* se traduit par la *faim* et la *soif*.

La *faim* se fait sentir à des intervalles d'autant plus rapprochés, que l'absorption est plus rapide et la circulation plus active.

L'*inanition* est l'état de faiblesse dans lequel tombe l'organisme par la suppression plus ou moins complète d'aliments. Complètement privé d'aliments, l'homme périt généralement au bout de 8 à 10 jours; il peut vivre plus longtemps s'il continue à boire de l'eau. L'homme qui a été soumis à un jeûne rigoureux pendant quelque temps ne doit revenir qu'avec précaution à l'alimentation normale.

Il est à remarquer que, contrairement à l'opinion commune, les boissons chaudes désaltèrent mieux que les boissons froides, et que l'on apaise plus facilement la soif en buvant par petites portions qu'en absorbant d'un seul coup une grande quantité de liquide.

On doit bien se garder de boire très froid quand on a chaud; les accidents les plus graves pourraient résulter de cette imprudence; le lait froid est, dans ce cas, plus dangereux que tout autre liquide.

52. Condition générale d'une bonne alimentation. — Une bonne alimentation doit être *complète*, c'est-à-dire comprendre les trois sortes d'aliments, azotés, hydrocarbonés et corps gras; *simple*, mais variée; *suffisante*, mais sobre.

L'excédent d'aliments trop riches en *carbone* se traduit par l'*engraissement*, c'est-à-dire par la mise en réserve, sous forme de graisse, des éléments dont l'organisme n'a pu trouver l'emploi.

Quand cet excédent n'est pas trop considérable, c'est une garantie de sécurité, car il pourra servir à compenser la privation d'aliments dans un cas donné, par exemple dans une maladie; mais si cet excédent prend de trop grandes proportions, les éléments anatomiques des tissus, surtout des muscles, éprouvent une transformation graisseuse qui affaiblit l'organisme et peut avoir des inconvénients graves.

Une alimentation insuffisante amène l'anémie et l'affaiblissement général.

53. Hygiène. — Quand l'estomac est en activité, la vitalité s'y concentre, ce qui se traduit parfois par un irrésistible besoin de dormir. On doit donc éviter, pendant la digestion, tout ce qui pourrait faire refluer le sang vers les extrémités (bains froids, travaux de tête, émotion vive et soudaine).

Rien n'est plus contraire aux règles de l'hygiène que de faire empiéter une digestion sur une autre; en général il faut 3 heures pour digérer un repas ordinaire; il faudra donc mettre au moins 3 ou 4 heures d'intervalle entre deux repas consécutifs.

Tous les aliments ne sont pas également digestibles; le laitage, le bouillon, les œufs peu ou point cuits, se digèrent très facilement; les viandes dégraissées, les fruits mûrs sont également de digestion facile ; viennent ensuite, et par ordre, les légumes herbacés, le pain, les pâtisseries, et enfin les graisses.

Les aliments féculents, Haricots, Pois, Lentilles, sont très nourrissants et facilement digérés.

L'abus des liqueurs alcooliques est, dans la classe populaire, ce qui contribue le plus à détériorer les organes digestifs ; dans les classes aisées, c'est la bonne chère, et l'abus des friandises chez les enfants.

Toutes les règles d'hygiène relatives à l'alimentation peuvent donc se résumer en deux mots : *simplicité* et *tempérance*. Ce sont là, en effet, des sources abondantes de santé et de vie, et par conséquent de vrais plaisirs. Il serait facile de prouver, par une multitude de faits, que la plupart des hommes périssent avant l'âge ou traînent péniblement leur vie sous le poids de la douleur et de la maladie, pour s'être livrés habituellement et avec excès aux plaisirs de la table.

Les lois ecclésiastiques, imposant l'*abstinence* et le *jeûne* à certaines époques et à certains jours de l'année, n'ont pas seulement un but moral et spirituel ; mais, de l'aveu même des médecins les plus autorisés, elles ont une utilité hygiénique incontestable. En réglant la nature et la quantité des aliments permis en ces circonstances, ces lois ont rendu les plus grands services à la santé publique, et, de même que le travail du dimanche n'a jamais enrichi personne, on peut dire que l'abstinence et le jeûne n'ont jamais ruiné la santé de ceux qui les ont fidèlement observés, bien au contraire.

QUESTIONNAIRE. — Quel est le but de la digestion ? — Définissez les aliments. Comment peut-on les subdiviser ? — *Quels sont les éléments qui constituent les différentes classes d'aliments ? — Qu'appelle-t-on aliments complets ? Donnez-en un exemple. — Quels sont les sels minéraux nécessaires à l'alimentation ? — Quelles sont les principales boissons ? — Pourquoi faut-il se défier des spiritueux ?*

Quels sont les actes mécaniques de la digestion ? — *Qu'est-ce que la mastication ? — Expliquez la déglutition. — Qu'est-ce qu'avaler de travers ? — Quels sont les phénomènes chimiques de la digestion ? — Quelle est l'action de la salive, du suc gastrique, du suc pancréatique sur les aliments ? — Qu'est-ce que le chyme ? — Qu'est-ce que le chyle ?*

Qu'est-ce que l'inanition ? — *Quelles conditions doit présenter une bonne alimentation ? — Quelles sont les principales règles d'hygiène relatives à la digestion ?*

CHAPITRE III

ABSORPTION

54. Définition. — *L'absorption est une fonction par laquelle certains produits liquides ou gazeux pénètrent dans le sang en traversant des membranes.*

On considère l'absorption comme un phénomène d'osmose[1] ; il faut cependant bien remarquer que cette fonction résulte d'une propriété toute spéciale aux tissus vivants, et que par conséquent le mécanisme en est dû à une cause physiologique plutôt qu'à une action physique.

55. Absorption digestive. — *L'absorption digestive* est l'introduction, dans le sang, des produits liquides de la digestion. Elle se fait surtout dans l'intestin grêle.

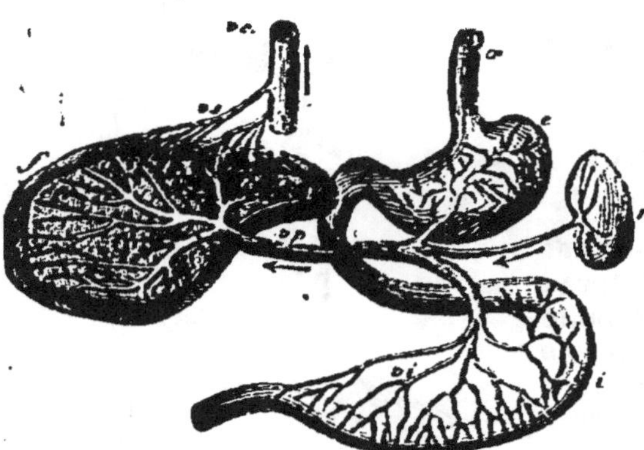

Fig. 14. — Système de la veine porte.

œ, œsophage ; *e*, estomac ; *i*, intestin grêle ; *r*, rate ; *v. i*, veines intestinales ; *v. p*, veine porte ; *f*, foie ; *v. s*, veines sus-hépathiques ; *v. c*, veine cave inférieure.

La muqueuse intestinale est tapissée par un double réseau de canaux d'absorption. Ce sont d'abord les *veines intestinales*, petits vaisseaux sanguins qui ont la propriété d'absorber les liquides contenus dans l'intestin, à l'exception des graissses émulsionnées ; ces veines, se réunissant aux veines stomacales, vont verser leur contenu dans le foie et constituent ainsi le *système de la veine porte* (fig. 14), puis de là, par les *veines hépatiques* et la *veine cave inférieure*, versent leur produit dans le cœur.

Les autres canaux sont les *vaisseaux chylifères*, dont les extrémités aboutissent à de petits cônes faisant saillie à l'intérieur de l'intestin (*villosités intestinales*). Ces vaisseaux, à parois transparentes, absorbent surtout l'émulsion des matières grasses, c'est-à-dire le chyle, ce qui leur donne un aspect laiteux.

Après avoir formé de nombreux ganglions (*ganglions chylifères*) disséminés dans les replis du mésentère, ils se réunissent à un ganglion plus volumineux, le *réservoir de Pecquet*,

---

1 On démontre en physique que lorsque deux liquides de densités différentes, pouvant se mélanger, sont séparés par une membrane qu'ils peuvent mouiller, il s'établit à travers cette membrane un courant qui porte le liquide le moins dense vers le plus dense. C'est à ce mélange de deux liquides, s'effectuant à travers une membrane, qu'on donne le nom d'*osmose*.

puis par le *canal thoracique*, qui monte à gauche de la colonne vertébrale, versent leur contenu dans la *veine sous-clavière gauche*, laquelle, par la *veine cave supérieure*, le conduit dans l'oreillette droite du cœur.

Tous les produits absorbés dans la digestion sont ainsi versés dans le sang (fig. 15).

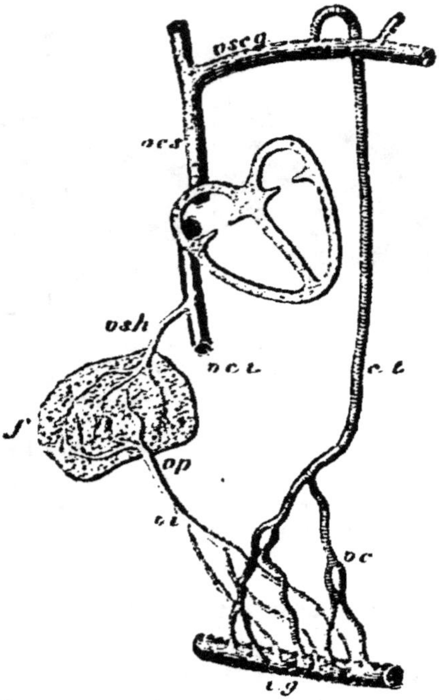

56. ABSORPTION CUTANÉE. — Dans les conditions ordinaires, la peau n'absorbe pas. Cette imperméabilité est due, d'une part à la nature de l'épiderme dont elle est revêtue, et d'autre part à la couche huileuse qui la recouvre constamment. Cette couche s'oppose à l'absorption cutanée des dissolutions aqueuses, en empêchant l'eau de mouiller la peau; on remarque, en effet, qu'au sortir d'un bain l'eau ruisselle en gouttelettes sur le corps.

Mais si l'on frictionne la peau avec une substance grasse quelconque, celle-ci, traversant l'épiderme, est bientôt absorbée par les nombreux canaux d'absorption contenus dans le derme; de là l'emploi des pommades, huiles, onguents médicamenteux.

On favorise l'absorption cutanée de certaines substances en enlevant l'épiderme au moyen d'un vésicatoire; ces substances, appliquées directement sur le derme ainsi dénudé, sont rapidement absorbées.

Fig. 15. — Figure théorique résumant les voies de l'absorption digestive.

i. g, portion de l'intestin grêle; *v. c*, vaisseaux chylifères; *c. t*, canal thoracique; *v. s. c. g*, veine sous-clavière gauche; *v. c. s*, veine cave supérieure; *v. i*, veines intestinales; *v. p*, veine porte; *v. s. h*, veines sus-hépathiques; *v. c. i*, veine cave inférieure; *f*, foie.

On se contente souvent d'introduire sous l'épiderme quelques gouttes d'une dissolution de la substance que l'on veut faire pénétrer dans le sang. C'est ainsi qu'on emploie journellement, mais bien à tort cependant, les piqûres de morphine pour calmer ou du moins atténuer la douleur.

QUESTIONNAIRE. — Qu'est-ce que l'absorption? — Qu'est-ce que l'absorption digestive? Par quels vaisseaux se fait-elle? — Quel trajet suivent les substances absorbées par les veines, avant d'arriver au cœur? — Quel est l'aspect des vaisseaux chylifères? — Quel chemin suit le chyle pour arriver au cœur? — Pourquoi la peau n'absorbe-t-elle pas les solutions aqueuses! — Comment peut-on favoriser l'absorption cutanée!

CHAPITRE IV

CIRCULATION

57. Définition. — *Le circulation est une fonction par laquelle le sang transporte à tous les organes les éléments dont ils ont besoin et reprend en même temps les matériaux usés pour les rejeter à l'extérieur.*

I. Le sang.

58. Constitution du sang. — Le *sang* est le liquide nourricier qui doit distribuer à tous les organes les éléments dont ils ont besoin. On admet qu'en moyenne le poids du sang est la 13e partie du poids du corps, ce qui ferait environ 5 à 6 litres de sang en circulation dans l'organisme humain.

Constitution physique. — Le sang des animaux supérieurs est un liquide rouge, un peu plus dense que l'eau, légèrement salé. Au microscope, il se présente sous l'aspect d'un liquide jaunâtre, le *plasma*, tenant en suspension de petits corpuscules, qui sont les *globules du sang*. Ces globules sont de deux sortes, les globules *rouges* et les globules *blancs* (fig. 16).

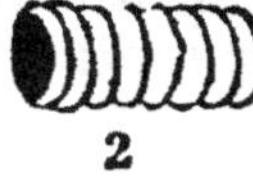

Fig. 16.
Globules du sang humain.

1, globule rouge isolé; 2, disposition que prennent ordinairement les globules rouges; 3, globules rouges vus de face; 4, amas de globules blancs.

Les *globules rouges* ou *hématies*, de beaucoup les plus nombreux (300 rouges pour un 1 blanc), ont chez l'homme la forme d'un disque plus épais sur les bords qu'au centre; il en faudrait ranger 150 à la file les uns des autres pour en faire une longueur de 1 millim., et en empiler 600 pour en faire une épaisseur de 1 millim. Un millim. cube en contient environ 5 000 000. Ces globules sont colorés par l'*hémoglobine*.

Les *globules blancs* ou *leucocytes* sont sphériques et un peu plus gros que les globules rouges; 125 rangés en ligne à côté les uns des autres feraient à peu près une longueur de 1 millim.

Composition chimique. — Le plasma contient environ les 7/8 de son poids d'eau, des substances albuminoïdes (*fibrine, albumine,* sérine, etc.), des *matières grasses*, des dérivés azotés (*acide urique, urée*, etc.); de 6 à 8 pour 1000 de sels minéraux qui sont, dans l'ordre d'importance : le *chlorure de sodium*, le *carbonate de soude*, le *phosphate de soude*.

Le sang contient en volume 45 pour 100 de gaz; ces gaz sont en grande partie de l'*oxygène* ou de l'*acide carbonique*, suivant que le sang a subi ou non le contact de l'air atmosphérique.

59. **Coagulation du sang.** — Le sang, sorti des vaisseaux qui le renfermaient, ne tarde pas à se coaguler. Il se divise alors en deux couches, l'une qui tombe au fond en masse rouge, gélatineuse, renfermant tous les globules : c'est le *caillot;* l'autre, qui surnage, est jaunâtre, transparente : c'est le *sérum*.

La coagulation du sang est due à la présence d'un principe particulier, la *fibrine*. En effet, quand on bat, avec un petit balai, le sang qui sort d'un vaisseau, la fibrine s'attache aux brindilles de bois, et le sang, ainsi défibriné, ne se coagule plus. L'eau salée retarde cette coagulation; c'est pourquoi une blessure saigne plus longtemps dans l'eau de mer que dans l'eau douce. La coagulation du sang est également retardée par le froid, les acides; elle est favorisée par le contact de l'oxygène de l'air.

II. Appareil circulatoire.

L'appareil circulatoire comprend le *cœur*, centre d'impulsion, et des canaux de circulation, qui sont les *veines* et les *artères*.

60. **Cœur.** — Le *cœur* est un organe musculaire de la grosseur du poing, enveloppé d'une séreuse, le *péricarde*, et logé dans la cage thoracique entre les deux poumons. Il a la forme d'un cône renversé, placé un peu à gauche de la ligne médiane, et incliné de droite à gauche et d'arrière en avant.

Le cœur (fig. 17) est divisé par une cloison longitudinale en deux moitiés ne communiquant pas entre elles directement, le *cœur droit* et le *cœur gauche*. Chaque moitié est elle-même partagée en deux cavités, une *oreillette* et un *ventricule;* l'oreillette droite communique avec le ventricule droit par la *valvule tricuspide*, et l'oreillette gauche avec le ventricule gauche par la *valvule mitrale*.

Ces valvules, encore appelées *auriculo-ventriculaires*, sont formées par une sorte de boyau membraneux ouvert à ses deux extrémités; leur rôle est analogue à celui des soupapes dans le jeu des pompes à eau.

Les parois internes des cavités du cœur sont tapissées par une séreuse, l'*endocarde*.

61. Artères. — Les *artères* sont des vaisseaux qui naissent du cœur, reçoivent le sang qui en est expulsé, et par conséquent l'éloignent du cœur. Elles partent d'un ventricule et vont toujours en se subdivisant; leurs parois sont élastiques et conservent leur forme cylindrique même quand elles sont vides.

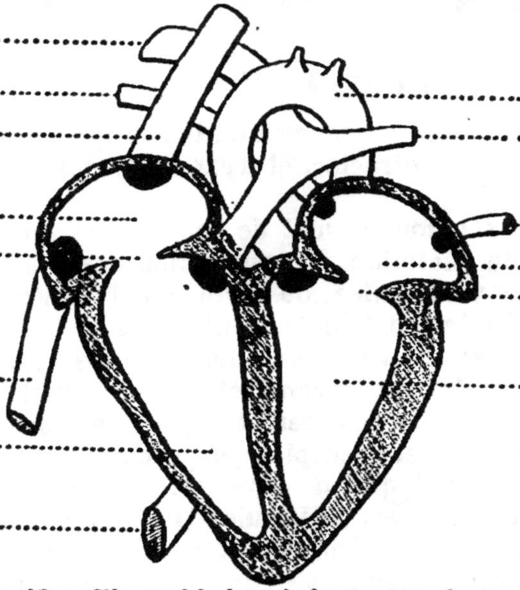

Les principales artères sont situées dans les parties profondes de l'organisme ; celles qui naissent directement du cœur sont les *artères pulmonaires* droite et gauche et l'*artère aorte* (fig. 17).

Fig. 17. — Figure théorique de la structure du cœur.
1, oreillette droite ; 2, ventricule droit ; 3, oreillette gauche ; 4, ventricule gauche ; 5, veine cave supérieure ; 6, veine cave inférieure ; 7, artère pulmonaire droite ; 8, artère pulmonaire gauche ; 9, veine pulmonaire gauche ; 10, veine pulmonaire droite ; 11, 12, artère aorte ; 13, valvule tricuspide ; 14, valvule mitrale.

62. Veines. — Les *veines* sont des vaisseaux qui aboutissent au cœur et y ramènent le sang. Elles vont toujours en se réunissant et débouchent dans une oreillette ; leurs parois sont flasques. Celles qui aboutissent directement au cœur sont les *veines pulmonaires* et les *veines caves inférieure* et *supérieure* (fig. 17).

63. Capillaires. — Les dernières ramifications des artères sont réunies aux premières racines des veines par

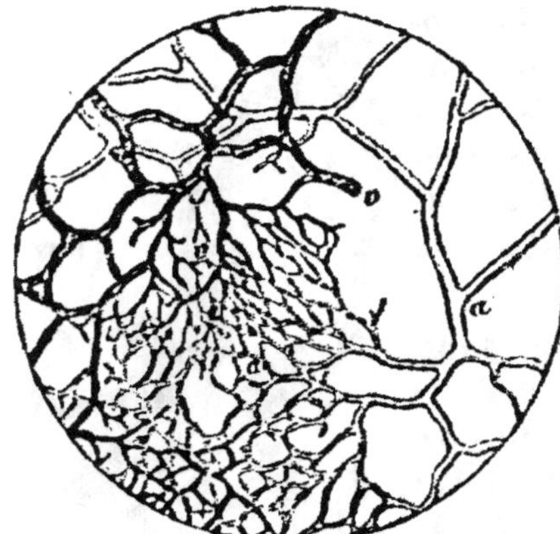

Fig. 18. — Vaisseaux sanguins.
a, artères ; v, veines ; c, vaisseaux capillaires.

un système de canaux dont le diamètre ne dépasse guère celui des globules du sang (fig. 18), et auxquels on a donné le nom de *vaisseaux capillaires*.

III. Physiologie de la circulation.

64. Action du cœur. — Le *cœur*, comme tout organe musculaire, a la propriété de se contracter, et d'expulser ainsi le sang contenu dans ses cavités.

On appelle *systole* son mouvement de contraction, et *diastole* son mouvement de dilatation. La contraction des oreillettes alterne avec celle des ventricules, de sorte que la systole des oreillettes correspond à la diastole des ventricules.

Les deux oreillettes, se contractant en même temps, chassent le sang dans les ventricules, et la contraction de ceux-ci, succédant immédiatement à celle des oreillettes, le lance dans les artères. Les valvules mitrale et tricuspide s'opposent à son retour dans les oreillettes pendant que d'autres valvules empêchent son retour des artères dans les ventricules (*valv. sygmoïdes*).

L'orifice de la veine cave inférieure est muni d'une valvule (*val. d'Eustache*); la veine cave supérieure ainsi que les veines pulmonaires en sont dépourvues.

65. Circulation artérielle. — La principale cause de la circulation du sang dans les artères est le mouvement rythmique du cœur, qui fonctionne comme une pompe aspirante et foulante.

Le froid, certaines substances, le perchlorure de fer, par exemple, ont la propriété de provoquer la contraction des parois artérielles. La rougeur de la face, sous l'influence de l'émotion, et quelquefois sa pâleur, sont dues à l'action du système nerveux sur la contraction des artérioles du visage.

66. Circulation capillaire. — Le sang traverse les capillaires en vertu de l'impulsion qu'il reçoit sans cesse par la circulation artérielle, impulsion que les physiologistes nomment le *vis a tergo* (poussée par derrière).

67. Circulation veineuse. — Le sang contenu dans les capillaires passe facilement dans les racines des veines, où la pression est moindre que dans les capillaires. La circulation est

Fig. 19.

Valvules des veines.

aidée dans les veines par le mouvement du cœur, qui aspire constamment le sang contenu dans les veines principales, et surtout par les contractions musculaires et les mouvements respiratoires. Des valvules, nombreuses dans les grosses veines des membres inférieurs, empêchent son retour en arrière (fig. 19).

Il arrive quelquefois que les parois des veines se relâchent à certains endroits; alors le sang s'y accumule et occasionne ce qu'on appelle des *varices*.

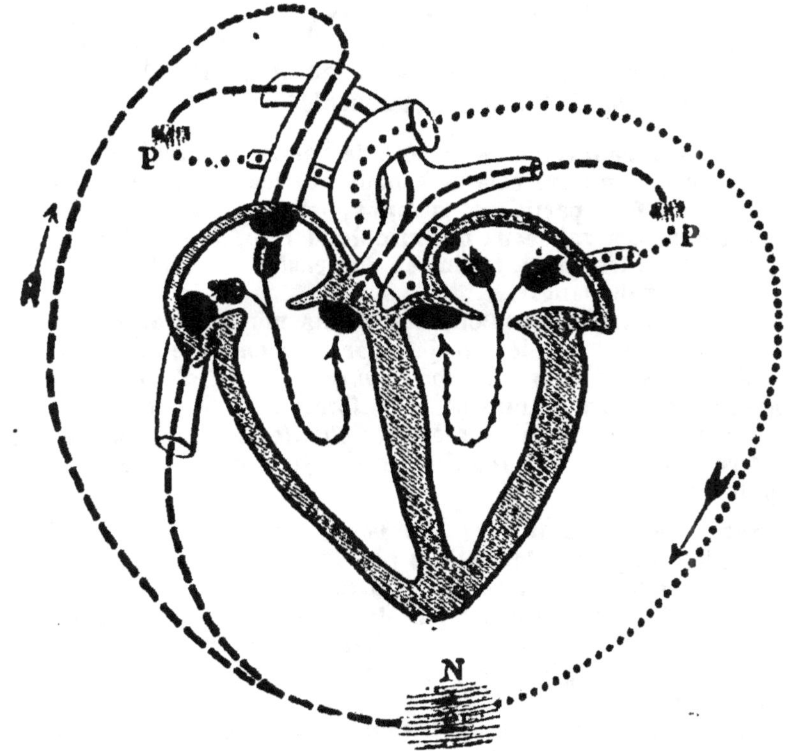

— — — — Circulation du sang noir.
.... — — — rouge.
N....... Capillaires de nutrition.
P....... Poumons

Fig. 20. Mouvement circulatoire.

68. Mouvement circulatoire (fig. 20). — Le sang qui vient des capillaires de nutrition arrive dans l'*oreillette droite* par les *veines caves* inférieure et supérieure; de là il passe dans le *ventricule droit*, qui par les *artères pulmonaires* le chasse dans les *poumons*. Il est ensuite ramené dans l'*oreillette gauche* par les *veines pulmonaires* et passe dans le *ventricule gauche*, qui, par l'*artère aorte*, le distribue à tout l'organisme.

On appelle *petite circulation* celle qui se fait du ventricule droit à l'oreillette gauche en passant par les poumons, et *grande circulation* celle qui se fait du ventricule gauche à l'oreillette droite à travers tous les organes. Il faut remarquer que ces deux circulations se font suite l'une à l'autre, et que par conséquent le mouvement circulatoire forme un cercle complet, dans lequel le sang noir et le sang rouge ne sont jamais mélangés. On dit, dans ce cas, que la circulation est *complète*.

69. Système lymphatique. — A côté de l'appareil circulatoire sanguin, il existe tout un système de canaux particuliers dont les vaisseaux chylifères font partie, et qu'on appelle le *système lymphatique*; c'est dans ces vaisseaux que circule la *lymphe*, liquide transparent, d'un jaune très pâle, tenant en suspension des globules blancs identiques à ceux du sang.

Les vaisseaux lymphatiques ont des parois minces, transparentes, bosselées. Ils forment sur leur trajet, par leur enchevêtrement réciproque, des amas nommés *ganglions lymphatiques*, d'une structure très compliquée, et se réunissent pour former, d'une part, le *canal thoracique*, résultant de la réunion des chylifères, et, d'autre part, le *grand vaisseau lymphatique* droit qui se jette dans la veine sous-clavière droite.

70. Notes physiologiques. — Le *pouls* est le choc intermittent produit contre les parois des artères par l'arrivée du sang dans ces vaisseaux à chaque contraction des ventricules.

Chez l'homme, le nombre des pulsations est d'environ 60 par minute; ce nombre varie avec l'âge, l'état de santé; il s'accroît par l'exercice musculaire, l'émotion, la fièvre, et diminue dans la syncope, le sommeil, la diète.

La *syncope* est la perte subite du sentiment et du mouvement produite par la cessation momentanée ou le ralentissement de la circulation dans le cerveau.

Les causes qui la déterminent agissent donc sur le système circulatoire ou sur le cerveau (émotions vives, chaleur excessive, fatigue, douleur, hémorragie). Elle est précédée de malaise, de vertige, de bâillements, de nausées; la face pâlit, puis survient la perte du sentiment.

La première chose à faire pour dissiper la syncope est d'étendre le malade dans la position horizontale, la tête plus basse que le corps, afin de remédier à la suspension de l'arrivée du sang dans le cerveau, qui est l'effet le plus dangereux de l'arrêt du cœur. Ensuite on desserre ses vêtements et on lui donne de l'air; on lui projette de l'eau froide à la figure, ou bien on lui fait respirer avec précaution des odeurs fortes, comme celle de l'acide acétique.

L'hémorragie est l'écoulement de sang produit par la rupture d'un vaisseau ; elle peut être interne ou externe. Celle qui provient de la rupture d'une artère, ce que l'on reconnaît facilement au jet intermittent du sang qui s'en échappe, ne peut être arrêtée que par la ligature du vaisseau ; en attendant l'arrivée du médecin, il faut à tout prix, ne serait-ce qu'avec le doigt, opposer un obstacle à l'écoulement du sang.

La *congestion* est l'afflux du sang dans un endroit quelconque ordinairement riche en vaisseaux sanguins. Elle diffère de l'inflammation en ce que l'organe congestionné reste sain ; mais, si elle se prolonge, l'inflammation lui succède (congestion pulmonaire, congestion cérébrale ou coup de sang).

L'anévrisme est la dilatation des parois artérielles due au relâchement de leur tissu ; la rupture en est toujours très grave.

La *fièvre* est un état particulier caractérisé par une augmentation de la température du corps et par une accélération du pouls. Si la température s'élève à 40 ou 41 degrés, le danger est imminent ; si elle atteint 43 ou 44 degrés, la vie s'arrête brusquement. La fièvre est ordinairement accompagnée de soif, de sueur, de perte d'appétit et même de délire. C'est un symptôme de maladie.

L'anémie est une faiblesse générale de l'organisme, occasionnée par la diminution de la partie riche du sang, c'est-à-dire des globules. On y remédie par le grand air, une bonne alimentation, l'emploi de toniques et de fortifiants (vin de quinquina, ferrugineux, etc.).

Le *lymphatisme* est une affection produite par la prédominance, dans l'organisme, de la lymphe sur le sang. Elle est caractérisée par la blancheur cireuse de la peau et une grande tendance des tissus à la suppuration. Son traitement est analogue à celui de l'anémie.

QUESTIONNAIRE. — Qu'est-ce que la circulation ? — De quoi est composé le sang ? *Quelles sont les substances qu'il renferme ?* — Comment se comporte le sang sorti des vaisseaux ? A quoi est due sa coagulation ? — Quelle différence y a-t-il entre le sérum et le plasma ?

Quelle est la structure du cœur ? — Quelles sont les séreuses qui tapissent ses parois ? — Que sont les artères ? les veines ? — Quels sont les vaisseaux qui réunissent les veines aux artères ?

Quel est le rôle du cœur ? Comment fonctionne-t-il ? — Qu'est-ce qui fait circuler le sang dans les artères ? dans les veines ? — Décrivez le trajet du sang 1° de l'oreillette droite au ventricule gauche ; 2° du ventricule gauche à l'oreillette droite. — Quand dit-on que la circulation est complète ?

Qu'est-ce que la lymphe ? — Que savez-vous des vaisseaux lymphatiques ? — Qu'est-ce que le pouls ? A quoi est-il dû ? — Qu'est-ce que la syncope ? Comment la dissipe-t-on ? — Qu'est-ce que l'hémorragie ? la congestion ? la fièvre ? l'anémie ?

CHAPITRE V

RESPIRATION

71. Définition. — *La respiration est une fonction dans laquelle l'organisme échange l'acide carbonique contenu dans le sang veineux contre l'oxygène de l'air atmosphérique.*

I. Appareil respiratoire.

L'appareil respiratoire est contenu dans la *cavité thoracique* et comprend les *deux poumons*, la *trachée-artère* et les *bronches*.

72. Cage thoracique. — La *cage thoracique* (fig. 21) a la forme d'un cône; elle est limitée en arrière par la *colonne vertébrale*, en avant par le *sternum*, et latéralement par les 12 *paires de côtes*. Les côtes sont des arcs osseux inclinés d'arrière en avant, s'articulant avec les vertèbres et rattachées au sternum par des ligaments; des muscles dits *intercostaux* les unissent entre elles et peuvent les rapprocher les unes des autres.

La base de la cavité thoracique est formée par le *diaphragme*, sorte de dôme circulaire, qui, reposant sur le foie et l'estomac, sépare la cavité thoracique de la cavité abdominale.

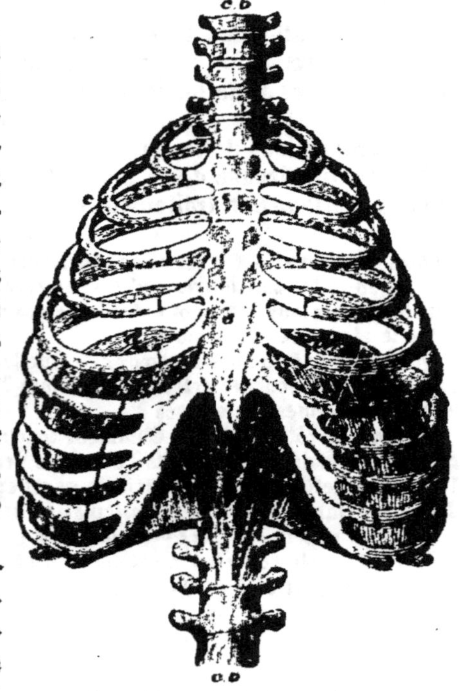

Fig. 21. — Cage thoracique.
c. v, colonne vertébrale; *c*, côtes; *s*, sternum; *d*, diaphragme.

73. Poumons. — Les *poumons* (fig. 22) sont des organes

spongieux, d'un aspect rosé, enveloppés d'une séreuse mince et transparente, quoique très résistante, la *plèvre*. Ils sont toujours exactement appliqués contre les parois de la cage thoracique, et leur base repose sur la surface convexe du diaphragme; ce qui fait que leur face inférieure est excavée.

Les poumons laissent entre eux un espace libre dans lequel est logé le cœur; comme celui-ci est situé un peu à gauche de la ligne médiane, il s'ensuit que le poumon gauche est moins volumineux que le poumon droit.

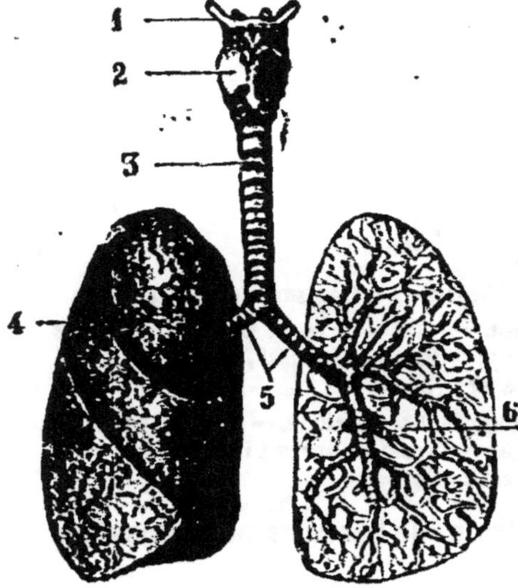

Fig. 22. — Poumons et bronches.

1, os hyoïde; 2, larynx (appareil vocal); 3, trachée-artère; 4, poumon droit; 5, bronches; 6, ramuscules bronchiques.

74. Trachée-artère. — La *trachée-artère* (fig. 22) est un conduit membraneux formé d'anneaux cartilagineux incomplets en arrière, qui maintiennent son diamètre constant. Elle part du larynx et descend devant l'œsophage; la muqueuse (*muqueuse respiratoire*) qui la tapisse intérieurement est extrêmement irritable.

Au niveau de la partie supérieure des poumons, la trachée se subdivise en deux branches, qui vont se ramifier chacune dans un poumon.

75. Bronches. — Les *bronches* (fig. 22), qui sont les ramifications de la *trachée-artère* dans les poumons, ont la même structure qu'elle; leurs extrémités sont formées par de petites ampoules, ou *vésicules bronchiques*, qui leur donnent l'apparence d'une grappe de raisin dont les grains seraient extrêmement nombreux et très petits.

II. Physiologie de la respiration.

76. Inspiration. — *L'inspiration est l'acte par lequel l'air atmosphérique pénètre dans les bronches.*

Les poumons ne sont susceptibles par eux-mêmes d'aucun mouvement; c'est la cavité thoracique seule qui, pouvant augmenter sa capacité, détermine l'introduction de l'air dans les vésicules bronchiques. En effet, les poumons, étant toujours appliqués contre les parois thoraciques, suivent celles-ci dans leur mouvement, et l'air, sous l'influence de la pression atmosphérique, pénètre dans les bronches pour combler le vide qui tend à s'y produire au moment de l'expansion.

L'augmentation de volume de la cavité thoracique peut s'effectuer soit par le relèvement des côtes, ce qui porte le sternum en avant, soit par la contraction du diaphragme, qui,

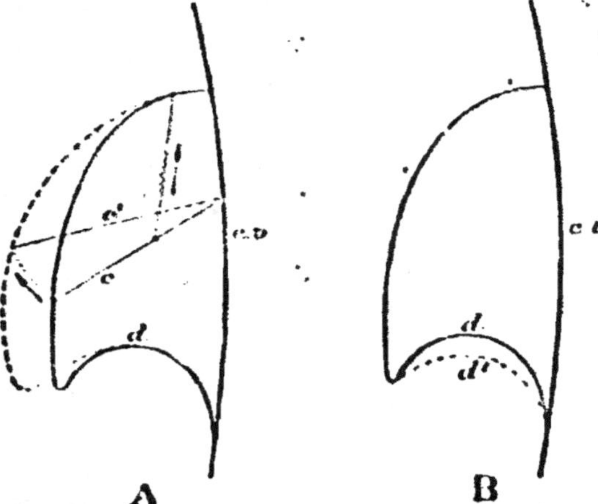

Fig. 23. — Théorie du mécanisme de la respiration.

A, respiration costale. — c et c′, position des côtes avant et après l'inspiration ; d, diaphragme ; c, r, colonne vertébrale.

B, respiration diaphragmatique. — d et d′, positions du diaphragme avant et après l'inspiration ; c. r, colonne vertébrale.

abaissant sa partie convexe, entraîne la base des poumons dans son mouvement (fig. 23).

Dans le premier cas, la respiration est dite *costale*, car le relèvement des côtes est produit par la contraction des muscles intercostaux ; dans le second cas, elle est dite *diaphragmatique*.

77. Expiration. — *L'expiration est l'expulsion de l'air renfermé dans les vésicules bronchiques par le retour de la cavité thoracique à son volume primitif.*

Cette expulsion s'effectue par le simple relâchement des muscles contractés, et aussi en vertu de l'élasticité propre du poumon. Il existe d'ailleurs des muscles dits *expirateurs*, qui activent l'expiration dans l'acte de chanter, de jouer des instruments à vent, etc.

78. Phénomènes chimiques. — L'air qui pénètre dans les vésicules bronchiques n'est séparé du sang que par la fine épaisseur de la paroi vésiculaire. C'est à travers cette membrane que s'effectue l'échange des gaz qui détermine le phénomène de l'*hématose*. L'oxygène de l'air passe dans le sang pendant qu'une quantité à peu près équivalente d'acide carbonique passe dans la vésicule bronchique, de sorte que l'air expiré, moins riche en oxygène, est chargé d'acide carbonique; on le constate en soufflant dans de l'eau de chaux : l'acide carbonique y détermine la formation de carbonate de chaux qui trouble la limpidité de l'eau (fig. 24).

Le sang qui vient des capillaires de nutrition est noir; il devient rouge dans les poumons par cette absorption d'oxygène.

L'azote paraît ne remplir qu'un rôle secondaire dans la respiration; il sert à tempérer l'action trop vive qu'aurait l'oxygène pur.

Fig. 24.
Acide carbonique formé dans la respiration.

79. Notes physiologiques. — *Murmure vésiculaire.* L'air, en pénétrant dans les mille bifurcations des bronches, frotte contre les parois des canaux en produisant un bruissement particulier qu'on appelle *murmure vésiculaire.* Ce bruit peut être modifié par l'état des bronches, ce qui permet au médecin d'apprécier l'état du poumon en appliquant l'oreille contre le dos ou la poitrine du malade; c'est en cela que consiste l'*auscultation.*

Le *rire* est une succession de petites expirations interrompues, bruyantes, saccadées, accompagnées d'un épanouissement de la face exprimant la gaieté. Il est l'exagération du sourire, dans lequel les phénomènes respiratoires n'ont aucune part.

Le *soupir* est une longue et profonde inspiration, dont la cause est souvent morale chez l'homme. On l'observe aussi chez les animaux supérieurs.

Le *bâillement* est un long soupir accompagné d'un écartement convulsif des mâchoires. C'est un signe d'ennui, de malaise, de besoin de sommeil; il est communicatif et peut être produit en vertu du seul instinct d'imitation.

L'*éternuement* est une expiration brusque, involontaire, accompagnée de la contraction des muscles de la face, dans laquelle l'air est expulsé bruyamment par le nez et la bouche. Il est déterminé par l'irritation de la muqueuse des fosses nasales ou du voile du palais.

Le *hoquet* résulte de la contraction brusque du diaphragme, coïncidant avec la fermeture de la glotte. L'émotion ou la surprise suffit le plus souvent pour le faire passer.

La *toux* est une expiration involontaire causée par l'irritation de la muqueuse respiratoire. Cette irritation peut être produite par la présence de corps étrangers, mucosités, poussières, par inflammation de l'organe ou même par une action nerveuse.

La *bronchite* est l'inflammation de la muqueuse des bronches, due le plus souvent au brusque passage du chaud au froid sans précautions suffisantes.

On donne le nom de *rhume* à l'inflammation de la muqueuse des voies respiratoires lorsqu'elle est déterminée par le froid. Le rhume peut occuper les fosses nasales (*coryza* ou *rhume de cerveau*), le pharynx (*pharyngite*), la trachée ou les bronches (*bronchite*).

La *pneumonie* est une inflammation spécifique des alvéoles pulmonaires. Elle est due au développement d'un microbe particulier et débute ordinairement par un violent point de côté.

La *pleurésie* est une inflammation de la plèvre, qui donne lieu à un épanchement abondant de sérosité entre ses deux feuillets et rend la respiration douloureuse.

La *phtisie* est une affection déterminée par la présence de tubercules dans les poumons; ces tubercules, produisant une inflammation du tissu, déterminent la suppuration et la formation de cavernes sur les parois desquelles se développent d'autres tubercules.

Les principales causes déterminantes de la phtisie sont les affections de poitrine négligées, les convalescences mal soignées, l'insuffisance de la nourriture, l'habitude de vivre dans un air vicié, et surtout l'inconduite et l'irrégularité de la vie. Toutes ces causes peuvent se résumer en deux mots : excès de misère ou excès de plaisir.

80. Hygiène. — L'air pur est pour l'organisme le premier élément de vie et de bien-être; tout ce qui peut l'altérer est plus ou moins défavorable à la santé.

Influence de l'humidité. — Un air trop chargé d'humidité, surtout s'il est froid, peut déterminer des affections de poitrine. Un air trop sec est également nuisible en exagérant outre mesure l'évaporation pulmonaire; c'est pourquoi il est utile de mettre de l'eau sur les poêles destinés à chauffer les appartements en hiver.

Influence de la pression. — Une augmentation de pression favorise les mouvements respiratoires en facilitant le jeu des muscles; poussée à plus d'une $1/2$ atmosphère (scaphandrier travaillant sous l'eau), elle produit une surdité passagère, quelquefois permanente, et occasionne des douleurs articulaires, des congestions. Une diminution de pression amène rapidement la fatigue; l'abattement que l'on éprouve quand le baromètre baisse est dû en partie à la diminution de la pression atmosphérique.

Matières en suspension dans l'air. — Outre les poussières de toutes sortes qui sont répandues dans l'air, on y rencontre en quantité des germes animaux et végétaux qui le vicient. Parmi ces germes, il en est qu'on n'a pas encore pu isoler et qui sont connus seulement par leurs effets; ce sont les *miasmes* et les *effluves*.

Toutes ces matières, plus lourdes que l'air, s'accumulent dans les bas-fonds; de là les inconvénients qui résultent du séjour habituel dans les lieux bas, surtout au milieu des grandes villes, où l'air se renouvelle difficilement.

Air confiné. — L'air confiné, c'est-à-dire renfermé dans un milieu où il ne se renouvelle pas, ne tarde pas à se vicier. Les principales causes d'altération sont les produits de la respiration et des combustions, les émanations diverses résultant de l'exhalation, de la transpiration, etc. Il est donc très important de renouveler l'air des appartements dans lesquels on séjourne.

Asphyxie. — L'asphyx'e est l'état dans lequel est jeté l'organisme par la suppression de l'hématose. Elle peut être lente ou brusque : dans le premier cas, elle s'annonce par des bâillements, des vertiges, des tintements d'oreille, la perte de connaissance ; puis la vie s'éteint au bout d'un temps plus ou moins long ; dans le second cas, la mort arrive au bout de quelques minutes.

On appelle *asphyxie simple* celle qui résulte de la suppression de l'arrivée de l'air dans les poumons ; elle peut être produite par l'engorgement des canaux aériens (*croup*), par strangulation, par submersion, par la raréfaction de l'air (*ascension aérostatique*).

Elle peut également résulter de l'introduction dans les poumons de gaz irrespirables, comme l'azote, l'hydrogène pur. L'acide carbonique, qui se dégage abondamment des cuves renfermant des liquides en fermentation et des fours à chaux, agit de la même façon. Dans ce cas, c'est uniquement le défaut d'oxygène libre qui cause l'asphyxie, et non une propriété délétère des gaz respirés, car ceux-ci n'ont par eux-mêmes aucune action funeste sur l'organisme.

L'asphyxie toxique résulte de la respiration de gaz délétères, tels que l'oxyde de carbone, l'acide sulfhydrique. Ces gaz n'agissent pas seulement en supprimant l'action de l'oxygène libre, leur influence s'exerce par absorption ; ils produisent un véritable empoisonnement.

Les premiers soins à donner en cas d'asphyxie sont les suivants :

1° Soustraire le malade aux causes qui ont amené l'asphyxie ;

2° Le débarrasser des vêtements qui peuvent gêner la circulation et la respiration : ceinture, cravate, jarretières ;

3° Exercer avec précaution sur la poitrine et l'abdomen des pressions alternatives imitant les mouvements de la respiration ;

4° Réchauffer le corps par des frictions, sans se décourager de l'insuccès apparent.

QUESTIONNAIRE. — Qu'est-ce que la respiration ? — Quels sont les organes qui limitent la cage thoracique ? — Qu'est-ce que la plèvre ? — Quelle est la structure de la trachée-artère ? Comment se terminent les bronches ?

Qu'est-ce que l'inspiration ? Comment s'effectue-t-elle ? — Qu'est-ce que l'expiration ? — Quelles modifications éprouve l'air inspiré dans la respiration ? — Quel est le rôle de l'azote ? — A quoi est dû le murmure vésiculaire ? — *En quoi consiste le rire, le soupir, le bâillement, l'éternuement, le hoquet ? — Quelles sont les principales affections qui se rapportent à l'appareil respiratoire ? — Pourquoi met-on de l'eau sur les poêles destinés à chauffer les appartements ? — Quelle est l'influence de la pression sur la respiration ? — Pourquoi le séjour habituel dans les bas-fonds est-il pernicieux ? — Qu'est-ce que l'air confiné ? — Qu'est-ce que l'asphyxie ? Quelles causes peuvent la produire ? — Qu'est-ce que l'asphyxie toxique ? — Quels sont les premiers soins à donner en cas d'asphyxie ?*

CHAPITRE VI

CALORIFICATION — ASSIMILATION — EXHALATION — SÉCRÉTION

I. Calorification.

81. Chaleur vitale. — *La calorification est la fonction qui a pour but de produire et d'entretenir la chaleur nécessaire à l'accomplissement des autres fonctions.*

La température moyenne du corps humain est de 37 à 38 degrés centigrades. Les limites possibles de variation sont environ de 5 à 6 degrés au-dessus et de 12 à 15 degrés au-dessous.

La principale source de chaleur réside dans les combustions qui ont lieu dans les tissus. Lorsque le sang arrive dans les dernières ramifications des artères, où s'effectue la nutrition, l'oxygène dont il est chargé, se combinant avec le carbone qu'il renferme, forme de l'acide carbonique que l'on retrouve dans le sang veineux et produit de la chaleur. Cette combinaison s'effectue dans tous les tissus, mais surtout dans les muscles.

82. Animaux à sang chaud, ou mieux à température constante. — Ces animaux sont ceux dont la température reste invariable, quelle que soit celle du milieu ambiant : ce sont les *Mammifères* et les *Oiseaux*.

La *transpiration cutanée* est chez nous la principale cause qui maintient la constance de cette température lorsque des circonstances particulières tendent à l'élever. Aussi tout ce qui peut contribuer à accroître la température du corps, chaleur extérieure, travail musculaire violent, détermine la transpiration.

Chez les animaux dont la peau est recouverte de poils qui s'opposent à l'évaporation de la sueur (Chien, Bœuf), la transpiration cutanée est remplacée par une plus grande activité de la transpiration pulmonaire.

83. Animaux à sang froid, ou mieux à température variable. — Ce sont ceux dont la température suit de près les variations de température extérieure (*Poissons, Insectes*, etc.); aussi la vie est d'autant plus active chez ces animaux, que la température extérieure est plus élevée (*Lézards, Serpents*).

84. Hibernation. — Les animaux *hibernants* sont des animaux à sang chaud dont l'organisme ne peut réagir contre l'abaissement de la température extérieure et qui, pendant l'hiver, tombent dans un engourdissement qui ressemble à un profond sommeil (*Marmotte, Ecureuil, Chauve-Souris*).

85. Estivation. — L'*estivation* est un engourdissement, analogue à l'hibernation, qu'éprouvent certains animaux des régions intertropicales sous l'influence des fortes chaleurs.

86. Insolation. — L'*insolation* provient de l'action directe d'un soleil ardent sur la peau; elle peut occasionner des troubles nerveux, et par conséquent avoir des inconvénients graves (méningite, érésipèle, etc.).

Ce qu'on appelle *coup de soleil* est une simple irritation de la partie superficielle de la peau analogue à la brûlure au premier degré.

87. Congélation. — La *congélation* est une action morbide du froid sur les parties vivantes, qui les rend insensibles, inertes, dures. Les pieds, les mains, les oreilles, le nez, y sont naturellement plus exposés.

II. Assimilation et exhalation.

88. ASSIMILATION. — *L'assimilation est la fonction qui transforme les aliments absorbés en la substance même des organes.* C'est un phénomène que la physiologie ne peut encore analyser, et dont elle n'entrevoit pas le mécanisme intime. On constate simplement que les cellules vivantes ont la propriété de puiser dans le sang les matériaux nécessaires à leur existence propre, et par suite de donner naissance à des éléments anatomiques identiques à ceux du tissu dont elles font partie.

89. DÉSASSIMILATION. — *La désassimilation est une fonction qui a pour but de séparer de l'organisme les produits devenus inutiles ou nuisibles.*

Les substances assimilées qui font partie intégrante des tissus n'y restent pas indéfiniment; elles subissent de nouvelles combinaisons qui modifient leur nature; alors, devenues inutiles ou même nuisibles aux tissus qu'elles ont constitués, elles sont reprises par le torrent circulatoire en échange d'éléments nouveaux, de sorte qu'il se fait un remplacement continuel de cellule à cellule dans tous nos organes.

L'étendue de ce mouvement est difficile à préciser; il est probable que la durée d'évolution n'est pas la même pour tous les tissus, mais toujours est-il qu'au bout d'un certain temps ce renouvellement s'est effectué. Le célèbre physiologiste Cl. Bernard voyait là une preuve convaincante de l'existence de l'âme; « car, disait-il, si après 20 ou 25 ans je me rappelle un fait dont j'avais complètement perdu le souvenir, ce qui en moi en a gardé l'idée n'est pas matériel, puisque tous mes organes se sont renouvelés; ce quelque chose qui n'a pas changé et que je sens très bien être le *moi* d'autrefois est donc immatériel : c'est mon âme. »

90. Exhalation. — *L'exhalation est le phénomène par lequel certaines matières se séparent du sang en traversant des membranes.* L'exhalation peut être interne ou externe.

L'exhalation interne se fait à travers les *séreuses.* Comme les séreuses tapissent des cavités closes, les produits s'y accumuleraient si ces membranes n'étaient en même temps le siège d'une absorption correspondante. En effet, dans l'état de santé ces deux fonctions s'équilibrent ; mais, s'il arrive que l'exhalation l'emporte, le liquide s'accumule dans la cavité et donne lieu aux *hydropisies*.

L'exhalation externe se fait par la *peau* et les *muqueuses*. Le corps de l'homme perd environ 1 kilogr. par jour par l'exhalation cutanée. Il ne faut pas confondre cette exhalation avec la production de la sueur, qui est une véritable sécrétion.

III. Sécrétion.

91. Définition. — *La sécrétion est une fonction qui sépare du sang certains produits destinés à des fonctions spéciales.*

La sécrétion s'effectue par les *glandes* et résulte de phénomènes dans lesquels les cellules formant la glande empruntent au sang des matières qu'elles élaborent, pour les laisser ensuite passer dans une cavité centrale.

Les produits de sécrétion ont ordinairement un rôle à remplir dans l'organisme (*bile, suc pancréatique*), tandis que les produits d'excrétion doivent en être expulsés.

92. Glandes. — Une glande est un organe qui, interposé entre le sang et une cavité, ne laisse passer dans celle-ci que certains éléments déterminés, et possède même la propriété de modifier la nature chimique des substances qu'il élimine.

Au point de vue anatomique, on peut subdiviser les glandes en glandes *simples* et en *glandes composées*.

Les glandes simples (fig. 25) sont des organes réduits à un *tube* ou à une *vésicule* qui vient s'ouvrir à la surface des membranes par un orifice très petit ; tels sont les *follicules gastriques*.

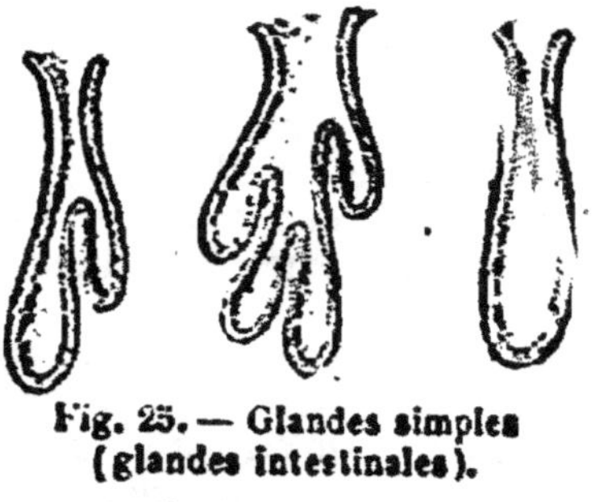

Fig. 25. — Glandes simples (glandes intestinales).

Les glandes composées sont formées de glandes simples groupées d'une façon particulière. Elles constituent les *glandes en grappes* (fig. 10) et les *glandes en tubes*.

Les *glandes en grappes* sont de petites vésicules dont les conduits, en se réunissant successivement les uns aux autres, finissent par n'avoir plus qu'un canal sécréteur commun (*glandes salivaires*). Les *glandes en tubes* résultent d'une agglomération de tubes simples ou ramifiés (rein, foie).

On ne connaît rien de positif sur le mécanisme des sécrétions; l'action du système nerveux y joue un très grand rôle; la sécrétion des larmes sous l'influence d'une cause morale, celle de la sueur sous l'impression de l'épouvante, en sont des exemples.

93. Sécrétion excrémentielle de l'urine. — L'urine est un liquide jaunâtre qui renferme une forte proportion d'eau (95 p. %), et, entre autres substances, 3 p. % environ d'une matière azotée, l'*urée*, qui fait que l'urine abandonnée à elle-même éprouve la fermentation putride et donne naissance à des sels ammoniacaux.

L'urine est la principale voie d'élimination de l'organisme. Tandis que le carbone introduit dans les tissus est rejeté à l'extérieur sous forme d'acide carbonique par la peau et les poumons, l'azote, après avoir servi à l'entretien des organes, est éliminé par l'urine, sous forme de composés azotés. Elle est sécrétée par les reins (fig. 26).

94. Structure des reins. — Les reins sont deux grosses glandes en forme de haricot, situées dans la cavité abdominale et placées de chaque côté de la colonne vertébrale.

Le rein est formé : 1° d'une couche externe nommée *substance corticale*, renfermant un très grand nombre de corpuscules (*glomérules de Malpighi*), qui sont les organes sécréteurs de l'urine; 2° d'une couche interne appelée *substance tubuleuse*, plus rouge, comprenant un nombre variable de pyramides (*pyramides de Malpighi*), dont les bases adhèrent à la substance corticale et dont les sommets sont tournés vers le centre du rein.

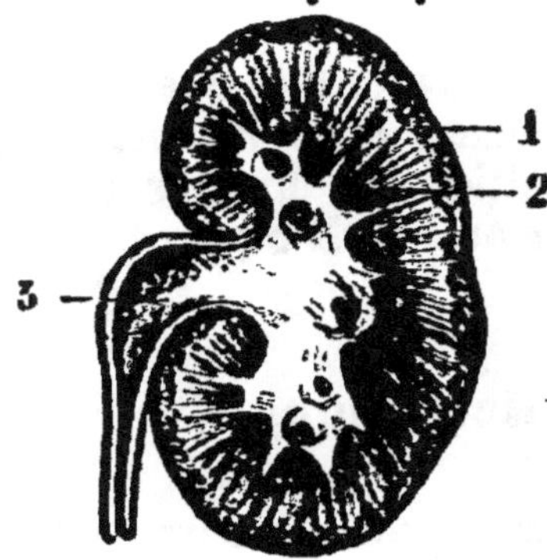

Fig. 26.
Coupe verticale du rein gauche.
1, substance corticale; 2, substance tubuleuse; 3, bassinet.

Les sommets des pyramides sont terminés par des cavités membraneuses nommées *calices*, lesquelles, en se réunissant, forment le *bassinet*. Du bassinet partent les *uretères*, canaux qui conduisent l'urine dans la vessie.

QUESTIONNAIRE. — *Qu'est-ce que la calorification? — Quelle est la température moyenne du corps? — Quelle est la principale source de la chaleur animale? — Quels sont les animaux à sang chaud? à sang froid? —Qu'est-ce qui maintient la constance de la température du corps quand elle tend à s'élever? — Qu'appelle-t-on animaux hibernants? — D'où provient l'insolation? — Qu'est-ce que la congélation?*

Qu'est-ce que l'assimilation? — Qu'est-ce que la désassimilation? — Quelle preuve Claude Bernard y trouvait-il de l'existence de l'âme? — Qu'est-ce que l'exhalation? Par quels organes s'effectue-t-elle?

Qu'est-ce que la sécrétion? — Qu'est-ce qu'une glande? — Comment subdivise-t-on les glandes? — Quelle matière azotée renferme l'urine? — Quelle est la structure des reins?

CHAPITRE VII

LE MOUVEMENT

95. Définition. — Le *mouvement* est la faculté que possède
l'animal de pouvoir, à son gré, se déplacer (*marche, vol,* etc.)
ou effectuer des changements de position des diverses parties
de son corps les unes par rapport aux autres. Il a pour organes
les *os* et les *muscles.*

I. Des os et des articulations.

96. Tissu osseux. — Le tissu osseux provient d'une transformation du tissu conjonctif en une masse dure, résistante,
formée de lamelles emboîtées les unes dans les autres, incrustées de sels calcaires et circonscrivant
de petites cavités microscopiques.

En examinant au microscope la
coupe transversale d'un os, on aperçoit dans ces cavités de petits corpuscules (*cellules osseuses*) munis
de prolongements qui les unissent
les uns aux autres (*canalicules osseux*), et rangés symétriquement
autour de canaux ramifiés ayant de
1 à 2 dixièmes de millim. de diamètre
(*canaux de Havers*) sillonnant toute
la masse de l'os (fig. 27).

Tantôt les cellules osseuses forment
un tissu très serré et solide, le *tissu
compact;* tantôt elles laissent entre
elles de nombreux interstices et cons

Fig. 27.
Section transversale d'un os.

tituent alors un tissu beaucoup moins dense, le *tissu spongieux.*

Le tissu compact revêt la surface des os, et le tissu spongieux en occupe les parties intérieures.

Les os sont recouverts d'une membrane fibro-vasculaire, le *périoste*, essentielle à la conservation et au renouvellement de leur tissu. Leur surface présente souvent des rugosités, des lignes saillantes qu'on appelle *apophyses*, et qui sont les points d'attache des muscles.

97. Composition chimique des os. — Les os sont formés d'une partie organique composée surtout d'*osséine* (¹/₃ env.), que l'on isole facilement sous le nom de *gélatine*, par une ébullition prolongée dans l'eau, et d'une partie minérale formée presque entièrement de *phosphate* et de *carbonate de chaux*, que l'on peut séparer par calcination à air libre.

On peut encore se débarrasser de la partie minérale en laissant séjourner l'os dans une solution étendue d'acide chlorhydrique, qui détruit les sels calcaires et laisse intacte la substance organique.

98. Forme des os. — Relativement à leur forme, on divise les os en *os longs*, en *os courts* et en *os plats*.

Les *os longs* se rencontrent surtout dans les membres. La plupart sont creux, et par conséquent présentent les meilleures conditions de légèreté et de solidité ; car on sait qu'un cylindre creux est toujours plus solide qu'un cylindre plein, de même longueur, formé avec la même quantité de matière. La cavité des os longs (*canal médullaire*) renferme une substance grasse, la *moelle*.

Fig. 28.— Os plat (omoplate de bœuf).

Les *os courts* sont constitués en grande partie par du tissu spongieux. On les rencontre le plus souvent réunis plusieurs ensemble (*poignet, colonne vertébrale*).

Les *os plats* (fig. 28) sont formés d'une couche de tissu spongieux comprise entre deux couches de tissu compact ; ils ont presque toujours des fonctions protectrices à remplir (*os du crâne, du bassin*).

99. Fracture. — Les os longs sont naturellement de fracture plus facile que les autres. Quand la cassure est nette, il suffit de remettre exactement en place les deux fragments de l'os et de les maintenir dans la plus complète immobilité pendant quelque temps. Il se produit alors un travail d'ossification supplémentaire qui a pour effet de former, autour de l'endroit fracturé, une sorte de bourrelet osseux (*cal provisoire*) qui rétablit peu à peu la solidité de l'os.

Un second travail succède alors au premier, dans lequel le bourrelet osseux est résorbé peu à peu, de sorte qu'au bout d'un certain temps il serait bien difficile de retrouver l'endroit où s'est produite la fracture.

100. Carie. — On appelle *carie* la destruction partielle et progressive d'un os; si la carie s'étend à une portion considérable de l'os, elle prend le nom de *nécrose*.

101. Déviations, gibbosités. — Quand les os de l'enfant tardent à s'ossifier, il peut arriver que, à la suite d'efforts musculaires exagérés ou simplement par le poids même du corps, les os fléchissent et amènent des déformations des membres, des déviations de la colonne vertébrale; on donne à cette affection le nom de *rachitisme*.

102. ARTICULATIONS. — Ordinairement les os s'articulent entre eux par des surfaces réciproquement concaves et convexes; des *ligaments* maintiennent les pièces en place et servent à limiter les mouvements. Les surfaces en contact sont revêtues d'une

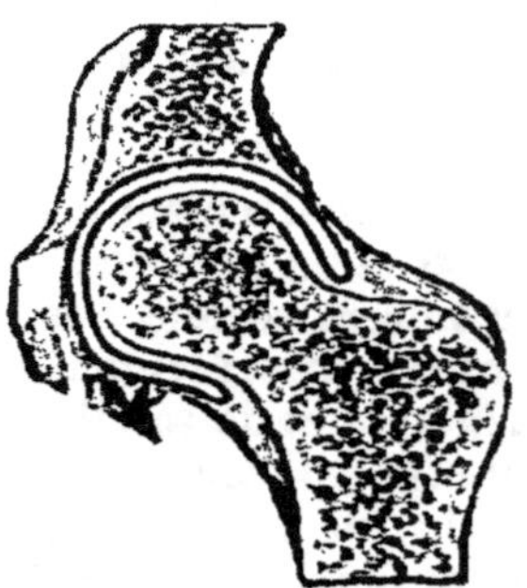

Fig. 29. — Figure théorique montrant la disposition des séreuses synoviales.

couche cartilagineuse extrêmement lisse, et glissent avec la plus grande facilité les unes sur les autres, grâce à la présence d'un liquide onctueux, la *synovie*, fournie par des séreuses particulières qu'on appelle, pour cette raison, *séreuses synoviales* ou *articulaires* (fig. 29).

Il peut arriver qu'à la suite d'une inflammation des surfaces articulaires, la tête des os se carie, ce qui nécessite l'amputation. Cette opération peut cependant être conjurée par une immobilité complète des parties malades qui permet aux os de *s'ankyloser*, c'est-à-dire de se souder l'un à l'autre. La guérison est complète, mais l'articulation ne fonctionne plus.

Parfois un faux mouvement, une torsion anormale, une chute, peuvent forcer une articulation et tirailler violemment les ligaments qui la maintiennent ou les tendons qui la font mouvoir; on donne à cet accident le nom d'*entorse* quand il s'agit de l'articulation du pied, et celui de *foulure* dans le cas général.

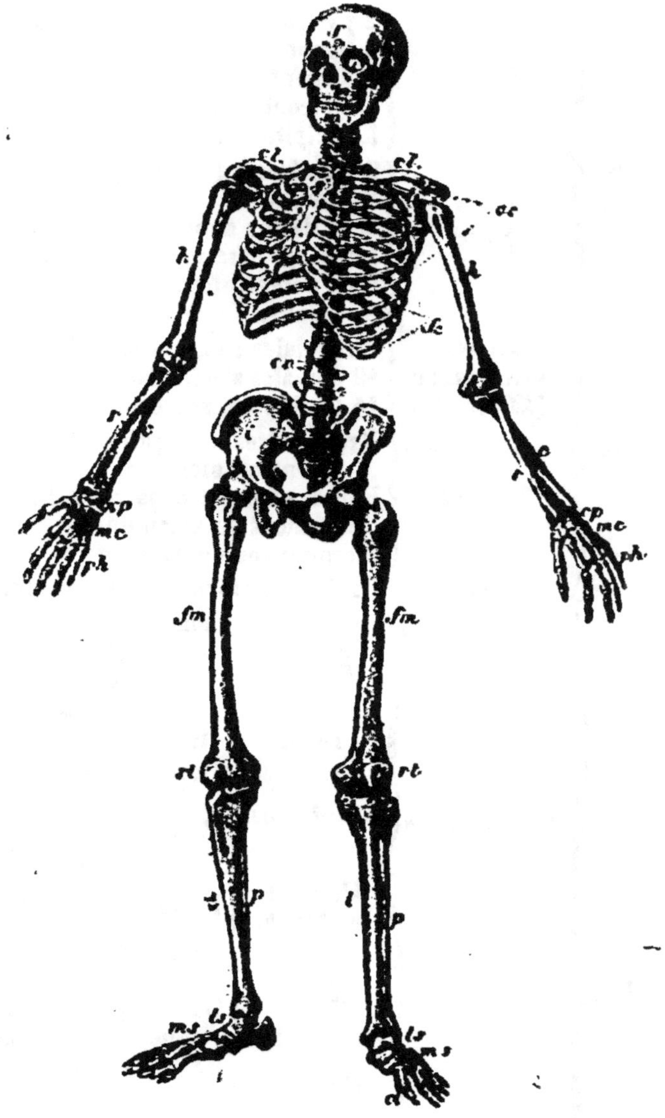

Fig 30. — Squelette.

f, frontal ; p, pariétal, t, temporal ; m, m, maxillaires inférieur et supérieur ;
cl, clavicule ; o, omoplate ; s, sternum ; v. c, vraies côtes ; f. c, fausses côtes ;
c. v, colonne vertébrale ; i, os iliaque.

h, humérus ; r, radius ; c, cubitus ; cp, carpe ; mc, métacarpe ;
ph, phalanges.

fm, fémur ; rt, rotule ; t, tibia ; p, péroné ; ts, tarse ; ms, métatarse ;
ot, orteils.

OS DU SQUELETTE

TÊTE	CRANE		2 pariétaux, 1 de chaque côté et en haut.
			2 temporaux, — — et latéralement.
			L'os frontal, formant le front.
			L'occipital en arrière.
	FACE		2 malaires ou jugaux, formant les pommettes.
			Maxillaires supérieur et inférieur.
			Les 2 os nasaux ou os du nez.
			L'os vomer, formant la cloison des narines.
TRONC	COLONNE VERTÉBRALE (33 vertèb.)		7 cerviales : la 1re est l'atlas, la 2e l'axis.
			12 dorsales s'articulant avec les côtes.
			14 lombaires, sacrées et coccygiennes.
	THORAX		Vraies côtes : 7 paires reliées directement au sternum.
			Fausses côtes : 5 paires reliées indirectement au sternum.
			Sternum, os en avant de la poitrine.
	BASSIN		Os iliaques formant les anches.
MEMBRES	M. SUPÉRIEURS	Épaule.	Omoplate, appliquée contre la cage thoracique.
			Clavicule, allant de l'omoplate au sternum.
		Bras.	Humérus.
		Avant-bras.	Cubitus, s'articulant avec l'humérus.
			Radius, pouvant tourner autour du cubitus.
		Poignet ou carpe.	Formé de 8 petits os.
		Main.	Métacarpe : 5 os portant chacun un doigt.
			Doigts : phalanges, phalangines et phalangettes.
	M. INFÉRIEURS	Cuisse.	Fémur : l'os le plus long du squelette.
		Jambe.	Tibia.
			Péroné.
			Rotule : os rond en avant du genou.
		Cou de pied ou tarse.	Formé de 7 os.
		Pied.	Métatarse : 5 os portant chacun un doigt.
			Doigts ou orteils.

II. Des muscles.

103. Structure. — *Les muscles sont les organes actifs des mouvements.* Ils sont formés de *fibres musculaires* réunies en faisceaux, et enveloppés d'une membrane celluleuse, l'*aponévrose,* qui les isole et les sépare les uns des autres. Les fibres musculaires sont elles-mêmes composées de filaments très ténus (*fibrilles musculaires*) présentant une surface tantôt *lisse* (fig. 31), tantôt *striée* (fig. 32).

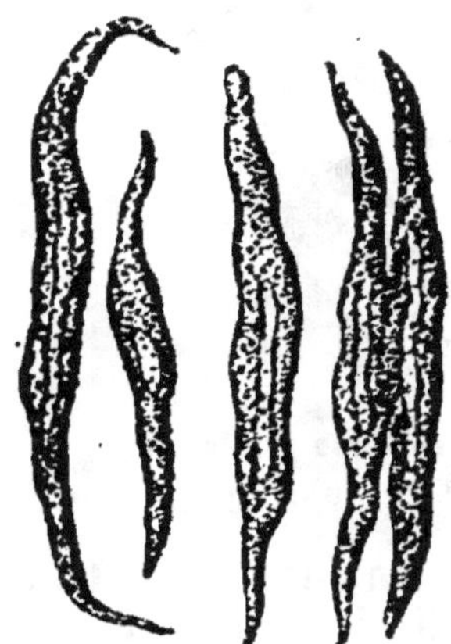

Fig. 31. — Fibres lisses.

Fig. 32. — Fibres striées.

Les muscles sont généralement renflés dans leur partie moyenne; à leurs extrémités, les aponévroses se transforment en *tendons,* cordons fibreux, inextensibles et très résistants, qui les attachent aux os.

104. Contractilité musculaire. — Sous l'influence de certains agents, dont le principal est le système nerveux, les muscles peuvent se contracter, c'est-à-dire rapprocher leurs extrémités. Le mécanisme de la contraction musculaire n'est pas encore bien connu.

La contraction des muscles striés dépend ordinairement de la volonté et peut être *brusque,* tandis que celle des muscles lisses, soustraite à l'influence de la volonté, est toujours *lente.*

Bien que les mouvements du cœur soient indépendants de la volonté, cet organe est constitué par des fibres striées d'une nature particulière.

La puissance musculaire dépend du volume du muscle, de

l'énergie de la volonté, de la surexcitation du système nerveux, etc.

105. Action des muscles sur les os. — Les muscles qui meuvent des os sont fixés par une de leurs extrémités à un premier os, et par l'autre à un second os mobile par rapport au

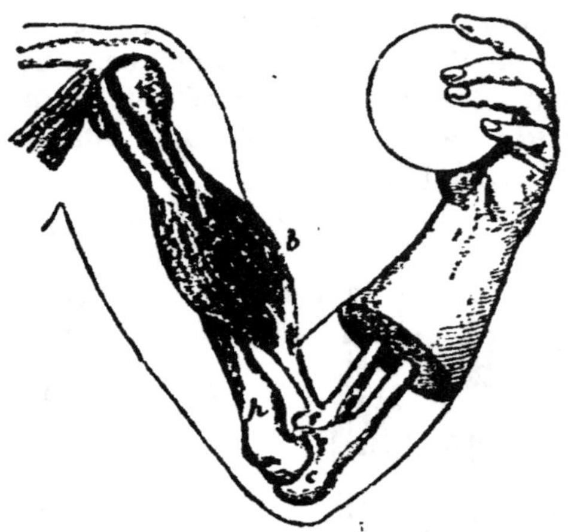

Fig. 33. — Flexion de l'avant-bras sur le bras.
b, muscle biceps ; *h*, humérus ; *c*, cubitus ; *r*, radius.

premier, de sorte que leur contraction aura pour effet de dépiacer les différentes pièces du squelette les unes par rapport aux autres (fig. 33).

106. Muscles antagonistes. — Un muscle n'a d'effet que dans sa contraction, et ne peut par conséquent produire deux mouvements contraires ; il faut pour cela qu'un second muscle, capable d'agir en sens inverse, produise le mouvement opposé (fig. 34) ; ce second muscle est dit l'*antagoniste* du premier, ainsi les fléchisseurs ont pour antagonistes les extenseurs.

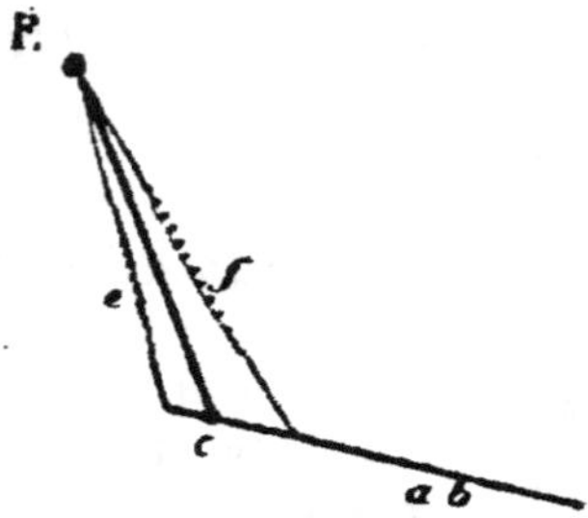

107. Station verticale. Marche. — Quand l'homme est immobile dans la *station verticale*, la tête repose sur l'atlas ; le poids du corps, par l'intermédiaire de la colonne vertébrale, se transmet au bassin, puis au fémur et au tibia, lequel repose sur l'astragale. Des muscles en contraction permanente maintiennent immobiles les différentes pièces du squelette.

Fig. 34. — Muscles antagonistes (flexion de l'avant-bras).

E, épaule ; *a*, *b*, avant-bras ; *c*, articulation du coude ; *e*, extenseur de l'avant-bras ; *f*, fléchisseur de l'avant-bras.

Les muscles qui agissent dans la station verticale sont : le *sacro-*

lombaire, le *sacro-spinal* ou *long dorsal*, les muscles *fessiers*, le *triceps crural*, le *tibial antérieur* et le *péronier antérieur*.

Dans la *marche*, le centre de gravité du corps est constamment porté en avant, et le corps progresse par le mouvement des deux jambes, qui se placent alternativement en avant pour empêcher la

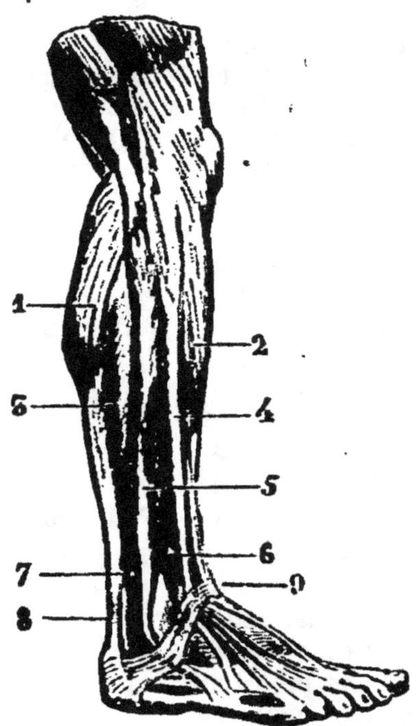

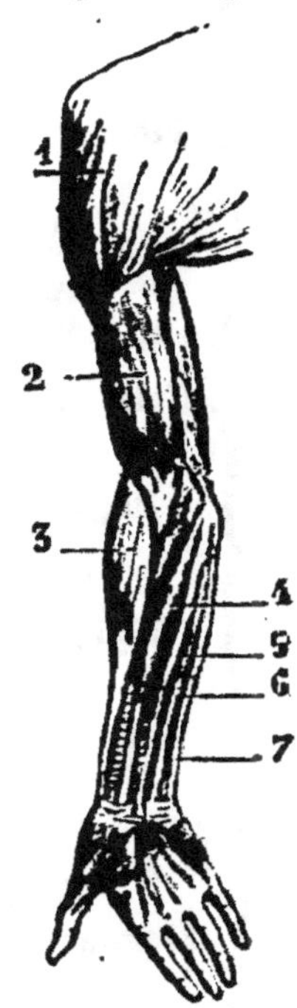

Fig. 35. — Principaux muscles
de la jambe.

1, l'un des jumeaux ; 2, jambier antérieur ;
3, soléaires ; 4, extenseur commun des
orteils ; 5, long péronier latéral ; 6, péronier antérieur ; 7, court péronier latéral ;
8, tendon d'Achille ; 9, ligament annulaire supérieur du tarse.

Fig. 36. — Principaux muscles
du bras.

1, deltoïde ; 2, biceps huméral ;
3, long supinateur ; 4, grand
palmaire ; 5, petit palmaire ;
6, fléchisseur superficiel des
doigts ; 7, cubital anté-
rieur.

chute. Dans cette translation, la jambe qui se déplace se fléchit à demi pour se raccourcir et ne pas butter contre le sol.

Pendant la marche, le corps, portant successivement sur les deux jambes, prend en outre un mouvement de balancement à droite et à gauche, ce qui explique l'avantage d'aller au pas quand on marche serrés les uns contre les autres ; car le balancement ayant lieu en même temps et du même côté pour chacun, on ne se heurte pas mutuellement.

Les principaux muscles de la marche sont : les muscles *fessiers*, le *biceps fémoral*, le *triceps crural*, le *soléaire* et les *jumeaux* (fig. 35).

PRINCIPAUX MUSCLES	**TÊTE**	Moteurs de la tête.	Grand complexus. Splenius.
		Appareil de la vision.	Frontal. Sourcilier. Orbiculaire des paupières.
		Moteur des lèvres.	Buccinateur. Grand et petit zygomatique. Orbiculaire des lèvres ou labial. Triangulaire et carré du menton. Élévateur commun de l'aile du nez et de la lèvre supérieure.
		Appareil de la mastication.	Masséter. Temporal.
	TRONC	Colonne vertébrale.	Sacro-lombaire. Long dorsal.
		Région dorsale.	Trapèze. Grand dorsal. Rhomboïde.
		Région pectorale.	Grand pectoral. Grand dentelé. M. intercostaux.
		Cavité abdominale.	Grand oblique. — Petit oblique.
	MEMBRES	**MEMBRES SUPÉRIEURS** — Épaule.	Deltoïde.
		Bras.	Biceps huméral. Brachial antérieur. Triceps brachial.
		Av.-Bras.	Rond pronateur. Long supinateur. Grand et petit palmaire. Radial externe. Cubital postérieur.
		Main.	Inter-osseux, dorsaux, palmaires.
		MEMBRES INFÉRIEURS — Cuisse.	M. fessiers (grand, moyen, petit). Biceps crural ou fémoral. Triceps crural.
		Jambes.	Tibial antérieur. Péronier antérieur. Long et court péronier latéral. Jumeaux. Soléaire.

QUESTIONNAIRE. — Qu'est-ce que le mouvement? — D'où provient le tissu osseux? Comment est-il constitué? — Qu'est-ce que le périoste? — Qu'appelle-t-on apophyses? — Quelle est la composition chimique des os? — *Comment subdivise-t-on les os quant à leur forme? — Comment guérit-on une fracture? — Qu'est-ce que la carie? — A quoi sont dues les déformations des os? —* Quelle est la structure d'une articulation? — Faites le tableau synoptique des os du squelette.

De quoi sont formés les muscles? Comment se terminent-ils? — Qu'est-ce que la contraction musculaire? — De quoi dépend la puissance musculaire? — Quels sont les muscles qui agissent dans la station verticale? dans la marche? — Faites le tableau synoptique des principaux muscles.

CHAPITRE VIII

SYSTÈME NERVEUX

108. Définition. — *Le système nerveux est l'ensemble des organes dans lequel réside la faculté de sentir, de penser et de vouloir, et qui tient sous sa dépendance les actes de la vie organique, comme la digestion, la circulation, etc.*

Il se compose de deux sortes d'éléments, qui sont les *fibres nerveuses* et les *cellules nerveuses*.

I. Éléments nerveux.

109. Fibres nerveuses. — Les *fibres nerveuses*, par leur réunion, constituent les *nerfs;* ces fibres sont si ténues, qu'il en faut plus de 10000 pour former un filet nerveux de 1 millim. de diamètre.

Les nerfs sont des cordons blancs (fig. 37), mous, isolés les uns des autres par une enveloppe celluleuse, le *névrilème*, qui les rend comparables aux fils électriques isolés.

Ces nerfs, se soudant parfois les uns aux autres par leur névrilème, forment en certains endroits des sortes de nœuds enchevêtrés, sans ordre apparent; ce sont des *ganglions nerveux*.

On appelle *substance blanche* ou *médullaire* la matière dont les fibres sont formées.

Fig. 37.
Un nerf et ses ramifications.

110. Cellules nerveuses. — Les *cellules nerveuses*, réunies en masses éparses traversées par les fibres, forment ce qu'on appelle la *substance grise* ou *corticale*. On les rencontre dans les centres nerveux, c'est-à-dire dans le cerveau, la moelle épinière et les ganglions.

111. Composition chimique de la substance nerveuse. — La substance nerveuse renferme environ 87 p. % d'eau; elle contient en outre de l'*albumine*, et une matière grasse phosphorée qui, dans les lieux où sont enfouies des matières animales, donne, par sa décomposition, du phosphure d'hydrogène s'enflammant spontanément à l'air; telle est la cause des *feux follets*.

112. Fonctions des fibres. — Les fibres servent de conducteurs aux excitations nerveuses, comme les fils télégraphiques servent de conducteurs au fluide électrique. Il faut

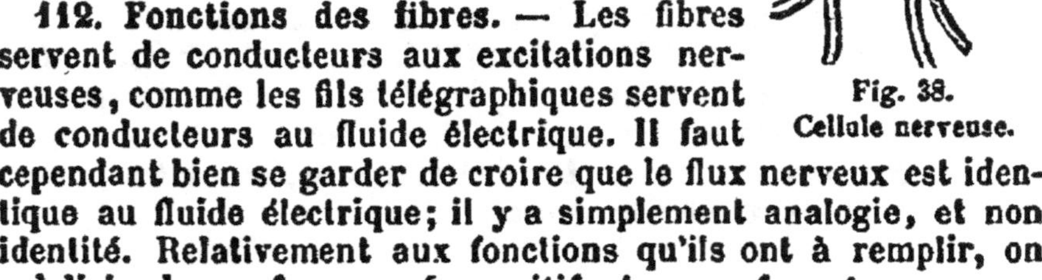

Fig. 38.
Cellule nerveuse.

cependant bien se garder de croire que le flux nerveux est identique au fluide électrique; il y a simplement analogie, et non identité. Relativement aux fonctions qu'ils ont à remplir, on subdivise les nerfs en *nerfs sensitifs* et en *nerfs moteurs*.

113. Nerfs sensitifs. — On appelle *nerfs sensitifs* ceux qui ne sont aptes qu'à transmettre les sensations : impressions de toucher, de froid, de chaud, etc. Dans ces nerfs, les impressions cheminent des organes des sens vers les centres nerveux, c'est-à-dire de l'extérieur vers l'intérieur; on les appelle pour cette raison *nerfs centripètes*.

114. Nerfs moteurs. — Les *nerfs moteurs* sont ceux qui déterminent la contraction des muscles. Dans ces nerfs, l'action nerveuse chemine des centres nerveux vers les muscles qui doivent agir, c'est-à-dire de l'intérieur vers l'extérieur; on les appelle pour cette raison *nerfs centrifuges*.

Au point de vue anatomique ils sont identiques aux nerfs sensitifs, et n'en diffèrent que par le sens dans lequel chemine l'action nerveuse.

115. Nerfs mixtes. — On trouve dans l'organisme un grand nombre de nerfs formés de fibres motrices et sensitives; on les appelle pour cette raison *nerfs mixtes*.

Certains autres nerfs, agissant sur les parois des veines, des artères et des vaisseaux lymphatiques, pour les contracter et faciliter ainsi la circulation des liquides qu'ils renferment, ont reçu le nom de nerfs *vaso-moteurs*.

116. Fonctions des cellules nerveuses. — Le rôle des cellules est de produire le flux nerveux et de le conserver à l'état latent pour l'utiliser en temps convenable (*mémoire*, *volonté*); leur rôle est alors comparable à celui des condensateurs électriques. Elles servent encore à favoriser le passage du flux nerveux d'une fibre sensitive dans une fibre motrice.

117. Remarques physiologiques. — On dit qu'un nerf est *paralysé* quand il ne fonctionne plus, c'est-à-dire quand il ne conduit plus l'action nerveuse.

Nous rapportons instinctivement les sensations aux extrémités des nerfs par lesquels ces sensations nous arrivent; de là l'illusion des amputés, qui souvent croient souffrir cruellement dans des membres qu'ils n'ont plus.

Certaines sensations sont parfaitement localisées, comme celle d'une brûlure, d'une piqûre; d'autres sont vagues, mal définies, et paraissent affecter le système nerveux tout entier, comme la joie, la tristesse, le malaise qui précède la syncope, etc.

On appelle nerfs de *sensibilité spéciale* ceux qui ne peuvent transmettre qu'une seule espèce d'impression, comme le nerf acoustique, le nerf optique; une lésion affectant ces nerfs se traduit par des tintements d'oreilles, des éblouissements, etc. C'est ainsi que vulgairement nous disons qu'un coup violent sur l'œil nous fait « voir trente-six chandelles ».

La distinction des nerfs en nerfs moteurs et sensitifs explique les *phénomènes léthargiques* et fait comprendre comment un individu peut fort bien avoir conscience de ce qui se passe autour de lui, bien qu'il soit dans l'impossibilité absolue de produire aucun mouvement; il suffit que les nerfs moteurs soient seuls frappés de paralysie.

On appelle *anesthésie* la privation complète ou incomplète de la sensibilité résultant de l'emploi de certaines substances (*anesthésiques*), dont les principales sont l'éther et le chloroforme. On les administre en inhalations pour supprimer la douleur dans le cas de certaines opérations chirurgicales.

Les *narcotiques* sont des substances qui agissent sur les centres ou les conducteurs nerveux, de manière à abolir ou à notablement diminuer les fonctions du système nerveux. L'opium tient le premier rang parmi les narcotiques. Leur abus peut avoir de très graves inconvénients.

118. Mouvements réflexes. — *On appelle mouvement réflexe un mouvement involontaire succédant à une impression qui n'a pas été perçue par le cerveau.*

L'excitation qui arrivait par une fibre sensitive (fig. 39), ayant rencontré une masse de substance grise, s'est transmise à un filet moteur avant d'arriver au cerveau, comme dans les gares de chemin de fer les plaques tournantes permettent de faire passer un wagon d'une voie sur une autre sans être obligé de remonter à la bifurcation des deux lignes. Le soubresaut involontaire que l'on éprouve au bruit inattendu d'une détonation est un exemple de mouvement réflexe.

L'*habitude* consiste en une transformation en axes réflexes de mouvements primitivement volontaires, ce qui est une grande simplification pour le travail du cerveau. Mais ce qui est un avantage dans la plupart des cas peut devenir parfois un véritable inconvénient. Tel geste disgracieux, telle grimace, tel mouvement d'épaule, peuvent devenir par l'habitude des actes absolument réflexes, sur lesquels la volonté n'a pas grande action; le mouvement est devenu un *tic*. C'est surtout dans l'enfance que se contractent ces habitudes fâcheuses, et c'est un devoir pour les éducateurs de les surveiller et de les corriger au début chez les enfants dont ils ont la charge.

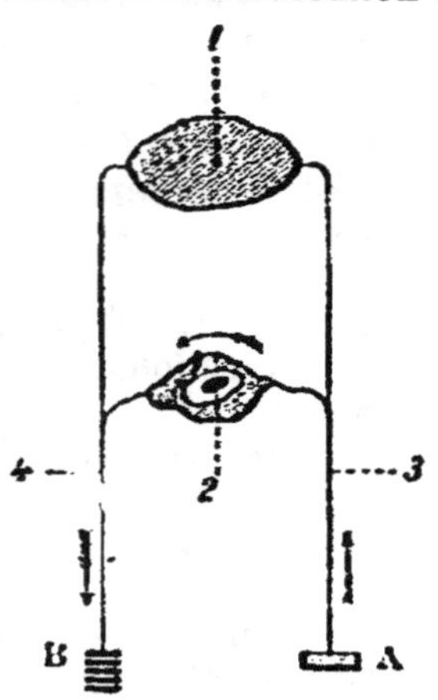

Fig. 39. — Figure théorique de la marche des impressions dans les mouvements réflexes.

A, organe sensitif; F, muscle; 1, cerveau; 2, cellule nerveuse; 3, nerf sensitif; 4, nerf moteur.

II. Système nerveux cérébro-spinal et ganglionnaire.

Le système nerveux cérébro-spinal préside aux fonctions de la vie de relation. Il est formé de l'*encéphale*, de la *moelle épinière* et des *nerfs* qui en émanent ou y aboutissent.

110. Encéphale. — L'*encéphale* comprend le *cerveau*, le *cervelet* et la *moelle allongée*; il est contenu tout entier dans la cavité crânienne, et enveloppé de trois membranes superposées formant les *méninges*. Ce sont : la *dure-mère*, membrane fibreuse, nacrée, tapissant la cavité; l'*arachnoïde*, séreuse que son extrême ténuité a fait comparer à une toile d'araignée; la *pie-mère*, membrane vasculaire recouvrant immédiatement l'encéphale.

Entre la pie-mère et le feuillet viscéral de l'arachnoïde se trouve un liquide, appelé liquide *céphalo-rachidien*, qui baigne le cerveau et la moelle épinière.

La *fièvre cérébrale* ou *méningite* est une maladie qui affecte les méninges, et par suite le cerveau lui-même. L'*apoplexie* est produite par la rupture ou l'engorgement des vaisseaux sanguins du cerveau.

120. Cerveau. — Le *cerveau* occupe la partie antérieure et supérieure du crâne; un repli longitudinal de la dure-mère (*faux du cerveau*) le partage en deux moitiés ou *hémisphères cérébraux* (fig. 40) reposant sur une sorte de plancher, le *corps calleux*. Sa surface, ondulée, est formée par une couche de substance grise pénétrant irrégulièrement dans le reste de la masse, composée entièrement de substance blanche.

Le cerveau est le siège de la sensibilité perçue et du mouvement volontaire; on peut alors le comparer au récepteur et au manipulateur d'un bureau télégraphique. C'est par l'intermédiaire du cerveau que l'âme peut *sentir, penser, vouloir.*

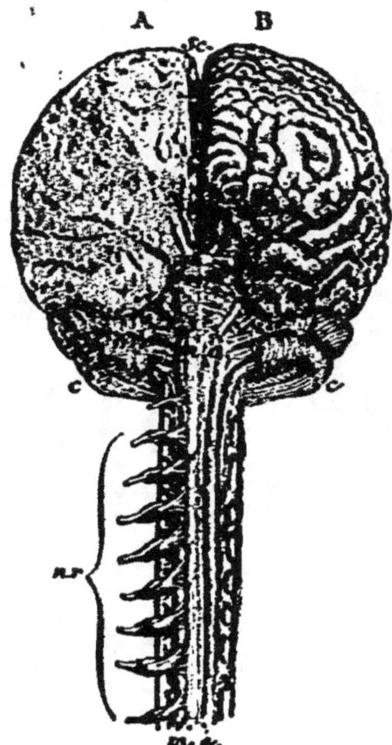

Fig. 40. — Vue antérieure de l'encéphale et de la moelle épinière.

A, hémisphère du cerveau recouvert des méninges; B, hémisphère du cerveau dépouillé des méninges; *Sc*, grande scissure; *c*, cervelet; *m. a*, moelle allongée; *n. r*, nerfs rachidiens; *m. e*, moelle épinière.

121. Cervelet. — Le *cervelet*, situé à la partie inférieure et postérieure du crâne, est placé à cheval sur la moelle allongée. Il est divisé, comme le cerveau, en deux lobes. Un cordon de substance blanche (*protubérance annulaire* ou *pont de Varole*), réunissant en dessus ses deux hémisphères, forme avec eux une sorte d'anneau entourant complètement la moelle allongée.

Intérieurement, la substance blanche, pénétrant irrégulièrement dans la substance grise de la périphérie, forme des arborisations visibles sur une section du cervelet (*arbre de vie*).

122. Moelle épinière. — La *moelle épinière* (fig. 41) est composée de quatre cordons soudés et renfermés dans la colonne vertébrale.

Au niveau du plan de séparation des vertèbres, elle présente des renflements donnant issue à des nerfs qui vont se distribuer aux différents organes. Tous ces nerfs sont mixtes; ils ont une double racine ; l'une, provenant des cordons postérieurs de la moelle, est une racine sensitive ; l'autre, provenant des cordons antérieurs, est une racine motrice.

Dans la moelle épinière, la substance blanche, à l'inverse du cerveau, enveloppe la substance grise.

123. SYSTÈME NERVEUX GANGLIONNAIRE OU GRAND SYMPATHIQUE. — Le grand sympathique est formé de deux chaînes de ganglions situées de chaque côté de la colonne vertébrale. De ces ganglions partent des nerfs qui se rendent aux organes concourant aux fonctions de nutrition. La sensibilité de ces nerfs est très obtuse ; ils ont besoin d'une forte excitation pour donner la sensation de la douleur.

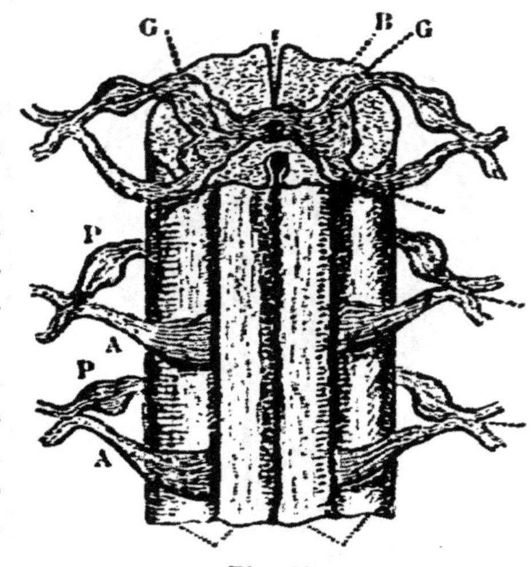

Fig. 41.

Segment de la moelle épinière.

B, substance blanche ; G, G, substance grise ; P, P, racines postérieures ; A, A, racines antérieures.

Le système nerveux ganglionnaire préside aux fonctions de la vie végétative (digestion, circulation, etc.), tandis que le système nerveux cérébro-spinal préside aux fonctions de la vie animale.

Le sommeil est l'acte qui établit avec le plus de netteté la séparation des deux ordres de système nerveux.

Remarque. — En général, lorsqu'un point de l'axe nerveux est soumis à un travail considérable, les autres points tendent à l'inaction. Ainsi une tension excessive du cerveau nuit à la digestion, et la réciproque est vraie. Le chagrin qui surmène le cerveau s'accompagne d'un brisement des membres, etc.

QUESTIONNAIRE. — Qu'est-ce que le système nerveux ? — De quels éléments se compose-t-il ? — Comment sont constitués les nerfs ? — Où rencontre-t-on des cellules nerveuses ? — Quelle est la composition chimique de la substance nerveuse ? — Quelles sont les fonctions des fibres nerveuses ? — Comment subdivise-t-on les nerfs ? — Quelle est la fonction des cellules nerveuses ? — *Quand dit-on qu'un nerf est paralysé ? — Comment peut-on expliquer les phénomènes léthargiques ? — Qu'appelle-t-on anesthésie ? — Qu'appelle-t-on mouvement réflexe ? Expliquez les phénomènes réflexes.*

Quels organes comprend le système nerveux cérébro-spinal ? — Décrivez l'encéphale, le cervelet, la moelle épinière. — De quoi est formé le grand sympathique ? — Quel est son rôle dans l'organisme ?

CHAPITRE IX

LA VUE

124. Définition. *La vue est le sens qui nous fait connaître, par l'intermédiaire de la lumière, la couleur, la forme, la grandeur relative et le mouvement des corps. Il a l'œil pour organe.*

I. Appareil de la vision.

125. Composition. — L'appareil de la vision comprend l'*œil*, le *nerf optique* et quelques organes annexes. Le globe de l'œil (fig. 42) est sphérique et formé de trois enveloppes concen-

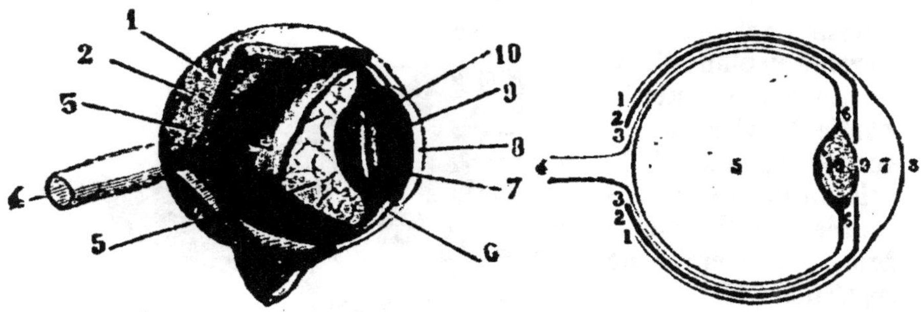

Fig. 42. — Globe de l'œil.

1, sclérotique ; 2, choroïde ; 3, rétine ; 4, nerf optique ; 5, humeur vitrée ; 6, chambre postérieure ; 7, chambre antérieure ; 8, cornée transparente ; 9, pupille ; 10, cristallin.

triques qui sont, de dehors en dedans, la *cornée*, la *choroïde* et la *rétine*.

La *cornée* donne à l'œil sa forme et sa solidité ; elle comprend deux parties qui se complètent mutuellement ; ce sont : 1° la *cornée opaque* ou *sclérotique*, membrane fibreuse, blanche, résistante ; c'est le blanc de l'œil ; 2° la *cornée transparente*, formant la partie antérieure de l'œil et continuant la cornée opaque, dans laquelle elle s'enchâsse comme un verre de montre dans sa monture.

La *choroïde* est une membrane vasculaire, ordinairement colorée en noir par un *pigment* ; elle est appliquée contre la cornée opaque, et se complète en avant par un disque, l'iris, situé en arrière de la cornée transparente et percé au centre d'une ouverture circulaire, la *pupille*. Des fibres contractiles permettent à l'iris de diminuer ou d'augmenter le diamètre de la pupille.

La *rétine* est une fine membrane de tissu nerveux, appliquée contre la choroïde, et formée par l'épanouissement du *nerf optique*.

126. Milieux transparents. — Les milieux transparents de l'œil sont le *cristallin*, l'*humeur aqueuse* et l'*humeur vitrée*.

Le *cristallin* est une sorte de lentille bi-convexe placée derrière la pupille.

L'*humeur aqueuse*, liquide analogue à l'eau, remplit l'espace compris entre la cornée transparente et le cristallin. Cet espace est partagé par l'iris en deux compartiments communiquant par la pupille : la *chambre postérieure* entre l'iris et le cristallin, et la *chambre antérieure* entre l'iris et la cornée transparente.

L'*humeur vitrée*, masse diaphane comparable au blanc d'œuf cru, remplit toute la partie limitée par la cornée opaque et le cristallin. Elle est entourée d'une fine membrane, la *membrane hyaloïde*.

127. Organes protecteurs. — L'*orbite* (fig. 43) est une cavité osseuse, conoïde, dont le globe de l'œil occupe la partie évasée; le reste contient les muscles qui meuvent les yeux (4 droits et 2 obliques), des vaisseaux sanguins, le nerf optique, et une couche épaisse de tissu cellulaire sur laquelle le globe de l'œil roule comme sur un coussin.

Les *sourcils* forment une ligne de poils ombrageant la partie frontale, et dirigés en dehors

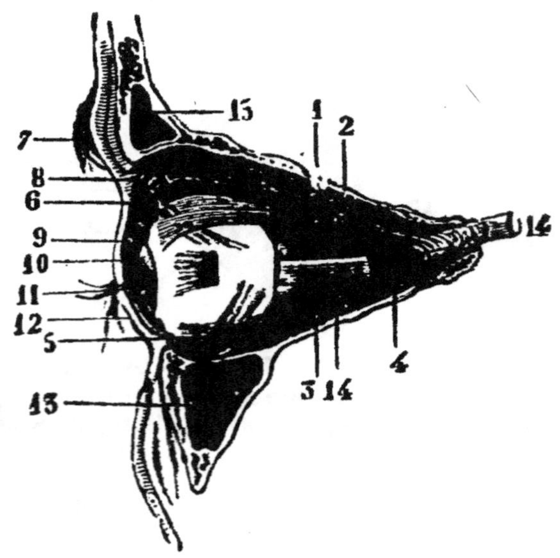

Fig. 43. — Organes protecteurs et moteurs du globe de l'œil.

1, muscle droit supérieur; 2, muscle interne; 3, muscle droit inférieur; 4, muscle droit externe coupé; 5, muscle petit oblique; 6, muscle grand oblique; 7, sourcils; 8, muscles élévateurs de la paupière supérieure; 9, conjonctive; 10, paupière supérieure; 11, cils; 12, paupière inférieure; 13, sinus maxillaire; 14, nerf optique; 15, sinus frontal.

de manière à détourner la sueur qui pourrait couler du front dans les yeux.

Les *paupières* sont des voiles mobiles destinés à étendre les larmes sur la surface libre de l'œil ; elles sont bordées d'une ligne de poils, les *cils,* et tapissées par une muqueuse, la *conjonctive.* Les cils ont pour fonction de mettre le globe de l'œil à l'abri des petits corps étrangers qui flottent dans l'air et qui pourraient s'introduire sous les paupières.

128. Appareil lacrymal. — Les larmes sont fournies par les *glandes lacrymales* (fig. 44), placées dans l'orbite et à la partie supérieure de l'angle externe des paupières ; elles sont destinées à maintenir constamment humide la partie apparente de l'œil. Ordinairement les larmes suivent le *larmier,* petite dépression que l'on remarque sur le bord de la paupière, et s'écoulent par les *conduits lacrymaux* et le *sac lacrymal* dans le *canal nasal.* Tout près de l'orifice du canal d'écoulement (*points lacrymaux*), on remarque un petit amas glanduleux de couleur rose ; c'est la *caroncule.*

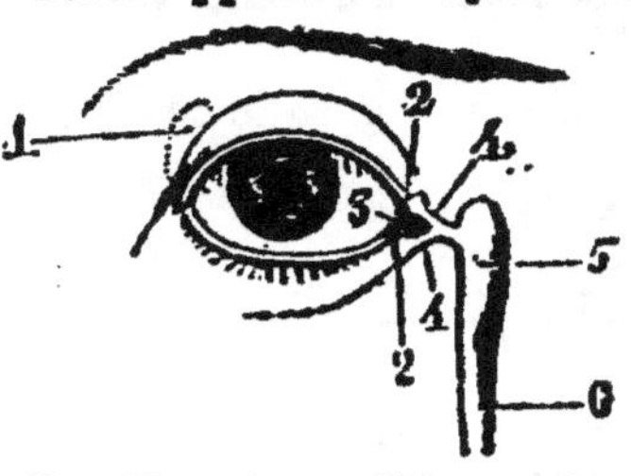

Fig. 44. — Appareil lacrymal.

1, glande lacrymale ; 2, points lacrymaux ; 3, caroncule lacrymale ; 4, conduits lacrymaux ; 5, sac lacrymal ; 6, canal nasal.

La sécrétion des larmes peut être excitée outre mesure par certaines substances agissant, soit directement sur les yeux (oignons), soit sur l'organe du goût (moutarde), ou par une cause tout à fait morale : chagrin, douleur, etc.

II. Physiologie de la vision.

129. Marche des rayons lumineux. — Un partie des rayons lumineux qui tombent sur la cornée transparente se réfléchit, mais l'autre partie pénètre dans l'œil ; la convexité de la cornée et l'humeur aqueuse qui occupe la chambre antérieure disposent ces rayons à converger vers le cristallin, qui, agissant à la manière des lentilles bi-convexes, forme en arrière une image renversée de l'objet. (*Physique,* n° 307.)

130. Conditions de netteté de la vision. — Ces conditions sont les suivantes :

1° *L'image de l'objet doit se former exactement sur la rétine,* c'est-à-dire à une distance invariable du cristallin. Cette condition est remplie par la faculté que possède le cristallin de modifier sa courbure de telle sorte que l'image soit amenée sur la rétine ; il s'aplatit pour les objets éloignés et s'arrondit pour les objets rapprochés.

Cette propriété particulière de l'œil de pouvoir s'adapter à différentes distances est appelée *pouvoir d'accommodation.* Évidemment l'œil ne peut être accommodé en même temps par deux distances différentes.

2° Il doit pénétrer dans l'œil une quantité convenable de lumière. Trop de lumière rend la vue douloureuse, trop peu la rend confuse. C'est l'iris qui, par ses contractions, agrandissant ou rétrécissant la pupille, règle, dans une certaine limite, la quantité de lumière qui doit pénétrer dans l'œil.

3° Les rayons lumineux doivent pénétrer dans l'œil suivant la d·rection des axes visuels; aussi les mouvements de la tête, auxquels s'ajoute l'action des muscles de l'œil, tendent-ils à orienter cet organe d'une manière convenable.

131. Myopie. — La *myopie* résulte de la trop grande convexité du cristallin, ce qui fait que les images se forment ordinairement en avant de la rétine (fig. 45).

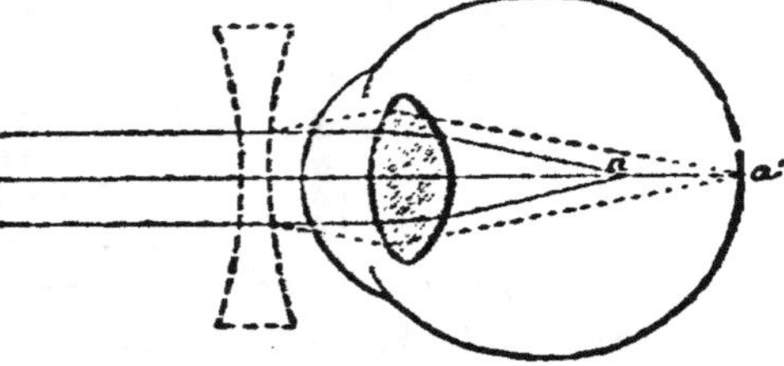

Fig. 45. — Œil myope.

a, images des objets dans le cas ordinaire; *a'*, images des objets après l'interposition d'une lentille bi-concave.

Le myope est donc obligé, pour voir distinctement, de rapprocher les objets de ses yeux jusqu'à ce que leur image se forme à la distance voulue. On remédie à la myopie par l'emploi de verres concaves. Elle s'atténue avec l'âge; car, les sécrétions diminuant peu à peu, le cristallin lui-même perd un peu de sa convexité.

132. Presbytie. — La *presbytie* est causée par le trop grand aplatissement du cristallin. Les images se formant au delà de la rétine (fig. 46), le presbyte est donc obligé d'éloigner les objets pour les voir distinctement. On remédie à cette affection par l'emploi de lunettes à verres convexes.

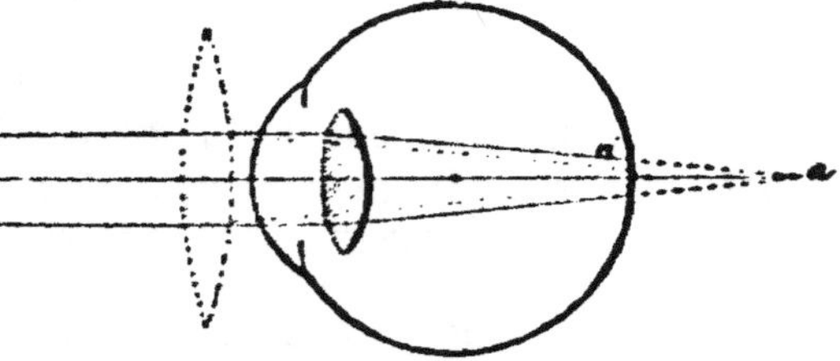

Fig. 46. — Œil presbyte.

a, images des objets dans le cas ordinaire; *a'*, images des objets après l'interposition d'une lentille bi-convexe.

La presbytie s'accentue avec l'âge pour la même raison qui tend à faire disparaître la myopie; aussi presque tous les vieillards sont presbytes.

133. Principales affections. — On appelle *taies* des taches blanches produites par des granulations opaques qui se forment dans l'épaisseur de la cornée transparente, et proviennent presque toujours de cicatrices résultant d'ulcérations lentement guéries.

La *cataracte* est une maladie causée par l'opacité du cristallin ou de son enveloppe.

On désigne sous le nom d'*amaurose* la diminution ou la perte de la vue déterminée par la paralysie du nerf optique.

Le *strabisme* est une disposition vicieuse du globe de l'œil détruisant la convergence normale des deux axes visuels (yeux *louches*).

Le *daltonisme* est une affection singulière qui rend incapable de juger des couleurs, ou du moins de distinguer certaines couleurs. Dalton en était affecté, et l'a minutieusement décrite.

Les personnes atteintes de daltonisme distinguent très bien les contours des objets, les parties claires ou obscures, mais non les teintes.

CHAPITRE X

L'OUÏE — L'ODORAT — LE GOUT — LE TOUCHER

I. L'ouïe.

Fig. 47. — Appareil de l'ouïe.

R, rocher; C, pavillon; o. m, oreille moyenne; t, E, trompe d'Eustache; r, vestibule; c, c, canaux semi-circulaires; e, limaçon.

134. Définition. — *L'ouïe est le sens qui nous donne connaissance des bruits et des sons qui se produisent autour de nous.*

L'oreille est l'organe de l'ouïe; elle comprend trois parties : l'oreille externe, l'oreille moyenne et l'oreille interne (fig. 47).

135. Oreille externe. — L'oreille externe est formée: 1° du pavillon, partie cartilagineuse particulière à certaines espèces animales; 2° du conduit auditif, canal oblique creusé dans l'épaisseur de l'os temporal.

136. Oreille moyenne. — L'*oreille moyenne* est séparée de l'oreille externe par le *tympan*, fine membrane tendue obliquement en travers du conduit auditif; quatre petits osselets , le *marteau*, l'*enclume*, l'*os lenticulaire* et l'*étrier* (fig. 48), disposés en arc, forment une chaîne qui va de la membrane du tympan à la paroi de l'oreille interne.

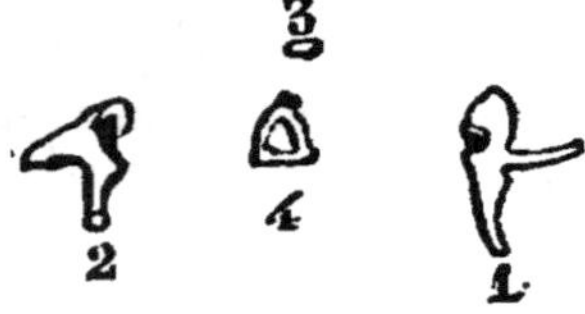

Fig. 48. — Osselets de l'oreille.

1, marteau; 2, enclume; 3, os lenticulaire; 4, étrier.

L'oreille moyenne est remplie d'air et communique avec le pharynx par la *trompe d'Eustache*, ce qui fait que les deux faces de la membrane du tympan sont toujours soumises à la même pression : la pression atmosphérique.

La libre communication de l'oreille moyenne avec le pharynx peut être facilement mise en évidence. Il suffit, en effet, d'avaler un peu de salive en se bouchant les narines. Le contre-coup que l'on ressent dans les oreilles provient de l'air qui, se trouvant comprimé dans le pharynx au moment de la déglutition, ne peut s'échapper par les fosses nasales et s'introduit, par la trompe d'Eustache, dans l'oreille moyenne.

137. Oreille interne. — L'*oreille interne* est séparée de l'oreille moyenne par deux fenêtres : la *fenêtre ovale*, contre laquelle s'applique le pied de l'étrier, et la *fenêtre ronde*, fermée par une membrane. Elle comprend le *vestibule*, cavité ovoïde placée derrière la fenêtre ovale, et dans laquelle débouchent les trois *canaux semi-circulaires* et le *limaçon*. Le limaçon est un long tube conoïde, contourné en spirale comme la coquille de l'Escargot.

L'oreille interne est remplie d'un liquide particulier dans lequel flottent les dernières ramifications du nerf acoustique.

138. Mécanisme de l'audition. — Les ondes sonores recueillies par le pavillon sont concentrées dans le conduit auditif et dirigées vers la membrane du tympan, qu'elles font vibrer à leur unisson. Ces vibrations, transmises par l'intermédiaire de la chaîne des osselets, ébranlent le liquide de l'oreille interne, et les fibrilles nerveuses, ainsi excitées, donnent la sensation du son.

139. Surdité. — La *surdité* peut provenir de l'épaississement de la membrane du tympan, de l'ankylose de la chaîne des osselets, rarement d'un vice de conformation de l'oreille interne. Sa cause la plus fréquente est dans l'oblitération de la trompe d'Eustache. Le libre accès de l'air dans l'oreille moyenne est, en effet, une condition essentielle à la finesse de l'ouïe; aussi n'est-il pas rare d'ouvrir la bouche quand on désire entendre parfaitement, et de se surprendre à écouter ainsi *bouche béante.*

Quand la surdité est une infirmité de naissance, il est évident que l'enfant, n'entendant pas, ne peut apprendre à parler; il sera *sourd-muet.*

II. L'odorat et le goût.

140. Odeurs. — *L'odorat est le sens qui nous donne la sensation des odeurs.* On admet que les odeurs sont produites par des particules extrêmement ténues, qui s'échappent des corps odorants et se répandent dans l'atmosphère; ce qui le prouve, c'est que les corps sont d'autant plus odorants qu'ils sont plus volatils, et que toutes les causes qui favorisent leur volatilisation augmentent leur odeur.

141. Appareil olfactif. — L'appareil olfactif (fig. 49) comprend le *nez,* saillie extérieure formant les *fosses nasales,* tapissées par la

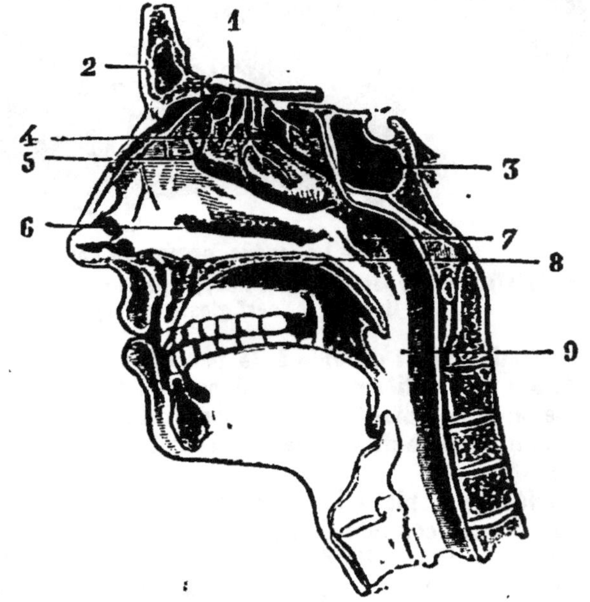

Fig. 49. — Appareil de l'odorat.

1, nerf olfactif et ses ramifications; 2, sinus frontal; 3, sinus sphénoïdal; 4, 5, 6, cornets supérieur, moyen, inférieur; 7, ouverture de la trompe d'Eustache; 8, voûte du palais; 9, pharynx.

muqueuse pituitaire, qui présente plusieurs replis, et dans l'épaisseur de laquelle se ramifie le *nerf olfactif.* Les particules odorantes, amenées par l'air au contact de ces filets nerveux, nous font percevoir les odeurs.

La finesse de l'odorat est favorisée par l'étendue de la muqueuse

des fosses nasales ; aussi, chez les animaux qui ont ce sens très développé, le Chien, par exemple, cette muqueuse forme un très grand
nombre de replis qui en augmentent considérablement la surface.

142. Substances sapides. — Le *goût* nous donne la notion des
saveurs. Pour qu'une substance soit *sapide*, il faut qu'elle soit liquide
ou soluble dans les liquides de la bouche.

143. Organe du goût. — *L'organe du goût* est la *langue* (fig. 50) ;
elle est formée de fibres musculaires entre-croisées dans tous les sens,
qui lui donnent une extrême mobilité. Sa surface est couverte de
papilles, auxquelles aboutissent les nerfs du goût. Ces papilles sont
plus nombreuses à la base de la langue ; chez certains animaux, elles
sont recouvertes d'un étui corné qui la rend très rugueuse.

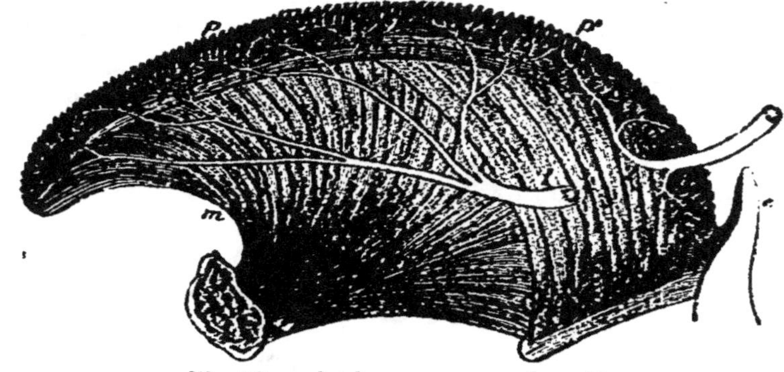

Fig. 50. — La langue, organe du goût.

m, muscles de la langue ; *p*, papilles filiformes ; *p'*, papilles fongiformes ; *e*, épiglotte
1, nerf lingual ; 2, nerf glosso-pharyngien.

La mastication vient en aide à la perception des saveurs en aidant
la dissolution des matières solides dans les liquides buccaux. L'odorat
la favorise singulièrement ; aussi, quand celui-ci est atténué, comme
dans le cas du rhume de cerveau, le sens du goût est beaucoup moins
développé.

La Providence a placé les organes du goût à l'entrée des voies
digestives, comme ceux de l'odorat à l'entrée des voies respiratoires,
afin de surveiller la qualité des aliments ou de l'air que nous intro-
duisons dans l'organisme. Le merveilleux instinct qu'ont les animaux
pour repousser les aliments qui leur seraient nuisibles ne dépend
pas du goût, mais de l'odorat, puisque cette répulsion précède la
préhension.

III. Le toucher.

144. Définition. — *Le toucher est le sens qui nous fait juger
de la présence, de la forme, de l'étendue, de la température
du corps ;* il a pour organe général la *peau*, mais n'a pas par-

tout la même délicatesse ; c'est ainsi que chez l'homme il est surtout localisé dans l'extrémité des *doigts* et de la *langue*.

145. Structure de la peau. — La *peau* (fig. 51) est formée de deux couches distinctes : l'une, le *derme*, relativement épaisse, est de beaucoup la plus importante ; l'autre, l'*épiderme*, forme la couche superficielle.

146. Derme. — Le *derme* a une texture fibreuse ; il repose sur une couche de tissu cellulaire, et sa partie en contact avec l'épiderme est couverte de papilles auxquelles aboutissent les nerfs du toucher. Il contient dans son épaisseur les *glandes sébacées*, qui donnent à la peau sa souplesse, et les *glandes sudoripares*, qui sécrètent la sueur. Lorsque sous l'influence du froid la sécrétion des glandes sébacées s'arrête, la peau se dessèche,

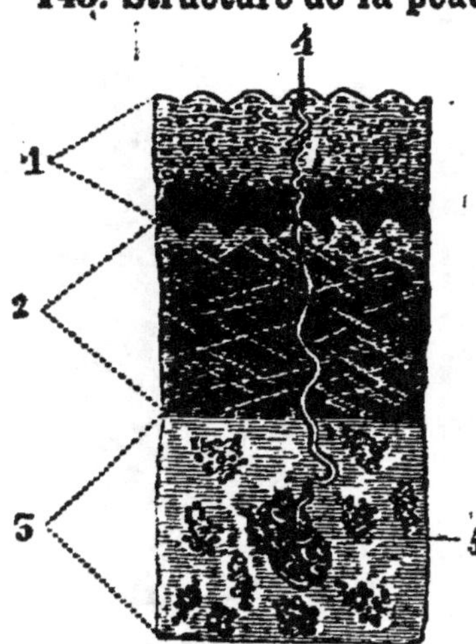

Fig. 51. — Structure de la peau.
1, épiderme; 2, derme; 3, tissu conjonctif sous-cutané; 4, canal excréteur de la glande sudoripare; 5, glande sudoripare.

se gerce, et il survient des *crevasses*.

C'est le derme qui, par l'opération du tannage, fournit le *cuir*.

147. Épiderme. — L'*épiderme* est une couche généralement mince protégeant les papilles. Un nombre incalculable de nerfs de sensibilité sillonnent le derme et viennent se terminer à sa surface, envoyant dans les couches épidermiques des filaments nerveux extrêmement ténus.

Quand l'épiderme est enlevé, ces nerfs, se trouvant en contact direct avec les objets, donnent la sensation de la douleur et non celle du toucher.

L'épiderme peut, par le frottement, acquérir une épaisseur considérable : c'est lui qui constitue les *cors* aux pieds et les *callosités* que l'on remarque aux mains des travailleurs.

Une *ampoule* n'est autre chose qu'un peu de liquide interposé entre le derme et l'épiderme.

On appelle *pigment* la matière colorante de la peau. Le pigment consiste en une multitude de granulations microscopiques appliquées immédiatement sur le derme et qui, vues à travers l'épiderme, donnent à la peau une teinte plus ou moins foncée suivant la race et les individus.

148. Productions épidermiques. — On range parmi les productions épidermiques : les *cheveux*, les *poils*, les *plumes*, les *écailles*, les *ongles*, les *cornes* et les *sabots*.

Les *poils* sont implantés obliquement dans le derme et prennent racine dans une cavité tubulaire (*bulbe pilifère*) (fig. 52).|

Les *ongles* sont également constitués par des cellules épidermiques qui, au lieu de se réunir en une tige allongée, s'aplatissent pour former une lamelle cornée, qui se moule exactement sur le tissu sous-jacent et y adhère fortement.

Les *plumes*, les *écailles* et les *cornes* ont une origine et un mode d'accroissement analogues à ceux des poils.

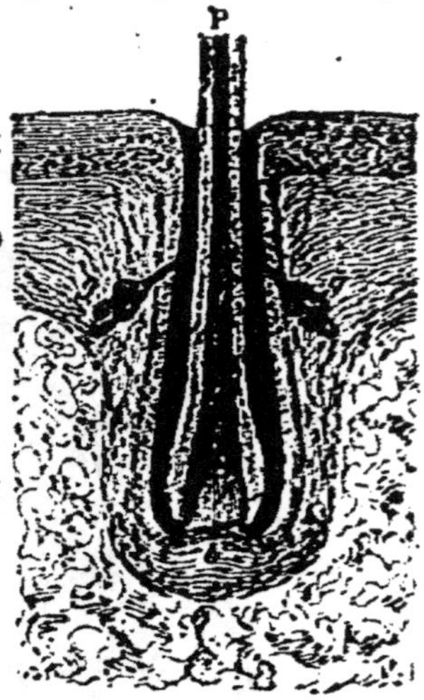

Fig. 52. — Racine d'un poil.
P, poil ; E, épiderme ; C, tissu cellulaire sous-jacent ; D, derme ; *b*, bulbe pilifère ; *g, g,* glandes sébacées.

Questionnaire. — Qu'est-ce que l'ouïe ? Décrivez l'oreille externe, l'oreille moyenne et l'oreille interne. — A quoi sert la membrane du tympan ? Comment transmet-elle ses vibrations à l'oreille interne ? — *D'où peut provenir la surdité ?*

Qu'est-ce que l'odorat ? — A quoi sont dues les odeurs ? — Que comprend l'appareil olfactif ? — Quel est l'organe du goût ? — Quelle est la structure de la langue ?

Qu'est-ce que le toucher ? — Quelle est la structure du derme ? — Quelles glandes contient-il ? — Qu'est-ce que l'épiderme ? — *A quoi sont dus les cors, les callosités ? — Qu'appelle-t-on pigment ? — Quelles sont les principales productions épidermiques ?*

CHAPITRE XI

LA VOIX

140. Définition. — *La voix est la faculté que possèdent les animaux supérieurs de pouvoir, à volonté, produire des sons qui leur permettent de communiquer entre eux.*

Il ne faut pas la confondre avec la *parole*, qui est la voix articulée, et dont l'Homme seul se sert pour exprimer sa pensée.

150. Appareil vocal. — L'*appareil vocal* comprend (fig. 53) le *larynx*, partie supérieure et élargie de la trachée-artère.

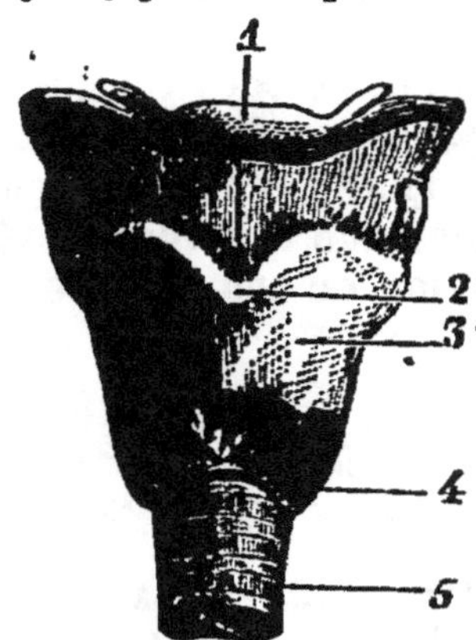
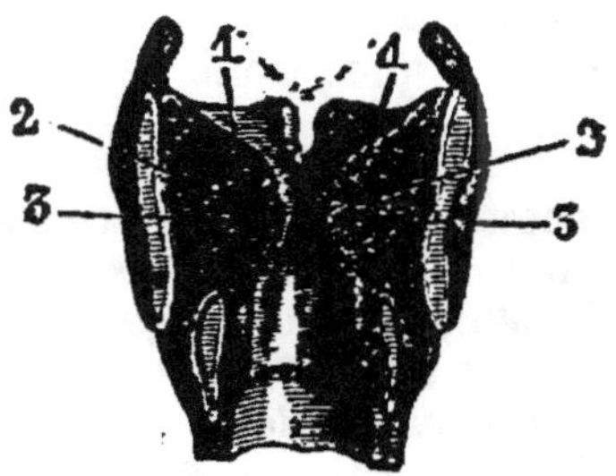

Fig. 53.—Appareil vocal humain vu de face.
1, os hyoïde; 2, saillie du cartilage thyroïde, formant ce qu'on appelle vulgairement la pomme d'Adam; 3, cartilage thyroïde; 4, cartilage cricoïde; 5, trachée-artère.

Fig. 54. — Coupe verticale du larynx humain.
1, 1, cordes vocales supérieures; 2, 2, ventricule du larynx; 3, 3, cordes vocales inférieures.

Le *larynx* (fig. 54) est composé de pièces cartilagineuses réunies par des ligaments et mues par des muscles; il forme en avant une saillie, connue vulgairement sous le nom de *pomme d'Adam*. Au-dessous de cette saillie se trouve un organe sanguin spongieux, rouge-brun; c'est le *corps thyroïde*, dont le développement exagéré constitue le *goitre*.

La muqueuse du larynx recouvre, de chaque côté, deux replis membraneux dirigés d'arrière en avant, et qui forment ce qu'on appelle les *cordes vocales*. La paire supérieure (*ligaments supérieurs de la glotte*) est impropre à la production de la voix; la paire inférieure (*ligaments inférieurs de la glotte*) constitue seule l'appareil générateur du son. Des muscles peuvent rapprocher plus ou moins les ligaments de droite des ligaments de gauche jusqu'à obstruer le passage de l'air; c'est ce qui arrive, par exemple, quand on prononce des voyelles en les détachant les unes des autres.

La *glotte* est l'espace libre que les cordes vocales laissent entre elles. Une membrane cartilagineuse, l'*épiglotte*, surmonte le larynx, et, en se rabattant, peut en fermer l'ouverture.

151. Production de la voix. — Sous l'action des muscles du larynx, les cordes vocales se rapprochent, et l'air, chassé des poumons par la contraction des muscles de la respiration, force le passage et les fait vibrer comme vibrent les lèvres de l'instrumentiste dans le jeu de la trompette, du trombone. L'expiration étant alors lente et les muscles en contraction permanente, l'appareil respiratoire se fatigue facilement.

La tension plus ou moins considérable des cordes vocales, ou la diminution de leur partie vibrante par le contact d'une fraction de leur longueur, augmente la rapidité du mouvement vibratoire des bords libres et donne naissance aux sons élevés ; on devine que, dans ce cas, la production du son est très fatigante.

L'homme possède deux registres de sons bien distincts : la *voix de poitrine*, dont il use dans le parler ordinaire, et la *voix de fausset* ou de *tête*, plus flûtée que la précédente, et dans laquelle les cordes vocales ne vibrent que partiellement.

Dans le *chuchotement*, les cordes vocales ne vibrent pas ; ce qui explique pourquoi il est impossible de fredonner un air en chuchotant.

La parole. — La voix n'est qu'un son ; la parole est le son articulé, c'est-à-dire modifié par les organes qui surmontent le tuyau vocal, et qui sont : les *fosses nasales*, la *bouche* et les organes qu'elle renferme.

Les éléments de toute langue parlée se divisent en *voyelles* et en *consonnes*, dont la réunion forme les syllabes, qui à leur tour composent les mots, signes des idées. Les voyelles sont produites par les variations de *forme* et de *volume* de la cavité buccale, et les organes qui modifient le son rendu font naitre les consonnes.

QUESTIONNAIRE. — Qu'est-ce que la voix ?—Que comprend l'appareil vocal ?— Décrivez les organes du larynx. — Qu'est-ce que la glotte ? — Comment se produit la voix ? — A quoi sont dus les sons élevés ? — *Qu'est-ce que la parole ?— Quels sont les éléments de toute langue parlée ?*

DEUXIÈME PARTIE

ZOOLOGIE DESCRIPTIVE

NOTIONS PRÉLIMINAIRES

152. Classification zoologique. — Pour faciliter l'étude et la connaissance des différentes espèces animales, on les a sectionnées en catégories, qui se subdivisent elles-mêmes et successivement en plusieurs autres. De cette façon, toutes ces espèces se sont trouvées réparties en groupes suffisamment nombreux pour que chacun d'eux ne comprenne qu'un nombre relativement restreint d'espèces.

Pour établir ces catégories, on a eu recours à la considération de différents caractères.

Un *caractère* est une disposition organique ou physiologique, permanente, particulière à une espèce ou à un groupe d'espèces.

La forme des dents, le nombre des membres, le mode de respiration, sont par conséquent des caractères et peuvent être utilisés pour la classification des espèces. Les caractères devant être permanents, il s'ensuit que la taille, la couleur, qui ne sont souvent que des états passagers, ne peuvent servir de base à l'établissement d'une classification.

Les *classifications artificielles* ou *systèmes* sont basées sur la considération des caractères tirés exclusivement d'un seul organe. Ce mode de classification, facile à appliquer dans la pratique, a l'inconvénient de ne rien apprendre sur l'organisation de l'animal en dehors du caractère fondamental dont on s'est servi pour le classer, et de rapprocher souvent des espèces qui ont ce même caractère commun, mais qui diffèrent considérablement l'une de l'autre à tous les autres points de vue.

La *classification naturelle* s'appuie sur des caractères tirés, non d'un seul organe, mais sur l'ensemble des caractères que peuvent présenter les différents organes de l'animal, en attribuant à chacun de ces caractères une importance relative plus ou moins grande.

Le grand principe des classifications est donc basé sur la *subordination des caractères*, qui attribue à certains organes et à certaines fonctions une importance telle, qu'aucun changement ne peut s'y introduire sans entraîner à sa suite des changements notables dans toute l'organisation.

153. Nomenclature zoologique. — Le règne animal se subdivise successivement en *embranchements, classes, ordres, familles, tribus, genres, espèces, races, variétés, individus.*

Pour désigner l'espèce, on emploie deux mots latins : le premier est le nom du genre auquel l'espèce appartient, et le deuxième, qui est souvent un adjectif, caractérise l'espèce. Ainsi le genre *Canis* renferme les espèces *Canis lupus* (le Loup), *C. vulpes* (le Renard), *C. familiaris* (le Chien domestique), etc.

On appelle *variété* un groupe dont les individus diffèrent des autres individus de la même espèce par des caractères de peu d'importance, comme la taille, la couleur. C'est ainsi que dans l'espèce à laquelle appartient le chien domestique, on trouve comme variété : le *Dogue*, le *Griffon*, le *Terre-neuve*, le *Chien de berger*, etc.

On donne le nom de *race* à une variété dont les caractères particuliers se perpétuent par l'hérédité, et que des soins particuliers peuvent modifier (*élevage*).

L'*individu* est le dernier terme de la subdivision ; c'est un animal considéré en particulier.

154. Caractères spécifiques de l'homme. — Les caractères qui distinguent l'homme de l'animal sont surtout des caractères *psychologiques* et *moraux.*

Au point de vue de son organisation physique, il s'en distingue principalement par le développement du *cerveau*, l'ouverture de l'*angle facial*, la conformation de la *main* et la *station verticale.*

On appelle *angle facial* (fig. 55-56) l'angle ABC formé par deux

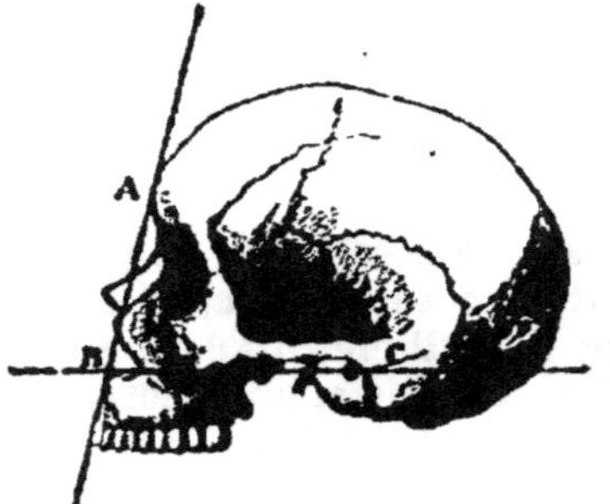

Fig. 55. — Crâne d'Européen.

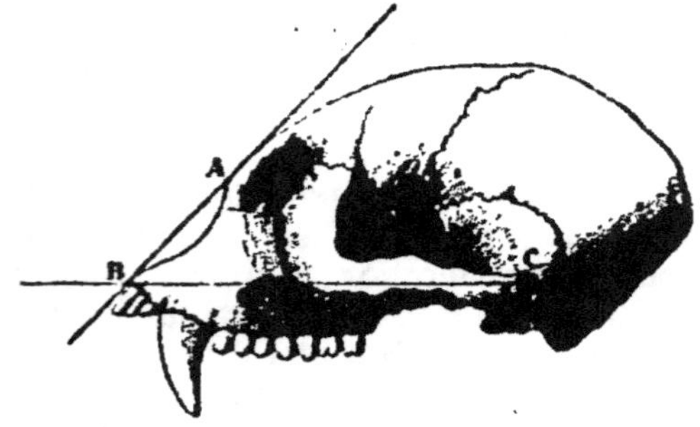

Fig. 56. — Crâne de Singe.

droites partant toutes deux de la mâchoire supérieure, au niveau de la base du nez, et passant, l'une par le milieu de la droite qui joint les deux conduits auditifs externes, et l'autre entre les deux sourcils. Pour l'Homme civilisé, il est de 80 à 85° ; chez quelques misérables peuplades, il descend jusqu'à 64° ; chez les Singes, il est de 60 à 30° ; chez les Chats, de 30 à 26°.

Races humaines. — L'espèce humaine est unique. La tradition, l'histoire, la comparaison des différentes langues, l'examen approfondi des ossements trouvés dans les couches géologiques, tout confirme ce que la Bible et la foi chrétienne nous enseignent au sujet de l'apparition de l'Homme sur la terre.

Cependant, malgré cette unité d'origine, des causes particulières, telles que la nature du climat, la manière de vivre, ont à la longue introduit dans l'espèce humaine des différences physiques qui ont nécessité sa subdivision en races. Ces différences portent surtout sur la couleur de la peau et la forme du crâne.

Les races humaines sont : la race *blanche*, européenne ou *caucasique*; la race *jaune*, *asiatique* ou *mongolique*; la race *noire* ou *éthiopique*, et la race *rouge*.

L'ethnographie est une science qui étudie les mœurs et les habitudes des différents peuples.

155. Subdivision du règne animal. — Le règne animal a été divisé en embranchements d'après des caractères tirés surtout de l'organisation du système nerveux.

EMBRANCHEMENTS		
Système nerveux cérébro-spinal renfermé dans une enveloppe osseuse, le crâne et la colonne vertébrale	VERTÉBRÉS.
Système nerveux ganglionnaire formant une chaîne médiane.	ANNELÉS.
Masses nerveuses éparses ne formant pas de chaîne. — Corps mou.	MOLLUSQUES.
Système nerveux rudimentaire et rayonnant. — Disposition radiée.	RAYONNÉS.
Système nerveux invisible. — Organes très rudimentaires	PROTOZOAIRES.

Les *Annelés*, les *Mollusques*, les *Rayonnés* et les *Protozoaires* forment le groupe des *Invertébrés*.

CHAPITRE I

CLASSE DES MAMMIFÈRES

156. Caractère des Vertébrés. — Les *Vertébrés* sont pourvus d'un squelette dont la partie principale est la *colonne verté-*

brale. Ils possèdent un système nerveux cérébro-spinal, protégé par des enveloppes osseuses et situé au-dessus du canal digestif. Ex. : le *Chien*, le *Moineau*, la *Vipère*, la *Grenouille*, la *Carpe*.

VERTÉBRÉS	Respiration toujours pulmonaire.	A sang chaud.	Vivipares.	MAMMIFÈRES.
			Ovipares..	OISEAUX.
		A sang froid.		REPTILES.
	Respiration branchiale transitoire ou permanente.	Respiration branchiale, puis pulmonaire.		BATRACIENS.
		Respiration toujours branchiale		POISSONS.

157. Caractère des Mammifères. — Les *Mammifères* sont des animaux à sang chaud. Ils ont un cœur à quatre cavités, une respiration pulmonaire; leur squelette se compose à peu près des mêmes pièces que celui de l'homme.

Le caractère particulier qui seul suffit à les déterminer consiste dans la présence des *mamelles*, organes sécréteurs du lait, destiné à nourrir les petits pendant les premiers temps de leur existence.

CLASSIFICATION DES MAMMIFÈRES	ONGUICULÉS (pas de sabots).	Pourvus de 4 mains .	QUADRUMANES.
		Ailes membraneuses .	CHÉIROPTÈRES.
		Molaires tranchantes .	CARNIVORES.
		Molaires pointues. . .	INSECTIVORES.
		Pourvus de nageoires.	AMPHIBIENS.
		Longues incisives. . .	RONGEURS.
		Dépourvus d'incisives.	ÉDENTÉS.
	ONGULÉS (sabots).	Estomac simple. . . .	PACHYDERMES.
		Estomac multiple . . .	RUMINANTS.
	Corps en forme de Poisson		CÉTACÉS.
	Poche abdominale.		MARSUPIAUX.
	Pas de poche abdominale		MONOTRÈMES.

158. QUADRUMANES. — L'ordre des Quadrumanes comprend les *Singes* ou *Simiens* et les *Lémuriens*.

Au point de vue anatomique, les *Singes* sont les animaux qui ressemblent le plus à l'homme; leurs membres antérieurs sont toujours plus longs que les postérieurs. La plupart ont une queue, et chez les espèces d'Amérique cette queue est *prenante*, c'est-à-dire peut s'enrouler autour des branches d'arbres et servir ainsi comme un cinquième membre.

Les Singes sont assurément les plus intelligents des animaux, et sont doués d'un remarquable instinct d'imitation. On les divise en deux familles, les *Singes de l'ancien continent* et ceux du *nouveau continent*.

Les *Singes de l'ancien continent* comprennent les plus grandes espèces. Les principaux sont : le *Chimpanzé*, le *Gorille*, l'*Orang-outang*, les *Gibbons* et les *Magots*.

Fig. 57. — Magot d'Algérie (Singe de l'ancien continent).

Les *Singes du nouveau continent* ont les narines écartées et séparées par une cloison épaisse. Les espèces les plus remarquables sont : les *Sajous* ou *Sapajous*, les *Sakis* et les *Ouistitis*.

Les *Lémuriens* sont des animaux nocturnes, lents et paresseux, qui dorment pendant le jour suspendus aux arbres, après lesquels ils s'accrochent au moyen de leurs griffes puissantes. Ex. : les *Makis* de Madagascar, le *Galéopithèque* de l'archipel Malais.

150. Chéiroptères. — Les *Chéiroptères* ont les doigts des membres supérieurs très développés, à l'exception du pouce ; ces doigts sont réunis entre eux et aux membres inférieurs par une membrane servant au vol. A part cette disposition particulière qui les rapprocherait des

Fig. 58. — Chauve-souris.

Oiseaux, ils ont tous les caractères des Mammifères. Ce sont des animaux nocturnes ou crépusculaires.

Cet ordre comprend deux familles : les *Roussettes* et les *Chauves-souris* (fig. 58).

100. Carnivores. — L'ordre des *Carnivores* renferme les plus féroces des Mammifères terrestres. A l'exception du *Chien* et du *Chat*, ils vivent presque tous à l'état sauvage.

Leur dentition comprend, outre des incisives, des canines très développées, fortement implantées dans les mâchoires, et des molaires aiguës et tranchantes, destinées à

Fig. 59. — Dentition d'un carnivore.

couper la chair dont ils se nourrissent (fig. 59). Leurs doigts sont terminés par des griffes puissantes et acérées.

Ils sont tous couverts de poils, et quelques-uns, comme l'*Hermine*, la *Zibeline*, sont recherchés pour leur fourrure.

Les uns marchent le talon relevé, ne posant à terre que l'extrémité des doigts (fig. 60) : ce sont les *Digitigrades*; d'autres

Fig. 60.—Pied de digitigrade. *t*, talon.

Fig. 61. — Pied de plantigrade. *t*, talon.

appuient la plante des pieds tout entière sur le sol : ce sont les *Plantigrades* (fig. 61). A côté de ces deux groupes se range toute une catégorie de petits carnivores qui ont le corps allongé, les jambes courtes et le museau pointu. Ces animaux *vermiformes*, tous avides de sang et de carnage, sont le fléau des basses-cours.

101. Tribu des Digitigrades. — La tribu des *Digitigrades* comprend : les *Félins*, les *Hyènes* et les *Chiens*. Les Félins ont les ongles rétractiles, c'est-à-dire que ces animaux peuvent, à leur gré, les faire saillir ou bien les retirer dans l'intérieur de la patte et faire, comme on dit, *patte de velours*. Cette curieuse disposition des griffes les garantit de l'usure par le frottement sur le sol, et les empêche par conséquent de s'émousser.

Les principales espèces sont : le *Lion*, le *Tigre*, le *Léopard*, la *Panthère* et le *Chat*.

Les *Hyènes* comprennent un certain nombre d'animaux que l'on reconnaît facilement à leur démarche gauche et embarrassée, résultant de ce que leurs membres postérieurs sont moins longs que les antérieurs. Ces animaux se nourrissent de viande corrompue, qu'ils recherchent pendant la nuit. Ils sont lâches et attaquent rarement l'homme.

Les *Chiens* n'ont pas d'ongles rétractiles ; leur langue est douce : ils ont l'odorat très développé.

Il existe un très grand nombre de variétés de Chiens domestiques, toutes remarquables par le développement de leur intelligence et les services désintéressés qu'ils rendent à l'homme. Les principales sont : le *Chien de berger*, le *Terre-Neuve*, le *Dogue*, le *Caniche*, le *Lévrier*, etc.

Le *Loup*, le *Renard* et le *Chacal* appartiennent à ce même groupe.

162. Tribu des Plantigrades. — La tribu des *Plantigrades*, moins nombreuse que la précédente, comprend les espèces qui, dans

Fig. 62. — Blaireau.

la marche, appliquent sur le sol toute la plante de leurs pieds. Les plus remarquables sont les *Ours* et le *Blaireau* (fig. 62).

163. Carnivores à corps vermiforme. — Les principales espèces

Fig. 63. — Loutre.

de ce groupe sont : la *Loutre* (fig. 63), la *Martre*, la *Zibeline*, l'*Hermine*, la *Fouine*, la *Belette* et le *Furet*.

104. Insectivores. — Les *Insectivores* sont tous de petite taille; leur nourriture, qui consiste principalement en insectes, exige une disposition particulière du système dentaire. En effet, ces animaux ont des molaires hérissées de tubercules pointus s'engrenant les uns dans les autres.

Ce sont des animaux hibernants, qui rendent les plus grands services à l'agriculture en détruisant un nombre considérable de larves et d'insectes nuisibles.

Les Insectivores les plus remarquables sont : la *Taupe*, le *Hérisson* et la *Musaraigne*.

105. Amphibiens. — Les *Amphibiens* sont des Mammifères qui vivent ordinairement dans l'eau. Leur peau est garnie de poils courts et lisses, et recouvre une épaisse couche de graisse qui les protège contre le froid ; ils ont les membres élargis et les doigs réunis par une membrane qui les transforme en nageoires.

Fig. 64. — Tête de Morse.

Ce sont des animaux qui vivent en troupes nombreuses dans les mers polaires; très agiles dans l'eau, ils se meuvent difficilement à terre, ce qui permet de les capturer aisément.

Les principaux Amphibiens sont les *Phoques* et les *Morses* (fig. 64).

106. Rongeurs. — Les *Rongeurs* sont caractérisés par l'absence de canines et le développement considérable des incisives médianes (fig. 65). Celles de la mâchoire supérieure glissent comme des lames de ciseau sur celles de la mâchoire inférieure et servent à couper les racines, les écorces, les fruits dont ces animaux se nourrissent.

Fig. 65. — Dentition d'un Rongeur.

Les Rongeurs les plus remarquables sont : le *Loir*, le *Rat*, le *Campagnol*, le *Porc-Épic*, le *Lièvre*, le *Lapin* et le *Castor*.

107. Édentés. — Les *Édentés* sont essentiellement caractérisés par l'absence d'incisives.

Leur dentition est tout à fait rudimentaire, et les canines, quand elles existent, ne se distinguent pas des molaires. Leurs doigts sont terminés par des griffes longues et recourbées.

Les principaux Édentés sont : les *Paresseux*, les *Tatous*, les *Pangolins* et les *Fourmiliers*.

109. PACHYDERMES. — L'ordre des *Pachydermes* renferme les plus gros Mammifères terrestres ; on les subdivise en trois sous-ordres :

1° Les *Proboscidiens* ou *Pachydermes à trompe* ; 2° les *Pachydermes ordinaires* ou *Fissipèdes*, qui ont le pied fendu ; 3° les *Solipèdes*, qui n'ont qu'un seul doigt protégé par un sabot.

Les *Proboscidiens* n'ont pas de canines, mais les incisives sont généralement longues et souvent transformées en *défenses*. Ex. : les *Éléphants* (fig. 66).

Fig. 66. — Éléphant des Indes (haut. : 2m50).

Les *Fissipèdes* ont la peau épaisse, nue ou couverte de soies. Les principaux sont : l'*Hippopotame*, le *Rhinocéros*, le *Porc* et le *Sanglier*.

Chez les *Solipèdes*, les incisives sont séparées des molaires par un intervalle assez grand qu'on appelle la *barre* ; c'est là qu'on place le mors qui sert à conduire le Cheval. Les Solipèdes les plus remarquables sont : le *Cheval*, l'*Ane*, l'*Onagre* et le *Zèbre*.

110. RUMINANTS. — Le pied des *Ruminants* comprend quatre doigts, mais les deux du milieu posent seuls à terre (fig. 67). Ces Mammifères sont surtout caractérisés par la disposition de leur estomac, qui présente quatre cavités : la *panse*, le *bonnet*, le *feuillet* et la *caillette* (fig. 68).

Fig. 67.
Pied de ruminant.

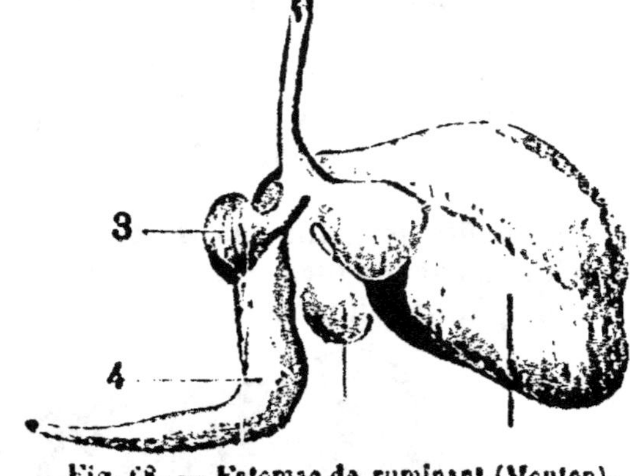

Fig. 68. — Estomac de ruminant (Mouton).
1, panse; 2, bonnet; 3, feuillet; 4, caillette.

La panse n'est qu'un simple réservoir dans lequel les aliments s'accumulent après avoir subi une mastication incomplète; l'animal a la faculté de les faire ensuite remonter dans la bouche pour y être broyés et imprégnés de salive; c'est l'acte de la *rumination*; après quoi ils passent dans le feuillet, puis dans la caillette; le bonnet sert de réservoir à la boisson.

L'ordre des *Ruminants* comprend un grand nombre d'espèces, dont plusieurs sont élevées en domesticité, comme le *Bœuf*, le *Mouton*, la *Chèvre*; les espèces sauvages les plus remarquables sont : le *Bison*, le *Buffle*, la *Gazelle*, le *Chamois*, le *Cerf*, le *Chevreuil*, le *Renne* et la *Girafe*.

170. CÉTACÉS. — Les *Cétacés*, que l'on pourrait confondre avec les Poissons à cause de la forme de leur corps, possèdent tous les caractères des Mammifères, bien qu'ils vivent constamment dans la mer. En effet, leur respiration est pulmonaire, leur circulation complète, et ils portent des mamelles. Leur peau est nue; leurs membres, profondément modifiés, sont transformés en nageoires, et leur queue, toujours horizontale, leur sert d'organe de propulsion. Les uns sont herbivores, les autres carnivores.

Les principaux Cétacés sont : les *Baleines*, les *Dauphins*, les *Marsouins* et les *Cachalots*.

171. MARSUPIAUX. — Les *Marsupiaux* habitent presque tous l'Australie; leur système dentaire présente des types de tous les ordres précédents; aussi, sans la présence des os marsupiaux, qui servent à les classer dans un ordre à part, on les trouverait disséminés dans tous les ordres des Mammifères.

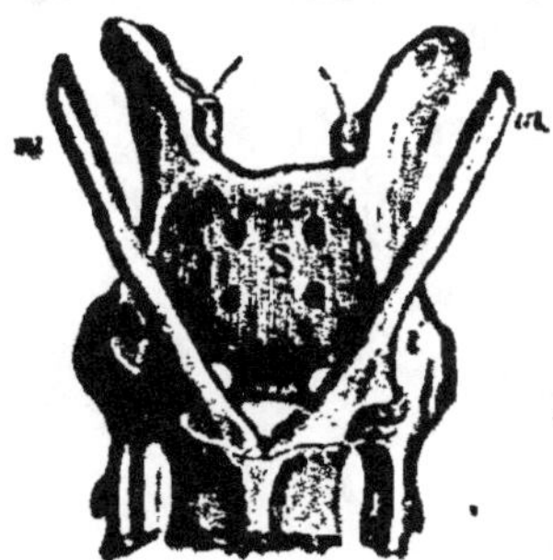

Fig. 69.— Os marsupiaux.

m, marsupiaux ;
i, os iliaque ; S, sacrum.

Les *os marsupiaux* (fig. 69) sont des os dépendant du bassin, destinés à soutenir une poche renfermant les mamelles, et dans laquelle les petits trouvent un refuge aussitôt après leur naissance.

Les Marsupiaux les plus remarquables parmi les espèces actuellement vivantes sont les *Sarigues* et les *Kanguroos*.

172. Monotrèmes. — Comme les précédents, ces animaux appartiennent à l'Australie ; comme eux, ils ont des os marsupiaux ; mais ces os sont peu développés et ne soutiennent pas de poche ventrale. L'absence des dents et la présence d'un bec corné les rapprochent des Oiseaux.

CHAPITRE II

OISEAUX — REPTILES. BATRACIENS. POISSONS

I. Classe des Oiseaux.

173. Aspect général. — Les *Oiseaux* constituent un groupe parfaitement naturel, dont on reconnaît aisément les individus au premier coup d'œil. Ils ont le corps couvert de *plumes*.

Les longues plumes des ailes portent le nom de *rémiges* (fig. 70), et celles de la queue celui de *rectrices*. Les petites plumes ou *tectrices*, appelées aussi *couvertures*, sont imbriquées les unes sur les autres comme les tuiles d'un toit. Le *duvet* est formé de plumes très petites protégeant l'oiseau contre le froid.

On appelle *mue* le renouvellement périodique des plumes ;

elle peut avoir lieu une ou deux fois par an; pendant la mue les oiseaux chanteurs sont silencieux.

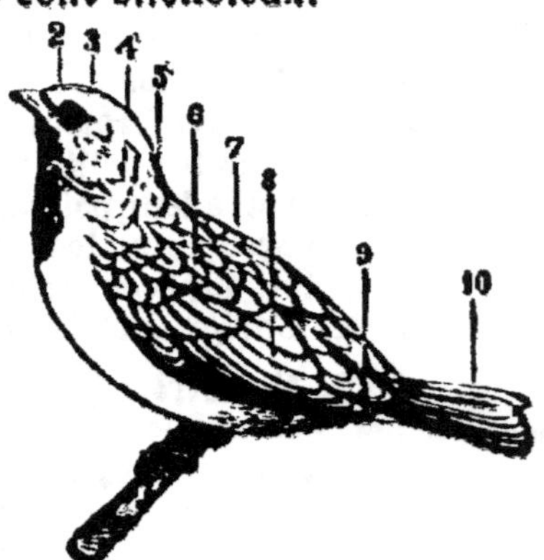

Fig. 70. — Disposition des plumes.

1, bec; 2, front; 3, vertex; 4, occiput, 5, couvertures du cou; 6, couvertures des ailes; 7, couvertures du dos; 8, rémiges; 9, couvertures de la queue; 10, rectrices.

174. Squelette. — Les os des oiseaux sont creux. Leur *tête*, relativement petite, est terminée par un *bec* corné qui est l'organe de la préhension. Le *cou*, formé d'un nombre assez considérable de vertèbres, est très mobile.

Le *sternum* (fig. 71), sur lequel doivent s'insérer les principaux muscles du vol, est très développé et recouvre en grande partie l'abdomen.

Fig. 71. — Sternum d'oiseau.

Les *pattes* sont grêles, plus ou moins longues suivant l'espèce, et terminées par des doigts dont la disposition constitue, avec la forme du bec, l'un des principaux caractères de classification.

Les *membres antérieurs* sont les organes du vol; le bras et l'avant-bras ne présentent rien de particulier, si ce n'est que le *radius* est immobile sur le *cubitus*. La *main*, profondément modifiée, se réduit à deux ou trois doigts rudimentaires.

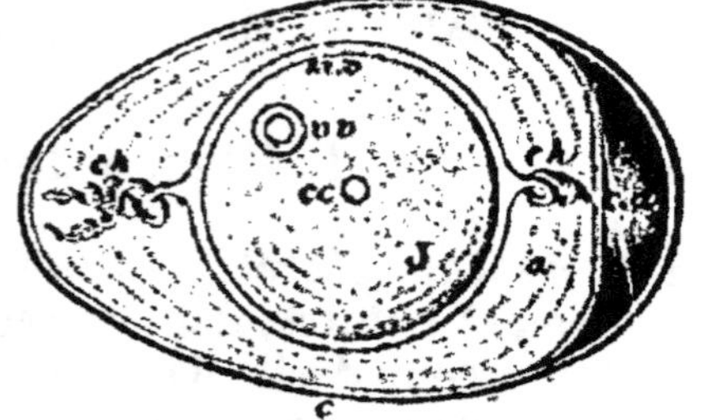

Fig. 72. — Œuf d'oiseau.

c, coquille; a, albumine; c. a, chambre à air; m. v, membrane vitelline; J, jaune ou vitellus; c. c, cicatricule; ch, chalazes.

175. Œufs. — Les Oiseaux sont *ovipares*, c'est-à-dire se reproduisent par des œufs.

L'œuf se compose d'une enveloppe calcaire ou *coquille* (fig. 72), assez poreuse pour permettre à l'air de la traverser. Dans cette enveloppe se trouve une masse liquide, filante : c'est l'*albumine* ou *blanc d'œuf*, entourée d'une fine membrane (m. *coquillère*) appliquée contre la coquille. Dans cette masse flotte le *jaune* ou *vitellus*, de forme sphérique, et entouré lui-même d'une membrane propre (m. *vitelline*); deux cordons d'albumine épaissie (*chalazes*), fixés aux deux extrémités de la coquille, le maintiennent en place.

La surface du jaune d'œuf présente une petite tache blanchâtre, la *cicatricule*, partie importante, servant de point de départ au développement du jeune Oiseau.

Quand l'œuf est frais, l'albumine remplit entièrement la coquille; mais au bout de quelque temps elle se résorbe un peu, et il se forme à l'une de ses extrémités un espace rempli d'air; c'est la *chambre à air*.

Quand la Poule ne trouve pas dans ses aliments les sels calcaires nécessaires à la formation de la coquille, elle pond des œufs à enveloppe molle, qu'on appelle œufs *hardés*.

176. Incubation. — L'*incubation* est le phénomène par lequel l'Oiseau se développe dans l'intérieur de l'œuf jusqu'au moment où il en sort en brisant sa coquille. Ce développement exige toujours une certaine quantité de chaleur et demande un temps variable suivant les espèces; les petites espèces éclosent du 10e au 12e jour : le Poulet au bout de 20 jours, et l'Autruche après le 40e jour.

CLASSIFICATION DES OISEAUX

- Pas de membrane entre les doigts :
  - Jambes courtes (Oiseaux terrestres) :
    - Pas d'écailles sur les narines :
      - Bec recourbé. Ongles robustes. → **RAPACES.** *Aigle.*
      - Bec droit ou un peu arqué; ongles faibles :
        - 3 doigts en avant, 1 doigt en arrière. → **PASSEREAUX.** *Moineau.*
        - 2 doigts en avant, 2 doigts en arrière. → **GRIMPEURS.** *Perroquet.*
    - Écailles molles sur les narines. → **GALLINACÉS.** *Coq.*
  - Jambes très longues et nues (Oiseaux de rivage) . . . . → **ÉCHASSIERS.** *Ibis.*
- Doigts réunis par une membrane (Oiseaux aquatiques) . . . . → **PALMIPÈDES.** *Oie.*

177. Rapaces. — Les *Rapaces* ou *Oiseaux de proie* ont un bec puissant et crochu et des griffes recourbées et acérées auxquelles on donne le nom de *serres* (fig. 73).

On les subdivise en deux familles : les *Rapaces diurnes* et les *Rapaces nocturnes*. Les premiers se reconnaissent facilement à ce qu'ils ont les yeux situés de chaque côté de la tête, tandis que les seconds ont les yeux dirigés en avant.

Les *Rapaces diurnes* ont la base du bec revêtue d'une membrane appelée *cirre*. Leur tarse est souvent emplumé jusqu'aux

Fig. 73. — Tête et pied de Faucon.

doigts. Les principaux sont : les *Faucons*, les *Autours*, les *Buses* et les *Busards*, les *Aigles* et les *Vautours*.

Les *Rapaces nocturnes* ont un plumage terne, formé d'un duvet abondant qui les protège contre le froid de la nuit, et leur permet de voler sans le moindre bruit.

Ils rendent les plus grands services à l'agriculture en détruisant les Rongeurs si nombreux qui s'attaquent aux récoltes ; ce sont donc des Oiseaux très utiles, qu'on a le tort de regarder souvent comme des êtres malfaisants et de mauvais augure.

Ils comprennent deux familles : les *Hiboux* et les *Chouettes*.

179. PASSEREAUX. — Les *Passereaux* sont presque tous de petite taille, et possèdent pour la plupart un plumage brillant.

Fig. 74. — Becs de Passereaux.
A, bec de Conirostre (*Gros-Bec*) ; B, bec de Fissirostre (*Martinet*) ; C, bec de Ténuirostre (*Grimpereau*) ; D, bec de Dentirostre (*Pie-Grièche*).

C'est parmi eux que se trouvent les chanteurs les plus agréables. Leur régime est très varié ; on y rencontre des granivores, des insectivores, des frugivores, etc.

D'après la forme de leur bec et la disposition des doigts, on les a subdivisés en cinq familles : les *Dentirostres*, les *Conirostres*, les *Fissirostres*, les *Ténuirostres* et les *Syndactyles*.

PASSEREAUX
- Mandibule supérieure portant une échancrure de chaque côté, près de la pointe du bec. . . . . . DENTIROSTRES.
- Bec fort et conique. . . . . CONIROSTRES.
- Bec court, aplati, largement fendu. . . . . FISSIROSTRES.
- Bec grêle, allongé, souvent arqué. . . . . TÉNUIROSTRES.
- Doigts médians soudés l'un à l'autre. . . . . . . SYNDACTYLES.

170. Espèces principales. — Dentirostres : les *Merles*, les *Pies-grièches*, le *Rossignol*, le *Rouge-gorge*, le *Roitelet*, les *Fauvettes*;

Conirostres : les *Corbeaux*, les *Étourneaux*, le *Pinson*, le *Chardonneret*, le *Moineau*, l'*Alouette*;

Fissirostres : le *Martinet*, l'*Hirondelle*, l'*Engoulevent*;

Ténuirostres : la *Huppe*, les *Grimpereaux*, les *Oiseaux-mouches*;

Syndactyles : le *Guêpier*, le *Martin-pêcheur*.

180. GRIMPEURS. — Les *Grimpeurs* ont les doigts divisés en deux paires, l'une en avant et l'autre en arrière (fig. 75); cette disposition leur permet de grimper plus facilement après l'écorce des arbres pour y chercher les insectes, qui font presque exclusivement leur nourriture.

Les principaux Grimpeurs sont : les *Pics*, les *Coucous*, les *Perroquets* et les *Toucans*.

Fig. 75. — Doigts de Grimpeur.

181. GALLINACÉS. — Presque tous les *Gallinacés* sont des Oiseaux domestiques; on les élève pour avoir les œufs qu'ils

Fig. 76. — Faisan doré.

pondent en abondance, et pour se nourrir de leur chair tendre et délicate.

On les subdivise en deux groupes : les *Pigeons* et les *Vrais Gallinacés*. Les *Vrais Gallinacés* ont le vol lourd ; quelques-uns sont revêtus de couleurs éclatantes, mais en revanche possèdent un cri des plus désagréables. Les plus remarquables sont : les *Cailles*, les *Perdrix*, la *Pintade*, le *Paon*, le *Faisan* (fig. 76) le *Coq*, la *Poule* et le *Dindon*.

182. Échassiers. — Les *Échassiers* ont les jambes longues, dénudées et recouvertes d'une peau rugueuse. Ce sont des Oiseaux de rivage qui marchent dans les eaux peu profondes pour y chercher leur nourriture, laquelle consiste en petits vers, mollusques, poissons, etc.; la longueur de leur cou est proportionnée à celle de leurs jambes, ce qui leur permet de fouiller dans la vase sans se baisser. Un certain nombre d'Échassiers ont un vol soutenu et rapide.

On les divise en cinq familles, d'après des caractères tirés de la conformation de leurs ailes, de leur

Fig. 77. — Héron butor.

bec et de leurs pieds ; ce sont : les *Brévipennes*, les *Pressirostres*, les *Cultrirostres*, les *Longirostres* et les *Macrodactyles*.

ÉCHASSIERS			
Ailes courtes, impropres au vol.			BRÉVIPENNES.
Ailes assez longues pouvant servir au vol.	Doigts médiocres.	Bec court.	PRESSIROSTRES.
		Bec long et gros, tranchant	CULTRIROSTRES.
		Bec long et grêle.	LONGIROSTRES.
	Doigts très longs		MACRODACTYLES.

183. Espèces principales. — Brévipennes : l'*Autruche* ; Pressirostres : les *Outardes*, les *Vanneaux*, les *Pluviers* ; Cultrirostres : les *Grues*, les *Cigognes*, les *Hérons* ; Longirostres : les *Ibis*, les *Bécasses* ; Macrodactyles : les *Poules d'eau*, les *Râles*.

184. Palmipèdes. — Les *Palmipèdes* sont caractérisés par la présence d'une membrane qui réunit les doigts (fig. 78). Ce sont des oiseaux essentiellement nageurs ; quelques-uns plongent même avec la plus grande agilité. Leurs plumes sont recouvertes d'un enduit gras qui les empêche de se mouiller.

La chair des Palmipèdes est délicate, et leurs œufs excellents ;

aussi un bon nombre d'espèces sont élevées en domesticité. Le guano, engrais très estimé en agriculture, se trouve en abondance sur les côtes de certaines îles des mers du Sud, et résulte de l'accumulation de la fiente des Palmipèdes qui ont habité ces îles depuis des milliers d'années.

Cet ordre se subdivise en quatre familles : les *Longipennes*, les *Totipalmes*, les *Lamellirostres* et les *Plongeurs*.

Fig. 78. — Pied de palmipède.

PALMIPÈDES		
Ailes très longues	LONGIPENNES.
Pouce réuni aux autres doigts dans une seule membrane.	TOTIPALMES.
Bec dentelé sur les bords.	LAMELLIROSTRES.
Jambes situées à l'arrière du corps. — Station verticale.	PLONGEURS.

185. Espèces principales. — Longipennes : les *Albatros*, les *Mouettes*.

Totipalmes : les *Cormorans*, les *Frégates* ;

Lamellirostres : les *Cygnes*, les *Oies*, les *Canards* ;

Plongeurs : les *Plongeons*, les *Pingouins*, les *Manchots*.

II. Classes des Reptiles, des Batraciens et des Poissons.

186. REPTILES. — Les *Reptiles* ont la peau nue, mais épaisse et rugueuse, couverte de plaques simulant souvent des écailles. Cette classe renferme des animaux dont l'aspect extérieur est très variable ; certains d'entre eux, comme les Serpents, sont dépourvus de membres.

Ces animaux sont herbivores, carnivores ou insectivores, et peuvent supporter un jeûne assez long. Leur respiration est peu active ; la plupart s'engourdissent pendant l'hiver.

CLASSIFICATION	Corps renfermé dans une carapace . .	CHÉLONIENS.
	Pas de carapace. { Pourvus de membres . .	SAURIENS.
	Dépourvus de membres.	OPHIDIENS.

187. Chéloniens. — Les *Chéloniens* ou *Tortues* ont le corps renfermé dans une boîte osseuse formée de deux pièces : la *carapace*, couvrant le dos et formée par la soudure des vertèbres aux plaques osseuses de la peau, et le *plastron*, protégeant la partie inférieure.

Les Tortues marines ont le corps moins bombé que les Tortues terrestres ; leurs pattes sont transformées en nageoires.

188. Sauriens. — Les *Sauriens* ont le corps très allongé et les membres si courts, que pendant la marche leur corps glisse sur le sol.

Les Sauriens les plus connus sont : les *Caïmans*, les *Crocodiles*, les *Lézards*, l'*Orvet* ou *Serpent de verre* et le *Caméléon*.

189. Ophidiens. — Les *Ophidiens* ou *Serpents* sont dépourvus de membres et progressent par reptation. Leur corps est allongé et cylindrique : ils ont une langue échancrée, tout à fait inoffensive, qui est pour eux l'organe du toucher. Leurs yeux n'ont pas de paupières, ce qui leur donne une fixité fascinatrice ; ces yeux sont simplement recouverts par la peau qui, à leur niveau, est complètement transparente.

On divise les Serpents en deux groupes : les *Serpents venimeux* et les *Serpents non venimeux*.

Les principaux Serpents venimeux sont : les *Crotales* ou *Serpents à sonnettes*, les *Trigonocéphales*, qui habitent les pays chauds, et les *Vipères*, que l'on rencontre dans nos climats.

Le venin des Serpents est sécrété par une glande située sous la

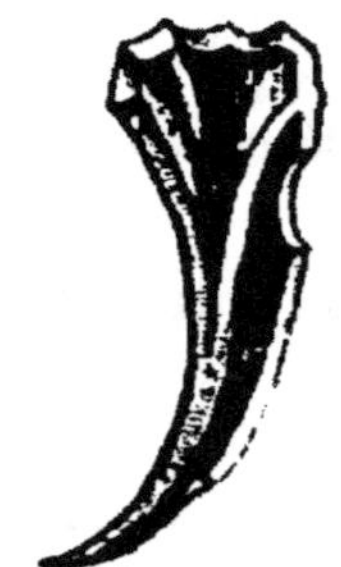

Fig. 79.
Coupe d'un crochet à venin.

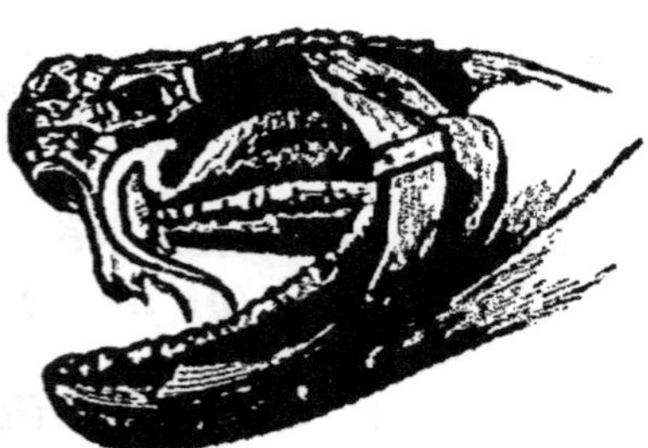

Fig. 80.
Appareil à venin de la Vipère.

peau, un peu en arrière des yeux, et s'écoule par un canal qui aboutit à deux longues dents de la mâchoire supérieure. Ces dents ou *crochets* sont mobiles, rabattues en arrière contre le palais quand la bouche est fermée, et ne se redressent que lorsque l'animal veut mordre. Elles sont creusées d'un canal ou d'un sillon qui conduit le venin au fond de la plaie dans laquelle elles se sont implantées.

Quand on a été mordu par un serpent venimeux, le meilleur moyen de prévenir les conséquences de cet accident est de sucer la morsure de façon à en extraire, autant qu'il est possible, le venin qui s'y est introduit; cette opération est sans danger si l'on n'a aucune plaie dans la bouche. On cautérise ensuite la blessure avec la pierre infernale, un fer rouge ou un charbon ardent. Si c'est un membre qui a été mordu, on le serre fortement afin de ralentir la circulation du sang dans cette partie.

Parmi les Serpents non venimeux, on peut citer les *Boas*, énormes serpents d'Amérique, et les *Couleuvres*, communes en France; ces dernières se distinguent des Vipères par leur tête allongée couverte de larges plaques cornées.

190. Batraciens. — Les *Batraciens* sont des vertébrés à peau nue, sécrétant un liquide qui prévient sa dessication. Ils sont presque tous pourvus de membres et respirent par des branchies dans les premiers temps de leur existence, puis par des poumons à l'état adulte.

La vue est chez eux le sens le plus développé; c'est le seul qui serve à la recherche de leur nourriture. Ils ont une voix qui est caractéristique pour chaque espèce.

Les principaux Batraciens sont : les *Salamandres*, les *Grenouilles* et les *Crapauds* (fig. 81).

Fig. 81. — Crapaud (long. : 0m15).

191. Poissons. — Les *Poissons* sont des animaux exclusivement aquatiques, dont le corps, ordinairement comprimé latéralement, est tout d'une venue, la tête se continuant sans transition par le

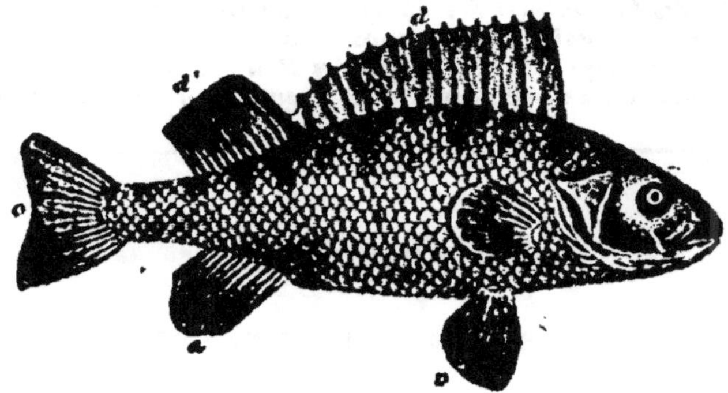

Fig. 82. — Perche.

p, nageoires pectorales; v, nageoires ventrales; d, nageoire dorsale;
a, nageoire anale; c, nageoire caudale.

reste du corps. Cette forme est certainement la plus propre à la locomotion aquatique.

Les *branchies*, qu'on appelle vulgairement les *ouïes*, constituent l'appareil respiratoire des Poissons; elles sont situées latéralement sur les côtés de la tête, et formées de quatre doubles séries de filaments rouges disposées sur des arcs osseux et protégées par une sorte de couvercle ou *opercule*. L'eau, pénétrant dans la bouche, vient sortir derrière ces opercules, baigne ainsi les branchies, et abandonne l'oxygène qu'elle tient en dissolution.

Leurs organes de locomotion sont les *nageoires* (fig. 82), sortes de membranes maintenues par des rayons en forme d'éventail, et disposées soit latéralement (nageoires paires : *pectorales* et *ventrales*), soit sur la ligne médiane (nageoires impaires : *dorsale, anale* et *caudale*).

La plupart des Poissons ont le corps protégé par des *écailles* (Perche, Carpe); quelques-uns ont la peau nue et lisse (Anguille), ou rugueuse et chagrinée (Requin, Raie).

Un grand nombre de Poissons sont munis d'une *vessie* dite *natatoire*, sorte de sac rempli d'air occupant la place des poumons, et dont le rôle physiologique n'est pas bien connu.

Les Poissons ont été partagés en deux groupes, suivant la nature de leur squelette : les *Poissons osseux* et les *Poissons cartilagineux*.

Parmi les *Poissons osseux* on peut citer les *Gymnotes*, la *Morue*, les *Soles*, les *Harengs*, le *Maquereau*, le *Thon*, et tous les poissons qui vivent dans nos rivières; parmi les seconds, moins nombreux d'ailleurs, on peut citer l'*Esturgeon*, le *Requin* et la *Raie*.

CHAPITRE III

EMBRANCHEMENT DES ANNELÉS

102. Caractères généraux. — Les *Annelés* sont des animaux dont le corps est formé d'*anneaux*; leur système nerveux consiste en une chaîne de ganglions placés suivant la ligne médiane du corps. Le ganglion céphalique est situé au-dessus de l'œsophage, tandis que les autres sont ordinairement au-dessous du canal digestif.

On subdivise l'embranchement des Annelés en deux sous-embranchements, celui des *Articulés* et celui des *Vers*.

Les *Articulés* ou *Arthropodes* comprennent les Annelés qui ont le corps pourvu de membres formés de segments auxquels on donne le nom d'*articles*. Ex. : le *Hanneton*, les *Mille-Pieds*, l'*Araignée*, l'*Écrevisse*.

Les *Vers* se distinguent des précédents en ce qu'ils sont presque tous dépourvus de membres, et que leurs organes locomoteurs, quand ils existent, ne sont jamais segmentés. Ex. : le *Lombric* ou *Ver de terre*, la *Sangsue*, le *Ténia* ou *Ver solitaire*.

ARTICULÉS OU ARTHROPODES	Six membres.		INSECTES.
	Plus de six membres.	Respiration trachéenne.	8 pattes.	ARACHNIDES.
			Plus de 8 pattes.	MYRIAPODES.
		Respiration branchiale. . . .	CRUSTACÉS.
VERS	Respiration le plus souvent branchiale. .		ANNÉLIDES.
	Respiration cutanée et vague.	Corps dépourvu d'organes locomoteurs	HELMINTHES.
		Corps pourvu de cils vibratiles.	ROTATEURS.

I. Sous-embranchement des articulés.

103. INSECTES. — Les *Insectes* se distinguent facilement des autres Annelés, en ce qu'ils ont tous trois paires de pattes. Leur corps est à trois divisions : la *tête*, le *thorax* et l'*abdomen* (fig. 83).

104. Tête. — La *tête*, toujours très distincte du thorax, porte les *yeux*, les *antennes* et les organes de la *mastication*.

Les yeux sont immobiles, relativement gros, tantôt simples, comme chez les vertébrés, tantôt composés, c'est-à-dire formés chacun d'une multitude de petits yeux distincts, placés les uns à côté des autres.

Les *antennes* (fig. 84), vulgairement appelées *cornes*,

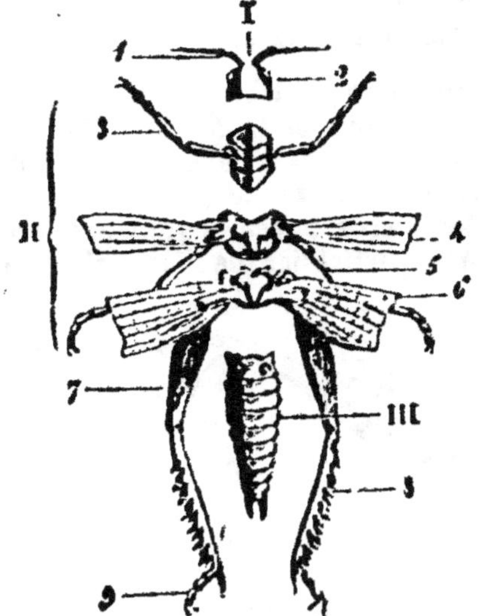

Fig. 83. — Squelette de Criquet.
I. Tête. — II. — Thorax. — III. Abdomen.
1, antennes; 2, yeux; 3, 1re paire de pattes; 4, 1re paire d'ailes; 5, 2e paire de pattes; 6, 2e paire d'ailes; 7, cuisses; 8, jambes; 9, tarse.

sont insérées sur les côtés de la tête, et affectent les formes les plus variées; ces appendices, au nombre de deux, sont les organes du toucher et de l'odorat, sens extrêmement développés chez les insectes.

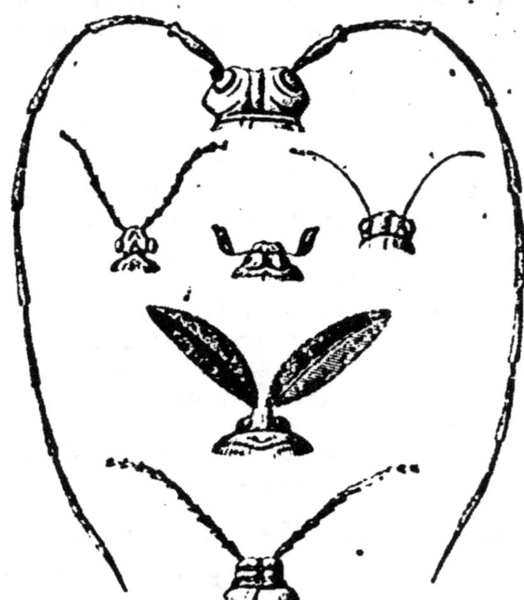

Fig. 84. — Antennes d'insectes.

La bouche des Insectes broyeurs compte trois paires d'appendices, qui sont les *mandibules*, les *mâchoires* et la *lèvre inférieure*. Ces organes sont des appareils puissants, qui peuvent non seulement ronger et percer le bois, mais encore perforer le plomb, la pierre, etc.

Chez les Insectes suceurs, les pièces buccales sont profondément modifiées et adaptées au régime particulier de l'animal. Ainsi les

Fig. 85.
Trompe de papillon.

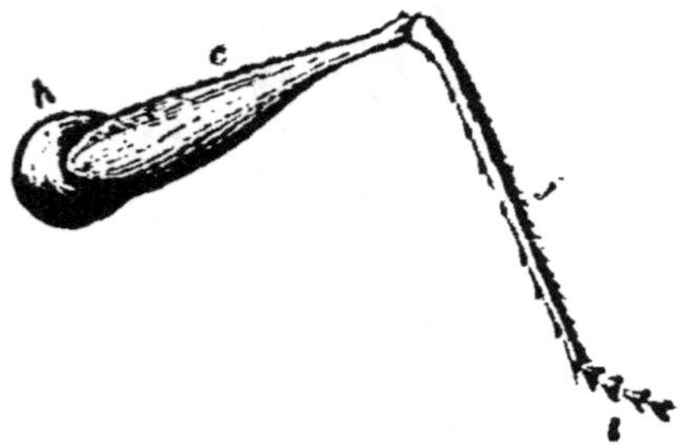

Fig. 86. — Patte d'insecte.
h, hanche; *c*, cuisse; *j*, jambe; *t*, tarse.

Papillons sont munis d'une *trompe* dont la longueur est plusieurs fois celle du corps (fig. 85).

195. Thorax. — Le *thorax* est toujours formé de trois anneaux, qui portent chacun une paire de pattes ; ce sont : le *protothorax*, le *mésothorax* et le *métathorax*.

Les *pattes*, dont la forme dépend du genre de vie de l'insecte, comprennent la *hanche*, la *cuisse*, la *jambe* et le *tarse* (fig. 86). Le *tarse* est constitué par une série d'articles emboîtés les uns dans les autres, et dont le nombre variable est un caractère de classification.

Ailes. — Un grand nombre d'insectes ont deux paires d'ailes fixées, la première au mésothorax, et la deuxième au métathorax. Dans certaines espèces (*Hanneton, Coccinelle*), la première paire est formée d'ailes dures, cornées, qu'on appelle *élytres ;* les élytres sont impropres au vol, et servent d'étui protecteur à la deuxième paire d'ailes.

Certains insectes (*Mouches, Cousins*) n'ont qu'une seule paire d'ailes, fixée au mésothorax : les ailes postérieures sont alors transformées en petits organes, nommés *balanciers*, qui maintiennent l'insecte en équilibre pendant le vol.

196. Abdomen. — L'*abdomen* est formé d'anneaux qui ne portent jamais de pattes ni d'ailes. Sur chacun de ces anneaux on observe latéralement de petits orifices nommés *stigmates.* Ces orifices sont les extrémités des *trachées*, canaux particuliers remplis d'air, se ramifiant dans le corps entier, et constituant l'appareil respiratoire des Insectes.

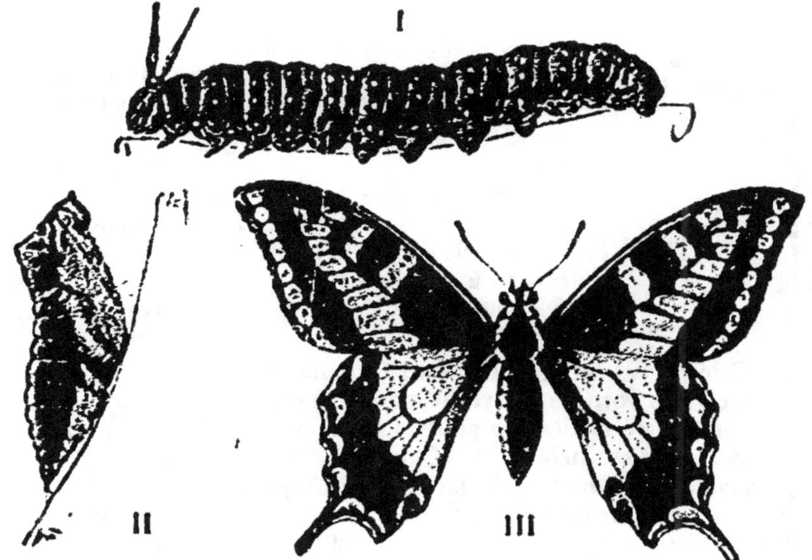

Fig. 87. — Métamorphoses du Papillon machaon.
I. Chenille. — II. Chrysalide. — III. Insecte parfait.

197. Métamorphoses des insectes. — Les insectes sont ovipares, mais beaucoup sont loin d'avoir atteint leur complet développement au sortir de l'*œuf*, et doivent subir une série de métamorphoses avant d'y parvenir.

Le premier état de l'Insecte est celui de *larve* ou de *chenille*. La larve est formée d'un certain nombre d'anneaux réguliers, nus ou couverts de poils. Après plusieurs mues, elle cesse de manger, s'enfonce dans la terre, où elle s'engourdit, ou bien file un cocon dans lequel elle s'enferme ; son corps se couvre alors d'une peau dure, cornée, et tombe dans une sorte de mort apparente ; c'est l'état de *nymphe* ou *chrysalide*.

Pendant ce temps, l'Insecte éprouve des modifications importantes ; certains organes disparaissent, tandis que d'autres se développent. Enfin, après un temps plus ou moins long, il se débarrasse de ses enveloppes et sort à l'état d'*insecte parfait*.

Les Papillons présentent cette série de phénomènes d'une façon remarquable.

108. Classification des Insectes. — Les Insectes sont généralement divisés en trois groupes, suivant le nombre des ailes : les *Tétraptères* ont quatre ailes, les *Diptères* en ont deux, et les *Aptères* en sont dépourvus.

Les Tétraptères, de beaucoup plus nombreux, se subdivisent en six ordres, d'après le tableau suivant :

TÉTRAPTÈRES			
Ailes dissemblables.	Les inférieures croisées l'une sur l'autre.		COLÉOPTÈRES.
	Les inférieures pliées en long .		ORTHOPTÈRES.
Ailes semblables.	Bouche en forme de bec. — Demi-élytres.		HÉMIPTÈRES
	Nervures des ailes formant un réseau à mailles serrées . . .		NÉVROPTÈRES.
	Nervures des ailes formant un réseau à grandes mailles. . .		HYMÉNOPTÈRES.
	Ailes couvertes d'écailles. . . .		LÉPIDOPTÈRES.

Les *Coléoptères* se reconnaissent facilement à leurs élytres cornées couvrant parfaitement la deuxième paire d'ailes. On peut citer comme exemple : la *Coccinelle*, le *Hanneton*, les *Capricornes*, les *Carabes*, le *Lucane* ou *Cerf-volant*, la *Cantharide* (fig. 88).

Comme exemples d'*Orthoptères* on peut citer la *Blatte des cuisines*, la *Mante religieuse*, et des insectes sauteurs, comme les *Sauterelles*, les *Criquets*.

Les *Hémiptères* comprennent les *Punaises* terrestres, les *Cigales*, le *Phylloxéra*, les *Cochenilles*.

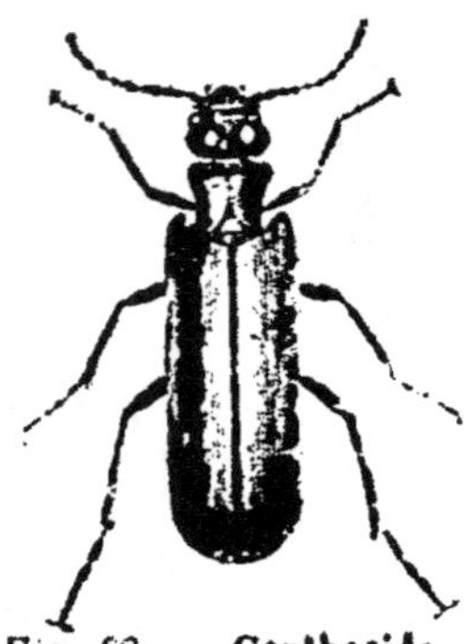

Fig. 88. — Cantharide.

Les *Névroptères* les plus communs sont les *Libellules* et les *Fourmi-lions* (fig. 89).

Fig. 89. — Fourmi-lion.

Les *Hyménoptères* sont des insectes munis pour la plupart d'un aiguillon acéré dont la piqûre est extrêmement douloureuse. Les espèces les plus connues sont : les *Abeilles*, les *Guêpes* et les *Frelons*.

Les *Lépidoptères* ou *Papillons* ont les ailes couvertes d'écailles microscopiques, qui s'attachent aux doigts dès qu'on les touche. Les uns ne volent que le jour, ce sont les papillons *diurnes*; ils sont souvent parés des couleurs les plus brillantes, et se reconnaissent facilement à ce que, dans le repos, ils tiennent leurs ailes verticales. D'autres ne volent que le soir ou la nuit; ce sont les *Papillons crépusculaires* et les *Papillons nocturnes*.

Diptères. — Les Diptères sont des insectes suceurs, la plupart redoutés à cause de leurs piqûres; les plus communs sont les *Mouches*, les *Cousins*, les *Moustiques*, les *Taons* et les *Œstres* (fig. 90).

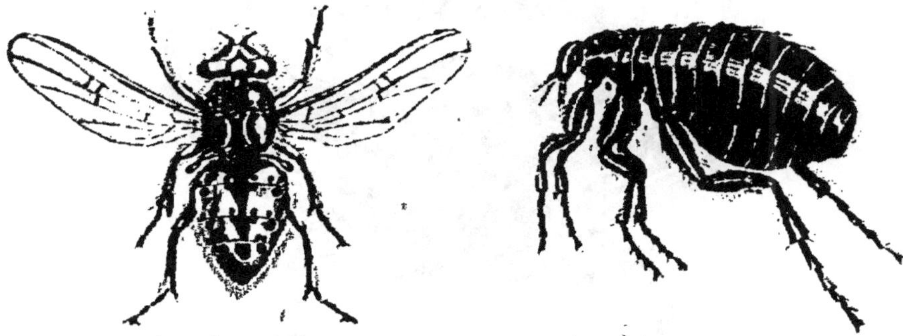

Fig. 90. — Œstre.　　　　　　Fig. 91. — Puce.

Aptères. — Les Aptères vivent en parasites sur le corps de l'homme et des animaux; les principaux sont les *Poux* et les *Puces* (fig. 91).

100. ARACHNIDES. — Le corps des *Arachnides* n'a que deux divisions : le *céphalothorax*, portant les quatre paires de pattes, et l'*abdomen*, qui est le plus souvent de forme globuleuse (fig. 92).

Plusieurs espèces possèdent un appareil producteur de la *soie*, avec laquelle elles tissent des toiles qui leur servent à capturer les Insectes dont elles se nourrissent.

Les Arachnides les plus remarquables sont les *Araignées* et les *Scorpions*.

200. MYRIAPODES. — Les *Myriapodes*, ainsi nommés à cause du grand nombre de leurs pattes, ont le corps formé d'anneaux portant chacun une ou deux paires de pattes.

Ces animaux vivent dans les lieux obscurs et humides. Les plus communs sont les *Iules*, au corps cylindrique, d'un noir bleuâtre, qui s'enroulent en spirale quand on les touche, et les *Scolopendres*.

201. CRUSTACÉS. — Les *Crustacés* ont le corps composé de segments distincts, et recouverts d'un épiderme corné, encroûté de carbonate de chaux. Cette carapace se détache de temps en temps, laissant à nu un nouvel épiderme, qui ne tarde pas à durcir lui-même. Presque tous sont aquatiques.

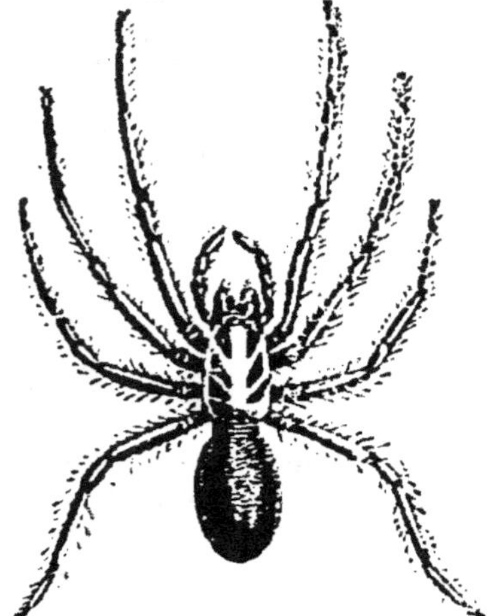

Fig. 92. — Araignée des caves.

Fig. 93. — Crabe tourteau.

Tous les Crustacés sont carnivores; leur bouche est formée de plusieurs pièces solides. Ils respirent par des branchies, et peuvent vivre hors de l'eau aussi longtemps que leurs branchies demeurent humides.

Les principales espèces de Crustacés sont : les *Crabes*, les *Homards*, l'*Écrevisse* et les *Cloportes*.

II. Sous-embranchement des Vers.

202. Annélides. — Le corps des *Annélides* est formé d'anneaux distincts, très nombreux et très serrés, portant parfois des soies qui servent d'organes locomoteurs. Un grand nombre de ces animaux ont la singulière propriété de reproduire la partie du corps qu'on leur aurait enlevée.

Les principaux sont : la *Sangsue* (fig. 94), l'*Arénicole des pêcheurs* et les *Lombrics* ou *Vers de terre*.

Fig. 94. — Sangsue médicinale.

203. Helminthes. — Les *Helminthes* sont des animaux dépourvus d'appareils locomoteurs, et vivant dans les organes des autres animaux.

Les principaux sont : le *Ténia*, ou *Ver solitaire*, dont le corps aplati et bien segmenté peut atteindre une longueur considérable ; il vit dans le canal digestif de l'homme ; les *Ascarides* ou *Vers intestinaux*; les *Trichines*, dont les larves vivent dans les porcs et peuvent passer, par l'alimentation, dans les muscles de l'homme.

204. Rotateurs. — Ce sont des Annelés microscopiques, vivant dans les eaux stagnantes, qui doivent leur nom à une couronne de cils vibratiles qui entoure leur bouche, et dont les mouvements continuels les font ressembler aux rayons d'une roue qui tourne.

QUESTIONNAIRE. — Quels sont les caractères généraux des Annelés ? — Quels sont les deux sous-embranchements des Annelés? Comment sont-ils caractérisés? — Faites le tableau synoptique de leur subdivision en classes.

En combien de parties se divise le corps des Insectes ? — Comment sont constitués les yeux des Insectes ? — Quelles sont les trois parties du thorax? Que porte chacune d'elles?— De quoi est formée une patte? — Que sont les stigmates qu'on observe sur les anneaux de l'abdomen?— Quelles métamorphoses peuvent subir les Insectes? — Comment subdivise-t-on les Insectes ? — Faites le tableau synoptique de la subdivision des Tétraptères, et donnez des exemples des différents groupes.

Indiquez les principaux caractères des Arachnides, des Crustacés, des Annélides, des Helminthes et des Rotateurs.

CHAPITRE IV

EMBRANCHEMENTS DES MOLLUSQUES, DES RAYONNÉS ET DES PROTOZOAIRES

I. Mollusques.

205. Caractères généraux. — Les *Mollusques* ont le corps *mou*, jamais divisé en anneaux, et souvent protégé par une enveloppe calcaire qu'on appelle *coquille*. Leur système nerveux se compose d'un ganglion céphalique réuni à des ganglions abdominaux, mais ne formant pas de chaîne. Ex. : le *Poulpe*, l'*Escargot*, l'*Huitre*, la *Limace*.

On les subdivise en deux sous-embranchements : celui des *Mollusques proprement dits* et celui des *Molluscoïdes*.

MOLLUSQUES proprement dits.	Tête distincte.	Entourée de tentacules ou de bras	CÉPHALOPODES.
		Disque charnu servant à la locomotion.	GASTÉROPODES.
MOLLUSCOÏDES	Tête non distincte		ACÉPHALES.
	Branchies intérieures.		TUNICIERS.
	— extérieures.		BRYOZOAIRES.

206. Mollusques proprement dits. — Les *Mollusques proprement dits* ont un système nerveux assez développé, tandis qu'il l'est beaucoup moins chez les Molluscoïdes.

207. Céphalopodes. — Les *Céphalopodes* ont le corps en forme de sac, dont les bords sont armés de bras portant des ventouses ou suçoirs ; ces tentacules, qu'ils agitent dans l'eau, leur servent d'organes de préhension. Les plus grandes espèces sont les *Poulpes* (fig. 95) et les *Calmars*, qui habitent les hautes mers.

Fig. 95. — Poulpe commun.

208. Gastéropodes. — Les *Gastéropodes* ont un pied charnu sur lequel ils rampent. Presque tous ont une coquille contournée en spirale, et fermée quelquefois par un opercule.

Les plus remarquables sont : les *Escargots*, les *Limaces*, les *Limnées* et les *Porcelaines* (fig. 96).

Fig. 96. — Porcelaine tigre.

209. Acéphales. — Les *Acéphales* n'ont pas de tête distincte, et sont renfermés dans une coquille à deux valves. Ces mollusques se fixent le plus souvent aux rochers ou n'exécutent que des mouvements lents.

Les plus connus sont les *Huîtres*, dont certaines espèces fournissent les perles ; les *Moules* et les *Peignes*.

210. Molluscoïdes. — On désigne sous le nom de *Molluscoïdes* un groupe de Mollusques établissant une transition naturelle entre les Mollusques proprement dits et les vers. Leur étude est difficile et ne présente qu'un intérêt secondaire. Ex. : les *Ascidies* et les *Plumatelles*.

II. Rayonnés.

211. Caractères et subdivisions. — Les *Rayonnés* ont le corps de consistance molle, nu ou protégé par un encroûtement calcaire. Leurs organes sont groupés autour d'un centre, ce qui leur donne un aspect globuleux ou étoilé.

Les Rayonnés comprennent deux sous-embranchements : celui des *Échinodermes* et celui des *Cœlentérés*.

ÉCHINODERMES {	Corps globuleux ovale ou discoïde. . .	OURSINS.
	Corps de forme pentagonale ou étoilée.	ASTÉRIES.
	Corps gélatineux et transparent. . . .	ACALÈPHES.
CŒLENTÉRÉS {	Corps mou, de forme conique ou cylindrique.	POLYPES.
	Corps sphéroïdal ou en forme de coupe.	SPONGIAIRES.

212. Échinodermes. — Les *Échinodermes* sont des animaux marins dont la peau, dure et calcaire, est souvent hérissée d'épines. Les principaux Échinodermes sont : les *Astéries* ou *Étoiles de mer* (fig. 97) et les *Oursins*.

213. Cœlentérés. Les *Cœlentérés* ont un appareil digestif réduit à une simple cavité, tandis que chez les précédents c'est encore un tube à parois propres formant un organe parfaitement distinct. Ils se subdivisent en trois classes : les *Acalèphes*, les *Polypes* et les *Spongiaires*.

214. Acaléphes. — Les *Acaléphes* sont des animaux gélatineux, transparents, qui flottent dans les eaux de la mer; ils ont la forme d'une cloche dont les bords portent des tentacules simples ou ramifiés qui leur servent d'organes de préhension et de locomotion. Ex. : les *Méduses* ou *Orties de mer*.

215. Polypes. — Les *Polypes* ou *Coralliaires* ont également le corps gélatineux, muni de tentacules nombreux entourant la bouche, et possèdent presque tous la faculté de se grouper en colonie sur un support ramifié, formé par des concrétions calcaires de structure très variée (*Polypiers*).

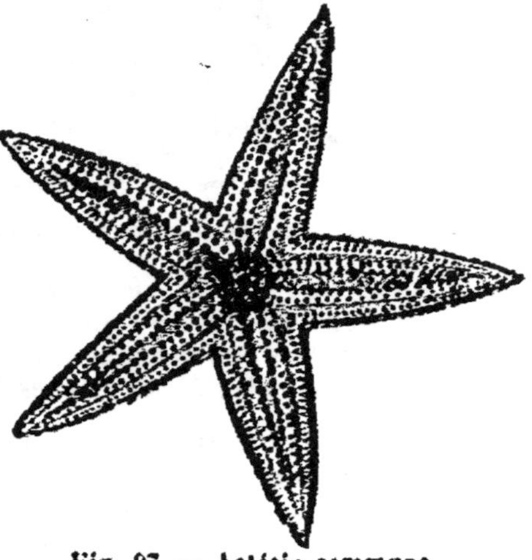

Fig. 97. — Astérie commune.

Les Polypes les plus communs sont : les *Actinies*, les *Coraux*, les *Madrépores* et les *Hydres*.

216. Spongiaires. — Les *Spongiaires* sont de petits animaux qui, d'abord libres dans les premiers temps de leur existence, se groupent ensuite en colonies nombreuses, et sécrètent alors une matière calcaire ou siliceuse, qui forme bientôt une masse solide extrêmement poreuse, destinée à loger la colonie dont l'ensemble constitue une *Éponge* (fig. 98).

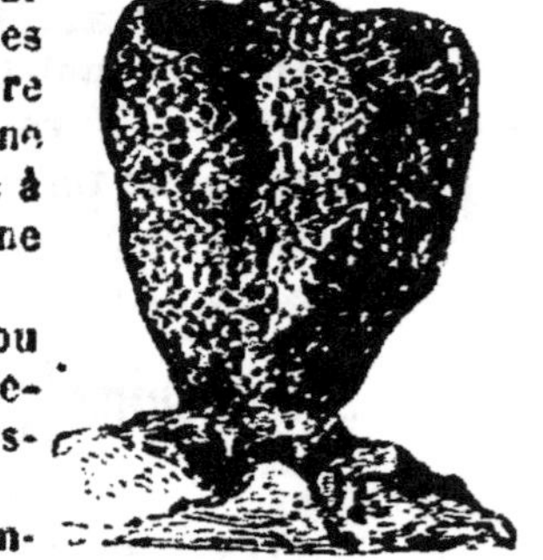

Les Éponges ont la forme d'une sphère ou d'une coupe qui s'accroît petit à petit, à mesure que de nouveaux individus prennent naissance par bourgeonnement.

La pêche des Éponges fait l'objet d'un commerce important. On les trouve surtout le long des côtes de Syrie.

Fig. 98. — Éponge.

III. Protozoaires.

217. Caractères généraux. — Les *Protozoaires* sont ains nommés parce qu'ils constituent le premier échelon de la série animale. Les plus simples, en effet, ont une organisation tellement élémentaire, qu'ils se montrent sous l'aspect d'une masse gélatineuse (*sarcode*), animée de mouvements contractiles et de forme constamment variable.

Les Protozoaires se subdivisent en deux classes : les *Infusoires* et les *Rhizopodes*.

PROTOZOAIRES { Corps de forme déterminée. . . . . INFUSOIRES.
Corps de forme indéterminée et changeante. . . . . RHIZOPODES.

218. Infusoires. — Les *Infusoires* (fig. 99) sont des animaux microscopiques qui se développent ordinairement dans les infusions végétales ou animales, ou bien qui vivent dans les eaux stagnantes. Leurs formes sont extrêmement variées.

Les Infusoires naissent les uns des autres par segmentation, ou se reproduisent par des germes que l'air ou l'eau transportent et répandent partout, et qui se développent lorsqu'ils se trouvent dans des conditions favorables.

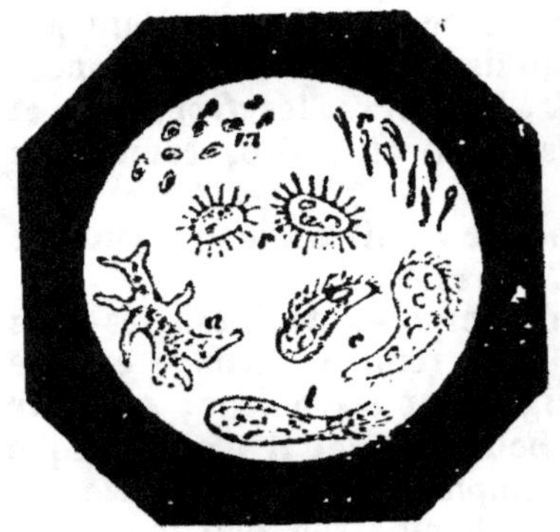

Fig. 99. — Infusoires.

219. Rhizopodes. — Les *Rhizopodes* sont les derniers représentants de la série animale. Leur corps, d'une extrême simplicité, est formé de protoplasma granuleux qui, dans la plupart des cas, sécrète des matières calcaires ou siliceuses, sous forme d'aiguilles, de piquants, de coquilles parfois très élégantes.

A cette classe appartiennent les *Amibes*, les *Radiolaires* et les *Foraminifères*.

QUESTIONNAIRE. — Quels sont les caractères généraux des Mollusques? Faites le tableau synoptique de leur classification. — *Indiquez l'organisation générale des Céphalopodes, des Gastéropodes et des Acéphales. Donnez-en des exemples.* De quelle disposition les Rayonnés tirent-ils leur nom? Donnez le tableau de leur classification. — *Dites ce qui caractérise chacun des groupes et donnez-en des exemples.*
Quels sont les principaux caractères des Protozoaires? Comment les subdivise-t-on? — *Que savez-vous des Infusoires?*

CHAPITRE V

ANIMAUX UTILES

220. Définition. — Les animaux utiles sont ceux dont nous tirons parti, soit pour notre subsistance, soit pour les services qu'ils nous rendent, soit pour les produits d'industrie que nous en retirons.

On range également dans cette catégorie tous les animaux destructeurs d'espèces nuisibles.

221. Le bétail. — Par bétail on entend tous les animaux de ferme, *Bœufs*, *Moutons*, *Porcs*, etc., à l'exception des Chevaux, des Chiens et des volailles. On peut le subdiviser en *gros bétail* (Bœufs, Vaches, etc.), et en *menu bétail* (Moutons, Porcs, Chèvres, etc.).

Outre les *engrais* excellents que fournissent la plupart des bestiaux et le *travail* que peuvent produire quelques-uns d'entre eux, ils constituent l'une des plus précieuses ressources de l'agriculture par les différents produits d'alimentation qu'ils donnent en abondance, comme la *viande de boucherie*, le *lait*, le *beurre*, les *fromages*, et par les importants produits industriels qu'on en retire, comme les *cuirs* et les *laines*.

Les principaux mammifères composant le bétail ordinaire sont les *Bœufs*, les *Moutons*, les *Porcs* et les *Chèvres*.

Le *Bœuf* est, sans contredit, l'une des espèces de bétail les plus précieuses par les nombreux services qu'il rend à l'homme comme animal domestique. C'est un rude et vigoureux travailleur; sa *chair* est une ressource abondante pour la boucherie, et il n'est presque aucune partie de son corps qui ne soit employée dans l'industrie. Sa *peau* sert à la préparation de *cuirs* excellents; son *poil* fournit la *bourre* avec laquelle on garnit les fauteuils, les canapés; ses *cornes*, ses *os*, sont utilisés dans la tabletterie pour faire des peignes, des boutons, des manches d'instruments; sa *graisse* est employée dans la fabrication des chandelles et des savons; ses *intestins* fournissent la baudruche, etc.

Le *Mouton* est une espèce importante parmi celles que l'on élève en vue des produits qu'elles rapportent. Sa chair fournit une nourriture succulente et délicate; sa laine sert à la fabrication des étoffes et constitue un revenu très important pour l'industrie française.

Le poil de la *Chèvre* sert à la fabrication des étoffes, des coiffures. Avec sa *peau*, très estimée dans la ganterie, on fabrique du parchemin, du maroquin. Les Chèvres de *Cachemire* (Thibet) sont renommées pour leur poil long et abondant, qui sert à la fabrication des étoffes dites de *Cachemire*.

Le *Porc* est, parmi tous les animaux domestiques, celui qui se prête le mieux à l'engraissement. Il fournit du *lard* en abondance; sa *chair*, de digestion assez difficile, sert de base à la confection de nombreux produits alimentaires qui ont donné naissance à une branche d'industrie particulière, la *charcuterie*.

222. Le Gibier. — On appelle *gibier* les animaux que l'homme se procure par la chasse, quels que soient les moyens employés, et qui servent à son alimentation. Ces animaux sont des mammifères ou des oiseaux.

La chair du gibier est plus succulente, possède un fumet plus agréable que celle des animaux domestiques, et par conséquent est plus estimée que la viande de boucherie; mais ses qualités mêmes la rendent plus excitante, et par suite moins facile à digérer pour des estomacs paresseux.

On peut citer comme espèces principales de gibier parmi les mammifères : le *Sanglier*, le *Cerf*, le *Chevreuil*, le *Lièvre* et le *Lapin* ; et parmi les oiseaux : le *Faisan*, le *Coq de bruyère*, la *Perdrix*, la *Caille*, la *Grive*, l'*Alouette*, le *Canard sauvage* et la *Bécasse*.

223. Auxiliaires de l'homme.

— Le *Chien* paraît de tous les animaux celui qui se prête le mieux à la domestication, celui que l'homme s'attache le plus volontiers, et dont il a su le mieux diriger les instincts et les merveilleuses aptitudes. On sait combien il montre d'intelligente activité et d'instinct merveilleux dans la conduite et la garde des troupeaux qui lui sont confiés. Ces éminentes qualités, jointes au désintéressement le plus absolu, en font un des animaux de ferme les plus utiles.

Le *Bœuf* se place au premier rang parmi les travailleurs infatigables de la campagne. Son dos, large et arrondi, le rend impropre au transport des lourds fardeaux ; mais son cou développé, ses larges épaules, en font une excellente bête de traction. La pesanteur de sa démarche, la masse de son corps, sa patience dans le travail, le rendent plus que tout autre animal propre aux rudes travaux des champs.

Le *Cheval* est un des meilleurs auxiliaires de l'homme pour les nombreux services qu'il lui rend. Suivant les usages auxquels on les destine, les chevaux peuvent se subdiviser en chevaux de *selle* et en chevaux de *trait*.

Les chevaux de selle comprennent les chevaux de *guerre*, les chevaux de *luxe* (chasse, manège, promenade) et les chevaux de *service* (voyage, service journalier). Ils ont pour types deux races célèbres : le *cheval arabe* et le *cheval pur sang anglais*.

Les chevaux de trait manquent de légèreté et d'ardeur ; leur corps massif, leurs fortes jambes, leur puissance musculaire, leur patience extraordinaire, en font de robustes et vigoureux travailleurs.

La France possède sans contredit les meilleurs chevaux de trait ; l'une de ses races, la race *boulonnaise*, est le type du cheval de gros trait.

L'*âne* marche ordinairement au pas ; il a le trot dur et saccadé, et ne sait pas galoper.

La patience, la constance avec laquelle il supporte les coups ; sa grande sobriété, sa docilité à ne refuser aucun travail qui n'excède pas ses forces, en font un utile auxiliaire des pauvres habitants des campagnes, auxquels il rend les plus grands services par ses modestes mais précieuses qualités. Sa peau sert à faire des tambours, des tamis. En Orient, on en fait la peau de chagrin si recherchée pour la reliure.

L'*Éléphant* ne se rencontre que dans l'Afrique et dans l'Inde. Depuis longtemps l'homme a su le plier à ses exigences et l'utiliser pour la chasse, la guerre ou le transport.

Le *Chameau* est utilisé comme bête de somme dans le Thibet, le

nord de l'Afrique, la Syrie et la Perse. Il est plus léger et plus
robuste que le cheval. Le chameau ne s'attelle pas, il est lui-même
comme une sorte de voiture vivante, sur laquelle on peut accumuler
jusqu'à 300 kilos de marchandises. C'est un animal indispensable pour
les caravanes qui ont à traverser des déserts sablonneux d'assez grande
étendue.

Le *Renne* est un animal exclusivement propre aux contrées gla-
ciales. Il est pour les Lapons, les Samoyèdes, un auxiliaire de première utilité, et remplace chez eux le Bœuf, le Mouton et le Porc,
qui ne pourraient résister au climat rigoureux des terres arctiques.

Sa peau sert à fabriquer les vêtements, les tentes des habitants de
ces pays ; ils en font même les voiles de leurs barques et jusqu'à des
canots. Sa chair est utilisée pour l'alimentation ; ses os, ses bois,
servent à fabriquer toutes sortes d'ustensiles.

224. Mammifères à fourrure. — Les animaux à fourrure sont des
mammifères qui habitent pour la plupart les régions froides du Nord
ou les contrées brûlantes de l'Asie, de l'Afrique et de l'Amérique
du Sud. Ces quadrupèdes sont presque tous carnassiers, et leur fourrure est à peu près la seule chose dont l'homme puisse tirer parti.

On nomme *pelleteries* les peaux de mammifères préparées pour être
conservées avec leur poil ; on leur donne le nom de *fourrures* quand
elles sont utilisées pour la confection des vêtements.

Les fourrures les plus chaudes sont fournies par les animaux des
pays froids ; comme les poils sont toujours plus serrés en hiver qu'en
été, on attend les grands froids pour leur faire la chasse. Les plus
riches fourrures proviennent de petits mammifères tels que la *Martre*,
la *Loutre*, l'*Hermine*, la *Zibeline*.

225. Oiseaux de basse-cour. — On appelle *basse-cour* l'endroit
clos dans lequel on élève les *volailles*. La basse-cour est une ressource importante pour le ménage du cultivateur, et peut lui fournir
en abondance des œufs dont il peut tirer un grand profit.

Les principales espèces d'oiseaux que l'on élève dans les basses-
cours, les unes pour leur chair et leurs œufs, les autres pour leur
chair et leurs plumes, sont : les *Poules*, les *Dindons*, les *Pigeons*,
les *Canards*, les *Oies*, et moins souvent les *Pintades*, les *Faisans* et
les *Cygnes*.

Les *plumes* ne servent guère qu'à la confection des objets de luxe
et d'agrément ; on employait autrefois les plumes d'oie pour écrire.
Les plumes d'Autruche sont très recherchées, ainsi que celles de certains oiseaux qui ont un plumage brillant, comme le Paon, les Oiseaux-
Mouches, les Paradisiers.

Le *duvet* des Canards, et surtout celui des Oies, est employé pour
la literie ; on en garnit les coussins et les oreillers.

226. Poissons. — Les poissons d'eau douce, la *Carpe*, la *Tanche*,
la *Truite*, l'*Anguille*, la *Perche*, le *Brochet*, les *Goujons*, donnent
d'excellents aliments maigres ; on les mange frais. Les poissons de
mer ordinairement employés comme espèces alimentaires sont : le

Hareng, la *Sardine*, l'*Anchois*, le *Thon*, la *Morue*, le *Merlan*, le *Maquereau*, la *Sole* et la *Raie*.

On appelle *viviers* des réservoirs d'eau, naturels ou artificiels, destinés à la conservation et à la multiplication du poisson. Ce sont en général des étangs dans lesquels on retient à volonté les eaux de pluie, de source ou de rivière. Le vivier est pour le poisson ce que la basse-cour est pour les volailles.

227. Insectes. — Il existe très peu d'insectes utiles; quelques-uns cependant sont de hardis chasseurs qui font une guerre acharnée aux autres insectes nuisibles; ce sont surtout les *Carabes*. Les espèces les plus remarquables pour les produits qu'elles nous donnent sont les *Abeilles*, le *Ver à soie*, la *Cantharide* et la *Cochenille*.

Carabes. — Les Carabes sont de grands et beaux insectes munis de longues pattes, et courant avec agilité dans les parterres et les plates-bandes de nos jardins. Ce sont de féroces carnassiers, grands destructeurs de chenilles, de larves et d'insectes nuisibles, que l'on doit protéger et laisser courir en paix quand on les rencontre.

Abeilles. — Les Abeilles vivent en société dans les excavations des troncs d'arbres et des rochers, ou dans des abris préparés spécialement pour elles et auxquels on donne le nom de *ruches*.

Pour récolter le miel, on enfume la ruche avec précaution après s'être mis à l'abri, par un masque en fil de fer et des gants épais, de la piqûre des abeilles, que cette opération rend furieuses. Celles qui restent dans la ruche, à demi étourdies, laissent l'opérateur en paix.

Les rayons détachés, mis simplement à égoutter, donnent le *miel vierge;* par compression, on obtient ensuite un miel de qualité inférieure.

Le miel est d'autant plus estimé, que les ruches sont établies à proximité de plateaux couverts de plantes aromatiques. Les miels les plus renommés sont ceux de Narbonne et du Gâtinais.

Vers à soie. — Les vers à soie sont les larves d'un papillon nocturne, le *Bombyx du mûrier.*

Le cocon du ver à soie, de la grosseur d'un œuf de pigeon, est formé d'un seul fil de soie sécrété par la chenille, et dont les contours s'agglutinent pour former la coque. Ce fil atteint une longueur de 300 à 350 mètres.

Pour recueillir la soie, on fait mourir les chrysalides en les plaçant dans une étuve dont on porte la température à 100 degrés. On plonge ensuite les cocons dans l'eau bouillante, qui décolle les fils de soie agglutinés, on rassemble les extrémités des fils de plusieurs cocons, et on les dévide comme on déviderait une pelote de laine.

La soie ainsi obtenue est dite écrue; elle est jaune ou blanche, et a besoin de subir un lavage spécial avant d'être soumise à la teinture.

ment aux services qu'ils peuvent rendre? — Que savez-vous du Renne? — Quels sont les principaux animaux à fourrure?

Qu'appelle-t-on basse-cour? — Quelles sont les principales espèces d'oiseaux qu'on élève dans les basses-cours? — Quels sont les principaux Poissons utilisés dans l'alimentation? — Qu'appelle-t-on viviers? — Quels sont les principaux insectes utiles? — Comment recueille-t-on le miel? — D'où provient la soie?

CHAPITRE VI

ANIMAUX NUISIBLES

Parmi les animaux il en est qui nous sont directement nuisibles, ce sont les grands carnassiers qui nous dévorent, les parasites qui nous rongent, les espèces venimeuses qui nous empoisonnent; d'autres nous nuisent indirectement en attaquant les animaux qui nous servent, les végétaux que nous utilisons, les produits d'industrie que nous employons, comme, par exemple, les vêtements, les meubles, les denrées alimentaires, etc. Ce sont des concurrents qui nous disputent ce qu'il leur faut pour vivre, et la Providence, qui fait bien toutes choses, les met évidemment à même de se procurer les moyens de se nourrir et de perpétuer des espèces qui doivent, dans ses desseins, échapper à toute destruction de la part de l'homme, et dont sa justice se sert quelquefois pour nous châtier.

228. Mammifères. — Les *Mammifères* les plus redoutables et qui s'attaquent directement à l'homme sont : le *Tigre*, le *Lion*, le *Jaguar*, la *Panthère*, les *Ours* et les *Loups*.

Quelques rongeurs sont placés dans la catégorie des animaux nuisibles : ce sont, par exemple, les *Lièvres* et les *Lapins*, qui commettent parfois des dégâts considérables dans les vergers; les *Rats* et les *Souris*, qui infestent les habitations; les *Mulots*, qui détruisent les récoltes.

La *Fouine*, la *Belette*, le *Putois*, le *Renard*, font une guerre sanglante aux animaux de basse-cour. La *Loutre* mange le poisson des rivières et des étangs.

229. Oiseaux. — Les *Vautours*, les *Aigles*, les *Faucons*, s'attaquent aux oiseaux plus petits et détruisent une assez grande quantité de menu gibier.

Les grandes espèces de rapaces font quelquefois des victimes parmi les troupeaux qui paissent dans les montagnes.

230. Reptiles. — Les *Reptiles* les plus redoutables sont les *Caïmans*, les *Crocodiles* et les *Serpents* venimeux.

231. Insectes. — Presque tous les insectes sont nuisibles, soit à l'état de larves ou de chenilles, soit à l'état d'insectes parfaits. Ce sont de rudes adversaires, contre lesquels nous avons souvent à lutter pour leur disputer nos animaux, nos plantes, nos aliments, nos vêtements, nos habitations, et que nous sommes parfois obligés de combattre pour nous défendre personnellement de leurs incessantes attaques.

Les principaux Insectes nuisibles sont : les *Hannetons*, les *Charançons*, les *Criquets*, le *Phylloxéra*, les *Pucerons*, les *Guêpes*, les *Chenilles*, les *Mouches*, les *Cousins*, les *Poux* et les *Puces*.

Hanneton. — Le Hanneton est un des plus grands ennemis de l'agriculture. Sa larve, connue sous le nom de *ver blanc*, passe trois ou quatre ans dans la terre, coupant et rongeant, au moyen de ses puissantes mandibules, toutes les racines qu'elle rencontre. Ces larves sont parfois si nombreuses, qu'elles détruisent des récoltes entières.

Fig. 100. — Larve du Hanneton.

Le Hanneton ne vit que trois semaines à l'état d'insecte parfait; il éclot au printemps et dévore avec avidité les jeunes feuilles des arbres et peut causer en ce peu de temps de véritables dégâts.

Charançons. — Les Charançons sont de petits coléoptères vivant sur des espèces végétales particulières. Leur bouche est armée d'une sorte de trompe recourbée qui est un puissant appareil de destruction, et au moyen de laquelle ils perforent les substances les plus dures.

Criquet. — Le Criquet voyageur, improprement appelé *Sauterelle*, ne se rencontre guère qu'en Afrique.

Fig. 101.
Charançon du blé.

1, grain de blé; 2, grandeur naturelle; 3, Charançon grossi.

Les Criquets voyagent parfois en rangs si serrés, qu'ils forment un véritable nuage qui obscurcit le jour. Le sol sur lequel ils s'abattent en est couvert sur une épaisseur qui dépasse parfois 30 à 40 centimètres. En quelques instants toutes les récoltes sont anéanties. Ce fléau est extrêmement redouté des agriculteurs algériens.

Phylloxéra. — Le *Phylloxéra vastatrix* est un petit insecte apporté en France depuis une vingtaine d'années sur des plants de vigne venant d'Amérique, et qui depuis a détruit la plus grande partie de nos vignobles, autrefois si prospères.

Le Phylloxéra (fig. 102) est un insecte suceur, voisin des pucerons. Il se fixe sur la racine des ceps de vigne, y implante sa trompe, et passe toute la belle saison à sucer le suc des radicelles. Bientôt celles-ci

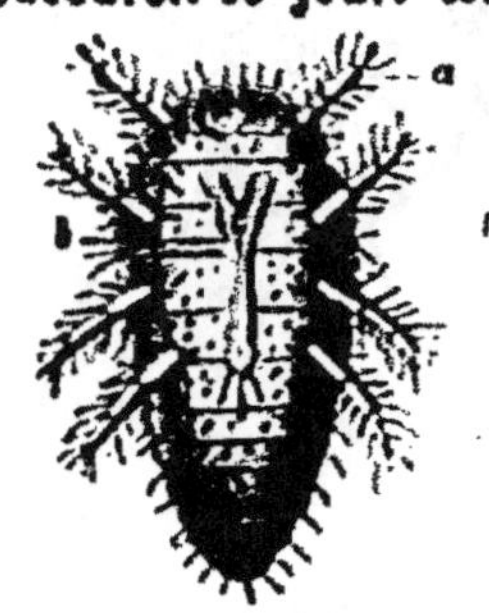

Fig. 102. — Phylloxéra.

finissent par être couvertes par des myriades de ces parasites, qui épuisent la plante et la font bientôt périr.

Jusqu'à présent les moyens employés pour se débarrasser de ces dangereux parasites ont été impuissants à les exterminer; l'un des plus accrédités consiste à introduire au pied de chaque cep de vigne une petite quantité de sulfure de carbone.

Pucerons. — Les Pucerons sont de petits animaux de couleur verte, noire ou bronzée, que l'on remarque en grand nombre, serrés les uns contre les autres, autour des jeunes pousses de différents végétaux, sureaux, rosiers, tilleuls, groseilliers, etc., et qui, fixés à la plante par leur bec, en sucent la sève avec avidité.

Les *Guêpes*, les *Frelons*, les *Abeilles*, sont des espèces munies d'un aiguillon acéré dont la piqûre, sans être dangereuse, est excessivement douloureuse et détermine l'enflure de la partie atteinte.

Il est à remarquer que ces insectes ne se servent de leur aiguillon que lorsqu'ils sont agacés; on peut les laisser courir sur la peau sans aucun inconvénient; ils ne piquent bien souvent que lorsqu'on les maltraite en voulant les chasser.

Les Guêpes sont encore nuisibles par les dommages qu'elles causent dans les vergers en s'attaquant aux plus beaux fruits.

Les *Lépidoptères* sont surtout nuisibles à l'état de *larves* et de *chenilles.* La plupart des chenilles vivent de feuilles, et le plus souvent chaque espèce ne se trouve que sur une espèce végétale particulière; les autres larves s'attaquent au bois ou aux fruits, qu'elles rongent activement.

Les *Mouches* sont des insectes agaçants qui pullulent quelquefois dans les habitations.

Le *Cousin* est très avide du sang de l'homme; il perce la peau au moyen d'un long suçoir et y verse en même temps un venin qui provoque une vive inflammation et une violente démangeaison.

Les *Poux*, les *Puces* et les *Punaises* sont des animaux qui naissent et se multiplient dans la malpropreté. Leurs morsures sont irritantes et occasionnent de vives démangeaisons. La propreté est le seul moyen de se maintenir à l'abri de ces hôtes répugnants.

232. Acarus. — On désigne sous le nom scientifique d'*Acarus* de petits Arachnides très communs sur les matières végétales et animales, mortes ou vivantes.

L'*Acarus de la gale* (fig. 163) a l'aspect d'un petit point blanc visible à l'œil nu. Vu au microscope, il a l'apparence d'une petite tortue.

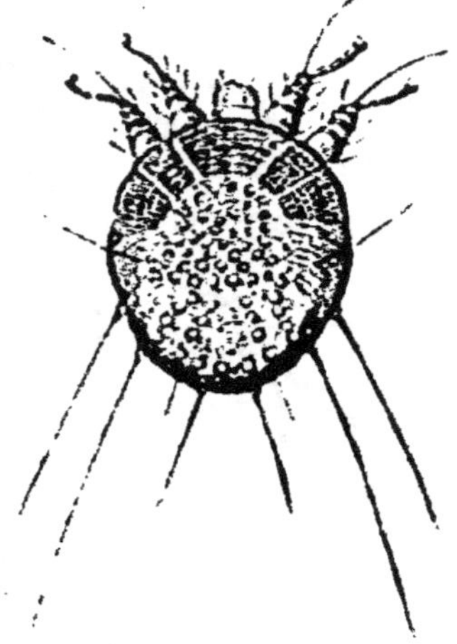

Fig. 163. — *Acarus de la gale.*

Lorsqu'on place un de ces animaux sur la peau, il s'enfonce rapidement dans l'épiderme, puis creuse entre le derme et l'épiderme un sillon, dont la longueur varie de quelques millimètres à plusieurs centimètres, et qui ressemble à une éraflure d'épingle. C'est sa présence sous l'épiderme qui constitue la *gale*.

233. Ténia ou Ver solitaire. — Le *Ténia* présente, avant d'arriver à son complet développement, une série de métamorphoses extrêmement curieuses, et ne vit à l'état adulte que dans le canal digestif de l'homme.

On se débarrasse de cet hôte importun en avalant 30 à 40 grammes de poudre de kousso d'Arabie délayée dans un demi-verre d'eau. La racine de Grenadier paraît jouir des mêmes propriétés. L'expulsion de la tête du Ténia est la condition essentielle de la guérison complète.

234. Escargots. Limaces. — Les *Escargots* et surtout les *Limaces* causent à l'agriculture de véritables dégâts, en rongeant les pousses des arbres et les légumes des potagers.

Les plus à craindre sont les petites espèces, principalement la petite Limace grise et ses nombreuses variétés, qui se reproduisent avec une désespérante activité.

QUESTIONNAIRE. — Quels sont les principaux animaux nuisibles parmi les Mammifères, les Oiseaux et les Reptiles? — Nommez les Insectes nuisibles les plus communs et indiquez, pour chacun, en quoi ils sont nuisibles. — Que savez-vous de l'Acarus de la gale?

BOTANIQUE

CHAPITRE I

ANATOMIE GÉNÉRALE

1. La cellule végétale. — Tous les végétaux sont constitués par une agglomération de cellules dont la forme primitive s'est plus ou moins modifiée.

La *cellule végétale* (fig. 1) est un petit organe microscopique, de forme sphérique, ou ovoïde quand elle est isolée, d'un diamètre tel qu'il en faudrait aligner environ 500 pour faire une longueur de 1 millim. Elle se présente tout d'abord sous l'apparence d'une masse liquide, le *protoplasma*, entourée d'une membrane propre, transparente, et d'une seconde enveloppe formée de *cellulose*, qui lui donne de la consistance.

Fig. 1. — Cellule végétale. *m*, membrane cellulaire; *p*, protoplasma; *n*, noyau.

Au milieu du protoplasma sont disséminées des granulations extrêmement petites, parmi lesquelles on en distingue une plus considérable, constituée par un long fil enroulé irrégulièrement sur lui-même; c'est le *noyau* ou *nucléus*. Le noyau renferme lui-même un ou plusieurs corpuscules arrondis qu'on appelle *nucléoles*.

La cellule peut contenir en outre de la *chlorophylle*, matière importante qui donne aux parties vertes des végétaux leur couleur propre; de l'*amidon* (fig. 2), de la *fécule*, en grains arrondis incolores; des cristaux d'*oxalate de chaux*; des *gaz*, des *sucs particuliers*, qui donnent aux organes leur coloration, leur parfum, leur saveur, etc.

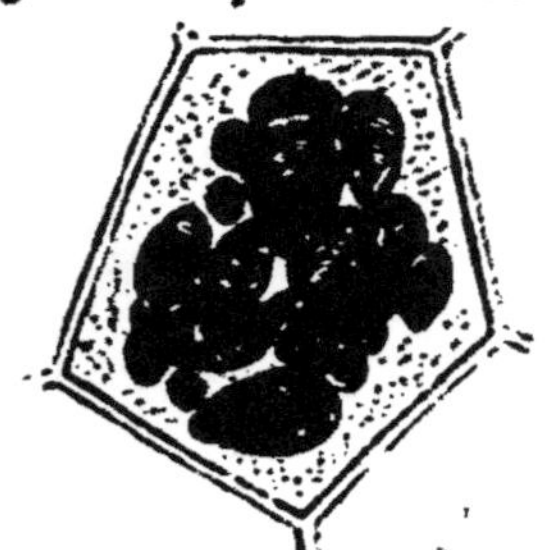

Fig. 2. — Une cellule d'un tubercule de Pomme de terre, contenant des grains d'amidon.

Le protoplasma est la substance fondamentale, la partie essentiellement vivante de la cellule; c'est lui qui donne naissance aux granulations qu'il renferme aussi bien qu'aux membranes qui l'enveloppent.

Ordinairement, la cellule se déforme; la membrane s'épaissit en certains points, et la surface prend une apparence annelée, rayée, ponctuée, scalariforme. De plus, il arrive fréquemment que le contact immédiat de toutes les cellules n'est pas complet; il en résulte

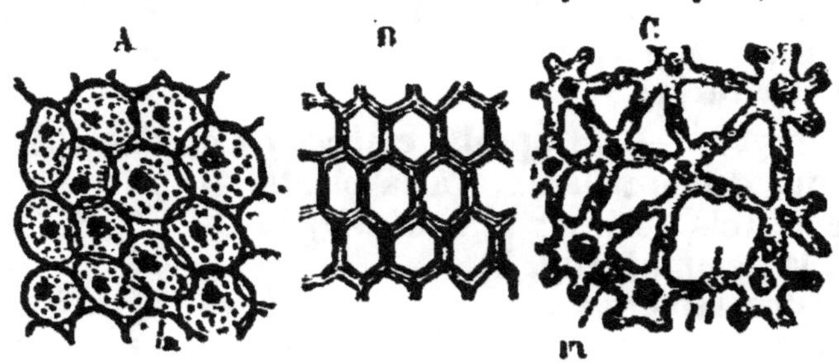

Fig. 3. — A, cellules arrondies présentant des méats *m*. — B, cellules prismatiques ne laissant que des méats très petits ou nuls. — C, cellules étoilées (tige de jonc) offrant des méats *m* et des lacunes *l*.

de petits intervalles vides, extérieurs aux parois cellulaires, et dans lesquels pénètrent des gaz; on donne à ces espaces libres le nom de *méats intercellulaires*. Lorsque ces cavités atteignent ou dépassent les dimensions des cellules voisines, on leur donne celui de *lacune* (fig. 3).

2. Tissus végétaux. — On appelle *tissus végétaux* un ensemble de cellules modifiées de la même façon et concourant à l'accomplissement d'une même fonction.

Les différents tissus végétaux peuvent se subdiviser en deux groupes: les *tissus vivants* et les *tissus morts*.

Les tissus vivants comprennent : 1° le *tissu cellulaire* ou *parenchyme*, formant la moelle des tiges, la chair des fruits, etc.; 2° le *tissu épidermique*, se développant à la surface des organes; 3° le *tissu sécréteur*, produisant les gommes, les résines, etc.

Les tissus morts sont : 1° le *tissu conducteur*, formé de canaux dans lesquels circulent les liquides; 2° le *sclérenchyme*, donnant à certains organes leur résistance et leur solidité.

3. Parties principales de la plante. — La plante puise les éléments nécessaires à sa nutrition et à son développement dans la terre et l'atmosphère; elle est donc, en général, composée d'une partie souterraine, la *racine*, qui la fixe au sol et s'y ramifie en tous sens, et d'une partie aérienne comprenant la *tige*, les *branches* et les *feuilles*.

La *tige*, plus ou moins développée, forme le trait d'union entre les racines et les feuilles, et sert de conducteur aux sucs nourriciers (sève) circulant des unes aux autres.

Après s'être couverte de feuilles, la plante donne d'abord des *fleurs*, ensuite des *fruits*, renfermant des *graines* qui, par la *germination*, perpétueront l'espèce à laquelle appartient la plante mère ; puis elle meurt (plantes *annuelles*) ou tombe dans une sorte de repos pour recommencer la même évolution lorsque les conditions atmosphériques seront favorables (plantes *bisannuelles* et *vivaces*).

4. **Embryon.** — On appelle *embryon* l'organe spécial de la graine qui donne naissance à la plante. Il comprend trois parties : la *radicule*, la *tigelle* et la *gemmule* (fig. 4).

La graine renferme souvent des organes charnus, remplis de matières féculentes destinées à nourrir la jeune plante au commencement de son développement ; ce sont les *cotylédons*.

Le nombre ou l'absence des cotylédons dans la graine entraînant des modifications extrêmement importantes dans la structure de la plante, ces organes ont servi de base à la subdivision du règne végétal en trois

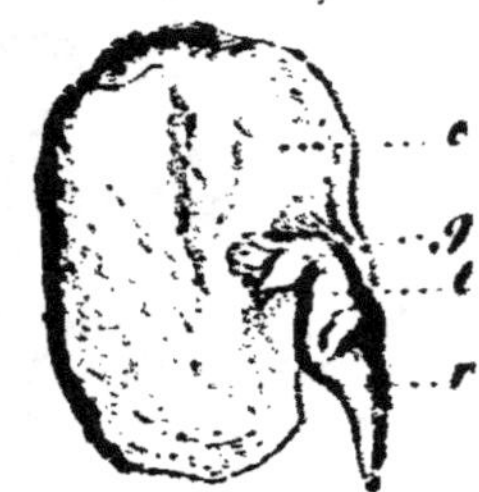

Fig. 4. — Composition de l'embryon (Fève). *g,* gemmule ; *t,* tigelle ; *r,* radicule : *c,* cotylédon.

grands groupes : les *Dicotylédones*, *Monocotylédones* et *Acotylédones*, suivant que la graine renferme deux ou plusieurs cotylédons, un seul cotylédon, ou qu'elle en est dépourvue.

Les Dicotylédones et Monocotylédones forment le groupe des plantes *Phanérogames*, et les végétaux acotylédones celui des plantes *Cryptogames*.

CHAPITRE II

LA RACINE

5. **Définition.** — La *racine* est la partie du végétal ordinairement cachée dans la terre et destinée à absorber les liquides

nécessaires à sa nutrition ; elle résulte normalement du développement de la radicule et ne porte jamais de feuilles.

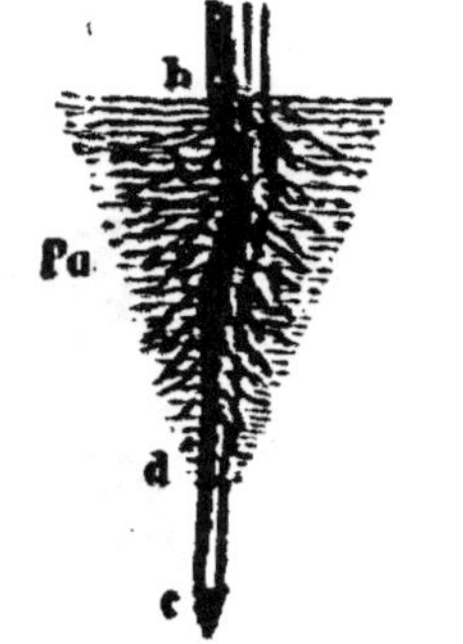

Fig. 5. — Extrémité d'une racine de Haricot.
c, coiffe ; pa, poils absorbants ; bd, région pilifère.

6. Structure. — La racine est un organe à peu près cylindrique, terminé par une sorte de capuchon appelé *coiffe*, destiné à frayer le chemin aux parties plus molles, qui ne pourraient vaincre la résistance d'un sol un peu ferme (fig. 5).

Tout près de ce capuchon, et sur une longueur variable, mais toujours petite, la racine porte une sorte de duvet formé de poils extrêmement fins (*région pilifère*).

Ces poils, appelés *poils absorbants* ou *poils radicaux*, sont les organes d'absorption de la racine.

7. Différentes parties d'une racine. — La racine présente ordinairement trois parties distinctes : le *corps* ou *pivot*, le *collet* et les *radicelles* (fig. 6).

Fig. 6. — Racine pivotante de la Rave.
a, collet ; b, corps de la racine ; c, radicelles.

Le *corps* de la racine est constitué par le développement de la racine primaire ; le *collet* est la région intermédiaire entre la racine et la tige ; les *radicelles* sont les filaments fins et délicats issus de la racine principale, et qui, au point de vue fonctionnel, sont la partie importante du système absorbant.

Quand les radicelles sont très nombreuses, on donne à leur ensemble le nom de *chevelu*.

8. Différentes sortes de racines. — Les racines se subdivisent en trois catégories, suivant leur forme : les racines *pivotantes*, *fasciculées* et *adventives*.

Les *racines pivotantes* (fig. 6) sont celles qui continuent directement la tige au-dessous de la surface du sol. Elles s'enfoncent verticalement et peuvent être simples, comme dans le Navet, la Carotte, la Betterave ; ou ramifiées, comme dans le Chêne, le Hêtre, l'Orme.

Les *racines fasciculées* (fig. 7) sont des racines qui partent du collet, auquel elles sont toutes fixées comme les poils d'un pinceau. Ex. : le Lis, les Joncs, le Blé.

Relativement à la consistance, on peut subdiviser les racines en *racines ligneuses* ayant la dureté du bois (Chêne, Orme, Rosier), et en *racines charnues* (Navet, Betterave).

Fig. 7. — Racines fasciculées
d'une graminée.

Fig. 8.
Racines adventives du Fraisier.

9. Racines adventives. — On appelle *racines adventives* des racines qui se développent sur des organes qui normalement n'en portent pas (fig. 8).

Les jeunes tiges ont la propriété d'émettre facilement des racines adventives; il suffit, pour favoriser ce développement, de les mettre en contact avec un sol humide; c'est ainsi que de jeunes tiges de Saule, de Lilas, de Sureau, enfoncées dans une terre humide, se couvrent rapidement de racines adventives.

Cette propriété particulière des tiges est souvent mise à profit pour multiplier, dans un but d'utilité, les racines de certaines plantes. On provoque le développement des racines de la Garance, employées en teinture, en accumulant de la terre humide autour de chaque pied; c'est ce qu'on appelle *buter la tige*. Quand le Blé est levé, on passe dessus un rouleau de bois, de manière à coucher les jeunes tiges sans les briser; au contact du sol, la partie voisine du collet émet des racines adventives pendant que l'extrémité se relève, et les nouvelles racines ainsi développées contribuent à fixer plus solidement la tige et assurent à la plante une nutrition plus active.

10. Bouturage. — Faire une bouture consiste à mettre en contact avec de la terre humide une partie récemment détachée d'un végétal, de manière à provoquer le développement de racines adventives; cette partie détachée porte le nom de *bouture*.

On peut faire des boutures avec des fragments de tige, de branches (*plançons*), quelquefois de feuilles, etc. La facilité avec laquelle les plantes se prêtent au bouturage est variable suivant l'espèce; les arbres à bois tendre se bouturent plus facilement que les arbres à bois dur; les jeunes pousses réussissent mieux que les vieilles branches. Les Saules, les Lilas, les Sureaux, les Géraniums, se reproduisent facilement par le bouturage.

11. Marcottage. — Le *marcottage* consiste à incliner une tige flexible et à la maintenir en contact avec le sol sans la détacher du pied auquel elle appartient (fig. 9). Des racines adventives naissent bientôt au niveau de la partie qui touche la terre, et, quand elles sont suffisamment développées, on sépare la branche de la plante mère.

12. Fonctions des racines. — Les racines servent généralement à fixer la plante au sol; mais leur fonction principale est d'absorber les matériaux nécessaires à sa nutrition. Certaines racines adventives, les crampons du *Lierre*, par exemple, sont exclusivement des organes de fixation.

Les poils radicaux sont gorgés d'un liquide assez dense, qui n'est séparé des solutions salines, toujours très peu concentrées, que par l'épaisseur de la paroi cellulaire. Par un phénomène d'osmose (fig. 10), ces solutions pénètrent dans les poils à mesure que ceux-ci cèdent aux cellules plus profondes le liquide qu'ils contenaient primitivement, et le phénomène se continue ainsi avec plus ou moins d'activité, suivant l'énergie de la nutrition, ou suivant les conditions extérieures dans lesquelles la plante est placée.

Fig. 9. — Marcottes.

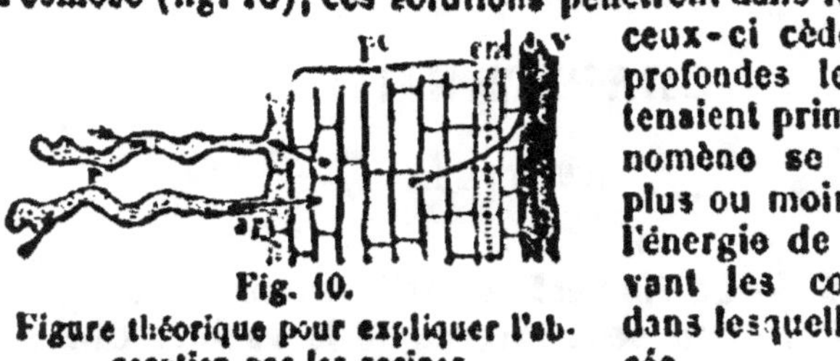

Fig. 10.

Figure théorique pour expliquer l'absorption par les racines.

p, poils absorbants remplis de protoplasma; *ap*, assise pilifère; *end*, endoderme; *v*, vaisseaux du bois; *pc*, parenchyme cortical.   (Bonnier.)

13. Assolement. — Les végétaux enlevant au sol des substances qui varient suivant l'espèce à laquelle appartient la plante que l'on cultive, on conçoit qu'un terrain serait vite épuisé si on ne variait la nature des végétaux qu'on veut y récolter. Aussi a-t-on soin, en pratique, de varier la succession des récoltes et de cultiver, par exemple, l'Orge et le Blé dans un champ qui aura donné des Betteraves l'année précédente. On donne à cette alternance de culture le nom d'*assolement*.

Cet épuisement du sol ne s'observe pas pour les plantes qui croissent à l'état sauvage, comme les *Chardons*, les *Orties*; car ces plantes, mourant à l'endroit même qu'elles ont épuisé, restituent au sol les matériaux qu'elles lui avaient empruntés.

14. Réserves nutritives. — Lorsque les matériaux absorbés par les racines ne sont pas immédiatement consommés, ils s'accumulent soit dans les racines elles-mêmes, soit en d'autres points du végétal, et forment ce qu'on appelle des *réserves* (fig. 11).

QUESTIONNAIRE. — *Qu'est-ce que la racine? Quelle est sa structure? — Quelles sont les différentes parties d'une racine? — Qu'appelle-t-on chevelu? — Comment se subdivisent les racines quant à leur forme? Citez-en des exemples. — Qu'appelle-t-on racines adventives? — Comment favorise-t-on le développement des racines adventives? — Comment fait-on une bouture, une marcotte? — A quoi servent les racines? — Comment se fait l'absorption par les racines? Qu'est-ce que l'assolement? — Qu'appelle-t-on réserves nutritives?*

Fig. 11. — Chou rave.
t, tige aérienne renflée, constituant un réservoir de matières nutritives. (MANGIN.)

CHAPITRE III

LA TIGE

15. Définition. — La *tige* est la partie ordinairement aérienne du végétal, qui croît en sens inverse de la racine. Elle se distingue facilement en ce que seule elle porte des bourgeons. Sa structure est très variable, suivant que la plante appartient à l'un ou l'autre des trois embranchements.

16. Structure d'une tige de Dicotylédone. — Nous prendrons comme type la tige d'un Chêne. Une coupe transversale (fig. 12) montre qu'elle est composée de trois parties bien distinctes : l'*écorce*, le *bois* et la *moelle*.

17. Écorce. — L'écorce est formée de trois couches concentriques qui sont, de dehors en dedans : l'*épiderme*, l'*enveloppe herbacée* et la *couche subéreuse* ou *liège*.

L'*épiderme* est la couche qui revêt la partie de la tige exposée à l'action de l'air et de la lumière. Dans certaines tiges âgées (Chêne, Orme) il est fendillé, crevassé, et finit même par disparaître complètement.

L'*enveloppe herbacée* est formée de cellules remplies de chlorophylle ; c'est elle qui donne la coloration verte aux jeunes tiges.

La couche *subéreuse* ou *liège*, qui n'existe que dans les tiges adultes, est constituée par du tissu cellulaire ; tantôt elle est très réduite, tantôt elle prend un accroissement considérable en épaisseur, et forme le *liège*. La couche subéreuse du Chêne-Liège est surtout utilisée pour la fabrication des bouchons.

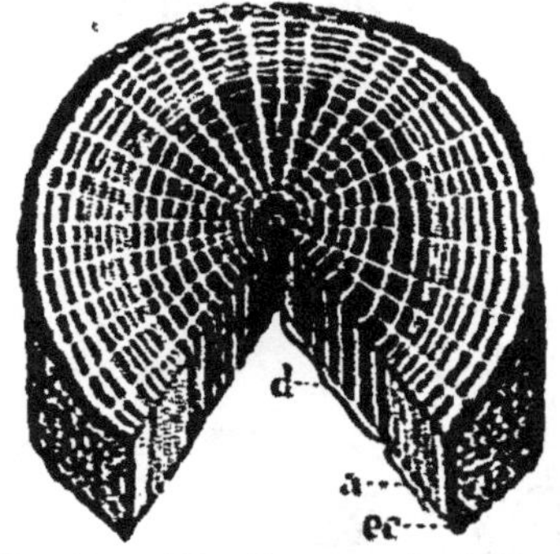

Fig. 12.— Tige ligneuse de dix ans.
d, duramen ; *a*, aubier ; *ec*, écorce.
Les rayons blancs sont les rayons médullaires.

18. Bois. — Le *bois* ou *ligneux* est l'ensemble des couches concentriques comprises entre la moelle et l'écorce, sillonnées par les *rayons médullaires*.

Les couches internes sont en général plus foncées que les couches externes ; leur tissu est plus compact, et le bois par conséquent plus dense ; cette région, la plus dure de la tige, est appelée *duramen* ou *cœur du bois*, tandis que les couches externes, plus jeunes et plus tendres, forment l'*aubier*, appelé aussi *bois blanc*, à cause de sa couleur plus claire.

19. Différentes sortes de tiges. — La forme des tiges est ordinairement cylindrique. Elle peut être cependant quadrangulaire, comme dans les Labiées (*Sauge, Menthe, Ortie blanche*) ; triangulaire, comme dans quelques *Carex* ; cannelée, comme dans quelques Ombellifères (*Berce*).

Quant à leur direction, les tiges peuvent se subdiviser en tiges *flexibles* et en tiges *dressées*.

Les tiges flexibles peuvent être *rampantes* (Pervenche, Nummulaire), *traçantes* (Fraisier), *grimpantes* (Lierre, Bryone), *volubiles* (Liseron, Haricot).

Les principaux types de tiges dressées sont : la *tige proprement dite* (Ortie, Géranium), le *tronc* (Chêne, Orme), le *chaume* (Blé, Avoine).

20. Tiges souterraines. — Les *tiges souterraines*, comme leur nom l'indique, se développent dans la terre et non dans l'atmosphère ; ce sont les *rhizomes*, les *bulbes* et les *tubercules*.

Les *rhizomes* (fig. 13) s'allongent obliquement ou horizontalement dans le sol, et émettent de loin en loin des bourgeons qui

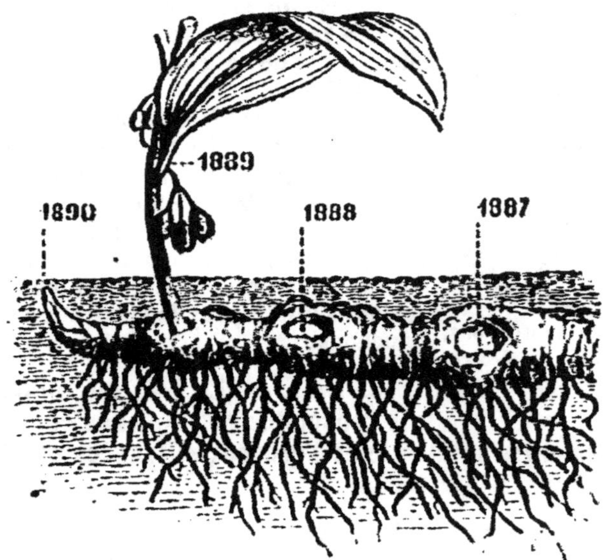

Fig. 13. — Rhizome du Sceau de Salomon, montrant de nombreuses racines
adventives, ainsi que les cicatrices laissées par la destruction des tiges aériennes
de 1887 et de 1888.   (MANGIN.)

se développent verticalement et viennent s'épanouir dans l'air
(Sceau de Salomon).

Le *bulbe* (fig. 14) est composé d'une
tige souterraine très raccourcie ou *plateau*, portant un gros bourgeon plus ou
moins central, entouré d'écailles ou de
tuniques fixées sur le plateau; la partie
inférieure du plateau donne naissance à
de nombreuses racines.

D'après la nature des enveloppes du
bourgeon, on subdivise les bulbes en
bulbes *écailleux* (Lis), *tuniqués* (Oignon)
et *solides* (Colchique).

On appelle *caïeux* des bourgeons ou bulbes secondaires qui croissent à l'aisselle
des écailles de certains bulbes, et qui peuvent se développer séparément après avoir
été détachés de la plante mère; tels sont les
caïeux qui constituent les gousses d'*Ail*.

Fig. 14. — Bulbe du Lis.

Les *tubercules* sont des renflements considérables des parties extrêmes de certaines tiges souterraines, qui prennent une consistance charnue et se chargent de matières féculentes. Les plus connus et aussi les plus utiles sont ceux de la *Pomme de terre*.

21. Fonctions de la tige. — La principale fonction de la tige est de *conduire* les liquides nutritifs des racines vers les feuilles et de les *distribuer* à tous les organes. La tige sert encore à *supporter* les organes principaux de la respiration (*feuilles*) et de la reproduction (*fleurs* et *fruits*). Dans certains cas, elle peut accumuler des matières nutritives dans ses tissus, et devenir ainsi un organe de réserve (fig. 11).

22. Usages des tiges. — La *Pomme de terre* ou *Parmentière*, du nom de son vulgarisateur, est un aliment sain et agréable. La facilité avec laquelle on la cultive, son aptitude à se développer dans tous les terrains, les mille manières de la préparer pour la table, en font une précieuse ressource pour l'alimentation. Elle fournit abondamment de la *fécule*, et peut servir à la fabrication d'un alcool (*alcool de Pommes de terre*).

Les bulbes de l'*Ail*, de l'*Oignon*, du *Poireau*, de l'*Échalote*, sont des condiments qui servent à relever le goût des aliments.

L'écorce de la *Cannelle* est utilisée comme substance aromatique; celle du *Quinquina*, comme fébrifuge et fortifiante.

Le *liège*, qui sert à fabriquer des bouchons, est l'enveloppe subéreuse, considérablement développée, du *Chêne-liège*.

Le *tan*, employé dans la préparation des cuirs, n'est autre chose que l'écorce du *Chêne rouvre* réduite en poudre.

Les jeunes tiges de certains *Saules* sont utilisées dans la vannerie.

Le *foin*, employé pour la nourriture des bestiaux, est fourni par la tige de certaines plantes appelées *plantes fourragères*. La *paille*, qui est la tige des Graminées alimentaires (*Blé*, *Orge*), sert de litière.

Les fibres textiles du *Chanvre*, du *Lin*, servent à la fabrication des toiles, des étoffes.

La *Canne à sucre* fournit du sucre. Le jus qu'on en extrait, soumis à la fermentation, sert à la fabrication du *rhum*.

Le *bois de Santal* est travaillé pour la fabrication d'objets d'art. Le *Santal rouge* fournit une belle matière colorante, la *santaline*. Le bois de *Brésil*, le bois d'*Inde* ou de *Campêche*, sont des bois rouges très employés pour la teinture. Le *Quercitron* et le *Fustet* donnent des couleurs jaunes.

Les meilleurs bois de *construction* sont les bois de *Chêne*, de *Hêtre*, de *Châtaignier*. Les bois de *Sapin*, de *Pin*, de *Cèdre*, sont avantageusement employés pour les constructions maritimes; la *résine* dont ils sont imprégnés garantit les pièces submergées de l'action destructive des eaux. Le *Chêne*, le *Noyer*, l'*Orme*, le *Buis*, l'*Acajou*, le *Palissandre*, sont recherchés en ébénisterie.

Le *Charbon de bois* est le produit de la calcination, à l'abri du contact de l'air, des branches et des tiges des arbres. Le charbon de

Fusain est utilisé pour le dessin. Les cendres de bois soumises à des lavages méthodiques donnent, par évaporation, des eaux de lavage, du carbonate de potasse impur, connu sous le nom de *potasse du commerce*.

QUESTIONNAIRE. — Qu'est-ce que la tige? — Quelles sont les trois parties qui constituent une tige de Dicotylédone? — Quelles sont les trois parties de l'écorce? — Qu'est-ce que le bois? — Quelles sont les différentes sortes de tiges relativement à leur forme et à leur direction? — Quelles sont les tiges souterraines? Citez-en des exemples. — Quelles sont les fonctions de la tige? — *Quelles sont les principales espèces dont on utilise les tiges?*

CHAPITRE IV

LES BOURGEONS

23. Nature des bourgeons. — Les bourgeons sont des organes formés de feuilles très petites ramassées sur un axe extrêmement court, et qui, par leur développement, produisent des *branches* ou des *fleurs*.

Au point de vue physiologique, on peut les considérer comme des sortes de graines qui se développent sur la tige où ils sont fixés au lieu de germer dans le sol.

Normalement, les bourgeons se développent à l'aisselle des feuilles.

24. Bourgeons adventifs. — On appelle *bourgeons adventifs* des bourgeons qui naissent quelquefois en des points d'un végétal autres qu'à l'aisselle des feuilles. Ces bourgeons peuvent se développer sur les tiges, les feuilles, sans raison apparente ou par suite de plaies faites à ces organes (fig. 15).

On appelle *drageons* les bourgeons adventifs qui se développent sur les racines traçantes des Acacias, des Peupliers, des Ormes, etc.

Fig. 15.
Bourgeons adventifs développés autour de la cicatrice d'une branche coupée.
(Gaston Bonnier.)

25. Recépage. — Le *recépage* est une opération de culture relative à la propriété qu'ont les végétaux de pouvoir émettre des bourgeons adventifs. Il consiste à couper un arbre au ras du sol; le pourtour de la section se couvre de bourgeons adventifs, parmi lesquels un certain nombre se développent en branches, de sorte que le pied, qui ne portait qu'une seule tige, devient une *souche* de laquelle partent un certain nombre de troncs de même âge, et par conséquent de même force.

Quand les plantations d'arbres n'ont pas subi l'opération du recépage, elles donnent des bois de *haute futaie*, employés dans la charpente et la construction ; au contraire, quand, par un recépage pratiqué tous les cinq ou six ans, on multiplie les branches issues de la souche, on obtient des bois de *taillis*, qui servent à faire des clôtures, des fagots, des échalas, etc.

Les branches de Saules, utilisées dans la vannerie, ont besoin d'avoir toutes la même grosseur et d'être flexibles, par conséquent assez grêles ; pour arriver à ce résultat, on recèpe ces végétaux à une faible hauteur au-dessus du sol ; des bourgeons adventifs se développent alors et donnent des scions que l'on coupe chaque année, et qui par conséquent repoussent de plus en plus nombreux.

26. Taille. — La *taille* consiste à couper un certain nombre de jeunes branches très près de leur point d'insertion, de manière qu'il ne subsiste sur la partie restante que deux ou trois bourgeons, lesquels profiteront naturellement de la sève qui aurait été employée par la partie enlevée. C'est par la taille que l'on favorise le développement productif des arbres fruitiers.

27. Ébourgeonnement. — L'*ébourgeonnement* se pratique au printemps ; il consiste à détacher simplement un certain nombre de bourgeons dont l'épanouissement commence. Quand cette opération se pratique à l'automne, alors que les bourgeons sont encore à l'état d'yeux, on lui donne le nom d'*éborgnage*.

Il va sans dire que les feuilles étant les organes essentiels à la vie du végétal, il serait très imprudent de supprimer tous les bourgeons à bois sous le mauvais prétexte de favoriser ainsi le développement des bourgeons à fruits.

28. Remarque. — La taille et l'ébourgeonnement sont des opérations qui ont pour but de diminuer le nombre des bourgeons sur un végétal, de manière à répartir les matières nutritives entre un moins grand nombre de bourgeons privilégiés, dont le développement peut être ainsi favorisé par les soins intelligents et intéressés de l'horticulteur.

29. Greffe. — La greffe consiste essentiellement à transporter un bourgeon, ou un rameau portant des bourgeons, d'un végétal sur un autre végétal. La partie détachée porte le nom de *greffon*, et la plante sur laquelle on la fixe, celui de *sujet*.

On appelle *sauvageons* les plantes qui n'ont pas été greffées. Les pieds obtenus par semis, par boutures ou par marcottes, sont dits *francs de pied*.

30. Conditions dans lesquelles doit se pratiquer la greffe. — On ne peut greffer l'une sur l'autre que des plantes de même espèce ou d'espèces très voisines. Ainsi, toutes les variétés de *Pommier* peuvent se greffer les unes sur les autres ; il en est de même des *Abricotiers*, des *Pruniers*, des *Poiriers*, etc. On pourra greffer des variétés de *Pommiers* sur des *Aubépines*, mais non un *Poirier* sur un *Pommier*, un *Rosier* sur un *Lilas*, etc.

Pour assurer la réussite de la greffe, il faut choisir des espèces dans lesquelles les mouvements de la sève se font à la même époque.

Les principales sortes de greffe sont : la *greffe par bourgeons*, la *greffe par rameau* ou par *scion*, et la *greffe par approche*.

31. Greffe par bourgeons. — On distingue deux sortes de greffe par bourgeons : la greffe en *écusson* et la greffe en *flûte*.

La *greffe en écusson* consiste à détacher, en forme d'écusson, un lambeau d'écorce portant un ou plusieurs bourgeons. On fait dans l'écorce du sujet une incision en forme de T, on en relève les bords, et on glisse l'écusson de manière à le mettre en contact avec l'aubier du sujet ; on rapproche ensuite les bords de la plaie, et on les maintient en place par des ligatures (fig. 16). Ce mode de greffe s'emploie au printemps (greffe *à œil poussant*) ou à l'automne (greffe *à œil dormant*).

Dans la *greffe en flûte*, on enlève au sujet un anneau d'écorce que l'on remplace par un anneau de même dimension portant des bourgeons et détaché de la plante que l'on veut greffer.

32. Greffe par rameau ou par scion. — La *greffe par rameau se* fait en transportant sur le sujet un rameau jeune et vigoureux ; on la pratique au printemps. Suivant la manière de placer les rameaux sur le sujet, on donne à ce mode de greffage le nom de *greffe en fente* (fig. 16) ou celui de *greffe en couronne*.

33. Greffe par approche. — Dans la *greffe par approche*, on met en contact deux rameaux flexibles appartenant à des pieds voisins l'un de l'autre, après les avoir entaillés plus ou moins pro-

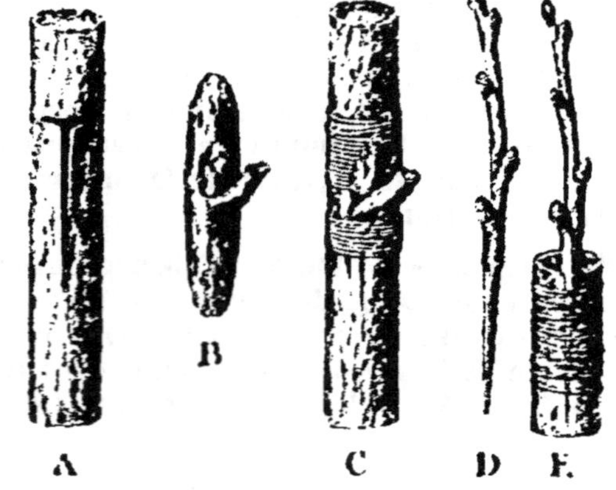

Fig. 16. — Greffe.

A, B, C, greffe par bourgeon (en écusson) ;
D, E, greffe par rameau (greffe en fente).

fondément, de façon que les deux entailles se correspondent exactement. Au bout d'un certain temps, parfois assez long, la soudure est faite, et l'on peut séparer l'un des deux rameaux de la plante à laquelle il appartient. La nature offre assez souvent des exemples de soudure analogue.

34. Utilité de la greffe. — La greffe des arbres fruitiers a pour avantage d'*améliorer* la qualité des fruits, d'*avancer* l'époque de leur *maturité*. C'est un moyen de *conserver les variétés*, les monstruosités; en effet, en vertu de la grande loi du retour à l'espèce, une bonne variété que l'on voudrait perpétuer par des semis donnerait des fruits de moins en moins bons, et finirait par retourner complètement à l'état sauvage.

QUESTIONNAIRE. — *Que sont les bourgeons ? — Qu'appelle-t-on bourgeons adventifs? — Qu'est-ce que le recépage? — Qu'appelle-t-on futaies et taillis? — En quoi consiste la taille? l'ébourgeonnement? Quel est leur but? — En quoi consiste la greffe? — Peut-on greffer une espèce sur une autre espèce? — Quelles sont les différentes sortes de greffe? — Comment les pratique-t-on? — Quelle est l'utilité de la greffe ?*

CHAPITRE V

LA FEUILLE

I. Structure de la feuille.

35. Nature de la feuille. — La *feuille* est l'un des organes les plus importants de la plante à cause du rôle considérable qu'elle remplit dans la vie végétale et de la facilité avec laquelle elle se transforme en une foule d'autres organes.

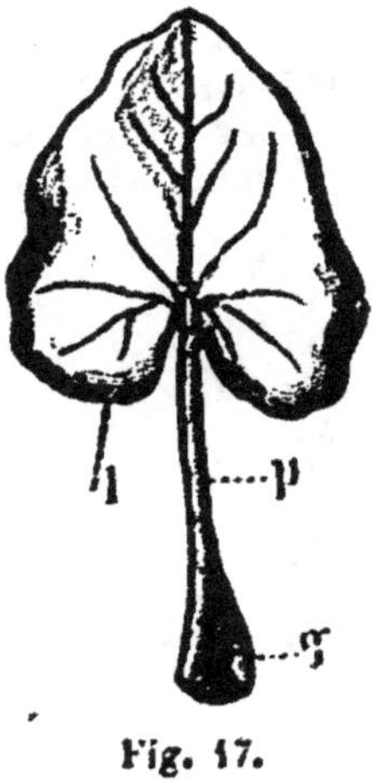

Les feuilles sont d'abord renfermées dans le bourgeon à l'état rudimentaire; il n'y a donc que les rameaux développés dans l'année qui portent des feuilles.

36. Parties constitutives de la feuille. — Les parties constitutives d'une feuille (fig. 17) sont : la *limbe*, portion élargie et aplatie de la feuille, et le *pétiole*, appelé vulgairement la *queue*, qui rattache la feuille au rameau.

Les feuilles qui manquent de pétiole, et dont le limbe est par conséquent directement fixé sur la tige, sont dites *sessiles* (Giroflée).

Fig. 17.

Feuille de la Ficaire.
l, limbe; *p*, pétiole; *g*, gaine.

37. Limbe. — Le *limbe*, dont les découpures sont extrêmement variées, est la partie la plus importante de la feuille. Il est sillonné par les *nervures*, qui sont les ramifications du pétiole. Les intervalles des nervures sont remplis par le *parenchyme*, tissu cellulaire d'une structure et d'une organisation spéciales, renfermant les organes actifs des fonctions que la feuille doit remplir.

Les plus importants de ces organes sont les *stomates* (fig. 18), petites ouvertures microscopiques que l'on observe à la surface de la feuille et par lesquelles s'effectue la fonction principale de la nutrition de la plante (*fonction chlorophyllienne*).

38. Différentes sortes de feuilles. — Il arrive fréquemment que le contour du limbe, au lieu d'être continu, présente des échancrures plus ou moins profondes.

Lorsque les échancrures vont jusqu'au pétiole (Marronnier) ou jusqu'à la nervure médiane (Acacia), on dit que la feuille est *composée;* elle est

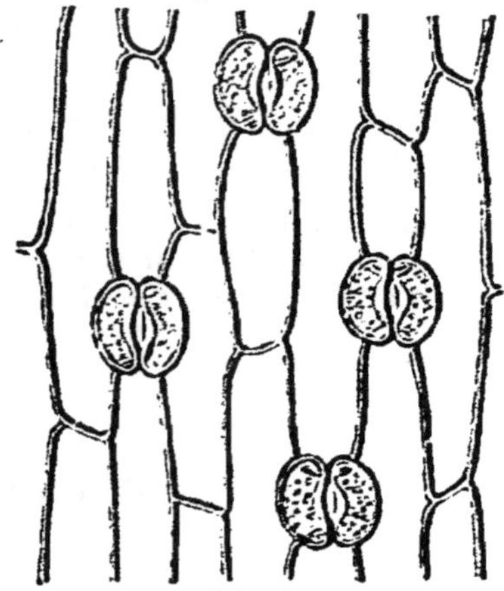

Fig. 18.

Epiderme de la feuille de l'Iris, présentant quatre stomates très grossis.

alors, dans ce cas, formée de petites feuilles secondaires appelées *folioles*, qui sont fixées au pétiole ou à la nervure médiane par de petits pétioles particuliers ou *pétiolules*. Toutes les feuilles dans lesquelles les échancrures n'atteignent ni le pétiole ni la nervure médiane sont dites *simples* (Ficaire, fig. 17).

Quand les échancrures ne sont pas aussi accentuées, mais sont cependant assez profondes, on dit que la feuille est *lobée* (Vigne). La feuille est *entière* lorsque le contour du limbe ne présente ni dentelures ni échancrures (Lilas).

Les *feuilles composées* peuvent être *pennées* ou *digitées* (fig. 19).

Les *feuilles pennées* sont celles dans lesquelles les folioles sont fixées de chaque côté de la nervure médiane. Les *feuilles digitées* ont leurs folioles fixées au sommet du pétiole commun, de sorte qu'elles divergent autour de ce point (Marronnier).

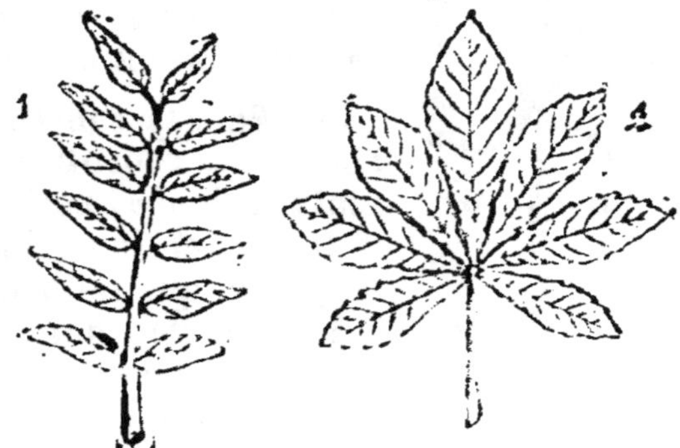

Fig. 19. — Feuilles composées.

1, feuille pennée. — 2, feuille digitée.

Le Trèfle a des feuilles digitées comprenant trois folioles; ses feuilles sont trifoliolées.

39. Situation des feuilles sur la tige. — On appelle *feuilles radi-*

cales celles qui naissent sur la partie de la tige la plus voisine d la racine; feuilles *caulinaires*, celles qui occupent la région compris entre la base et le sommet des rameaux; ce sont les plus nombreuse On donne le nom de feuilles *florales* aux feuilles qui sont situées dan le voisinage des fleurs.

Relativement aux posi tions respectives que le feuilles peuvent occuper le unes par rapport aux autres on les subdivise en feuille *opposées*, *verticillées* et al ternes (fig. 20).

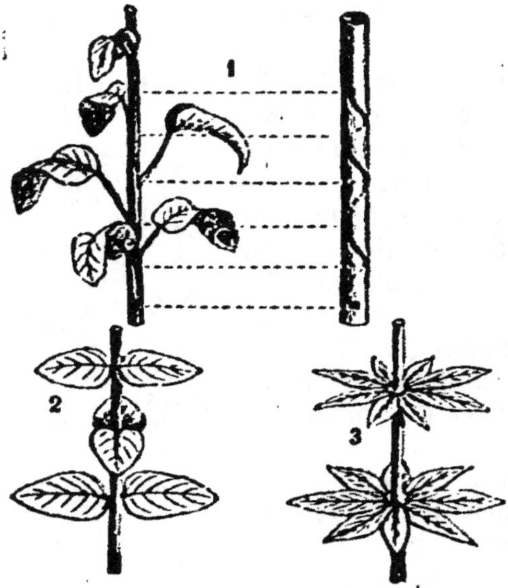

40. Feuilles opposées. — Les *feuilles opposées* sont celles dont les points d'in sertion sont situés aux ex trémités d'un même diamè tre. Ces feuilles sont ainsi placées par paires autour de la tige, et sont orientées de telle sorte, que deux paires consécutives sont en croix l'une sur l'autre (Li las, Sureau).

41. Feuilles verticillées. — Les *feuilles verticillées* sont groupées autour de la tige de manière que leurs

Fig. 20. — Situation des feuilles sur la tige.

1, feuilles alternes; 2, feuilles opposées; 3, feuilles verticillées.

points d'insertion sont situés sur des circonférences dont le plan est perpendiculaire à l'axe de la tige. L'ensemble des feuilles situées sur une même circonférence constitue un *verticille*. Ainsi les feuilles du Laurier-rose sont verticillées par trois, celles du Caille-lait (Croi sette) le sont par quatre.

42. Feuilles alternes. — Les *feuilles alternes* sont disséminées autour de la tige de manière à se trouver toutes à des hauteurs diffé rentes.

II. Fonctions de la feuille.

43. Idée générale. — Les feuilles sont, avec les racines, les organes importants qui concourent à la nutrition de la plante. Elles sont le siège d'échanges incessants de gaz et de vapeurs, dans lesquelles elles absorbent certains éléments puisés dans l'atmosphère, tandis qu'elles rejettent à l'extérieur différents produits provenant du travail de la nutrition.

44. Fonctions essentielles. — Les fonctions essentielles de la feuille sont : la *respiration*, la *fonction chlorophyllienne* et la *transpiration*.

La *respiration* est une absorption constante et permanente d'oxygène accompagnée d'un dégagement correspondant d'acide carbonique.

La *fonction chlorophyllienne* (fig. 21) est une fonction par laquelle les parties vertes des végétaux absorbent de l'acide carbonique, le décomposent, fixent le carbone dans leurs tissus et exhalent l'oxygène provenant de cette décomposition. Cette fonction, intermittente, ne s'accomplit qu'avec l'intervention de la lumière et s'effectue par les stomates (n° 37).

L'influence de la lumière est indispensable à la formation des principes colorants et odorants dans les tissus végétaux. Les parties plongées dans l'obscurité ne deviennent jamais vertes, mais restent blanches, jaunes ou violettes. Tout le monde a remarqué que les tiges de *Pomme de terre* qui s'allongent dans les caves humides sont complètement blanches; c'est pour la même raison qu'on lie la salade afin de la rendre blanche et tendre.

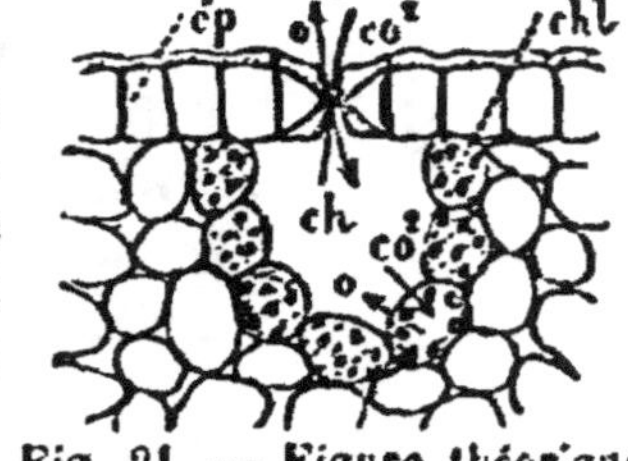

Fig. 21. — *Figure théorique pour expliquer le mécanisme de la fonction chlorophyllienne.*

st, stomate; *ch*, chambre stomatique limitée par des cellules à chlorophylle *chl; ép*, épiderme de la feuille.

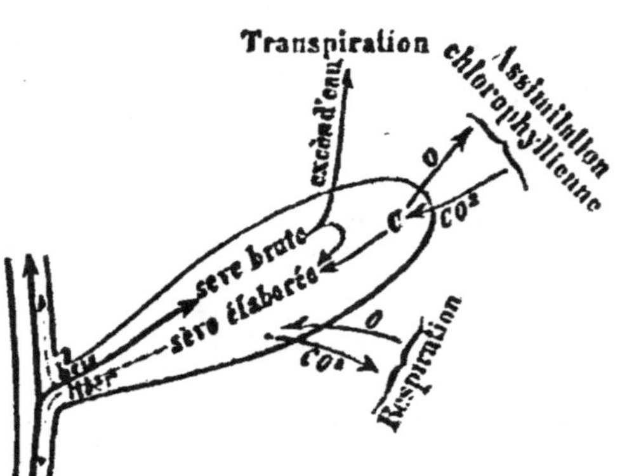
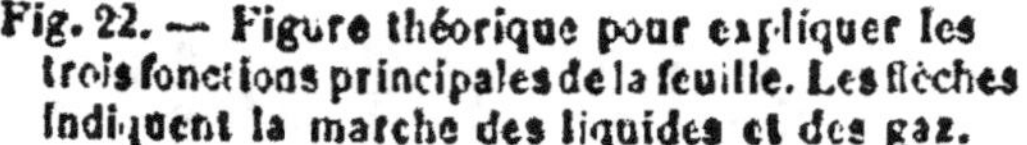

Fig. 22. — **Figure théorique pour expliquer les trois fonctions principales de la feuille. Les flèches indiquent la marche des liquides et des gaz.**

Fig. 23.
Gui, parasite sur une branche de l'ommier.

La *transpiration* consiste à rejeter au dehors de la vapeur d'eau; comme la respiration, elle s'effectue aussi bien à la lumière que dans l'obscurité (fig. 22).

45. Plantes parasites. — Les *plantes parasites* sont des plantes qui se fixent sur d'autres végétaux et y implantent leurs racines propres. Il ne faut pas les confondre avec celles qui ne réclament, de la part de la plante sur laquelle elles se fixent, que le soutien et le support. Le Lierre, les Orchidées, sont dans ce cas, tandis que le Gui (fig. 23), la Cuscute, sont de vrais parasites.

III. La sève.

46. Nature de la sève. — La *sève* est un liquide aqueux puisé par les racines et destiné à nourrir la plante. Ce liquide contient en dissolution des gaz et des sels dont la nature et les proportions varient évidemment suivant la composition du sol et l'espèce du végétal.

47. Sève ascendante. — Au printemps, dès que les premiers rayons du soleil élèvent la température, l'activité physiologique des racines se réveille; elles puisent avec avidité les sucs nutritifs qui doivent servir au développement des différents organes, et la circulation des liquides séveux prend une énergie particulière qui rend la vigueur aux tissus végétaux. C'est alors qu'une entaille faite dans les couches ligneuses de la Vigne, par exemple, la laisse échapper en abondance. On donne à cette première sève le nom de *sève ascendante* ou *sève brute*.

Ce mouvement d'ascension se continue jusqu'au complet développement des rameaux et des feuilles, puis se ralentit et finit par s'arrêter complètement à la chute des feuilles.

Il peut cependant arriver qu'à la fin d'un été chaud et humide une nouvelle ascension de la sève se manifeste; les bourgeons qui ne devaient se développer que l'année suivante s'épanouissent alors, l'arbre se couvre de feuilles et quelquefois de fleurs. On donne à cette sève tardive, particulière aux espèces dont la végétation est précoce, le nom de *sève du mois d'août* ou *sève d'automne*.

Ce mouvement d'ascension de la sève dans les tissus résulte de causes multiples, dont les principales sont : 1° les phénomènes de *nutrition* et de *croissance* des tissus; 2° l'*évaporation*, qui s'effectue par les feuilles; 3° l'action des forces physiques, *capillarité*, *endosmose*, etc.

48. Sève descendante. — La sève ascendante, arrivée dans les feuilles, y subit d'importantes transformations qui la rendent propre à servir à la nutrition des tissus. Elle se dirige ensuite vers les organes qu'elle doit nourrir, ou vers les tubercules, les bulbes, les graines, où s'accumulent les réserves qui seront consommées plus tard. Le liquide provenant de la sève ascendante élaborée par les feuilles porte le nom de *sève descendante* ou *sève élaborée*.

La plupart des végétaux donnent naissance, par l'élaboration de leur sève, à différents produits qui circulent dans les vaisseaux, s'accumulent dans les organes ou sont rejetés au dehors. Les principaux produits ainsi formés sont : le *latex* ou *suc propre* de la plante, la *fécule*, le *sucre*, les *gommes*, les *résines*, les *huiles*, la *cire*, le *caoutchouc*, l'*opium*, le *camphre*, et les *matières colorantes*.

QUESTIONNAIRE. — Quelles sont les parties constitutives de la feuille? — Que forment les ramifications du pétiole? — Que sont les stomates? — *De quoi est formée une feuille composée? — Qu'entend-on par feuilles pennées? par feuilles radicales, caulinaires, florales? — Comment sont disposées les feuilles opposées? les feuilles verticillées? les feuilles alternes?* — Quelles sont les fonctions essentielles de la feuille? — Qu'est-ce que la fonction chlorophyllienne? — En quoi consiste la transpiration? *Que sont les plantes parasites?*

Qu'est-ce que la *sève*? *Qu'entend-on par sève ascendante et par sève descendante? — Quelles sont les causes de la circulation de la sève? — Quels sont les principaux produits résultant de l'élaboration de la sève?*

CHAPITRE VI

LA FLEUR

I. La fleur en général.

49. Définition. — La *fleur* est une réunion d'organes provenant de feuilles modifiées, dont la fonction est de former la graine et de la rendre propre à reproduire le végétal. La graine est renfermée dans le fruit, qui n'est lui-même que le développement intérieur d'une des parties de la fleur.

50. Préfloraison. — On appelle *préfloraison* la disposition spéciale que présentent les organes floraux avant l'apparition de la fleur; les différentes parties qui la constituent sont alors pressées les unes contre les autres, et forment un petit organe arrondi auquel on donne le nom de *bouton*.

Fig. 24. — Pédoncule.

A, sommité fleurie d'un pied de renoncule portant des fleurs pédonculées. B, un rameau d'Amandier à fleurs sessiles.

51. Épanouissement. — L'*épanouissement* est l'apparition des organes constitutifs de la fleur renfermés dans le bouton. Quand l'écartement naturel des pièces extérieures du bouton permet à ces organes de se développer, ceux-ci s'étalent au jour; on dit que la fleur *s'épanouit*.

52. Bractées. — On appelle *bractées* des feuilles situées dans le voisinage des fleurs, et qui ont subi des changements de forme ou de coloration. Comme les feuilles, les bractées peuvent être *alternes, opposées* ou *verticillées.*

Les principaux types de bractées sont : l'*involucre*, la *spathe*, la *cupule* et la *calicule.*

53. Inflorescence. — On donne le nom d'*inflorescence* à la distribution spéciale des fleurs sur l'axe qui les supporte.

On appelle *pédoncule* le support de la fleur; il peut être

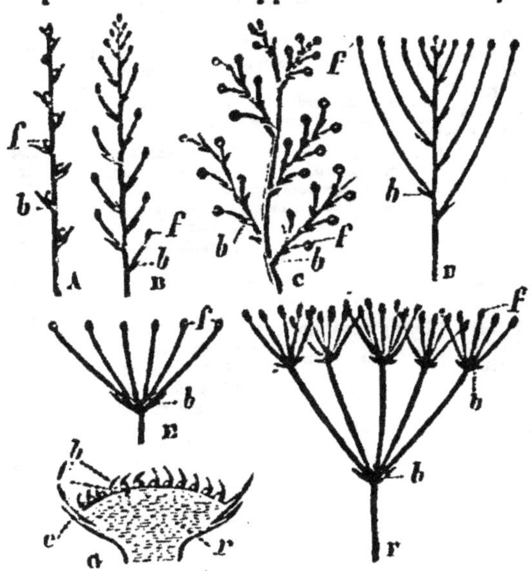

Fig. 25.

Figure théorique résumant les principaux types d'inflorescence indéfinie. A, épi; B, grappe simple; C, grappe composée; D, corymbe simple; E, ombelle simple; F, ombelle composée; G, capitule; e, écaille de l'involucre; b, bractée de la fleur; f, fleur; r, réceptacle.

simple ou ramifié, auxiliaire ou terminal. Ses ramifications forment les axes secondaires, tertiaires, etc. ; on désigne sous le nom de *pédicelles* les subdivisions qui portent les fleurs. Une fleur dépourvue de pédoncule est dite *sessile* (fig. 24).

Les principaux types d'inflorescence sont : la *grappe*, le *corymbe*, l'*épi*, l'*ombelle* et le *capitule.*

TYPES D'INFLORESCENCES

INFLORESCENCE INDÉFINIE

Axe prim. allongé.

GRAPPE
A. secondaires égaux.
- A. secondaires simples. . . . . GRAPPE, *Groseillier*.
- — — ramifiés { Forme pyramidale. . PANICULE, *Avoine*.
- — ovoïde. . . . THYRSE, *Lilas*.

CORYMBE
A. secondaires allongés, inégaux.
- A. secondaires simples. . . . . CORYMBE SIMPLE, *Poirier*.
- — — ramifiés. . . . . CORYMBE COMPOSÉ, *Millefeuille*.

ÉPI
A. secondaires raccourcis.
- Fleurs ordinairement hermaphrodites. { A. second. simples. . ÉPI SIMPLE, *Plantain*.
- — — ramifiés . ÉPI COMPOSÉ, *Blé*.
- Pédoncule articulé, caduc . . . . CHATON, *Noisetier*.
- — non articulé, persistant . . . . . . CÔNE, *Sapin*.
- Fl. enveloppées d'une spathe. { non ramifiée. . . . . SPADICE, *Arum*.
- ramifiée. . . . . . . RÉGIME, *Palmier*.

Axe prim. raccourci.

OMBELLE
A. secondaires allongés, égaux.
- A. secondaires simples. . . . . OMBELLE SIMPLE, *Oignon*.
- — — ramifiés. . . . . OMBELLE COMPOSÉE, *Carotte*.

CAPITULE
A. secondaires raccourcis.
- Sans plateau terminal . . . . CAPITULE, *Trèfle*.
- Plateau terminal { Plan . . . . CALATHIDE, *Artichaut*.
- Concave. . . . . SYCÔNE, *Figuier*.

INFLORESCENCE DÉFINIE — CYME
- Les axes naissant un à un d'un seul côté. . CYME UNIPARE, *Myosotis*.
- Les axes naissant deux à deux et terminés par une fleur . . . CYME BIPARE, *Céraiste*.

84. Organes constitutifs de la fleur. — La fleur se compose généralement de quatre séries d'organes disposés autour d'un axe central; on donne à ces séries le nom de *verticilles floraux;* ce sont le *calice,* la *corolle,* l'*androcée* et le *pistil* (fig. 26).

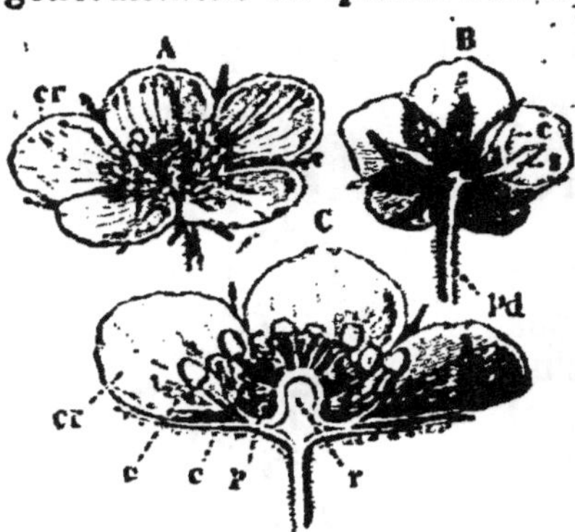

Le *calice* est l'enveloppe la plus externe de la fleur; il est ordinairement vert et formé de petites feuilles modifiées appelées *sépales.* Si les sépales sont soudés les uns aux autres, le calice est *monosépale* ou *gamosépale* (Primevères); s'ils sont libres de toute adhérence entre eux, il est dit *polysépale* ou *dialysépale* (Girofiée).

Fig. 26. — Fleur de Fraisier.

A, fleur entière; B, fleur montrant le pédoncule *pd;* le calicule *s* et le calice *c;* C, coupe longitudinale montrant le calice *c;* la corolle *cr;* l'anthère d'une étamine *e;* l'ovule de l'un des carpelles qui constituent le pistil *p;* le réceptacle *r.*

La *corolle* est la deuxième enveloppe florale; c'est la partie ordinairement colorée et odorante de la fleur, les pièces qui la constituent sont appelées *pétales.* La corolle est *monopétale* ou *gamopétale* (Liseron), si les pétales sont soudés les uns aux autres, et *polypétale* ou *dialypétale* (Rose), s'ils sont libres.

L'ensemble des deux premiers verticilles, calice et corolle, forme le *périanthe,* qui ne joue qu'un rôle secondaire dans les fonctions essentielles de la fleur.

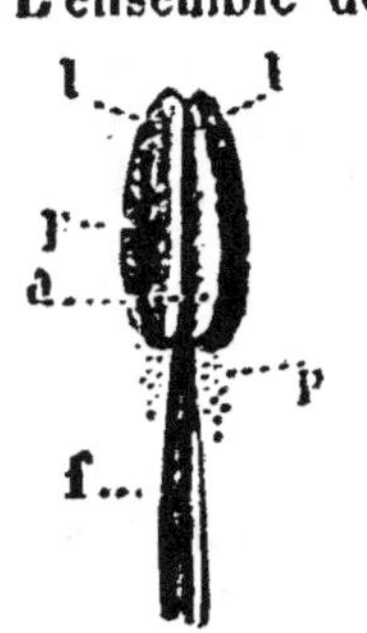

L'*androcée* comprend les *étamines.* L'étamine est le plus souvent formée d'une sorte de petit sac, l'*anthère,* terminant un support grêle plus ou moins long, auquel on donne le nom de *filet* (fig. 27).

L'anthère renferme une poussière colorée, le plus souvent jaune, qu'on appelle *pollen,* et qui s'échappe lorsque la fleur est épanouie.

Fig. 27. — Étamine.

f, filet; *a,* anthère; *l,* loges de l'anthère renfermant le pollen *p.*

Le *pistil* est formé de *carpelles* libres ou soudés. Il présente ordinairement l'apparence d'une petite colonnette, le *style,* dont la base renflée est l'*ovaire,* dans lequel se trouvent les *ovules* ou futures graines;

le sommet du style, de forme très variable, porte le nom de *stigmate* (fig. 28).

Les quatre verticilles floraux sont fixés sur un support commun, le *réceptacle*, qui n'est que l'épanouissement du pédoncule; c'est lui qui constitue la partie alimentaire qu'on appelle le fond de l'Artichaut.

On appelle fleur *complète* une fleur pourvue des quatre verticilles dont nous venons de parler, c'est-à-dire d'un calice, d'une corolle, d'un androcée et d'un pistil. Une fleur est dite *incomplète* lorsqu'il lui manque un ou plusieurs verticilles.

Si l'un seulement des deux verticilles du périanthe vient à manquer, il est de convention que celui qui subsiste est un calice, qu'il soit coloré ou non. Ainsi le Lis, la Tulipe, ont un calice et pas de corolle.

Les fleurs qui sont pourvues d'étamines et de pistil sont appelées *hermaphrodites*, qu'elles aient ou non un périanthe. Celles qui ont un pistil et pas d'étamines sont des fleurs *pistillées*, et celles qui ont des étamines et pas de pistil sont des fleurs *staminées*.

Si les fleurs staminées et pistillées se trouvent sur le même pied, la plante est *monoïque* (Noyer, Maïs); si ces fleurs sont sur deux pieds distincts, la plante est *dioïque* (Chanvre, Dattier).

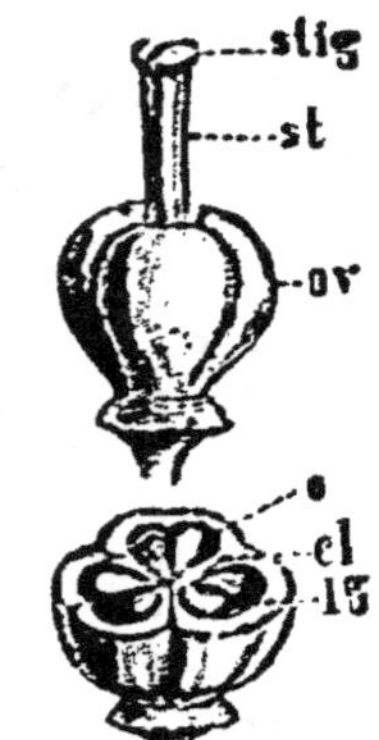

Fig. 28.

Pistil de Jacinthe.

or, ovaire; *st*, style; *stig*, stigmate. Coupe transversale du même ovaire. On voit qu'il est formé de trois carpelles soudés; *lg*, loges; *cl*, cloison; *o*, ovules.

II. Fonctions de la fleur.

55. Formation de l'œuf végétal. — La *formation de l'œuf végétal* est le phénomène par lequel le pollen déposé sur la stigmate détermine dans l'ovule la formation de l'embryon, et par suite la transformation de l'ovule en graine et de l'ovaire en fruit.

Le liquide visqueux dont le stigmate est imprégné retient facilement les grains de pollen qui s'échappent des anthères au moment de leur déhiscence et qui viennent le toucher. Sous l'influence de l'humidité, les grains se gonflent et émettent des prolongements (*tubes polliniques*) qui s'insinuent dans le style et se trouvent bientôt en contact avec l'ovule dans lequel se forme l'œuf végétal.

Aussitôt l'œuf formé, toute la vitalité de la plante se concentre dans l'ovaire, la corolle se flétrit, la fleur se dessèche et tombe, l'ovaire seul subsiste et continue son développement ; on dit que le fruit se *noue*.

56. Circonstances qui influent sur la pollinisation. — Dans les fleurs hermaphrodites, la pollinisation est facile, car les anthères sont toujours voisines des stigmates ; mais dans les fleurs qui ne possèdent chacune que des étamines ou des pistils, le transport du pollen des anthères sur le stigmate ne peut se faire qu'artificiellement, soit par le vent, soit par les insectes, les abeilles et les papillons surtout.

Les Arabes favorisent la fécondation des Dattiers, qui sont des plantes dioïques, en secouant le pollen des fleurs staminées sur les stigmates des fleurs pistillées.

Quand la saison a été pluvieuse, l'eau ayant entraîné les grains de pollen, la fécondation s'est trouvée en partie supprimée, et bon nombre d'ovules restent stériles. Cette stérilité, regrettable surtout pour la Vigne, est désignée par les vignerons sous le nom de *coulure de la Vigne*.

QUESTIONNAIRE. — Qu'est-ce que la fleur ? — Qu'appelle-t-on *préfloraison* ? — Qu'est-ce que l'épanouissement ? — Qu'appelle-t-on *bractées* ? — A quoi donne-t-on le nom d'inflorescence ? — Comment s'appelle le support de la fleur ? — Faites le tableau synoptique des principaux types d'inflorescence. — Quelles sont les verticilles de la fleur ? — Que comprend une étamine ? — Quelles sont les parties qui constituent le pistil ? — Qu'est-ce que le réceptacle ? — Qu'appelle-t-on fleur complète ? — Quand dit-on qu'une plante est monoïque ou dioïque ?

Que deviennent les grains de pollen quand ils s'échappent des anthères ? — Quelles sont les causes qui influent sur la pollinisation ? — A quoi est due la coulure de la vigne ?

CHAPITRE VII

LE FRUIT ET LA GRAINE

I. Le fruit.

57. Constitution du fruit. — On appelle *fruit* l'ovaire fécondé et mûri.

Le fruit comprend deux parties : le *péricarpe* et la *graine*. Certaines parties accessoires accompagnent souvent le péricarpe et subissent en même temps que l'ovaire des transformations considérables à la suite de la pollinisation. On est convenu de désigner sous le nom de fruit l'ensemble des graines, du péricarpe et des organes qui l'accompagnent.

58. Péricarpe. — Le *péricarpe* (fig. 29) est la portion du fruit qui forme les parois de l'ovaire grossi. Il comprend trois parties : 1° une couche externe, l'*épicarpe*, formant la pelure des Pommes, des Prunes, des Pêches ; 2° une couche interne nommée *endocarpe*; c'est elle qui constitue les membranes coriaces qui entourent les pépins de la Pomme et le noyau qui enveloppe l'amande dans les Prunes, les Cerises, les Abricots; 3° un parenchyme cellulaire, souvent pulpeux, compris entre les deux couches précédentes, et que l'on désigne sous le nom de *mésocarpe*; il constitue la partie charnue et succulente des Pommes, des Cerises, des Pêches.

59. Déhiscence. — La *déhiscence* du fruit est l'acte par lequel le fruit s'ouvre pour laisser échapper les graines. La plupart des fruits charnus sont indéhiscents; ils tombent sur le sol, et les graines n'arri-

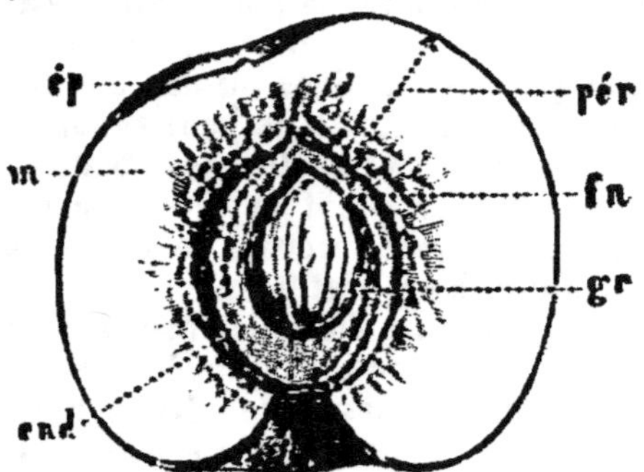

Fig. 29. — Section longitudinale d'une pêche, pour montrer la structure de ce fruit à noyau.

pér, péricarpe comprenant: l'épicarpe *ép*, le mésocarpe *m*, l'endocarpe *end*, formant ici le noyau; *gr*, graine montrant le funicule *fn*, qui relie la graine à la paroi du péricarpe.
(Germain de Saint-Pierre.)

vent en contact avec la terre qu'après la destruction des enveloppes. Cependant la *Balsamine*, le *Concombre sauvage*, ont des fruits qui éclatent et projettent leurs graines à une grande distance.

60. Classification des fruits. — D'après la consistance du

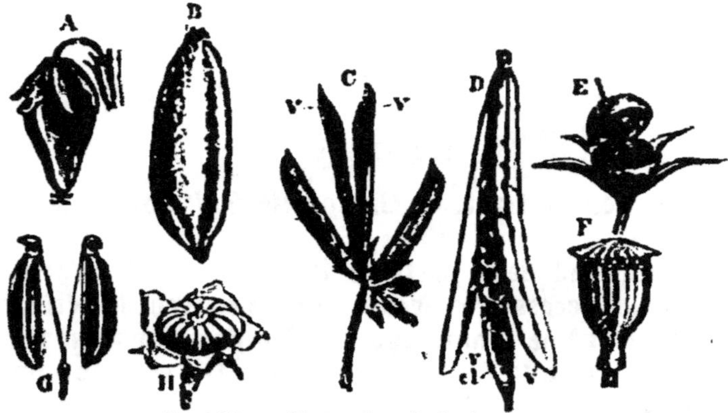

Fig. 30. — Exemples de fruits secs.

A, akène du Blé noir; B, caryopse du Blé; C, gousses du Lotier corniculé dont l'une est ouverte; D, silique de la Giroflée; *v*, valves; *cl*, cloison; E, pyxide du Mouron rouge; F, capsule du Pavot; G, diakène du Fenouil; H, poliakène de la petite Mauve.

péricarpe, on peut diviser les fruits en trois groupes, les fruits *secs*, les fruits *charnus* et les fruits à *noyau*.

Un fruit sec est un *akène* s'il est indéhiscent (Blé noir) et une *capsule* s'il est déhiscent (Pavot).

TABLEAU SYNOPTIQUE DE LA CLASSIFICATION DES FRUITS

FRUITS	**SECS**	**INDÉHISCENTS (Akène).**	AKÈNE proprement dit (Sarrasin, Laitue); *diakène* (Carotte); *triakène* (Capucine); *polyakène* (Maure). GLAND (Chêne, Châtaignier). CARYOPSE (Blé, Seigle). SAMARE (Orme, Érable).

FRUITS

SECS — INDÉHISCENTS (Akène).
AKÈNE proprement dit (Sarrasin, Laitue); *diakène* (Carotte); *triakène* (Capucine); *polyakène* (Maure).
GLAND (Chêne, Châtaignier).
CARYOPSE (Blé, Seigle).
SAMARE (Orme, Érable).

SECS — DÉHISCENTS (Capsule).
CAPSULE proprement dite (Lis, Datura, Violette).
FOLLICULE (Aconit, Pivoine).
LÉGUME ou GOUSSE (Haricot, Genêt).
SILIQUE (Chou); *silicule* (Pastel, Bourse à pasteur).
PYXIDE (Mouron rouge, Plantain).

CHARNUS — INDÉHISCENTS
BAIE (Raisin, Cassis, Tomate).
PÉPONIDE (Melon, Citrouille).
MÉLONIDE (Pomme, Poire).
HESPÉRIDIE (Orange, Citron).

CHARNUS — DÉHISCENTS
CAPSULE CHARNUE (Balsamine, Marronnier).

À NOYAU — INDÉHISCENTS
DRUPE (Prune, Cerise, Olive).

À NOYAU — DÉHISCENTS
CAPSULE DRUPACÉE (Noix, Amande).

II. La Graine.

61. Organisation de la graine. — Une graine complète se compose de trois parties : une enveloppe simple ou multiple, formant ce qu'on appelle les *téguments* de la graine; un *albumen,* et un *embryon* ou plantule.

62. Embryon. — L'embryon (fig. 31) est la partie essentielle de la graine; il se compose de trois parties : la *radicule*, la *tigelle* et la *gemmule*, formant par leur ensemble une petite plante rudimentaire.

La *radicule* donne naissance à la racine. La *tigelle* fait suite à la radicule; c'est la future tige. La *gemmule* est un petit bourgeon formé de feuilles ébauchées. Elle est

Fig. 31.

A, plantule de l'Amandier; *c*, cotylédons; *r*, radicule; *tg*, tigelle; *g*, gemmule; B, plantule grossie et dont on a détaché les deux cotylédons; *r*, radicule; *tg*, tigelle; *g*, gemmule. (MANGIN.)

tantôt visible, tantôt cachée avant son développement. En enlevant l'écorce d'une graine de Haricot fraîche, ou que l'on a laissé tremper dans l'eau pendant quelque temps si elle est sèche, elle se sépare en deux parties, au milieu desquelles on aperçoit très visiblement l'embryon (fig. 32, A).

63. Cotylédons. — Les *cotylédons* sont des appendices latéraux fixés à la base de la tigelle. Ils constituent des organes de réserve destinés à fournir les aliments nécessaires au développement de l'embryon.

Quand il n'existe qu'un seul cotylédon, celui-ci s'insère ordinairement autour de la tigelle, qu'il entoure et recouvre comme une feuille engainante.

64. Germination. — La *germination* est l'acte par lequel l'embryon se développe.

Une graine mûre peut rester un temps considérable dans un état stationnaire sans que ses propriétés germinatives soient altérées; de sorte qu'elle pourra être conservée des années et même des siècles sans perdre la faculté de pouvoir germer lorsqu'elle se trouvera dans des conditions favorables.

65. Conditions nécessaires à la germination. — Pour que la graine puisse germer, il faut d'abord qu'elle soit *mûre*, et ensuite qu'elle trouve en quantité suffisante de l'*eau*, de l'*air* et de la *chaleur*.

L'*eau*, en pénétrant les tissus de la graine, les gonfle et les ramollit; les sucs nutritifs qu'ils renferment se dissolvent et fournissent la première bouillie destinée à la jeune plante. Trop d'humidité nuirait à la germination, excepté évidemment pour les plantes aquatiques, dont les graines germent dans l'eau.

L'*air* est absolument indispensable à la germination; dans le vide, les graines restent indéfiniment inertes. Des graines enfouies profondément dans le sol y demeurent sans germer tant qu'une circonstance particulière ne vient pas les ramener à la surface.

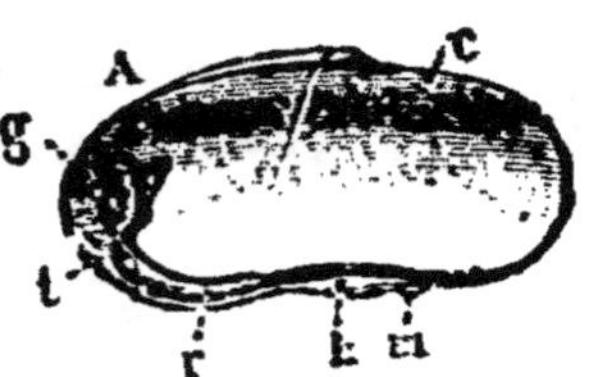

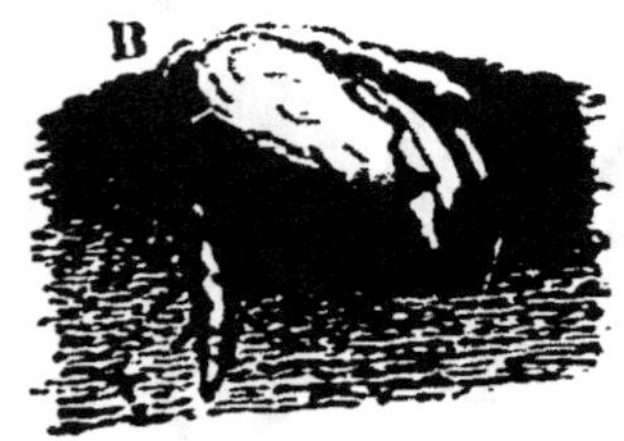

Fig. 32.
Germination d'une graine.
A, moitié d'une graine de Haricot; c, cotylédon; r, radicule; t, tigelle; g, gemmule; B, premières phases de la germination.

La graine ne peut germer si le milieu dans lequel elle se trouve n'atteint pas une certaine *température*. La limite inférieure de cette température varie avec l'espèce végétale; ainsi le Lin, la Moutarde, le Blé, l'Orge, peuvent germer à des températures inférieures à 10 degrés, tandis que la température doit être au moins de 18 degrés pour le Melon. La température moyenne la plus favorable à la germination est comprise entre 12 et 25 degrés.

La terre favorise la germination en réalisant les conditions d'humidité, d'aération et de chaleur convenables.

66. Phénomènes chimiques de la germination. — Les cotylédons qui accompagnent l'embryon ont leurs cellules remplies de grains d'amidon, de fécule, de matières grasses. Sous l'influence de l'humidité et de l'oxygène de l'air, les matières azotées qu'elles renferment donnent naissance à un ferment important, la *diastase*, qui, agissant sur les substances féculentes, les transforme en une matière sucrée, facilement absorbable, la *glucose*, qui nourrit l'embryon jusqu'à ce que ses racines et ses premières feuilles soient suffisamment développées.

Pendant la germination, les graines dégagent de l'acide carbonique provenant des combustions partielles qui se font dans les tissus.

QUESTIONNAIRE. — Qu'appelle-t-on fruit? — Combien de parties comprend le fruit? — Qu'est-ce que le péricarpe? — Quelles sont les couches qui le constituent? — Qu'est-ce que la déhiscence? — Faites le tableau de la classification des fruits.

De quoi se compose une graine complète? — Quels sont les organes qui constituent l'embryon? *Que sont les cotylédons?* — Qu'est-ce que la germination? — Dans quelles conditions doit se trouver une graine pour pouvoir germer? — *Quels sont les phénomènes chimiques qui accompagnent la germination?*

CHAPITRE VIII

CLASSIFICATIONS

67. Classifications artificielles. — Les deux classifications artificielles les plus célèbres sont celles de *Tournefort* (1694) et de *Linné* (1735).

Le *système de Linné* repose entièrement sur les modifications que présentent les organes reproducteurs de la fleur, étamines et pistil. Les végétaux sont d'abord sectionnés en deux groupes, les *Phanérogames* et les *Cryptogames* : les Phanérogames comprennent les plantes dans lesquelles les étamines et le pistil sont visibles, et correspondent aux plantes dicotylédonnes et monocotylédones ; les Cryptogames sont des plantes qui n'ont ni étamines ni pistil, et dont les organes de reproduction ne sont pas apparents; ils correspondent aux végétaux acotylédones.

Le *système de Tournefort*, aujourd'hui abandonné, est établi d'après des caractères tirés des pièces de la corolle. Il comprend deux groupes : les *herbes* et les *arbres et arbustes*, le tout subdivisé en 22 classes.

68. Classification naturelle. — La méthode naturelle généralement adoptée aujourd'hui est celle de *Laurent de Jussieu* (1789).

Dans cette méthode, le règne végétal se subdivise en trois grands embranchements, suivant la présence ou l'absence des cotylédons dans la graine ; ce sont les végétaux *Dicotylédones*, *Monocotylédones* et *Acotylédones* ou *Cryptogames*.

69. Caractères généraux des trois embranchements. — L'embryon des *végétaux Dicotylédones* est muni de deux ou de plusieurs cotylédons. Ils ont la racine pivotante ; la tige, ordinairement ramifiée, est formée de fibres et de vaisseaux disposés en couches concentriques autour d'un canal médullaire ; leurs feuilles sont simples ou composées, à nervures réticulées, offrant souvent des échancrures plus ou moins profondes. Les fleurs sont généralement complètes, et les pièces qui les constituent, sépales, pétales, étamines, etc., sont souvent au nombre de 5. Le *Haricot*, le *Hêtre*, le *Chêne*, sont des plantes Dicotylédones.

Les *végétaux Monocotylédones* ont un embryon qui n'a qu'un seul cotylédon. Leurs racines sont fibreuses ; leur tige n'est généralement pas ramifiée ; elle est formée de fibres et de vaisseaux épars dans une masse de tissu cellulaire, et porte des feuilles toujours simples, souvent engaînantes, à nervures parallèles. Les fleurs ont généralement un calice pétaloïde, et les différentes pièces qui constituent les verticilles sont le plus souvent au nombre de 3 ou de 6. Le *Blé*, le *Lis*, le *Dattier*, appartiennent à cet embranchement.

Les végétaux *Acotylédones* sont caractérisés par leurs organes reproducteurs peu apparents. Leur structure est très variée ; les uns sont vasculaires et sont désignés sous le nom de *Cryptogames vasculaires* (Fougères, Prêles) ; les autres, de beaucoup plus nombreux, ont une structure entièrement cellulaire, ce sont les *Cryptogames cellullaires* (Mousses, Lichens, Algues, Champignons).

Les *Dicotylédones* sont surtout abondantes dans les régions tempérées, les *Monocotylédones* dans la zone équatoriale, et les *Cryptogames* dans les régions boréales.

70. Nomenclature botanique. — En Botanique comme en Zoologie, on emploie, pour désigner les différents groupes végétaux, un certain nombre de termes qui sont : l'*embranchement*, la *classe*, la *famille*, le *genre*, l'*espèce*, la *variété* et l'*individu*.

La *famille* est un groupe essentiellement naturel, dont les individus présentent dans leur structure et leur aspect extérieur un certain air de ressemblance que l'on saisit immédiatement. C'est ainsi qu'il est facile de voir que la Sauge, la Mélisse, appartiennent à la même famille (famille des labiées), qu'il en est de même du Mélèze, du Pin, du Sapin (famille des Conifères).

Le *genre* comprend des espèces qui se ressemblent par leur port extérieur, et chez lesquelles la forme et la disposition des différentes parties de la fleur et du fruit sont les mêmes ; ainsi l'Ail, le Poireau, la Ciboule, l'Oignon, appartiennent au même genre (genre *Allium*).

L'espèce est composée d'individus qui se ressemblent entre eux jusqu'à l'identité d'organisation, et qui, par la reproduction, donnent naissance à une suite d'individus toujours semblables. Ainsi un champ de Trèfle incarnat, une allée de Marronniers d'Inde, sont composés de pieds qui appartiennent tous à la même espèce.

Pour désigner l'espèce, on emploie ordinairement deux mots latins comme en zoologie ; le premier est celui du genre, et le deuxième détermine l'espèce. Le genre *Viola*, par exemple, comprend plusieurs espèces, dont les principales sont : *Viola odorata* (Violette odorante), *Viola canina* (Violette des chiens), *Viola tricolor* (Pensée), *Viola arvensis* (Pensée sauvage).

QUESTIONNAIRE. — Quelles sont les classifications artificielles les plus célèbres en Botanique ? — Sur quoi repose le système de Linné ? — Que comprend le système de Tournefort ? — Comment se subdivise le règne végétal dans la méthode de Jussieu ? — Quels sont les caractères généraux des végétaux dans chacun des trois embranchements ? — Quels noms donne-t-on aux différents groupes de la subdivision des embranchements ? — De quels individus est composée l'espèce ? — Comment nomme-t-on l'espèce ?

CHAPITRE IX

PRINCIPALES FAMILLES VÉGÉTALES

I. Dicotylédones.

71. RENONCULACÉES. — Herbes et arbrisseaux à fleurs généralement régulières et presque toujours pétaloïdes ; étamines indéfinies.

72. Principales espèces. — Les *Clématites*, les *Renoncules*, les *Ellébores*.

Les *Clématites* ont une tige ligneuse et sarmenteuse. La plus commune est la *Clématite brûlante*, arbrisseau grimpant que l'on trouve fréquemment dans les haies ; ses feuilles renferment un principe âcre qui irrite la peau. Son nom vulgaire d'*Herbe aux gueux* vient précisément de ce qu'autrefois les mendiants s'en servaient pour produire des ulcères factices afin d'exciter la commisération publique.

Les *Renoncules*, plus généralement connues sous le nom de *Boutons d'or*, sont des plantes à fleurs souvent jaunes ; les unes sont terrestres et les autres aquatiques. Les principales sont : la *Renoncule ram-pante*, la *Renoncule bulbeuse*, la *Renoncule âcre* et la *Renoncule scélérate*.

Les *Ellébores* avaient autrefois la réputation de guérir de la folie ; ce qui explique ces deux vers de la Fontaine dans la fable *le Lièvre et la Tortue* :

> Ma commère, il faut vous purger
> Avec quatre grains d'ellébore.

L'*Ellébore fétide* ou *Pied de griffon* croît dans les lieux secs. L'*Ellébore noir* fleurit en décembre et se cultive dans les jardins sous le nom de *Rose de Noël*.

73. Crucifères. — Les Crucifères forment une famille des plus faciles à reconnaître. Ce sont des plantes herbacées, dont la fleur comprend 4 sépales, 4 pétales *en croix* et 6 étamines, dont 2 plus petites. Pour fruit une silique ou une silicule.

74. Principales espèces. — Le *Chou*, la *Rave*, le *Navet*, le *Radis*, le *Raifort*, la *Moutarde*, le *Cresson*, le *Colza*, la *Giroflée*.

Le *Chou* est un des meilleurs légumes ; il en existe un grand nombre de variétés : *Chou de Milan*, *Chou pommé*, *Chou de Bruxelles*, etc.

La racine du *Raifort* est excessivement âcre, elle sert de base à la fabrication du sirop antiscorbutique.

Les graines de *Moutarde noire*, réduites en poudre, donnent la farine de Moutarde avec laquelle on fait les sinapismes. Cette farine, délayée dans l'huile et aromatisée convenablement, constitue la moutarde de table. La *Moutarde blanche* est moins commune.

75. Légumineuses. — La famille des *Légumineuses* comprend des herbes, des arbustes et des arbres qui peuvent atteindre de grandes dimensions. Les feuilles sont ordinairement composées, et les fleurs solitaires ou en grappes. Le fruit est une *gousse*.

Cette famille comprend plus de 4000 espèces, que l'on a subdivisées en trois tribus, suivant la forme de la corolle : la tribu des *Papilionacées*, celle des *Cassiées* et celle des *Mimosées*.

Fig. 33. — Corolle papilionacée (pétales étalés).

a, a, ailes ; *é*, étendard ; *c*, carène.

76. Principales espèces. — Les espèces principales de la tribu des *Papilionacées* sont : le *Trèfle*, la *Luzerne*, le *Sainfoin*, la *Gesse*, les *Pois*, les *Haricots*, les *Lentilles*, les *Fèves*.

Le *Trèfle*, la *Luzerne* et le *Sainfoin* sont des plantes fourragères que l'on cultive en prairies artificielles.

La *Gesse odorante* est une plante d'ornement plus connue sous le nom de *Pois de senteur*.

Les *Pois*, les *Lentilles*, les *Haricots* et les *Fèves* sont des plantes alimentaires très importantes.

Parmi les espèces appartenant à la tribu des *Cassiées*, on peut citer les bois de *Fernambouc*, de *Brésil*, de *Campêche*, fréquemment employés en teinturerie; le *Séné* et la *Casse*.

Les follicules et les feuilles du *Séné*, ainsi que les fruits desséchés de la *Casse*, sont utilisés comme purgatifs.

Les espèces les plus remarquables de la tribu des *Mimosées* sont : la *Sensitive* et les *Acacias*. Les plantes appartenant aux tribus des Cassiées et des Mimosées sont exotiques.

77. Rosacées. — Plantes herbacées ou ligneuses à feuilles alternes. Fleurs régulières à 5 divisions. Corolle *rosacée*. Étamines en nombre indéfini.

78. Principales espèces. — Les principales espèces sont : l'*Amandier*, le *Pêcher*, l'*Abricotier*, le *Prunier*, le *Cerisier*, le *Laurier-Cerise*, la *Ronce*, le *Framboisier*, le *Fraisier*, le *Pommier*, le *Poirier*, le *Cognassier*, l'*Aubépine*.

L'*Amandier* est un arbre peu élevé, à floraison très précoce; le fruit renferme une amande douce ou amère. Les amandes douces servent à la fabrication des nougats, du sirop d'orgeat, des loochs médicamenteux; on en extrait l'huile d'amandes douces. Les amandes amères renferment de l'acide cyanhydrique, qui leur communique une saveur particulière et les rend vénéneuses.

Les *Cerisiers* fournissent plusieurs variétés de cerises, dont les principales sont la *Cerise* proprement dite, à courte queue, et dont on fait des conserves dans l'eau-de-vie; la *Guigne* et le *Bigarreau*.

Les feuilles du *Laurier-cerise* contiennent de l'acide cyanhydrique; l'eau de Laurier-cerise est employée en médecine comme calmant.

La *Ronce* est une plante à longue tige ligneuse et rampante, hérissée d'aiguillons; les fruits, connus sous le nom de *mûres*, passent du rouge au noir en mûrissant.

Le *Framboisier* est une ronce à tige dressée et à rameaux arqués,

Fig. 34. — Fleur d'Églantier.

qui produit des fruits succulents formés de petits drupes ovoïdes réunis ensemble.

Le *Fraisier* est une plante herbacée à tige stolonifère. Les fruits sont des akènes fixés sur un réceptacle charnu, de couleur rouge, qui est la partie savoureuse de la fraise.

Les *Rosiers* sont des plantes d'ornement dont les variétés sont extrêmement nombreuses; les plus connues sont : la *Rose à cent feuilles*, la *Rose mousseuse*, la *Rose de Bengale*, la *Rose de Provins*. Les pétales de la rose de Provins sont employés pour la préparation du miel rosat, de l'eau et de l'essence de rose.

Les usages économiques des *Pommes*, des *Poires*, sont connus de tout le monde.

79. OMBELLIFÈRES. — Plantes herbacées à tige fistuleuse. Feuilles ordinairement divisées. Fleurs très petites, réunies en *ombelles*. Pour fruit, deux akènes sillonnés de côtes longitudinales se séparant à la maturité et restant suspendus à l'extrémité d'un petit support.

Beaucoup d'Ombellifères renferment un principe vireux et un principe aromatique. Certaines espèces sont vénéneuses, et d'autant plus toxiques qu'elles croissent dans des climats plus chauds.

80. Principales espèces. — Le *Fenouil*, l'*Anis*, le *Persil*, le *Cerfeuil*, le *Céleri*, le *Panais*, la *Carotte*, la *Ciguë*.

Les graines de *Fenouil*, d'*Anis*, renferment une huile essentielle aromatique qui les fait employer dans la fabrication des liqueurs.

Le *Persil* et le *Cerfeuil* sont utilisés comme condiments.

Le *Céleri* cultivé donne des pétioles blancs, tendres, aromatiques, que l'on mange en salade. L'*Ache* est un Céleri sauvage. Le *Panais*, la *Carotte*, sont des espèces alimentaires.

La *Grande* et la *Petite Ciguë* sont des plantes extrêmement vénéneuses; la Petite Ciguë peut être facilement confondue avec le Persil. La Grande Ciguë se reconnaît à la présence de taches rougeâtres qui maculent ses tiges.

Fig. 35. — Persil cultivé.

A, une fleur isolée; B, fruit.
(Germain de SAINT-PIERRE.)

81. CUCURBITACÉES. — Plantes herbacées, à tige grimpante et rampante couverte de poils rudes. Feuilles alternes et portant des vrilles à leur aisselle. Le fruit offre souvent une cavité centrale dans laquelle les graines semblent éparses au milieu des filaments provenant de la destruction des cloisons.

82. Principales espèces. — Les principales espèces sont : le *Melon*, le *Concombre*, la *Calebasse*, la *Bryone*.

Le fruit du *Melon* est succulent ; la variété la plus estimée est le *Melon cantaloup*.

Le *Concombre* donne des fruits comestibles ; cueillis très jeunes et confits dans le vinaigre, on leur donne le nom de *cornichons*.

Le *Potiron* et le *Giraumont* ont des fruits volumineux qui servent à faire des potages. Le fruit de la *Calebasse* est une coque dure et coriace avec laquelle on fait des gourdes.

La *Bryone* est une plante grimpante excessivement commune dans les buissons, et qui porte quelquefois le nom de *Navet du diable*.

83. Composées. — La famille des *Composées* est très nombreuse et comprend à elle seule la 10ᵉ partie des plantes Phanérogames. Les espèces qui la composent sont caractérisées par l'inflorescence, qui consiste en un grand nombre de petites fleurs réunies en capitule sur un réceptacle élargi, entouré d'un involucre (fleurs composées, fig. 36, E).

Les fleurs qui constituent le capitule sont souvent de deux sortes : les unes, appelées *fleurons*, ont une corolle régulière, le plus souvent à 5 dents ; les autres, appelées *demi-fleurons*,

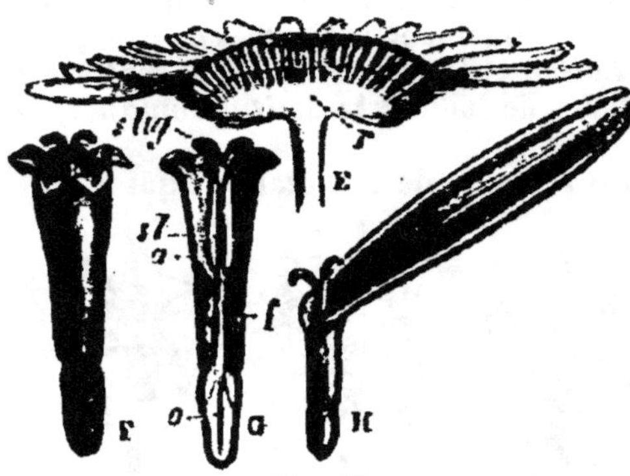

Fig. 36.

E, capitule de Radiée (Leucanthème commun) coupé en long, montrant le réceptacle *r*, les fleurs tubuleuses au centre et les fleurs ligulées à la circonférence ; F, une fleur tubuleuse ; on voit le limbe à cinq dents et les deux branches stigmatiques courbées en dehors ; G, la même fleur coupée en long pour montrer l'ovaire *o*, le style *st* et le stigmate à deux branches *stig* ; les anthères soudées *a*, et les filets libres *f* ; H, une fleur ligulée.

ont une corolle monopétale ligulée (fig. 36).

La famille des Composées se subdivise en trois tribus, d'après la constitution du capitule. La tribu des *Tubuliflores* comprend les espèces dont les capitules sont uniquement formés de fleurons ; la tribu des *Liguliflores* comprend celles dont les capitules sont exclusivement composés de demi-fleurons ; enfin la tribu des *Radiées* est formée des espèces dont les capitules portent des fleurons au centre et des demi-fleurons sur la circonférence.

84. Principales espèces. — Tribu des Tubuliflores : les *Chardons*, l'*Artichaut*, les *Centaurées*, le *Bluet*, l'*Absinthe*.

Tribu des Liguliflores : la *Chicorée*, la *Laitue*, le *Pissenlit*, le *Laiteron*, le *Salsifis*.

Tribu des Radiées : la *Pâquerette*, le *Grand-Soleil*, les *Dahlias*, les *Séneçons*, la *Camomille*.

Les *Chardons* sont de mauvaises herbes qui se multiplient rapidement dans les champs incultes. L'*Artichaut* est une espèce de chardon cultivé dont on mange la base des bractées et le réceptacle charnu.

L'*Absinthe* sert à la préparation d'une liqueur dont l'abus exerce une très funeste influence sur l'organisme.

La *Chicorée sauvage* est amère et tonique. On cultive dans les jardins la *Chicorée endive* et quelques-unes de ses variétés (Escaroles, Chicorée frisée), que l'on mange en salade. Les racines de la Chicorée, torréfiées et pulvérisées, sont quelquefois ajoutées au café pour faire les infusions de café. La *Laitue* et le *Pissenlit* se mangent aussi en salade. On cultive trois variétés de laitue : la *Laitue romaine*, la *Laitue pommée* et la *Laitue frisée*.

La *Pâquerette* doit son nom à l'époque de sa floraison, qui a toujours lieu vers le temps de Pâques. Elle est très commune dans les prairies. Les *Chrysanthèmes*, les *Soleils*, les *Dahlias*, sont cultivés comme plantes d'ornement.

85. SOLANÉES. — Plantes herbacées à fleurs solitaires ou disposées en grappes ou en épis. Corolle infundibuliforme ; 5 étamines. Pour fruit, une capsule ou une baie.

Les plantes appartenant à la famille des Solanées ont en général un aspect sombre et une odeur repoussante ; le plus grand nombre renferment des principes vireux qui en font des plantes très vénéneuses.

Fig. 37. — Le Tabac, exemple de Solanée.
A, un rameau fleuri ; B, fleur isolée ; C, la même fleur dont on a enlevé la partie antérieure ; or, ovaire ; st, style ; e, étamines.

86. Principales espèces. — La *Pomme de terre*, la *Tomate*, le *Piment*, la *Belladone*, la *Jusquiame*, le *Tabac*.

La *Pomme de terre* est originaire du Pérou; ses tubercules sont sains et nourrissants (n° 22).

La *Belladone* est une Solanée très vénéneuse; ses baies noires sont de la grosseur et de la forme d'une cerise. Elle renferme un alcaloïde, l'*atropine*, employé dans les maladies des yeux.

Le *Tabac* ou *Nicotiane* (fig. 37), originaire du Mexique, a été importé en France en 1560 par Jean Nicot, ambassadeur de France en Portugal. Ses feuilles, après avoir subi certaines préparations, donnent le tabac à priser et à fumer. Le tabac renferme une substance toxique, la *nicotine*, qui est excessivement pernicieuse.

87. Labiées. — Plantes herbacées à tige généralement carrée et à feuilles opposées. Fleurs réunies en groupe à l'aisselle des feuilles; corolle labiée (fig. 38). Pour fruit, 4 akènes situés au fond d'un calice persistant.

La plupart des Labiées possèdent des propriétés toniques, aromatiques, qui les font utiliser en médecine. Un grand nombre d'entre elles fournissent des essences aromatiques.

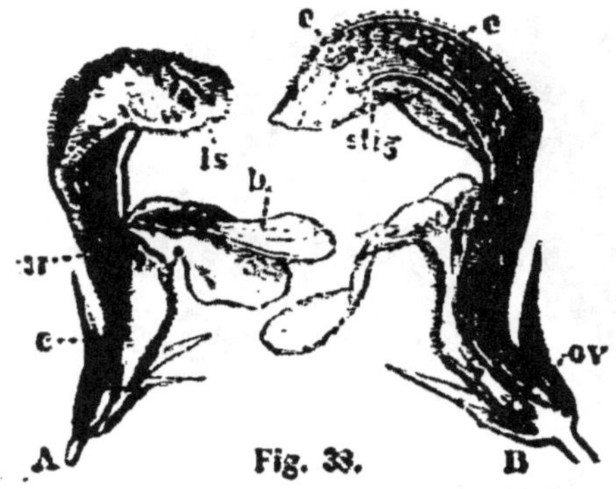

Fig. 38.

A, fleur labiée du Lamier blanc; c, calice; cor, corolle; *ls*, lèvre supérieure; *li*, lèvre inférieure; B, la même fleur coupée en long; e, étamine, *stig*, stigmate; or, ovules.

88. Principales espèces. — Les *Sauges*, le *Romarin*, les *Menthes*, la *Lavande*, le *Thym*, le *Serpolet*, la *Mélisse*, le *Lierre terrestre*.

Les *Sauges* se rencontrent partout. La *Sauge des prés* a de grandes fleurs d'un beau bleu disposées en long épi dressé; elle est commune dans les prairies, sur les pelouses.

Les *Menthes* croissent dans des lieux incultes et humides; elles exhalent, lorsqu'on les froisse, une odeur forte et aromatique. La plus employée est la *Menthe poivrée*.

La *Lavande* fournit une essence utilisée en parfumerie.

Le *Thym* et le *Serpolet* se rencontrent sur les pelouses et les plateaux secs, et sont recherchés par les lièvres et les lapins.

La *Mélisse* ou *Citronnelle* exhale une forte odeur de citron; elle jouit de propriétés stimulantes et énergiques, et sert à la préparation d'un alcoolat connu sous le nom d'*eau de Mélisse*.

89. Amentacées. — Arbres et arbrisseaux monoïques ou

dioïques, à feuilles munies de deux stipules caduques. Les fleurs staminées sont ordinairement disposées en chatons, et les fleurs pistillées sont souvent solitaires. Pour fruit, un gland.

Presque toutes les espèces des Amentacées sont des arbres forestiers.

90. Principales espèces. — Le *Chêne*, le *Hêtre*, le *Châtaignier*, le *Noisetier*, le *Charme*, le *Noyer*, le *Bouleau*, le *Platane*, les *Saules*, les *Peupliers*.

Le *Chêne rouvre*, le *Chêne pédonculé* (fig. 39), le *Chêne vert*, occupent le premier rang parmi les arbres de nos forêts. Le *Chêne liège* fournit le liège avec lequel on fait des bouchons. La *noix de galle* est une excroissance produite sur les Chênes par la piqûre d'un insecte (*Cynips*).

Le *Hêtre* donne un bois de qualité un peu inférieure à celle du bois de Chêne. Ses graines, connues sous le nom de *faines*, sont recherchées par les animaux ; on en fait de l'huile.

Le bois de *Charme*

Fig. 39. — Le Chêne pédonculé.

M, fragment d'un rameau à fleurs staminées *fl* ; O, fragment d'un rameau à fleurs pistillées *fl* ; P, deux fruits dans leur cupule.

est blanc, employé dans le charronnage ou comme combustible. On utilise le Charme pour l'établissement des allées de parcs, des bosquets (charmilles).

Le *Noyer* fournit un bois flexible, élégamment veiné, que l'on emploie dans la fabrication des meubles et des montures de fusil. L'amande de son fruit est comestible ; on en extrait une huile excellente, mais qui rancit très vite.

Les noix fraiches se nomment *cerneaux* ; le péricarpe vert qui les entoure (*brou de noix*) sert à la fabrication d'une liqueur.

Le bois de *Bouleau* est employé par les tourneurs, les sabotiers et les menuisiers.

Les *Platanes* servent à ombrager les boulevards ; on les rencontre souvent dans les parcs et les jardins publics.

Les *Saules* croissent de préférence dans les endroits humides, au bord des étangs ou des cours d'eau. Certaines espèces fourni-sent des *osiers* pour la vannerie. On retire de l'écorce du *Saule blanc* un produit médicinal, le salicylate de soude, très employé aujourd'hui contre les douleurs rhumatismales.

91. Conifères. — Arbres et arbrisseaux résineux, monoïques ou dioïques, à feuillage toujours vert. Les feuilles staminées, formées d'étamines nombreuses, sont insérées sur l'axe floral sans bractées de séparation ; les fleurs pistillées sont réunies en chatons et formées par des écailles portant à leur aisselle un ou plusieurs ovules. Pour fruit, un *cône* (fig. 40).

92. Principales espèces. — Le *Sapin*, le *Pin*, le *Cèdre*, le *Mélèze*, le *Cyprès*, le *Genévrier*, l'*If*.

Les *Pins* et les *Sapins* sont communs sur les hautes montagnes et fournissent des bois de charpente pour la marine et la menuiserie. On en retire de la résine et de la térébenthine. Le *Cèdre* ne croît spontanément que dans le Liban, l'Himalaya et quelques forêts de l'Algérie. Il est connu pour sa longévité et l'ampleur de ses ramifications.

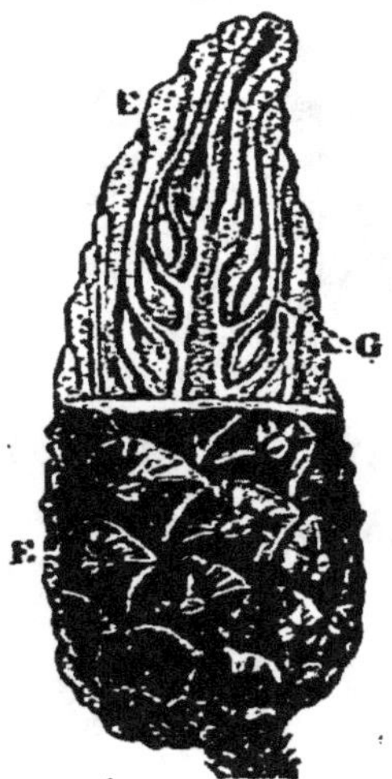

Fig. 40. — Cône de Pin.
La partie supérieure est coupée verticalement pour laisser voir les graines G, situées à la base des écailles E.
(G. DE SAINT-PIERRE.)

Le *Genévrier* est un petit arbuste à feuilles atténuées en épines, dont le fruit sert à fabriquer la liqueur de Genièvre.

II. Monocotylédones.

93. Liliacées. — Les Liliacées sont des plantes herbacées à souche souvent bulbeuse. Leur tige est ordinairement simple, et les nervures de leurs feuilles droites et parallèles. Périanthe à 6 divisions; 6 étamines, stigmate trilobé. Pour fruit, une capsule à 3 loges ou une baie.

94. Principales espèces. — Le *Lis*, la *Tulipe*, l'*Ail*, le *Poireau*, l'*Oignon*, l'*Échalote*, l'*Aloès*.

Le *Lis*, la *Tulipe*, sont de jolies fleurs, remarquables par l'élégance de leurs formes et de leurs couleurs.

L'*Ail*, le *Poireau*, l'*Oignon*, l'*Échalote*, sont journellement employés dans l'économie domestique.

L'*Aloès* est une plante à feuilles épaisses et épineuses qui croît dans l'Afrique centrale et qui fournit une résine que l'on emploie comme purgatif. Cette résine sert de base à la préparation d'une liqueur amère connue sous le nom d'*élixir de longue vie*.

95. Graminées. — Les Graminées sont des plantes herbacées
rarement ligneuses,
à tige cylindrique,
creuse et noueuse.
Feuilles alternes, mu-
nies d'une gaine fen-
due. Fleurs réunies en
petits groupes nom-
més *épillets*, lesquels
sont disposés en épi
ou en panicule. Éta-
mines en nombre va-
riable, ordinairement
3; style plumeux,
ovaire simple, unilo-
culaire.

**96. Principales es-
pèces.** — Le *Froment*,
le *Seigle*, l'*Orge*, l'*A-
voine*, le *Riz*, le *Maïs*,
l'*Alfa*, la *Phléole*, la
Floave, les *Paturins*,
les *Agrostis*, le *Ray-
grass*, les *Fétuques*,
le *Millet*, les *Roseaux*,
la *Canne à sucre*.

Fig. 41.

A, Vulpin des prés; B, Phléole des prés;
C, Floave odorante; D, Ivraie vivace. (Mangin.)

Le *Froment* ou *Blé*, le *Seigle*, l'*Orge*, l'*Avoine*, le *Maïs*, sont désignés sous le nom de *céréales alimentaires*. Le *Froment* est certainement l'une des plantes les plus utiles à l'homme. Le *Seigle* donne une
farine moins estimée que celle du Froment. Dans les terrains mé-
diocres on sème souvent un mélange de Froment et de Seigle, dont
le produit récolté prend le nom de *méteil*.

Le *Chiendent* est une Graminée dont les tiges souterraines sont
tenaces, difficiles à extirper des champs qu'elles envahissent, et qui
font un véritable tort aux récoltes. On en fait une tisane rafraîchissante.

L'*Orge* et l'*Avoine* sont réservées pour la nourriture des animaux
domestiques. L'*Orge* sert à la fabrication de la bière.

La farine de *Maïs* se prête mal à la panification; les feuilles des
jeunes pieds fournissent un très bon fourrage.

L'*Alfa*, très commun sur les plateaux de l'Algérie et de l'Espagne,
sert à la fabrication des nattes et des paillassons; on en fait du papier.

Les *Phléoles*, la *Floave*, les *Paturins*, les *Bromes*, les *Fétuques*,
servent à la formation des prairies naturelles.

La *Canne à sucre* renferme un jus visqueux que l'on extrait en écrasant des tiges entre des cylindres, et qui renferme 20 pour 100 de sucre cristallisable, que l'on appelle *sucre de canne.* C'est avec les mélasses que l'on retire de sa fabrication que l'on prépare le *rhum.*

.97. PALMIERS. — Plantes ligneuses, dont la tige, d'une structure particulière, est terminée par un large bouquet de feuilles. Fleurs réunies en spadice ou en régime. Pour fruit une noix ou un drupe.

Tous les Palmiers habitent les pays chauds; les plus remarquables sont : le *Dattier,* le *Cocotier* et le *Sagoutier.*

III. Cryptogames.

98. Reproduction des Cryptogames. — Toutes les Cryptogames se reproduisent par des corpuscules très petits auxquels on a donné le nom de *spores.* Les spores sont renfermées dans des poches membraneuses, appelées *sporanges,* desquelles elles s'échappent lorsqu'elles sont suffisamment mûres.

99. Fougères. — Les *Fougères* sont des plantes généralement herbacées, mais qui, dans les régions chaudes, deviennent arborescentes comme les Palmiers. Leurs feuilles, d'une structure assez compliquée, sont souvent très divisées et portent le nom de *frondes;* elles sont roulées en crosse avant leur épanouissement.

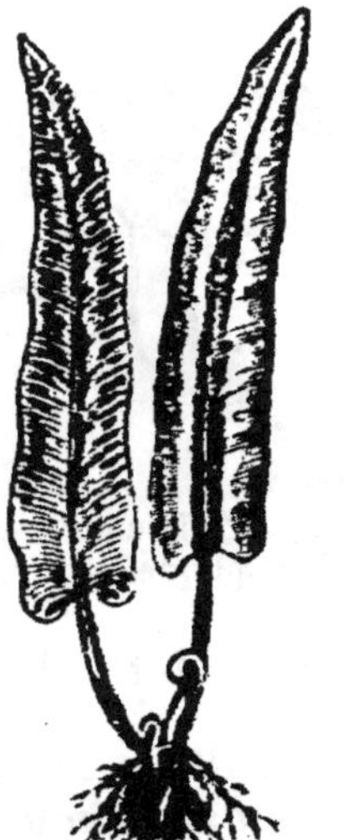

Fig. 41.
Scolopendre officinale.
(Fougère).

Fig. 42.
Funaire hygrométrique
(Mousse).

100. Mousses. — Les *Mousses* sont de petites plantes à texture entièrement cellulaire qui croissent en abondance dans les lieux humides et ombragés. Leur tige, couverte de feuilles imbriquées, est grêle, simple ou rameuse.

101. Algues. — Toutes les *Algues* sont aquatiques. Celles qui vivent dans les eaux douces sont généralement de couleur verte .(*Conferves*); celles qui croissent dans les eaux salées sont le plus souvent brunes (*Fucus*), rouges (*Ceramium*), etc.

On range parmi les Algues les *Microbes*, petits organismes microscopiques qui sont les agents des épidémies et des maladies infectieuses.

102. Lichens. — Les *Lichens* vivent généralement sur l'écorce des arbres, sur la terre humide; souvent on les voit s'étaler sur les murs, les rochers, sous forme de croûtes sèches nommées *thalles*, de couleur verte, jaune, grise ou blanchâtre. Bien qu'ils ne vivent point aux dépens des végétaux sur lesquels ils se développent souvent, on les regarde comme nuisibles aux fonctions de l'écorce.

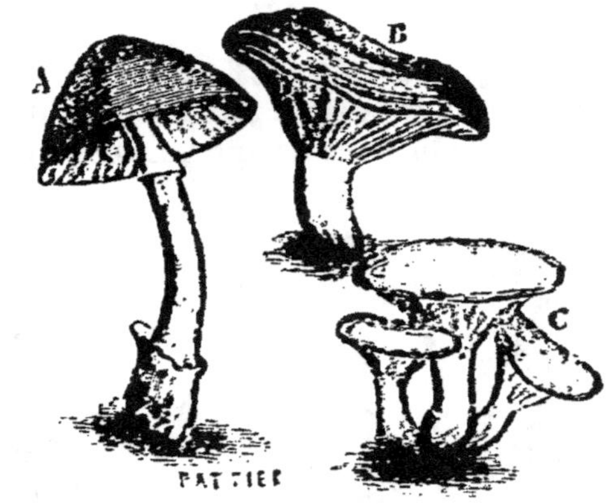

Fig. 43.
Fragment du lichen des Rennes.
(Gaston Bonnier.)

Fig. 44.
A, Agaric bulbeux; B, Agaric meurtrier;
C, Agaric stiptique.

103. Champignons. — Les *Champignons* sont des végétaux cellulaires dépourvus de chlorophylle.

Les Champignons, ne contenant pas de chlorophylle, peuvent végéter dans l'obscurité; mais, étant par là même dans l'impossibilité d'assimiler le carbone, ils ne peuvent vivre qu'aux dépens d'autres organismes. C'est pourquoi ils remplissent surtout le rôle de destructeurs et d'épurateurs en se fixant sur les plantes et les animaux en décomposition. Ils peuvent aussi se développer sur les organismes vivants.

Certaines espèces de Champignons sont comestibles, d'autres sont très vénéneuses. Parmi les Champignons comestibles on peut citer : l'*Agaric commun* ou *Champignon de couche*, la *Truffe*, le *Cèpe* ou *Bolet comestible*, la *Morille*, l'*Oronge vraie*, les *Clavaires*, etc.

L'*Ergot du Seigle*, la *Rouille blanche* de certains arbres, l'*Oïdium* de la Vigne sont des Champignons parasites.

On range également parmi les Champignons certains ferments végétaux dont les plus importants sont : la *Levure de bière* et le *Micoderme du vinaigre*.

USAGE DES PLANTES

PLANTES ALIMENTAIRES
- CÉRÉALES : Blé, Seigle, Orge, Avoine, Millet, Riz, Maïs.
- TUBERCULES : Pomme de terre, Topinambour, Patate.
- RACINES : Rave, Navet, Betterave, Carotte, Panais, Salsifis.
- LÉGUMES
  - verts : Choux, Épinard, Oseille, Laitue, Chicorée, Mâche, Cresson, Oignon, Poireau, Artichaut, Asperge, Champignons, Truffe.
  - secs : Fèves, Pois, Lentilles, Haricots.
- CONDIMENTS : Ail, Oignon, Échalote, Ciboule, Cerfeuil, Persil, Thym, Estragon.
- FRUITS : Courges, Concombres, Melon, Tomate, Aubergine.

PLANTES OLÉAGINEUSES : Olivier, Colza, Pavot, Ricin, Noyer, Arachide, Lin, Hêtre.
PLANTES TEXTILES : Lin, Chanvre, Coton, Alfa, Ramie.
PLANTES TINCTORIALES : Garance, Gaude, Pastel, Safran, bois de Campêche, Orcanette, Orseille.
PRODUITS AROMATIQUES : Anis, Cumin, Coriandre, Menthe, Citron.
ÉPICES : Poivre, Girofle, Vanille, Cannelle, Muscade.
PRODUITS DIVERS : Osiers, Liège, Soude, Canne à sucre, Houblon, Tabac, Thé, Cacaoyer.
PLANTES FOURRAGÈRES : Trèfle, Luzerne, Sainfoin, Vesce, Ray-grass, Paturins, Phléole, etc.

FRUITS DE TABLE
- FRUITS PULPEUX
  - Baies : Raisin, Groseille, Framboise.
  - Fruits à pépins : Pomme, Poire, Orange.
  - Fruits à noyau : Prune, Cerise, Pêche, Abricot.
- FRUITS NON PULPEUX
  - Fruits oléagineux : Olive, Amande, Noix, Noisette.
  - Fruits farineux : Marrons, Châtaignes.

BOIS DE CONSTRUCTION : Chêne, Hêtre, Orme, Frêne, Charme, Tilleul, Érable, Platane, Châtaignier, Aulne, Peuplier.
BOIS D'ŒUVRE : Acajou, Palissandre, Ébène, Buis, Noyer.

PLANTES MÉDICINALES
- NARCOTIQUES : Pavot, Tabac, Jusquiame, Belladone.
- FÉBRIFUGES : Quinquina, Petite Centaurée, Camomille romaine.
- VOMITIVES ET PURGATIVES : Jalap, Ipécacuana, Rhubarbe, Casse, Ricin, Aloès.
- CALMANTES : Digitale pourprée, Pavot, Laurier-Cerise.
- AROMATIQUES : Menthe, Mélisse, Oranger.
- PECTORALES : Mauve, Guimauve, Bouillon-blanc, Lichen, Capillaire, Réglisse.
- AMÈRES : Gentiane, Houblon.

QUESTIONNAIRE. — Indiquez les caractères les plus saillants des familles végétales suivantes et citez des espèces dans chacune d'elles :

Dicotylédones. — Renonculacées, Crucifères, Légumineuses, Rosacées, Ombellifères, Cucurbitacées, Composées, Solanées, Labiées, Amentacées, Conifères.

Monocotylédones. — Liliacées, Graminées, Palmiers.

Cryptogames. — Fougères, Mousses, Algues, Lichens. — Comment se reproduisent les Cryptogames?

Faites un tableau synoptique des principales plantes utiles.

GÉOLOGIE

CHAPITRE I

AGENTS EXTÉRIEURS

1. Stabilité apparente du relief du sol. — La surface de la Terre est très accidentée ; on y observe des *plaines*, des *vallées*, des *plateaux*, des *collines*, de *hautes montagnes*, etc., dont la situation nous paraît tout à fait stable. Cependant il existe des agents *mécaniques*, *physiques* et *chimiques*, qui en modifient peu à peu l'aspect, et si les modifications qu'ils produisent ne sont pas apparentes, c'est qu'elles se font avec une lenteur telle, qu'elles ne sont pas sensibles dans le courant d'une vie d'homme.

Parmi les agents qui modifient sans cesse le relief terrestre, les uns sont *extérieurs* à notre globe (vent, pluie, etc.), les autres ont leur siège dans les profondeurs de l'écorce terrestre encore à l'état de fusion ignée ; ce sont les agents *intérieurs*.

I. Agents atmosphériques.

2. Action des agents atmosphériques. — Les principaux *agents atmosphériques* qui concourent à modifier la surface du globe sont de deux sortes : les uns, comme les *vents*, et par suite les *ouragans*, produisent des *effets mécaniques* ; les autres, comme l'air, la *chaleur*, l'*humidité*, altèrent la nature des éléments superficiels de l'écorce, et y déterminent ainsi des *phénomènes chimiques* qui les modifient profondément.

3. Action des vents. — Les vents effectuent des transports de matériaux meubles à la surface de la terre, ou mettent en mouvement les vagues, qui désagrègent peu à peu les rivages de la mer.

Fig. 1. — Aspect des dunes.

On appelle *dunes* de petites collines de sable formées sous l'action des vents dans l'intérieur des terres meubles et sèches, ou sur les plages peu inclinées quand le vent souffle de la mer vers la terre (fig. 1).

4. Action de la chaleur. — La chaleur, en produisant des contractions et des dilatations alternatives, désagrège peu à peu les roches, et prépare ainsi leur destruction prochaine par les autres agents atmosphériques.

5. Action chimique de l'air. — L'air humide agit sur les roches d'une façon énergique. Le granit, par exemple, malgré son extrême dureté, s'émiette peu à peu et se réduit en gravier. Sous l'action de l'air et des eaux pluviales, les blocs granitiques isolés s'arrondissent et finissent par chanceler sur leur base (Roches branlantes, pierres qui virent, etc.).

L'air attaque encore les métaux en les oxydant; les matières sulfureuses sont transformées en sulfates.

6. La pluie. — Dans une même région, la *pluie* est d'autant plus abondante que les vents y sont plus chargés d'humidité et qu'ils y rencontrent des chaînes de montagnes qui leur barrent le passage et les obligent à s'élever jusque dans les régions froides de l'atmosphère, où ils se condensent et se résolvent en pluie.

Une partie de l'eau de pluie qui tombe sur le sol repasse à l'état gazeux par évaporation; le reste *s'infiltre* dans la terre si celle-ci est perméable, ou *ruisselle* à la surface si elle est imperméable ou si la pente est trop forte.

II. Eaux d'infiltration et de ruissellement.

7. Sources. — Dans les terrains perméables (sables, graviers, grès fissurés), les eaux d'infiltration trouvent un écoulement naturel dans le fond des vallées et donnent naissance aux *ruisseaux*.

Si la couche perméable repose sur un lit d'argile qui s'oppose à l'infiltration, l'eau s'écoule sur les flancs des vallées aux endroits où affleure la couche argileuse, ou bien s'accumule dans les dépressions de cette couche en formant des *sources* souterraines (perforation des puits).

8. Sources jaillissantes. — Si l'eau d'infiltration s'introduit et s'accumule entre deux couches imperméables, elle y forme une nappe sans écoulement, dont l'eau peut être sous une pression considérable. Il suffira donc de percer la couche supérieure pour que l'eau jaillisse à la surface du sol. Tel est le principe sur lequel repose la perforation des *puits artésiens* (fig. 2).

Les puits artésiens de Grenelle et de Passy, à Paris, recueillent, à 5 ou 600 mètres de profondeur, les eaux tombées dans les Ardennes, la Champagne et la Bourgogne.

9. Effets du ruissellement. — Dans son mouvement, l'eau entraîne les débris des rochers que les agents atmosphériques ont préalablement désagrégés, ou élargit les rigoles dans lesquelles elle coule, et produit alors des découpures bizarres, des piliers isolés, des ponts naturels, etc.

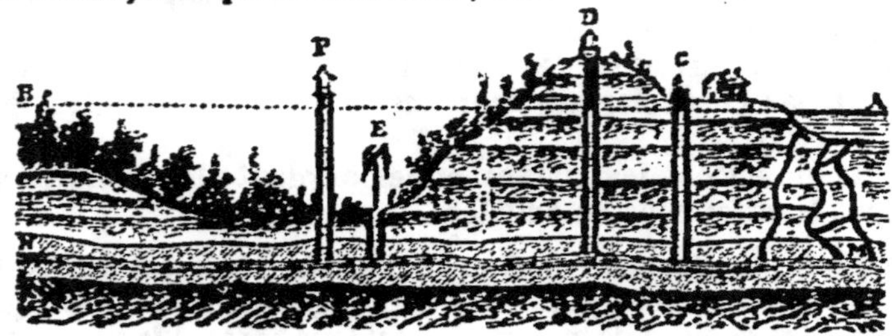

Fig. 2. — E, jet d'eau; P, puits artésien; D, C, puits ordinaires; A, niveau de la source; NM, nappe souterraine entre deux couches imperméables.

Les dégradations produites par le ruissellement sont considérablement diminuées par la végétation, car chaque brin d'herbe amortit le choc des gouttes de pluie et favorise l'infiltration, tandis que les racines, formant un réseau serré, maintiennent la terre et s'opposent à sa dégradation.

10. Torrents. — Les *torrents* sont des cours d'eau coulant avec *rapidité* dans des ravins à pente *rapide*. Ils ne se forment que pendant les grandes pluies ou à la fonte des neiges, et n'ont pour cette raison qu'une durée temporaire.

11. Rivières et fleuves. — Les rivières sont des cours d'eau naturels recueillant les eaux de ruissellement; elles se jettent dans les fleuves, qui conduisent directement toutes les eaux à la mer.

Les rivières coulent au fond des *vallées* qu'elles ont creusées, et que l'on appelle pour cette raison *vallées d'érosion*.

12. Alluvionnement. — L'*alluvionnement* est le travail par lequel les eaux courantes laissent déposer les matériaux qu'elles entraînent. Les terrains d'alluvions sont abondants sur les rives et surtout à l'embouchure de certains fleuves, où ils forment des *deltas*.

Ces terrains sont sans cesse remaniés par l'irrégularité du débit. Les cailloux, roulant sans cesse les uns sur les autres, s'arrondissent et forment les *cailloux roulés*.

13. Marais. — Les *marais* peuvent être produits par l'eau pluviale s'accumulant dans les dépressions d'un sol argileux, par des sources ou des infiltrations de rivières ou de lacs.

14. Étangs. — Les *étangs* sont des nappes d'eau plus ou moins profondes, à bords bien déterminés. Leurs eaux, ordinairement dépourvues de sels calcaires, sont chargées de matières organiques en décomposition; elles sont excellentes pour le blanchissage du linge, mais sont désagréables comme boisson.

15. Lacs. — Les *lacs* sont des nappes assez étendues d'eau douce ou salée alimentées par des sources. Ils peuvent disparaître ou être déplacés par des dépôts qui peu à peu remplissent leur bassin, par des éboulements de montagnes ou par la rupture de leurs digues.

16. Eaux de la mer. — L'eau de la mer, mise en mouvement par les vents et les marées, vient battre les rivages et ronge peu à peu les roches qui les constituent (fig. 3). Les matériaux les plus durs

Fig. 3. — Île du groupe des Orcades découpée par la tempête (d'après Lyell).

restent sur les rives, et, constamment roulés les uns sur les autres, arrondissent leurs angles et forment les *galets*; les menus fragments, emportés par le flot de retour, se déposent à une distance d'autant plus éloignée du rivage qu'ils sont plus légers, c'est-à-dire plus fins, et forment les plages de sable et de graviers.

Cette puissance destructive de la vague est accrue par le choc répété des galets, qu'elle projette avec violence contre les rochers lorsqu'elle est agitée.

17. Action chimique des eaux. — L'eau de mer est riche en substances minérales; par évaporation, elle donne successivement des *sulfates de chaux* et de *soude*, des *bromures* et des *chlorures de potassium* et de *magnésium*, du *chlorure de sodium*; par son action sur les roches, elle se charge de *carbonate de chaux* et de *silicates* *alcalins.* En régularisant l'évaporation des eaux marines, on peut isoler les principaux sels qu'elles renferment (*marais salants*).

Les eaux d'infiltration, renfermant presque toujours de l'*acide carbonique* provenant de l'air atmosphérique qu'elles ont, pour ainsi dire, lavé, dissolvent, dans leurs parcours souterrains, des substances minérales, surtout du carbonate de chaux, qu'elles laissent ensuite déposer peu à peu lorsqu'elles arrivent au grand air, où elles abandonnent l'acide carbonique qu'elles tiennent en dissolution (*stalactites* et *stalagmites*).

Les *fontaines incrustantes* sont des sources alimentées par des eaux chargées de carbonate de chaux, qu'elles laissent déposer en fines granulations sur les objets qu'on y plonge. L'une des plus connues est celle de Saint-Allyre, à Clermont (Puy-de-Dôme).

L'eau de pluie, toujours chargée d'oxygène, oxyde les roches ferrugineuses, qui prennent alors la couleur brune caractéristique de la rouille.

III. Action des êtres vivants.

18. Tourbe. — La *tourbe* résulte de la décomposition sous l'eau de certains végétaux, tels que les Mousses et surtout les Sphaignes. Si la température ne dépasse pas 8 à 10 degrés, et si l'eau est limpide, ces végétaux croissent avec vigueur et bientôt meurent du pied, tandis que la partie supérieure continue à vivre. Alors la partie submergée se décomposant sous l'eau, c'est-à-dire à l'abri de l'air, donne pour produit final une matière combustible de couleur brune, qui est la tourbe.

Lorsque la tourbe s'est accumulée sur une certaine épaisseur et que le sol est suffisamment exhaussé, les Bruyères prennent possession du terrain, et la formation de la tourbe est désormais arrêtée.

19. Travail des coraux. — Les *Polypes coralligènes et madréporiques* sont des Zoophytes vivant en société, tantôt sous forme arborescente, tantôt en masses sphéroïdales nommées *polypiers*.

Les polypiers se développent naturellement au voisinage des côtes, et, bien que leur croissance se fasse avec une extrême lenteur (1 à 2 millim. par an), le sommet de la colonie finit cependant par atteindre le niveau des basses mers. A partir de ce moment l'accroissement en hauteur s'arrête, car ces animaux ne peuvent résister à une émersion prolongée, et le récif forme alors une ligne de brisants.

20. Iles madréporiques. — Les tempêtes détachant de temps en temps les parties supérieures des récifs, souvent perforées par les Mollusques, en rejettent les débris à la surface et les accumulent de manière à former bientôt une masse qui émerge au-dessus des hautes mers : le vent et la mer y apportent des graines, et la végétation en prend bientôt possession. Telle est l'origine des *îles madréporiques.*

IV. Glaciers.

21. Formation des glaciers. — Les cristaux de neige tombant sur les hautes montagnes subissent, sous l'action des rayons solaires, un commencement de fusion qui les transforme en granules arrondis, dont l'ensemble forme une poussière blanche, sèche, mobile comme du sable. Ces grains, roulant les uns sur les autres, s'accumulent dans des réservoirs naturels plus ou moins encaissés, où ils commencent à s'agglomérer; l'eau qui provient de la fusion des couches superficielles se congèle dans les interstices, et transforme peu à peu la masse en un amas granuleux parsemé de bulles d'air : c'est le *névé*.

Les couches profondes du névé, soumises à une pression considérable exercée par le poids des couches supérieures, deviennent peu à peu compactés, translucides, et présentent l'aspect d'une masse fissurée et parfois azurée qui caractérise la glace des glaciers.

22. Mouvement des glaciers. — Les réservoirs dans lesquels la glace s'est accumulée présentent toujours un débouché à pente plus ou moins inclinée; la glace, sollicitée d'une part par son propre poids, d'autre part par la poussée qu'exercent les couches plus élevées, descend peu à peu vers les régions inférieures.

23. Front du glacier. — On appelle *front du glacier* son extrémité inférieure.

Quand le front du glacier arrive dans des régions dont la température est supérieure à 0°, il entre en fusion et donne naissance à un torrent tumultueux, dont les eaux sont rendues noires et boueuses par les particules des roches que le glacier a désagrégées et entraînées dans sa descente.

Les glaciers polaires se déplacent en s'avançant vers l'équateur; leur front, après avoir flotté quelque temps, se fractionne et donne naissance aux *glaces flottantes* ou *ice-bergs*, qu'il ne faut pas confondre avec les *banquises*, qui proviennent de la congélation de l'eau de la mer au voisinage des côtes.

24. Effets de transports. Moraines. — Dans son mouvement, la glace emporte les débris de toutes sortes qu'elle détache des pentes abruptes entre lesquelles elle est encaissée. Ces débris forment de chaque côté deux traînées qu'on appelle *moraines latérales* (fig. 4).

Si deux glaciers se rencontrent dans leur descente de manière à n'en former plus qu'un, la moraine droite de l'un se joint à la moraine gauche de l'autre, et leur jonction forme, au milieu du nouveau glacier, une *moraine médiane* plus volumineuse que les moraines latérales.

25. Blocs erratiques. — Les *blocs erratiques* sont des pierres énormes que l'on rencontre isolément, aussi bien dans les

Fig. 4. — Vue d'un glacier avec moraine médiane et moraines latérales.

plaines que sur les collines, et dont la nature est toute différente de celle du terrain sur lequel elles reposent. Ces blocs ont été transportés par d'anciens glaciers qui, en se retirant, les ont abandonnés à la place où nous les voyons aujourd'hui.

CHAPITRE II

AGENTS INTÉRIEURS

26. Augmentation de la température avec la profondeur. — C'est un fait d'expérience que la température s'accroît à mesure que l'on descend dans les profondeurs du sol. La température de certaines mines de houille atteint jusqu'à 50 degrés.

Cet accroissement de température est d'environ 1 degré par 30 mètres, et s'observe à l'équateur comme aux pôles, loin des volcans aussi bien que dans leur voisinage.

27. Hypothèse d'un noyau terrestre fluide. — Un calcul fort simple montre qu'à 3000 mètres de profondeur la température doit être celle de l'eau bouillante ; à 50 kilomètres, elle atteint 1700°, et à une profondeur de 100 kilomètres, on peut être certain qu'aucune substance n'existe à l'état solide.

Nous arrivons donc à cette conclusion que l'épaisseur solide de la couche terrestre est relativement très faible et que la masse centrale conserve une fluidité ignée, reste de son état primitif.

I. Volcans.

28. Description. — Un *volcan* est un appareil naturel qui met en communication permanente ou intermittente avec l'extérieur les matières fluides renfermées sous l'écorce terrestre.

L'aspect des volcans est très varié ; le plus souvent ils se présentent sous la forme d'une montagne plus ou moins haute, dont le sommet tronqué présente une excavation en forme d'entonnoir : c'est le *cratère*. Le cratère communique avec le *foyer* interne par une *cheminée* ou canal d'ascension des matières vomies par le cratère.

A l'origine le volcan n'est qu'une fracture du sol, et la lave qui s'en échappe, retombant autour de l'ouverture, y fait naître une montagne conique dont les pentes sont plus ou moins inclinées. Ces montagnes, formées par l'accumulation des laves, peuvent à la longue atteindre une hauteur considérable ; celle de l'Etna dépasse 3000 mètres.

Il existe en France un grand nombre de volcans éteints. La

chaîne des Puys, en Auvergne (fig. 5), est formée d'une soixan-
taine de cratères d'anciens volcans distribués sur une longuéur
de plusieurs lieues.

Fig. 5. — Chaîne des puys d'Auvergne, vue du puy Chopine.

29. Composition des laves. — Les *laves*, de composition très
variable, sont cependant toujours formées de silicates analogues
au laitier des hauts fourneaux et aux scories des forges; elles
donnent toutes par refroidissement des roches solides.

30. Produits volcaniques secondaires. — Outre les laves, il existe
de nombreux produits volcaniques dont les uns sont solides et les
autres gazeux. Parmi les produits solides on peut citer les *cendres
volcaniques*, les *ponces* et les *bombes volcaniques*. Les principaux
produits gazeux sont les *fumerolles*, les *solfatares* et les *mofettes*.

Les *cendres volcaniques* sont formées de petites esquilles vitreuses
résultant de la solidification, dans les hautes régions, de la lave
réduite en gouttelettes par la vapeur d'eau.

Les cendres forment des nuages épais qui sont emportés par les
vents à des distances souvent considérables.

Les *ponces* sont des substances filandreuses, grisâtres, soyeuses,
produites par la solidification de laves à base feldspathique.

On appelle *fumerolles* les fumées blanches qui s'échappent de la
lave encore très chaude.

Les *solfatares* sont des fumerolles sulfureuses ayant la température
de l'eau bouillante et chargées surtout d'acide sulfhydrique, dont l'hydrogène, au contact de l'air, se combine avec l'oxygène pour former de
l'eau; il en résulte par conséquent un dépôt de soufre. Les solfatares ou
soufrières sont exploitées surtout en Sicile pour l'extraction du soufre.

Les *mofettes* sont les produits gazeux qui se dégagent de la lave
lorsque sa température est descendue au-dessous de 100 degrés, et
qui consistent surtout en vapeur d'eau et en acide carbonique. L'acide
carbonique, étant plus pesant que l'air, s'accumule dans les bas-
fonds en y formant une atmosphère irrespirable (*Grotte du Chien*,
près de Naples).

II. Phénomènes qui se rattachent aux volcans.

31. Geysers. — Les *geysers* sont des appareils analogues aux volcans et qui lancent par intermittence des colonnes d'eau chaude qui peuvent s'élever à plus de cinquante mètres.

32. Sources thermales. — Les *sources thermales* sont des sources d'eau chaude dont l'origine est volcanique, ainsi que le prouve leur présence au voisinage des volcans éteints. Elles doivent leur échauffement à la température des couches profondes qu'elles ont traversées, et dissolvent facilement dans leur parcours des matières minérales qui leur donnent une composition et des propriétés particulières.

Les principales sources thermales sont celles de Barèges et de Cauterets (Hautes-Pyrénées), de Plombières (Vosges), d'Aix-la-Chapelle (Prusse rhénane) et de Chaudes-Aigues (Cantal), les plus chaudes de l'Europe.

33. Salzes. — Les *salzes* sont des volcans boueux qui vomissent constamment de la vase accompagnée d'hydrocarbures gazeux ou liquides.

Leur nom vient de ce que les matières qu'ils rejettent contiennent une assez grande quantité de sel marin.

34. Tremblements de terre. — Les *tremblements de terre* sont des ondulations ou plus souvent des secousses durant à peine quelques secondes, mais suffisantes pour ébranler les édifices et amener le crevassement du sol.

QUESTIONNAIRE. — *La température du sol varie-t-elle avec la profondeur ? — Quelle conséquence en tire-t-on ?* — Qu'est-ce qu'un volcan ? Décrivez-le. — De quoi sont formées les laves ? — *Quels sont les produits volcaniques secondaires ?*

Qu'est-ce qu'un geyser ? — A quoi est due la température des eaux thermales ? — Quelles sont les principales sources thermales ? — Que sont les salzes ? les tremblements de terre ?

CHAPITRE III

STRUCTURE DE L'ÉCORCE TERRESTRE

I. Des roches.

35. Matériaux terrestres. — On appelle *roches* les matériaux solides dont le globe terrestre est formé, que ces matériaux soient durs, tendres ou pulvérulents.

36. Roches éruptives et roches stratifiées. — Lorsqu'o[n] fait une coupe dans l'écorce terre[s]tre, on constate que les mat[é]riaux dont elle se compose affectent toujours deux modes pa[r]ticuliers de distribution; de là deux sortes de roches : les roche[s] *éruptives* ou *plutoniennes*, et les roches *stratifiées* ou *neptu[]niennes*, reposant les unes et les autres sur le terrain pri[]mitif.

Les *roches éruptives* ou *plutoniennes*, sont des roches mas[]sives, sans disposition régulière, souvent cristallines; leu[r] structure et leur disposition indiquent évidemment une forma[]tion ignée.

Les *roches stratifiées* ou *neptuniennes* sont superposées e[n] couches parallèles horizontales, inclinées ou ondulées exacte[]ment comme les dépôts qui se forment sur les rivages (*dépô[ts] de sédiments*); leur origine aqueuse est donc incontestable.

37. MATÉRIAUX DU TERRAIN PRIMITIF. — Les pricipaux éléments d[u] terrain primitif sont : le *quartz*, les *feldspaths* et les *micas*.

Le *quartz* (SiO^2) ou *cristal de roche* est formé de silice pure, sub[]stance la moins fusible et n'ayant pour les autres corps qu'une affinité extrèmement faible. On le rencontre souvent cristallisé en prismes hexago[]naux, terminé par des pyramides, et dont les faces latérales sont sillonnées de stries transver[]sales (fig. 6).

Le *quartz* est employé en joaillerie pour imiter les brillants (diamants d'Alençon). On en fait aussi des lentilles.

Les principales variétés de quartz sont : le *quartz hyalin* (incolore), le *quartz enfumé* (noi[]râtre), l'*améthyste* (violet), l'*opale* (silice hydra[]tée), l'*agate*, à texture rubanée ; l'*onyx*, sorte d'agate n'offrant presque pas de bandes rubanées, et dont on fabrique des médaillons sculptés qu'on appelle *camées*.

Fig. 6.

Cristal de quartz.

Le *silex* se présente en masses noduleuses, que l'on rencontre e[n] cordons alignés ou en couches horizontales au milieu des roches ; [il] est abondant dans les roches crayeuses de Meudon.

La *meulière* est du silex criblé de cavités, de forme irrégulière[,] mais extrèmement tenace. Elle est employée pour les constructions [et] la fabrication des meules de moulin.

Les *feldspaths* sont des minéraux durs, brillants, à cassure vitreus[e.] Ils ont tous la forme de prismes aplatis, blancs ou rosés, tous cl[i]vables, rayant le verre et l'acier, mais rayés par le quartz. Ils se dis[]tinguent du quartz en ce qu'ils sont fusibles et facilement attaqu[és] par l'air et l'eau de pluie (*kaolinisation*).

Les principaux feldspaths sont : l'*orthose* (silicate d'alumine et d[e] potasse (fig. 7), l'*oligoclase* (silicate d'alumine et de soude), le *labrador* (silicate d'alumine et de chaux).

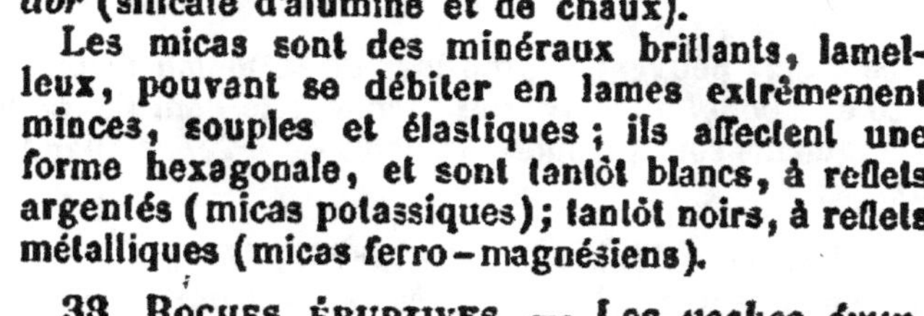

Les micas sont des minéraux brillants, lamelleux, pouvant se débiter en lames extrêmement minces, souples et élastiques ; ils affectent une forme hexagonale, et sont tantôt blancs, à reflets argentés (micas potassiques); tantôt noirs, à reflets métalliques (micas ferro-magnésiens).

38. ROCHES ÉRUPTIVES. — Les *roches éruptives* sont des roches provenant des parties profondes encore liquides et qui se sont introduites dans les fractures des couches solides qui les recouvraient.

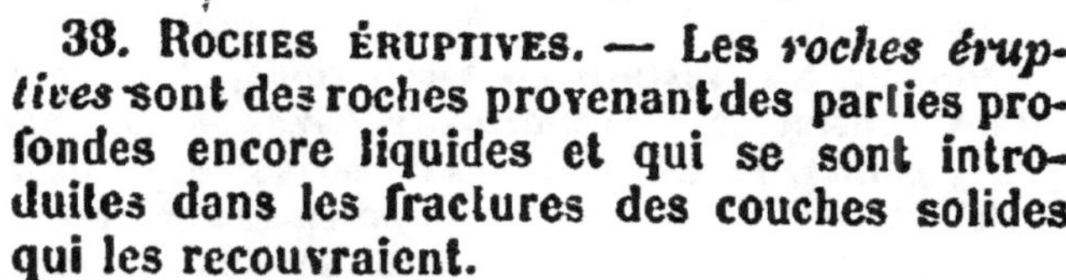

Fig. 7.
Cristal de feldspath
orthose.

Au lieu de s'étendre en nappes comme celles du terrain primitif, elles s'élèvent sous des inclinaisons très différentes, et se rencontrent souvent intercalées entre des couches stratifiées ou étalées à leur surface.

38 *bis*. Principales roches éruptives. — Les principales roches éruptives sont : le *granit* et les *roches granitoïdes : pegmatite, protogyne, syénite, diorite;* les *porphyres*, les *trachytes*, les *basaltes* et les *laves*.

39. ROCHES SÉDIMENTAIRES. — Les éléments des *roches sédimentaires* proviennent évidemment de l'action destructive exercée par l'eau sur les roches précédentes et par conséquent sont peu nombreuses; ce sont : la *silice*, le plus souvent à l'état de sable; le *calcaire* et l'*argile*.

On peut donc diviser les roches sédimentaires en trois groupes : les *roches siliceuses*, les *roches calcaires* et les *roches argileuses*.

Les roches siliceuses se reconnaissent à leur dureté ; elles rayent le verre, sont infusibles et inattaquables par les acides. Les roches calcaires font effervescence avec les acides; leur calcination donne la *chaux* pour produit final. Les roches argileuses sont tendres, durcissent au feu, et fournissent le plus souvent, lorsqu'elles sont délayées dans l'eau, une pâte onctueuse au toucher.

40. Roches siliceuses. — Les *sables* sont formés de petits grains de silice indépendants les uns des autres ; ils peuvent être colorés en jaune, en rouge, par des oxydes métalliques ou des matières charbonneuses. Rendus fusibles par l'addition de potasse, de soude ou de chaux, ils constituent la manière fondamentale de la fabrication du verre.

Les *grès* sont formés par des grains de sable agglomérés par un ciment calcaire ou siliceux; ils sont plus ou moins durs, et servent au pavage des rues.

Les *galets* peuvent s'agglutiner de la même façon et donner naissance aux *conglomérats*, qui prennent le nom de *poudingues* quand les fragments sont arrondis, et celui de *brèches* quand ils sont anguleux.

41. Roches calcaires. — Le *marbre blanc* est un calcaire cristallisé dont la principale variété est le *marbre statuaire*, employé par les sculpteurs; sa texture est saccharoïde, et sa couleur d'un blanc éclatant translucide. Les *marbres colorés* sont des marbres tantôt micacés (*cipolin*), tantôt mélangés de noyaux argileux rouges (*marbre griotte*) ou verts (*marbre de Campan*). Les marbres noirs sont colorés par des matières charbonneuses; le plus renommé est le *Portor*, rehaussé par des veines d'un beau jaune doré. Les marbres rayés de noir et de blanc sont assez communs.

La *pierre lithographique* est un calcaire à texture homogène et serrée d'une finesse extrême.

Les *calcaires grossiers* sont communs dans le bassin de Paris. Leur structure est plus ou moins homogène; ils sont le plus souvent criblés de petites cavités que l'on reconnaît facilement être des empreintes de coquilles (*calcaire coquillier*), et sont très employés pour les constructions.

La *craie* est un calcaire tendre très répandu dans la nature et formé par les débris de coquilles microscopiques (*Foraminifères*).

Certains calcaires mélangés d'argile fournissent la *chaux hydraulique* et les *ciments*. Si l'argile y entre au moins dans la proportion d'un tiers, le calcaire prend le nom de *marne*.

Les marnes sont des roches friables, tendres, prenant souvent une structure feuilletée. Elles sont colorées en rouge, en jaune, en vert, par des oxydes ferrugineux. On les utilise comme amendements.

On peut ranger parmi les roches sédimentaires à base de chaux certaines roches accidentelles comme la *dolomie* (calcaire magnésien) et le *gypse* (sulfate de chaux).

La *dolomie* est un carbonate double de chaux et de magnésie formé primitivement de carbonate de chaux, et altéré peu à peu par des infiltrations d'eau chargée de sels magnésiens.

Le *gypse* ou *pierre à plâtre* existe en couches importantes que l'on exploite pour la fabrication du plâtre. Il est blanc ou jaunâtre, en cristaux distincts affectant la forme d'un fer de lance, ou en masses cristallines à facettes miroitantes, d'un clivage facile, enchevêtrées les unes dans les autres.

L'*albâtre* est une variété de gypse assez rare employée comme pierre d'ornement.

42. Roches argileuses. — L'argile est une roche très tendre qui développe, sous l'insufflation, une odeur particulière dite *odeur argileuse*. Elle est délayable dans l'eau, avec laquelle elle forme une pâte imperméable, onctueuse, liante, qui peut être facilement façonnée (*argile plastique*) et qui durcit au feu. C'est l'argile qui constitue, dans les mauvais chemins et dans les terres remuées, la boue qui s'attache aux pieds ou qui s'accumule dans les ornières après la pluie. On lui donne vulgairement le nom de *terre glaise*.

On l'utilise, suivant sa couleur et sa pureté, pour la fabrication des briques, des tuiles, des tuyaux de drainage, etc.

Le *kaolin* est une argile rugueuse au toucher, d'une blancheur éclatante quand il est pur, mais le plus souvent coloré par des matières étrangères. C'est un produit de décomposition de l'argile; on l'emploie dans la fabrication des porcelaines.

La *terre à foulon*, ou *argile smectique*, ressemble, par sa coloration et son toucher, à l'argile plastique, mais s'en distingue en ce qu'au lieu de former une pâte liante et de se durcir au feu, elle reste en grumeaux dans l'eau et se réduit en poussière quand on la fait cuire.

L'argile smectique jouit de l'importante propriété d'absorber facilement les corps gras; aussi l'emploie-t-on pour le dégraissage des étoffes, surtout des étoffes de laine, comme les draps, par exemple. On vend parfois sur la voie publique, sous le nom de *savon de soldat*, de petites pierres servant à enlever les taches, et qui ne sont autre chose que des morceaux d'argile smectique.

II. Stratification.

43. Disposition des terrains sédimentaires. — Les terrains sédimentaires, ayant été formés par des matières en suspension dans les eaux, sont naturellement disposés en couches parallèles. Leurs éléments proviennent de la destruction des roches par les eaux et les agents atmosphériques; ce sont surtout la *silice*, le *calcaire* et l'*argile*.

Les terrains stratifiés les plus anciens ont été généralement déposés par les eaux marines, ainsi que le prouve la nature des nombreux débris organiques qu'ils renferment; ce n'est que dans les couches de formation relativement récente que l'on rencontre des restes d'animaux terrestres ou de mollusques et de végétaux.

44. Stratification concordante. — La stratification est dite *concordante* lorsque les couches superposées

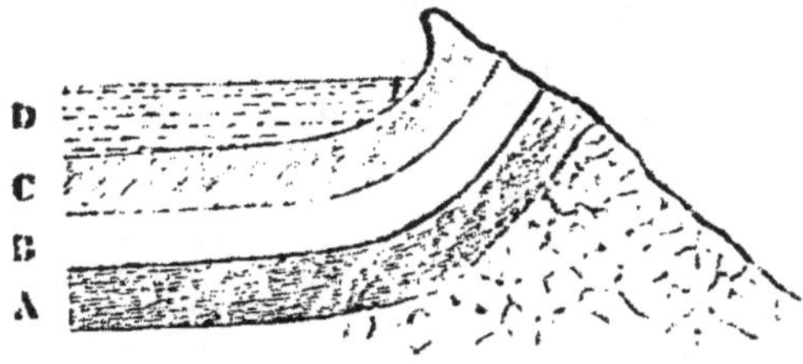

Fig. 8. — Stratification.
A. B, C sont en stratification concordante.

sont toutes parallèles entre elles, quelle que soit leur direction, horizontale ou oblique (fig. 8).

45. Stratification discordante. — La stratification est *discordante* lorsque les couches ne sont pas toutes parallèles entre elles.

La discordance de stratification résulte de ce que les strates déjà formées, ayant été soulevées et disposées dans une direction oblique, ont été ensuite recouvertes par les eaux, au sein desquelles de nouvelles strates se sont déposées horizontalement, de sorte que les strates récentes viennent, pour ainsi dire, buter contre les strates anciennes qu'elles recouvrent.

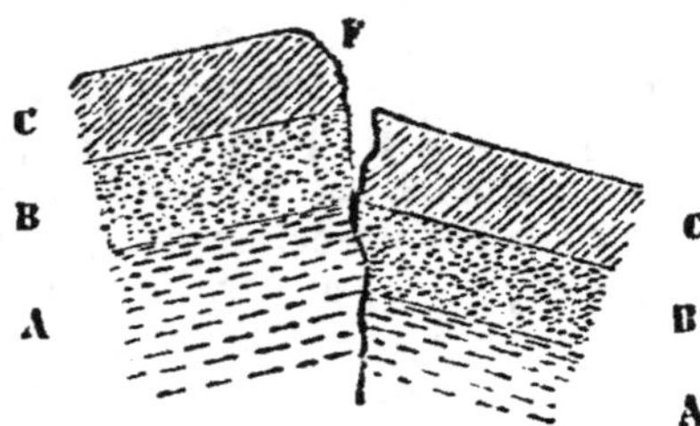

Fig. 9. — Fracture avec faille.

Les stratifications discordantes peuvent encore être produites par des failles.

Les *failles* sont des affaissements brusques de terrains qui ont brisé les couches sédimentaires formées de manière que les strates de même composition ne se correspondent plus (fig. 9).

46. Fossiles. — Les *fossiles* sont des débris d'animaux et de plantes que l'on trouve au milieu des dépôts sédimentaires, et qui sont évidemment contemporains des couches dans lesquelles ils sont ensevelis; i's peuvent donc servir à déterminer l'âge relatif des terrains sédimentaires.

On range aussi parmi les fossiles les *empreintes* produites par les pieds des animaux, le clapotement des vagues, et même celles qui résultent de la chute des gouttes de pluie sur le sol. Ces empreintes, ayant été remplies par des matières qui se sont ensuite durcies, ont ainsi conservé la forme du moule.

La *Paléontologie* est la science qui s'occupe de l'étude des fossiles.

47. Faune et Flore. — On appelle *faune* l'ensemble des espèces animales appartenant à une même époque géologique, et *flore* la réunion des espèces végétales qui vivaient à la même époque.

CHAPITRE IV

CLASSIFICATION DES TERRAINS

48. Terrains. — On appelle *terrain* chaque groupe de couches formées à une même époque géologique.

Les terrains se subdivisent d'abord en trois catégories : les *terrains primitifs*, les *terrains sédimentaires* et les *terrains éruptifs*.

Les terrains primitifs et sédimentaires se succèdent à la surface du globe, superposés les uns aux autres, pour en constituer l'écorce; mais les terrains éruptifs se rencontrent dans les deux précédents et sont par conséquent de toutes les époques.

Les terrains sédimentaires comprennent : les *terrains primaires*, qui reposent immédiatement sur le terrain primitif; puis les *terrains secondaires, tertiaires et quaternaires;* leur formation correspond aux périodes géologiques de même nom.

49. TERRAINS PRIMITIFS. — Les terrains primitifs forment partout la base de l'écorce terrestre. L'assise primordiale est constituée par des masses granitiques sur lesquelles reposent les assises de gneiss, dont la disposition est analogue aux strates des terrains sédimentaires.

Les terrains primitifs ne renferment absolument aucune trace d'organismes végétaux ou animaux, et sont quelquefois pour cette raison désignés sous le nom de **terrains azoïques.**

50. TERRAINS PRIMAIRES. — Les roches de terrains primaires sont toujours compactes, à texture cristalline, surtout celles qui sont situées dans les régions inférieures.

Les principales roches qui constituent les terrains primaires sont les *schistes,* les *grès,* les *conglomérats,* les *roches calcaires* et la *houille.* Les schistes sont des roches feuilletées qui ne présentent jamais de structure cristalline; les plus connus sont les *ardoises.*

Les terrains primaires renferment fréquemment des roches éruptives dont les principales sont : le *granit,* la *syénite,* la *diorite,* le *porphyre* et des *filons métallifères.* On y trouve également du *sel gemme,* du *gypse* et de la *dolomie.*

51. Faune. — Il n'existe aucun vestige de Mammifères ni d'Oiseaux dans les terrains primaires. Les *Poissons*, les *Insectes*, les *Crustacés*, y sont très nombreux.

Les Crustacés les plus communs sont les *Trilobites*, qui caractérisent l'époque primaire; leur nom vient de ce que leur corps, de forme ovale, est divisé en trois lobes ou segments (fig. 10), par deux sillons longitudinaux.

52. Subdivision. — Les terrains primaires se subdivisent en quatre autres terrains, qui sont : le *silurien*, le *dévonien*, le *carbonifère* et le *permien*.

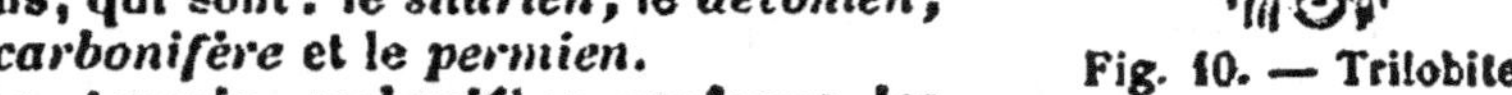

Fig. 10. — Trilobite.

Le terrain carbonifère renferme les mines de charbon, si abondantes dans certains bassins. La *houille* résulte de la décomposition des végétaux enfouis dans la vase, où ils ont subi, à l'abri du contact de l'air, une altération lente, analogue à celle que produit la tourbe. Certaines houilles, soumises aux températures élevées des roches éruptives, ayant perdu par distillation une partie de leurs principes volatils, ont donné pour résultat l'*anthracite*.

Le terrain houiller est très répandu en Angleterre et en Belgique. La France possède les riches bassins du Nord et ceux de Saint-Étienne et de Rive-de-Gier. La Suède, la Russie et l'Italie ne possèdent que quelques dépôts d'anthracite.

53. Terrains secondaires. — Les roches des terrains secondaires sont en grande partie formées de sédiments; les roches éruptives y sont très rares, ce qui montre que ces terrains se sont formés dans une période relativement calme.

Les principales roches qui les constituent sont : le *calcaire*, la *marne*, la *dolomie* et le *grès*. On y rencontre fréquemment du *gypse*, du *sel gemme*, de la *limonite* (oxyde de fer hydraté) et des filons de *cuivre* et de *plomb*.

54. Faune. — Les *Reptiles* sont en grand nombre, ainsi que les *Ammonites* et les *Bélemnites*.

Les Ammonites (fig. 11) étaient des Céphalopodes dont la coquille,

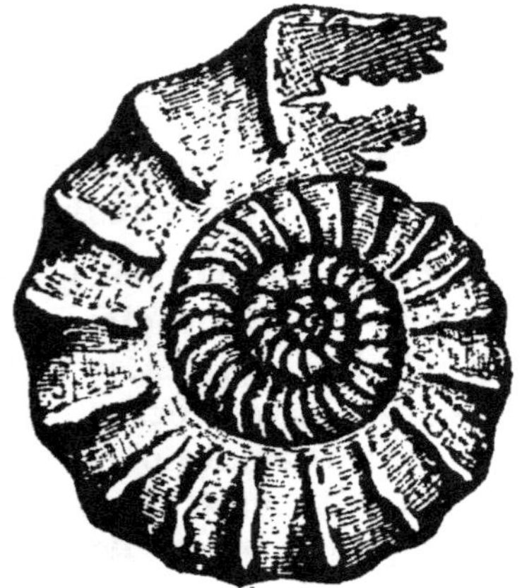

Fig. 11. — Ammonite.

contournée en spirale, est divisée par des cloisons transversales en compartiments traversés par un siphon.

Les Bélemnites (fig. 12) étaient aussi des Céphalopodes analogues aux Seiches, et portant postérieurement une pointe cylindro-conique qui est la seule partie conservée que l'on retrouve.

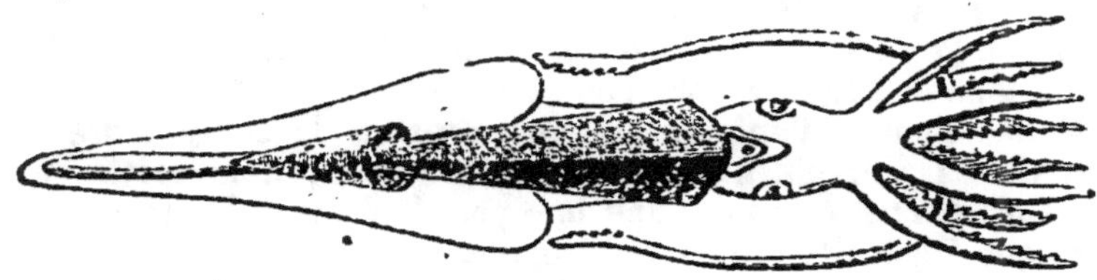

Fig. 12. — Bélemnite (forme probable).

55. Subdivision. — Les terrains secondaires se subdivisent en trois systèmes : 1° le terrain *triasique*, ou simplement *trias*, ainsi nommé parce qu'il se subdivise nettement en trois étages ; 2° le terrain *jurassique*, très développé dans le Jura ; 3° le terrain *crétacé*, formé d'immenses couches dans lesquelles dominent les roches crayeuses.

Le *terrain jurassique* comprend deux systèmes : le *lias* à la base, et le *jurassique proprement dit* à la partie supérieure.

Le *terrain crétacé* se subdivise en deux systèmes : l'*infracrétacé* et le *crétacé proprement dit*. Il occupe en général les plateaux élevés, où il forme le plus souvent des plaines arides (Champagne pouilleuse), et s'étale presque partout autour des bandes jurassiques.

56. TERRAINS TERTIAIRES. — Les roches des terrains tertiaires ont beaucoup moins de consistance que celles des terrains plus anciens ; ce sont des *sables*, des *graviers*, des *calcaires* faciles à tailler et fournissant des matériaux de construction. Les couches de *lignite* y sont nombreuses.

Les principales roches éruptives qu'on y trouve sont : les *trachytes*, les *basaltes*, les filons *aurifères* et le *fer pisolithique* (oxyde de fer en grains).

57. Faune. — La faune de l'époque tertiaire est caractérisée par un grand développement des *Mammifères*. Les *Oiseaux*, les *Reptiles*, les *Poissons* et les *Insectes* y sont en grand nombre.

58. Subdivision. — Les terrains tertiaires se subdivisent en trois groupes : l'*éocène*, le *miocène* et le *pliocène*.

59. TERRAINS QUATERNAIRES. — Les dépôts formés pendant la période quaternaire sont presque tous des dépôts d'*alluvions*, ce qui a fait donner à ces terrains le nom de terrains *diluviens*, sous lequel on les désigne quelquefois.

Les principaux éléments des terrains quaternaires sont les *sables* et les *graviers*, le *limon*, les *tufs calcaires* et les *dépôts erratiques*.

60. Faune. — La plus grande partie des espèces animales et végétales de l'époque quaternaire sont encore existantes aujourd'hui. Parmi les Mammifères disparus, il faut citer le *Mastodonte*, le *Mammouth* et l'*Ours des cavernes*.

81. Apparition de l'Homme. — C'est dans les terrains quaternaires seulement que l'on commence à trouver les premiers vestiges de l'existence de l'Homme sur la terre. Toutes les créatures attendaient un maître. Il manquait à l'univers un être capable de comprendre la splendeur de ses merveilles et d'admirer l'œuvre sublime sortie des mains du Créateur; il manquait une âme pour l'adorer et le remercier; c'est alors que Dieu dit: « Faisons l'Homme à notre image et à notre ressemblance, et qu'il commande aux Poissons de la mer, aux Oiseaux du ciel, aux bêtes, à toute la terre et à tous les Reptiles qui se meuvent

Fig. 13. — Habitation lacustre.

sur la terre, » et il créa l'Homme, à qui il donna une âme capable de le connaître et de l'aimer.

L'*Homme primitif* habitait les cavernes, demandant à la chasse la nourriture de chaque jour. Ses armes, ses outils, consistaient en fragments d'os ou de silex grossièrement façonnés (*âge de pierre*). Il avait à se défendre des animaux sauvages, de la rigueur des climats, des inondations diluviennes, et se retirait alors sur les hauteurs et dans les cavernes, où nous retrouvons ses ossements avec les débris des instruments dont il se servait.

Un peu plus tard il polit la pierre (*âge de la pierre polie*); il descendit dans les vallées, confectionna des harpons, des radeaux; il creusa des troncs d'arbres pour en faire des canots, et devint pêcheur. Il se construisit des habitations en bois qu'il installait sur des pilotis (*cités lacustres*, fig. 13), et se mettait ainsi à l'abri des surprises des animaux carnassiers. Il apprit bientôt à façonner l'argile et à faire des vases qu'il durcissait au feu, à filer les fibres textiles des végétaux ; il asservit les animaux domestiques et commença à utiliser le bronze (*âge de bronze*) pour en faire des armes, des ustensiles et des ornements.

L'emploi du fer ne parut que longtemps après (*âge du fer*). C'est de cette époque que datent les *tumuli*, les *dolmens*, qui témoignent de son caractère religieux. L'histoire écrite, la tradition, commencent alors à éclairer ces temps lointains, qui précèdent la période historique (*temps préhistoriques*).

62. Conclusion. — « Nous venons de voir que Dieu termina l'œuvre de la création par la formation et la création de l'espèce humaine.

« On n'introduit un roi dans son palais que lorsqu'il est entièrement bâti et que tout est en état de le recevoir ; c'est ainsi que Dieu a disposé toutes choses avant de créer l'Homme, qui devait être le roi de l'univers et commander en maître à toute la nature. La Terre, en effet, par sa constitution géologique, par la composition minérale de son écorce solide, par la variété des accidents que présente sa surface, offre à l'Homme un vaste théâtre où il peut à son gré manifester les merveilles de son intelligente activité, et passer le plus heureusement possible le temps d'exil auquel il est soumis, avant de retrouver le Ciel, sa véritable patrie. »

QUESTIONNAIRE. — Qu'appelle-t-on terrain ? — Comment se subdivisent les terrains ? — Que savez-vous des terrains primitifs ? — Quelles sont les roches principales des terrains primaires ? *Quels débris animaux y rencontre-t-on* — *Comment se subdivisent-ils ?* — *D'où provient la houille ?* — Quelles sont les roches des terrains secondaires ? — *Quels céphalopodes les caractérisent ? Comment se subdivisent-ils ?* Mêmes questions pour les terrains tertiaires. — Quels sont les principaux éléments des terrains quaternaires ? — *Que savez-vous de l'existence de l'Homme pendant les premiers âges du monde ?*

TABLEAU GÉNÉRAL DE LA COMPOSITION DES TERRAINS

Colonne de gauche (verticale) : **TERRAINS SÉDIMENTAIRES**

TERRAINS			ROCHES	FAUNE	FLORE	ROCHES éruptives.
	T. Quaternaire.		Alluvions. Iles madréporiques. Formation volcan.	Faune actuelle.	Flore actuelle.	Laves. Tufs.
T. TERTIAIRES	PLIOCÈNE		Sables. — Argiles, calcaires et marnes.	*Mammouth. Mastodonte.* — Proboscidiens actuels.	Débris de végétaux dicotylédones.	Trachytes et basaltes.
	MIOCÈNE		Meulières. — Calcaire d'eau douce. — Sables et grès marins.	Mammifères ongulés. — Squales.	Fougères, Palmiers, Érables, Chênes, Acacias.	
	ÉOCÈNE		Calcaire gross. — Gypse. — Argile plastique.	Mammifères tapiridés et porcinés.	Palmiers. Laurinées. Quercinées.	
				(Nummulites. Mammifères nombreux.)		
T. SECONDAIRES	CRÉTACÉ		Craie blanche. — Sables et grès verts. — Sables ferrugineux.	Sauriens gigantesques. — Oiseaux et Poissons.	Fougères. Équisétacées. Cycadées. Conifères.	Période de repos. — Absence de roches éruptives.
	T. JURASSIQUE	Jurassique proprem. dit.	Calcaires lithographiques. — Sables. — Minerais métalliques.	Petits Marsupiaux.	Magnolias. Platanes. Saules. Figuiers.	
		Lias.	Schistes et calcaires à *Gryphées.* — Grès grossiers.	Grands reptiles aquatiques. — 1er mammifère : *Microlestes antiquus.*	Apparition des premiers végétaux monocotylédones.	
	TRIAS		Gypse et sel gemme. — Marnes irisées. — Grès bigarré.	*Labyrinthodon.* — *Cheirotherium.*	Fougères arborescentes.	Fin des éruptions porphyriques.
				(Bélemnites et Ammonites et des grands batraciens. Règne des grands reptiles)		
T. PRIMAIRES	PERMIEN		Grès vosgien. — Calcaires compacts. — Grès rouge.	*Paleoniscus.* — *Productus horridus.*	Fougères rabougries.	Éruptions porphyriques.
	CARBONIFÈRE		Schistes bitumineux. — Houille. — Marbres noirs. — Calcaires carbonifères.	Premiers reptiles. — *Productus.* — Derniers trilobites. — Insectes abondants.	Cryptogames vasculaires nombreuses.	
	DÉVONIEN		Anthracite. — Filons métallifères.	Poissons hétérocerques. — Disparition des Graptolithes.	Fucus. Quelques Calamites.	
	SILURIEN		Schistes argil. — Roches métamorphiques. — Filons métallifères.	*Graptolithes.* — *Trilobites.*	Prédomin. des Algues. Quelques Lycopodiacées.	Dioryto-Syénito-Granit. Roches granitoïdes.
				(Poissons nombreux. Règne des Trilobites.)		
	T. PRIMITIF		Micaschistes. — Gneiss.	Pas de faune.	Pas de flore.	

24261. — TOURS, IMPR. MAME.